中国石化员工培训教材

炼油化工企业
电力系统运行技术

中国石化员工培训教材编审指导委员会　组织编写
本书主编　李寿军

中国石化出版社

内 容 提 要

本书对炼油化工企业电力系统的特点及要求进行了系统论证，对电力系统运行经验进行了总结提升，对电力系统的薄弱环节进行了解析，并提出了增强系统抗扰动能力的有效措施，对智能化配电网建设、先进节电措施等前瞻技术，提出了导向性观点。具体包括：炼化企业电力系统运行解析、系统过电压、炼化企业电网稳控装置控制策略研究与实践、变电站关口保护优化、电力系统抗扰动、配电变压器低压侧单相接地保护探讨、电能质量、高压架空输电线路防雷、输配电线路舞动的研究与防治、电力系统仿真分析及可靠性评估、微机“五防”技术、检测技术、电力电子技术、电气节能技术、电力系统新技术等。

本书源于实践高于实践，具有系统性逻辑性强、结构严谨、深入浅出、通俗易懂、数据真实、学术价值高、实用性强等特点；适合炼油化工企业电力系统的技术人员和管理人员阅读，也可供高等院校相关专业的师生参考。

图书在版编目(CIP)数据

炼油化工企业电力系统运行技术 / 李寿军主编．—北京：中国石化出版社，2013.1
中国石化员工培训教材
ISBN 978 - 7 - 5114 - 1806 - 7

Ⅰ.①炼… Ⅱ.①李… Ⅲ.①石油炼制 - 电力系统运行 - 技术培训 - 教材 Ⅳ.①TE62

中国版本图书馆 CIP 数据核字(2012)第 316931 号

中国石化出版社出版发行
地址：北京市东城区安定门外大街 58 号
邮编：100011 电话：(010)84271850
读者服务部电话：(010)84289974
http://www.sinopec-press.com
E-mail:press@sinopec.com
北京科信印刷有限公司印刷
全国各地新华书店经销
*
787×1092 毫米 16 开本 22.25 印张 557 千字
2013 年 1 月第 1 版 2013 年 1 月第 1 次印刷
定价：65.00 元

《中国石化员工培训教材》
编审指导委员会

《炼油化工企业电力系统运行技术》

序

中国石化是上中下游一体化能源化工公司，经营规模大、业务链条长、员工数量多，在我国经济社会发展中具有举足轻重的作用。公司的发展，基础在队伍，关键在人才，根本在提高员工队伍整体素质。员工教育培训是建设高素质员工队伍的先导性、基础性、战略性工程，是加强人才队伍建设的重要途径。

当前，我们已开启了建设世界一流能源化工公司的新航程，加快转变发展方式的任务艰巨而繁重，这对进一步做好员工教育培训工作提出了新的更高要求。我们要以中国特色社会主义理论为指导，紧紧围绕企业改革发展、队伍建设和员工成长需要，以提高思想政治素质为根本，以能力建设为重点，积极构建符合中国石化实际的培训体系，加大重点和骨干人才培训力度，深入推进全员培训，不断提高教育培训的质量和效益，为打造世界一流提供有力的人才保证和智力支持。

培训教材是员工学习的工具。加强培训教材建设，能够有效反映和传递公司战略思想和企业文化，推动企业全员学习，促进学习型企业建设。中国石化员工培训教材编审指导委员会组织编写的这套系列教材，较好地反映了集团公司经营管理目标要求，总结了全体员工在实践中创造的好经验好做法，梳理了有关岗位工作职责和工作流程，分析研究了面临的新技术、新情况、新问题等，在此基础上进行了完善提升，具有很强的实践性、实用性和较高的理论性、思想性。这套系列培训教材的开发和出版，对推动全体员工进一步加强学习，进而提高全体员工的理论素养、知识水平和业务能力具有重要的意义。

学习的目的在于运用，希望全体员工大力弘扬理论联系实际的优良学风，紧密结合企业发展环境的新变化、新进展、新情况，学好用好培训教材，不断提高解决实际问题、做好本职工作的能力，真正做到学以致用、知行合一，把学习培训的成果切实转变为推进工作、促进改革创新的实际行动，为建设世界一流能源化工公司作出积极的贡献。

二〇一二年七月十六日

前　言

根据中国石化发展战略要求，为加强培训资源建设、推进全员培训的深入开展，集团公司人事部组织梳理了近些年培训教材开发成果，调研了企业培训教材需求，开展了中国石化员工培训课程体系研究。在此基础上，按职业素养、综合管理、专业技术、技能操作、国际化业务、新员工等六类，组织编写覆盖石油石化主要业务的系列培训教材，初步构建起中国石化特色的培训教材体系。这套系列教材围绕中国石化发展战略、队伍建设和员工成长的需要，以提高全体员工履行岗位职责的能力为重点，把研究和解决生产经营、改革发展面临的新挑战、新情况、新问题作为重要目标，把全体员工在实践中创造的好经验好做法作为重要内容，具有较强的实践性、针对性。这套培训教材的开发工作由中国石化员工培训教材编审指导委员会组织，集团公司人事部统筹协调，总部各业务部门分工负责专业指导和质量把关，主编单位负责组织培训教材编写。在培训教材开发和编写的过程中，上下协同、团结合作，各级领导给予了高度重视和支持，许多管理专家、技术骨干、技能操作能手为培训教材编写贡献了智慧、付出了辛勤的劳动。

《炼油化工企业电力系统运行技术》是石油化工管理干部学院在高层次专业技术人才培训中形成的重要培训成果之一，作者由集团公司和企业电气专家、清华大学教授、国家重点科研机构专家的教师团队和部分优秀学员组成。教材取自历届电气高级研修班精品课件和部分学员的优秀论文，由电气设备及运行技术、检测技术、节电技术、前瞻新技术等部分组成，共15章。

《炼油化工企业电力系统运行技术》教材由石油化工管理干部学院负责组织编写，主编李寿军(石油化工管理干部学院副院长)；本教材已经由集团公司人事部组织审定通过，主审是集团公司生产经营管理部吕长江、秦文杰，参加审定的人员有陈广卫、苏彪、姜琳、杜军生、包友明、单捷、刘正华；中国石化出版社对教材的编写和出版工作给予了通力协作和配合，在此一并表示感谢。

由于本教材涵盖的内容较多，不同企业之间也存在着差别，编写难度较大，加之编写时间紧迫，不足之处在所难免，敬请各使用单位及个人对教材提出宝贵意见和建议，以便教材修订时补充更正。

目　录

第1章　炼油化工企业电力系统运行解析

1.1　炼化企业供配电系统的特点

1.1.1　炼化生产工艺特性及其对供电的要求

1.1.1.1　炼化生产工艺特性

1. 稳定连续

炼化产品具有大宗、均质的特点，这个特点决定了炼化行业必须安全、稳定、长周期、满负荷、优化生产，企业才能生存和发展。

2. 高温高压

炼化生产是一个高温高压过程，温度达数百至上千摄氏度(℃)、压力达数兆帕至数百兆帕(MPa)。

3. 易燃易爆

原料、介质、燃料、产品都是油品，部分是高温高压的液态，部分是低至－100℃的高压液态，部分是气态。油品充斥整个工艺流程，稍有泄漏，只要有氧气，无须明火就能起火、燃爆。

4. 有毒有害

不少物料和产品含剧毒，绝大多数物料和产品对环境有污染，国家禁止直接排放。

炼化生产工艺的上述特性，决定了炼化行业属高危行业。生产过程中流转的危险品数量多，一旦发生事故，可能造成人身伤亡和设备严重损坏，即使仅仅是化工物料泄漏，也可能造成震惊全国乃至世界的环境污染事故。

1.1.1.2　生产工艺控制精度高，对电网的扰动敏感

炼化企业需要采用大型联合生产线、连续化生产，生产工艺要求精确控制物料流量、压力、温度等参数，大型转动机械及其他关键设备要求严格控制振动、轴承温度、润滑油系统压力，因此设置了计算机过程控制系统(DCS)，自动控制工艺参数和监视设备运行状况，当控制、监视参数超限时发出信号，直至联锁停车。工艺参数受控和关键设备运行稳定是炼化企业生产的基本要求。

电网扰动可影响电动机等电气设备稳定运行。为了维持供电，炼化企业普遍采用了备自投、电动机分批自启动等安全自动装置。然而，备自投需躲过后备保护，时限通常整定为1.5～2.5 s，备自投成功之时，通常炼化生产工艺参数早已超限，设备运行工况已经失稳，不能避免生产装置停车，只能提供安全停车用电；电动机分批自启动对炼油装置较为有效，对化工、塑料、化纤装置大多不能避免停车。

1.1.1.3　安全停车需要用电，用电负荷巨大

多数炼化生产装置安全停车需要用电。

生产装置停车可分为临时停车和完全停车。

临时停车：需要维持物料在生产设备中循环流动，一是为了缩短重新开车时间，二是为了减少物料通过火炬排放所造成的损失。

完全停车：需要将生产设备中的物料部分输送到中间储罐中储存，部分通过火炬排放，避免物料在设备中聚合，导致设备堵塞甚至报废；部分反应塔(釜)需要注入中止化学反应的制剂或气体，避免反应失控；大型转动设备需要盘车避免轴系弯曲，需要润滑避免轴颈直接与轴瓦磨擦；循环冷却水需要在较长时间内维持供应，避免设备超温；部分排风机需要较长时间保持转动，避免可燃气体聚集；仪表风必须确保，因为生产装置停车而仪表控制系统不停；空压站通常需要维持运行，因为管线和反应塔吹扫需要压缩空气；锅炉通常应保证不停炉，因为停车和开车需要使用蒸汽等等。

由此可见，安全停车用电负荷很大，用电设备分散，没有可能额外配置保安电源。计入空气分离装置(制备炼化生产装置的保安介质——氮气)、水务(制备工业水、低硅水和生活水)、污水处理(净化、排放生产装置排出的污水)、自备热电站(企业电力系统和供热系统的中枢)，当电网发生事故时需要维持供电的负荷，超过生产装置开足时总负荷的50%。处理电网事故还会受到其他制约：生活区负荷，在所有电气设计规范中归为三级负荷，以前属随时可以停电检修的负荷，现在计划停电要提前七天通知，到傍晚就应恢复供电，酷热天和长江以南地区接近零度的冬天，白天也难以安排停电检修；事故停电数小时，来自各方的质询电话，会使电力调度员无法正常指挥事故处理；为地方电网转供电，虽然源于对无电缺电地区的照顾，但逐渐演变为不允许甩负荷。

生产装置对电压深幅波动和瞬间失电的承受能力很差，电网稍有扰动即可导致停车，但是多数安全停车用电设备允许短时间失电。视生产装置不同，安全停车用电设备要求停电时间不超过数分钟或数十分钟。

1.1.1.4　生产工艺对电能质量的要求

1. 配电母线的电压偏差

$35kV^{+7}_{-0}\%$、$6\ kV^{+3.3}_{+1.7}\%$。

2. 电压波动

电压波动对电动机运行有多方面影响：

a）电磁转矩和轴功率：随电压的平方倍数变化。

b）转速：仅从转速公式看，与电压波动无关，但是转矩和轴功率变化会影响转速。

c）绕组温度、功率因数和效率：电压波动可造成一定程度影响。

因此，电压长时间处于低位，可因触及生产装置的工艺参数限额，而由仪表系统执行停装置。

20世纪90年代及以前，较多电动机设有低电压保护，电压波动稍大即有大量电动机跳闸。经论证，一般机泵不会因电压波动造成的转速降低而损坏，因此现在只有供货商有特殊要求的为数不多的关键设备，才设置低电压保护。低电压保护定值通常设定在70V，归算到一次侧为$0.7U_e$(额定电压的70%)。关键设备停机通常可造成本生产装置停车。

交流接触器的主触头靠电磁力吸合，在电压下降时会发生震颤，通常在$0.8U_e$左右持续20 ms及以上释放，造成甩负荷。由于低压电动机大量配置交流接触器，电网电压下降到这个程度，所在系统的生产装置大多难以避免停车。市场上虽已出现多种工作原理的自保持交流接触器，但是当电网发生大扰动时，不甩负荷电网所受安全威胁更大，只应保关键生产装置用电，所以自保持交流接触器不可盲目采用。多数安全停车用电设备允许短时间停电，如果能够在停电后手动恢复供电，也不宜采用自保持交流接触器。

运行经验证明，当电网残压不低于$0.85U_e$，且在200 ms内恢复正常，大部分用电设备不会停机，生产装置不会停车。

3. 连续供电

备自投需要经过无压鉴定环节，通常设定$0.25U_e$及以下为失电(无压)。在这个电压水平下，即使备自投成功，生产装置也已进入停车程序，所以任一工作电源失电都会造成生产装置停车。

转移负荷过程不能停电。

4. 频率

包括发电机在内的所有用电设备都没有配置低频保护，炼化生产能够承受的低频率只能靠推断。

电动机拖动机泵的介质多数为液体。机泵的轴功率(P)、电压(U)、转速(n)与频率(f)之间的关系式如下：

$$P=3\frac{U^2}{Z}\cos\varphi \qquad \frac{P_1}{P_2}=(\frac{n_1}{n_2})^3 \qquad n=\frac{60f}{P}(1-s)$$

如前所述，大部分用电设备对电压波动的承受能力为$0.85U_e$。

当$U=0.85U_e$时：

$$P\approx 0.723P_0 \qquad n\approx 0.897n_0 \qquad f\approx 44.9\text{Hz}$$

推算可承受频率为45Hz，某特大型炼化企业也曾发生孤网运行时频率降到45Hz，尔后恢复，未造成装置停车的案例。但是有两个问题必须考虑：一是短路引起的系统低电压，通常在200ms内恢复，运行经验未证明$0.85U_e$持续时间超过200ms，不会造成装置停车；二是低频率通常由企业电网带有功电力缺额与外电网事故解列引起，存在系统振荡暂态、稳态过程，严重时还有甩机、甩负荷问题，有功缺额引发频率下降的程度还受电动机反电势强弱左右，而且电动机负荷占总负荷比例、被电动机拖动设备的转动惯量，各企业电网是不同的。所以简单以可承受低电压推算可承受频率，其结果难以采信。

实际运行中，低周减载最后一轮定值为47.5Hz，48Hz时企业电网可以主动与外电网解列，某特大型炼化企业的稳控系统经反复论证采用的频率下限为48Hz。

据此，炼化企业对频率下限的要求宜定为48Hz。

5. 检修周期

(1) 生产装置

各类生产装置要求装置变电站及其下级变电站全接线连续运行时间：

炼油装置：3年及以上；

乙烯装置：5年及以上；

其余装置：一般为1~3年。

(2) 公用工程

生产装置检修过程中，与之配套的公用工程应随之检修。但为了保证装置检修，公用工程还要供给，因此公用工程系统都是晚停早开。配电系统停得最晚、开得最早，检修时间很难得到保证。

早年大型生产装置或联合生产装置单独配置公用工程，公用工程可以随生产装置检修。现在实行公用工程区域集中供应，区域中的生产装置错开检修，公用工程系统始终不能全停检修，配电系统检修就更难安排。

变电站设计规范中没有对公用工程的配电系统采取相应措施，各配电系统的电源引自某一生产装置的1个变电站，电源数量只有2个，轮修时只能单电源运行。对于重要程度高于生产装置的公用工程，单电源运行通常不被允许：

a）空分装置：单套机组容量超过10MW，每套机组连续运转5年及以上，不安排同时停车检修；如果两套机组的双电源中有1个电源来自同一段母线，这段母线就不能安排检修。

b）空压站、循环水站：由某座装置变电站供电，几乎不能安排停电检修。

c）乙烯开工锅炉：早年的30万吨/年乙烯装置，在二轮改造时扩建为70万吨/年，实际是2套乙烯装置。如果2套乙烯装置共用开工锅炉不再有备台，而又几乎不安排2套乙烯装置同时停车检修，那么向开工锅炉供电的系统就不能安排检修，造成事故不断。

综上所述，炼化企业生产工艺特性和对供电的要求决定了：

① 用电负荷级别高；

② 生产工艺控制精度高，对电网扰动敏感；

③电压波动可造成机泵跳闸、生产装置停车；

④备自投成功仍会造成事故，只能提供安全停车用电；

⑤转移负荷过程不能停电；

⑥安全停车需要用电，用电负荷巨大，全站停电后果严重；

⑦检修周期长；

⑧公用工程区域集中供应使电气设备检修更难安排。

1.1.2 炼化行业与电力行业对供电质量的要求

1.1.2.1 炼化行业与电力行业要求对比

将炼化和电力两个行业对供电质量的要求逐项对比，见表1.1-1。

表1.1-1 炼化和电力行业供电要求对比

项 目	炼化行业	电力行业	评 价
主要供配电点母线电压允许偏差	设计规范：±5% 某炼化企业： 35kV：+7% ~ -0% 6kV：+3.3% ~ +1.7%	35kV及以上：正负偏差绝对值之和 <10% 10kV及以下：±7%	炼化行业要求高
主要供配电点母线电压允许波动和闪变	大容量电动机启动时 -10% 电动机组群再启动时 -15%	中低压、不频繁发生：-4%	电力行业要求高
谐波	笼统引用公用电网电压畸变率限值，而不限制谐波源注入电网的谐波电流	对公用电网有电压畸变率限值，对谐波源有谐波电流注入母线的限值	电力行业要求高
负序电压系数	设计时无针对性要求	1. 正常允许2%，短时不超过4% 2. 每个用户一般不得超过1.3%	电力行业要求高
频率偏差	设计时无针对性要求	1. 正常±0.2~0.5Hz 2. 用户冲击≯0.2Hz	电力行业要求高

续表

项 目	炼化行业	电力行业	评 价
连续供电	不允许电压波动到70%及以下； 每个电源都不允许瞬时失电； 备自投成功生产装置也停车； 化工装置安全停车需要用电	供电可靠率99.96%～99.99%； 电压偏差和波动只作内部考核，不对用户负责； 备自投成功、不长时间全站停电不算事故	炼化行业要求苛刻
转移负荷方式	将工作电源与第二电源合环——拉开原工作电源开关，期间供电无中断	拉开工作电源开关——合上母线分段开关——用电设备重新启动，期间中断供电	炼化行业要求高
检修周期	1年及以上，多数炼化装置3～5年，甚至更长	1年，或需要时，错开迎峰度夏即可	炼化行业要求高，超越系统配置
雷电影响	输电线路跳闸和雷电过电压不能导致生产装置停车	不赔偿用户损失	炼化行业要求高

1.1.2.2 炼化行业电力系统主要存在问题

如表1.1－1所示，电力行业在电能质量量化指标方面的要求详细而且合理，炼化行业供电要求高，但是电力系统存在一些先天不足：

1. 电压偏差与波动要求倒置

(1)电压偏差

GB/T 12325—2008《电能质量 供电电压偏差》规定“35kV及以上供电电压正、负偏差绝对值之和不超过额定电压10%”，炼化企业的主要供配电母线都采用35kV及以上电压，但是设计电压偏差是±5%，出发点是炼化行业的电能质量应该优于电力行业。其实，计入馈线压降，主要供配电母线电压应该取正偏差，才能保证装置变电站进线电压不太低；装置变电站及其6(10)kV、0.38kV系统原本电流大、高温节点多，既不配置有载调压开关，又常年不允许停电调整变压器分接头，一旦35kV及以上母线电压低于标称电压，会增加高温节点肇事事故。因此，有经验的炼化企业主要供配电母线运行于$+7\sim-0U_N$(系统标称电压)。

(2)电压波动

GB/T 12326—2008《电能质量 电压波动和闪变》对电压波动的规定，以不同电压变动频率下的电压变动限值表示。对电压变动的定义是：“电压方均根值曲线上相邻两个极值电压之差”，对波动负荷的定义是：“生产(或运行)过程中周期性或非周期性地从供电网中取用变动功率的负荷”。查阅炼化企业通常全压启动的大容量电动机(>10MW)和拖动往复式压缩机的电动机(>6000kW)启动压降录波，首半波即从正常值跌至谷底，历经6～30s恢复正常，大容量电动机启动满足上述两条定义，并适用于执行电压变动频率≤1/h的电压变动限值——4%额定电压的标准。

GB 50055—93《通用用电设备配电设计规范》规定：“交流电动机启动时，配电母线上的电压应符合下列规定：一、在一般情况下，电动机频繁启动时，不宜低于额定电压的90%；电动机不频繁启动时，不宜低于额定电压的85%……”

这两个国标有矛盾。电压波动国标1990年版(GB 12326—90)规定，10kV及以下的波动限制值是2.5%，与用电设备配电国标差别很大。电压波动国标后续修订版将波动限值放宽到4%，还增加了“很少的变动频率(每日少于1次)，电压变动限值还可以放宽，但不在标准中规定”的标柱(见GB/T 12326—2008)。这两个国标前者由电力行业为主制订，后者由机械制造行业为主制订，出发点和目的不同，近年虽经弥合，两个国标仍然衔接不了。

电力行业的处置办法是：凡用户的电动机启动在公共连接点造成2.5%及以上压降的，均要求用户加装软启动设备，用户执行用电设备配电国标不能影响公用电网的电能质量。

炼化行业的处置办法是：执行用电设备配电国标，搁置电压波动国标。

(3)电压偏差与波动的关系

电压偏差国标是对电网运行调度的要求，也是对供用电设备适应电压变化性能的要求。“允许的电压偏差较小，有利于供用电设备的安全经济运行，但为此要改进电网结构，增加无功电源和调压装置……允许电压偏差大，要求设备对电压水平变化的适应性强，这需要提高产品性能……”。炼化企业设有自备热电站，总变电站的主变配置有载调压开关，通常有足够把握调控主要供配电母线电压；容易发生故障的是供用电设备，而长周期运行的供用电设备理应选择高性能设备。因此电压偏差限值偏离标称电压宜大不宜小。

电压波动国标是为了避免冲击负荷伤害电网中的供用电设备，影响敏感用户而制订，电压波动幅度小于电压偏差幅度，才能保护设备，维护电能质量。

在以电力行业为主编纂的国标中，电压偏差大于波动，两者关系正常。炼化行业移植电压偏差国标时，缩小了偏差限值与标称电压的偏离度，又选择了用电设备配电国标，无法执行电压波动国标，而大容量电动机启动的冲击确实是电压波动，致使炼化企业电网的电压波动远大于电压偏差，两者关系倒置。

被冠以电能质量的国标只有6个(电压偏差、电压波动、三相不平衡、频率、谐波和过电压)，都由电力行业为主制订。用电设备配电国标未列入维护电能质量之列。炼化行业中电压偏差与波动的关系倒置，致使炼化企业电网的电能质量不符合国标，有案例证明供用电设备状况进入恶性循环。加之炼化企业供用电设备检修周期远大于电力行标DL/T 596—1996《电力设备预防性试验规程》，受损设备得不到及时检修，更容易引发严重的电网事故。

2. 谐波先污染后治理

GB/T 14549—93《电能质量 公用电网谐波》对公用电网电压总谐波畸变率规定为：0.38kV等级5%，6kV和10kV等级4%；对公共连接点的全部用户向该点注入的谐波电流分量，按电压等级和谐波次数作了规定。作为运行管理部门，控制谐波电压畸变率还是谐波电流分量，结果是不同的。

电力行业执行国标比较容易，谐波电流注入限额作为资源条件，分配注入量作为管理手段，用户不服从管理就不供电。

炼化行业在设计阶段不查询、不计算电网中的谐波是否超标，没有谐波源注入电网的谐波电流限值，不考虑谐波源设备电网侧的滤波装置；设备采购阶段按设计文本采购，只要求商品符合公用电网的电压畸变率标准，而不是接入母线所能分配给这台设备的谐波电流值，更没有谐波源设备电网侧的滤波装置。等到谐波附加损耗严重影响经济指标、电机或固体绝缘电缆烧毁、电气计量不准、电容器不能正常投运、继保和自动装置误动、变频器和可编程逻辑控制器(PLC)误跳等问题发生后，再申报节能和隐患治理项目。当前节能减排成为一项国策，为节能大量采用变频器的趋势，使得炼化企业的谐波控制日益困难。

3. 连续供电要求与系统配置不匹配

电力行业考核供电可靠率指标高达 99.96% ~ 99.99%，但该指标反映累计供电时间，供电瞬时中断次数再多，只要备自投成功，就不影响考核结果。选择性套用电能质量国标和与此有矛盾的用电设备配电国标设计的炼化企业电力系统，达到电力行业的考核标准尚且困难，要满足炼化企业的三个基本特征(备自投成功仍造成事故、转移负荷过程不能停电、安全停车需要大量用电)的要求，差距更大。炼化企业连续供电要求与系统配置不相匹配。

现行设计规范对运行威胁最大的是：强调当一个电源检修或故障时，不考虑另一个电源发生故障。由此在双电源配置上选用最低标准：同一电源点、同一路径对部分用户和冶金行业普遍选用三电源持排斥态度。

全站停电虽然是小概率事件，但当系统扩大到一定程度就时有发生(见表 1.1－2)，并非加强管理所能避免；三电源变电站全站停电的概率只有双电源变电站的 1/27。

表 1.1－2　变电站全站停电概率计算

变电所全所停电概率计算					
变配电所数量	定　义	单一电源停电概率/[次/(回·月)]	0.032990608		
		计算式	电源数量		
			双电源	三电源	四电源
1	以 A 表“A 电源故障”的事件；B 表“B 电源故障”的事件；依此类推。则多电源同时故障的概率 P	$P_2=P(AB)$ $P_3=P(ABC)$ $P_4=P(ABCD)$	0.00108838	0.00003591	0.00000118
	多电源同时故障多少年一遇		76.57	2320.85	70348.92
	以 A_1 表“A_1 所全所停电”的事件；A_2 表“A_2 所全所停电”的事件；依此类推。				
30	则 A_1 所不发生全所停电的概率 P	$P(A_1)=1-P(A_1)$	0.998912	0.999964	0.999999
	30 座所都不发生全所停电的概率 P	$P(A_1A_2\cdots A_{30})$	0.967859	0.998923	0.999964
	任一变电所发生全所停电的概率 P_{30}	$P_{30}=1-P(A_1A_2\cdots A_{30})$	0.032141	0.001077	0.000036
	任一变电所发生全所停电多少月一遇		31.11	928.82	28140.05
50	同上				
	50 座所都不发生全所停电的概率 P	$P(A_1A_2\cdots A_{50})$	0.947007	0.998206	0.999941
	任一变电所发生全所停电的概率 P_{50}	$P_{50}=1-P(A_1A_2\cdots A_{50})$	0.052993	0.001794	0.000059
	任一变电所发生全所停电多少月一遇		18.87	557.50	16884.23
80	同上				
	80 座所都不发生全所停电的概率 P	$P(A_1A_2\cdots A_{80})$	0.916569	0.997132	0.999905
	任一变电所发生全所停电的概率 P_{80}	$P_{80}=1-P(A_1A_2\cdots A_{80})$	0.083431	0.002868	0.000095
	任一变电所发生全所停电多少月一遇		11.99	348.62	10552.83
209	同上				
	209 座所都不发生全所停电的概率 P	$P(A_1A_2\cdots A_{209})$	0.796446	0.992524	0.999752
	任一变电所发生全所停电的概率 P_{209}	$P_{209}=1-P(A_1A_2\cdots A_{209})$	0.203554	0.007476	0.000248
	任一变电所发生全所停电多少月一遇		4.91	133.75	4039.67

注：单一电源停电的定义：各种原因导致的电源停电事件，包括设备故障或外因失电，以及计划检修停电。见附录。

附录：

查国外有关故障率：		次/(百台·年)	次/(百台·月)	次/(回·月)
断路器	次/(百台·年)	2.359	0.19658333	0.001965833
变压器	次/(百台·年)	2.069	0.17241667	0.001724167
电缆	次/(百公里·年)	0.018	0.0015	0.000015
设：			0	0
开关柜	次/(百台·年)	2	0.16666667	0.001666667
计划检修	次/(百回·年)	33.333	2.77775	0.0277775

以 A 表断路器故障的事件	单一电源停电的概率 P_0
以 B 表变压器故障的事件	$P_0 = 1 - P(ABCDE) =$ 0.03299061
以 C 表电缆故障的事件	
以 D 表开关柜故障的事件	
以 E 表回路计划检修的事件	

注：电缆以0.2次/(百公里·年)的欧洲统计水平换算，平均以每回进线9km(单芯)计，为0.018次/(回·年)；变电所计划检修按双电源变电所平均1.5年一次计，为33.333次/(百回·年)。

4. 转移负荷困难

先合环后转移负荷的方式，要求合环电流小于设备额定电流。然而系统上并非总能满足这个条件，设计规范对此没作规定，设计环节没有相应措施，没有普遍认可的技术和标准设备解决这个问题。

5. 长周期运行要求与设备档次不匹配

设计和制作粗糙的中压空气绝缘和复合绝缘开关柜、国产低压成套设备的检修周期是1年。设计规范没有针对长周期运行要求的相应对策，概算和批准概算卡得紧，难得购买高可靠性设备，用户如果不提出长周期运行的要求，采购到的设备档次就低，不满足长周期运行要求。

6. 电压等级不敷使用

配电网规模持续扩大、大容量用电设备越来越多越大、生产装置大型化使得区域负荷密度显著增高、总图布置创新将变电站设置到远离负荷中心的边角地块、长周期运行等发展趋势，要求特大型炼化企业电网的电源、输电网和主配电网即便不截然区分，也应该拥有三个不同电压等级；在用电侧，也需要更多电压等级。近年新建千万吨炼油、百万吨乙烯基地，普遍拥有220kV、110kV、35kV、10kV、6kV、380V五个电压等级，但是不少老企业不是缺少220kV，就是缺少110kV或35kV。无论新老企业，在电压等级的使用上都不尽合理，没有随着负荷增长而采用合理的电压等级，减少电力电缆投资、避免产生高温节点、提高可靠性，尤其缺少660V配电电压等级。

7. 自备发电机组定位及频率控制失策

设计电力系统时，将自备电厂的发电机组作为可靠电源，然而又不完全满足用电需求，留出一些电力缺额由外电网补充。设定这个原则的初衷是兼顾供电安全和投资控制，但是在建设、运行和事故发生时，一些结果事与愿违。

(1) 建设阶段：自备发电机组不完全满足用电需求，炼化企业电网接入外电网的设施，还须按发电机组全停时满足全部用电需求设计，炼化企业与电力公司双方都没省投资。

（2）运行阶段：在炼化企业方面，因拥有自备发电机组，企业电网与外电网的交换功率很小，而接入外电网的变压器容量很大，每月须向电力公司缴纳巨额基本电费，有些企业还须缴纳发电机组备用容量费。在一些省市，电力公司将上网电价压得很低，使得炼化企业春秋季富裕电量上网没有利润，一些省市甚至规定上网电量没收。在电力公司方面：电度电费收得少，为发电机提供事故备用而无收益（对不缴纳备用容量费的机组）；夏季外电网缺电要限电，却因炼化企业是重要负荷而难以落实；春秋季外电网电力富裕而炼化企业电力也富裕而不买电；炼化企业的低周减载负荷比例低，因而对外电网安全所尽义务少；炼化企业集高危行业和容易停车于一身，外电网事故一旦影响炼化企业后果严重，电力公司责任重大。在日常调度业务交往中，双方在权利、义务上各执己见，摩擦多。

（3）事故发生时：企业电网接入外电网正常运行时，发电机组的一次调频、DEH、DCS能够正常发挥调功调频功能，符合将自备发电机组作为可靠电源的设计思路。但是，当带电力缺额与外电网事故解列时，企业孤立小网的频率下降，平时视作先进控制手段的上述三个具有调频功能的系统却不能发挥作用，小网安全将受到威胁。主要原因：

一是锅炉、汽轮机和发电机基本满发，或已接近设备健康状况所许可的出力；

二是发电机组是供热机组，在低压缸没有旋转备用时多发电须多供汽，而事故中多供蒸汽没有出路。

备自投在本级母线及以下没有发电机组的情况下具有安全保障作用，但是在带电力缺额与外电网事故解列初始，不管电力缺额多大，频率降低多少，由于自备发电机组还在运行，孤立电网有电，备自投并不动作。倘若将传统的无压鉴定启动，改为进线或主变差动保护动作作为备自投启动条件，一旦开关主回路未动而辅助触头误动，或者保护装置误发信，且外电网不满足合环条件，可能有危险的潮流穿越企业电网总变电站母线；没有检测并选择电压相角差和差压功能的备自投由保护动作启动，存在不成功或造成设备损坏的风险。

某炼化企业电网以两回路对外联络线接入外电网，在一次外电网故障中，一条联络线带外电网部分负荷和企业内半边电网负荷与系统解列，带着有功缺额孤网运行。因有自备机组支撑，备自投不动作。系统振荡中，自备机组相继跳车，企业电网半边崩溃。此时备自投动作，然而另半边电网的主变承受不了电动机群再启动冲击，主变跳闸后，自备机组随即跳车，全网崩溃。事隔三年后，类似事故在某新建炼化企业重演，这次事故更为单纯，自备机组未带外电网负荷。这两个企业满足炼化行业供配电系统设计规范中关于自备机组可视作一个电源的要求：能够满足绝大部分一级、二级负荷需求、继保装置能迅速切除外部故障，使企业电网与外电网解列，然而却不能避免全网崩溃的灾难性事故发生，可见设计规范与实际运行存在显著偏差。

如果炼化企业的发电装机容量超过用电负荷一定百分比，汽轮机为抽汽凝汽式，而且正常运行时企业电网有功潮流指向外电网，方可视作可靠电源。

理论上如果汽轮机的低压缸保有足够的旋转备用容量，锅炉能够在1min内提高蒸发量满足汽轮机需求，在电力缺额小于20%时，自备发电机组可以视作可靠电源。但是事故初发时有些装置可能已遭遇停车而少用汽（个别装置多用汽，但总体上少用汽）、锅炉增加蒸发量需要分台阶平缓渐进、电气事故暂态或稳态过程存在不确定因素，自备机组跳车并不罕见，与可靠电源的标准还有相当距离。

鉴于以上情况，伊朗某新建石化基地只建了1回路低电压等级联络线路接入外电网，正常方式采用孤网运行，只当自备热电站黑启动时，才从外电网受电。

这种方式的经济性显而易见，但自备热电站的发电机组数量应足够多：出现最大用电负荷时，保有最大一套机组容量的检修备用；运行机组中，仍留有最大一套机组的旋转备用容量。也就是最大供电负荷下的检修方式，仍能满足事故备用要求。

伊朗新建石化基地选用的发电机组是燃气蒸汽联合循环机组，其中燃气轮机启动快，有利于事故处理。

炼化企业的运行经验表明，抽凝式机组低压缸留有旋转备用，总备用容量达到一台机组的额定容量，锅炉－汽轮机采用DCS联合控制，锅炉能快速提高蒸发量，一次调频和DEH系统完好，并设有二次调频，在低周减置装置帮助下，有可能避免孤立小网崩溃。然而，新建企业和老企业扩建，都不设计低周减载，基建技改项目投运后再安排难上加难；带电力缺额与外电网事故解列后的孤立小网，是否会发生频率崩溃或电压崩溃，在设计源头也尚未考虑。

这种建设模式和运行方式如能移植到国内，可以预期：

自备热电站投资增量将由免缴基本电费回收，回收期短于炼化生产装置；

地方电网短路容量资源枯竭，限制炼化企业增设发电机组的难题，将得到彻底解决。

为了在带有功缺额与外电网事故解列初期能迅速填补缺额，应添置使用天然气的燃气轮机。燃气轮机的排气温度超过900℃，在以高温排气为主、燃料为辅的废热锅炉中将二级除盐水加热成过热蒸汽，冲动汽轮机，燃气轮机和汽轮机各带发电机，称为燃气蒸汽联合循环机组，它的凝汽发电效率超过50%，比炼化企业现有自备机组的凝汽发电效率高出一半，热电联供的效率更高。

当前国内天然气供给不足，但供需矛盾趋缓，与煤炭之间的价格劣势也在逆转，宜尽早部署使用燃气蒸汽联合循环的热电联供自备机组。即便因天然气供给不充分而常年低负荷运行，由于炼化企业拥有得天独厚的液化气、火炬气、干气等燃料气资源，在危急情况下燃气机组使用燃料气挽救电网于崩溃边缘，仍是十分值得的。

8. 系统规划缺失

炼化企业电力系统最大的问题是系统规划缺失，老企业的情况尤为严重：

(1)炼化生产规模不断以“拓瓶颈”方式增长，使得配电网和装置变电站脱离设计基础无限扩张，电缆配电网电容电流、抗扰动能力、配电网馈线间隔和电缆通道、电源点和装置变电站主变容量和短路阻抗、配电网母线和装置变电站检修等问题由量变引起质变。

(2)生产装置大型化后，6kV、380V系统出现高温节点多、设备投资小而电缆投资大、故障频繁、检修周期满足不了生产装置长周期运行等问题。

(3)生产装置和公用工程采用大容量电动机的趋势，使得35kV配电电压等级不堪重负。

(4)公用工程区域集中供应，不随生产装置停车，而仍由装置变电站供电，影响装置变电站停电检修。

(5)电网建设滞后于装置变电站，电网的分层分级、电源改造和优化、电力调度自动化、电网安全自动装置等问题长期搁置，新建生产装置设计文件对电源的描述多年一贯制，系统分析没有涉及电网核心问题，流于形式。

(6)电力系统及其供配电系统的基本属性是系统，炼化行业很少采用研究系统的观念和方法跟踪解决系统问题，习惯以当前最小投资解决“点”的增容问题，长此以往形成的系统隐患，需要更多的投资、冒很大的风险去改造，最终还很难改造出合理的新系统。新建企业的供配电系统比较完善，但是规划或设计文件中没有说明规划容量和实现途径，若干年后超限或乱接乱拉又形成系统隐患；对带有功缺额与外电网事故解列和低周减载等系统深层次隐患认识肤浅，缺乏针对性措施。

2005年以来，中国石化已在企业电网电源、接入系统、输电网和主配电网结构、主接线形式、抗电网扰动、提高和选择电压等级、不间断电源(UPS)系统配置、设备选型尤其是35kV及以上总变选用气体绝缘组合电器(GIS)、线路变压器组接线、配电装置室装设空调、安全稳定长周期运行等方面取得突破，2011年初中国石化以三个文件予以明确规定，但是电力系统仍然存在不少问题，需要从设计源头落实、企业主管部门切实理解和执行，方能逐步缓解，坚持多年、十几、二十年，方能根本解决。

1.2 炼化企业的电网

1.2.1 网架结构和接入系统

炼化企业的用电负荷通常都在100 MW以上。100~200MW之间，最高电压等级取110kV，以2回联络线的输电容量衡量，也能在自备机组全停时满足高峰用电负荷。但是供电可靠性正比于电压等级，炼化企业供电可靠性要求高，同时拥有220kV更合适。200MW及以上规模的企业，220kV、110kV、35kV、10kV、6kV、380V这6个电压等级一个也不能少。近几年的趋势是：企业电网接入外电网取220kV电压，目的是提高可靠性并减少按变压器容量计算的基本电费；110kV作为输电网、自备发电机组接入系统、区域变电站和大容量电动机电源的电压，比其他电压等级更合适；35kV适用于中等规模生产装置的装置变电站，三电源变电站可向大型生产装置供电；10kV、6kV、380V是用电设备直接需要的电压等级，必不可少。

近年新建千万吨炼油、百万吨乙烯企业大多采用以下网架结构：1座220kV配电装置，双母线接线，规划容量4台220kV/110kV主变；1~2座110kV配电装置，双母线或双母双分段接线，规划容量为：若干台升压变让发电机接入系统，十余台降压变为35kV装置变电站和10kV大容量电动机供电；110kV区域变电站和35kV装置变电站下设6(10)kV和380V母线，直接为用电设备配电。企业电网通常以2回及以上220kV联络线接入外电网2座变电站，如图1.2-1所示。

300MW及以上用电负荷的炼化企业，需要2~3座220kV总变电站，以220kV联络线构成内部环网，作为主输电网，以2~3回路对外联络线接入外电网的2座变电站。110kV构成若干区域性电网，与35kV配合构成主供配电网。装置变电站以35kV等级为主，特大型联合生产装置和大容量电动机采用110kV电压等级。装置变电站下设6(10)kV和380V系统。

1.2.2 变电站主接线

可能有穿越功率(指潮流从一回联络线注入变电站，又从同一电压等级的另一回联络线流出变电站)或接入发电机的220kV、110kV配电装置，适合采用双母线接线。输电网中的110kV和35kV配电装置，要求灵活调整负荷的，采用双母线或双母双分段，没有调整负荷任务的采用单母线分段。在110kV区域电网中，110kV区域变电站和装置变电站之间设110kV联络线的、以110kV/10kV变压器电动机组带大容量电动机的，其110kV配电装置采

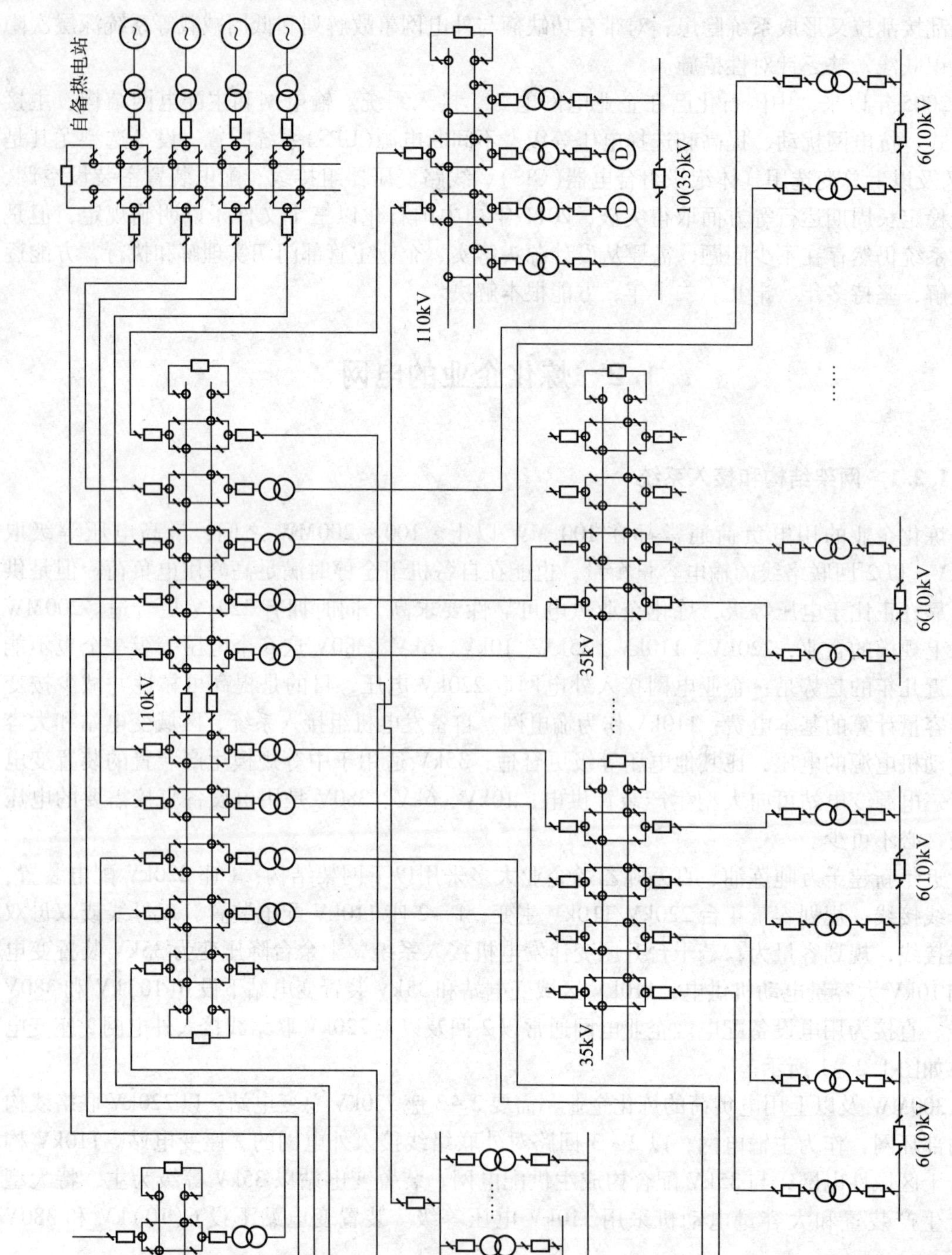

图 1.2－1　炼化企业电网网架结构和接入系统示意图

用双母线或双母双分段，没有上述任务的采用单母线分段或线路变压器组。35kV 装置变电站，在 6(10)kV 开关柜不能选用 GIS，而又被要求长周期运行、需要边运行边轮修的，适合采用 35kV 侧 GIS 扩大内桥、6(10)kV 侧 AIS 单母四分段接线；无须边运行边轮修的，采用 35kV 侧线路变压器组、6(10)kV 侧 AIS 单母二分段(双电源双主变站)、四分段(三电源三主变站)接线；被要求长周期运行，且需要边运行边轮修的，宜采用高压侧三进线线变组、低压侧单母四分段 HGIS(母线室采用非气体绝缘，断路器室采用气体绝缘的组合电器)接线(见图 1.2－1)。

主变容量相同时，1 座三电源三主变变电站的变电能力，抵 2 座双电源双主变变电站，节省投资 20% 以上。当一个电源检修，另一电源发生故障时，第三电源仍然能为生产装置安全停车负荷供电。

高压 GIS 双母双分段接线适合进出线超过 8 回路的配电装置。变压器在不利的电压相角、剩磁或过小短路容量下合闸，其励磁涌流造成系统低电压的事故案例警示我们，装置变电站主变容量不可太大，110kV 等级不宜超过 50MV·A、35kV 等级不宜超过 25MV·A，并且接近或达到上限的主变，应接在双母线或双母双分段配电装置上，在空充主变时空出一段母线专供，其上级母线也应调整负荷应对。GIS 双母线含双母线、双母单分段和双母双分段，这里强调双母双分段是为了适应 GIS 检修后做耐压试验时，正副母线需要同时停役的特殊需求。双母双分段又有采用 1 台和 2 台分段断路器之别，如采用 1 台分段断路器，不是正母就是副母的两个分段之间不能方便地并解操作，对于转移负荷不能中断供电的炼化企业不适合。GIS 断路器间隔与其他间隔相比，价格差距不大，炼化企业应采用 2 台分段断路器。

1.3　主要电气设备常见问题和对策

1.3.1　普通电动机

1. 定义

普通电动机含没有特殊要求的 380V、6kV 和 10kV 电动机，这是占炼化企业 60% 以上用电负荷的主要用电设备。普通电动机大多是鼠笼式，结构简单，使用寿命较长。

2. 对电网的要求

抗电网扰动能力强。但是，当电压波动超过 20% 并持续 20 ms 以上时，使用交流接触器的低压电动机会跳闸；电压波动超过 30% 并持续 200～500ms 以上时，设置了低电压保护的高压电动机会跳闸。

3. 抗扰动

近年来市场上出现了多种工作原理的自保持交流接触器，但是可靠性未经长期运行验证，炼化企业使用不多。拖动重要机泵的电动机可以选用电动机自启动装置，在电动机因电网扰动停机后，装置自动检测电压恢复情况，达到要求时自行启动电动机。自启动装置分集中控制和单台电动机控制两大类。集中控制装置可接入数十台电动机，按工艺流程设置分批启动。单台控制装置对不同电动机设置不同启动时间，也能达到同样目的。集中控制装置投资少，但是一旦发生故障影响面广。鉴于炼化企业电网电压波动可能达到 10%～15%，采购电动机，尤其由机泵制造商代采购的电动机，须强调这一点，不能以炼化行业对外宣布的电压偏差 ±5% 作为电能质量标准。

4. 接线盒发热

装置大型化使得电动机容量增大，接线盒中压接点发热问题比较常见。定购电动机时应关注接线盒大小，要求选配大盒，减轻压接点应力集中现象。但是对于使用大截面电缆和双拼电缆的电动机，即使选配大接线盒也不一定能解决问题，需要提高电压等级。

5. 接线盒防水

容量较大的电动机，常将接线盒水平布置在电动机背上，电缆从桥架悬垂接入接线盒。这种布置方式对接线很方便，但是进线口密封老化后，雨水容易侵入接线盒，直接造成短路或产生蒸汽造成短路。宜要求制造商倾斜45°设置接线盒，进线口向下，电缆垂下再拐弯向上接入，防水问题就能解决。

6. 滚珠(柱)轴承损坏

滚珠(柱)轴承损坏是电动机最常见的故障，造成扫膛、切割绕组端部等严重损伤电动机的问题。滚珠(柱)轴承损坏通常由缺油、振动、伪劣产品引起，谐波也会在轴承槽中蚀刻出凹槽。定期正确加油和自动加油机可解决大部分缺油问题。拖动机械震动和与电动机对中偏差过大可引起电动机滚珠轴承(柱)振动。滚珠(柱)轴承进货渠道不对可能采购到假冒伪劣产品。在线检测滚珠轴承温度或振动的装置可及时发现异常情况，比较可靠。有的企业不发现振动超标不切换备台，减少了定期切换备台的麻烦，但备台长时间不启动也带来了设备健康状况不明的问题，需权衡利弊。

7. 超温

电动机自身没有问题，但绕组温度缓慢上升，直至超标。这种情况通常见于强制风冷的较大容量的电动机，其内部风道被油泥附着，通流面积变窄。强制风冷电机虽有专用进风口，但是运行中绕组端部存在负压，轴承油少量、持续被吸进风道，与进风中的灰尘搅和成粘性油泥，多年之后堵塞风道。解决办法只有大修一条路。

8. 绝缘击穿

运行25年以上的电动机，部分会突然发生绝缘击穿。大型电动机通常不会主动安排更新，又没有备台，发生绝缘击穿后往往生产装置就不能开车，更换绕组又需要十几天时间。利用装置停车对电动机做的例行预防性试验，绝缘指标通常良好，不能作为更换绕组的依据。

9. 增安型电动机吹扫

增安型电动机停机冷却过程中机内形成负压，有可能吸入可燃气体。新版防爆规程要求增安型电动机每次启动前先用氮气吹扫，每次吹扫45min。执行这项规定，电动机停机后都需要尽快安排吹扫，以备随时再启动；可燃气体报警仪报警后，区域内所有停机的电动机都要再吹扫，氮气供给可能不足。国外的炼化企业为回避吹扫问题大量选用隔爆型电动机，我们投资有限，需要在实际操作中摸索解决增安型电动机吹扫问题，某企业尝试用自动充气设备对电动机内的氮气保压。目前新版防爆规程关于电动机吹扫的新规定暂缓执行。

拖动关键机组的电动机和大容量电动机通常不设备机，由于缺乏在线检测和分析手段，运行维护人员对电动机处于什么状态心中无数。近年来国外已有能够同时检测下列故障的设备：机械故障(基座、动平衡、对中、耦合器、轴承、被拖动设备、转子)、电气故障(接线松动、定子、短路、内部、电网)、电气参数(功率因数、有功功率、无功功率、电压有效值、电流有效值、电压不平衡、电流不平衡、频率、谐波)。该设备只须接入三相或三相四线电流互感器，以及电压互感器的二次侧，几星期、几个月之后，专业分析软件依据积累的数据，就能判断电动机的健康状况，在电动机状况出现恶化趋势时提前报警。

某炼化企业使用便携式测振仪，定期检测容易发生轴承(含滚动和滑动)故障的电动机，取得较好效果，高压电动机烧毁故障从一年数例降到了零。

1.3.2　大容量电动机

定义：启动时对电网冲击较大的大型电动机。

大容量电动机通常指10MW以上的电动机，有些电动机容量超过10MW，但由于降压启动，对电网冲击不大，因而不在讨论之列；有些电动机容量只有6000kW左右，但是启动条件苛刻，对电网冲击较大，需要讨论。

启动方式：串联电抗器、串联自耦变、并联电容器、全电压。

拖动空气压缩机的同步机案例：12000kW、19200kW同步电动机，采用串联电抗器、自耦变异步启动，冲转到额定转速90%时断开电源，随即直接施加全电压，并且投励拉入同步。这种启动方式对电网冲击很大，可在35kV母线上产生7%的电压降，需要事先调高电压方能启动。运行中，同步机向电网输出少量无功，一旦35kV母线电压偏高，同步机呈进相运行状态，控制仪表系统就认为出了故障，立即切断电源，造成装置停车。启动时要求系统高电压，运行中要求系统低电压，这类电动机对电网要求很苛刻。

拖动往复式压缩机的同步机案例：6500kW、7000kW同步电动机，不允许降压启动，并需克服启动时的高转矩。这类电动机容量不大，但是在设计时挖尽35kV配电网的潜力，仍可能不满足启动要求。

拖动塑料挤出机的异步机案例：10500kW，重载全压启动，可使35kV母线产生9%的电压降。

拖动风机-烟机“三机组”的异步机案例：17000kW，全压启动。如果接入35kV系统，即使短路容量高达900MV·A，还需要配置高压变频器。

上述大容量电动机启动时需要吸收数万kvar无功功率，运行时遇到低于70% U_N 系统低电压，持续时间超过0.2s，甚至瞬间低电压，都可能造成停车。同步机还有运行中母线电压不允许偏高的要求，不适合设置在35kV配电网中。

减轻大容量电动机启动对电网的冲击，近年来出现了新方法：斜坡升压、斜坡恒流、阶跃、脉冲、高压变频等，可以将启动电流限制在 $2.5I_e$ 及以下，恒流法甚至可以做到 $1.0I_e$。但是除了高压变频能提供恒转矩，启动往复式压缩机和塑料挤出机等重载设备之外，其他方法输出转矩小，至多输出恒功率，都不能启动重载机械。这些新方法都使用电力电子元件，使用寿命短，对环境要求高，尤其长期不用寿命更短。运行部门最担心在偶尔使用一次的场所，长期备用时难以掌握设备的真实状态，需要用时却发现出故障了。这个担心有多案例支持，并非多余。对于允许降压启动的大容量电动机，例如19200kW同步电动机采用串自耦变启动，可将启动电流限制在 $2.5I_e$，一般采用电力电子元件搭建的软启动装置也是这个水平。传统自耦变和电抗器简单、耐用、可检测、价格低，运行管理部门自然不愿采用软启动装置。

大容量电动机需要油泵等辅机，空分装置甚至使用多台大容量电动机分别拖动空压机、氮压机和氧压机。这些电动机被分配在不同母线上，或因避免大电流造成开关柜发热，或因启动一台电动机不致影响已运转的电动机。然而，任一电源发生扰动，生产装置都将停车。选择能够长期运行在接近额定电流的开关柜，合理设置多分段母线多分段断路器，在启动大容量电动机时严格按照运行规程操作，正常运行时所有电气设备由同一段母线供电，电网扰动导致生产装置停车的概率就成倍降低。

1.3.3 不间断电源(UPS)

质量好的UPS，无故障使用寿命实际不满10年，并非如制造商所称平均10×10^4h、15×10^4h，多数故障发生在电容器上。制造商建议电容器7年更换。蓄电池寿命更短，建议选用普通蓄电池，5年更换。UPS发生故障，它所供电的仪表系统就会造成装置停车，2003年前后中国石化曾经有多个管理部门为UPS造成装置停车召开专题会议，分析原因，寻找对策，取得一些效果，但未从根本上解决问题。

控制仪表电源模块都有2路电源端子。中国石化2005年发文规定，过程仪表控制系统的UPS电源，应改为一路UPS供电和一路市电供电，重要装置可采用2台UPS供电。这项规定打破了仪表必须由UPS供电的陈规，明显扭转了UPS故障频繁造成装置停车的被动局面。

某炼化企业采用一路UPS、一路市电供电方式的仪表系统，十余年来UPS发生过几次故障，但没有一例造成仪表系统失电。具体配置为：

UPS回路：UPS经隔离变接入一段380V母线，UPS输出接入DCS、ESD的一路电源端子，隔离变之后至UPS输出端子之后，接一条短接线路，正常运行时拉开，需要将UPS退出检修时合上。

市电回路：从另一段380V母线经隔离变引出第二路市电，直接接入DCS、ESD的第二路电源端子。上述仪表电源接线如图1.3-1所示。

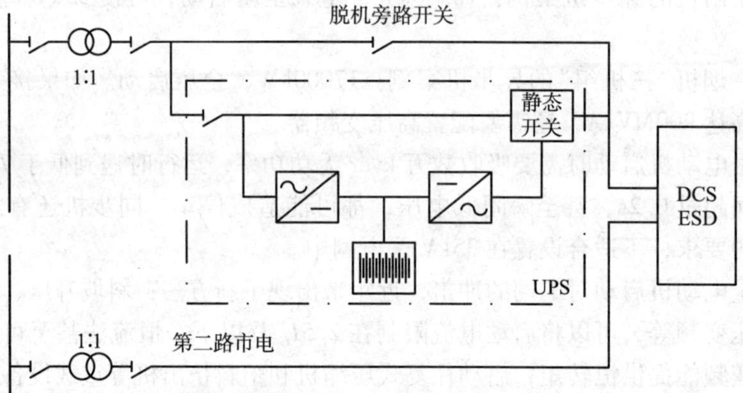

图1.3-1 仪表电源接线示意图

该企业认为，UPS冗余配置投资高，在一用一备还是各带50%负荷方面各有利弊，使用2台UPS到需要更新时资金难以解决，可靠性未必超过一路UPS一路市电的供电方式。

1.3.4 变频器

变频器抗电网扰动能力比较差，电压波动超过30%、持续300ms，即可引起变频器跳闸。

变频器制造商都标榜自己的产品无谐波，但是一段母线上如果接有4、5台没有装设电源侧滤波装置的变频器，就可能发生抗扰动能力差的设备无因跳闸、电缆等固体绝缘设备绝缘击穿、电容器发热鼓胀等问题。

除非生产工艺需要调速，否则单为节能选用变频器不尽合理。理论上使用变频调速可以节能 30% 以上，实际上“大马拉小车”如此严重的现象很少，使用变频器后没有很高的节能效果。变频器产生的谐波注入电源侧，没有装设电源侧滤波器的，谐波会使配电变压器异常发热，装设了电源侧滤波器的，滤波器本身也发热消耗有功，两者都在一定程度上抵消变频器的节能效果，而节能工作者只统计变频器本身的节能效果。为变频器独立装设电能表，也会形成变频器节能效果很好的假象。由于变频器是非线性负载，它向供电系统注入谐波，但却少负担了由其注入供电系统的谐波电能量的电费[3]。“大马拉小车”情况严重的场合改用大小泵联合配置，投资小，节能效果并不差，不污染电网，应是首选。

某企业基于上述原因，尽量控制以节能为目的装设变频器，但允许母管制系统使用变频器。例如，水厂工业水车间设有多台水泵为同一管网供水，将其中一台泵改用高压变频器供电，负担变动负荷，其余投运的水泵负担基本负荷，取得了较好的节能效果。

为避免电网污染和准确统计节能效果，可以考虑选用永磁调速器，它的节能效果稍逊于变频器，投资相当，长处是无须治理谐波、安装时无须准确对中，电动机轴承使用寿命长。

1.3.5　电容器

电容器通常经串、并联之后，成组挂接在中压母线上，另一端接地。这样布置的电容器组称为并联电容器组，起到补偿电动机、变压器等感性电气设备消耗的无功功率的作用。为吸收谐波，并联电容器组需与特定参数的电抗器串联，组成无功补偿装置。

并联电容器产生的无功可提高功率因数、降低线路损耗、抬高母线电压、提高电气设备抗电网扰动能力。但是，电容器的功率公式是：

$$Q_C = U^2 \cdot \omega \cdot C$$

电容器在抬高母线电压的同时，输出功率与电压的平方成正比，可能造成自身过载。

GB 156—2003《标准电压》表 3 列出了设备最高电压，标称电压为 6kV 的系统，设备最高电压为 7.2kV，35kV 系统为 40.5kV。在电气设备中，对过电压敏感的设备首推电容器，开关、电力电缆等按 7.2kV、40.5kV 制造，然而电容器制造业的行规是电容器最高工作电压为 $1.1U_N$，6kV 系统的电容器最高工作电压只有 6.6kV，明显低于国标中的设备最高电压。

品牌与批号之间质量还有高低，国产电容器在不超过 $1.1U_N$ 下连续运行，达不到制造商所称的 20 年使用年限。

在运行方面，负荷变化大的变电站 6kV 母线电压明显偏高，由于并联电容器组与串联电抗器电压相位相反，电容器上的电压可能接近甚至超过 $1.1U_N$。因此，选购电容器应找几家世界知名品牌制造商，详细了解制造商对提高耐受电压的措施，经对比后优中选优。

此外，电容器组应选用串联级数少的，最好单台电容器就达到系统标称电压所需电压水平。串联电容器组当 1 台绝缘击穿时，其余电容器就持续承受高于额定值的电压，很快就会因超压或过载而损坏。电容器因超压或谐波放大等原因过载，会先出现超温，因此监测运行温度甚至配置温度保护是必要的。

380 系统电流大，380V 通常由 6kV 配电变压器降压而来，变压器高压侧的高电压小电流的乘积等于低压侧的低电压大电流的乘积，所以 380V 系统电流大，低压柜母排比高压柜母排粗大许多，低压线路和配变电能损耗巨大，装设无功补偿装置节能效果显著，对通常负荷高企的配变很有利。但是，多家炼化企业在生产装置开车或停车过程中，发生了低压母线末端相间短路事故。该处并无电流通过，不存在发热导致绝缘老化问题，也没有检修遗留杂物和小动物进入。计算证明，在生产装置开车或停车过程中，电动机的感抗有机会恰等于电容器的容抗，系统发生了线性谐振，过电压行波在导体开路末梢反射时电压翻倍，造成低压母线末端相间短路；自动投切电容器组可增大发生线性谐振的几率。据此，在低压系统补偿无功须谨慎，在非防爆区，补偿装置装设在电动机侧，与电动机同时投切，是最好的补偿方式；母线不宜装设无功补偿装置，必须补偿的，必须停用自动投切功能、生产装置进入正常运行工况前不投无功补偿装置、生产装置停车前先切除无功补偿装置。

1.3.6 开关柜

低压成套设备：低压成套设备又称低压柜。目前所有国产低压柜都没有达到上世纪九十年代中期颁布的国际电工标准 IEC 61641 关于内部电弧防护形式、IEC 60439 关于工频耐受电压等标准，与按此标准生产的外资品牌产品相比，主要差距在额定工作电压、额定绝缘电压和冲击耐受电压。国产柜额定工作电压是660V、额定绝缘电压也是660V，冲击耐受电压没有要求。IEC 标准是额定工作电压690V、额定绝缘电压1000V，冲击耐受电压8000V。此外，西门子等制造商非常注重发热问题，开发 SIVACON 8PV 柜做了 86 次温升型式试验，试验前要将连接静触头的铜排加热到 150℃，再施加额定电流，看温度能否降到限制范围之内。而国产柜是在冷态下施加额定电流，只要温度不超过 105℃ 极限值，1 次就可通过温升型式试验。因此，国产低压柜在长周期运行中容易发生短路。

6kV 开关柜：国产与外资品牌制造标准相同，制造质量不断上升，外观与外资品牌已不相上下，但是质量不够稳定，元器件间隙配合差，强度不够，动静触头发热严重，炼化企业中已发生多起国产开关柜配外资品牌断路器，因动静触头发热引发短路的事故。部分大容量开关柜甚至不能长时间承受 40% 额定电流，如再加上没有通过内部燃弧试验检验、存在结构性缺陷的问题，就不仅不可靠，而且存在可造成人身伤亡的安全隐患。外资品牌 6kV 开关柜也并非没有问题，大量使用固体绝缘的开关柜，在运行中一切正常，停电检修时遇到暖湿空气，固体绝缘表面容易凝露，致使在短暂而紧张的检修后不能按期复役。较大容量的 6kV 开关柜，其相间、相对地爬距不满足中国电力行业标准，因此应选择尽可能宽的柜，630mm 柜宽的开关柜完全不满足长周期运行要求。

10kV 开关柜：炼化企业使用的10kV 开关柜大多用于为大型电动机配电。因电流大、柜宽与6kV 开关柜相同，使得问题更加突出，需要慎重选择制造商、精心维护、加强运行中的检测。

35kV 开关柜：早年的35kV 配电装置都是间隔式，使用户外型断路器、互感器、刀闸等开关设备现场拼装。20 世纪 90 年代开始使用金属铠装空气绝缘柜，设计和安装工作量小了，但是运行人员不欢迎，因为开关柜相对地和相间距离远小于电力行业标准，容易发生短路，完全没有长周期运行能力。运行部门宁愿沿用间隔式配电装置，但是受场地所限，新建变电站仍大多采用空气绝缘开关柜，发生了很多事故。2005 年中国石化股份公司发文规定，重要变电站不能使用 35kV 空气绝缘柜，宜选用 CGIS（若干母线室共箱的气体绝缘组合电器）。自此炼化企业开始逐步扭转 35kV 空气绝缘柜频繁短路的被动局面。

110kV、220kV 开关设备：在这两个电压等级上，早年都使用间隔式配电装置，并且大多是户外布置。受雾霾、盐雾、灰尘、含硫气体甚至冻雨融雪影响，这些开关设备每年安排

1次及以上停电检修，还不能避免故障和事故发生。有些高型构架将正副母线重叠布置，上层母线检修必须全站停电，在生产装置开始长周期运转、炼化企业不再集中安排全公司停产大检修后，这类配电装置的检修就很难安排，留下一些检修死角，因此事故发生得更多，并且都是导致企业半数甚至绝大部分生产装置停车的事故。2005年中国石化股份公司发文规定，110kV、220kV开关设备应选用GIS，新建和改造项目照此执行，短路事故大幅度减少。

1.3.7 气体绝缘组合电器(GIS)

20世纪80年代初期电力行业引进的110kV GIS，创造了连续运行20年的纪录，并且得到了除非发生故障，否则不要维修，不修没有故障，修了反而出故障的经验，可见GIS确实是长周期运行的首选设备。然而，尽管国内三大高压开关厂引进技术生产了大量110kV、220kV GIS，设计、工艺和材质都与国际接轨，但是工人操作不规范影响了产品质量稳定，GIS的盆式绝缘子或有污渍或有细小裂纹，成为局放故障多发部位；筒体内部遗留少量金属屑和粉尘，导致运行时有异常声音；焊缝砂眼则是漏气和导致气体微水的起因。各厂常年有一批售后人员奔波在事故处理的路上。国产110kV和220kV GIS已在中国石化下属企业造成2起严重事故。

事故使我们认识到，用了GIS并非就可以高枕无忧。对于时常发生轻微漏气、需要补气的GIS，应定期抽出少量气体检测微水。但是对没有漏气的设备，则不应抽气检测。应选用现场局放检测装置，定期检测GIS内部可能发生的局放，将故障消灭在萌芽状态。

1.3.8 变压器

炼化企业使用的各电压等级变压器，国内一流制造商都能做好，二、三流制造商的产品质量不稳定，时有发热、渗漏油、油中总烃超标等问题，影响满负荷、长周期运行。

但是，近年来国内三大制造商的精力转向生产特高压(500kV、750kV、1000kV)变压器，无意竞争220kV及以下变压器订单，中标后在生产安排上还要给特高压变压器让路，因此并非炼化企业主选供货商。

瓦斯继电器是主变压器必备的主保护装置，具有与差动保护同等重要的地位。瓦斯继电器通常以油中析出气体或油流扰动作为启动条件，但是新型瓦斯继电器增加了油枕低油位报警和无油位跳闸功能。某企业一台ABB生产的220kV主变，油枕两端各有一个油位计，投运一年多来，值班员和专职人员只巡视、记录一端的油位计，没发现另一端油位指示下降，而指示正常一端的是有载调压分接头油箱油位，指示下降一端的正是油枕油位。在一次监控报警油位低后，值班员检查发现油枕一端油位低，另一端正常，判断为误报警并报修；自动班人员没检查油位，判断是油位计接点不好。一个月后的某日凌晨，轻瓦斯报警，值班员打瞌睡没察觉，1个多小时后重瓦斯动作于主变跳闸，35kV、10kV各一段母线失电。事故后检查发现事故放油阀每分钟渗油5、6滴，但差动保护未启动，油质清亮，没有短路迹象，数小时后还分析不出重瓦斯为何动作。

1.3.9 电力电缆

近年来国内一流制造商的产品质量与世界名牌已经没有多大区别，炼化企业使用的各电压等级电力电缆都能满足。但是，在炼化企业100%备用的配电网中，电缆正常负荷电流小于50%额定载流量很多，发热量小，几乎没有驱潮作用。在一些地下水位高、直接埋地敷设的企业中，按国标生产的35kV交联电缆主绝缘中容易生长水树，水树又可成为电树的基点，无须10年，35kV交联电缆就频繁发生单相接地故障，在消弧线圈接地系统中，严重损伤同一系统非故障相电缆的主绝缘，最终整个系统的35kV电缆绝缘都加速老化到单相接地迅速发展为相间短路，经常导致成批生产装置停车。

某企业与电缆制造商合作开发了35kV本质安全改型电缆。选用最纯牌号的绝缘料和两种屏蔽料，提高电气性能，以防电树生成；采用综合阻水结构：铝塑复合带纵向包复热粘合、聚苯乙烯颗粒阻水带迭绕、PE和PVC复合护套，阻断水分子侵入主绝缘的通道；增大铜屏蔽截面，铜丝疏绕加铜带迭绕，适应炼化企业35kV母线特别大的电容电流；将导线连接管压接方式由点压改为六方围压，避免管口电场畸变发生局放；选用3M冷缩式中间接头，经武高所破坏性试验证明，接头绝缘和冷热变化性能远胜于原先绕包式接头；电缆终端选用预制式；将单芯电缆屏蔽层两端接地改为交叉互联，消除感应电流损伤主绝缘的现象。改型电缆已运行10年，没有发生一起由电缆本质引起的故障，主绝缘切片显微检测没有发现水树。

某制造商为该企业生产的35kV本质安全改型电缆，被发现金属屏蔽层的铜丝挤压绝缘屏蔽层，留下了凹槽。原因是该制造商认为铜带屏蔽与护套之间已经设了聚苯乙烯颗粒阻水带，就擅自取消绝缘屏蔽层与铜丝屏蔽层之间的阻水带。这层阻水带兼具与吸水同样重要的作用，它在电缆热胀冷缩时缓冲两个屏蔽层的相互冲突，它的半导电性能又可增强绝缘屏蔽层均恒电场的作用，负责任的制造商在110kV和220kV电缆上也这样设置。

110kV和220kV电缆附件(指中间接头和终端)国产产品与引进产品材质相同，但是质量未经长期检验认定。即使进口产品，220kV电缆附件也有较高的故障率，需要筛选故障率低的品牌。

电力电缆的质量容易被忽视。某企业热电站#6主变35kV电缆投运约24h就发生了绝缘击穿故障，原因是建设项目组不理会该企业35kV电缆专用标准，坚持按国标采购，酿成了苦果。由该企业转供电的相邻电力公司，在将架空线入地时按国标采购电缆，投运不到1年，电缆绝缘击穿了多次。这两个案例以按本质安全改型标准重新采购敷设电缆收场后，多年相安无事。

中高压电力电缆的主绝缘已由油浸纸绝缘升级到交联聚乙烯，目前没有普遍适用的方法做交接试验和预防性试验。沿用直流耐压法会显著缩短电缆使用寿命，0.1Hz正弦波法无法对较长的35kV电缆线路充电，串联谐振法适合做交接试验但不适合做预防性试验。众多事故得出的教训是：试验不合格可能仍可运行多年，试验合格可能复役不久绝缘就击穿。部分炼化企业停止在交联电缆上做直流耐压试验、预防性试验只检测外护套绝缘电阻已逾10年。近年来现场局放法已应用到中压电力电缆，有望实现该领域绝缘监督的突破。

1.3.10 微机综保

炼化企业以前是进口微机综保的天下，现在国网公司几乎全用国内几大综保生产商的产品，国产综保产量大了、利润多了，质量缺陷在充分暴露后得到克服，产品质量已经接近进口产品，功能更为丰富。

除了功能合适和通常关注的质量指标外，选用综保的一个考察要点是耐受温度和散热方式。质量最好的综保可承受85℃环境温度，缘于芯片发热量小、散热通道是具有庞大表面积的金属大机壳。部分国产和进口综保做得小巧，用户因容易布置而喜欢选用，老屏位置有限的改造项目尤其如此。然而小机壳和塑料机壳常在底部开了散热孔或栅格，成为灰尘进入通道。某炼化企业已发生这类综保内部进灰引起 220kV 母联误动的案例。

1.3.11 电气监控

电气监控系统又称变电站自动化系统，现已得到广泛应用。

电气监控技术已经很成熟，似乎无须注意什么。其实不然，不少监控系统平时运行正常，电网故障后却找不到相关记录。

一个好的监控系统应能记录事故时海量报警信息，并优先显示关键报警信息；应能记录足够细、长、多的故障波形，以方便事故分析；应能在任何时候正确显示系统实时信息，包括电脑死机时仍能看到各断路器的位置、各节点电压和潮流，仍能进行“五防”模拟操作，仍能在控制室拉合断路器。

有了监控系统是否就无需硬接点显示报警，答案是否定的。某炼化企业发生一起系统性事故后，电脑中涌现海量信息，值班员 1 个多小时还弄不清事故起因和影响范围，严重影响事故处理。从关键断路器辅助触头引出 220V 线路，接入控制室显示屏的灯光信号牌和蜂鸣器，虽然老土，但很实用。

值班电工越来越少，一些企业的部分 35kV 变电站已无人值守。监控系统应具有遥控功能，以免在处理系统事故时无人接听调度员电话，提高倒闸操作进度。启用遥控功能是双刃剑，某炼化企业和某直辖市电力公司都发生过监控系统误操作导致的事故，因此监控系统应具有防误闭锁功能。对空气绝缘金属铠装柜进行全面遥控，开关柜需要电动手车，投资较高，现阶段的遥控宜限于对断路器。对断路器实施遥控已能显著提高运行岗位严重缺员情况下的操作及时性。

遥视也是保障遥控操作安全的重要措施，云台设置应能拉近每台开关柜盘面，探头清晰度应能看清操作前后开关位置指示。遥视还能迅速发现变电站内烟雾、火焰、人员进入等情况。某企业发生一起 6kV 开关柜正面三扇柜门都炸开的事故，被遥视镜头捕捉。这段视频成为区分人为事故还是设备事故的证据，制造商无法抵赖开关柜内部电弧防护功能缺失，视频中柜门炸开时火焰充斥巡检通道的画面，还证明该型开关柜严重威胁人身安全，证明当年选择该型开关柜时“把好的电气元件放进铁皮柜，就是一台好的开关柜”的主旨是错误的。

1.3.12 调度自动化

拥有 220kV 电压等级的炼化企业，应设立公司级电力调度室。电力调度室不能仅靠电话获得信息，否则一旦发生系统性事故，1 小时后还摸不清状况，譬如哪台开关先跳、是什么保护动作使它跳、又跳了哪些开关及其顺序、造成事故扩大的原因、停电范围、事故后的潮流和电压等。这种事故处理无从入手的情况并不少见。调度自动化还有经济运行、仿真培训等功能。

调度自动化与电气监控有类似之处，成功与否主要看事故时的表现。一些非主流供货商开发的调度自动化系统比较简单，报价低，但是如果事故中和事故后发现调度自动化系统没有达到预期效果，就很遗憾了。

炼化企业设置调度自动化历史不长，深度较浅，经验较少。立项时应考虑下列问题：

1. 重品牌不重配置

调度自动化软件一般 5 年换代，电脑 5 年后同等商品的价格约降一半。因此，软件的功能以实用为主，少选锦上添花的高级应用模块；硬件的容量不需大，5 年后可增加硬盘或添置新机并列运行。但是硬件的品牌要好，这关系到可靠性和使用年限。

2. 宜选择一家开发商为整个企业提供长期服务

宜选择一家开发商统一管理从中心调度所、监控工作站、变电所、电动机等用电设备四级调度(监控)网络。一则利于上下级规约配合，通讯流畅，全系统响应速度快；二则避免下级站开发商为降低成本，将大量未经处理的信息直接上传，而上级站的开发商据此提高配置，增加投资。上下级统一管理还有利于克服调度自动化和电气监控系统频繁重起炉灶的弊端，尽量以系统升级代替整体改造。

为避免只选一家开发商而在后续项目中被索以高价，宜通过招标选择诚信度高业绩好的开发商，并在招标书中写明后续项目价格取该开发商过去一年中的最低价。

3. 严格按照各级机构的分工限制上传信息量

一为避免选用容量过大的硬件，二为控制全系统的信息流量，提高系统响应速度，三为各级调度员和值班员不受大量工作范围外的信息干扰，及时看清自己需要的信息。最后一点尤其重要，在事故发生时，海量信息可能阻塞通道，使得系统瘫痪，即便仅是淹没各级人员自己所需的少量信息，也影响事故处理。可研阶段即需统计各级站输入(采集)状态量和模拟量的点数，对于选择合适的小型机或服务器是必要的。

4. 重视软件对硬件的管理能力

一般的软件只能管理同一品牌的小型机和服务器，除了双机冗余备用的同一用途硬件之间允许一台机器发生故障外，不同用途的机器之间不能互相支持。而先进的软件允许不同品牌机器接入，允许多台机器发生故障，只要还有一台小型机或服务器在，就能维持日常工作，并且不丢失数据。这种软件支持硬件扩容、新老机器并列运行、分期更新，对更新资金匮乏的企业很适用。

5. 光缆通道从长计议

调度自动化项目总投资中，通信网络所占比例超过站内软硬件总和，而光缆购置费与桥架、敷(架)设光缆的施工费用相比微不足道，并且光缆通道是不可再生资源，以后再敷(架)设光缆可能需要绕道。因此，选购光缆芯数和敷(架)设光缆宜从长计议：一要能包容所有用电设备和视频信息传输所需；二要多选单模少选多模，以利远距离传输；三要在通道中一次接通所有芯数，在站内所有芯数上光配架，如果本期工程用几芯就只接几芯，后续工程将因无法全部停役熔接、调试，而放弃所有备用芯数。

1.4 炼化企业电力系统发展趋势

1.4.1 设备本质安全

可靠的设备是电力系统安全的物质基础。

定义：本质安全型设备——不可能发生危及系统和人身安全故障的设备。

世界上没有完全满足以上定义的电气设备，我们讨论的是相对意义上的设备本质安全。

电力行业在历时十年的城网改造和农网改造后，已全面淘汰检修周期短、容易发生短路的电气设备。GIS、高性能微机综保等设备可以连续运行很多年，是本质安全设备。性能良好的空气绝缘柜等设备具备连续运行 1 ~3 年能力，完全适应每年可至少安排 1 次检修的运行要求，也是本质安全设备。

评价设备可靠度不能脱离检修周期，固有检修周期超过用电负荷要求的设备，无论新旧都是本质安全设备。我们不可片面追求设备更新，美国还有大量40年、50年前的老古董电气设备，正在安全运行中。

用这个观念看中国石化炼化企业的电气设备，可以看到，经历三年电气隐患治理后，多数企业的电气设备本身已经基本达标，如能改善运行环境，有希望达到或者基本达到本质安全要求。随着中国石化对电力系统配置和设备选型的进一步明确规定，新建和改造项目采购的设备越来越好，设备本质安全程度将继续提高。

虽然情况在不断好转，企业电气人员只是乐观其成还不行，应发挥主观能动性，促成设备本质安全。

1.4.1.1　变压器

选择业绩良好、有把握焊死油箱的制造商，实现器身本质安全；进出线铜排改为电缆或绝缘管形母线(图1.4－1)，解决支持瓷瓶积灰严重时沿面放电问题；将电缆终端插入油箱(图1.4－2)，取消暴露在空气中的套管，根除套管外表面沿面放电和电容式套管内部局放问题；自然油循环全自冷，根除油泵和风机故障问题；散热器与本体水平分室布置(图1.4－3)，解决散热器需要自然通风降温，而本体不宜积灰见水的矛盾[4]。

(a)插拔式电缆终端进线油箱　　(b)分裂绕组管形母线出线

图1.4－1　110kV/10kV 50000kVA/2×30000kVA 主变进出线布置

图1.4－2　电缆插座油箱(气室)剖面图

图1.4－3　散热器与本体分离室内布置

图1.4－1(b)中，10kV套管与管形母线连接处将包复绝缘热缩套。该主变唯一裸露的导体是110kV中性点套管(按全电压配置)顶端。由于中性点电压只有几伏至几十伏，远低于套管严重积灰的局放起始电压，因此具备长周期运行条件。

1.4.1.2　电力电缆

中低压电力电缆的护套采用阻燃护套，可以避免涂刷防火涂料。防火涂料涂刷后防火有效期只有2~3年，期满后需要搬动电缆剥除失效涂料，涂刷新涂料。搬动电缆对绝缘尤其中间接头很不利。

使用在恶劣环境中的中压电力电缆，以1.3.9节中的方法提高本质安全，是必要的。但是各地环境条件不同，宜具体情况具体分析，针对电缆常见故障采取措施，才能以最小投资实现适合自己的本质安全。

35kV电力电缆有单芯和三芯两种选择。单芯电缆允许弯曲半径小，适合电缆通道狭窄的老企业；重量较轻，便于人力敷设电缆，这对大截面电缆敷设很重要。但是单芯电缆不可采用钢丝或钢带铠装，否则会产生危险的涡流致热，烤伤主绝缘，造成单相接地。满足电缆弯曲半径要求、使用电缆牵引机械敷设电缆的场所，应选择三芯电力电缆。

中压及以上电力电缆的中间接头和终端头，已由绕包热模固化安装工艺升级到预制式，预制式又分热缩和冷缩两类。热缩头施工安装后不带内应力，电缆运行中热胀冷缩会使热缩头与导线之间逐渐出现空隙，发生局部放电尔后绝缘击穿。冷缩头用螺旋形塑料筒撑开，安装时逐圈拉开抽出塑料筒，接头紧紧箍着导线，与导线共呼吸(伸缩)，运行寿命长。

近年来出现了插拔式电缆终端，它由一个锥形插头和一个倒锥形插座组成，插头连接电缆，插座安装在GIS或变压器的电缆仓内。插头插入插座后，有螺栓可以将插头和插座固定在一起。图1.4－2中左侧的倒锥形就是插拔式电缆终端的插座。

电缆与GIS或变压器的传统连接方式是，电缆户外终端竖在GIS或变压器的户外套管旁，中间用软导线连接。户外终端和户外套管都不是长周期运行设备，不适合炼化企业采用。改进型的连接方式是，电缆户内终端直接插入GIS或变压器的电缆仓，电缆仓内充入SF_6气体或绝缘油，解决了长周期运行问题，但还存在两个问题。一是电缆户内终端长而粗，电缆仓十分庞大，成为GIS最大的筒体、变压器第二大部件，热胀冷缩和焊缝质量要求很高。二是电缆仓中的绝缘气体或油在装卸电缆终端时必须抽出与注入，耗时很多。以GIS检修后做交流耐压试验为例，要经历回收气体——拆终端——抽真空——充气——打耐压——回收气体——安装终端——抽真空——充气——气体保养——复役，这一过程需要2~3天，对于停电检修难以安排的炼化企业，也不适合。插拔式电缆终端的插头是硅橡胶锥形体，由于没有伞裙，直径很小；插座是环氧树酯倒锥形，与插头连接时压出与硅橡胶锥形体之间的空气，十分紧凑。仍以GIS做交流耐压试验为例，过程简化为：抽出插头——装入闷头——打耐压——抽出闷头——装入插头——复役，半天时间可以完成。

插拔式电缆终端的业绩以35kV居多，110kV次之，220kV很少。插拔式电缆终端技术含量高，选用须十分注重品牌。

电力电缆需要专用通道。炼化企业用地紧凑，电缆通道有直埋、沟、桥架、隧道和廊桥等几种，通常是不可再生资源，需要统筹规划。

电缆直埋敷设方式灵活便利，但容易受到外力破坏，埋入电缆重叠、缠绕、不宜分辨，下层电缆报废后难以取出，仍然占用通道资源。

电缆沟方式，大的电缆沟侧壁设钢支架，可架设数层电缆，小的电缆沟将电缆放入铺砂的沟底。电缆沟的防火措施是充砂，但是寻找绝缘击穿故障点和敷设新电缆很困难，黄砂还成为吸水介质，电缆容易生长水树。有的电缆沟虽设集水井抽水，但是充砂后抽不出水。采用电缆沟宜使沟底大面积敞开，使雨水随地下水位下泄，沟壁上沿宜高于地坪 150mm 以上，以免含油含酸污水流入沟内、汽车和施工机械碾压盖板。

桥架是 6(10)kV 及以下电缆理想的敷设通道。桥架应采用梯阶式，即底部像梯子只有横担没有底板，以免积水。曾有无底板桥架抗外来火焰能力差的忧虑，然而火灾事故证明，一旦大火被风撩到桥架，无论有无底板，塑料电缆必发生变形粘连，必须全线更新，所以还是能够避免电缆主绝缘生长水树的梯阶式桥架适用。但是在含硫含苯气体环境中，热镀锌桥架使用寿命也不长，宜使用以热镀锌钢构件为骨架，外覆无机材料烧结的防腐层复合桥架。使用复合桥架要注意必须有钢构件引出防腐层的接线桩，以便桥架妥善接地。

隧道可容纳多达数十电缆回路，可靠性也最高，新建企业和老企业在新区的建设应优先采用隧道，缺点是防火灭火设施投资和维护工作量都大。

在隧道不能到达的地方，架空、有巡检通道的封闭式或敞开式廊桥也能架设大量电缆，成为电缆主通道。封闭式廊桥也须大笔投资防火灭火设施，敞开式廊桥上电缆按回路放在单独的无机防火槽盒中，槽盒搁在廊桥两侧的支架上，无须其他防火灭火设施。廊桥有热镀锌钢结构和钢筋混凝土结构两种，在含硫、潮湿环境中使用寿命都不长，大约只有 20 年。前者可分别更换组件或加固，后者无法更新，包覆玻璃钢防腐层效果也不好，因此采用前者相对合理。采用无机材料制成的支架可以延长使用寿命。

1.4.1.3 低压成套设备

选用满足 IEC 相关标准的成套设备(见 1.3.6 节)，在温湿度控制和防尘良好的封闭式配电装置室中，检修周期可以达到和超过 5 年，满足生产装置连续供电需求，实现本质安全要求。

低压成套设备具有电流大发热严重、空气对流大容易积灰、爬距小容易短路的特点，因此散热通道非层间穿越而设在两侧的柜型可靠性高，即使某个间隔发生短路，通常也不烧蚀、熏黑其他间隔，简单改用备用间隔替代故障间隔，就可立即恢复供电。在柜内装设无线测温装置能防故障于未然，装设弧光保护装置能在短路初发时切除故障，这时短路电流还不大，由于短路弧光的能量与短路电流的平方成正比，在短路初发时切除故障，能最大限度缩小短路破坏区域。

1.4.1.4 6(10)kV 空气绝缘开关柜

选择动静触头接触电阻小而稳定、在额定电流下能够长期运行的开关柜，辅以温湿度控制和防尘良好的封闭式配电装置室，检修周期也能达到和超过 5 年，成为本质安全型设备。

无线测温装置和弧光保护装置很快也将出现在 6(10)kV 空气绝缘开关柜中。

1.4.1.5 变电站

本质安全型设备，如果搭配不当，对于一些向两套不同时停车检修的装置供电的变电站，不一定能够做到本质安全。某企业的乙烯总降向一套 30 万吨/年和 1 套 40 万吨/年乙烯装置供电，因无法定期检修，曾经多次发生故障。2006 年该企业做了两套方案，一套是 35kV 扩大内桥 GIS 加 6kV 四分段空气绝缘柜，另一套是 35kV 没有断路器和刀闸的三电源线路变压器组，加6kV四分段HGIS(图1.4－4)，两套方案投资估算相当。在中国石化有关部门支持下，该企业采用了第二套方案，在招标中又压缩了投资，用于将2台运行了20年的高耗主变更新，并将主变做成本质安全型设备。第3台主变是新增的干变，继续使用。2007年实施改造后，这座总降就具备了连续运行10年以上的能力，成为本质安全变电站。

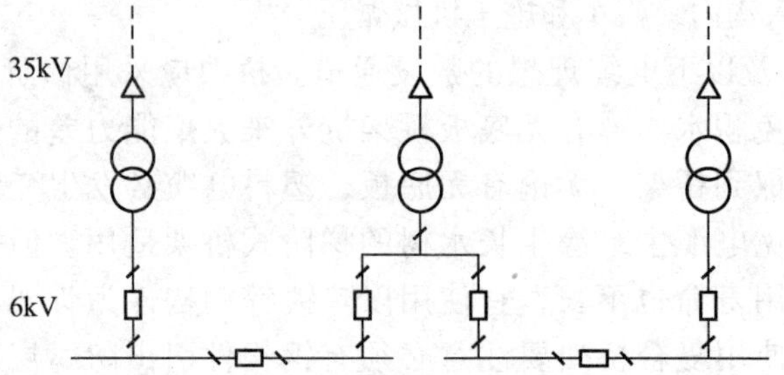

图1.4－4　无开关刀闸线路变压器组低压HGIS四分段接线

与现有设计规范不同，这座总降不设进线避雷器。原因一是事故和计算证明，阀型避雷器在引发铜排相间短路的过电压下不动作，除非改用金属氧化物避雷器；二是这座总降的炼化企业电网中，唯一可能引雷的线路是220kV架空线路，自此到装置变电站已有3道避雷器拦截雷电过电压，35kV纯电缆配电网本身是一个巨大的电容器组，可吸收、舒缓经过3道避雷器拦截的雷电过电压余压，以及电网自身产生的内过电压(工频、操作和谐振过电压)；三是该总降不设裸露导体的35kV设备，是为了实现长周期运行，设置进线避雷器将使目标落空。

三电源变电站经合理配置可实现在一路电源检修、另一路电源叠加故障时，为安全停车负荷供电，但是多数炼化企业从220kV变电站开始就是双电源配置，主配电网采用放射形结线，用户变电站只有两个电源。鉴于炼化企业生产区通常只有数平方公里至十几平方公里，电网具有负荷密度大、变电站密集的特点，正常运行方式是220kV甚至110kV等级并列、35kV及以下分列运行，这给用户站采用三电源配置提供了基础条件：从两座上级变电站获得三电源。

某企业采用这种配置已有30年，早年按简易计算判断，35kV用户站的6kV侧常不满足合环条件。经开发电网并解操作计算机决策系统软件后，发现绝大多数用户站其实总能满足合环操作要求。个别在某种运行方式下不能合环的站，经开发应用快速并解操作技术，也具备了合环条件。随后借助220kV主变改造，缩小两座220kV/35kV变电站主变的短路阻抗差异，输电线路由于很短，线路阻抗虽有差异，但是在回路总阻抗中所占比例不大，用户站来自两座上级变电站的电源之间的电压相角差很小，运行中再未遇到任何合环困难。

空压站等公用工程的装置变电站无法安排检修(见1.1.1.4.5.(2)节)，催生了单元制供电。亦即不为这些公用工程建造装置变电站，而从相邻2座以上变电站以放射形结线，逐一向每台空压机供电。空压站等公用工程的介质输出采用母管制，空压站不会全停而空压机可以轮修，单元制供电设施随各台空压机轮修即可。其上级变电站不会同时停电检修，某一个站检修时，空压站仍有半数空压机可以运转。

大容量主变的应用，给低压侧带来开关额定电流和母线电容电流过大的问题，选用分裂绕组是合适的解决方案；大容量电动机集中的场合，移植图1.4－4中6kV侧的母线接线，可以减少变压器电动机组接线所需的主变数量。见图1.4－5。

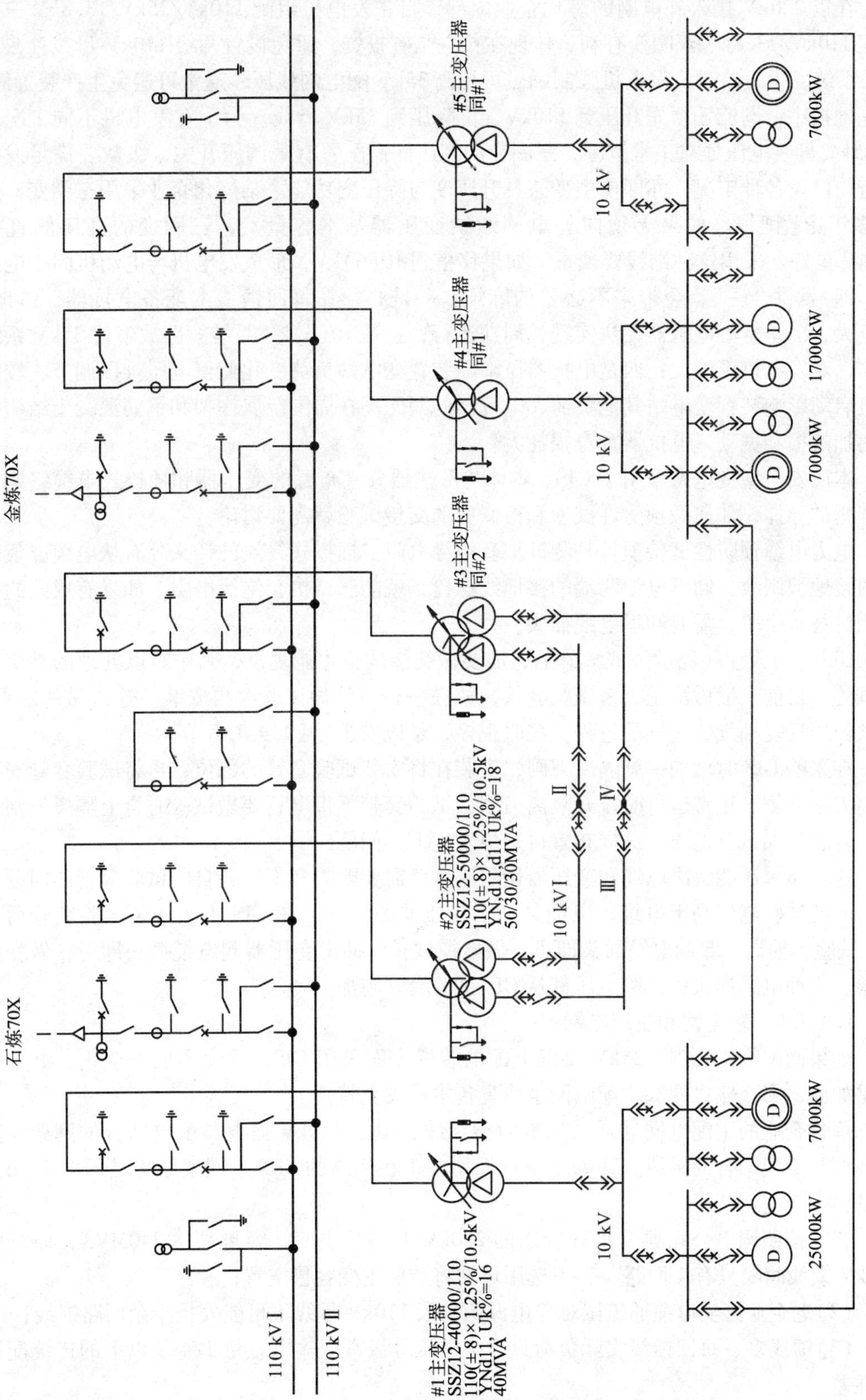

图 1.4－5　110kV 炼油总降主接线

在以220kV接入外电网的炼化企业内部，自备发电机组配110kV/35kV/13.8kV三圈变比配110kV/13.8kV双圈变有利，体现在：一是省投资，避免设置两级110kV母线；二是当6kV系统发生短路时，发电机强制励磁可抬高35kV配电网残压，通常可避免生产装置停车；三是网损小，潮流无须先升压到110kV，再降压到35kV母线。为了在发电机不同工况下维持35kV母线电压处在正常范围，三圈变的高压侧需配置有载调压开关，级数要满足发电机运行与停役各种工况，亦即使主变兼具升压变与降压变功能。某炼化企业采用三圈变，运行30多年受益匪浅。如果无须向外电网缴纳变压器基本容量费，三圈变的高压侧直接选220kV更好。采用这种结线要慎重，如果移植到10(6)kV，形成发电机与电动机同一电压等级，即“发供合一”，会带来不必要的麻烦：一是必须在每回馈线上配备电抗器，占地多、投资大；二是空心电抗器无法实现长周期运行；三是10(6)kV系统短路故障比35kV系统许多倍，对发电机影响大；四是电抗器压降随装置变电站负荷变化使得电压难以调节、较大电动机启动影响装置变电站其他负荷、电抗器的漏磁场在周围金属构架和钢筋混凝土结构中产生附加热损和振动、电抗器本身损耗大。

本质安全型变电站采用了GIS、本体与散热器分室布置的变压器和插拔式电缆终端，没有裸露的导体，如何做预防性试验和检修后的交接试验就需要讨论。

电力电缆预防性试验项目是测试护套绝缘电阻。插拔式终端的插头外有从电缆屏蔽层引出的接地编织线，卸下电缆两端的接地线螺栓，就能测试护套绝缘电阻。如果有成熟的主绝缘测试技术手段，需要卸下电缆插头。

GIS一旦发生短路故障或大修后，需要做交接试验才能复役，其中难以处理的是交流耐压试验。目前一般做法是买来试验套管，放在一边，等做试验时再安装。这样做的缺点是，必须经历反复抽气、充气的过程，耗时很多，难以安排(见1.4.1.2节)。

在采购GIS时增加一副隔离刀闸，安装在将安装试验套管的部位，再将试验套管安装在隔离刀闸外侧。正常运行时拉开隔离刀闸，试验套管不带电；要做试验时合上隔离刀闸，从试验套管施加试验电压。这样布置可避免发生上述问题。

这样布置还能解决电缆和变压器做耐压试验需要购买和安装各自的试验套管的问题。鉴于GIS的试验电压高于电缆、电缆又高于变压器的情况，在GIS永久安装试验套管后，做GIS试验，抽出GIS侧电缆插头即可，做电缆试验，抽出变压器侧电缆插头即可，做变压器试验，不抽电缆插头；试验电压都从GIS试验套管施加。

1.4.1.6 输电网和主配电网

如果网架结构合理，35kV及以上配电装置全面采用GIS，主变本质安全化，电力电缆也是如此，那么输电网和主配电网也将具备本质安全特性。

炼化企业的主配电网通常采用放射型结线，但是110kV输电与配电结合的网架，宜采用环网与专线结合的结线。某炼化企业规划并正在实施的110kV网架结构见图1.4-6，理由是：

(1) 按照国电公司典型设计选用的220kV/110kV主变，容量高达240MVA，而对应的110kV馈线间隔只有4回路[5]，不选用环网将造成主变容量空置；

(2)老企业落实电缆通道困难，电源侧一段110kV母线不可能安排十余回路馈线；

(3)馈线多、每回馈线实际负荷只有该电压等级常规输电容量1/4及以下的传统配置经济性差；

(4)现有继电保护和安全自动装置满足环网与专线结合结线对保护的要求；

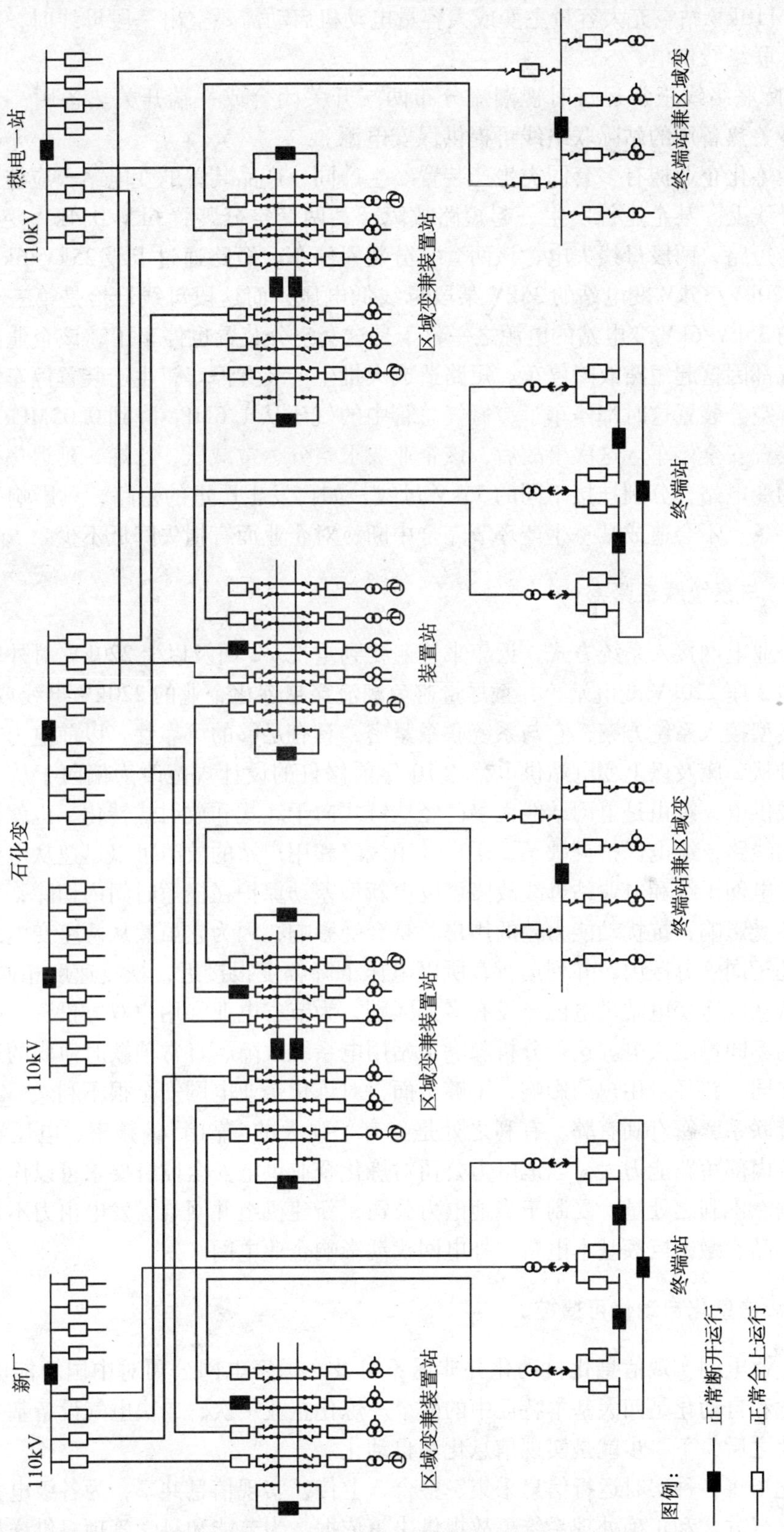

图1.4－6 110kV 网架结构示意图

(5)当110kV站空充大容量主变或大容量电动机启动需要空出一段母线时，可将已带负荷改由站际联络线供电；

(6)站际联络线正常运行时视潮流分布两端开关闭合或一端开关热备用，当事故停电时，一端开关热备用的站际联络线可提供保安电源。

特大型炼化企业拥有多套同类生产装置。生产同一产品装置的变电站，应挂接在不同的主配电网母线上。某企业曾发生一起短路故障，某两套空分装置6kV/0.4kV变电站的6kV分段开关仓短路，两段母线失电，该两套空分装置停车。短路通过上级35kV/6kV变电站造成再上级220kV/35kV变电站的35kV某段母线低电压，而这段母线恰恰是第三套运行中的空分装置的35kV/6kV变电站的电源之一，于是这套空分装置也停车了，该企业除了检修中的空分装置都因这起短路故障停车。短路造成大批生产装置停车，生产装置停车需要大量氮气，而所有空分装置这时都停车了，氮气总管中的气压从1.6MPa降到0.05MPa，差点不能保障生产装置安全停车。这次事故后，该企业要求空分、常减压、乙烯、延迟焦化、聚烯烃同类装置的变电站，分别挂接不同的35kV母线，如再发生严重的短路，只影响平行联合生产线中的一条，不会造成某一生产环节完全中断，对企业而言损失降低不少。

1.4.2 与系统联系紧密

炼化企业电网接入系统方式，近年来普遍受到重视。2回及以上220kV对外联络线，分别接入当地2座220kV变电站，并且尽量避免潮流穿越炼化企业的220kV母线或内部环网，已经成为典型接入系统方案，它与系统联系紧密，具有足够的可靠性。以前电力行业对重要用户也安排从2座及以上变电站供电，约10年前修订的设计规范改为偏向于从一座变电站的不同母线供电，理由是电网结线大多已经从链式向干线式和放射式转化，也就是从公共线路改为专用线路，继电保护灵敏了，用户专用线路和用户站的故障可以迅速从电业站的馈线始端切除，电网干线和电业站母线故障可以由新型差动保护在极短时间内切除，抗扰动能力强的用户不受影响；抗扰动能力差的用户总是会受影响，因为它虽然从两座变电站受电，但是两座站处于同一分区内，并列运行，所以电压下降幅度很接近，恢复速度相同。结论是：用户站是否从两座变电站供电已经没有多大区别，为节省电业和用户双方投资，改为从同一座电业站的不同母线供电。这种分析隐瞒了站用电系统故障、日常消缺时薄弱的运行方式和电源进线走同一路径对用户的影响，不够全面，对炼化企业电网安全很不利。

与系统联系紧密有利有弊。有利之处是：有了强大的“靠山”，频率、电压稳定，短路容量大，抗内部短路能力大，当地电力公司对炼化企业供电安全监管要求可以作为电气隐患治理的依据。不利之处是：受制于当地电力公司，新建机组并网难、发电出力不足、为外电网试用新产品、缴纳巨额基本电费、外电网扰动影响企业电网。

1.4.3 信息化自动化可遥控

炼化企业电网实现信息化自动化并非遥不可及。国家电网公司对中国智能电网的定位中，信息化和自动化是四大基本特征中的两个。炼化企业一次、二次电气设备基本与国内电力公司接轨之后，下一步就是实现信息化和自动化。

信息化指将各种实时运行信息采集、整合、上传，实现信息共享，为各级电力调度机构合理安排运行方式和正确处理系统事故提供决策依据，为节能和科学管理提供详尽可靠的基础资料，为实现自动化打基础。值得注意的是，我们正在不断添置的电气监控系统和调度自动化系统，应该顺应信息化潮流，避免若干年后被无情淘汰。

自动化指使用各种高级应用软件，分析电网实时状况，定量模拟各种事故对的电网的破坏程度，生成事故处理预案；分析所需执行的任务，提供可能的运行方式，并作对比分析；取代各种人工日常管理工作，自动生成报表、分析、预测、发电计划、有功无功控制曲线、操作票等；最大限度发展无人值守变电站，全面实现“五遥”（遥信、遥测、遥控、遥调、遥视）。对于炼化企业来说，在引入防误闭锁的前提下，大范围实现遥控操作是有指望的。

使用遥控功能操作无人值守变电站设备的变电站，称为集控站。早期的集控站一般对本站和附近2~4座无人值守变电站实施遥控操作，现在出现了减少集控站数量、增加每个集控站控制的无人值守变电站数量的趋势。对监控系统本身，这一趋势并无技术困难，对电气管理而言，则有利于进一步提升值班电工技能、减少误操作和减员增效。

遥控操作远方开关柜，对现役开关柜只能分、合断路器，推入、拉出手车还需要装设手车电动机构。装设手车电动机构的开关柜公差配合和机构强度要求很高，国产开关柜将面临新一轮设备升级。

1.4.4 封闭配电装置室

多年来用户要求配电装置室不设窗户，进出口设两道门，中间是带拐角的过渡门廊，得不到设计院采纳，因为设计规范要求变电站具备良好的光照和自然通风条件。

到欧美独资企业的配电装置室参观，可以发现它根本没有窗户。一种典型布置方式是，配电装置室位于一栋大房子中的某个位置，上下曲折行走才能到达。配电装置室内开关柜布置得很紧凑，其中包括高低压变频器柜，发热量巨大。配电装置室全靠灯光照明，空调设置到位，既有中央空调，又有柜式或吊顶式空调，平时用中央空调，中央空调检修时用柜式吊顶式空调，温度和湿度得到严格控制。在这样的配电装置室内，灰尘很少，空气绝缘中低压开关柜都能顺利实现5年及以上连续运行目标。设在大楼里的配电装置室还能免除在门口装设容易绊倒人的挡鼠板。

1.4.5 增设现场检测实现长周期运行

连续运行5年的要求遭到传统的质疑，理由是违反检修规程。其实指导性依据已经有了，就差把它转化为规程。中国石化2009版电气管理制度指出：“……采用电气设备状态检测技术，及时诊断设备运行隐患”；国家电网公司2010年2月1日要求“全面完成状态检修验收工作”[6]、“进一步完善设备检测技术手段”、“加大成熟、适用、有效的检测手段配置和应用力度，特别是红外成像测温、超高频、超声波局放检测等一些带电检测手段的应用”[7]。

某炼化企业前几年强制推行红外成像仪扫描，成功检测到变压器套管、铜排接头、电缆中间接头和终端异常发热点；测温包括开关柜背板，要求积累背板表面温度数据，与历史数据对照分析，以期发现动静触头过热问题。近年强制推行变压器油质色谱定期检测。从2010年开始，强制要求新设备连续运行5年，积极引入在线和离线局放检测仪，以期发现变压器和GIS内部的局部放电，引入金属氧化物避雷器带电检测泄漏电流技术与设备。目标是新设备全面达到连续运行5年的标准，再总结经验运用到现有设备上去。

大型电动机除了温度和振动外，还没有针对绝缘、气隙等事关安全的在线检测手段。国外和国内大型旋转电机局放和气隙在线监测先进技术，将能有效弥补空白。高压侧在线局放监测技术能监视定子绕组绝缘老化趋势，解决现有预防性试验项目不能发现绝缘严重老化、导致没有备台的大型电动机绕组突然烧毁的问题。气隙在线监测技术能监视转子槽楔和铁芯蠕动、定子铁芯变形。某炼化企业一台100MW发电机在运行了6年之后转子线棒甩出，导致打碎励磁机、发电机完全报废、汽轮机低压缸转子报废的严重事故。气隙在线监测专门针对这类事故。

现场检测是状态检修的依据，状态检修是长周期运行的基本条件之一。

1.4.6 抗电网扰动能力逐渐增强

企业电网接入外电网的联络线大多是架空线或混合线，企业电网中的220kV、110kV线路、部分地域宽阔企业的35kV线路，也多见架空线和混合线。这些线路容易遭受雷电过电压或外力破坏发生短路，造成大面积停电。

某炼化企业的110kV、35kV架空线路早年时常遭雷击，在采用了被电力部否定的消雷器和其他防雷措施后，基本解决了这个严重影响生产的难题，可见曾被否定的技术也有独到之处，关键是如何扬长避短。

某炼化企业地处雷暴特别频繁地区，应用中国石化与某高新技术企业合作研发的带发电机快切技术后，在遭雷的线路失电时，用电负荷只需100ms就被转移到第二电源，生产装置不会停车，迄今为止成功率很高。

早期的快切装置专为发电厂厂用电母线系统研发，炼化企业电力系统需要解决的问题则主要在接入外电网的最高电压等级：当对外联络线故障跳闸时，由于发电机的存在，闭锁了备自投（见1.1.2.2节），或因备自投动作时间太长，不能避免生产装置停车。炼化企业内部电网如果存在架空线路，且频繁遭雷影响生产的，配置快切亦属必要。应避免将快切普遍替代备自投，配置在较低的电压等级系统。因为快切只是故障发生后的补救措施，真正解决问题应是将故障遏制在源头，避免电力电缆、开关柜和用电设备频繁发生短路。事实上，短路故障一旦发生，快切装置只能保平行系统维持运行，故障系统并不能免于停电，不能避免对生产装置的影响。按集团公司2011年三个文件要求治理或新建的中、低压纯电缆配电网，极少发生短路故障，如果没有特殊情况，无须配置快切。

1.4.7 系统安全问题逐步显现

设备可靠度不断提高，系统隐患持续治理，电网崩溃的风险依然存在。

1.4.7.1 频率崩溃

由于自备发电机组总是与用电负荷存在差距、自备机组不是可靠电源（见1.1.2.2节）、企业电网与外电网事故解列时自备机组闭锁备自投（同上）、炼化企业生产装置都是重要负荷，电力系统和无数次扩建的设计都没有考虑为设置低周减载采取相应措施（同上），在矛盾堆积的当头，按装置重要程度和对联合生产线的影响自行设置低周减载，又遇到安全停电用电负荷约占到正常负荷50%以上的问题（见1.1.1.3节），无法成功设置低周减载。因此，炼化企业电网一旦与外电网事故解列，频率崩溃风险客观存在。

企业电网能够实现3回联络线接入外电网的很少，大多是2回联络线同塔双回路架设，企业电网与外电网事故解列的概率较大。在经济发展快的地区，架设第3回联络线或者将2回联络线分塔架设的可能性小。如果经多年努力仍然无法实现，将同塔双回架空线路的钢芯铝绞线改为碳纤维耐热导线，可增大导线截面实现扩容；两个回路的绝缘子串片数取一多一少，在遭受雷害时，绝缘薄弱的回路被击穿，绝缘强的回路得到保护。联络线扩容和差别化绝缘可减小企业电网孤网运行的概率。

1.4.7.2 电压崩溃

由于占炼化企业负荷80%以上的电动机负荷呈感性，补偿设施是6kV、35kV母线上人工分批投切的电容器组，它发出的无功功率与电压的平方成正比，系统性事故时母线电压降落，电容器发出的无功比电压降落得更快，不能期望它支撑母线电压，自备发电机组又大多接入110kV母线，不能发挥强制励磁功能挽救电压降落，因此，电压崩溃的风险也客观存在。

1.4.7.3 电网崩溃

频率崩溃和电压崩溃是电网崩溃的两种形式。从总体上看，炼化企业生产装置安全停车负荷巨大，与重要用户自备应急电源配置容量标准应达到保安负荷的120%[8]的规定差距实在太远，一旦发生企业电网局部或全面崩溃，生产装置不能安全停车，就是一场特别重大事故。

某企业已经在国内企业电网中首先大范围设置稳控系统，尽管存在一些问题，但这是避免企业电网频率崩溃的出路。如果继续采用自备电厂总装机容量小于用电负荷的建设模式，企业电网存在带20%以上电力缺额与外电网解列风险，设置稳控系统或将成为趋势。

2008年某企业投运了2套35kV动态静止型无功补偿装置(SVC)，这是中国石化首次应用大功率动态无功补偿装置。它能在20ms内准确跟踪补偿系统无功缺额，在正常运行方式下能使2段35kV母线的功率因数保持在设定值，在大容量电动机启动时，能有效避免高达40Mvar无功缺额对系统的冲击。该企业将SVC设在35kV主供配电母线上，同时解决多台大容量电动机启动时的无功冲击负荷、准确维持系统功率因数问题，比无功就地平衡的传统补偿方式省投资，也回避了装置变电站没有装设SVC场地的问题。不足之处是洽谈技术协议时只要求制造商保证系统的功率因数，运行中当用电负荷低引起母线电压偏高时，SVC不能设定母线电压运行，只能调整主变有载调压开关，而后者通常不作为日常调节手段。

但是，SVC是无源补偿装置，当电网发生解列事故，而且电压急剧下降时，SVC输出无功功率比电压下降得快，无法拯救电压崩溃。有源动态无功补偿装置(SVG)是一种有效避免电压崩溃的设备，国内电力公司已开始试点应用。当国内SVG技术成熟后，也将出现在炼化企业电网中。

1.4.8 检修规程亟需修订

现行检修规程规定了许多试验项目，某些项目明显不适合施加在新型电气设备上，某些项目甚至不允许使用。状态检测技术的发展产生一些新的试验手段，随着这些新手段的应用，必将带来新的试验项目和标准。

生产装置长周期运行已使电气设备检修规程规定的检修周期基本落空，状态检修正在逐步取代定期检修。

以往检修规程修订周期是十几、二十年，中国石化《电气设备检修规程》上次修订是2004年，现已明显不适应现实情况。炼化企业中严谨的电气管理干部主张严格遵循规程定期检修，怀疑、抵制在线监测装备，肩负全面责任的电气专业带头人主张新购设备具备长周期运行能力，加强在线监测手段，加快状态检修步伐。两者站在各自的角度看问题，都是对的。解决这对矛盾需要做很多工作，其中包括修订检修规程，使企业电气管理人员有据可依。

1.4.9 分布式发电与大容量机组

分布式发电指利用各种能源就地发电，就近并网。有腈纶装置的炼化企业早年已利用供热蒸汽与生产装置用汽参数之间的差值，设置小型背压式汽轮发电机组实现差压发电。IGCC 作为一种短流程高效炼油工艺，早晚会被采用，它的副产热能用来发电适得其所。炼化企业还有不少低品位蒸汽排放或用非所值，溴化锂装置可以将其转化为电能。一些企业还有风能、潮汐能可资利用，若干年后太阳能也会值得利用。这些能源所能转化的电能，与炼化企业的用电负荷相比还很小，不能成为主力电源，但是它可增加企业自发电量，减少买电量，提高企业电网的安全性和效益。美国的智能电网建筑在分布式发电之上，正在开发各类容纳分布式电源接入系统的硬件和软件，国内也有企业在做这些研发，或可为炼化企业借鉴使用。

我国在大容量工业供热机组设计应用方面走在世界前列。330MW 双抽(2.5MPa/1.5MPa)亚临界机组有多台运行一年以上，350MW 双抽超临界机组也已开始并网发电。它的发电煤耗比我们使用的高压供热机组低很多，它的发电量能够满足炼化企业长远发展需求，它如接入炼化企业电网，可大幅度改善电网的脆弱性，它提供的短路容量，可以缓和大容量电动机启动产生的电压波动，提高电网的电能质量。

大容量机组也有不利的一面，炼化企业富裕的电力须出售，然而向电网卖电有很多限制。建设大容量发电机组需要走合资路线，合资电厂的电卖给炼化企业要受到电力公司加价，使得炼化企业用电成本上升一半以上。

1.4.10 电压等级因地制宜

电力公司正在调整归并电压等级，大部分地区将 35kV 向 110kV 靠，部分地区将 110kV 向 220kV 靠。1996 年按新的电压等级 20kV 建起的苏州工业园区，十多年来的运行业绩证明在一次投资和节能方面有优势，只是设备还不太成熟，维护检修不如 10kV 得心应手，近年来电力行业虽有推介，但没有大范围推广。

炼化企业则将出现国标中大部分标准电压等级。结合企业电网实际情况展开分析计算，可知供电要求特殊的炼化企业电网，使用尽可能多的电压等级，无论从技术角度还是经济角度看，都是必要的。因此，没有 35kV 电压等级的企业，将因该电压等级配置灵活，适合向中型生产装置供电，如果建三电源变电站，还适合向大型生产装置供电，而得到采用；只有 35kV 电压等级且已扩建到极限的企业，将因 110kV 电压等级适合向特大型生产装置、大容量电动机和区域变电站供电，并且能够对过度扩张的 35kV 配电网实施分割，缓解扩张带来的问题，而得到采用。尤其是随着生产装置大型化、总图布置将配电站从负荷中心推到装置界区边缘的趋势，低压电缆大截面、多拼、长距离输电成为常态，低压柜和电动机接线盒出现高温节点，低压电缆投资所占比例和故障率上升，660V 或者 690V 在大型新建项目中部分取代 380V 配电，将是一个含有技术进步特征的发展趋势。

炼化企业的电力系统具有发供用要素齐全、规模大、电网电能质量差、供电连续性要求高、事故停电经济损失大、大面积停电可造成重大设备、安全、环境污染事故的特点。因此，找准差距，立足国标和电力行标，融合本行业和外部行之有效的方法，以尽可能少的投资建设合理、可靠的电力系统，以适合设备特点的运行、维护、检修、试验手段促使供用电设备长周期运行，任务虽然艰巨，但是只要总部各有关条线、企业及其下属部门上下齐心合力，完全可以实现。

第 2 章　系统过电压

2.1　电力系统过电压机理及防护措施

2.1.1　过电压概述

2.1.1.1　电力系统过电压的定义

超过电力系统最高工作电压(U_m)称为电力系统的过电压。

电力系统最高工作电压，是指各个电压等级下的最高电压 U_m；而各个电压等级的最高电压 U_m，同该等级的额定电压有对应关系。

需要强调的是：U_m对于研究过电压问题，是一个很重要的参数和符号。

首先要弄清楚几个电压的关系：

1. 系统标称电压 U_N(kV)

0.38　3　6　10　15　20　35

66　110　220　330　500　750

3 ~ 35kV 的系统称为中压电力系统；

66 ~ 220kV 的系统称为高压电力系统；

330 ~ 500kV 的系统成为超高压电力系统；

750kV 及以上的系统成为特高压电力系统。

2. 线路额定电压

线路额定电压跟系统标称电压完全相同。

3. 发电机的额定电压

发电机的额定电压(kV)一般比直配线路(3、6、10kV)额定电压高 5%，一般为：

3.15　6.3　10.5　13.8　15.75　17　(kV)

对于较大容量的发电机(超过 100MW)，接入系统方式为发—变组方式，其额定电压为 13.8 kV 及以上，同系统和厂用电连接都有变压器隔离，分析过电压问题和角度有所不同。

4. 降压变压器

对于降压变压器一次绕组的额定电压，与相连线路的额定电压相同。发电厂厂用降压变压器，一次绕组的额定电压与发电机额定电压相同。降压变压器二次绕组的额定电压，需要比所连接的系统标称电压高 10%，两个原因：

(1)正常运行时降压变二次电压较线路高 5%；

(2)额定负载下降压变内部的电压降约为 5%。

5. 升压变压器

升压变压器一次绕组的额定电压，与发电机额定电压相同；升压变压器二次绕组的额定电压，需要比所连接的系统标称电压高 10%。原因同降压变压器二次绕组的额定电压。

6. 电力系统最高工作电压(U_m)

我国各种电压等级使用情况如下：

(1) 3、6kV 用于发电厂厂用电和配电网电压。

(2) 10kV 广泛用于配电网电压。近年来部分企业也用 10kV 作为配电网电压。

(3) 35、66kV 为大城市、大工业企业内部的配电网和农村输电网电压。其中 35kV 是石化企业非常重要的一个电压等级。

(4) 110、220kV 用于电网主干输电线电压。

(5) 330、500 kV 用于大电网主网网架电压。

(6) 500 (包括直流输电)、750kV 用于系统之间联络线。

其中 330、750kV 为西北电网所特有。

(7) 我国正在建设 1000kV 交流、800kV 直流的特高压电网。

系统标称电压同最高工作电压对应关系见表 2.1－1。

表 2.1－1　标称电压同最高工作电压的对应关系

U_N/kV	3	6	10	15	20	35	66	110	220
U_m/kV	3.6	7.2	12	18	24	40.5	72.5	126	252

2.1.1.2　过电压的产生

过电压属于电力系统中的一种电磁扰动现象，电力系统中电路状态或电磁状态的突然变化是产生过电压的根本原因。

过电压分为外过电压和内过电压两大类。研究电力系统中各种过电压的起因，预测其幅值，并采取措施加以限制，是确定电力系统绝缘配合的前提，对于电工设备制造和电力系统运行都具有重要意义。

电工设备的绝缘长期耐受着工作电压，同时还必须能够承受一定幅度的过电压，这样才能保证电力系统安全。

2.1.1.3　过电压的分类(见图 2.1－1 和图 2.1－2)

- 过电压
  - 雷电过电压
    - 直击雷过电压
    - 雷击感应过电压
    - 雷电波侵入过电压
    - 雷电地电位反击过电
  - 内部过电压
    - 暂时过电压
      - 工频过电压
        - 长线路电容效应
        - 中性点不接地系统
        - 发生不对称接地
        - 甩负荷
      - 谐振过电压
        - 线性谐振
        - 铁磁谐振
        - 参数谐振
    - 操作过电压
      - 线路合闸和重合闸过电压
      - 空载线路分闸过电压
      - 开断并联电容补偿装置的过电压
      - 操作空载变压器和并联电抗器等
      - 开断高压感应电动机的过电压
      - 发生单相接地故障的过电压

图 2.1－1　过电压的分类

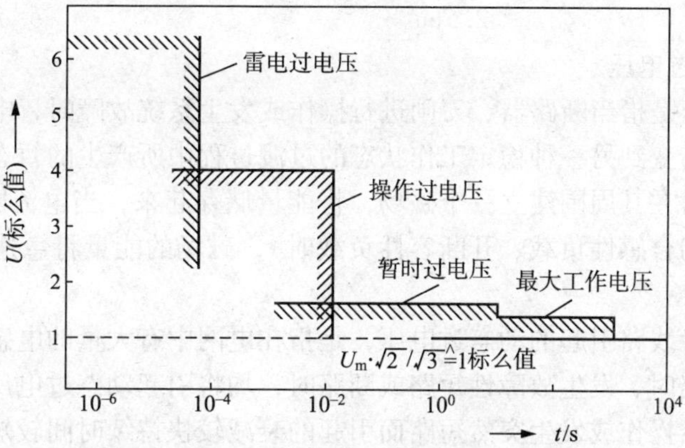

图 2.1-2 电力系统中各种过电压示意

2.1.2 内部过电压

内部过电压是由于电力系统故障、或开关操作、或参数配合不当而引起的电网运行状态变化，导致电网中电磁能量发生转化，从而产生瞬时或持续高于电网额定允许电压、并对电气装置可能造成威胁的电压升高。

在故障或操作时瞬间发生的过电压称为操作过电压，其持续时间一般在几十毫秒之内；在暂态过渡过程结束以后出现的，持续时间大于100ms甚至数小时的持续性过电压称为暂时过电压。暂时过电压又可以分为工频过电压和谐振过电压。因此，电力系统的内部过电压分为三大类：操作过电压、工频过电压、谐振过电压：

操作过电压：由于断路器操作或出现故障保护动作引起的过电压。

工频过电压：由于电网运行方式的突然改变，引起某些电网工频电压的升高。

谐振过电压：由系统电感和电容组成的谐振回路引起的过电压。

1. 电力系统的过电压值

相对地暂时过电压和操作过电压的标么值：

工频过电压

$$1.0\text{pu} = U_m/\sqrt{3}$$

谐振过电压和操作过电压

$$1.0\text{pu} = \sqrt{2}U_m/\sqrt{3}$$

2. 系统的工频过电压水平

线路断路器的变电所侧：1.3pu

线路断路器的线路侧：1.4pu

对110kV及220kV系统，工频过电压一般不超过1.3pu；3～10kV系统一般不超过$1.1\sqrt{3}$pu。

35～66kV系统，工频过电压一般分别不超过 $1.1\sqrt{3}$pu和$\sqrt{3}$pu。

3. 系统的操作过电压水平

110～220kV中性点直接接地：3.0pu

66kV及以下中性点不接地： 3.5pu

消弧线卷接地：　　　　　　　3. 2pu

电阻接地：　　　　　　　　　2. 5pu

2. 1. 2. 1　操作过电压

所谓操作过电压是指当断路器、刀闸进行操作或发生系统故障时，电力系统从一种稳定工作状态通过振荡转变到另一种稳定工作状态的过渡过程中所产生的暂态性质的过电压。

电流通过导体时在其周围建立一个磁场，将能量储存起来，当电流断开或接通时(特别是当导线较长或者切合感性负载、开断容性负载时)，磁场的能量将急速释放，形成瞬态过电压。

投切设备或切换线路引起的动态过电压，是指在电网中有大量的电感电能贮能元件，用开关接通或切断电路时、发生故障性短路或断路时，均将引起动态过电压。

由于进行断路器操作或发生突然短路而引起的衰减较快持续时间较短，操作过电压是毫秒级暂态过程的过压。常见的情况有：切除空载线路过电压、空载线路合闸和重合闸过电压、切断空载变压器过电压、切断电动机等电感性负载的过电压、弧光接地过电压、切除电容器过电压、其他操作过电压。

1. 切除空载线路时的过电压

切断空载线路或并联电容器组时，可能引起“电感—电容”回路振荡过程，引起过电压，产生电弧重燃，引起电气设备的多次绝缘闪络或击穿事故。

用开关切除空载线路时，可能在线路或母线侧出现危险的过电压。在工频条件下，由于空载线路表现为一个等值的电容负荷，所以切除空载长线时产生的过电压与切除电容器组时产生的过电压性质完全相同。

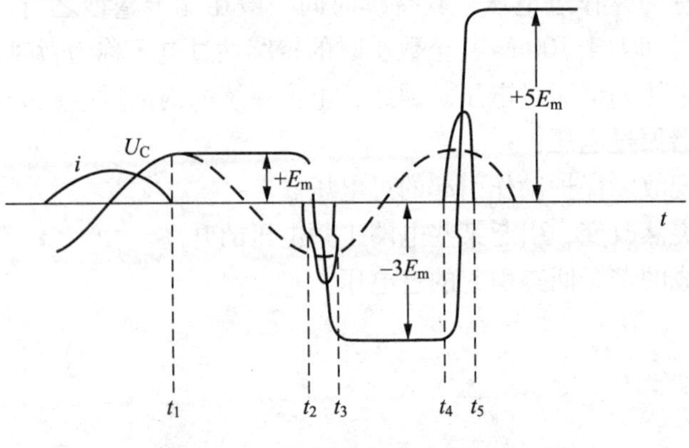

图 2. 1 – 3　切除空载线路出现过电压

空载线路属于电容性负载。由于切断过程中交流电弧的重燃而引起更剧烈的电磁振荡，使线路出现过电压。其原理如图 2. 1 – 3 所示。t_1 时刻工频电流熄灭，此时线路仍保持残余电压：$U_c = +E_m$；

$t_2 \sim t_3$ 时高频电弧第一次重燃又熄灭，使线路电压经过振荡达到 $-3E_m$；$t_4 \sim t_5$ 时电弧第二次重燃并熄灭，使线路电压达到 $5E_m$。如此推演，直至电弧不再重燃、电流最终切断为止。切除电容器等其他电容性负载，都会因电弧重燃而引起上述过程的。

电弧重燃具有强烈的统计性。

$$过电压幅值 = 稳态值 + (稳态值 - 初始值)$$

$$稳态值 = E_m，初始值 = -E_m$$

$$t_3\ 时刻的过电压幅值 = E_m + [E_m - (-E_m)] = 3E_m$$

以此类推，t_5 时刻的过电压幅值为 $5E_m$。

切除空载线路时的过电压的限制措施：改善断路器性能，增大触头灭弧能力；采用带并联电阻(约 3000Ω)的开关；线路上装电磁式放电电压互感器；并联电抗器；采用专门的磁吹避雷器。

2. 空载线路合闸和重合闸的过电压

系统在合闸初瞬间的暂态过程中，电源电压通过系统的电感和电容，在回路中会发生谐振，引起过电压。有计划性合闸操作和故障后自动重合闸都可以引发合闸过电压。

空载线路合闸和重合闸的过电压的限制措施：采用带并联电阻的开关。

图2.1－4中L为电源和线路的等值电感，C为线路的等值电容，$e(t)$为交流电源。当开关K突然合上时，在回路中会发生角频率为$\omega_0=1/\sqrt{LC}$的高频振荡过渡过程，电容C(即线路)上的电压$U_C(t)$可能达到最大值，即$2E_m$，E_m为交流电源电压幅值。如果合闸前电容C上还有初始电压，合闸后振荡过程中的过电压，很可能达到$3E_m$，线路自动重合闸时就会导致这种情况出现。

3. 切除空载变压器引起的过电压

切除空载变压器是电网中常见的一种操作形式。在正常运行的情况下，空载变压器表现为一个励磁电感(它的漏感较小，可以忽略)，因此切除空载变压器也即是切除电感负载。

切除电动机、电抗器时，开关中的电感电流突然被切断，电感中储存的磁能将在被切除的电器和开关上引起过电压。

切除空载变压器引起的过电压的限制措施：采用带并联电阻的开关或高性能的开关。

变压器是电感性负载，同时对地还有等值电容。当断路器K突然切断电流时，电流变化率di/dt较大，使变压器上产生较高的感应过电压。电流切断以后，变压器中残余的电磁能又向对地电容C充电，形成振荡过程，因而出现过电压，称为截流过电压。其波形如图2.1－5所示。断路器操作切除其他电感性负载也会出现类似的过电压。

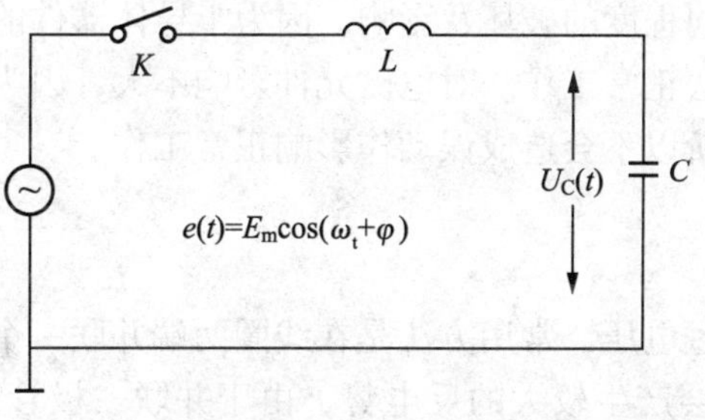

图2.1－4 空载线路合闸时的简化等值电路

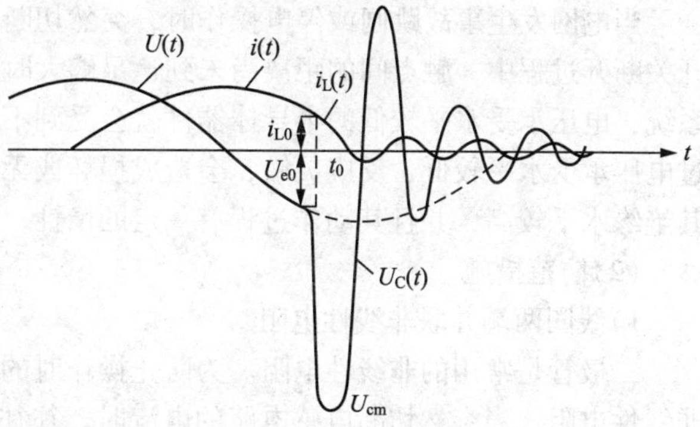

图2.1－5 截流过电压波形

4. 切断电动机等电感性负载的过电压

真空断路器切断变压器、电动机等感性负载时，将产生操作过电压，这是因为真空断路器优越的绝缘性能在电弧电流过零点前就被强行切断，引起线路产生感应过电压，同时在感性负载与分布电容之间发生高频振荡，使得电动机等电感性负载端部产生过电压。

由于电感电流不在零点时被迫截断，在电感电路中电流突变会感应出现很高电压，其过电压值与截留值有关，有数值显示这种电感电路中的操作过电压可达7倍额定值以上，如果电动机在起动时断路器跳闸，此时过电压倍数更高。

5. 弧光接地过电压

在中性点不接地系统中发生单相接地故障时，各相的相电压升高，则流过故障点的接地电流也随着增加，许多暂时性的单相弧光接地故障往往能自行熄灭，在接地电流不大的系统中，不会产生稳定的电弧，这种间歇性的电弧引起系统运行方式瞬息变化，导致多次重复性电磁振荡，在无故障相和故障相上产生严重的弧光过电压。

弧光接地过电压的限制措施：采用消弧线圈接地或电阻接地方式。

6. 切除电容器过电压

多次重燃过电压是由于弧隙发生多次重燃，电源多次向电容进行充电而产生的。在真空断路器切断电流的过程中，触头的一侧为工频电源，另一侧为 LC 回路充放电的振荡电源，如果触头间的开距不够大，两个电压叠加后就会使弧隙之间发生击穿，断路器的恢复电压就会升高，就会发生第二次重燃，再灭弧、再重燃以致发生多次重燃现象，多次的充放电振荡，触头间的恢复电压逐级升高，负载端的电压也不断升高，致使产生多次重燃过电压。

7. 其他形式的操作过电压

这里重点介绍二次回路的操作过电压

产生的原因：一是分布电容的传递作用，二次回路突然切断电感电路的电流时，所产生的操作过电压，一方面会通过触点间的电弧传入直流系统，另一方面原来线圈的磁场能量会转换成分布电容的电场能量；二是磁场的耦合作用也会传递过电压，过电压器具的振荡电流产生交变磁场，有部分磁力线与受干扰回路耦合，在其中产生感应电势，这是由磁场耦合而传递过电压的；三是控制回路常采用多芯电缆，缆芯平行且靠得很近，静电互感系数比较大，而磁力线绝大部分集中在断路器、继电器、跳合闸线圈等铁心线圈回路中，与之相比缆芯之间交链的磁力线很少，互感系数较小。因此，操作过电压比感应电压大得多，这也说明过电压主要是通过分布电容进行传递。

(1)二次回路操作过电压的危害

当电网发生事故跳闸或停电操作时，突然切断二次回路电感的电流时会产生过电压。在开关断开过程中，触点间的距离尚未到达足够大时就已经被击穿，高电压进入直流操作电源系统，电压承受水平较低的半导体器件就会受到不同程度的破坏及影响。因为半导体器件的过电压承受水平较低，反应灵敏，会造成损坏或无法正常工作。对电磁元件影响不大，因为其绝缘水平较高，并且其动作过程有一定的惰性，所以不会造成误动作影响正常工作。

(2)防范措施

1)线圈两端并联非线性电阻

二极管是常用的非线性电阻。为防止操作时的过电压，常用方法是在线圈两端并联一个非线性电阻，当突然切断电感电路的电流时，往往会产生较大的反电势，由于并联二极管，反电势通过二极管被短路，线圈中的自由分量电流是按指数形式衰减。线圈的端电压等于二极管的压降，其值远小于电源电压。这样，二极管就能消除振荡过电压的产生。但这种办法不适用于交流电路。

2)线圈两端并联阻容支路

这种办法不仅适用于直流电路也适用于交流电路。其结线方式是把阻容支路并联在线圈两端。在增加的并联支路所组成的回路中，电阻被调整到临界值，因而当开关切断载流线圈电流时不产生振荡。另一方面，由于两支路的时间常数相等，因而不管总电流随时间如何变化，两支路中的自由电流分量总是大小相等，方向相反。电源支路中自由电流分量等于零，也就是说，当开关切断线圈电流时，线圈两端的电压为零。所以这种结线方式，不仅可消除操作过电压，同时也消除了在切断感性负载时，开关触点间产生的电弧及火花。

3)采用具有金属屏蔽层的电缆

当二次回路中的电缆靠得比较近时，一根电缆的高频电压，会通过分布电容传递到附近另一根电缆缆芯上。为减少过电压的传递，最好采用有金属屏蔽层的电缆，并将屏蔽层在电缆两端分别接地，从而使操作过电压的磁力线绝大部分集中在屏蔽层，不会进入电缆内部，从而避免了过电压的传递。

如果电缆没有金属屏蔽层时，将电缆内备用缆芯接地，同样也能起到减少操作过电压传递的效果。

在采取防止操作干扰过电压的措施时，同时还应注意不能影响装置的正常工作

2.1.2.2　工频过电压

由于电网运行方式的突然改变，引起某些电网工频电压的升高。

工频电压升高包括：突然甩负荷引起的工频电压升高、长线路空载末端的电压升高、系统不对称短路时的电压升高、解环操作引起的过电压。

1. 突然甩负荷引起的工频电压升高

(1)发电机电枢反应的变化引起的工频电压升高。一般系统所带的是感性负荷，感性负荷的电流对发电机起去磁的电枢反应，当系统突然甩掉负荷时，这个去磁的电枢反应也随之消失，但根据磁链守恒原理，穿过励磁绕组的磁通来不及变化，故发电机端电压将升高。甩掉感性负荷的长线路呈容性，容性的电流又对发电机起助磁的电枢反应。

(2)发电机转速上升引起的工频电压升高。发电机突然甩负荷后，由于发电机的调速器及调压器来不及起作用，发电机的转速将要上升，而电压几乎随着转速的上升成正比增加。

(3)母线及输电线上的电压，由于突然甩负荷，可达额定值的 1.2～1.3 倍。当线路电容较大时，此值还可能更高。这种电压上升时间约为几分之一秒，但实际上受机组调压器、调速器以及变压器、发电机磁饱和的限制，实际电压上升视具体情况而定。

(4)发电机突然甩负荷引起的过电压跟以下因素有关：

1)断路器跳闸前送出的负荷大小；

2）空载长线路的电容效应；

3）发电机励磁调节及电压调整器的特性；

4）原动机的调速特性及制动设备性能。

2. 空载线路末端的电压升高

当输电线路空载运行及线路末端带电容器空载运行，空载线路末端电压比首端要高，这也就是常说的长线路的电容效应。这是由于长线路是由许多串联的 LC 回路组成，愈往终端电压愈高。

《电力系统安全稳定导则》规定，线路末端电压不能超过系统额定电压的 1.15 倍，持续时间不应大于 20min，因此，在给线路充电时，必须估算可能产生的过电压，当可能产生的过电压超过允许值时，要采取相应措施。对于石化企业工频电压升高问题，主要考虑：长电缆线路空载充电、避免带电容器充电、避免由受电端向电缆线路反充电等带来的过电压问题。

3. 不对称短路时的电压升高

在发生不对称短路时，非故障相电压将升高。当中性点接地系统发生单相接地故障时，非故障相的电压升高一般不超过 1.3～1.4 倍相电压的数值。当中性点不接地或经消弧线圈接地系统发生单相接地故障时，非故障相的电压升高达 1.73 倍相电压的数值。利用对称分量法，通过时序网络进行分析。

应避免在 110kV 及 220kV 有效接地系统中偶然形成局部不接地系统，并产生较高的工

频过电压。对可能形成这种局部系统、低压侧有电源的110kV及220kV变压器不接地的中性点，应装设间隙。因接地故障形成局部不接地系统时，该间隙应动作；系统以有效接地方式运行发生单相接地故障时，该间隙不应动作。间隙距离的选择除应满足这两项要求外，还应兼顾雷电过电压下保护变压器中性点标准分级绝缘的要求。

4. 解环操作过电压

电磁环网的解列操作，会由于潮流的变化，导致无功分布的变化，可能会引起过电压。

另外，由于变压器档位调节不当、电容器过量投入、发电机无功调节过调或强行励磁时间长等都会引起运行电压升高，在运行中是尽量避免的。

2.1.2.3　谐振过电压

在额定频率和电压下，电力系统中变压器、发电机、导线电感的漏感均基本恒定，可认为这些参数是线性的。同时发电机和变压器的励磁电感(铁芯电感)与磁通密度的大小有关，在额定工况下绕组的励磁电感也是线性的。

当系统的频率电压异常或发生励磁涌流时，铁芯趋于饱和，电感呈现出非线性。它们和系统中的电容元件组成许多复杂的振荡回路，可能激发起持续时间较长的谐振过电压。

谐振过电压包括：线性谐振、参数谐振、铁磁谐振三种类型。

1. 线性谐振过电压

线性谐振中电路的参数是常数，不随电压或电流的变化而变化。不带铁芯的电感元件(线路的电感、变压器的漏感)、或励磁特性接近线性的带铁芯的电感元件(消弧线圈)和系统中的电容元件形成的谐振回路有以下特点：

(1)自振频率ω_0固定。当它与电源频率相等或接近时，容易发生线性谐振；

(2)当$\omega=\omega_0$时，过电压只能由回路电阻来限制，避雷器不起作用；

(3)线性谐振要求有严格的参数配合；

(4)发生不对称短路或非全相操作时可诱发线性谐振过电压。

例如，在有些大容量的配电变压器10/0.4kV空载运行时如低压侧带有电容器，很有可能产生线性谐振，进而损坏设备，这样的情形时有发生。

用消弧线卷进行补偿的电网，在发生单相接地和切除时、或发生单相断线时，伴随着不同程度的线性谐振现象。

2. 参数谐振过电压

水轮发电机在同步运行状态下，其电抗将在X_d和X_q之间周期性地变动。如果外接负载的容抗处于X_d和X_q之间，且损耗R足够小时，就有可能在此电感参数周期变化的震荡电路中激发起一种特殊性质的参数谐振现象。

当同步发电机接呈容性的负载(如空载线路)，如果参数配合不当，容性电流的助磁作用也会使发电机的端电压和定子电流急剧上升，这种现象称为发电机的自激磁，所产生的过电压称为自激过电压。因此发电机要极力避免带空载长线路或电容器等呈容性负载运行。

3. 铁磁谐振(非线性谐振)过电压

在电力系统的振荡回路中，由于铁芯电感的饱和作用而激发起较高幅值的过电压，即铁磁谐振过电压，它具有与线性谐振完全不同的特点和性能。

由于谐振回路中铁芯电感会因饱和程度不同而相应有不同的电感量，所以非线性振荡回路的自振角频率也不是固定的。

(1)铁磁谐振的状态

铁磁谐振回路可产生三种谐振状态:

谐振频率等于工频的工频谐振，也称基波谐振;

谐振频率等于工频倍数(2、3、5倍等)的高频谐波谐振;

谐振频率等于工频分数倍(1/2、1/3、1/5、2/3、2/5等)的分频谐振，也称为分频率谐波谐振。

即使是基波谐振，也还有可能有高频谐波，这是铁磁谐振的重要特点。

1)基波铁磁谐振分析

带铁芯的电感元件的伏安特性是一条曲线，正常时工作在线性段，当某种原因出现饱和时工作在饱和段。

而电容的伏安特性一直是一条直线。

在基波频率下，$\omega L_0 > 1/\omega_c$

$$即\ \omega_0 = 1/\sqrt{L_{0c}} < \omega$$

回路的自振频率 ω_0 小于电源频率 ω，电网不会发生谐振。

而铁芯发生饱和时，电感值下降($L < L_0$)，回路的 ω_0 会增加，接近或等于 ω，$\omega L_i = 1/\omega_0$ 这是发生的工频谐振的必要条件。

另外还需要一定的程度外界能量，冲击激发持续的铁芯谐振，这种现象称为外激现象。

外激原因有：电网的突然合闸(三相不同期)、发生故障和故障消除等。这些都有可能在短时间内电感两端电压升高大电流的振荡过程或铁芯电感励磁涌流。一旦激发起来，谐振可以自保持，维持很长时间不会衰减。

2)高频和分频铁磁谐振分析

将基波铁磁谐振公式 $\omega L_0 > 1/\omega_c$

$$即\ \omega_0 = 1/\sqrt{L_{0c}} < \omega$$

中的 ω 换成　$\omega_i = k\omega$　　$k = n/m$　　　n、m 为自然数。

当 k 为整数时，此时谐振为高频谐振;

当 k 为分数时，此时谐振为分频谐振。

对于高频铁磁谐振来说，最易发生的是二次和三次谐波谐振，五次也有可能。三次谐波因为变压器通常由一侧绕组接成三角形，对三次谐波形成短路。由于电感对高频的高阻抗作用，七次谐波已很少见。另外电网的有功负载也能起到抑制谐波的作用。

对于分频谐波，由于谐振频率很低，励磁感抗急剧减少，使得励磁电流迅速增大，因此分频谐振不仅具有一定幅值的过电压，还会在电感线圈中出现极大的电流，从而造成温升和电动力。

(2)铁磁谐振的特性

产生铁磁谐振的根本原因是电感元件的铁芯的非线性特性。当电感元件的励磁电流增大到一定数值时，超过铁芯的线性区间而进入饱和区，在饱和区波形产生严重的畸变，畸变的波形根据傅立叶变换，可分解成若干个频率不同的正弦波。在这一系列的正弦波中，有非常大的可能性找到某一频率 ω_i，使得在 ω_i 之下发生电感同外部电路中的电容发生 L-C 谐振。

电感元件的铁芯由线性区间进入非线性饱和区间，是由于电网在某种原因下，产生了一定幅值的不平衡电压，这个不平衡电压加在电压互感器等电感元件上，使得电压互感器铁芯饱和。

在很多情形下，电网会产生不平衡电压。如：单相接地故障，断路器的三相不同期合闸，变压器的投入，元件发生断相运行，系统中三相参数不平衡等因素。当不平衡电压超过一定数值，电压互感器就极有可能会饱和，进而极有可能引发铁磁谐振。

当回路中的某一参数(电容 C)或外加电势 E 虽然作平滑变化，但回路的工作状态可能会发生突变，谐振振荡可能会突变式地产生或消失，这种现象称为铁磁谐振的跃变。

当电网中存在一定的损耗电阻的情况下，铁磁谐振过电压的幅值会受到电感铁磁芯饱和效应的限制。

电网中的避雷器对铁磁谐振过电压不能起到限制作用，相反很有可能因铁磁谐振过电压长时间不消除而导致避雷器爆炸的事故。

(3)发生铁磁谐振过电压的几种常见情形

1)断线谐振过电压

这里所谓的断线，是指由于导线因故障折断、断路器非全相动作或严重不同期、熔断器一相或两相熔断等原因造成电力系统非全相运行的现象。只要电源侧或负荷侧有一侧中性点不接地，断线可能组成复杂多样的非线性串联谐振回路，出现谐振过电压。

断线谐振会导致系统中性点位移及绕组、导线对地产生过电压，严重时发生绝缘闪络、避雷器爆炸、小电动机反转，还有可能将过电压传递到低压侧。

在6~35 kV系统中，断线引起的过电压事故是较为频繁的。通常最大过电压发生在断线相上，使得该处的绝缘易遭受破坏及避雷器爆炸。

在中性点直接接地的110~220 kV系统中，因断路器不同期和拒动、断线所引起的铁磁谐振过电压也经常发生。对中性点分级绝缘的变压器来说，由于中性点避雷器的灭弧电压很低，常在谐振过电压下动作而爆炸。

断线引发的铁磁谐振大部分情况是激发电磁式电压互感器谐振，也有一部分是激发空载或轻载变压器谐振。

防止断线过电压的措施：

加强线路巡视和检修，及早发现导线的机械损伤，避免发生架空线断线；

提高检修质量，保证断路器的三相同期性，避免发生某一项拒动；

不用熔断器设备，避免非全相运行，或采用三相联动的负荷开关；

在中性点直接接地的电网中，操作时应将负载变压器的中性点临时接地；

不将空载变压器长期挂在线路上运行；

必要时在中性点加间隙保护，保护中性点设备绝缘；

中性点经消弧线卷接地的电网，要运行在过补偿状态；

消弧线卷应装在电源侧，避免装在负荷侧；

增加系统阻尼，消弧线卷串联或并联一个电阻或经电阻接地，都能减低铁磁谐振过电压的幅值。

2)多台电压互感器中性点接地引发的分频谐振过电压

如果一个系统中有多台电压互感器的中性点接地，会恶化电压互感器的特性，极易造成谐振过电压。研究表明，它的谐振以分频谐振最为常见。

防范措施：

运行方式上，可采用分段供电，一段母线接一台中性点接地的电压互感器。

尽量减少同一系统中性点接地的电压互感器，特别是负荷侧，应明确不应采用中性点接地的电压互感器。

增加消谐电阻，在开口三角加消谐器。

3)主变压器送空载母线出现虚假接地现象

110kV主变压器向35kV、10kV、6kV空母线，或35kV主变压器向10kV、6kV空母线送电，经常发生35kV、10kV、6kV空母线的电压互感器的中性点电压发生位移，并发生接地信号，但实际上母线侧并没有接地现象，这种现象称为虚假接地现象，是一种铁磁谐振过电压。

母线虚假接地，是由于工频谐振造成的。其原因为：在高压断路器合闸时，有不平衡电压的"激发"，作用于母线电压互感器，母线电压互感器的二相铁芯严重饱和而导纳呈感性，另一相仍为容性。呈感性的二相电压升高，中性点偏移至电压三角形之外，为了保持三相电压向量之和为零的平衡条件，呈容性的一相电压降低并同原来反方向。母线虚假接地或称为虚幻接地，是由于电压互感器饱和及工频谐振引起电压位移的重要标志。至于具体是哪一相接地具有随机性。

防范措施：在主变合闸时，中性点临时接地。

4)双电源定相过电压

在双电源电网内，当某一电源侧的线路检修之后或新设备投运之前，必须事先确定其相位，以防非同期合闸。但定相测试时，如采取不正确的做法，也会引起铁磁谐振，产生严重的过电压，危及人身和设备安全。

如果用电磁式电压互感器定相，无论是一个单相电压互感器，还是两台单相或两台三相电压互感器，当电压互感器接入系统时，它改变了系统中原来的电磁状态。当接入的电压互感器刚好同系统中的电容形成谐振条件，再加上系统中或多或少都存在不平衡电压，此时就会引发电压互感器饱和而发生铁磁谐振。

防范措施：在中性点不接地系统进行时，应采用电阻定相杆法。在中性点直接接地系统进行定相时，无论采用哪一种方法都不会产生谐振过电压。如果不是中性接点直接接地系统，但被定相的两个电网的电源变压器中性点均已引出，则定相时可将两台变压器的中性点临时接地，以防谐振过电压的产生。

当必须利用外接电压互感器进行定相时，可用35kV电压互感器在10(6)kV电网中进行，也可用电容式电压互感器进行定相。

当利用两台中性点接地的电压互感器进行定相时，如电源变压器中性点不接地，为了消除互感器引起的铁磁谐振过电压，可将互感器的中性点临时不接地，或在开口三角绕组上接入适当的电阻。

5)消谐装置失效引起的谐振过电压

我国的配电网络为防止谐振过电压做了大量的预防工作，特别在消谐装置应用方面作出了突出贡献，但是在实践中也发现，现行的消谐装置故障或选用不当会导致或加剧铁磁谐振。

对消谐装置失效的防范措施：

各种消谐器投入运行前应进行交接试验，投运后还要进行测试；

消谐器选型要注意同电压互感器相配合；

对已安装的微机二次消谐器，要加强管理，包括试验、巡检及故障原因分析等；

同一组电压互感器的三相绕组特性应尽量相同。

6）单相接地引发的铁磁谐振过电压

由于单相接地故障，导致中性点出现位移，常常在接入电磁式的电压互感器系统中引起铁磁谐振。系统中即使没有大的扰动，但由于几种因素叠加作用，使得中性点位移电压达到某一数值，从而发生铁磁谐振。

对电磁式电压互感器谐振的防范措施：

选用伏安特性较好不易饱和的电压互感器，可明显降低谐振概率；

尽量减少系统中中性点接地的电压互感器的数量，增加互感器中总感抗值。

增大对地电容，有利于减少铁磁谐振的可能；

在零序回路中增加阻尼电阻或利用高性能的消谐装置，如有可能，使用电容式电压互感器。

7）开关断口电容与母线电压互感器之间的串联谐振过电压

当母线较短、且接有电磁式电压互感器、母线在空载充电状态下，当线路开关跳闸，线路上的电源电压作用于开关的断口并联电容和电压互感器上。对于系统电源中性点直接接地系统，电压互感器也是三相分立中性点直接接地的。网络在正常运行条件下，并联于系统电源，回路是稳定的。当断路器断开后，断口的均压电容和电压互感器的电感构成了铁磁谐振回路条件。

8）铁磁谐振传递过电压

电网中发生不对称接地故障，开关非全相或不同期动作时，网内将出现零序电压和三相电流不对称，通过电容的静电耦合和电感的电磁耦合，或直接传递作用，在相邻的送电线路之间或变压器绕组之间会产生电压的传递现象。当系统接有电压互感器等铁磁元件时，还可能构成串联谐振回路，产生线性谐振或铁磁谐振传递过电压。

传递过电压的传递方式：相邻架空或电缆线路之间、变压器绕组之间、直接传递。

传递过电压预防措施：

临时将变压器低压侧的中性点接地；

避免变压器高压侧有较长时间的三相不同期或高压侧端路器不对称拒动，避免在高压侧使用熔断器；

在低压侧不装设消弧线卷和 C_0 很小的情况下，可在低压侧装设电容器；

装设消弧线卷后，应保持一定的脱谐度或中性点加装电阻；

低压侧装设避雷器可以阻止传递过电压。

（4）减少铁磁谐振发生机率的措施

1）110kV 及 220kV 系统采用带有均压电容的断路器开断连接有电磁式电压互感器的空载母线，经验算有可能产生铁磁谐振过电压时，宜选用电容式电压互感器。已装有电磁式电压互感器时，运行中应避免可能引起谐振的操作方式，必要时可装设专门消除此类铁磁谐振的装置。

2）由单一电源侧用断路器操作中性点不接地的变压器出现非全相或熔断器非全相熔断时，如变压器的励磁电感与对地电容产生铁磁谐振，能产生（2.0～3.0）pu 的过电压；有双侧电源的变压器在非全相分合闸时，由于两侧电源的不同步在变压器中性点上可出现接近于 2.0pu 的过电压，如产生铁磁谐振，则会出现更高的过电压。

措施是操作时变压器中性点接地。经验算如断路器操作中因操动机构故障出现非全相或严重不同期，产生的铁磁谐振过电压时，宜在中性点装设间隙及保护。在操作过程中，应先将变压器中性点临时接地。

3）3～66kV 不接地系统或消弧线圈接地系统偶然脱离消弧线圈的部分，当连接有中性点接地的电磁式电压互感器的空载母线（其上带或不带空载短线路），因合闸充电或在运行时接地故障消除等原因的激发，使电压互感器过饱和则可能产生铁磁谐振过电压。为限制这类过电压，可选取下列措施：

①选用励磁特性饱和点较高的电磁式电压互感器。

②减少同一系统中电压互感器中性点接地的数量，除电源侧电压互感器高压绕组中性点接地外，其他电压互感器中性点尽可能不接地。

③个别情况下，在 10kV 及以下的母线上装设中性点接地的星形接线电容器组或用一段电缆代替架空线路以减少 X_{C0}，使 $X_{C0} < 0.01X_m$。

注：X_m 为电压互感器在线电压作用下单相绕组的励磁电抗。

④在互感器的开口三角形绕组装设电阻或装设其他专门消除此类铁磁谐振的装置。

⑤10kV 及以下互感器高压绕组中性点经 $R_{p \cdot n} \geqslant 0.06X_m$（容量大于 600W）的电阻接地。

4）3～66kV 不接地及消弧线圈接地系统，应采用性能良好的设备并提高运行维护水平，以避免在下述条件下产生铁磁谐振过电压：

①配电变压器高压绕组对地短路：送电线路一相断线且一端接地或不接地；

②有消弧线圈的系统，应适当选择消弧线圈的脱谐度，以便避开谐振点；无消弧线圈的系统，应采取增大其对地电容等措施（如安装电力电容器等），以防止零序电压通过电容，如变压器绕组间或两条架空线路间的电容耦合，由较高电压系统传递到中性点不接地的较低电压系统，或由较低电压系统传递到较高电压系统，或回路参数形成串联谐振条件，产生高幅值的转移过电压；

③减少出现中性点位移电压的可能性；

④加强设备管理，减少设备故障率；

⑤提高断路器检修质量，严格控制三相合闸不同期；

⑥严格控制发电机、电动机、变压器三相绕组的直流电阻的不平衡率。密切注意架空线路的三相参数不平衡造成的中性点位移，必要时采取措施；

⑦在投运主变时，要合上中性点接地刀闸；

⑧用于无功补偿的电容器组，在接入 10/6kV 母线时，对抑制谐振和减少不平衡电压位移有双重作用。

2.1.3　雷电过电压

雷电过电压或称为大气过电压，也叫电力系统的外部过电压。是由于雷击电力系统或雷电感应而引起，这种外部过电压在电力系统中占的比重极大。雷电过电压的幅值取决于雷电参数和防雷措施，与电网的额定电压无直接关系，具有脉冲特性，持续时间一般只有数十微秒左右。

2.1.3.1　有关雷电的一些知识（见图 2.1－6）

1. 雷雨云形成的原因

雷电放电是由带电荷的雷云引起的。雷云带电原因的解释很多，但还没有获得比较满意的一致认识。一般认为雷云是在有利的大气和大地条件下，由强大的潮湿的热气流不断上升进入稀薄的大气层冷凝的结果。强烈的上升气流穿过云层，水滴被撞分裂带电。轻微的水沫带负电，被风吹得较高，形成大块的带负电的雷云；大滴水珠带正电，凝聚成雨下降，或悬浮在云中，形成一些局部带正电的区域。

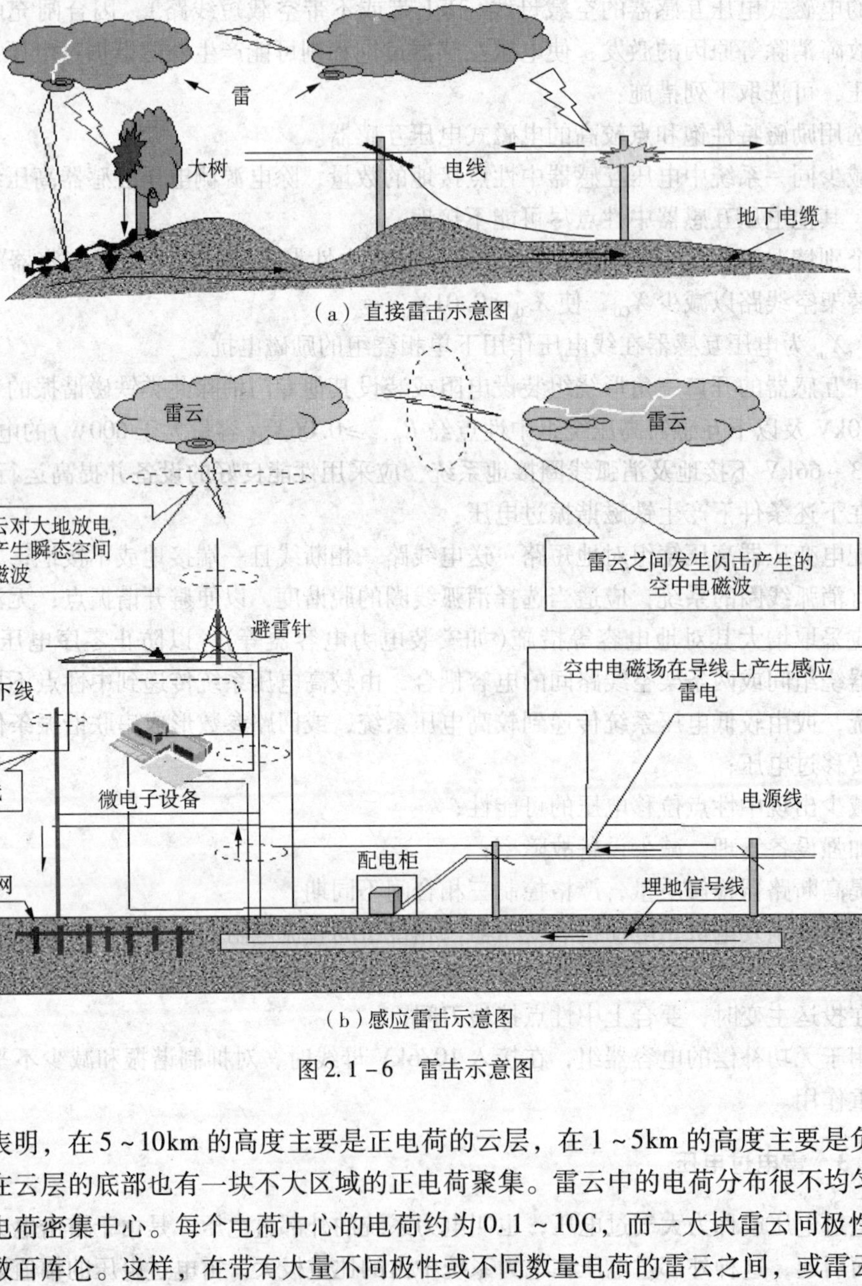

图 2.1－6　雷击示意图

实测表明，在 5～10km 的高度主要是正电荷的云层，在 1～5km 的高度主要是负电荷的云层，但在云层的底部也有一块不大区域的正电荷聚集。雷云中的电荷分布很不均匀，往往形成多个电荷密集中心。每个电荷中心的电荷约为 0.1～10C，而一大块雷云同极性的总电荷则可达数百库仑。这样，在带有大量不同极性或不同数量电荷的雷云之间，或雷云和大地之间就形成了强大的电场。

随着雷云的发展和运动，一旦空间电场强度超过大气游离放电的临界电场强度（大气中的电场强度约为 30kV/cm，有水滴存在时约 10kV/cm）时，就会发生云间或对地的火花放电；放出几十乃至几百千安的电流；产生强烈的光和热（放电通道温度高达 15000～20000℃），使空气急剧膨胀震动，发生霹雳轰鸣。这就是闪电伴随雷鸣叫做雷电的原故。

2. 云对云放电与云对地的放电比例

大多数雷电放电发生在雷云之间，它对地面没有什么直接影响。雷云对大地的放电虽然只占少数。雷暴日数越多，云间放电的比重越大。云间放电与云地放电之间比，在温带约为(1.5~3.0):1，在热带约为(3.0~6.0):1。

3. 雷电暴发时的临界状态

雷云的底部大多数是带负电，它在地面上会感应出大量的正电荷。在带有大量不同极性或不同数量电荷的雷云之间，或雷云和大地之间就形成了强大的电场。随着雷云的发展和运动，一旦空间电场强度超过大气游离放电的临界电场强度时，就会发生云间或对大地的火花放电、强大的电流、强烈的光和热、空气急剧膨胀震动等现象，发生霹雳轰鸣的声音。

4. 雷电对地放电的基本过程

雷云中的负电荷逐渐积累，同时在附近地面上感应出正电荷。

当雷云与大地之间局部电场强度超过大气游离临界场强时，就开始有局部放电通道自雷云边缘向大地发展——先导放电(先导放电发展的平均速度较低约150km/s，表现出的电流不大，约为数百安培)，先导通道具有导电性，因此雷云中的负电荷沿通道分布，并继续向地面延伸，地面上的感应正电荷也逐渐增多。

先导通道发展临近地面时，由于局部空间电场强度的增加，常在地面突起出现正电荷的先导放电向天空发展——迎面先导。

先导通道到达地面或与迎面先导相遇后，在通道端部因大气强烈游离而产生高密度的等离子区，自下而上迅速传播，形成一条高导电率的等离子通道，使先导通道以及雷云中的负电荷与大地的正电荷迅速中和——主放电过程。

主放电的发展速度很快，约为$(2\sim15)\times10^4$km/s，出现很强的脉冲电流，可达20~300kA。

主放电到达云端结束，云中的残余电荷经过主放电通道流下来——余光放电。

5. 雷电流的波形和极性

雷电流是单极性的脉冲波；75%~90%的雷电流是负极性的。

6. 球雷的机理

一般常见的都是线状雷电，有时在云层中能见到片状雷电，个别情况下会出现球状雷电。

球雷是在闪电时由空气分子电离及形成各种活泼化合物而形成的火球，直径约20cm，个别可达10m，它随风滚动，存在时间约3~5s，个别可达几分钟，速度约2m/s，最后会自动或遇到障碍物时发生爆炸。防球雷的办法是关上门窗，或至少不形成穿堂风，以免球雷随风进入屋内。

7. 雷击的选择性

雷云的形成与气象条件及地形有关，当雷云形成之后，雷云对大地哪一点放电，虽然因素复杂多变，但客观上仍存在一定的规律。

通常雷击点选择在地面电场强度最大的地方，也就是在地面电荷最集中的地方，从那里升起迎面先导。地面上导电良好和地形特别突出的地方，比附近其他地方密集了更多的电荷，那里的电场强度也就越大，成为遭受雷击的目标。

地面上特别突出的地方，离雷云最近，其尖端电场强度最大。例如旷野中孤立的大树、高塔或单独的房屋、小丘顶部、房屋群中最高的建筑物的尖顶、屋脊、烟囱、避雷针、避雷线等，都是最容易遭受雷击的地方。

在地面电阻率发生突然变化的地方，局部特别潮湿的地方或地形突变交界边缘之处，例如河边、湖边、沼泽地、山谷的风口等地带，也都是最容易遭受雷击的地方。

凡具有一定的地形、地貌、地质等特征且容易遭受雷击的地方称为易击点或易击段。这些情况，通常就叫做雷击的选择性。

2.1.3.2　雷电参数

1. 雷电日

为了表示不同地区雷电活动的频繁程度，通常利用每年平均雷电日为计量单位。

雷电日的定义是在一天内只要听到雷声(一次或一次以上)就算一个雷电日。在不同年份观测到的雷电日数变化较大，一般是取多年的平均值，即年平均雷电日。

我国根据年平均的雷电日划分雷区：

少雷区——不超过 15 天的地区；

中雷区——超过 15 天但不超过 40 天地区；

多雷区——超过 40 天不超过 90 天地区；

强雷区——超过 90 天或根据运行经验雷害特殊重地区。

2. 地面落雷密度

雷云对地放电的频繁程度，用地面落雷密度表示，其定义是每个雷电日每平方公里上的年平均落雷次数。

$$N_g = 0.024 T_d^{1.3}$$

式中　N_g——年平均密度，次/($km^2 \cdot a$)；

T_d——年平均雷暴日，d/a。

3. 雷电流与雷电过电压的近似表示

对于单极性的雷电流和雷电暂态过电压脉冲波形，通常采用幅值、波头时间和波长时间等三个参数加以描述。见图 2.1-7。

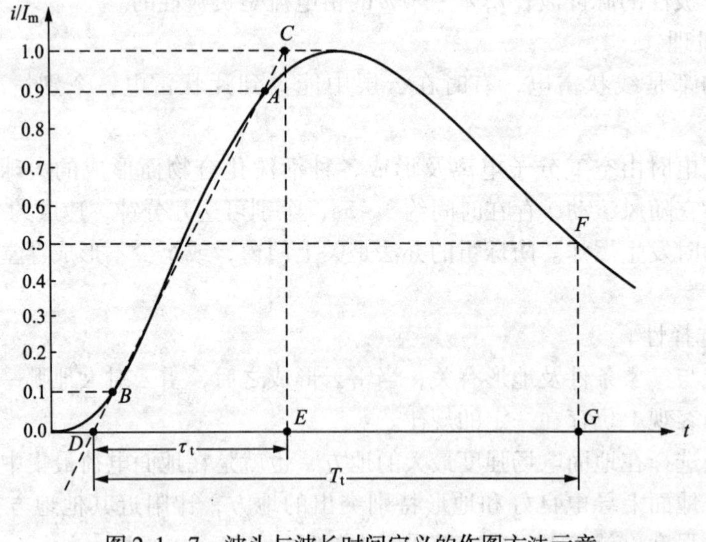

图 2.1-7　波头与波长时间定义的作图方法示意

雷电流的幅值 I_m 是指脉冲电流 i 所达到的最高值；波头 τ_t 是指电流上升到幅值的时间；波长(波尾)T_t 是指脉冲电流的持续时间。幅值和波头又决定了雷电流随时间上升的变化率称为雷电流的陡度。雷电流陡度对过电压有直接影响。

对于振荡型波形，还要附加上主振频率这个参数。

(1) 雷电流幅值的累积概率

对于平均雷电日大于 20d/a 的地区，我国传统采用以下经验公式来表示雷电流幅值累积概率：

$$\lg P = -\frac{I_m}{88}$$

式中　I_m——雷电流幅值，kA；

P——表示雷电流幅值超过 88 kA 的概率。

根据我国大部分地区多年实测得到的 1205 个数据统计，雷电流幅值≥40kA 的雷电流占 45%，≥80kA 的雷电流占 17%，≥108kA 的雷电流占 10%；我国实测最大雷电流 330kA 只占 0.1%。上述统计数据可用雷电流幅值的累积概率曲线来表示。

(2) 雷电流的波头和波长

先由纵轴上的 0.1、0.9 和 1.0 三个刻度分别作三条平行于横轴的平行线，前两条平行线分别与波形曲线的波头部分相交于 A、B 两点，过 A、B 两点作一条直线，该直线与第三条平行线和横轴分别交于 C、D 两点，由 C 点引横轴的垂线，其垂足 E 点与 D 点之间的时间即定义为波头时间，用 τ_t 表示。

为了定义波长时间，再由纵轴上 0.5 刻度作横轴的平行线，该平行线与波形曲线的波尾部分相交于 F 点，从 F 点引横轴的垂线，其垂足 G 点与 D 点之间的时间即定义为波长时间。由于波长时间也是波形曲线衰减到半幅值所需要的时间，它习惯上也被称为半幅值。

各国测得的雷电流波形基本一致，波头长度大多在 1 ~ 5μs，平均约为 2 ~ 2.5μs。我国在防雷保护设计中建议采用 2.6μs。波长在 20 ~ 100μs，平均约为 50μs，大于 50μs 的仅占 18% ~30%。在防雷保护计算中，雷电流的波形可采用 2.6/50μs。

(3) 雷电流的陡度

由于雷电流的波头长度变化范围不大，所以雷电流的陡度和幅值必然密切相关。我国采用 2.6μs 的固定波头长度，即认为雷电流的平均陡度和幅值线性相关：$a = \mathrm{d}i/\mathrm{d}t = I/2.6$ (kA/μs)，即幅值较大的雷电流同时也具有较大的陡度。

(4) 雷电放电的重复次数和总持续时间

一次雷电放电常包含多次重复冲击放电。根据约 6000 个实测记录统计，55% 的落雷包含两次以上的冲击，3 ~5 次冲击占 25%，10 次冲击以上占 4%；平均重复 3 次，最高记录可达 42 次。

一次雷电放电的总持续时间(包含多次重复冲击放电时间)，据统计，有 50% 小于 0.2s，大于 0.62s 只占 5%。

4. 雷电和地区雷电的描述参数

(1) 描述一个雷电的参数

雷电流的极性；

电荷量；

雷电流幅值；

雷电流陡度，平均为 30kA/μs，最高：50kA/μs；

雷电流的波形，波头为 1 ~4μs，波尾为 10 ~200μs；

雷电过电压 $U = iR + L\mathrm{d}i/\mathrm{d}t$。

(2) 描述一个地区雷电的参数

雷电日；

地面落雷密度。

2.1.3.3　雷击过电压的几种形式

1. 静电感应

当线路或设备附近发生雷云放电时，虽然雷电流没有直接击中线路或设备，但在导线上会感应出大量的和雷云极性相反的束缚电荷，当雷云对大地上其他目标放电后，雷云中所带电荷迅速消失，导线上的感应电荷就会失去雷云电荷的束缚而成为自由电荷，并以光速向导线两端急速涌去，从而出现过电压，称为静电感应过电压。

一般由雷电引起局部地区感应过电压，在架空线路可达300～400kV，在低压架空线路上可达100kV，在通信线路上可达40～60kV。

2. 电磁感应

由于雷电流有极大的峰值和陡度，在它周围有强大的变化电磁场，处在此电磁场中的导体会感应出极大的电动势，使有气隙的导体之间放电，产生火花，引起火灾。

由雷电引起的静电感应和电磁感应统称为感应雷(又叫二次雷)。解决的办法是将建筑物的金属屋顶、建筑物内的大型金属物品等做良好的接地处理，使感应电荷能迅速流向大地，防止在缺口处形成高电压和放电火花。

3. 直击雷过电压

带电的雷云与大地上某一点之间发生迅猛的放电现象，称作直击雷。当雷云通过线路或电气设备放电时，放电瞬间线路或电气设备将流过数十万安的巨大雷电流，此电流以光速向线路两端涌去，大量电荷将使线路发生很高的过电压，势必将绝缘薄弱处击穿而将雷电流导入大地，这种过电压为直击雷过电压。

直击雷电流(在短时间内以脉冲的形式通过)的峰值有几十千安，甚至上百千安。雷电流的峰值时间(从雷电流上升到1/2峰值开始，到下降到1/2峰值为止的时间间隔)通常有几微秒到几十微秒。

防止直击雷的措施主要采取避雷针、避雷带、避雷线、避雷网作为接闪器，把雷电流接受下来，通过接地引下线和接地装置，将雷电流迅速而安全送到大地。

4. 雷电波的侵入

雷电波的侵入主要是指直击雷或感应雷通过输电线路传导侵入电网，导致电力系统产生过电压或发生闪击事故。

由于直击雷在输电线路或建筑物附近入地，通过接地网入地时，接地网上会有数十千伏到数百千伏的高电位，这些高电位可以通过电力系统中的导体、接地网或通信系统的信号线，以波的形式传入电网或弱电系统的内部，沿着导线的传播方向扩大过电压的范围。

雷电波前行时，遇到电路的断开点或变压器线圈尾端中性点处，会产生反射。反射波与侵入波叠加，过电压最大时可增加一倍。

雷电波的侵入造成的过电压占电力系统过电压的比重比较大。

防止雷电波侵入的主要措施是在输电线路等能够引起雷电波侵入的设备，在进入建筑物前装设避雷器保护装置，它可以将雷电高电压限制在一定的范围内，保证用电设备不被高电压冲击击穿。

2.1.3.4　防雷的基本途径

雷击有三种主要形式：直击雷、感应雷、球形雷。

雷击过电压对电力系统的破坏方式：直击雷过电压、感应雷过电压、雷电波侵入过电压、地电位反击过电压。

电力系统防雷的基本途径：

首先，要提供一条雷电流(包括雷电电磁脉冲辐射)对地泄放的阻抗合理的路径，而不能让其随机性选择放电通道，也就是要控制雷电能量的泄放与转换，极力避免雷电直击带电设施。避雷针、避雷器、避雷线就是为上述功能而设。

其次，对因直击雷、感应雷、雷电波等诱因产生的过电压，必须在各个电压等级和可能遭受过电压侵入设备及系统上设置避雷器，分级拦截，层层把关。

再次，采取有效措施，防止雷电造成地电位反击。

最后，保证正确可靠的接地，要求有一个良好的接地系统。

现代防雷保护的三道防线：

(1) 外部保护

将对电力系统有威胁的绝大部分雷电流直接引入地下泄散，如避雷针(线)等；

(2) 屏蔽保护

屏蔽对带电导体有过电压危害的雷电冲击波，如避雷带、防反击措施、选用电缆及户内设备等；

(3)内部保护

限制被保护设备上雷电过电压幅值，如避雷器、放电间隙等。

这三道防线相互配合，各尽其职，缺一不可(见图2.1-8)。

2.1.3.5　雷电过电压及其对保护设计的要求

在DL/T 620—1997《交流电气装置的过电压保护和绝缘配合》和《交流电气装置过电压保护设计要求及限制措施》中，对雷电过电压及其对保护设计的要求非常具体和详尽。

电力系统的防雷设施由接地系统(接地网和接地极)、接闪器(避雷针和避雷线)系统和避雷器组成。此处重点介绍接闪器系统。

接闪器系统(见图2.1-9)由接闪器、引下线和接地体组成。接闪器是指直接接受雷击的避雷针的针头、避雷线、避雷带、避雷网，以及用作接闪的金属屋面和金属构件。引下线是指连接接闪器与接地体的金属导体。接地体是指埋入土壤中或混凝土基础中作散流用的导体。

此外，前几年有些地方安装了消雷器，其效果存在争议。

1. 避雷针

避雷针的保护原理：当雷云放电接近地面时它使地面电场发生畸变，在避雷针的顶端，形成局部电场强度集中的空间，以影响雷电先导放电的发展方向，引导雷电向避雷针放电，再通过接地引下线和接地装置将雷电流引入大地，从而使被保护物体免遭雷击。避雷针冠以“避雷”二字，仅仅是指其能使被保护物体避免雷害的意思，而其本身恰恰相反，是“引雷”上身。

校验方法有：保护角法和滚球法。

避雷针保护范围的计算方法是根据雷电冲击小电流下的模拟试验研究确定的，并以多年运行经验做了校验。

保护范围是按保护概率99.9%、即屏蔽失效率或绕击0.1%确定的。也就是说，保护范围不是绝对保险的，而是相对于某一保护概率而言。避雷针保护范围内的被保护物体不是绝对安全的。

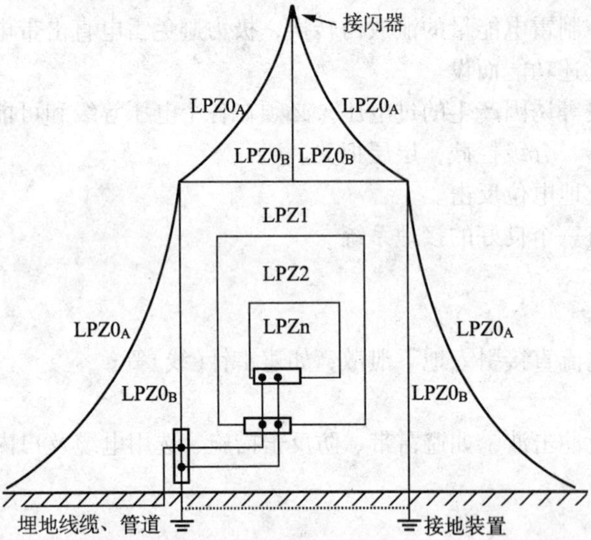

图 2.1－8　现代防雷保护的三道防线

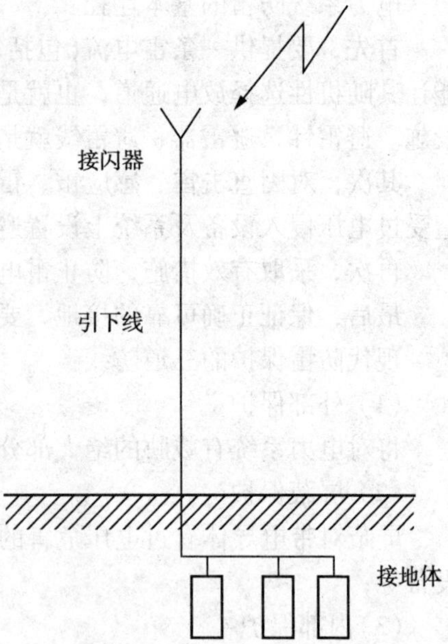

图 2.1－9　接闪器示意图

2. 避雷器

避雷器的种类：氧化锌避雷器、阀式避雷器、排气式避雷器、保护间隙。

选用标准：依据 DL/T 620—1997《交流电气装置的过电压保护和绝缘配合》和《交流电气装置过电压保护设计要求及限制措施》选用。

2.1.3.6　输电线路的防雷保护

1. 架空线路上的雷电过电压——线路上的感应过电压

当雷云对线路附近的地面放电时，先到通路中的负电荷被中和，电场迅速降低，导线上的正电荷被释放，沿导体向两侧运动形成感应雷过电压。

由于静电场突然消失而引起的感应电压称为感应过电压的静电分量。同时，雷电流在通道周围空间产生了强大的磁场，此磁场的变化形成感应过电压的电磁分量。

距架空线路 $S>65\text{m}$ 处，雷云对地放电时，线路上产生的感应过电压最大值可按下式计算：

$$U_i \approx 25\frac{Ih_c}{S}$$

式中　U_i——雷击大地时感应过电压最大值，kV；

I——雷电流幅值（一般不超过 100），kA；

h_c——导线平均高度，m；

S——雷击点与线路的距离，m。

线路上的感应过电压为随机变量，其最大值可达 300～400kV，一般仅对 35kV 及以下线路的绝缘有一定威胁。

雷击架空线路导线产生的直击雷过电压，可按下式确定：

$$U_c \approx 100I$$

式中　U_c——雷击点的过电压最大值，kV。

雷直击导线形成的过电压易导致线路绝缘闪络。架设避雷线可有效地减少雷直击导线的概率。

因雷击架空线路避雷线、杆顶形成作用于线路绝缘的雷电反击过电压，与雷电参数、杆塔型式、高度和接地电阻等有关。

宜适当选取杆塔接地电阻，以减少雷电反击过电压的危害。

雷直击于避雷线线路的情况有：雷击杆塔塔顶、雷击避雷线档距中间、雷绕过避雷线击于导线(绕击)。

2. 防直击雷的措施

①架设避雷线：

理论分析和运行情况均表明，输电线路雷击跳闸的主要原因是避雷线屏蔽失效，雷电绕击导线造成的。因此采用良好的避雷线屏蔽设计，是提高输电线路耐雷性能的主要措施。同时还应该考虑到输电线路导线上工作电压对避雷线屏蔽的影响。对于山区，因地形影响(山坡、峡谷)，避雷线的保护可能需要取负保护角。也可架设耦合地线来提高输电线路的抗雷击水平。还可以在运行线路上装设避雷器。

②降低杆塔接地电阻；

③架设耦合地线；

雷电活动强烈的地方和经常发生雷击故障的杆塔和线段，应改善接地装置、架设避雷线、适当加强绝缘或架设耦合地线。

在降低杆塔接地电阻有困难时，可采用架设耦合地线的措施，即在导线下方再架设一条地线。它的作用主要有以下方面：a. 加强避雷线与导线间的耦合，使线路绝缘上的过电压降低；b. 增加了对雷电流的分流作用。运行经验表明，耦合地线对减小雷击跳闸率的效果是显著的，尤其在山区的输电线路其效果更为明显。

④采用不平衡绝缘方式

在同杆架设的双回线路中，使两回线路中的绝缘子串片数量不等，雷电在少的绝缘子回路先闪络，闪络后的导线相当于地线，增加了对另一回路导线的耦合作用，提高了另一回路的耐雷电水平使之不发生闪络，继续供电。

⑤装设重合闸；

⑥采用消弧线圈接地方式；

⑦线路装设管型避雷器；

⑧强化绝缘。

2.1.3.7 变电所的防雷保护

变电所遭受的雷害有：直击雷、感应雷(又叫二次雷)、雷电波侵入、雷电地电位反击。主要的保护措施：避雷针、避雷线、避雷器、保护间隙。

变电所的直击雷过电压保护可采用避雷针或避雷线。

为保护其他设备而装设的避雷针，不宜装在独立的主控制室和35kV及以下变电所的屋顶上。但采用钢结构或钢筋混凝土结构等有屏蔽作用的建筑物的车间变电所可不受此限制。

雷电活动特殊强烈地区的控制室和配电装置室宜设直击雷保护装置。

主控制室、配电装置室和35kV及以下变电所的屋顶上如装设直击雷保护装置时，若为金属屋顶或屋顶上有金属结构，则将金属部分接地；若屋顶为钢筋混凝土结构，则将其焊接成网接地；若结构为非导电的屋顶时，则采用避雷带保护，该避雷带的网格为8~10m，每隔10~20m设引下线接地。

2.1.4 绝缘配合

2.1.4.1 绝缘配合的定义

电气设备经常在电力系统工作电压下运行，还会受到各种过电压作用。它对各种作用电压都具有一定限度的耐受能力。当绝缘性能被破坏时，会造成设备损坏甚至系统停电事故。为了避免上述损失，必须保证电工设备具有比较适合的绝缘强度，这就是电气设备绝缘水平的确定和绝缘配合需要解决的问题。

确定绝缘水平要求在技术上处理好作用电压、限制过电压的措施、绝缘耐受能力三者之间相互配合的关系，还要求在经济上协调投资费用、维护费用和事故损失费用等之间的关系，以达到较好的综合经济效益。

绝缘配合定义：电力系统中用以确定输电线路和电工设备绝缘水平的原则、方法和规定，叫做绝缘配合。

2.1.4.2 绝缘配合的意义

研究绝缘配合的目的在于综合考虑电工设施可能承受的作用电压、过电压防护装置的效用、以及设备的绝缘材料和绝缘结构对各种作用电压的耐受特性等因素，从安全运行和技术经济合理性两方面确定设备的绝缘水平。

确定绝缘水平要求在技术上处理好作用电压、限制过电压的措施、绝缘耐受能力三者之间相互配合的关系。

1. 绝缘特性与绝缘水平

电工设备绝缘可分为自恢复绝缘和非自恢复绝缘两大类。自恢复绝缘的绝缘性能破坏后可以自行恢复，一般是指空气间隙和与空气接触的外绝缘。非自恢复绝缘放电后其绝缘性能不能自行恢复，通常是由固体介质、液体介质构成的设备内绝缘。

设备的绝缘强度与电极的形状、绝缘材料、电极间的距离，电压的波形等等因素有关，具有分散性。因此在实际工程中非常重视电工设备仿真型的绝缘试验。

2. 电气设备的绝缘水平

就是指该设备能够耐受(不发生闪络、放电或其他损坏)的试验电压值。根据电气设备在系统中可能承受到的各种作用电压、保护装置的特性以及设备绝缘对各种作用电压的耐受特性，制定了一些表明设备基本绝缘水平的试验电压值。

试验电压值：短时工频耐受电压值、雷电冲击耐受电压值、操作冲击耐受电压值、长时间工频试验电压值。

上述试验电压的波形、数值、试验电压施加的方法、时间、次数等，在各国的国家标准中都有明确规定。

2.1.4.3 绝缘配合方法

绝缘配合的方法主要有三种，即：惯用法、统计法和简化统计法。

1. 惯用法

目前，对220kV及以下的电工设备，通常仍采用惯用法。

按作用在设备绝缘上的“最大过电压”和设备的“最小绝缘强度”的概念进行绝缘配合的习惯方法。首先需确定设备上可能出现的最危险的过电压和设备绝缘最低的耐受强度，然后根据运行经验，选择一个配合系数作为这两种电压的比值，以补偿在估计最大过电压和绝缘最低耐受强度时的误差及增加一定的安全逾度，最后确定设备绝缘应能耐受的电压水平。

惯用法的绝缘配合简单明了，但无法估计绝缘故障的概率以及此概率与配合系数之间的关系，故这种方法对绝缘的要求偏严。由于对非自恢复绝缘放电概率测定的费用太高，因此只能使用惯用法。目前，对 220kV 及以下的电工设备，通常仍采用惯用法。例如，电力变压器都用避雷器保护。避雷器限制雷电过电压的能力常用避雷器保护水平表示。变压器耐受雷电冲击的绝缘水平（BIL)需高出避雷器的保护水平，两者的比值称为配合系数。中国一般采用的配合系数值是 1.4。对于 500kV 变压器，国际电工委员会(IEC)规定，配合系数需等于或大于 1.2。

2. 统计法

从过电压幅值与绝缘抗电强度都是随机变量的事实出发，根据过电压幅值及绝缘闪络电压的统计特性，算出绝缘故障率。改变敏感的影响因素，使故障率达到可以被接受的程度，在技术经济比较的基础上，合理地确定绝缘水平。

统计法不仅能定量地给出绝缘配合的安全程度，还可以按照设备折旧费、运行费及事故损失费三者总和最小的原则进行优化设计。目前研究得比较多的是以过电压幅值的概率分布为基础的统计法。

在超高压电力系统中降低绝缘水平有显著的经济效益。自恢复绝缘的绝缘强度统计特性相对比较容易获得。70 年代以来，国际上推荐对超高压电力系统的自恢复绝缘采用统计法进行绝缘配合。

统计法的困难在于随机因素较多，某些随机因素的统计规律还有待积累资料与认识，低概率密度部分的资料比较难取得。目前算出的故障率，通常比实际的大很多，还有待在应用中不断完善。

3. 简化统计法

为了在实际应用中便于计算，假定过电压及绝缘放电概率的统计分布均服从正态分布。国际电工委员会（IEC)及中国国家绝缘配合标准，推荐采用出现的概率为 2% 的过电压作为统计(最大)过电压 U_s，再取闪络概率为 10% 的电压作为绝缘的统计耐受电压 U_w，在不同的统计安全系数 $\gamma = U_w/U_s$ 的情况下，计算出绝缘的故障率 R，见图 2.1－10(a)。

根据技术经济比较，在成本与故障率间协调，定出可以接受的故障率 R，再根据相应的统计安全系数 γ 及电网的统计过电压 U_s，确定绝缘水平。

简化统计法与惯用法同样简单易行，并有现成曲线可查[图 2.1－10(b)]。虽然故障率的数值不一定很准确，但便于在工程上作方案比较，因而应用很广泛。

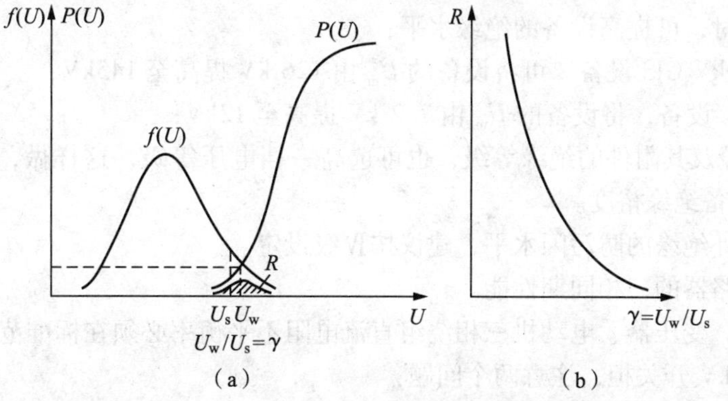

图 2.1－10　简化统计法示意图

$P(U)$—绝缘闪络概率曲线；$f(U)$—过电压概率密度曲线；U—电压；R—绝缘闪络故障率；

U_s—统计(最大)过电压；U_w—统计耐受电压

2.1.5 石化企业防过电压的具体措施

2.1.5.1 防止外部入侵的雷电过电压的措施

(1)与外电网联络的电源架空线路，大多为110kV及以上电压等级，应该设置非常完善的避雷线，防止直击雷。

(2)在厂区按设计规范设置多支独立避雷针。110kV以上的配电装置须设避雷针。接地引下线、接地网、接地极、接地带符合规范。

(3)外电源架空线路的进线开关前的避雷器设置是非常重要的。它对沿外线路传递过来的过电压有重要的抑制作用，是防止过电压的第一道防线。

(4)变压器一般是户外布置，高压侧是架空线，此时在高压侧必须装设避雷器；变压器的中性点须装间隙放电保护。

(5)对于6/10kV装置变电所直配架空线路(如取水口、成品油中转站、生活区的电源)，有条件时可串接变压器，将架空线路同厂内电网进行适当隔离。变电所直配架空线回路的避雷器参数选择必须正确。

(6)从防雷角度，尽量选择电缆线路输电。

(7)切实作好二次系统的等电位连接措施，防感应过电压和防雷电反击过电压。

(8)避雷器装设在线泄漏电流指示仪和计数器。

(9)仪表系统弱电防雷。

(10)建立雷电预警系统。

2.1.5.2 防止内部过电压措施

(1)6、10、35kV系统中性点接地方式，从限制过电压角度来讲，希望小电阻或中电阻接地。

(2)发电机事故解列时，需有防止发电机操作过电压的措施。

(3)尽量选用抗谐振的电压互感器。同时电压互感器的消谐措施要落实。应限制电压互感器中性点接地数量。

(4)有许多实例表明，大容量的配变在空载运行时，低压侧容易形成L－C谐振，在低压则最好不要设置电容器。

(5)电网的谐波容易诱发谐振，消除谐波很重要。

2.1.5.3 合理选型、优化维修、提高设防水平

(1)有条件时，可提高设备的绝缘水平：

1) 对于110kV GIS设备，可将设备的U_m由126 kV提高至145kV；

2) 对于6kV设备，将设备的U_m由7.2 kV提高至12kV；

3) 对于电缆及其附件的绝缘等级，也可选高一档电压等级，这样做，费用并不增加太多，但提高了设备绝缘裕度。

(2)变电站外绝缘的防污闪水平，建议按Ⅳ级设定。

(3)确保断路器的三相同期性能。

(4)发电机、变压器、电动机三相绕组直流电阻不平衡率必须在标准范围内。

(5)对于35kV开关柜，注意两个问题：

1)额定电压35kV的设备，最高工作电压U_m必须达到40.5kV；

2)建议不要用空气铠装柜，最好用气体绝缘组合电器GIS。

(6)配置快速保护，比如光纤纵差保护，快速切出故障。

2.1.5.4　防过电压的管理措施

(1)加强绝缘监督，落实定期预防性试验。

(2)推广应用电气设备绝缘在线检测技术和在线测温技术。

(3)绝缘介质的监控工作非常重要。油分析、SF_6 气体分析须落实。

(4)抓好 110kV 电缆护套电流的检测和分析。

(5)抓好施工环节管理，不要使输电线路受外力破坏。

2.1.6　结语

石化企业电力系统过电压的防护，是个长期艰巨的课题。首先要对电力系统过电压有一个全面系统的认识。对于一次设备出现的绝缘故障，要想到系统是否存在过电压，是哪一类过电压，参数配合是否合理；日常的绝缘监督是否落实；对于新建项目，它的各种防过电压措施是否落实。要注重培养意识和概念，重点在于认知和应用方面经验和知识的积累，着眼于解决实际问题。对于理论上的公式推导和数学模型，手上可常备几本参考书，便于碰到问题时查阅。同时对于更深层次的问题，知道用什么手段和途径去解决。

2.2　小电流接地故障选线

我国炼化企业的 6～35kV 配电网，中性点多采用不接地或经消弧线圈接地方式。当系统发生单相接地故障时，故障电流小，不需要立即切除故障，俗称为小电流接地系统，其单相接地故障俗称为小电流接地故障。

一方面，单相接地是中压配电网最主要的故障形式，占到故障总数的 80% 左右。另一方面，由于故障电流小、故障点不稳定、消弧线圈补偿等原因，小电流接地故障检测(对炼化企业来讲主要是故障选线)一直未得到彻底解决。

小电流接地方式及其故障检测是提高炼化企业电网故障自愈水平的一个重要技术措施。但目前，现场仍然广泛采用传统的人工拉路方法选择故障线路，以及采用人工巡线的方法确定故障点。不仅耗费大量的人力物力，而且人工拉路造成的短时停电也将给用户带来较大的经济损失。

2.2.1　炼化企业电网小电流接地故障检测特点

就小电流接地故障选线而言，炼化企业配电网与地方配电网存在一定差异。

地方配电网同一母线出线数量较少，一般不超过 10 条，而炼化企业配电网出线数量较多，对选线算法以及装置的接入能力提出更高要求。

地方配电网线路包括架空线路、电缆线路和混合线路。而炼化企业配电网基本上为纯电缆线路，发生接地故障的概率较小，但故障危害更大。

地方配电网出线一般直接带有各类负荷，通过开闭所(配电所)扩展出线的情况相对较少。而炼化企业配电网一般均会通过开闭所(配电所)扩展出线再连接负荷，且大多出线仅带有一个负荷设备。

地方配电网的出线长度相对更长，一般存在多个分支。而炼化企业配电网的出线长度相对较短，一般不存在分支。

一个炼化企业配电网的典型结构如图 2.2－1 所示。开关 K 打开为不接地方式，闭合为经消弧线圈接地方式。

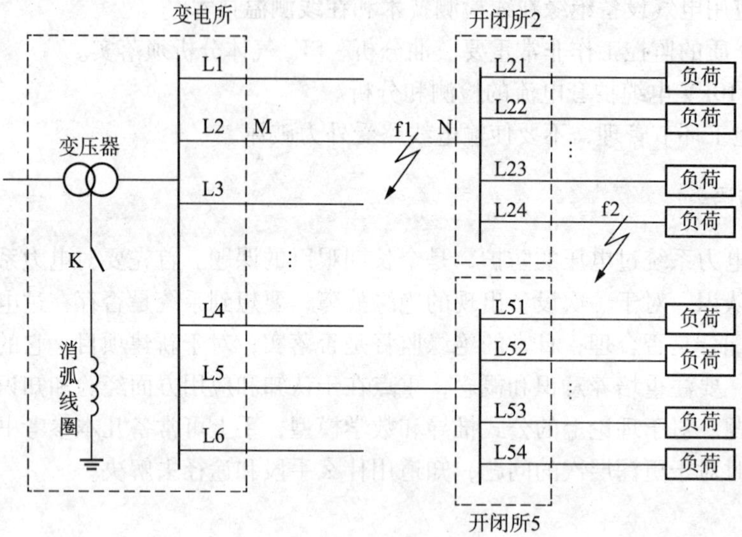

图 2.2－1　炼化企业配电网典型结构示意图

对于炼化企业配电网来讲(以图 2.2－1 系统为例)，小电流接地故障时，即使在变电所选择出故障线路(如 L2)，故障点所在的范围仍然较大，其既可能位于该出线出口至下级开闭所(配电所)间的区段(如 MN 点间)，也可能位于下级开闭所(配电所)母线或某条出线上。为了更精确地确定故障所在区段，除了需要在变电所中选择故障出线外，还要在下游开闭所(配电所)中安装选线装置。

2.2.2　小电流接地故障特征

相当数量的选线方法采用了接地故障自身产生的故障电压和电流信号，分析这些故障信息的特征是实现故障检测的基础。根据故障信息的分类并结合常用选线方法的需要，主要针对故障产生的零序电流稳态分量(工频分量)和暂态分量，分析其幅值和流向(极性)在不同出线的变化关系。

2.2.2.1　小电流接地故障工频稳态特征

相电压升高，金属性接地时最大等于线电压；零序电压随故障点过渡电阻减小而升高，金属性接地时最大、幅值等于正常运行时的相电压。可以认为，电压的这种变化在整个系小电流接地故障时的工频电压变化为：故障相电压降低，金属性接地时最低等于零；两个健全系统中是相同的，不随位置而变化，且近似认为电压变化不受消弧线圈的影响，即在不接地系统和经消弧线圈接地系统中，接地故障时的电压变化规律是相同的。

对于不接地系统，故障点的工频零序电流为整个系统所有线路对地的分布电容电流之和，数量上等于正常运行时系统三相对地电容电流的算术和。以 10kV 系统为例，1km 的架空线路对地电容电流约为 20mA。根据绝缘材料和厚度等不同，同样距离的电缆线路对地电容电流约为架空线路的数十倍。对于炼化企业电网，电缆较长，其故障电流可以达到数十安。

对于经消弧线圈接地系统。正常运行时系统中性点电压约为 0，消弧线圈中没有电流流过。单相接地故障后，在系统中性点电压(即故障产生的零序电压)作用下，消弧线圈将产生感性补偿电流。由于消弧线圈产生的电感电流与系统原有的线路对地电容电流相位相反、可以相互抵消，故障点电流将大幅降低。出于安全考虑，消弧线圈一般为过补偿状态，即消弧线圈的电感电流将适度大于系统线路对地电容电流。故障点的残余电流将包含补偿后剩余的电感电流和不能被补偿的有功电流、谐波电流，其幅值一般在数安培。

与故障电压分布特点不同，接地故障产生的工频电流幅值和流向(极性)在各出线有很大不同，且在不接地系统和经消弧线圈接地系统中，故障线路电流特点完全相反。

1. 不接地系统工频零序电流分布

以具有三条出线的简单系统为例，设第三条出线发生接地故障。其工频零序电流的分布如图 2.2－2 所示。主要的分布特征如下：

(1)健全线路零序电流为其对地分布电容电流，从母线流向线路。

(2)故障线路零序电流为所有健全线路对地分布电容电流之和，从线路流向母线。

即，对于各出线零序电流，故障线路幅值最大(等于所有健全线路之和)、流向(极性)和健全线路相反，存在明显的故障特征，可用于实现故障选线。

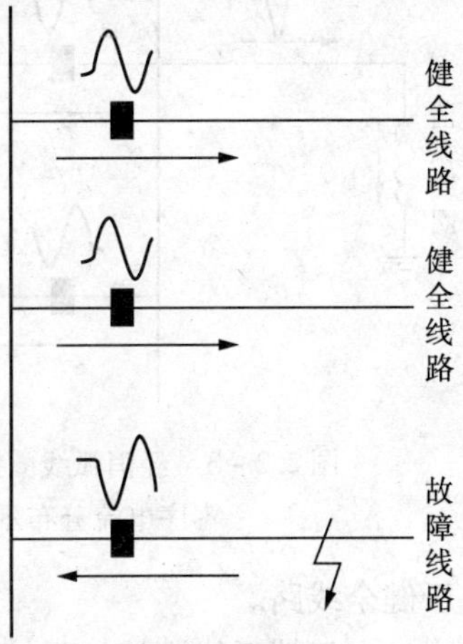

图 2.2－2　不接地系统中工频零序电流分布示意图

对于炼化企业配电网，如图 2.2－1 所示系统，其工频电流分布较为复杂。当故障点位于 f1 时，有：

(1) 对于变电所。健全线路(L1，L3～L6)零序电流为其下游线路[包括下游开闭所(配电所)所辖线路]对地分布电容电流，从母线流向线路；故障线路(L2)零序电流为所有健全线路对地分布电容电流之和，从线路流向母线，其幅值最大、流向(极性)和其他线路相反。

(2)对健全线路上的开闭所(配电所)，如开闭所 5。所有出线(L51～L54)零序电流为其下游线路对地分布电容电流，从母线流向线路；进线(L2)零序电流为该开闭所所有出线对地分布电容电流之和，从线路流向母线，其幅值最大、流向(极性)和出线相反。

(3)对故障线路上的开闭所(配电所)，如开闭所 2。所有出线(L21～L24)零序电流为其下游线路对地分布电容电流，从母线流向线路；进线(L2)零序电流为该开闭所所有出线对地分布电容电流之和，从线路流向母线，其幅值最大、流向(极性)和出线相反。

即 f1 点故障时，故障线路和健全线路上开闭所(配电所)零序电流的规律相同。当故障点位于 f2 时，有：

① 对于变电所。与 f1 点故障时相同。

② 对健全线路上的开闭所(配电所)，如开闭所 5。与 f1 点故障时相同。

③ 对故障线路上的开闭所(配电所)，如开闭所 2。所有出线中的健全线路(L21～L23)零序电流为其下游线路对地分布电容电流，从母线流向线路；进线(L2)零序电流为上游所有线路(包括变电所所有健全线路和 L2)对地分布电容电流之和，从母线流向线路；故障线路(L24)零序电流为该变电所所有健全线路和进线的对地分布电容电流之和，从线路流向母线，其幅值最大、流向(极性)和其他出线及进线相反。

2. 经消弧线圈接地系统的工频零序电流分布

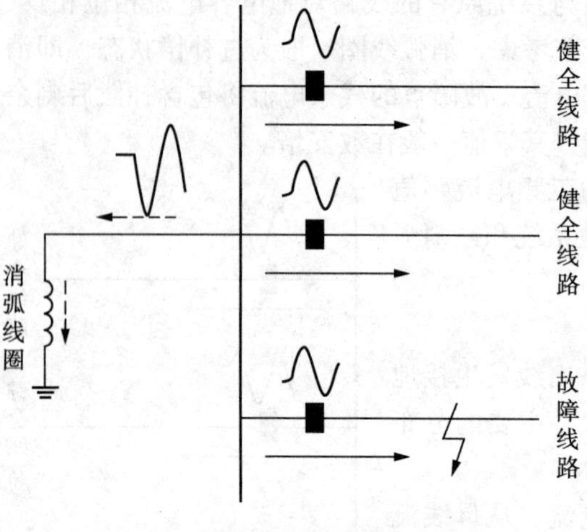

图 2.2－3　经消弧线圈接地系统工频零序电流分布示意图

仍以简单的三出线系统为例，中性点经消弧线圈接地后的故障工频电流分布如图 2.2－3 所示。与不接地系统相比，其特点为：

(1)消弧线圈产生的感性电流与对地分布电容电流相抵消，可以降低故障点故障电流，残余电流一般为数安。

(2)健全线路零序电流的幅值和流向(极性)与不接地方式时相同。

(3)故障线路零序电流的幅值和流向(极性)均发生改变。由于消弧线圈一般处于过补偿状态，故障线路为从线路流向母线的感性电流，即等效为从母线流向线路的容性电流，与健全线路电流流向(极性)相同。同时，根据系统参数和消弧线圈补偿度其幅值可能小于健全线路。

在经消弧线圈接地系统中，故障线路与健全线路的零序电流幅值相近、流向(极性)相同，不存在明显的故障特征，不能用来实现故障选线。对于图 2.2－1 所示典型炼化企业配电网，其工频零序电流变化相对复杂一些，但仍不能用来实现故障选线，不再详细分析。

2.2.2.2　接地故障暂态特征

小电流接地故障时，会产生丰富的暂态信号。暂态形成过程较为复杂，可近似认为是由故障相电压瞬间下降产生的电容放电过程和健全相电压瞬间升高产生的电容充电过程所形成。相比于工频稳态电流，故障暂态电流幅值格外大，最大可达数百安。

1. 不接地系统的故障暂态特征

小电流接地故障暂态电流由多组衰减的正弦分量和直流分量叠加而成，其中幅值最大的主谐振分量最能代表故障暂态特性，对故障暂态的分析可以以主谐振分量的分析为主。

接地故障暂态主谐振分量可近似认为由正序、负序等效电感之和与以 Γ 模型表示的零序电路之间的谐振产生的，元件合并后的等效电路如图 2.2－4 所示。

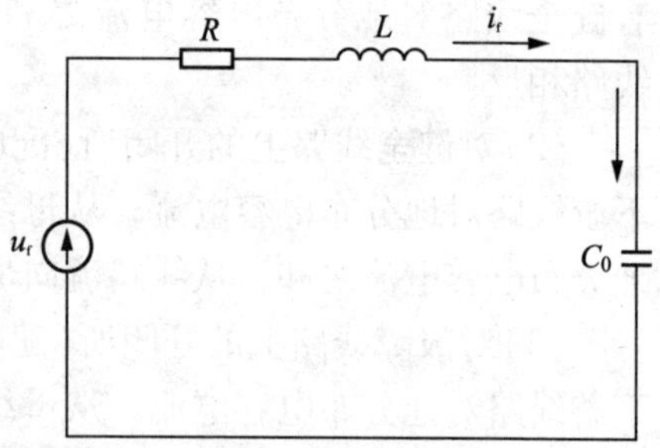

图 2.2－4　中性点不接地系统接地故障暂态主谐振过程等效电路

图中：$u_f(t)$为故障点虚拟电源，与故障点故障前电压幅值相等、相位相反；L 为正序、负序与零序等效电感之和；R 为接地电流沿途的总电阻；C_0 为系统对地的等效电容；i_f 为故障点暂态电流。

设虚拟电源 $u_f(t)=U_m\sin(\omega t+\varphi)$，根据图 2.2－4 建立并求解微分方程。在故障接地电阻较小时，故障点暂态电流可以表示为：

$$i_f(t)=U_m\omega C_0\left(\frac{\omega_0}{\omega}\sin\varphi\sin\omega_0 t-\cos\varphi\cos\omega_0 t\right)e^{-\delta t}-U_m\omega C_0\sin(\omega t+\varphi)$$

其中 U_m 为系统相电压峰值；ω 为工频频率；φ 为故障瞬间电压相位；$\omega_0=\dfrac{1}{\sqrt{LC_0}}$是主谐振频率；$\delta=\dfrac{R}{2L}$是主谐振分量的衰减系数。根据配电网的一般结构和参数，主谐振频率一般在0.2～2kHz之间，稳定性接地故障的暂态过程持续时间约在2～3ms以内。

一个典型的小电流接地故障时虚拟电源和故障电流波形如图2.2－5所示。

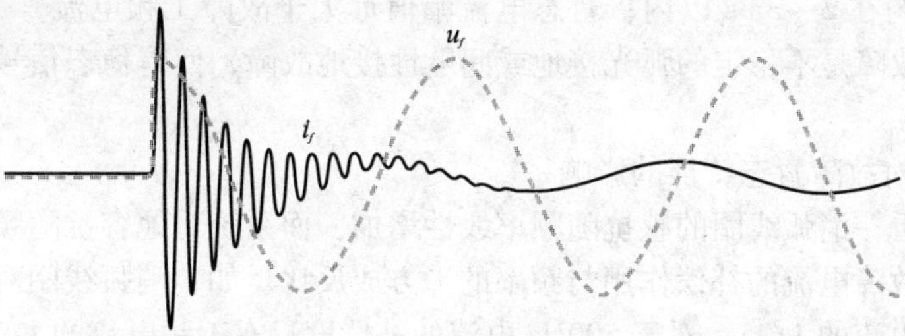

图2.2－5　小电流接地故障暂态零序电压和故障电流示意图

由于故障一般发生在电压接近峰值时刻，暂态电流的最大值可近似表示为：

$$i_{\text{fmax}} \approx U_{\text{m}} \omega C_0 \frac{\omega_0}{\omega} = \sqrt{2} I_{\text{C}} \frac{\omega_0}{\omega}$$

其中 $I_{\text{C}} = \frac{U_{\text{m}}}{\sqrt{2}} \omega C_0$ 是工频下的系统对地电容电流。也即：故障暂态电流的最大值与故障工频稳态电流峰值之比，近似等于二者频率之比。暂态电流最大值是工频电流的数倍到数十倍，最大可达数百安。

在相电压过零时刻发生接地故障，直观感觉不会产生暂态信号，事实上这是一个错误的概念。当故障初相角 $\varphi = 0^{\circ}$ 时，故障暂态电流为：

$$i_{\text{f}}(t) = -U_{\text{m}} \omega C_0 (\cos\omega_0 t e^{-\delta t} + \sin\omega t)$$

即：与峰值时刻故障相比，此时故障暂态电流较小但也相当于故障工频电流幅值大小。

对于以上分析的稳定性接地故障，只在故障发生时刻产生故障暂态过程和暂态信号，其持续时间一般在2～3ms以内。而现场还有相当比例的非稳定性接地故障，如弧光接地或间歇性接地故障。根据某地不完全统计，非稳定性接地故障约占到故障总数的40%左右。对于非稳定性接地故障，将频繁出现连续或间歇性的暂态过程和暂态信号，而稳态信号将频繁被破坏。如果故障点条件不变，各次暂态信号是相似的。图2.2－6给出了一个现场记录的间歇性接地的故障电流信号，其中，受击穿时刻电压相角不同影响，暂态电流的幅值有大有小。

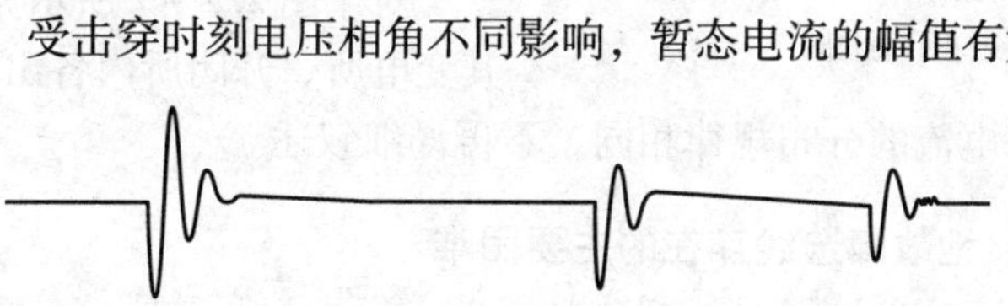

图2.2－6　现场记录的不稳定接地故障的故障点电流波形

现场统计还表明，大约有10%左右的故障为高阻接地故障。此时，故障暂态主谐振频率将随过渡电阻增加而不断下降，直至为0。过渡电阻再增大时，将进入过阻尼状态，即故障暂态电流为一按指数衰减的直流分量。另一方面，故障产生的暂态电流幅值将和工频稳态电流一样随电阻增加不断减小，使暂态过程和暂态信号越来越不明显。

接地故障的持续时间在从几ms到2h的时间范围内随机分布。根据统计，绝大多数故障的持续时间均小于10s，即为瞬时性接地故障。对于稳定性接地故障，不论故障持续时间长短，其暂态过程都是不变的。

综上所述，不接地系统小电流接地故障的暂态特征主要有：故障暂态电流存在多个分量，其中主谐振分量能量最大，可以代表故障暂态特征；暂态主谐振频率一般在 200 ~ 2kHz 之间，持续时间约在 2 ~ 3ms 以内；暂态电流幅值远大于故障工频电流，一般可达上百安；现场相当比例的故障是不稳定的弧光接地或间歇性接地故障，使得稳态信号不稳定而暂态信号频繁出现。

2. 消弧线圈对故障暂态特征的影响

从频域角度看，消弧线圈的感抗随频率线性增加，而系统对地容抗随频率线性减少，因此，消弧线圈对故障电流的补偿作用与频率的平方成反比。如，消弧线圈对于 5 次谐波电流的补偿度是工频电流的 1/25，对于 500Hz 电流的补偿度只有工频电流的 1/100。鉴于故障暂态频率一般远大于工频，消弧线圈对故障暂态电流的补偿作用也可以忽略。

从时域角度看，消弧线圈电感中的电流不能突变，在故障瞬间的暂态过程中，消弧线圈中的电流变化可以忽略，也即，其对故障暂态电流的补偿作用可以忽略。

因此，可认为不接地系统和经消弧线圈接地系统中，小电流接地故障暂态电压电流及其在系统中的特征是相同的。

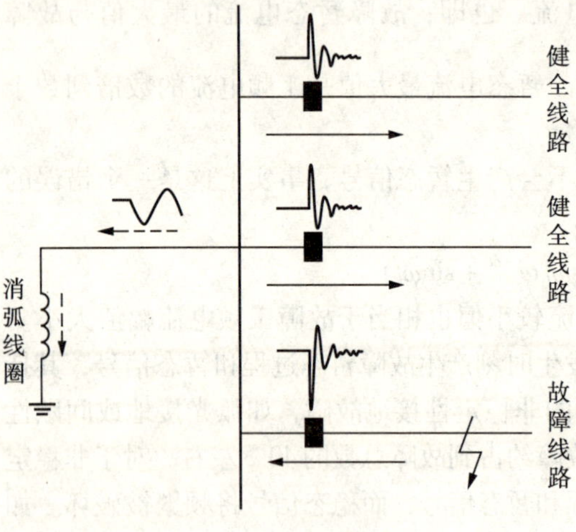

图 2.2－7　小电流接地故障暂态电流分布规律示意图

3. 故障暂态电流在系统内的分布特征

无论对于不接地系统还是经消弧线圈接地系统，其暂态零序电流在各出线的分布均如图 2.2－7 所示，其分布规律有：

(1)对于健全线路，暂态电流主要为其下游线路的分布电容电流，从母线流向线路。

(2)对于故障线路，暂态电流为所有健全线路分布电容电流之和，从线路流向母线。

可以看出，暂态零序电流的分布规律与不接地系统中工频零序电流的分布规律相同。即，故障线路幅值最大、流向(极性)和健全线路相反，可用于实现故障选线。

对于图 2.2－7 所示典型炼化企业配电网，其变电所、开闭所内各出线暂态零序电流与不接地方式下工频零序电流的分布规律相同，不再详细叙述。

2.2.3　小电流接地故障选线存在的主要困难

小电流接地故障，特别是经消弧线圈接地(谐振接地)系统中小电流接地故障的可靠选线，在较长时间内被普遍认为是一个世界性的难题。由于总体效果不理想，一直以来用户对相关技术普遍持怀疑态度。近些年尽管在技术上已经取得了重大进展，但仍有大量的研究和应用工作要做。

现场采用的人工巡线方法将耗费大量的人力物力，而人工拉路造成的短时停电也将给用户带来较大的经济损失。研究表明，就社会平均水平而言，一次历时小于 1min 的短暂停电将给用户带来约 6 元/kW 的损失。鉴于负荷性质不同，炼化企业的损失将更大。

影响小电流接地故障选线效果的因素较多，大致可归纳为选线原理、装置设计、工程服务、运行管理几个方面。

在选线原理方面面临的困难主要有：

(1)故障工频电流微弱，抗干扰能力差。相比于数百安培的负荷电流、上千安培的短路电流，接地故障电流一般仅为数安培，极易受变电所强电磁环境干扰。

(2)消弧线圈的影响。由于消弧线圈的补偿作用，使故障线路工频故障电流极性(方向)与健全线路相同，幅值可小于健全线路，失去基本的故障特征。

(3)不稳定的故障状态。相当比例的接地故障为弧光接地或间歇性接地(故障点电流波形如图2.2－6所示)，不稳定的故障点将频繁破坏故障稳态电流(包括各种方法注入的电流)，除对暂态检测技术是有利因素外，其他检测技术均受负面影响、降低检测可靠性。

(4)受现场互感器和传感器精度的限制，不能准确获得所需的信号。

装置设计方面，由于厂家众多、技术门槛相对较低，不少产品的软硬件设计不完善或存在缺陷，不能充分发挥检测原理的效果。

工程服务方面的最大问题是不能确保现场零序电流和零序电压信号有效，如CT安装位置不合理、接线短路或断开等都使信号不能准确传递到装置，且该类问题不易被发现。此外，零序电流和零序电压极性不准确、随意改变极性将影响采用极性(方向)原理的装置效果。

运行管理方面的主要问题是，忽视小电流接地故障检测装置的定期检修或巡检，使装置出现的一些问题不能及时发现和处理。

上述几方面的因素同时存在、相互影响，共同制约了小电流接地故障选线技术的应用和推广。近期来看，缺乏有效可靠的检测原理是主要因素，但随着一些新技术的不断成熟和推广应用，后三者带来的问题正日益凸显，应引起厂家和运行单位的关注。

2.2.4 小电流接地故障选线技术

小电流接地故障选线是以变电站、开闭所(配电所)内专用选线设备或共(如线路保护)设备为基础，利用故障产生的信息或其他设备附加的信息确定故障线路。故障选线既是一个独立的技术，又是故障定位的首要步骤和基础。

故障选线技术按照时间顺序和适用范围，可分为早期的不接地系统选线技术、经消弧线圈接地系统选线技术和近期的新技术。

1. 不接地系统的故障选线技术

早期的小电流接地系统多为不接地方式，其故障选线产品也多基于故障工频零序电流的幅值和流向(极性)关系原理，具体方法有：

(1)幅值越限法

以本线路对地零序电容电流幅值为门槛，当故障零序电流超过门槛时确定为故障线路。缺点是检测灵敏度低。

(2)幅值比较法

比较所有出线的故障电流幅值，选择幅值最大的线路为故障线路。缺点是母线接地时误选，不能适用于两出线系统。

(3)极性比较法

比较所有出线的故障电流极性，选择与其他线路极性相反的线路为故障线路。缺点是存在短线路时故障电流信号小易受干扰影响，也不适用于两出线系统。

(4)群体比幅比相法

对所有出线的故障电流先比较幅值，选择幅值较大的线路比较其极性确定故障线路。相比单纯的幅值比较法、极性比较法效果好，但仍不适用于两出线系统。

(5)电流(功率)方向法

比较线路故障工频零序电流和零序电压的相位关系，当电流(功率)流向母线时确定为故障线路。不需要其他线路信息有自居性，可适用两出线系统。

从技术本身来看，这些方法(特别是群体比幅比相法、电流或功率方向法)可基本满足应用需求。但现场总体选线效果仍然不佳，其主要原因在于装置设计、工程服务和运行管理方面没有做到精益求精。

2. 谐振接地系统的早期选线技术

在消弧线圈接地方式推广应用的初期，为了解决工频电流方法不能适用的问题，先后提出了利用故障电流中的谐波分量和有功分量实现选线的方法。

(1)谐波法

由于负荷、变压器、故障点、消弧线圈等电气设备的非线性因素，故障电流中存在着谐波信号，其中以五次谐波分量为主。由于消弧线圈对 5 次谐波的补偿作用仅相当于工频时 1/25，可以忽略其影响。因此，故障线路的五次谐波零序电流比非故障线路的都大且极性(方向)相反，据此可以选择出故障线路，称为 5 次谐波法。为提高灵敏度，可综合利用 5、7 等多次谐波分量实现选线。

由于故障产生的谐波电流不仅取决于系统中有无谐波源以及谐波源的大小、各谐波源间的相位关系，还与故障位置有着密切的关系，故障电流中的谐波含量幅值较小(一般小于 10%)且不稳定。同时其易受弧光接地和间歇性接地故障影响，检测灵敏度低，实际应用效果不理想，已被逐步放弃。

(2)有功分量法

由于线路存在自身电阻、对地电导以及消弧线圈存在电阻损耗，故障电流中也含有有功分量。非故障线路和消弧线圈的有功电流方向相同且都经过故障点返回，因此，故障线路有功分量比非故障线路大且方向相反。根据这一特点，可选出故障线路。即可利用故障零序电压与零序电流，计算并比较各线路零序有功功率的大小与方向来确定故障线路。

由于健全线路和消弧线圈产生的有功电流较小，而故障点过渡电阻产生的有功电流又不能被检测到，母线处故障电流中有功分量较小(一般也小于 10%)，而零序 TV 和零序 TA 的误差较大，不能准确从故障电流中提取其有功分量。同时，其易受弧光接地、间歇性接地故障及线路三相参数不平衡的影响，检测灵敏度低，可靠性得不到保障，也已被逐步放弃。

3. 谐振接地系统选线新技术

传统选线技术共同的特点都是利用了故障自身产生的电压电流信号中的不同分量，可统称为被动式选线技术。

近年，选线技术取得了较大进展，根据技术特点可分为两个发展方向。一是利用故障产生的暂态电压电流信号，可简称为暂态法，仍属于被动式选线范畴。二是故障后利用专用一次设备或其他一次设备动作配合改变一次系统运行状态产生较大的工频附加电流，或者利用信号注入设备向系统中注入特定电流信号，可统称为主动式选线方法。主动式选线技术又可具体分为信号注入法、残流增量法、中电阻法、小扰动法等。

(1)信号注入法

利用故障相 TV 或消弧线圈二次绕组，向一次系统反向耦合一特定电流信号。注入信号的能量较小，其电流幅值一般在数百毫安到数安之间。注入信号沿母线和故障线路的接地相流动，经故障点和大地返回，根据信号寻迹原理即可确定故障线路。

根据注入信号自身特征可分为注入工频电流和注入异频电流。注入的异频电流与故障自身电流主要通过频率差异进行区分，注入信号的频率可取在各次谐波之间、保证不被工频及各次谐波分量干扰(如注入220Hz电流)，也有注入两个频率信号、半工频周波电流(等效为注入偶次谐波电流)等。而注入的工频电流通过时序上呈一定变化规律，如以1s为周期时断时续等，与故障自身工频电流予以区分。

(2)残流增量法

在谐振接地系统中，自动调谐消弧线圈已逐步取代了传统的手动调谐消弧线圈。随调谐方式正常运行时消弧线圈远离谐振点，故障后迅速调整到最佳补偿位置；预调谐方式消弧线圈正常运行时联接的阻尼电阻故障后须立即切除。上述方法均可引起线路电流的变化：对于金属性接地故障，电流的变化仅体现在故障线路中；而对于存在一定过渡电阻的故障，各条出线零序电流均有变化，但故障线路变化最大。利用该原理可以实现故障选线。

目前，大多数自动调谐的消弧线圈均可实现残流增量选线。由于消弧线圈带负荷调谐的制约及对系统安全的考虑，故障点残留电流的改变量较小，一般在数安培到十安培之间。而根据消弧线圈调谐方式的不同，残流改变的时间一般在数秒到数分钟不等。

(3)小扰动法

小扰动选线方法是残流增量的一种特殊形式。对于非机械调谐的消弧线圈，利用电力电子动作速度快的特点实现持续时间很短的残流变化(一般为数个工频周波)，以尽量减小残流增加对系统的影响。相比于普通的残流增量方法消弧线圈只能改变一次的缺陷，小扰动法可利用特殊的动态配合和多次较核(重复选线)等措施提高选线可靠性。

(4)中电阻法

永久接地故障时在中性点和大地之间接入一个阻值适当的电阻，其产生的有功电流主要流过故障线路，据此可实现选线。不同厂家、不同电压等级中，对电阻值的选择不同，其产生的电流一般为数十安培，法国EDF所用技术的附加电流为20A，而国内某厂家技术的附加电流为45A。选线结束后立即切除电阻，通流时间一般从数百毫秒到数秒。

本质上，中电阻法与残流增量法的选线原理是一致的，区别主要在于中电阻法中产生的附加电流远远大于后者，某种意义上已经改变了系统中性点的接地方式。由于附加电流大，中电阻法的可靠性和灵敏度要好于残流增量法。

对于消弧线圈短时并联小电阻的选线方案，其基本原理与中电阻法相同，不过其产生的附加电流更大。

(5)暂态法

人们早就认识到小电流接地故障产生的暂态信号中包含着故障位置信息。20世纪50年代，德国提出了利用故障线路暂态零序电压与零序电流初始极性相反、而健全线路初始极性相同的特点进行接地选线，由于该方法利用的是故障暂态信号的第一个半波(二分之一暂态周期)内的信息，被称为首半波法。我国在70年代推出过基于这种原理的晶体管式接地选线装置。但由于该方法仅利用了故障暂态的部分信号、可靠性有限，同时故障暂态频率较高且受系统结构、参数、故障条件等影响变化较大，使得首半波极性关系成立的时间非常短(1ms以内，远小于暂态过程)且不稳定，极易受后续暂态信号干扰而误选，该技术并未获得成功应用。

近年提出的一种新型暂态选线方法，利用故障瞬间和弧光接地、间歇性接地故障期间持续产生的暂态电流的幅值、流向(极性)关系，实现故障线路选择。该方法利用了故障产生的所有暂态信号，在时间上不需要进行严格限定，从而使选线可靠性得到根本性的提高。

根据小电流接地故障暂态特征(如图2.2-7所示)，可以有以下选线方法：

1) 暂态电流幅值比较法

故障线路暂态电流幅值大于所有健全线路，可比较各出线暂态电流幅值，选择幅值最大的线路为故障线路。

2) 暂态电流极性比较法

故障线路与各健全线路暂态电流的极性相反，可以比较各出线暂态电流极性，如果某一条出线和其他出线反极性则该出线为故障线路；如果所有出线都同极性则为母线接地故障。

3) 暂态电流方向法

健全线路暂态电流由母线流向线路，而故障线路暂态电流由线路流向母线，二者流向相反，可以通过计算暂态电流方向选择故障线路。

对工频分量，一般是比较电压和电流的相位关系实现方向判断。暂态电压电流包含了较大范围的连续频谱信号，无法用传统办法判断电流方向，必须设计新的方向算法。

根据故障线路暂态电压电流间的容性约束关系，可以推算出其暂态电压的导数将始终与暂态电流反极性，如图2.2-8(b)所示，其中图2.2-8(a)为原始暂态电压电流。

相应的，健全线路暂态电压的导数将始终与暂态电流同极性。

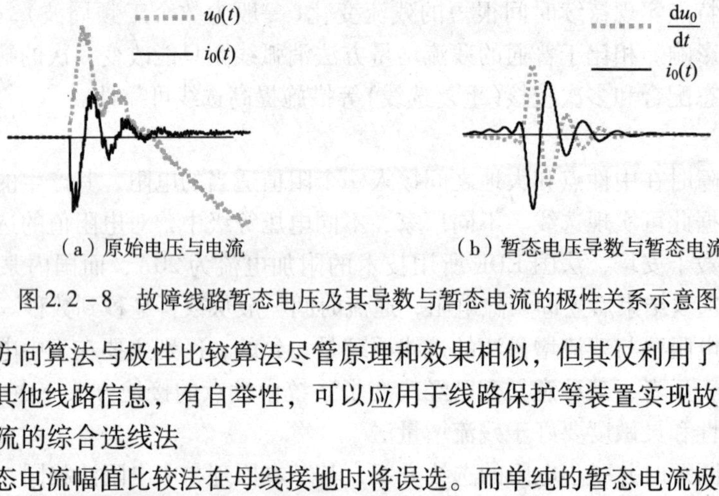

(a) 原始电压与电流　　(b) 暂态电压导数与暂态电流

图2.2-8　故障线路暂态电压及其导数与暂态电流的极性关系示意图

暂态电流方向算法与极性比较算法尽管原理和效果相似，但其仅利用了本出线的电压和电流，不需要其他线路信息，有自举性，可以应用于线路保护等装置实现故障选线。

4) 暂态电流的综合选线法

单纯的暂态电流幅值比较法在母线接地时将误选。而单纯的暂态电流极性比较法在存在较短健全线路时，小信号极易受到干扰影响而误选。

因此可以借鉴工频电流中的群体比幅比相思路，构造暂态电流的群体比幅比相选线方法。即对所有出线的暂态电流先比较幅值，选择幅值较大的线路再比较其极性确定故障线路。

在系统仅有两条出线的条件下，暂态电流的幅值、极性比较将不能适用，可以应用暂态电流方向法选择故障线路。

暂态法和主动式方法的选线效果均较早期技术有了明显的提高。部分技术和设备的选线成功率可达85%~95%，已能满足现场应用需求。

4. 主动式选线方法的技术特点

(1) 选线成功率

取决于附加电流信号的幅值及其与工频的特征差异。注入信号的幅值越大，成功率越高；注入信号与工频的特征(如频率、时间间隔性等)差异越明显，成功率越高。

受不稳定电弧和间歇性电弧影响严重。

不能检测瞬时性接地故障。

(2)适应性

可适用于经消弧线圈接地系统，部分方法可适用于不接地系统。而对于依赖消弧线圈的方法，不适用于不接地系统，或在消弧线圈退出运行时也不适用。

可适用架空线路或电缆线路，也可适用电缆架空混合线路。

零序电流可通过普通零序 CT 获得，也可通过三相 CT 合成。

调整或附加一次设备的方法在高电压等级(如 35kV)时需慎用。

选线方法无法在开闭所或配电所内应用。

(3)安全性

需附加高压一次设备，或需要其他一次设备动作配合的方法，对系统形成较大的安全隐患。如由于故障等原因，投入的电阻不能及时切除将被烧毁。增加了故障点的故障电流，最大可达数十安培，尽管增加电流的时间较短，但也背离了减小故障电流以利于自动熄弧的初衷，加大了故障点的破坏程度，特别是对于电缆故障可能引发两相短路等更为严重的故障。

需要注入信号的方法，对一次系统也有一定程度的影响。

(4)施工和维护便利性

调整或附加一次设备的方法必须停电安装；变电站内所需的安装空间大。

(5)原理简单

易于理解和接受。

(6)对装置的软硬件要求不高

装置不需要很高的采样速率；算法相对简单，软硬件处理能力要求也不高。

(7)投资大

高压一次设备或信号注入设备增大了系统成本。

相对于早期技术，主动式选线方法在效果上有了很大的提高，也已取得相对成熟的运行经验，但仍存在这样那样的问题，有待于进一步研究改进。

5. 暂态选线方法的技术特点

(1)选线成功率高

暂态电流幅值大(一般大于 100A，过零故障仍有明显的暂态信号)，抗干扰能力强。

不受不稳定电弧影响，且弧光接地和间歇性接地时检测更可靠。

(2)适应性广

不受消弧线圈影响，可适用于不接地、经消弧线圈接地和经高阻接地系统

可适用架空线路或电缆线路，也可适用电缆架空混合线路。

零序电流可通过普通零序 CT 获得，也可通过三相 CT 合成。

对永久接地故障和瞬时性接地故障均能可靠检测。

可适用母线并联运行、环网供电等特殊系统。

可适用两相接地并短路、两故障点交替接地等特殊故障。

适用各种电压等级的配电系统。

(3)安全性高

被动式选线，只接入电压信号和电流信号。

不附加其他高压一次设备，也不需要其他一次设备配合，对一次系统无任何影响。

(4)施工便利

被动式方法，可不停电安装及维护。

(5)可提供线路绝缘监测信息

利用瞬时故障的发生频率和持续时间等信息对线路绝缘状况提出预警。

(6)原理相对复杂

不易被理解和接受。

(7)对装置的软硬件要求较高

对于稳定性接地故障，暂态过程持续时间较短(一般在2ms之内)，需要装置具有实时采样能力。

暂态信号频率高，装置要有较高的采样速率，每周波采样点数应大于100。算法相对复杂，对装置计算能力要求也较高。

2.2.5 接地故障选线装置

功能结构、原理算法、使用操作、安装维护、适用环境、性能、选线效果等方面均存在较大差异，新算法、新装置也不断涌现。本文介绍其中两种具有代表性的炼化企业运行的小电流接地故障选线装置涉及到几十个厂家及产品型号，各产品在选线装置：暂态选线装置和中电阻选线装置。

1. 暂态选线装置

暂态选线装置和传统被动式选线装置总体上是相似的，但由于暂态选线技术对装置软硬件处理能力要求更高，又有其特点。

一个典型的小电流接地故障暂态选线装置系统结构如图2.2－9所示。其采用一后台分析主机(后台机)加多台前置数据采集装置，配合以必要通讯设备的总体结构。装置可进一步扩展，结合变电站综自系统或远动装置、通讯系统及远方主站构成整个监测系统。

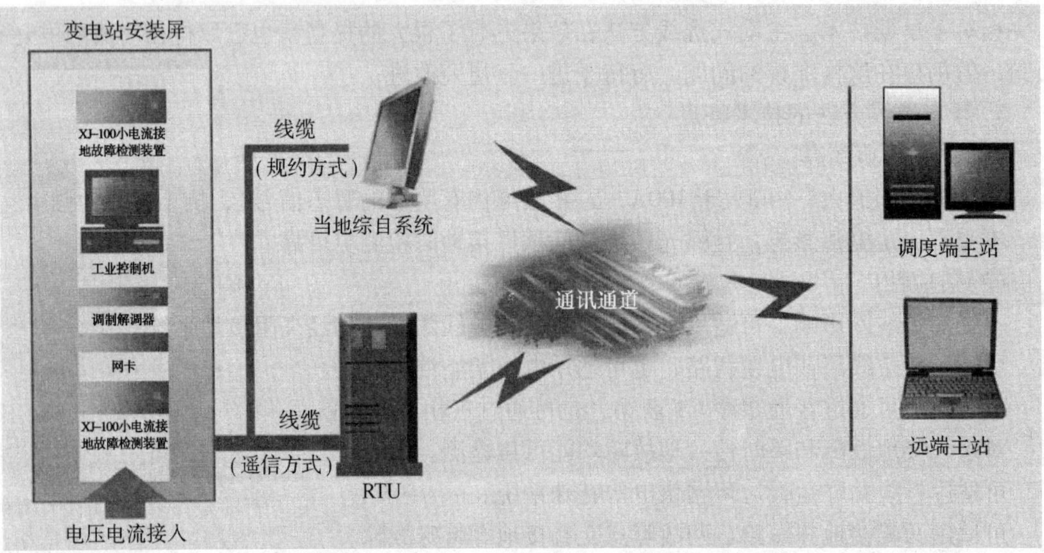

图2.2－9　典型的小电流接地故障暂态选线系统结构图

由于故障暂态信号持续时间短、频率高，对选线装置采样的实时性和速率提出了较高要求。因此需要设计专用的数据采集装置，对母线三相电压、零序电压和各出线零序电流信号进行不间断实时高速采样。

暂态选线需要处理的数据量大、算法相对复杂，需要设计用于数据处理和分析的后台分析主机。同时完成故障数据的读取、存储、远传，故障选线结果显示、上报，故障查询、统计分析、人机界面等功能。

通过必要的通讯设备，选线装置可作为变电站综自系统的一部分，将故障选线结果、故障录波数据等上传。

此外，故障数据和处理结果可由经过授权的远程计算机(如生产厂家的服务中心)读取，并实现故障远程诊断。

当在变电所和下级开闭所(配电所)同时安装选线装置时，可依据变电所和开闭所(配电所)的选线结果更为精确地确定故障区段。如图2.2-1所示系统，当变电所选线结果为L2时，如果L2下游开闭所选线结果为进线，则故障点位于MN间线段；如果L2下游开闭所选线结果为某条出线(如L24)，则故障点位于该出线上；如果L2下游开闭所选线结果为母线，则故障点位于该母线上。

鉴于暂态选线方法良好的技术性能和选线效果，其已受到国内外众多研究、生产和使用单位的广泛关注。国内从新世纪初开始研究和应用该技术，已有10年的时间。目前已开发出多种形式的暂态选线装置，现场应用超过一千个变电站，取得了良好的效果，综合选线成功率达95%以上。

暂态选线技术已经成为谐振接地系统中最具发展潜力的方法。相比于主动式选线方法，其在高选线成功率的基础上保留了传统被动式选线技术的优点，实现了安全性、适应性等性能的完美结合。

图2.2-10~图2.2-12给出了几个现场记录的实际故障波形。各图中，第一组波形为三相电压(图2.2-11除外)，第二组波形为零序电压，其余各组波形为各出线的零序电流。

图2.2-10为稳定性接地故障，图2.2-11为间歇性接地故障，图2.2-12为弧光接地故障。可见，受到弧光接地和间歇性接地的影响，故障稳态将频繁被破坏，这给包括各种

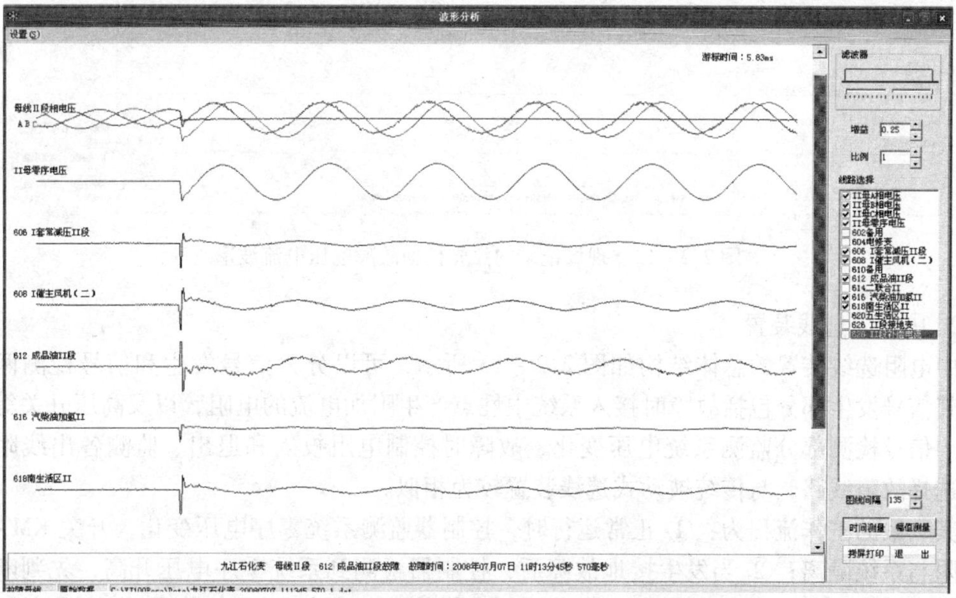

图2.2-10 现场记录的稳定性接地故障电压电流波形

主动式方法在内的所有基于稳态量的选线方法带来不利影响，而此时暂态选线方法可利用的信息量增加反而会提高可靠性。

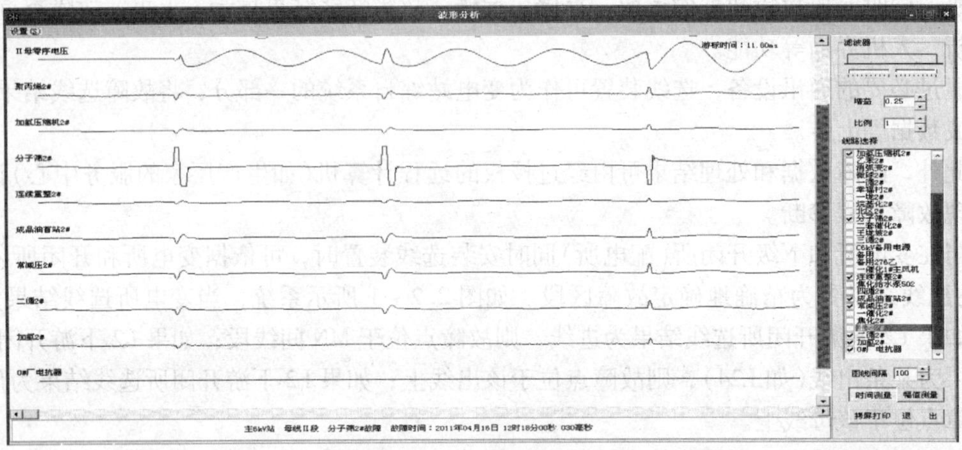

图 2.2－11　现场记录的间歇性接地故障电压电流波形

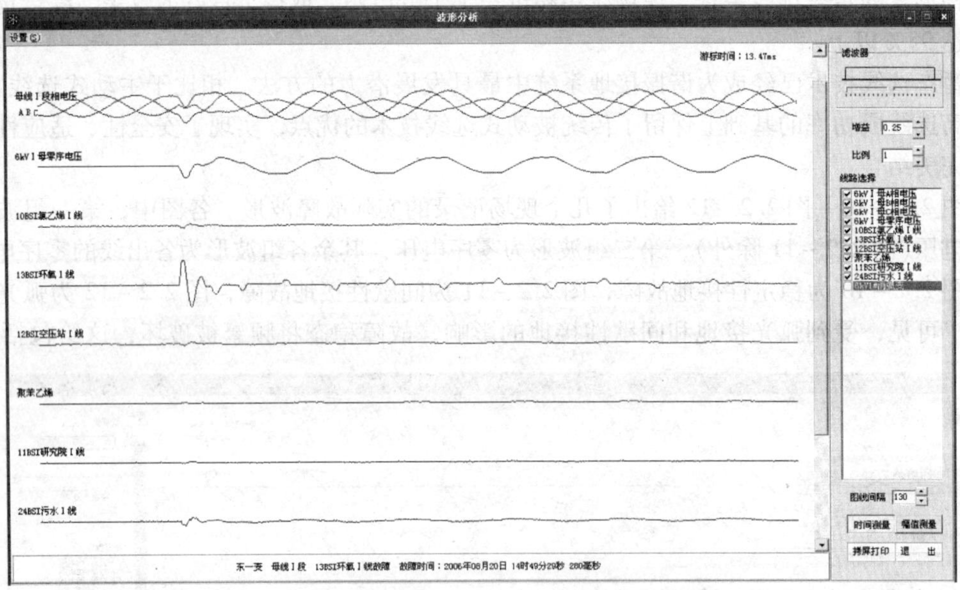

图 2.2－12　现场记录的弧光接地故障电压电流波形

2. 中电阻选线装置

中电阻选线装置的总体结构如图 2.2－13 所示，可以分为信号发生和信号检测两大部分。其信号发生部分包括故障时接入系统中性点产生附加电流的电阻，以及高压开关等辅助设备。信号检测部分监测系统电压变化、故障时控制电阻投入和退出、监测各出线附加电流、选择故障线路，与传统被动式选线装置较为相似。

其一般的工作流程为：① 正常运行时，控制器监测系统零序电压变化，开关 KM 打开，中电阻与系统隔离；② 当发生接地故障后，控制器检测到系统零序电压升高，先判断故障持续时间；③ 当故障持续时间超过一预设时限、确认为永久接地故障后，控制开关 KM 闭合、将中电阻接入一次系统，向接地点注入有功分量，并在确定的时间内(一般不超过 1s)

打开开关 KM、切除中电阻；④在开关 KM 闭合期间，控制器检测各出线零序电流变化，选择工频电流幅值增量最大的线路为故障线路；⑤ 如果故障持续时间不到预设时限，即为瞬时性接地故障，则装置不动作，不进行选线。

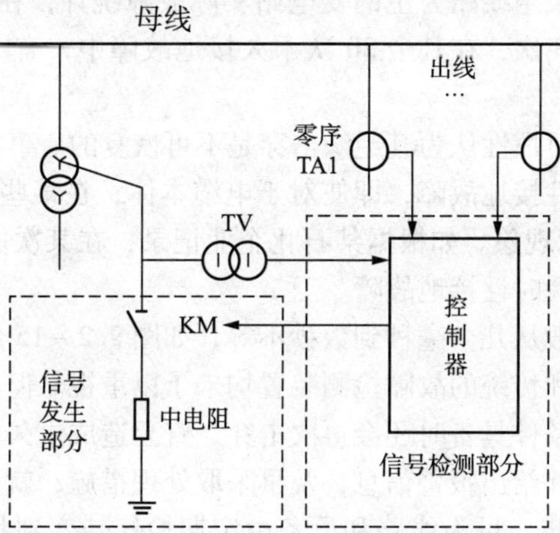

图 2.2－13　中电阻选线装置结构示意图

一个现场实际记录的中电阻投入前后，各出线零序电流变化的波形如图 2.2－14 所示。

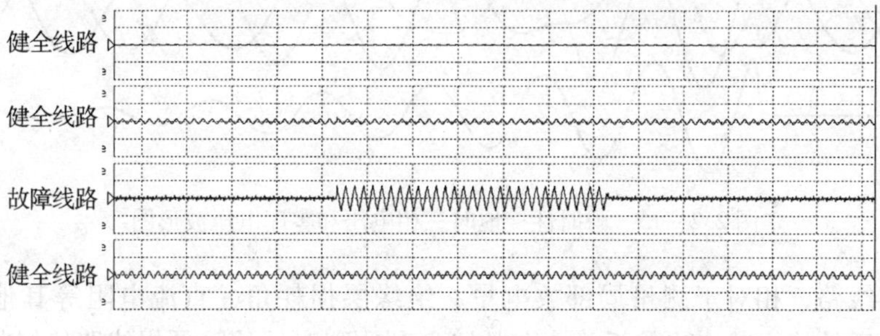

图 2.2－14　中电阻投入前后各出线零序电流的变化

由于该选线装置需要中性点电阻动作配合，而同一系统中不宜接入多个电阻，因此仅适用于变电所，而不能应用于下游开闭所(配电所)。变电所故障出线确定后，不能进一步确定更明确的故障区段。

中电阻选线方法由于原理简单、效果较好，在现场有较为广泛的应用。

其他如采用残流增量法、小扰动法、信号注入法的主动式选线装置，其结构和功能均与中电阻方法类似。

2.2.6　基于瞬时性故障信息的线路绝缘监测

小电流接地故障一般是由于电网绝缘薄弱点在瞬间或长期过电压作用下击穿造成的。由于故障电流很小，在绝缘破坏的初始阶段，故障点可能在接地电流过零时自行熄弧。如果此时过电压消失，电网将恢复正常运行，形成瞬时性接地故障，但此时线路绝缘相比于故障前已经所有下降。如果再次遭遇过电压，绝缘薄弱点将再次击穿，电网恢复后绝缘可能再次下降。周而复始，接地故障可能持续发生，使得绝缘不断下降更容易被击穿，每次故障的持续时间也可能更长，最终使绝缘彻底破坏造成永久接地或者直至线路停电。因此，瞬时性故障包含了线路绝缘的有效信息。

瞬时性故障可发生在架空线路，也可发生在电缆线路。

架空线路中，由于雷击、树枝等外物短时碰撞、绝缘子污损击穿等原因，瞬时性故障发生可能性较大。根据某出线以架空线路为主的变电站实际故障统计，在23次永久接地故障中，突然性外力破坏型故障为3次，在其余20次永久接地故障中，有7次在故障前存在不同程度的瞬时性故障。

对于电缆网络，长期以来习惯性认为其绝缘击穿是不可恢复的。事实上，电缆网络中不仅负荷等设备会频繁发生瞬时性接地故障，即使对于电缆本体，在某些情况下(如绝缘中存在水树)也可能出现瞬时性故障现象。如根据某石化企业记录，在某次电缆本体发生永久接地故障前7天内，发生了8次瞬时性接地故障。

瞬时性故障的持续时间一般从几个毫秒到数秒不等，如图2.2-15所示。对于持续时间较短的瞬时性故障，运行部门和传统的故障检测装置均未予以重视。但发生过瞬时性接地故障的绝缘薄弱点，在过电压等条件具备时还会再次击穿，直至造成永久接地故障。如果能够捕捉、记录到瞬时性接地故障并给出报警信息，及早采取处理措施，就可防止由此造成的突然停电等恶性事故发生。进一步，可为线路和设备由定期检修转变到状态检修提供有益信息，减少定期高压预防性试验的次数，减少停电时间和预防试验对电缆的损坏等。

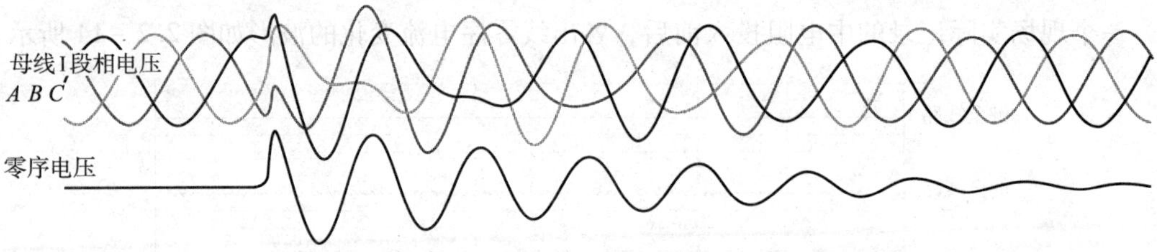

图2.2-15 瞬时性接地时三相电压和零序电压波形图

对于电缆线路，相对于测量局部放电量、绝缘层损耗角、直流电阻等其他在线检测方法，瞬时接地后的绝缘状态更接近于永久故障。利用瞬时性故障预报线路绝缘状态抗噪声干扰能力更强，能更准确地用来估计线路的绝缘状态。

2.3 两种主要中性点接地方式若干概念辨析

两种主要中性点接地方式指经消弧线圈接地(以下称：方式一)和经中小电阻接地(以下称：方式二)。以下分析仅限于大型纯交联电缆配电网，尤其是35kV母线电容电流100A左右甚至更高的配电网，而且仅针对炼化企业向生产装置供电的主配电网。

2.3.1 线路瞬时性故障

线路瞬时性故障一般发生在架空线配电网或混合线路配电网中，异物接近架空线引发单相接地，异物被烧毁后绝缘得到恢复。

交联电缆、干式变压器和干式互感器这类固体绝缘设备，绝缘一旦击穿就不可逆转。采用方式一的电网，如果接地电流较小、持续时间较短，交联电缆主绝缘层可能只被烧灼出一个小孔，形成高阻接地。由于高阻接地故障点难以被检测到，电缆可能还会被安排继续运行。油浸纸绝缘电缆在这种情况下，如果绝缘纸烧损轻微，绝缘油填充破损处，绝缘强度可能恢复，而且以现有检测手段难以找到故障点，电缆仍可运行若干年。

以上两种情况可视为线路瞬时性故障。但因绝缘结构被改变，下次单相接地发生在这个点上的概率大于其他位置。尤其是交联电缆高阻接地后，绝缘强度不满足运行要求，故障点会在短期内重复击穿，每次击穿后必须查找故障点，对运行和检修造成很多困扰，最后不是因为反复接地扩大故障点，就是用高破坏力检测设备扩大故障点，才能找到它，然后再更换一段电缆。这一过程中，单相接地频繁损伤整个系统的非故障相绝缘，强力检测损伤故障线路的故障相绝缘，系统运行寿命被打折扣。

因此，对纯交联电缆配电网不可套用线路瞬时性故障概念，期望它不影响供电，也不可引伸作为方式一维持供电的长处，因为它折腾运行和检修人员后还是会发展成为正常的单相接地，对系统绝缘的破坏超过正常的单相接地。而方式二在第一次单相接地时就跳闸，以一套生产装置停车的代价避免后患。

关于电缆瞬时性单相接地概率不小的观点，以单相接地发生次数计，勉强能够成立；以电缆条数计，小于百分之一，可视作小概率事件。

方式二接地电流较大，故障点损毁较大，一般不会产生瞬时性接地假象，故障点容易被检测到。

2.3.2 接地点跨步电压

方式二设计接地电流一般比方式一的上限大 20 ~ 30 倍，足以启动线路差动保护和电流速断保护，无须顾虑接地故障未被切除所带来的接地点跨步电压问题。方式二在美国和日本等国应用时间长，在国内多数大城市中心城区也应用了 20 年，未因跨步电压安全问题提出质疑。

2.3.3 接地电弧灼伤相邻电缆

某炼化企业采用方式一，35kV 交联单芯电缆单相接地后的外观为：所有电缆外护套都有损伤，从电缆线芯中心径向看，一般开放性破损夹角 20° ~ 50°，最大接近 180°，外护套局部融熔极少见，大多已被烧毁。因此，接地点电弧可能灼伤相邻电缆，方式二接地电流显著大于方式一，按常理分析，更容易灼伤相邻电缆。但是探究一下会发现：

2.3.3.1 三芯电缆

故障相电缆击穿绝缘的电树长在哪个方向？如果长在对着三芯电缆中心方向的一面，方式二的接地电弧肯定灼伤非故障相电缆，三相电缆各自绕包铜屏蔽还是统包铜屏蔽的电缆都是如此。击穿绝缘的电树长在三芯电缆的外护套方向，则方式一和方式二都基本不会灼伤非故障相电缆。由此，方式二灼伤非故障相电缆的概率为 0.5，方式一的概率略低。

以上是将击穿绝缘的电树生长方向视作随机分布所做的分析。在三相统包铜屏蔽的电缆中，电树长在对着电缆中心方向一面的概率实际远低于 0.5，因为不符合场强梯度大的地方首先击穿的规律，除非这个方向的绝缘存在固有缺陷。方式一和方式二都是如此。

由于系统的短路容量比较大，在三相电缆各自绕包铜屏蔽的电缆中，电树长在对着三芯电缆中心方向的一面，两种接地方式的电弧都会灼伤非故障相电缆，只是程度有轻重而已。

被灼伤的非故障相电缆无论程度轻重，都需要重新做中间接头，因此灼伤程度轻重不是主要考量因素。

2.3.3.2 单芯电缆

击穿绝缘的电树总是对着铜屏蔽方向，两种方式的接地电流都有便捷通道入地，铜屏蔽外还有无纺布层和1～2层塑料外护套，灼伤相邻电缆主绝缘层的概率相对较小。

2.3.3.3　其他回路电缆

如果不同回路电缆不加隔离紧密敷设在一起，两种方式都会灼伤相邻回路电缆，其中方式二比方式一严重。

主配电网的各回路电缆敷设通常要求：直埋和支架敷设留空间，槽盒敷设加隔板，或独用槽盒。回路之间留出空间超过10cm，灼伤相邻回路电缆的概率就会小许多。直埋情况下回路之间有距离，并充填土壤，基本不会灼伤相邻回路电缆。槽盒敷设一般不会灼伤相邻回路电缆。

2.3.3.4　破坏能量

灼伤绝缘的能量可以用下式表达：

$$Q = aI^2t$$

式中　a——常数；

I——接地电流；

t——接地持续时间。

分析：

I：方式二比方式一的上限大20～30倍，平方幂是400～900倍。炼化企业可以采用方式一的主配电网的电压等级是35kV，其母线电容电流上限是10A，超过此值就需要装设消弧线圈。在大型纯电缆配电网中，母线电容电流可超过100A，经自动调谐后的接地电容电流可能在10A上下，姑且按10A计。

t：方式二约0.1～0.2s，方式一按理想状况平均30min计，方式一是方式二的18000～9000倍。

由于方式一中的接地电流时断时续，很难计算哪种方式的破坏能量大，可以肯定的是，两者只有程度轻重之分，并受概率分布左右，没有本质区别。

2.3.4　电缆运行寿命

方式一寻找故障线路、转移用电负荷、拉开故障线路这个过程，通常需要将近1h，超过1.5h和少于0.5h都是少数。在此期间，系统中非故障相的固体绝缘在经受间歇弧光或谐振过电压的损伤。某炼化企业按国标生产的35kV交联电缆，在发生6～8次单相接地后，该母线系统中的电缆就需要全部更新。而当地电力公司同样使用按国标生产的电缆，由于采用方式二，已经运行了20年还未安排更新。

2.3.5　供电可靠性的考量

主张方式一的主要依据是：发生单相接地时允许持续供电2h，因此供电可靠性高。主张方式二的主要依据是：以一个历史阶段或电缆运行寿命周期衡量，单相接地和由此发展成为相间接地造成生产装置停车的总数低，因此供电可靠性高。

2.3.6　两种方式的根本区别

方式一故障线路仍维持运行，不造成该线路供电的生产装置停车，但维持运行期间过电压对固体绝缘造成严重损伤，累计多次即可引发系统中频繁的单相接地，继而引发二相异地短路，造成大批生产装置停车。方式二即时切除故障线路，造成单套生产装置停车，但因不存在间歇弧光或谐振过电压，系统中的电缆可以健康运行几十年，不造成大批生产装置停车。

2.3.7 电容电流

母线上馈线数量多、线路长，整个系统的电容电流就大。方式一中100A是道坎，量变会引发质变。然而方式二已突破300A，尚未遇到大麻烦。

2.3.8 三种有代表性的智能消弧和故障选线设备

2.3.8.1 自动调谐消弧线圈

自动调谐消弧线圈采用分级调匝方式，在母线电容电流超过100A时，其补偿级差可能超过10A，亦即不满足国标要求。该设备没有故障选线功能，与传统的手动调匝方式相比，在母线电容电流小于100A时补偿精度有所提高，能减轻值班员工作量，但是对解决方式一内在问题没有实质性作用。

2.3.8.2 变压器二次侧调阻抗消弧装置

采用变压器二次侧调整阻抗原理设计的消弧装置，因能无级调整消弧线圈感抗，没有补偿级差过大之虞，能够将补偿后的接地残流精确控制在2A左右，故障选线也准确。但是由于平时将消弧装置感抗置于无限大，相当于开路，单相接地发生时再将感抗调到十分接近全补偿，所在系统存在发生谐振的可能。

系统发生谐振不仅仅是可能。某炼化企业安装这种消弧装置后发生了3次单相接地，母线电压互感器的高压熔丝都熔断了，这是以前没有的情况。其中2次在5min和2min时单相接地发展成为二相异地短路，尽管故障选线准确，但是电力调度员和变电站值班员根本来不及转移负荷和隔离故障线路。二相异地短路造成很多生产装置停车，比方式二在单相接地时跳闸造成一套生产装置停车，后果严重得多。精确补偿接地电流和故障选线只解决了单相接地的表面问题，单相接地引发二相异地短路的可能、对电缆绝缘的损伤这两个关键问题并没有解决。

继续探究还可以发现，精确补偿接地电流是为了接地电弧熄灭和不重燃，消除间歇弧光过电压对电缆绝缘的损伤。2A左右的残流控制不可谓不精确，但是随之发生的二相异地短路证明，不是接地电弧重燃了，就是引发了谐振。

开发商给出的解决办法是将脱谐度从2调整到8～10，然而这又与消弧装置精确补偿接地电流的主旨相悖，熄弧和避免过电压如何实现？开发商给出的第二选择是对非瞬时性故障选择跳闸，而这又与方式二殊途同归，失去装备消弧装置的意义。

2.3.8.3 行波故障选线

行波故障选线设备采集暂态高频分量电流，对零序或三相电压和电流施行相模变换，取得独立的模分量电压和电流，由此得到两个结果：故障线路的电流行波远大于非故障线路；故障线路与非故障线路的电流行波极性相反。现场应用案例证明，对弧光接地演变为高阻接地的检测成功率为90%。该技术为故障选线提供了新的思路和方案，有望从根本上解决小电流系统故障选线难题。

故障选线混乱是方式一存在的两大问题之一，行波故障选线技术使得方式一增色不少。但是，成功选线后还要经历故障处理过程：单相接地报警——上级变电站值班员查看系统状况、故障选线装置并汇报——电力调度室调度员查看系统状况、发令故障线路转移负荷——

用户变电站值班员接令、转移负荷操作、汇报——调度员发令拉开故障线路——上级变电站值班员接令、拉开线路操作。这一过程在正常情况下需要十几分钟时间，值班员和调度员如果正在处理其他业务，或遇到无人值守变电站，时间还会延长。在此期间，系统非故障相绝缘在遭受间歇弧光过电压损害。行波故障选线可缩短过电压损害绝缘持续时间，但没有消除间歇弧光或谐振过电压，亦即方式一的根本问题依然存在。

2.3.9 电气设备耐压水平

有一种观点：欧洲的电气设备耐压水平低于中国，由此引申中国的电气设备能够承受单相接地过电压。

这种观点可能来自于欧洲进口开关设备标注 36kV，而国产开关设备标注 40.5 kV。然而，设备额定电压与系统标称电压有关联。相关规定见表 2.3-1。

表 2.3-1 欧洲设备额定电压与系统标称电压摘录

Highest voltage for equipment（设备最高运行电压） kV	Nominal system voltage（系统标称电压） kV	
36	33	30
40.5	—	35

设备要按可能承受的最高运行电压制造。由上表可知，在 35kV 等级，中国的 GB 标准与欧洲的 IEC 标准完全一致；在 30～33kV 等级，设备最高运行电压高于系统标称电压的幅度也与 35kV 等级相当。

早年设备分别标注标称电压和最高运行电压，上世纪 90 年代 IEC 和 GB 规定设备额定电压只标注最高运行电压。设备耐压是又一个概念，通常指设备耐压试验（出厂、交接、预防性）标准，它比系统标称电压高出一定百分比，GB 与 IEC 保持一致。

综上所述，在 35kV 电压等级上，欧洲的电气设备耐压水平低于中国的观点有失偏颇。

2.3.10 过电压类型

单相接地引发哪类过电压，文献有多种解说。一说是烧灼电缆，最后形成金属性接地；一说是弧光过电压，熄弧后转为高阻接地；一说是弧光过电压，熄弧后转为谐振过电压；一说是间歇弧光短暂存在，随即转为稳定电弧，若干秒后又转为谐振过电压中的铁磁谐振或线性谐振。

某炼化企业 20 多年间 100 多条 35kV 交联电缆、10kV 油纸电缆和交联电缆的单相接地。遇到 1 次电缆绝缘大面积烧蚀，导线烧断，裸导线直接落地，可认为是金属性接地。造成这个结果的原因是单相接地引发相间短路，继电保护整定失误，线路差动未动作，过流保护在 2.5s 后切除故障。单纯单相接地基本会形成金属性接地。遇到高阻接地 2 次，电树击穿绝缘时只钻了个小孔，孔壁附着淡淡的、不连续的炭膜，形成高阻接地通道。怀疑系统运行于小方式，短路容量小。遇到疑似谐振过电压 3 次，是 2.3.8.2 节所述接近全补偿的情况。3 次中的 2 次仅持续几分钟就因发展成为相间短路而结束，另 1 次是挖破电缆所致，故障线路也很快被切除。100 多条电缆单相接地过程中没有发现谐振过电压的现象，谐振谐振过电压易于识别的一个特点，是可以维持很长时间不衰减，而在平均长达 1 个多小时的单相接地试拉线路过程中，电压表没有晃动，电动机和变压器没有异常声响。

由此推测，文献记述的单相接地过电压种类，可能是在特定条件下的实验结果，实验室短路容量一般比炼化企业配电网小得多，结果会有不同，再经重复引用，已无法分辩背景条件。总之，上述各种解说没有在该炼化企业得到印证。

然而单相接地发展成为相间短路，说明过电压确实存在。排除了上述各种过电压之后，怀疑落在间歇弧光过电压——在消弧线圈的作用下，弧光可能曾被熄灭，但确实又重燃了，电源电压过零时熄弧，反向时重燃，经历几个轮回后过电压攀升到3～4倍。反复重复以上过程，直至发生相间短路或者被试拉线路切除。

讨论过电压类型，是为了分析过电压倍数。文献指出：金属性接地过电压1.73倍，间歇弧光过电压3～4倍，谐振过电压没有具体倍数，但不认为比间歇弧光过电压高。

2.3.11 电缆的单相接地承受力

有一种观点：电缆按线电压绝缘要求生产，能够承受单相接地考验。

这是基于金属性接地过电压的思考。单相金属性接地，非故障相承受稳定的线电压，绝缘达到线电压要求，就能承受单相接地考验。然而，这种思考仅适用于架空线，炼化企业中电缆单相接地罕见金属性接地。

大量文献指出，间歇弧光接地过电压可达到3～4倍，需要采用限压装置和其他技术措施加以限制。目前在用的有：避雷器、消弧线圈以及基于消弧线圈的自动调谐、消弧装置、故障选线等设备。文献未标出谐振过电压的倍数，但指出其持续时间较长，而现有的限压保护装置的通流能力和热容量都很有限，无法提供保护。

电缆绝缘确有相、线电压之分，方式一的电缆必须选择线电压绝缘，这是常识。选择了线电压绝缘不等于就能承受方式一的单相接地考验，否则就不存在电缆绝缘击穿问题了。方式二可选择相电压绝缘，但用户通常选择线电压绝缘。

实际上，中压电缆的主绝缘厚度很难区分相、线电压，某炼化企业曾经为疑似相电压绝缘电缆与制造厂理论，惊动各方，最后因无法分辨绝缘厚度而告终。

与陷进难以辨别的相、线电压绝缘相比，关注以过电压倍数选择绝缘或许更容易看清问题。对非直接接地的35～60kV及以下系统，SDJ 7—79《电力设备过电压保护设计技术规程》要求："对地绝缘，以设备的最高运行相电压4.0倍"。这个规程现已被DL/T 620—1997《交流电气装置的过电压保护和绝缘配合》代替，然而新规程中取消了4.0倍过电压倍数的规定。这可能与国内采用方式二的用户远多于方式一，对绝缘的要求已经不太苛刻有关。即便按老规程4.0倍过电压考虑，与间歇弧光接地过电压相比，安全裕量并不大，电缆生产过程中稍有疏忽就低于弧光接地过电压倍数。35kV及以下电缆绝大部分在悬链式生产线上生产，绝缘偏心现象普遍存在。

与纠结过电压倍数相比，关注交联电缆的绝缘击穿机理更重要。导线紧压系数、表面毛刺、导体屏蔽层光滑度和杂质、主绝缘杂质和气泡、绝缘屏蔽层的光滑度和杂质、接头制作和安装工艺的质量，都可能产生电树；潮湿地区常见的水树，是电树发生的基点和成长的跳板。总之，交联电缆不确定因素很多。

交联电缆的第二特征是绝缘老化不可逆，电树一旦生成，在额定电压下也越长越快，反复单相接地很快就会被击穿。据上海电缆研究所的资深专家蒋佩南介绍，该所曾将水树饱和的交联电缆架空，借助大电流发生器施加低电压大电流（电缆额定电流），使导体发热，驱除主绝缘层中的水分。历时一星期后，电缆绝缘强度恢复到出厂时的60%，此后又安全运行了好几年。但是在炼化企业的运行环境中无法复制这样的驱潮作业，水树一旦出现就无法驱除，通常 3 ~4 年达到饱和，主绝缘层成为豆腐渣。

固体绝缘不同于架空线的空气绝缘和变压器、充油电缆的液体绝缘，它的脆弱本质不容挑战。

2.3.12 生产装置对线路跳闸的承受力

炼化企业工艺管理部门不希望看到线路跳闸，强调可能引发的严重后果；电气部门为生产着想，勉强维持不跳闸。由此形成线路跳闸绝对是坏事，生产装置不可承受的概念。某炼化企业自架空线入地 30 年来，经历了 2 轮频繁单相接地的过程，总数 100 余次，其中 20% ~30% 发展成为二相异地短路，导致整段母线失电、大批生产装置停车，新老生产装置无一幸免。其他电气事故造成的主变、线路跳闸也导致生产装置失电停车。然而没有因为上述跳闸发生一起着火爆炸或人身伤害事故。

生产装置所有严重事故都是多重故障叠加或操作不当引起。资深工艺专家道出其中缘由：每套装置设计时都考虑突然停电、停汽、停水、停氮等公用工程的应对措施，只是没有考虑双电源停电后就不再送电和多公用工程同时停止供应的措施。赛科公司采用方式二，自 2005 年投运至今，另有一家特大型炼化企业采用方式二也已多年，都验证了突然失去一个电源并不可怕，通常只是一套生产装置非计划停车而已。采用方式二不是容忍线路跳闸，而是以个别线路跳闸、个别生产装置停车，避免大批线路跳闸、大批生产装置停车。

第3章　电能质量

3.1　频率

国标规定电网供电频率为(50±0.5)Hz。

供电频率对频率敏感的仪器或设备影响大，如同步机、电钟、调谐设备等。

3.2　电压波动

电压波动为电压最大和最小有效值之差与额定电压的百分数，即：

$$\Delta V = \frac{U_{\max} - U_{\min}}{U_{N}} \times 100\% = \frac{\Delta U}{U_{N}} \times 100\%$$

电压波动常会引起许多电工设备不能正常工作，如轧钢机轧制的钢板出现花纹，影响钢板质量。

国标规定了各个电压等级的电压波动允许范围(见表3.2－1)。

表3.2－1　电压波动允许范围

额定电压/kV	电压波动允许值/%
10及以下	2.5
35～110	2
220及以上	1.6

引起电压波动的原因是系统内的无功功率或无功电流变化。

$$\Delta U = \Delta Q / S_{\min}$$

式中　$S_{\min}$——系统最小短路容量。

3.3　三相不平衡度

由于长距离送电或大功率不对称的负荷(电气化铁道)的存在，会引起供电系统三相不平衡现象。

三相电力系统中三相不平衡的程度，用电压或电流负序分量与正序分量的方均根值百分比表示。

$$\Delta V_{b} = \frac{U_{n}}{U_{m}} \times 100\%$$

电力系统公共连接点正常电压不平衡度允许值为2%，短时不得超过4%。

以上指标与节能的关系不太大，但以下几项就有直接的关系。

3.4 闪变

闪变是人对照度波动的主观视感。

引起闪变的设备主要有电弧炉、点焊机等。

供电系统里伴随闪变会有大量的无功电流，虽然是瞬间发生，但这种无功电流的量很大，所以造成的损耗就大。

容量小于10MV·A的电弧炉变压器常在高压侧装设电抗器，以降低短路电流和稳定电弧电流；而较大容量电弧炉的变压器，由于其本身漏抗已不大需再串电抗器。

电弧炉闪变可预测：

1. 短路压降法(scvd)

$$V_d = \frac{U_o - U_d}{U_N} \times 100\%$$

V_d 为电弧炉在pcc点的三相开路、短路和额定运行时的电压。

限值 $V_d \leqslant 2\%$

2. 最大无功功率变动量法

$$V_d = X\frac{\Delta Q_{max}}{S_B}$$

式中 X——电弧炉系统总电抗；

ΔQ_{max}——最大无功变化量；

S_B——系统短路容量基值。

3. 互降常数法

$$X_{mn} = \frac{S_N}{S_K}$$

式中 S_N——电弧炉变容量，MVA；

S_K——供电系统短路容量，MVA。

互降常数 X_{mn} 允许值可查互降常数表。

供电系统的容量足够大时，也能减少闪变的发生，因而减少损耗。

直流电弧炉电流平稳，且三相对称，与同容量交流电弧炉比，电压波动和闪变可降50%，因而节能，但投资较大，大约比交流电弧炉增加30%以上。

另解决方法是在发生闪变现象的供电系统装设SVC(静止无功补偿装置)，可以瞬间补偿大量的无功，从而达到节能的目的。

3.5 功率因数

供电系统的功率因数与节能增容有关。

$$S^2 = P^2 + Q^2$$

图3.5-1中，功率因数 $\cos\varphi = P/S$

式中 P——有功功率，kW；

Q——无功功率，kvar；

S——视在功率，kV·A。

功率因数低时，较大的无功电流造成很大的供电系统有功损耗，并会引起较大的线路压降，使负荷端电压较低，影响用电质量——设备欠压运行，动力设备长期欠压运行的后果则是动力设备烧毁。

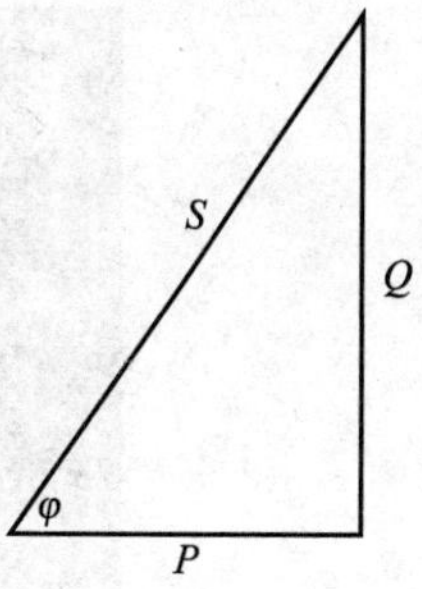

图3.5-1

供电系统对功率因数有要求，$\cos\varphi \geq 0.9$；

$\cos\varphi$ 较低时需进行无功补偿——电容。

供电系统的无功补偿量计算：

$$Q = P(\mathrm{tg}\varphi_1 - \mathrm{tg}\varphi_2)$$

对一配电变压器，其所需配置的无功功率补偿量可以估算为配电变压器容量的1/3(见图3.5-2)。如配电变压器容量为1250kV·A，则可估算电容器的补偿量为450 kvar。

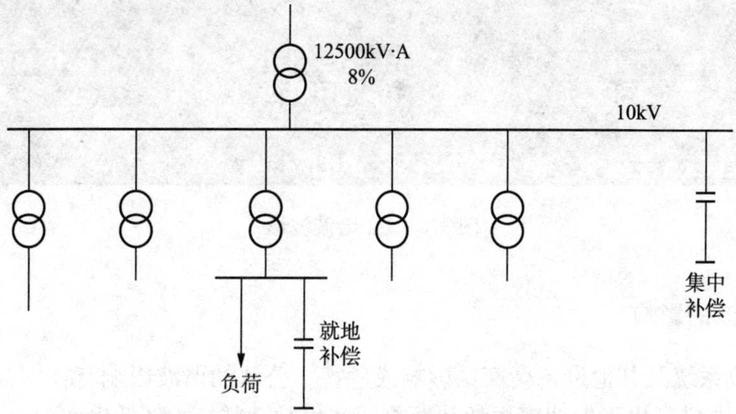

图3.5-2 就地补偿和集中补偿

原则是就地补偿，所以在条件满足时，应采用就地补偿的方式。从而降低供电系统线损、增加变压器出力。

3.6 谐波

3.6.1 谐波的产生

国际上公认的谐波定义为“谐波是一个周期电气量的正弦波分量，其频率为基波频率的整数倍”，由于谐波的频率是基波频率的整数倍，常称之为“高次谐波”。

供电系统谐波产生主要有两类负荷：电力电子设备(变流设备)和电弧电磁。

图3.6-1为现场实测的某设备谐波波形。

电力电子设备由于电路中强迫换流而产生谐波，例如三相全波整流是应用最多的产生谐波的电路。

变压器设计不当和电弧炉也产生谐波。冶金、钢铁、石油、半导体、电气化铁道、印刷等行业是谐波的产生大户。常用工业设备主要有整流直流电源、变频电源。如电解铝厂的电解槽设备、钢厂轧钢机、电弧炉、直流镀膜设备、半导体材料生产设备、中频熔炼炉等都是产生谐波的设备，其产生的谐波对供电系统有不可忽视的破坏作用。

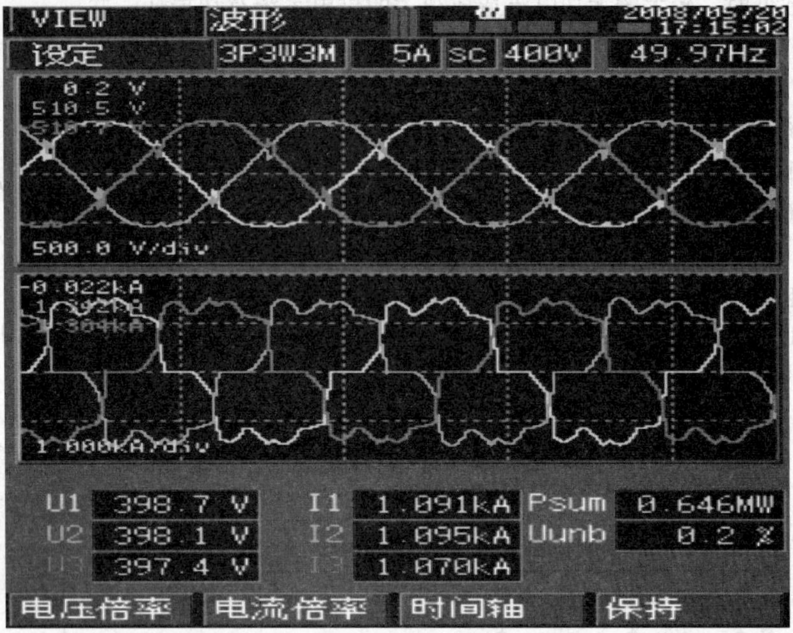

图 3.6-1 谐波波形

3.6.2 谐波的影响

谐波对供电系统及其他设备会产生影响或危害，公认的谐波影响有：

(1)对旋转电机产生附加功率损耗和发热，产生脉动转矩，降低出力；

(2)对无功补偿电容器组引起谐振或谐波电流放大，导致电容器因过负荷过电压而损坏；对电力电缆也会造成过负荷或过电压击穿；

(3)对供电网和导线增加损耗，严重的甚至烧毁；

(4)电流波形的畸变明显影响断路器的断路容量。熔断器是由于发热而使熔片熔断。熔断器由几个带状熔片组成，它们对谐波过流集肤效应引起的发热效应很敏感；

(5)变压器会增加附加发热，降低带负荷能力；

(6)调速驱动器(ASD)在谐波干扰下，影响其工作状态；

(7)电子设备的信号系统受干扰工作不正常；

(8)照明设备寿命降低；

(9)对继电保护和自控装置产生误动作或拒动；

(10)影响仪表电量计量准确；

(11)造成通讯干扰。

从以上内容可见，谐波导致系统损耗增加是明显而突出的后果，应有效消除供电系统的谐波。

3.6.3 谐波的治理

3.6.3.1 变流设备的原理结构

一般变流装置的原理结构为三相交—直整流、交—直—交变频和交—交变频(较少应用)。大量应用的为整流和交-直交变频设备(见图 3.6-2)。

这类设备在三相电源交流侧产生的特征谐波电流次数由整流脉波数 P 决定(见图3.6-3):

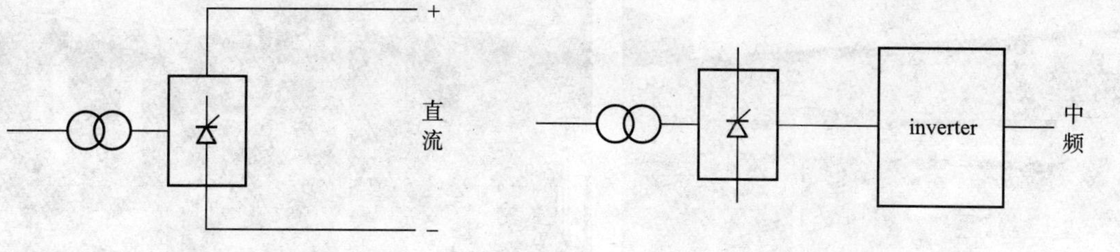

(a)整流设备　　　　(b)变频设备

图3.6-2　整流、变频设备示意图

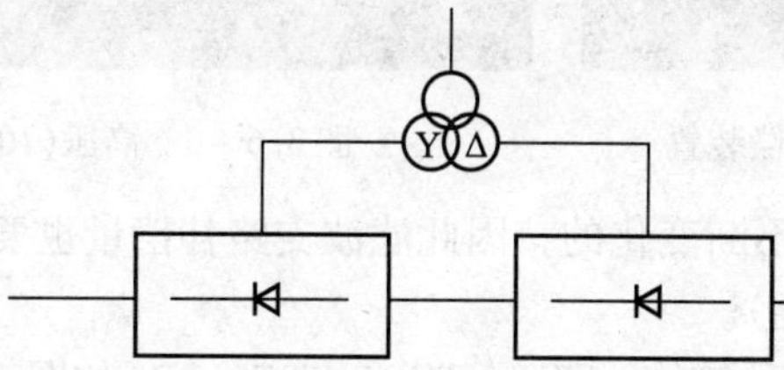

图3.6-3　十二脉波整流电路结构

六脉波整流:　$h=6P\pm1$　　　$P=1,2,3,\cdots\cdots$

十二脉波整流:$h=12P\pm1$　　　$P=1,2,3,\cdots\cdots$

由此可以确定,产生的特征谐波主要为5、7、11和13次谐波。

谐波次数越高,谐波含量越小。所以更高次的谐波可忽略。

根据这个原理,可以设计制造高脉波整流设备,以减少某些谐波含量,达到节能的目的。

变流设备在产生谐波的同时,使设备运行功率因数也比较低,影响供电质量。此类设备的功率因数通常在0.7~0.8的范围内。(现有些整流变频设备应用新技术后,其功率因数能达到0.9以上)。

3.6.3.2　谐波治理的技术

供电系统存在谐波就应该进行治理。一般都采用装设无源滤波器(FC)的技术来达到滤波的目的。装设滤波器的同时可以对供电系统进行功率因数的补偿,一举两得。

常用滤波器(FC)有多种结构,如图3.6-4所示。

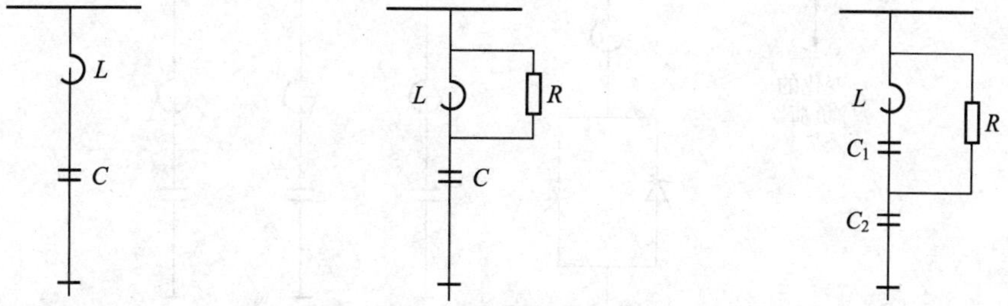

(a)单调谐滤波支路　　(b)二阶减幅型滤波支路　　(c)C型滤波支路

图3.6-4　常用滤波补偿支路及其接线方式

单调谐滤波器由于其结构简单、维护方便及价格较低而被广泛采用(具体实物见图3.6-5、图3.6-6)。

图 3.6－5　低压(400V)滤波补偿装置

图 3.6－6　高压(10kV)滤波补偿装置

由于大多数生产负荷是在不断变化的，因此滤波支路补偿量也要跟随发生变化，避免出现过补偿现象(过补偿也会耗能)。

静止无功补偿器有 SVC 多种结构；TCT、TCR、TSC、SR(如图 3.6－7 所示)。

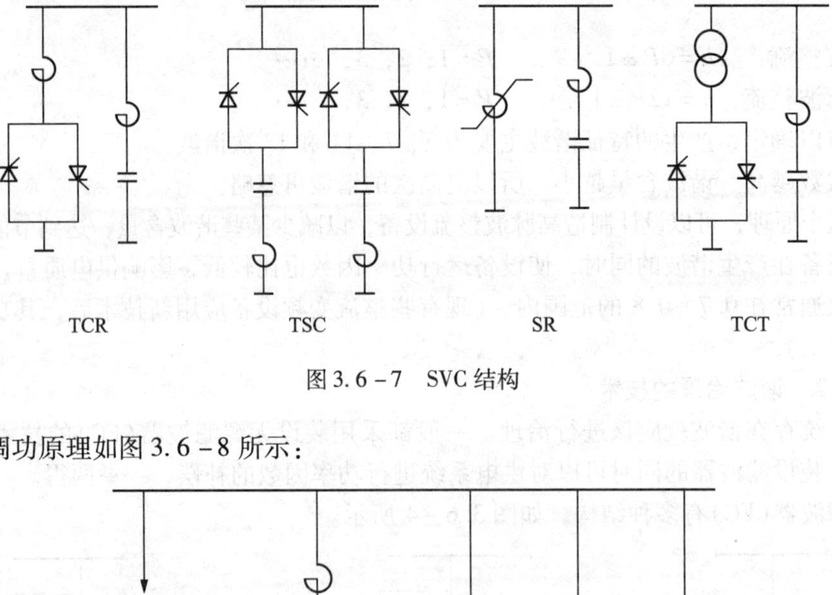

图 3.6－7　SVC 结构

TCR 调功原理如图 3.6－8 所示：

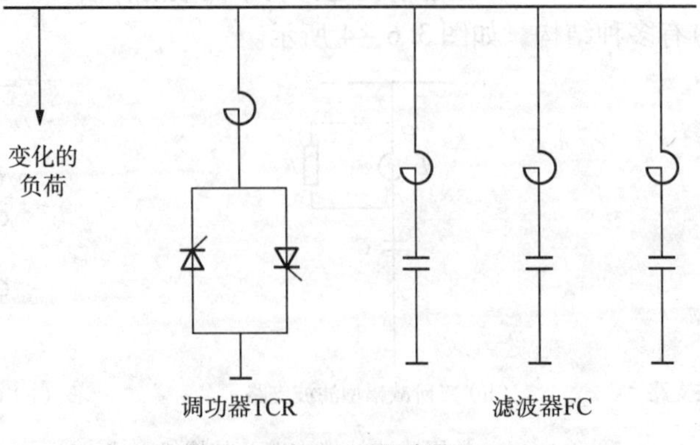

图 3.6－8　TCR 调功原理

$$Q_{load} + Q_{FC} + Q_{TCR} = 常数$$

调功器TCR可用电力电子技术实现，现有的技术主要是有源滤波器APF。

有源滤波简单理解就是波形补偿，因为谐波是非线性负荷使供电波形发生畸变，只要对畸变的波形进行波形补偿，即将缺少的或多余的波形部分用另外的波形完全补充或抵消，得到理想的正弦波形。图3.6-9的三个波形分别是有源滤波器补偿前、补偿后和补偿波形(理论计算结果)。

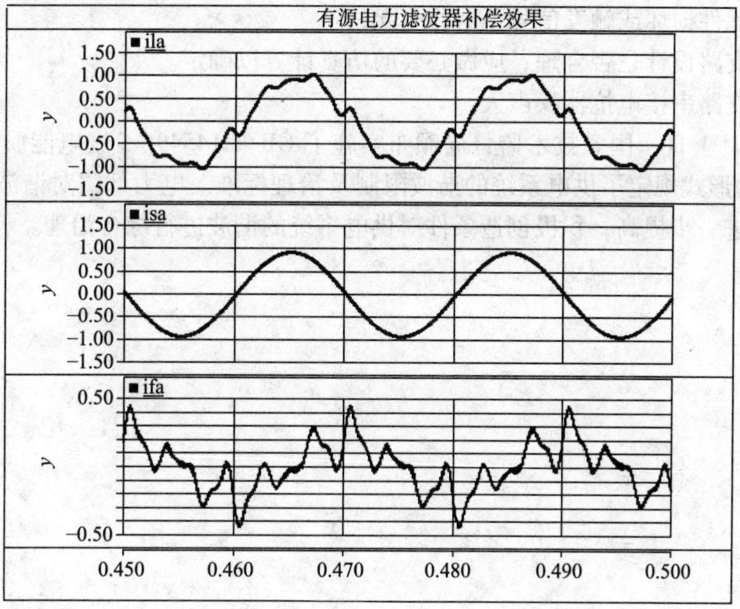

图3.6-9　有源电力滤波器补偿效果

目前有源滤波器的价格比无源滤波高，所以主要用于某些特殊工况场合。为降低成本，现在多采用有源滤波和无源滤波混合的方案。

一般滤波补偿项目实施过程有：

全面了解供电系统技术资料和参数，包括供电系统短路容量、主变容量、电路电压百分数、负荷工况和性质、谐波发生量等；

根据以上资料设计计算滤波补偿容量、配置、参数；

计算机进行系统谐波潮流仿真计算，确保设计合理；

订货、安装；

调试(包括一次和二次设备)；

投入运行。

无功补偿和谐波滤波技术是常采用的技术措施，但经常会出现一些问题：

补偿电容经常损坏；

经常投入运行，由于冲击电流较大，造成电容损坏。解决措施电容器可串接一电抗器；

供电系统存在谐波源，使电容器过载。解决措施电容器可串接一电抗器。

通过交路额定电流的快速估算来判断是否过载：

$$I_H = 1.5Q_C$$

式中　I_H——支路电流，A；

Q_C——补偿容量，kvar。

当滤波支路投运后出现过载现象

应确定供电系统是否已有电容补偿，如果有，则会发生谐波放大现象，应改造或取消电容补偿；

系统是否有背景谐波电压需测量确定，如有则需更改滤波支路设计参数；

系统是否有较大的非特征谐波，因为一般设计的滤波补偿支路是针对特征谐波的，它们可能对非特征谐波产生放大。应调整生产设备，因为一般产生非特征谐波，是由于可控整流环节个别整流元件损坏或触发信号不对称引起；

滤波补偿支路设计是否合理，应做必要的仿真计算以确定。

补偿电容支路串接电抗器噪声大。

1994 年 3 月 1 日，国家技术监督局颁布实施了 GB/T 14549—93《电能质量 公用电网谐波》，以法律的形式规定了供电系统的谐波限制及治理标准。电力部门对谐波的危害和治理的认识也得到进一步提高，积极创造条件对供电系统的谐波进行综合治理。

第4章 高压架空输电线路防雷

4.1 概述

输电线路担负电能输送任务，是电力系统的重要组成部分。在我国，通常称35～220kV线路为高压输电线路，按结构又可分为电缆线路和架空线路。高压架空输电线路与电缆输电线路相比有许多显著的优点，如结构简单、施工周期短、建设费用低、检修维护方便、散热性能好、输送容量大等，因而被广泛采用。但由于高压架空输电线路敷设距离一般较长，穿越的地形复杂，遭受雷击和受雷电影响出现故障的概率非常高。电网故障分类统计表明，高压输电线路故障跳闸的一个重要原因是雷击故障，据统计雷击引起的跳闸占线路全部跳闸的50%～60%。在一些土壤电阻率高、雷电活动频繁的地区，雷击引起输电线路的事故率更高。

输电线路遭遇雷击不仅影响电网的安全稳定运行，还会增加线路维修的工作量。同时雷电有可能会沿线路侵入变电站，严重时会破坏设备的绝缘，影响变电站供电安全。因此做好架空输电线路的防雷，减少电力系统的雷电事故，对于保障安全供电具有非常重要的意义。

一般来说，按电力行业标准设计的各电压等级的输电线路都允许有一定的雷击跳闸率。但由于石化企业生产具有特殊性，雷击跳闸事故对生产过程的影响往往是不可逆的，不仅严重影响正常生产，还可能由此造成巨大的经济损失甚至引发重大安全事故。因此，对石化企业架空输电线路的薄弱环节采取有效的防雷措施，进一步提高线路的耐雷水平是非常必要的。

为了减少输电线路的雷击故障，一般可采取增设避雷线、减小避雷线保护角、增加绝缘子绝缘长度、多重屏蔽、双回路差接绝缘、装设线路避雷器和降低杆塔接地电阻等技术措施。由于大气雷电活动的随机性和复杂性，目前世界上对输电线路雷害的认识研究还有诸多未知的成分。进行高压输电线路防雷设计时要全面考虑，综合分析每一条线路的具体情况，通过安全、经济、质量比较，选取有针对性的防雷设计技术措施，使雷害降低到运行单位能够接受的程度，以达到提高供电可靠性的目的。

4.2 基本概念

4.2.1 雷暴、雷暴日、雷暴小时和雷电活动水平

1. 雷暴

雷暴是指由积雨云产生的具有闪电和雷或伴有阵性降雨的天气现象。

2. 雷暴日

1天中可听到1次以上的雷声称为1雷暴日。

3. 雷暴小时

在1小时期间可听到1次以上的雷声称为1雷暴小时。

4. 雷电活动水平

某一地区的雷电活动水平可以用雷电活动日水平和雷电活动小时水平表征，其中雷电活动日水平指该地区的平均年雷暴日数，雷电活动小时水平指该地区的平均年雷暴小时数。

按照平均年雷暴日数可以分为少雷区、中雷区、多雷区以及雷电活动特殊强烈地区。其中少雷区指平均年雷暴日数不超过15的地区，中雷区指平均年雷暴日数超过15但不超过40的地区，多雷区指平均年雷暴日数超过40但不超过90的地区，雷电活动特殊强烈地区指平均年雷暴日数超过90及根据运行经验雷害特殊严重的地区。

4.2.2 雷电过电压

过电压是电力系统在特定条件下所出现的超过工作电压从而可能危害绝缘的异常电压，根据其形成机理分成很多种类。雷电过电压是由于大气中的雷云对地面(包括线路、设备等)放电引起的过电压。其持续时间大多在几十微秒，具有脉冲的特性。雷电过电压又可分为感应雷过电压和直击雷过电压两种。

1. 感应雷过电压

由于雷击电气设备的附近地面，在放电过程中由于空间电磁场的急剧变化而使未直接遭受雷击的电气设备感应出过电压。

2. 直击雷过电压

雷闪直接击中电气设备导电部分时引起的过电压。

4.2.3 雷电流及其特性参数

4.2.3.1 雷电流

雷电流指流过雷击点的电流。雷电流具有以下特点：

1. 冲击电流大

一次雷击大多数分成3~4次放电，一般是第一次放电的电流最大，正闪电的电流比负闪电的电流大(在100kA以上)。雷云对地负闪击，电流值高达数十万kA。

2. 时间短

一般雷击分为三个阶段，即先导放电、主放电、余光放电。整个过程一般不会超过60ms，最长记录1.33s。

3. 变化梯度大

雷电流变化梯度大，有的可达10kA/μs。

4. 冲击电压高

强大的雷电流产生的交变磁场，其感应电压可高达上亿伏。

4.2.3.2 雷电流幅值

雷电流是一个非周期冲击波，其幅值与气象、自然条件有关，是一个随机变量，只有通过大量实测才能正确估计其概率分布规律。DL/T 620—1997《交流电气装置过电压保护和绝缘配合》规定：我国一般地区雷电流幅值超过I的概率可按下式求得：

$$\lg P = \frac{I}{88}$$

式中 p——雷电流幅值概率；

I——雷电流幅值，kA。

陕南以外的西北地区、内蒙古自治区的部分地区（这类地区的平均年雷暴日数一般在 20 天及以下）雷电流幅值较小，可由下式求得：

$$\lg P = \frac{I}{44}$$

目前我国工程上计算雷击跳闸率时，都是按照上述的公式代入计算。

图 4.2-1 为我国雷电流幅值概率曲线。

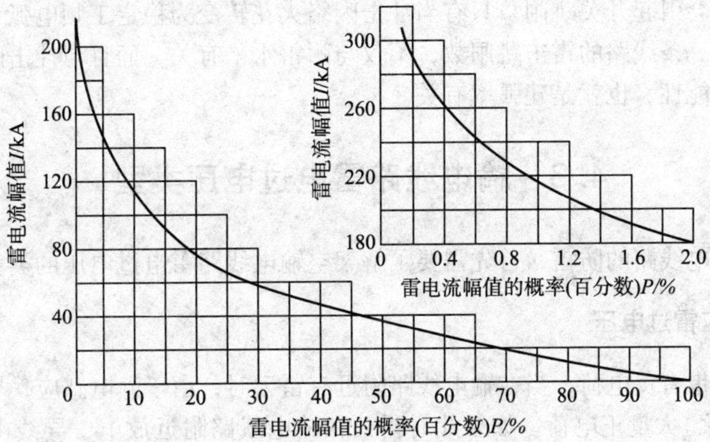

图 4.2-1　我国雷电流幅值概率曲线

4.2.3.3　雷电流波形

根据测量，雷电流波是一种非周期性脉冲波，其幅值和陡度随各次放电条件而异。通常是幅值大时陡度也大，幅值和最大陡度都出现在波头部分，如图 4.2-2 所示。

4.2.4　线路耐雷水平

雷击线路不致引起绝缘闪络的最大雷电流幅值，称为线路的耐雷水平。耐雷水平是判断输电线路耐雷性能的一个重要数据，也称保护水平。耐雷水平愈高，意味着线路防雷措施愈完善，绝缘子串冲击闪络的概率愈小。输电线路的电压等级愈高，在电力系统中的重要性愈大，因而要求有较高的耐雷水平。

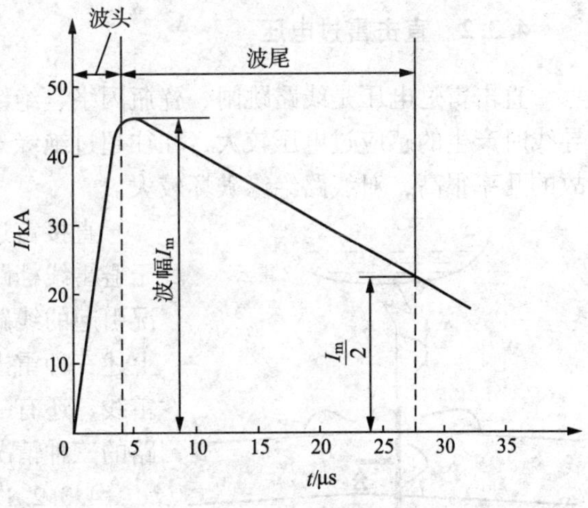

图 4.2-2　雷电流波形

耐雷水平作为表征输电线路防雷水平优劣的重要参数，主要与绝缘子串的雷电冲击放电电压值、杆塔结构及杆塔的冲击接地电阻、雷电流大小以及雷电活动的强弱、地形地貌的特点等因素有关。

4.2.5　建弧率

雷击时绝缘子串发生冲击闪络，雷冲击电压过去后，弧道仍有一定程度的游离，在工频电压的作用下，将有短路电流流过闪络通道，形成工频电弧。建弧率是指线路绝缘子串和空气间隙在冲击闪络之后，转变为稳定工频电弧的概率。

4.2.6　雷击跳闸率

雷击跳闸率是指因雷击而引起的线路跳闸的次数。我国现行标准规定雷击跳闸率统一折算为每百公里每40个雷暴日下的跳闸次数。

雷电压持续时间很短，绝缘子冲击闪络时间相应也很短，继电保护来不及动作，所以仅有冲击闪络并不会引起开关跳闸。只有当冲击闪络火花转变为稳定工频电弧，才会引起线路开关跳闸。因此一条线路的雷击跳闸数，不仅与耐雷水平有关，而且与冲击闪络之后弧道建立工频电弧的可能性、也就是建弧率有关。

4.3　输电线路雷电过电压类型

研究架空输电线路的防雷，首先需要了解架空输电线路雷电过电压的类型。

4.3.1　感应雷过电压

大多数雷云带有负电荷，当在输电线路附近有雷云时，由于静电感应，导线上靠近雷云处将感应出(集聚)大量正电荷。如果此时雷云在输电线路附近放电，导线由于静电感应而集聚的"束缚电荷"瞬间得到释放，以波的形式沿着导线向线路两侧运动，形成感应过电压，这种由电场变化引起的雷过电压称为感应过电压的静电分量。同时由于雷电流迅速变化，在周围空间产生强大的电磁场将通过电磁感应在导线上感应出很高的电压，称为电磁分量。这两部分共同构成感应雷过电压。感应雷过电压对35kV及以下线路会引起一定的闪络事故，对110kV及以上线路，由于线路绝缘水平一般较高，所以一般不会引起闪络事故。

4.3.2　直击雷过电压

直击雷过电压是线路跳闸、瓷瓶闪络、绝缘击穿的主要因素。当雷直接击于线路杆塔或导线时产生的感应过电压较大，往往超过绝缘子串的雷电冲击放电电压值，引发线路跳闸事故的几率很高，对线路绝缘破坏较大。

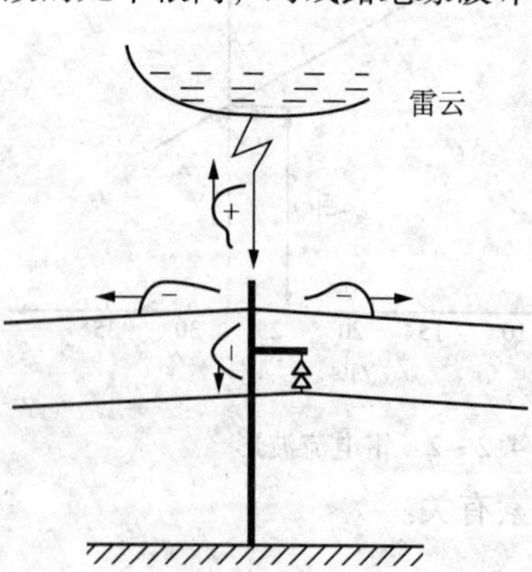

图4.3-1　雷直击于线路杆塔顶端示意图

直接雷过电可以分为三种情况：雷直接击于杆顶、击于避雷线档距中间、绕过避雷线击于导线，其中前两种情况引起的线路绝缘子串闪络称为反击。通过统计分析，在上述三种雷击情况中，大部分雷击于杆顶，小部分雷击避雷线，还有一小部分雷绕击于导线。下面对雷直接击于线路的三种情况作进一步的分析说明。

4.3.2.1　雷直接击于杆顶

当雷直击于线路杆塔塔顶时(如图4.3-1)所示，雷电通道中的负电荷与杆塔及线路架空地线上的正感应电荷迅速中和形成雷电流。由雷云释放电荷形成的负极性雷电流波沿杆身向下运动，另有两个相同极性的电流波通过避雷线向两侧相邻杆塔运动。与此同时杆顶有一正雷电流波沿雷电通道向上运动，数值上等于三个负极性电流波之和。正由于这几个雷电流波的作用引起在线路绝缘上的雷击过电压。

4.3.2.2　雷直接击于避雷线

当雷直接击于避雷线时，电波沿避雷线向杆塔两端运动，所造成的影响不会大于雷击塔顶的情况。此时避雷线与导线在档距中间的空气间隙距离 S 成为雷击避雷线档距中间控制条件，当雷击过电压的幅值超过空气间隙距离 S 的击穿电压时，空气间隙 S 将被击穿造成短路事故。因而在设计、施工中必须控制空气间隙距离 S，以满足架空输电线路设计技术规程相关要求，避免出现空气间隙 S 被击穿造成闪络短路事故。

4.3.2.3　绕过避雷线击于导线

虽然线路装设有避雷线，但是还是有部分雷绕过避雷线直接击中导线，这种现象称为绕击。从线路遭受雷击情况看，虽然绕击的概率很低，但由于雷直接击中导线，加在线路绝缘上的雷击过电压值较高，所以因绕击发生的跳闸事故很高。据统计，绕击事故占线路雷击跳闸事故的55%。

根据高压架空输电线路的运行经验、现场实测和模拟试验均证明，雷电绕击率与避雷线对边导线的保护角、杆塔高度以及高压输电线路经过的地形、地貌和地质条件有关。山区高压架空输电线路的绕击率约为平地高压架空输电线路的3倍。设计山区输电线路时不可避免会出现大跨越、大高差档距，这是线路耐雷水平的薄弱环节；一些地区雷电活动相对强烈，使某一区段的线路较其他线路更容易遭受雷击。要提高绕击发生时线路的耐雷水平，必须采取减小线路发生绕击的概率。

线路发生绕击的概率与避雷线对外侧导线的保护角度 α（如图4.3-2所示）、杆塔高度、线路经过地区的地形地貌和地质条件有关。从统计结果看，线路雷击跳闸边相占75%。保护角小于15°占37%，15°以上占63%，可以得出绕击率随保护角 α 的角度减小而迅速下降的结论

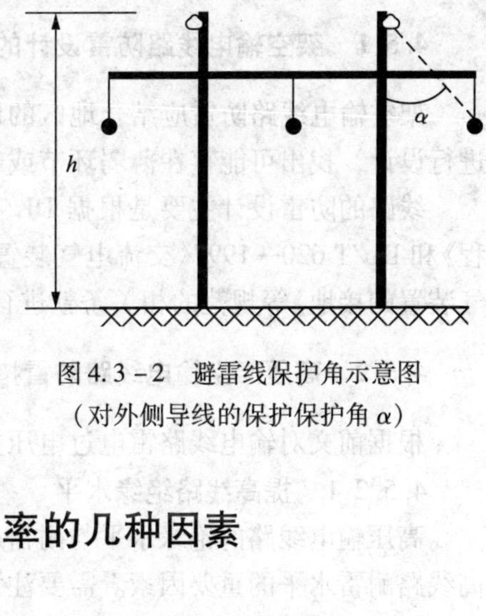

图4.3-2　避雷线保护角示意图

（对外侧导线的保护保护角 α）

4.4　影响线路的雷击跳闸率的几种因素

4.4.1　杆塔接地电阻对雷击跳闸率的影响

各种杆塔的反击跳闸率都随接地电阻的增大而明显增高，并且杆塔越高反击跳闸率越高。这一方面是由于线路耐雷水平随着杆塔高度的增加而降低，另一方面较高的杆塔引雷面积较大，发生反击的概率也较大。此外同等高度下，直线塔的反击跳闸率高于耐张塔。这是因为直线塔避雷线与外侧导线距离较远，耦合系数较小且绝缘子串较短，因而耐雷水平较低，较易发生反击闪络；同杆双回塔由于杆塔很高，引雷面积大，发生反击的概率较大。因而对杆塔接地电阻应该有更严格的限制。

4.4.2　线路绝缘强度对雷击跳闸率的影响

增加绝缘子片数或增加复合绝缘子长度对绕击跳闸率的改善作用有两方面：

(1)在正保护角条件下，可以在一定程度上减小保护角，提高避雷线的屏蔽效果；

(2)加强绝缘可以提高线路的绕击耐雷水平，进而降低绕击跳闸率。在现有条件下，由于机械受力以及绝缘配合的原因，增加的绝缘子串长度极为有限，因此对导线的保护角影响很小。增加绝缘子串长度对绕击跳闸率的影响主要体现为改善耐雷水平。

对于110 kV以及220 kV线路，增加线路绝缘子串长度的方法较为可行。加强绝缘后平均每增加1片绝缘子可提高约1 kA绕击耐雷水平。可见，加强绝缘对改善反击跳闸率作用明显，而对改善绕击跳闸率作用不大。

4.4.3 线路保护角对雷击跳闸率的影响

雷电绕击是影响高压输电线路安全稳定运行的关键因素之一，减小避雷线保护角是降低绕击跳闸率的重要手段。研究表明，绕击跳闸率与塔型和地形关系密切，一般来说同一塔型保护角越小绕击跳闸率也越小。但不同塔型相同保护角跳闸率差异可能很大，减小保护角对改善线路防雷性能的效果受地形影响明显。将避雷线水平宽度增加对改善跳闸率的综合效果较好。

4.5 架空输电线路防雷设计的基本原则及主要防雷措施

4.5.1 架空输电线路防雷设计的基本原则

架空输电线路防雷应结合地区的地貌、地形、地质以及土壤状况与接地电阻的合理水平进行设计，找出可能存在薄弱环节或缺陷，因地制宜地采取措施。

线路的防雷设计主要是根据DL/T 5092—1999《110～500 kV架空送电线路设计技术规程》和DL/T 620—1997《交流电气装置的过电压保护和绝缘配合》及DL/T 621—1997《交流电气装置的接地》等规范的相关条款进行设计。

4.5.2 高压架空输电线路防雷措施

根据前文对输电线路雷电过电压类型分析，高压架空输电线路防雷措施可划分为四类：

4.5.2.1 提高线路绝缘水平

高压输电线路的绝缘水平与耐雷水平成正比，保证高压输电线路有足够的绝缘强度是提高线路耐雷水平的重要因素。需要注意的是，复合绝缘子伞裙直径较小，在相同高度时，干弧距离略小于瓷绝缘子和玻璃绝缘子。DL/T 1122—2009《架空输电线路外绝缘配置导则》规定：多雷区线路使用复合绝缘子时，干弧距离应加长10%～15%，或综合考虑在导线侧加装1～2片悬式绝缘子。强雷区在满足风偏和导线对地距离要求的前提下，使用复合绝缘子时，干弧距离应加长20%，或综合考虑在导线侧加装盘型悬式绝缘子(或使用瓷或玻璃复合伞裙绝缘子)。

通过适当增加绝缘子片数，也可以提高线路绝缘水平和耐雷水平。对已建成投运的线路，除考虑投资因素外，加强线路绝缘的方法还会受制于杆塔头部的结构与尺寸。这种方法只在高海拔地区和雷电活动强烈地段可以适当考虑。

对于使用瓷绝缘子的输电线路，要加强绝缘子零值检测，尽早发现和处理线路绝缘方面存在的隐患。

4.5.2.2 减少线路绕击概率

此类防雷措施致力于局部改善周围物体对导线的屏蔽效果，希望借此减少雷击导线的机会，如减小保护角、采用负角保护针等，是避雷线或避雷针原理的推广。其中减小保护角的措施受到杆塔结构和工程造价的制约，对于某些缓山坡、地形开阔处，当避雷线保护角较大时可考虑使用这一方法，但要求杆塔有合格的接地装置。在设计满足绕击耐雷水平的情况下，一般不会进一步减小保护角或采用负保护角；塔顶避雷针亦符合传统防雷理论，但安装后杆塔落雷几率将增大，有可能增加反击的机会，在采用这一方法时还要求杆塔接地电阻小于等于10Ω，否则应考虑增加绝缘子片数以加强绝缘；而负角保护针等措施的实际效果还有待进一步验证，长度和机械强度也成为制约其使用的因素。上述措施只针对线路绕击的情况，只在确认线路事故为绕击或地形地貌决定线路容易绕击时适用。

4.5.2.3　提高耐雷水平，减少反击概率

此类防雷措施包括降低接地电阻、架设耦合地线、装设线路避雷器等。

降低杆塔接地电阻是110kV及以上电压等级线路基本的防雷措施，一般采用增设接地装置，采用引外接地装置或连续伸长接地线来实现。降低杆塔接地电阻的方法，在平原地带相对较容易，对于山区杆塔，则往往在4个塔脚部位采用较长的辐射地线或打深井加降阻剂，以增加地线与土壤的接触面积，降低电阻率。

在导线下面架设耦合地线能在雷击杆塔时起分流作用和耦合作用，降低杆塔绝缘子上所承受的电压，提高线路的耐雷水平。有研究表明，架设耦合地线可提高耐雷水平20%～40%，沿杆塔入地电流将减少7%～12%，架设单根耦合地线相当于降低接地电阻30%左右。但是架设耦合地线的投资较高，此外在已投运的线路上架设耦合地线会遇到许多困难，需要验算杆塔强度、耦合地线对导线及地面的距离，以及大风时耦合地线与导线不同期摆动后的距离，线路运行维护的工作量和难度将会加大。

差绝缘方式适宜于中性点不接地或经消弧线圈接地的系统，且导线为三角形排列的情况。采用差绝缘方式的同一基杆塔上三相绝缘有差异，下面两相较之最上面一相各增加一片绝缘子，当雷击杆塔或上导线时，由于上导线绝缘相对较“弱”而先击穿，雷电流经杆塔入地，避免了两相闪络。在同杆双回的线路中也有采用不平衡绝缘方式以达到降低事故率的做法。石化企业供电负荷的重要性和特殊性决定了差绝缘方式不适合在石化企业架空输电线路上使用。

4.5.2.4　采用重合闸提高可靠性

对一般电力网来说，自动重合闸装置的采用，双回路及环网供电的方法都是为了保证供电的可靠性，但这并不能满足石化企业电网的特殊要求。如前所述，线路跳闸会引起石化生产中某些不可逆事件(如生产装置停工等)的发生，自动重合闸并不能挽救由此带来的损失，因而该措施也不是石化企业制定防雷方案的重点。

4.6　效果最明显的防雷技术措施——降低输电线路杆塔接地电阻

输电线路接地装置是指接地体和接地引下线的总称。接地体指埋入地中并直接与大地接触的金属导体，杆塔接地体则指杆塔埋入地下的圆钢、角钢等金属构件。接地引下线是指使引雷设备与接地体相连的部分，对杆塔来说主要有独立接地引下线、钢筋混凝土杆的钢筋、铁塔钢材等。降低输电线路杆塔接地电阻值是效果最明显的一种线路防雷手段。

4.6.1　杆塔接地电阻高的原因

4.6.1.1　地质地貌存在的原因

我国地质、地势复杂，北方山区的土壤电阻率一般在1300～3000Ω·m，南方山区的土

壤电阻率有的甚至高达5000～10000Ω·m，有些山区土层较薄或没有土壤，全为岩石，接地施工难度大。北方土壤干燥，而大地导电基本上是靠离子导电，各类无机盐类只有在有水的情况下才能离解为导电的金属离子，所以干燥的土壤导电能力非常差，这是山区或北方干旱地区杆塔接地电阻偏高的主要原因。

4.6.1.2　设计施工方面的原因

设计时未到现场进行土壤电阻率测试，不进行地形、地势和地质勘探，套用历史数据或者取地区的平均电阻率，对接地电阻不进行计算，都可能导致设计与现场实际不符。施工时，不严格按图纸施工，接地体的长度、埋深及焊接和回填土与要求不符，也会导致造成线路杆塔接地电阻超标。

4.6.1.3　运行维护方面的原因

多数杆塔在当初建成时是合格的，随着杆塔运行时间的推移，杆塔接地电阻会越来越大，这主要有接地体的腐蚀，由腐蚀电位差不同引起的电化学腐蚀，就会发生因腐蚀断裂而使杆塔“失地”的现象。还有接地体的埋深不够，或用碎石、砂子回填，土壤中含氧量高，使接地体容易发生吸氧腐蚀。腐蚀使接地体与土壤的接触电阻变大，导致杆塔接地电阻变大，失去接地；在施工时使用化学降阻剂，随着降阻成分流失或失效后使接地电阻增大。

4.6.2　降低杆塔接地电阻的措施

4.6.2.1　正确水平接地

充分利用现场地形和地质、山岩裂缝等结合使用降阻剂进行降阻处理。遇坚硬岩石，接地体的埋设深度可酌情减小为降低冲击接地电阻。

4.6.2.2　重视垂直接地

山区的线路由于石头多，特别是位于岩石地带的杆塔，垂直接地极的施工是不容易的，这时可结合岩石裂缝使用垂直接地极。要按事先设计好的图纸中的尺寸打孔，然后将接地体插入孔中央，再将导电水泥加水搅拌成浆状倒入孔中。垂直接地体长度和根数，须根据接地电阻值的具体要求而定。为防止接地引线腐蚀，在离地面40cm内的接地引线周围必须使用导电水泥保护。在干旱地区，可直接将导电水泥干粉倒入地沟中的接地体周围，并将回填土夯实，这种方法具有良好的降阻效果。

4.6.2.3　科学设计施工

新建杆塔在杆塔基础和拉线基础施工时在坑底铺设接地体和降阻剂进行降阻。对改造降阻工程要结合现场有利地质、地势做切合现场实际的设计，按要求进行水平接地和垂直接地体的施工。水平接地体的埋深、焊接要合格，回填土要用细土回填，并分层夯实，对接地引下线的各连接头要做防腐处理，对接地引下线直到与水平接地体连接处要进行防腐处理。

4.6.2.4　利用化学降阻剂

在高土壤电阻率地区，可在接地极周围敷设降阻剂，降低杆塔接地极的接地电阻。降阻剂是由几种物质配制而成的，具有导电性能良好的强电解质和水分。这些电解质和水分被网状胶体所包围，网状胶体的空格又被部分水解的胶体所填充，使它不致于随地下水和雨水而流失，因而能长期保持良好的导电作用。施工中应尽量用高压泵将降阻剂从接地体的四周压入地层内，效果会更加显著。目前常用的有石墨、电力复合脂等降阻剂，这些降阻剂对接地体基本无腐蚀作用。

4.6.3　加强杆塔接地装置的运行及维护

定期进行维护和检查，对接地引下线进行防腐处理，定期测试杆塔接地电阻和回路电阻，定期检查接地体有无冲刷和外力破坏等，保证输电线路杆塔接地一直处于良好的状态。

4.6.4　存在的问题

为进一步降低杆塔接地电阻，采用较长的接地线，工频状态下接地电阻会有所下降，但遭受雷击时，因接地线过长会有较大的附加电感值，雷电过电压的暂态分量$L\frac{di}{dt}$会加在塔体电位上，使塔顶电位大大提高，更容易造成塔体与绝缘子串的闪络，反而使线路的耐雷水平下降。降阻剂使用后接地电阻随时间的推移而下降，短期内基本无腐蚀现象，但使用较长时间后，会发生对接地体的严重腐蚀，对环境也有一定的破坏作用。

4.7　高压架空输电线路防雷的新技术——线路金属氧化物避雷器

对位于雷电活动强烈或土壤电阻率高、降低接地电阻有困难的地区的高压架空输电线路，采用降低杆塔接地电阻、提高线路绝缘水平、架设避雷线、减小保护角等方法防雷，效果均不理想。线路型避雷器利用雷击杆塔时避雷器动作，导线电位升高，杆塔顶与导线间的电位差减小，保护杆塔绝缘子串不发生闪络的原理，具有保护性能好、通流容量大、动作反应快、结构简单、体积小和重量轻等优点，为提高输电线路的防雷水平提供了新思路。

4.7.1　线路金属氧化物避雷器简介

线路金属氧化物避雷器又称为线路氧化锌(ZnO)避雷器，是20世纪70年代初期出现的新型避雷器。

1968～1970年，日本松下电气公司首先研制成功氧化锌压敏电阻，开始用于无线电工业做为限制浪涌电压的元件。经改进和提高，将之应用于保护6.6kV以下的电力设备，用以吸收真空开关切断感性负荷时释放的过电压能量。与碳化硅(SiC)电阻相比，氧化锌电阻具有更优良的非线性特性和更大的通流能力。自70年代中期到80年代中期，日本、前苏联、美国、瑞典和瑞士等国先后成功制造氧化锌避雷器，并广泛用于3.3～750kV的各级电网上。

国内110kV、220kV线路已推广这项技术，自1993年以来，线路氧化锌避雷器应用于我国特别是广东等雷害较严重线路，取得了较好的效果。国内的一些厂家目前已具备线路避雷器的设计开发能力，并已生产出系列产品。目前，国内外对采用线路避雷器改善输电线路的防雷性能已经达成共识，线路避雷器已在国内外得到了大量的应用。

由于安装线路避雷器需要一定的经济投入，而且线路避雷器自身也存在一定的故障率，一定程度上增加了线路维护的工作量，目前很少采用全线安装线路避雷器的做法，而是因地制宜，针对具体线路特点和雷击情况制定线路避雷器安装方案。

4.7.2　氧化锌避雷器的原理与特点

4.7.2.1　线路避雷器工作原理

避雷器的工作原理是：正常情况下处于截止状态；超过避雷器保护水平的过电压波到达

时，避雷器立即导通，限制了过电压的幅值。雷电流泄入大地后，还要切断在雷电流通过火花间隙时形成的通道中的工频电流(续流)，最后避雷器又恢复绝缘状态。其工作过程可概括分为三个步骤：限压、熄弧和恢复。

对于未安装避雷器的线路，当雷击杆塔时，一部分雷电流通过避雷线流到相临杆塔，另一部分雷电流经杆塔流入大地，雷击杆塔时塔顶电位迅速提高，当塔顶电位与导线上的感应电位的差值超过绝缘子串冲击放电电压时，将发生由塔顶至导线的闪络。杆塔接地电阻值愈高，则塔顶电位与导线上的感应电位的差值愈大，闪络的可能性也愈大，这就是一些输电线路屡遭雷击掉闸的主要原因。

加装线路避雷器以后，当输电线路遭受雷击时，雷电流的分流将发生变化，一部分雷电流从避雷线传入相临杆塔，一部分经塔体入地，当雷电流超过一定值后，避雷器动作加入分流。大部分的雷电流从避雷器流入导线，传播到相邻杆塔。雷电流在流经避雷线和导线时，由于导线间的电磁感应作用，将分别在导线和避雷线上产生耦合分量。因为避雷器的分流远远大于从避雷线中分流的雷电流，这种分流的耦合作用将使导线电位提高，使导线和塔顶之间的电位差小于绝缘子串的闪络电压，绝缘子不会发生闪络，因此，线路避雷器具有很好的钳电位作用。

4.7.2.2　氧化锌避雷器的特点

(1)在陡波头冲击电压和冲击电流作用时，能给设备绝缘提供更大的保护裕度；

(2)工频续流值仅为毫安级，这不但减轻了避雷器的动作负载，延长了它的使用寿命，而且对系统的影响也极微小；

(3)通流能力强，具有更好的释放操作过电压能量的能力，可满足超高压系统绝缘配合的需要；

(4)结构简化，故障率低；

(5)由于氧化锌避雷器能够提供更低的保护水平和较大的保护裕度，特别是比碳化硅避雷器更能限制操作过电压，因此可能使电力设备的绝缘水平降低 2～3 级，这对超高压系统的经济意义更为重大。

4.7.3　线路型氧化锌避雷器的分类

线路型氧化锌避雷器可分为有串联间隙和无间隙两种安装类型(见图4.7－1)，其性能对比见表4.7－1。

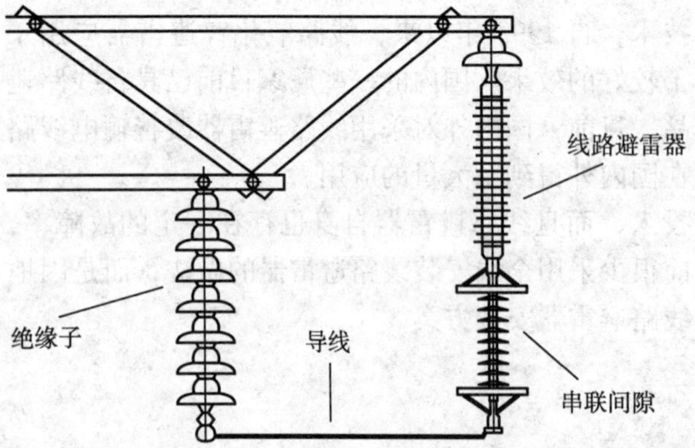

图4.7－1　线路避雷器安装示意图

1. 无间隙型。

避雷器与导线直接连接，它是电站型避雷器技术的延续，具有吸收冲击能量可靠，无放电时延等优点；

2. 带串联间隙型。

避雷器与导线或绝缘子串下端之间为空气间隙，只在雷电流作用时才承受工频电压的作用，具有可靠性高，运行寿命长等优点。

考虑到杆塔尺寸限制、安装和运行维护方便的因素，35kV 线路通常选择无串联间隙的氧化锌避雷器，可通过避雷器的泄漏电流指示器在线检测避雷器的泄漏电流。

表4.7－1　带间隙型的线路避雷器和无间隙的线路避雷器的性能比较

避雷器类型	带串联间隙的线路避雷器	无串联间隙的线路避雷器
性能劣化比较	只在串联间隙动作时才承受工作电压的作用，很少劣化，可增加运行寿命	长期承受工作电压的作用
故障安全性比较	不需要特殊的故障脱落装置	避雷器故障时需要特殊的脱落装置将避雷器与导线分离
其他	有放电时延	无放电时延

110kV及以上电压等级线路避雷器一般都采用带串联间隙的结构。这种结构具有以下几个优点：

(1)线路正常运行时，避雷器不承受持续工频工作电压的作用；

(2)避雷器只有在一定幅值的雷电过电压作用下串联间隙动作后，避雷器本体才处于工作状态，因此其外绝缘水平(绝缘外套爬电距离)可以低于无间隙避雷器；

(3)在正常设计的线路上，有足够的耐受操作过电压的能力，间隙大小可选择避免操作过电压作用时动作，这样大大减轻避雷器动作负载试验的压力。再考虑到电阻片数减少，有可能使避雷器的结构紧凑化，并降低造价；

(4)因串联间隙的隔离作用，即使避雷器电阻片劣化，也不至于影响线路的正常运行。

但是，对带串联间隙避雷器进行设计和安装时也应注意以下问题：

(1)带串联间隙避雷器应满足长期承受工频电压作用而稳定工作的要求，即串联间隙在各种外界因素的作用下，在风吹、导线舞动等情况下应能保持其尺寸基本不变；

(2)串联间隙应具有足够的通流能力以泄放雷电流和吸收雷电冲击过电压的能量。

4.7.4　线路氧化锌避雷器安装方案设计

如果仅考虑降低线路雷击跳闸率，理想的做法是在线路每基杆塔的每相导线上都安装线路避雷器。但这样一来耗资巨大，二来避雷器本身也存在一定的故障率，同时也会增加设备维护工作量。因此实际工程上很少采用这种方案，而是根据线路具体情况，有选择地在部分杆塔的部分相别安装避雷器。线路避雷器的安装位置和数量在很大程度上决定线路防雷工程的性价比，是线路避雷器安装方案设计的主要内容。

4.7.4.1　线路避雷器安装方案设计的一般原则和方法

(1)对有确切雷击位置记录的线路局部重点杆塔，分析其雷击是由绕击引起还是由反击引起，针对事故原因对个别杆塔采取偏于保守的防雷方案(考虑装设三相避雷器)，保证已经发生闪络的绝缘子串不再发生类似事故；

(2)基于保护个别地形特殊杆塔，兼顾提高整个线路反击耐雷水平，验证线路避雷器防雷效果，减少线路雷击跳闸率的出发点，对有雷击事故发生，但巡线未找到故障点的线路和没有雷击跳闸记录的线路也进行计算和分析，提出相应方案；

(3)线路绕击的概率与避雷线对边导线的保护角、杆塔高度以及线路经过地区的地形、地貌、地质条件有关，而规程中关于绕击率的计算公式只区分了平原和山区两种情况，在这两种情况下，绕击率只与保护角和杆塔高度相关。而绕击耐雷水平只是简单地依据绝缘子的冲击闪络电压和线路波阻抗值计算得到。因而线路绕击计算并不能像反击计算那样，通过改善耐雷水平较低的杆塔来达到提高全线耐雷水平的目的，只能针对个别地形地貌特殊，容易发生或已经发生绕击事故的杆塔采取措施。

衡量杆塔耐雷水平的改变并不只是针对安装了避雷器的杆塔，安装避雷器前后的反击耐雷水平包含了两种情况，即：雷击该杆塔时，该杆塔不发生闪络；雷击该杆塔时，该杆塔所在的线路上其他杆塔不发生闪络。对于绕击的情况也是如此。在重点杆塔安装避雷器后，击于线路两侧的雷电流一般不会引起该杆塔闪络，但对其余的杆塔的威胁依然存在，因此安装避雷器前后的绕击耐雷水平也包含了两种情况，即：雷击该杆塔两侧线路区间时，该杆塔不发生闪络；雷击该杆塔两侧线路区间时，该杆塔所在的线路上其他杆塔不发生闪络。与反击情况不同的是，只在杆塔的某一相安装避雷器对其余相绕击耐雷水平的影响不大，在不能确认雷击相别时，往往采用三相都安装避雷器的保守做法。

需要说明的是，针对具体线路或线路段的“反击方案”或“绕击方案”只表示分析认为该部分杆塔反击或绕击的可能性大一些，并不说明该线路或线路段只存在反击或绕击的可能性。实际上，无论是出于防止反击还是绕击目的安装的避雷器，都兼有增大反击耐雷水平和绕击耐雷水平的效果，特别是三相同时安装避雷器时，该杆塔的反击耐雷水平和绕击耐雷水平都有大幅提高，一般不可能再发生反击或绕击事故。

4.7.4.2　线路避雷器安装方案设计依据

线路避雷器安装方案设计，应以线路耐雷水平仿真计算为基础。采用专门的仿真计算软件对线路安装避雷器前后的耐雷水平进行计算，并根据仿真计算结果决定避雷器安装相别和支数。为了使计算更加精确，对所有线路的每一档距和每基杆塔应分别建模，并充分考虑杆塔结构尺寸、线路型号、档距、弧垂等的影响。计算时应考虑不同相安装避雷器的效果；考虑在重点杆塔及其邻近杆塔加装线路避雷器的综合效果。因为安装线路避雷器对线路耐雷水平的改善效果受到安装相别、杆塔接地电阻、线路档距、土壤电阻率、杆塔结构、杆塔绝缘水平及邻近杆塔参数等因素的影响，计算时需综合各种因素。

4.7.4.3　实例

以北京地区某同塔双回35kV架空输电线路的避雷器安装方案设计为例进行详述。

1. 收集线路参数和历史故障情况

查阅线路设计图纸，收集各基杆塔的型号和技术参数，在此基础上进行现场勘查。线路全长7.902km，采用单避雷线。线路杆塔总数38基，其中34基处于山地、山坡，4基处于山顶。线路整体上高低起伏，部分路段起伏幅度较大，相邻杆塔最大高差约为36m。

线路所在地区土壤电阻率大约为1000Ω·m，各基杆塔接地电阻数据不齐全，部分杆塔接地电阻和线路绝缘子情况如表4.7－2。

两条35kV线路终端各装有氧化锌避雷器2组，型号为Y5WZ－52.7/137(无放电间隙，标称放电电流5kA，额定电压52.7kV，标称放电电流下残压137kV)。

(1)3#塔

杆塔类型：鼓型直角塔，呼称高度15m。相邻杆塔(2#、4#塔)皆为鼓型转角塔。

杆塔地形：杆塔处于山顶(断面标高为197.76m)。

档距：与2#塔相距约246m，与4#塔相距约161m。

(2)14#塔

杆塔类型：鼓型转角塔，呼称高度18m。相邻杆塔(13#、15#塔)一为鼓型转角塔，一为鼓型直线塔。

表 4.7－2　同塔双回 35kV 线路部分杆塔情况

杆塔序号	塔型	冲击接地电阻/Ω	土壤电阻率/Ω·m	瓷绝缘子片数
2#	JGU3	4.58	1000	4
3#	ZGU4	6.793	1000	3
4#	JGU2	3.718	1000	4
11#	ZGU4	21.45	1000	3
12#	JGU3	10.01	1000	4
13#	JGU2	17.305	1000	4
14#	JGU2	17.875	1000	4
26#	JGU2	6.793	1000	4
27#	JGU2	7.865	1000	4
28#	JGU2	3.003	1000	4

杆塔地形：杆塔处于山洼，转角外侧和小号侧均为高度约 100m 的山（12#、13#塔均处于山顶），内侧和大号侧为村庄，较平坦。

档距：与 13#相距约 210m、与 15#塔相距约 327m。

（3）27#塔

杆塔类型：鼓型转角塔，呼称高度 18m。相邻杆塔（26#、28#塔）皆为鼓型转角塔。

杆塔地形：杆塔处于山坡（距地面约为 6m），周围有 2 根低矮水泥杆。

档距：与 26#塔相距约 268m，与 28#塔相距约 136m。

2. 线路耐雷水平分析和仿真计算

（1）杆塔接地电阻的估算

由于线路杆塔接地电阻数据不全，其余杆塔的接地电阻值只能依靠估计。但从线路整体情况看，各杆塔的接地电阻值没有一定的规律可循。由于杆塔反击耐雷水平与其冲击接地电阻值密切相关，冲击接地电阻值的估算值选取对反击耐雷水平的计算和反击方案的制定都会造成影响。

若接地电阻估计值过低，则本来可能安装避雷器的杆塔被忽略；若接地电阻估计值过高，则可能导致本来不需要安装避雷器的杆塔被装上了避雷器，而真正应该安装的杆塔反而被忽略。

权衡上述各种影响，将 15#、16#、19#、19#、23#、36#杆塔的冲击接地电阻估算值取为 15Ω。

（2）建模计算分析

在采取上述假设建立线路模型后，对 35kV 线路反击耐雷水平进行计算，发现反击耐雷水平最低的 11#杆塔也达到 22kA，从数值看反击耐雷水平并不低。但查阅该 35kV 线路雷击事故记录，其中 3#、14#、27#杆塔都曾因雷击引起绝缘子串事故，应作重点防护。

计算 14#杆塔的反击耐雷水平为 31kA；3#杆塔和 27#杆塔的反击耐雷水平则分别达到 53kA 和 57kA。由计算结果推测，14#杆塔发生的可能是雷电反击事故，而 3#和 27#杆塔的事故则可能为绕击引起。

3. 仿真计算制定线路避雷器安装方案

使用专用的仿真计算软件对线路抗绕击和抗反击方案进行设计见表 4.7－3～表 4.7－5。

表 4.7－3　线路抗绕击方案 1

安装位置	雷击区间	原绕击耐雷水平/kA	现绕击耐雷水平/kA
3#、12#、13#、26#、27#杆塔 上、中、下相(6 支)	2#～3#	3.1	5.2
	3#～4#	3.1	6.6
	12#～13#	3.9	12#、13#不会发生绕击事故
	26#～27#	3.8	26#、27#不会发生绕击事故
	27#～28#	3.8	7.3
共计	30 支		

表 4.7－4　线路抗绕击方案 2

安装位置	雷击区间	原绕击耐雷水平/kA	现绕击耐雷水平/kA
2#、3#、4#、12#、13#、26#、27#、28# 上、中、下相(6 支)	2#～3#	3.1	2#、3#、4#不会发生绕击事故
	3#～4#	3.1	
	12#～13#	3.9	12#、13#不会发生绕击事故
	26#～27#	3.8	26#、27#、28#不会发生绕击事故
	27#～28#	3.8	
共计	48 支		

表 4.7－5　线路抗反击方案

杆塔序号	安装位置	原反击耐雷水平/kA	现反击耐雷水平/kA
11#	下相(2 支)	22	35
14#	上、中、下相(6 支)	31	40
共计	8 支	22(11#)	32(7#)
备注	反击跳闸率下降 23.0%		

对线路避雷器安装方案进行技术经济性对比和选择见表 4.7－6，由于该线路为石化企业生产装置供电，安全可靠性要求较高，最终选取方案 2 作为线路避雷器安装实施方案。

表 4.7－6　线路避雷器安装方案对比分析

采用方案	方案 1	方案 2
方案组合	绕击方案 1＋反击方案	绕击方案 2＋反击方案
安装避雷器杆塔占全部杆塔数百分比	(5＋2)/38＝14.4%	(8＋2)/38＝26.3%
反击耐雷水平/kA	22→32	22→32
反击跳闸率下降百分比	23.0%	23.0%
避雷器总数/支	30＋8＝38	48＋8＝56
总价/万元	15.2	22.4
效果分析	重点保护了 2#～3#、3#～4#、12#～13#、26#～27#、27#～28#线路区间和 14#杆塔；3#、12#、13#、26#、27#不会发生绕击事故；14#杆塔的反击耐雷水平从 31kA 提高到 40kA	重点保护了 2#～3#、3#～4#、26#～27#、27#～28#线路区间和 14#杆塔，2#、3#、4#、12#、13#、26#、27#、28#不会发生绕击事故；14#杆塔的反击耐雷水平从 31kA 提高到 50kA

方案实施后4年期间，线路仅发生一次雷击跳闸，防雷效果明显。实践表明，通过全面分析、科学计算，有针对性的对重点杆塔和地形特殊杆塔安装线路避雷器，可避免或大幅减少反击雷和绕击雷的影响，较大程度的提高输电架空线的耐雷水平，提高供电系统的可靠性。

需要说明的是，线路防雷水平的设计与评估并非一次性工作。在架空输电线路长度、走向、杆塔型式等发生较大变化或者线路再次出现雷击故障时必须对防雷方案重新进行核算分析，根据分析结果适时对方案进行调整和优化。

4.7.5 线路避雷器的维护检查与试验

线路避雷器作为设备，自身也存在故障率。加强线路避雷器的维护和管理是一项重要任务，同时对于线路避雷器在雷电天气下是否能够切实发挥防雷作用有很大影响。

线路避雷器的维护主要包括带电测试、日常巡视检查、雷雨后检查和停电检查试验。

在日常的线路巡视中，在线路日常巡视中，应对避雷器进行外观检查，观察避雷器是否因风力等因素造成脱落、松动等情况。同时结合线路巡线工作，由线路巡视人员观察并记录线路避雷器温度、计数器的动作情况和避雷器泄漏电流(仅指无串联间隙的线路避雷器)。巡线人员可以通过使用红外成像仪测温、用望远镜观察计数器动作次数和泄漏电流值等手段，了解避雷器的设备状况是否正常。

每次雷电活动后或系统发生过电压等异常情况后，应尽快进行线路特殊巡视工作，观察避雷器放电计数器的动作情况，观察线路避雷器外壳是否有裂纹或破损，与避雷器连接的导线及接地引下线有无烧伤痕迹，对于安装有泄漏电流在线监测装置的线路避雷器，还应观察泄漏电流变化情况等。

按照电气设备预防性试验的相关规定，每隔3~5年应将线路避雷器分批拆回，进行预防性试验。

当线路避雷器检查和试验结果不能满足运行条件时，应尽快采取措施更新改造。要避免由于线路避雷器自身故障或缺陷，导致防雷作用无法实现或者由于线路避雷器故障导致线路运行安全性下降甚至引发线路停电事故。

雷击故障是高压架空输电线路常见故障，影响电力系统的稳定运行，对石化企业安全生产造成严重威胁。高压架空输电线路防雷工作的目标是使雷击发生的可能性降至最低；在无法避免雷击时，应尽可能地使外绝缘上承受的过电压降至最低。

当前高压架空输电线路防雷主要采取以下措施：

(1)加强高压输电线路的绝缘水平；

(2)降低杆塔的接地电阻；

(3)增设避雷线；

(4)运用线路避雷器。

在选择线路具体防雷方式时要充分考虑本地区的防雷经验及特点，选用合适的方式，也可综合运用上述措施。

按照相关技术规范完成输电线路防雷设施的设计和安装，是保证输电线路防雷设施正常发挥作用的基础。其中线路避雷器设计方案必须在线路故障统计、实地勘察分析和仿真计算的基础上制定，才能最大限度确保方案的科学性、合理性。

加强输电线路的巡视与维护，对防雷设施进行定期检查试验，发现缺陷和隐患及时进行整改，是输电线路防雷设施有效发挥作用的重要保障。

第5章　输配电线路舞动

冬季与早春，当水平方向的风吹到因覆冰而变为非圆断面的输配电线路导线上时，将产生一定的空气动力，在一定的条件下，会诱发导线产生一种低频(0.1～3Hz)、大振幅(约为导线直径的5～300倍)的自激振动。由于其形态上下翻飞，形如舞龙，因此被称为舞动(dancing)。导线舞动多发生在冬季导线偏心覆冰形成的非圆截面的大跨越输电导线上，由于导线舞动的峰值最大可达到10多米，以至引起相间闪络、跳闸停电、线夹等金具损坏、导线断股断线甚至使杆塔倒塌，是输电线路的重大灾害之一。

导线舞动是输配电线路普遍存在的一种现象，范围较广，在条件满足的情况下，各电压等级的线路均会发生舞动，并且对电力线路的影响与破坏较为严重。导线舞动的能量非常巨大，其舞动的轨迹为在垂直于导线轴线的截面内呈椭圆形。导线上波幅的峰值从几十厘米到12～13m均有出现，持续时间长、能量巨大、振幅大的舞动，使导线、金具、横担、电杆等所受的应力增加，会造成导线、金具、甚至杆塔的直接损伤或疲劳破坏，降低其使用寿命。严重时，可能造成导线断股断线、相间闪络、混线，引发单相接地及两相短路跳闸等严重事故，对输电线路的安全运行构成极大的威胁，同时也将造成很大的经济损失。近年来，某油田的6～110kV输配电线路均有不同程度的舞动发生，曾造成线路跳闸、单相接地、跳线、瓷瓶扎线断线、防振锤振掉，以及横担、电杆杆基动摇等事故，造成了很大的经济损失，并给线路的安全运行带了很大的隐患。因此，导线舞动的有效防治已成了一个亟待解决的问题。

由于舞动涉及数学、机械动力学、空气动力学、流体力学、弹塑性力学等多学科的交叉，其促发机理与过程十分复杂，不仅涉及许多系统与外界作用参数，而且还包含许多随机因素，因此，给研究工作带来一定的困难。到目前为止，舞动的防治工作，仍然是治标多于治本，经验多于理论，局部的研究多于全面的研究。就舞动研究的全局来看，舞动与防舞技术的研究距离成熟阶段还有很大的差距，因此对导线舞动的研究意义重大。

5.1　舞动的理论研究

5.1.1　舞动产生的机理及特点

在冬季与早春气温较低，当下冻雨或雨加雪时，架空输配电线路导线单侧往往会覆冰。当水平方向的风(风速5～20m/s)吹到因覆冰而变为非圆断面的输配电线路导线上时，将产生一定的空气动力，在导线单侧覆冰的扭转力和风力的作用下，就会产生振荡。在一定的条件下，当导线扭转振荡与垂直振荡相耦合时，会诱发导线产生舞动。舞动时，除上下跳动外，还会发生摆动，其轨迹的水平投影呈椭圆形。

输电线路导线舞动是一种比较复杂的空间力学问题，对于其产生机理有多种说法，尚没有形成统一的认识。但就发生的情况来看，主要有以下几种特点：

(1)下冻雨或雨加雪，气温在-7～1℃，架空线上覆冰3mm以上；

(2)风速在5～20m/s，风向与线路走向的夹角在45°～90°之间；

(3)平坦、开阔地带，风不受建筑物、树林等屏蔽物的干扰；

(4)线路为东西走向，在转角杆、T接杆等位置；

(5)在跨越河流、交叉跨越等大跨越档距；

(6)全档距导线做定向的波浪运动，各电压等级线路均有发生；

(7)持续时间长(2~62h)，振幅大(一般0.5~3m，最大为导线弧垂)，易产生混线、断线、横担扭动、杆基动摇等；

(8)防振锤对舞动不能抑制。

5.1.2　舞动研究的历史与现状

舞动的观测与研究源于20世纪30年代，美、加、苏、英、日等国进行了较多的观测、研究与治理工作。

1. 美国

邓哈托于1932年12月在A. I. E. E会议上发表了题为"输电导线覆冰舞动"一文，首次从理论上阐述了导线舞动的发生机理。文中指出，覆冰输电线在强风中的低频舞动可以解释为某种不稳定性所引起，这种现象与良好气象下发生的高频率的振动(注：指微风振动)毫无关系(本质不同)。

2. 加拿大

A. T. Edwards等人于1953年1月至1954年在安大略Burlington与Dundas地区先后进行了舞动的观测，用D型覆冰导线在试验线路上形成人工起振，对系统的静态与动态参数进行了较为全面的试验。其主要结论有：

(1)舞动中，垂直运动占主要地位，水平运动振幅仅为垂直振幅的10%；

(2)水平运动的基本频率与垂直运动相同，其基本频率是线档的某一固有频率，通常是基频或低阶谐波；

(3)大多数实例中，横向振动(包括水平与垂直方向)振动为自激振动，而扭振是由于冰形不对称所引起的惯性耦合形成的，属强迫振动。

3. 日本

研究人员在对其国内的舞动状况进行了全面的观测和归纳之后，找出了如下一些规律：

(1)舞动具有地区性和特殊气象条件的特点，在同样的地理与气象条件下，多条线路会同时发生舞动；

(2)档距大的线路发生舞动的事例较多，高压线路舞动较多；

(3)舞动所造成的事故包括线间短路和接地短路，所造成的损失包括电弧烧伤、断股、断线、杆塔损坏、倒塔、防震锤或间隔棒损坏等；

(4)地形、地物的影响。当线路前方有树木、森林屏蔽，使气流受到扰动时，舞动发生较少。线路与风向的交叉角在45°~90°时易发生舞动；

(5)风速与气温的影响。舞动发生的频度与风速成正态分布，其中心风速为15m/s，其中最小风速为4m/s，最大风速为25m/s。

5.1.3　我国舞动的记载与研究状况

1. 国内舞动的记载与研究状况

我国有关舞动的记载始于20世纪50年代，而真正进行大规模治理与研究是在1987年湖北省中山口大跨越发生舞动而导致断线之后才开始进行的。

根据现有资料，1957～1992 年初，我国共发生了 44 次较大影响的导线舞动，波及到 161 条线路，造成导线损伤 66 根，引起线路跳闸 119 条次以上。发生舞动最多的是沈阳、鞍山、丹东、锦州一带，1957～1990 年的 33 年中有 18 年发生舞动，共计 25 次，波及线路 86 条次。其次是湖北省的荆州、武汉、宜昌、荆门地区，近 7 年共发生舞动 12 次，波及线路 37 条次。

2. 某油田电网舞动的现状

该油田位于河南省西南部的南阳盆地，地处伏牛山以南、汉水以北，南接湖北，三面环山，地势多为丘陵，处于亚热带向暖温带的过渡地带，属典型的季风性半湿润气候。由于油田电网所处的地理环境、气象条件与湖北省的上述四地区有些类似，且冰风条件极其相似，因此较易发生导线舞动。油田电网的舞动的观察与记载始于 2003 年 2 月 8 日的一场大雪，当时由于导线舞动引起线路跳闸 1 次、断线 2 处、单相接地 1 次。之后对导线舞动进行了跟踪观察，近年来导线舞动发生情况如下：

2004 年 12 月 21 日天降大雪，油田魏岗地区共有 12 条线路、共计 29 处、178 基杆线路发生导线舞动现象。共造成单相接地 1 次、瓷瓶扎线断线 5 处、防振锤振掉 6 处、横担扭动 10 处、电杆杆基动摇 5 处等。

2009 年 11 月 11 日至 12 日冰雪、冻雨天气，油田电网 6～110kV 输配电线路发生大面积导线舞动现象，造成大面积停电 4 次、线路跳闸 19 条次、110kV 线路倒塔 1 处、6/10kV 线路倒杆 5 基、杆歪 32 基、变压器烧坏 2 台、避雷器损坏 1 组、绝缘子损坏 3 支、断线 6 处等，累计停电 68.1h，甩负荷 3.5×10^4kW。

2010 年 2 月 10 日至 11 日，油田发生冰雪、冻雨天气，油田电网 6～35kV 输配电线路发生大面积导线舞动现象，其中魏岗地区 80% 线路导线舞动、江河地区 30% 线路导线舞动、井楼地区 40% 线路导线舞动、古城地区 10% 线路导线舞动。导线舞动造成线路跳闸 13 条次，共计 18 条线路运行受到影响。

5.1.4 影响导线舞动的因素

输电线路导线舞动是一种比较复杂的空间力学问题，形成舞动的因素非常复杂，而各种因素又相互影响，构成了舞动激发与扩展的复杂情况。归纳起来，对导线舞动的激发与扩展起主要作用的因素大致有四个方面，即线路的走向、地形与地势、当地的气象条件、线路系统的结构与参数。

5.1.4.1 线路走向的影响

一般说来，各种截面模型在风向垂直于模型的轴线方向时所受的空气动力最大，所表现出的空气动力现象最为典型和突出。如果风向与物体的轴线之间有一个夹角，那么，真正起激振作用的将主要是风激励力的垂直分量，而平行于物体轴线的分量通常是不会起到激励作用的。基于此，一段线路舞动的大小与状态，也主要决定于风向对导线轴线的夹角。当夹角为 90°时，对舞动的影响最大，反之，当夹角为 0°，即风向平行于导线轴线时，则引起舞动的可能性最小。

据前苏联的文献报道，绝大多数的导线舞动发生在风向与线路夹角为 45°～90°的情况下。我国的导线舞动的统计资料也表明，在发生舞动的线路中，风向与线路夹角为 45°～90°的约占 94.6%，其中夹角为 60°～90°的又居多数，约占 60% 以上。从油田电网发生舞动的线路来看，线路均为东西走向，风向与线路夹角也在45°~90°之间，与国内外的情况一致。

5.1.4.2 地形与地势的影响

根据国内外的统计资料，导线舞动多数产生于平原与开阔地区。与山区或丘陵地区相比，平原与开阔地区无论从风速还是空气的流态来说，都更加有利于舞动的形成。由于风速随着高度的增加而增大，因此，线塔愈高，风速愈大，其激励状态愈严重。油田电网发生的舞动区域也多分布在风速高、空气流动快的开阔地带，受地形与地势的影响较大。

5.1.4.3 冰风参数的影响

导线覆冰的类型与条件：

1. 雾凇

是由山区低层云含有的过冷水滴形成的。雾凇在温度极低、风速很小的情况下遇到导线时，在第二批水滴尚未到达之前，第一批水滴几乎即刻成冰，冻结在导线上。积冰呈白色、晶状结构，密度<0.6g/cm³，在导线上的附着力比较弱。由于覆冰层不厚，冰重不大，偏心情况也不严重，对导线一般不构成威胁。

2. 霜凇

当温度在冰点上下，风比较猛时，便会形成霜凇。其水滴冻结比较弱，但在导线上的附着力却比较强。冰质透明，密度较高，在0.6~0.9g/cm³之间变化。导线长期暴露在湿云中，而气温又在冰点左右时，易形成霜凇，其重量会逐渐增大，其重力会对导线与杆塔构成威胁。

3. 雨凇

多发生于冻雨期的低海拔地区，在温度接近冰点、风速较大时产生。冰质透明，在导线上的附着力极较强，密度也很高，在0.90~0.92g/cm³之间。在雨凇地区，由于冻雨持续时间较长，可能形成厚而坚实、不易脱落的覆冰层，成为发生导线舞动的最大威胁。如湖北中山口是全国最严重的雨凇区之一，雨凇常持续数十小时至几昼夜，气温在0~-8℃之间，形成偏心覆冰的厚度一般为15~20mm，最严重的一次甚至达到38~40mm。

对导线舞动来说，冰风因素是主要的激励源，具有关键的作用。它们的产生及形态不仅与气象因素密切相关，而且，它们彼此又相互影响。如在同样的雨凇条件下，风速的大小会影响成冰的形状，进而影响空气动力状态。这些问题具有很大的随机性，在舞动的研究与计算时，通常是根据统计资料来进行的。

5.1.4.4 线路结构与参数的影响

1. 导线类型的影响

对导线的中心线而言，导线的覆冰一般总是偏心而朝向迎风面的，这个偏心质量将会引起导线绕自身轴线产生扭转，从而改变导线的迎风面。这样不断覆冰、不断扭转的结果，使得覆冰导线的截面形状趋于圆形，以致削弱了作用在导线上的空气动力载荷，对舞动有一定的抑制作用。而对于分裂导线，一般都是每隔几十米就有一个间隔棒，将各子导线连在一起。在每一个次档距内的子导线，其两端被间隔棒固定，扭转刚度大大高于相同截面的单导线，在偏心覆冰后很难绕其自身扭转，偏心覆冰状况得不到缓解，作用在分裂导线上的空气动力载荷自然就会比单导线大的多。因此，在同样的地理与气象条件下，分裂导线要比单导线容易产生舞动。

2. 导线直径的影响

观测资料表明，大截面导线比小截面导线易于产生舞动，这与它们自身的扭转刚度有很大的关系。大截面导线的扭转刚度大，在偏心覆冰后难以产生自身扭转，使得覆冰层更多的堆积在同一方向，使导线迎风面与背风面的冰层厚度差增大，覆冰导线截面的偏心度比起小截面导线要严重得多，因此产生舞动的可能性比小截面导线大。

5.2 防舞技术研究

5.2.1 防舞技术简介

5.2.1.1 扰流防舞器(防舞动鞭)

1. 防舞机理

扰流防舞器又称气流干扰线防舞动鞭，是利用某种特制的扰流线缠绕在导线上，使得导线与扰流线的合成体的各个截面的形状都彼此不同，即使在覆冰后也仍然如此。这样，各个截面上的空气动力(升力、阻力与扭矩)就会互不相同，相互干扰与抵消，达到抑制舞动的目的。防舞动鞭还有助于抑制电力线微风振动。

2. 结构及特点

防舞动鞭是由高分子材料制成的 4 ~ 5m 长的鞭状舞动抑制装置。它的两端为预成型的螺旋“握紧段”，用于把防舞动鞭固定在一定直径范围的电力线上。中间的直线部分在电力线上缠绕两圈，形成“扰流段”。防舞动鞭的制造材料与 PLP 防振鞭相同，到目前为止，防振鞭已经有 20 年的成功运行经验。防舞动鞭在配置得当的情况下能够有效防止架空电力线路舞动。防舞动鞭的直径应与安装防舞动鞭的电力线的直径相匹配，大于电力线直径的 50% 时，防舞动鞭在整个线路上的覆盖率大于 25%。

优点：①质量轻、易于安装，对导线的负面影响小；②沿档距截面不断变化，可减小微风振动的振幅，延长导线使用寿命。

缺点：投资较高。

5.2.1.2 抑制扭振型防舞器(简称抑扭环)

1. 防舞机理

抑扭环是基于扭振激发机理的一种防舞装置，力图防止导线覆冰后的扭振固有频率与垂直振动固有频率相同或接近，从而抑制由扭振而激发的系统舞动。

2. 结构及特点

抑扭环由转动惯量为 JD 的圆环和刚度为 GD 的弹簧所组成。弹簧的一端固接于连接导线的连接杆上，另一端固接于圆环的辅杆上，构成一个附加扭振系统。

优点：具有一定的现场使用经验和防舞效果。

缺点：只适用于分裂导线。

5.2.1.3 相间间隔棒

1. 防舞机理

相间间隔棒是在相间或回路之间使用的一种具有绝缘性能和机械强度的间隔棒，它将各导线机械地连接起来，使各导线的运动相互制约，以达到抑制舞动的目的。

2. 结构及特点

相间间隔棒由于要握住两根间隔较大地导线或多根子导线，所以必须具备必要地机械强度；再者，由于始终处于带电情况下，长期承受线电压，故必须具有较好地绝缘性能。

优点：现场运行经验表明，相间间隔棒防舞性能可靠。

缺点：存在劣化、放电、弯曲等问题。

5.2.1.4 空气动力阻尼器

它是在分裂导线的子导线之间，安装一个开有许多小孔的圆筒，在导线运动时，增加其运动阻力，从而吸收与消耗导线运动的能量，达到抑制舞动的目的。

缺点：①只适用于分裂导线；②当风速达到一定程度时，效果较差。

5.2.1.5 失谐摆

1. 防舞机理

基于扭振激发机理，调整导线的扭振固有频率，使之与横向振动的高阶固有频率分离，从而防止其耦合而诱发舞动。

失谐摆是一个上端与导线固定的单摆，由质量为 M 的摆锤和臂长为 R 的摆臂组成，安装于导线的正下方，它所产生的的附加刚度为正值。由于导线覆冰多数情况下位于迎风侧上方，产生的覆冰刚度为负值，因此失谐摆可以部分抵消由覆冰引起的负的刚度，从而提高导线的整体扭转刚度，增大产生舞动的冰、风门槛值，扩大导线的安全使用范围。

2. 失谐摆的研究

失谐摆设计的主要任务就是要确定摆锤的质量 M、摆臂的臂长 R 和它在顺线路方向的布置，这些参数都可以通过相应的计算来确定。

优点：①单导线的失谐摆设计理论上已基本成熟，有一套物理观念十分明确、形式较为完整的计算公式；

②在单导线上取得了一定的防舞效果，并在某些工程或区域已为许多工程所验证；

③单导线失谐摆适合于安装在直径 25～50mm、档距 100～400m 的线路上，可将最大振幅降低至 30% 以下。

缺点：分裂导线失谐摆的使用与观测资料不足，还不够成熟。

5.2.1.6 偏心重锤

偏心重锤是在借鉴日本分散式偏心重锤设计运行基础上，结合我国具体情况研制开发的一种新型防舞装置。这种防舞装置具有提高动力稳定性、提供扭转反馈控制、扰乱沿档气流分布等综合防舞功能。

优点：①偏心重锤的设计理论基于稳定性机理，概念上正确，有一套物理观念十分明确、形式较为完整的计算公式；②可抑制各种类型的舞动；③价格低廉、使用经济。

缺点：主要用于超高压分裂导线，在单导线上无现场运行与观测经验。

5.2.1.7 压重防舞

所谓压重防舞，就是在导线上配置一定的压重，以提高临界风速，扩大安全运行范围。从理论上讲：其一，配置压重就等于增加了导线系统的振动质量，从而提高了临界风速值；其二，配置压重会使导线系统的横向振动固有频率下降。在无冰雪情况下，导线的横向振动固有频率小于扭振固有频率。覆冰后导线的扭振固有频率下降程度远大于横向振动固有频率，故引起某阶振动，从而诱发舞动。显然，在导线上配置压重，使导线系统的横向振动固有频率下降，有助于避开扭振频率，也等于提高了临界冰风值。

压重防舞的基本原理是限制压重点的振幅，形成接点，从而控制导线的振幅与振型，达到控制导线舞动的目的。

压重防舞的计算方法还不成熟，目前有两种计算原理：

①临界风速计算原理：在结构风振中应用普遍，存在的主要问题是空气动力参数不足。

②导线抬升原理：即施加的压重正好克服了使导线上升到实际振幅的空气动力升力。

在湖北中山口大跨越曾用这两种方法进行过估算，结果大致相符。

5.2.2 防舞方法的选择与评价

目前，防舞技术发展较快，种类繁多，不胜枚举。除失谐摆、偏心重锤、压重防舞器在理论上比较成熟、设计方法上较为完整外，其他许多防舞技术尚无理论作为基础，也无设计数据可供参考。另外，各种防舞方法都有其特点、效果和特定的使用环境与条件。

目前，国内应用较广泛的防舞装置有失谐摆、压重防舞器、扰流器(也称气流干扰线或防舞鞭)、相间间隔棒和各种阻尼防舞器。这些防舞措施在某些线路上取得了很好的防舞效果，并在特定的自然条件下，获得了一些行之有效的经验。但是，由于线路结构参数及气候条件千变万化，使得局部的经验无法直接应用到不同地区的实际线路上，难以直接进行防舞措施的推广。各种防舞技术的具体分析、评价情况详见表5.2－1。

表5.2－1 各种防舞方法的评价

序号	防舞方法	理论研究	设计方法	工程应用实例	结论
1	失谐摆	成熟	完整	(1)平顶山平帘线、午昆线(110kV)单导线，效果较好 (2)武汉青关线 单导线，效果较好 (3)湖北中山口姚双线、双风线(220kV)3分裂导线，有一定效果 (4)天津房津线4分裂导线，效果甚微	单导线上应用较为成熟，在分裂导线上应用还需研究
2	压重防舞	成熟	研究中	湖北中山口姚双线、双风线(220kV)3分裂导线，有一定效果，但造成了导线的损伤	需考虑压重对导线弧垂、张力和局部强度的影响
3	偏心重锤	成熟	完整	湖北中山口姚双线、双风线(220kV)3分裂导线，效果显著	分裂导线上应用较为成熟，在单导线上无应用
4	相间间隔棒	成熟	完整	呼和浩特110线路，效果较好；发生过有机材料因漏电烧痕引起闪络事故	存在劣化、放电、弯曲等问题
5	扰流器	有一定研究	研究、试验中	平顶山110线路，效果较好	有效防止导线舞动
6	阻尼器、减振器	研究中	试验阶段	无工程应用实例	防止低频舞动比较有效
7	气体阻尼器	研究中	试验阶段	无工程应用实例	用于低压线路
8	抑扭环	研究中	试验阶段	湖南葛云岗550kV线路试运行	适用于分裂导线

通过对上述9种常见的防舞技术进行分析、评价，可得出以下结论：

(1)失谐摆、偏心重锤这两种防舞装置理论研究成熟，有一套完整的设计方法，并在工程应用中取得了运行经验和观测数据，防舞效果较好。但失谐摆单在导线上应用较为成熟，偏心重锤在分裂导线上应用较为成熟；

(2)压重防舞理论研究成熟，但压重块的形状和结构的设计仍在研究中，并且在应用中造成了导线损伤的事故；

(3)相间间隔棒理论研究成熟，设计方法完整，应用效果较好，但存在劣化、放电、弯曲等问题，发生过闪络事故；

(4)扰流器、阻尼器、减振器、抑扭环等其他防舞技术尚无理论作为基础，也无设计数据可供参考。

5.3　某油田电网舞动的防治

5.3.1　防舞措施

目前，国内应用较广泛的防舞装置有失谐摆、压重防舞器、扰流器(也称气流干扰线或防舞鞭)、相间间隔棒和各种阻尼防舞器。这些防舞措施在某些线路上取得了很好的防舞效果，并在特定的自然条件下，获得了一些行之有效的经验。但是，线路结构参数及气候条件千变万化，使得局部的经验无法直接应用到不同地区的实际线路上，难以直接进行防舞措施的推广。因此，具体的舞动防治必须根据电力线路的结构参数、线路档距和走向、当地冬季气候和覆冰等特点，选用两种防舞措施，通过建立输电线路和防舞装置为一体的非线性动力学模型，对不同的防舞装置配置方案的防舞效果进行计算机数值仿真和必要的实验室试验，最终提出一组优化有效的防舞方案，并针对该地区历年来舞动较严重的线路段，进行防舞器的结构参数设计计算、制造和现场上线安装实施。

5.3.2　防舞仿真的技术路线

防舞仿真的研究路线一般可归纳为：模型建立、模型修正、改进计算、结果输出，如图5.3－1所示。

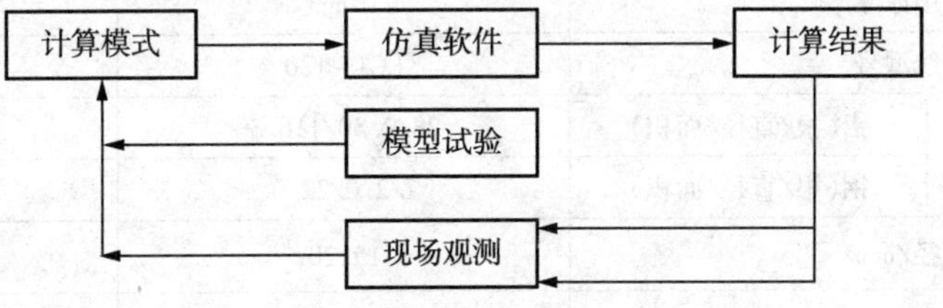

图5.3－1　防舞数值仿真计算的技术线路

5.3.3　防舞的技术方案

迄今为止，人们对舞动仿真所采用的方法有传统的单自由度法、多自由度法、模态分析法、有限元法等。最近几十年来国内外学者将更多的注意力转向有限元法，用有限元法可较真实地反映导线的结构与运动状态。有限元法的主导思想是将一个连续的弹性体，离散成许多只在结点上连接的单元，对每一个单元采用插值方式建立结点与单元任一点位移的关系式。通过变分建立结点位移与单元结点力之间的关系，建立整个结构各单元之间联系，从而得出一组线性代数方程组，求解得出各结点位移，再分单元求得应力。这一思路，避免了求解弹性力学高阶微分方程，由于采用离散方法，对于复杂形状体，复杂边界，多种弹性模量的问题均能应付自如。

武汉大学曾自主开发的一套输电导线舞动非线性有限元的计算程序。该仿真系统可用于各种型号单导线与分裂导线的舞动起舞、防舞器在线路上的配置及其防舞效果的计算机仿真软件。在已知线路结构参数、现场冰风参数、防舞器结构参数的情况下，可以完成单导线及分裂导线的舞动起舞、防舞的计算，真实地模拟现场的舞动情况。

舞动研究中建立的单导线模型见图 5.3－2 所示。

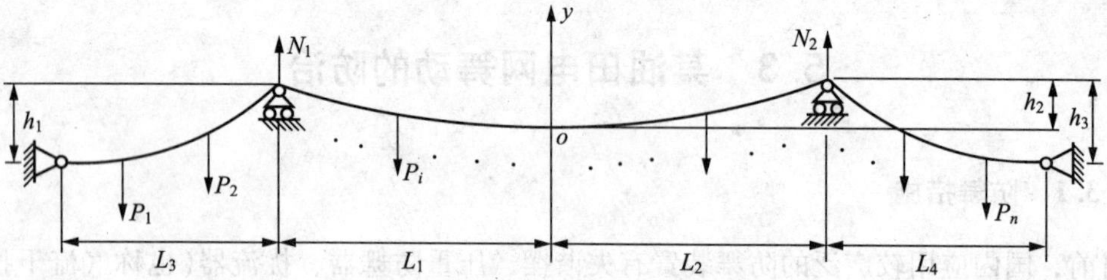

图 5.3－2　单导线计算模型

5.3.4　舞动参数的解析计算

5.3.4.1　导线舞动的固有频率、失谐摆的摆臂长及摆锤质量

选择该油田导线舞动较严重的魏岗东干线、张店线、魏恒线三条线路作为参考线路，根据上述三条线路的结构参数、气象与冰风参数，计算了其导线舞动的固有频率、失谐摆的摆臂长及摆锤质量。

东干线、张店线导线为 LGJ－120，魏恒线导线为 LGJ－240，地区冬季风速在 10～14m/s 之间，舞动时的温度约为－5～－7℃，导线覆冰厚度 7～8mm。

其具体参数见表 5.3－1，线路结构参数见表 5.3－2。

表 5.3－1　LGJ－120、LGJ－240 导线参数

适用冰厚		10mm	10mm
导线型号		LGJ－120	LGJ－240
计算截面/mm²	铝（根/直径/面积）	28/2.30/116.3	28/3.22/228.0
	钢（根/直径/面积）	7/2.0/22.0	7/2.8/43.1
外径/mm		15.20	21.28
计算质量/（kg/m）		0.495	0.969
导线标称拉断力/N		42238	77028
设计安全系数		2.5	2.5
弹性模量/（N/mm²）		78400	78400
线膨胀系数（1/℃）		18.8×10^{-6}	18.8×10^{-6}

表5.3－2 线路结构参数

线 名	东干线	张店线	卫恒线
线型(LGJ－)	120	120	240
导线半径/直径/m	0.0152	0.0152	0.02128
档距 L/m	45	80	100
单位长度覆冰质量 m_1/(kg/m)	0.081	0.081	0.113
导线自身的扭转刚度 K_{os}/(N·m²/rad)	18.09	18.09	65.50
导线的横向振动固有频率 f_{v1}/Hz	0.875	0.715	0.428
R/m	0.016	0.024	0.028
导线单位长度质量 m/(kg/m)	0.495	0.495	0.969
单位长度自重/(N/m)	4.851	4.851	5.4962
导线张力 T/N	3070	6470	23740 / 7910

将表5.3－2的参数代入下列计算公式，得到失谐摆的摆长和摆锤质量，并考虑结构的简单调整摆臂长度为统一值，再通过有限元计算仿真，对比分析配置方案和摆锤质量，最后确定参数如表5.3－3所示。

失谐摆的摆臂长：

$$R=\left(\frac{L}{4.5\pi}\right)^2\frac{mg}{T}$$

失谐摆的质量：

$$M=\frac{\left(\dfrac{2}{\pi}\right)^2 mgl\sin(\theta+\theta_0)}{ER^2}\approx\frac{\left(\dfrac{2}{\pi}\right)^2 mgl\sin\theta_0}{ER^2}$$

表5.3－3 失谐摆结构参数

档距/m	摆锤质量/kg	摆臂长度/m
45	1.29	0.016
80	2.30	0.024
100	2.88	0.028

失谐摆的结构图如图5.3－3所示。

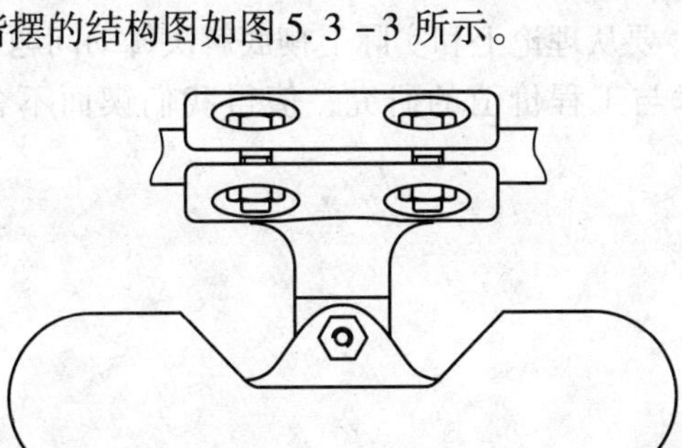

（a）失谐摆正面图

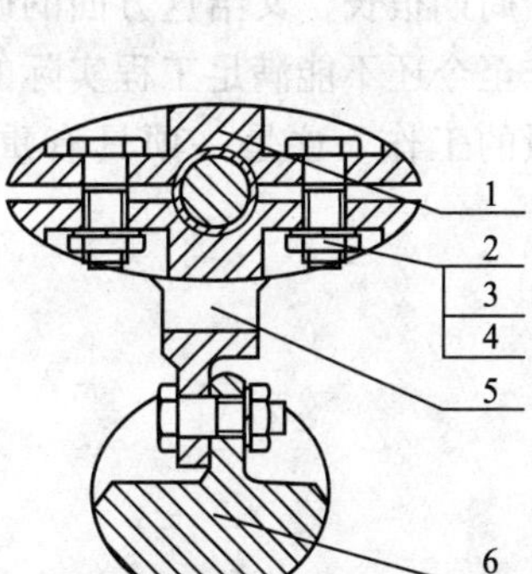

（b）失谐摆剖面图

图5.3－3 失谐摆的结构图

1—夹盖；2—螺栓；3—螺母；4—弹簧垫圈；5—摆臂；6—摆锤

5.3.4.2 失谐摆的现场安装

本项目先用单自由度法初步确定结构参数，再用有限元的方法进行失谐摆的防舞参数优化，再考虑现场安装的方便，最后确定失谐摆的现场安装尺寸。

(1)档距 L 分别为45m、80m、100m。

(2)每档导线在 $2/9L$、$1/2L$、$7/9L$ 处各安装一个失谐摆，共3个，具体安装如图5.3-4所示。

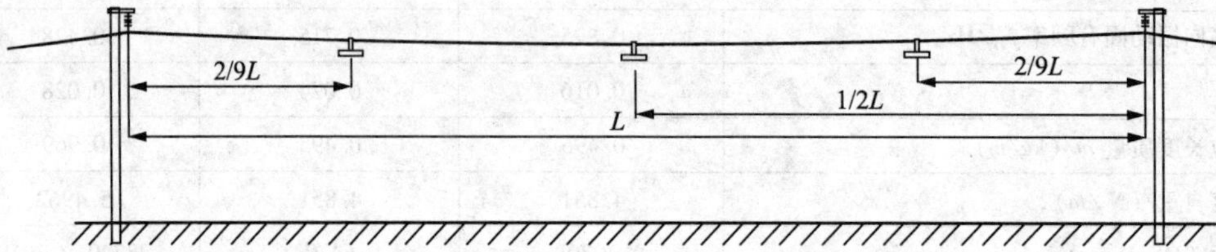

图5.3-4 失谐摆现场安装示意图

5.3.5 现场实施及效果

针对近年来油田输配电线路舞动频繁发生的现状，在舞动严重的线路，根据线路电压等级和不同区段特点分别采取失谐摆、相间间隔棒综合防舞措施，减少舞动对电网造成的影响。

2006年、2007年在油田电网历年来导线舞动严重的魏井线42～45#杆、井古线50～53#杆、张店线71～91#杆安装了失谐摆25组，运行效果良好。2009年、2010年油田两次冰雪、冻雨天气，线路发生大面积导线舞动，但上述线路安装防舞装置的导线运行情况良好，未再发生舞动现象。

2010年在魏恒线21～24#杆、北恒线2～5#杆、北郭线53T7～T10#杆等舞动严重线路安装了相间间隔棒9组。

导线舞动的研究是一个既十分紧迫，又相当复杂，既具有十分重要的社会经济意义，又难于迅速地拿出彻底解决办法的世界性攻关课题。由于它的大振幅，导致问题的强非线性；由于风雨冰雪的随机性，使得采用确定性模型常常无法全面模拟舞动过程；由于有关试验耗资巨大，周期很长，又给这方面的研究工作带来一系列的困难。凡此种种，使得导线舞动的研究工作至今还不能满足工程实际的需要。要从理论上和实际上彻底解决舞动问题，还需要进行大量的工作。这是一项具有重大学术与工程价值的研究，值得我们锲而不舍地进行下去。

第 6 章　炼油化工企业电网稳控装置

炼化企业电网通常以 2 回联络线接入外电网。当企业电网从外电网受入有功功率超过总用电负荷 20% 以上，联络线突发故障使企业电网与外电网解列，孤立运行的炼化企业电网可能崩溃，电力缺额越大孤网越容易崩溃。按最大电力缺额排出相当的用电负荷，按重要性排定跳闸先后顺序，形成控制策略表；跟踪电力缺额和控制策略表中的每一负荷，在企业电网与外电网故障解列时，以毫秒级速度准确切除与届时缺额相当的排序靠前的用电负荷。这类装置称为稳控装置。

国内大电网近年来大多建立了稳控装置，但是其控制策略不能简单移植到企业电网。本章以某炼化企业实例，介绍企业电网稳控装置研发要点和工程实践。

6.1　企业电网基本情况

该企业电网历史上电力基本自给自足，为执行政府节能环保政令，在尚未完成以煤代油之前即安排热电一站（燃油）机组退役，仅靠热电二站（燃煤和石油焦）发电。企业电网由此将出现最大为 230MW 的电力缺额，占最大用电负荷的 46%。企业电网有 2 条同塔双回 220kV 联络线接入外电网的金阳站，当单联络线运行时突发故障跳闸，或者双联络线运行时 2 回线同时跳闸，企业电网将崩溃。企业电网单联络线运行时，当地电力公司按照 $N-1$ 安全准则要求该企业保持联络线交换功率基本为零，如果减产经济损失势必很大。为规避安全风险和经济损失，必须建立稳控装置。

企业电网有 3 座 220kV 配电装置，分属热电一站（燃油电站）、热电二站（燃煤/焦电站）和炼化变。3 个电源点之间设 4 回内部联络线构成三角小环网，其中热电一站和炼化变分别引出一回对外联络线接入外电网的 220kV 金阳站的正、副母，正常方式母联合上运行。

3 个电源点都设有 35kV 配电装置，稳控设计水平年 2008 年有 71 回线路，以放射形结线构成主配电网。热电一站还设有 10kV 配电装置，有 25 回线路，放射形结线，形成副配电网。热电一站燃油机组退役后，企业主电网 2008 年接线见图 6.1－1。正常方式 220kV 为并列运行，其余电压等级为分列运行。3 个电源点中，除厂（站）用电系统外，不设备自投（BZT）。

稳控装置采集对外对内联络线交换功率、发电机组出力、联切线路负荷的实时有功功率，一旦系统解列，立即以毫秒级速度准确切除预定负荷。主电网存在合环、开环、分裂为两个小网的多种可能；220kV 配电装置均为双母线带旁路，对外联络线旁路代和正副母线运行方式变化使逻辑判断困难重重；35kV 总降为内桥或扩大内桥接线，进线引自 2～3 个电源点，预定负荷可能发生在不同线路乃至不同电源点；总降设有 2～4 级 BZT，重要机泵设了 A/B 泵可自动切换，部分电动机设立了分批自启动，稳控切除的负荷可能自动恢复；大容量电动机和同步电动机抗扰动能力差，可能自行跳闸；化工生产装置安全停车需要用电，使得允许在 3 个电源点切除的 35kV、10kV 线路只有 25 回，而需要到下级总降和分降切除的线路多达 137 回；稳控动作一段时间后，安全停车用电负荷会自动失去，可能引发高周波。这是稳控控制策略研究需要解决的问题。

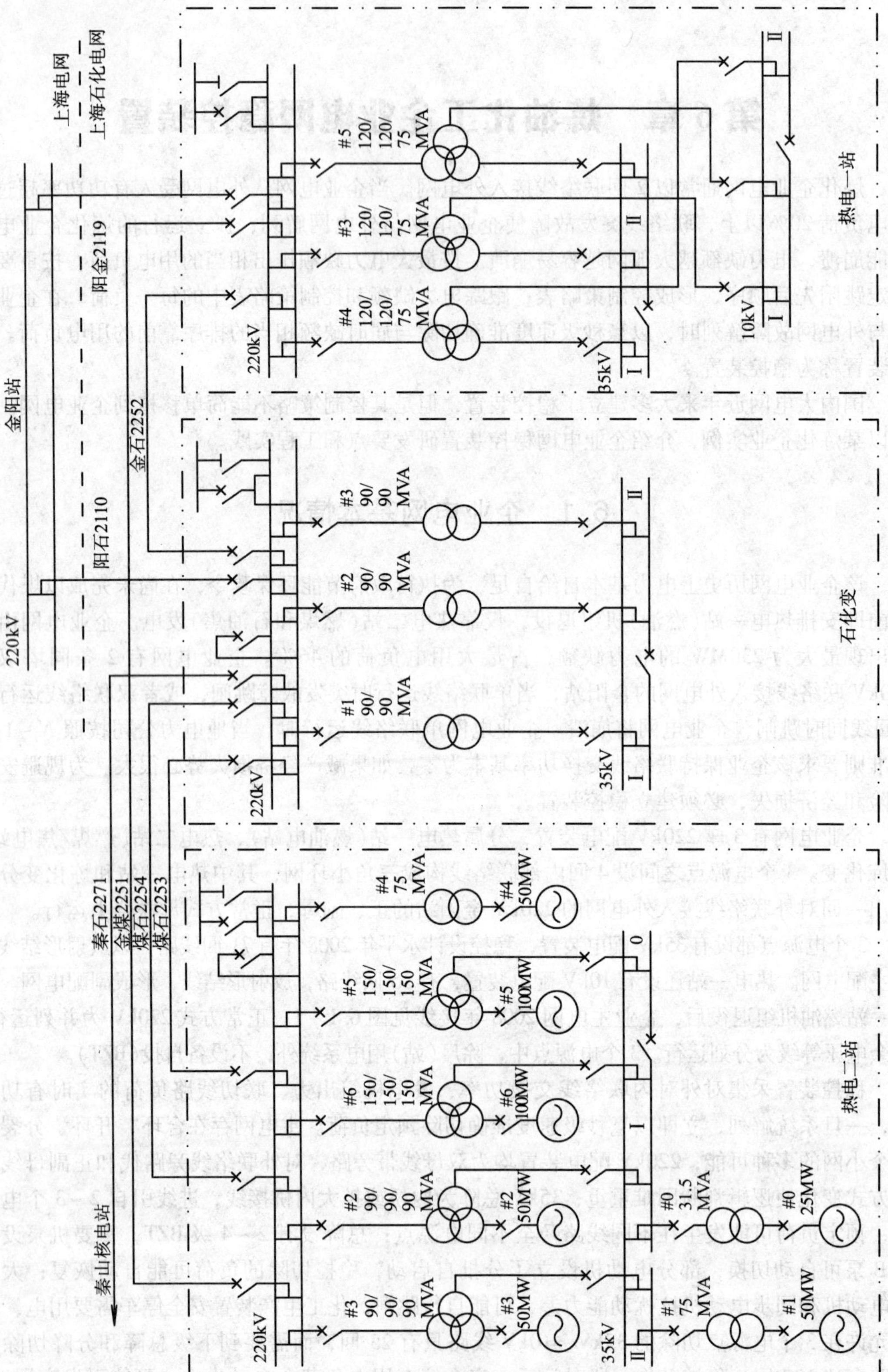

图 6.1－1　企业主电网一次简图

6.2 研发要点

6.2.1 切负荷原则、对象与要求

稳控切负荷原则分过切、欠切两类。按企业电网出现电力缺额的情况，取欠切原则。

稳控在下列情况下分别对不同设备执行跳闸：

1. 全网运行

企业电网全网运行中，对外联络线因故障跳闸造成企业电网与系统解列，按设计时排定顺序、根据实时负荷动态选择排序靠前的负荷，跳3个电源点35kV母线、总降6kV母线和装置变6kV母线的馈线开关。

2. 小网运行

企业电网分裂为两个小网运行，其中一个小网(燃煤/焦电站带燃油电站，或燃煤/焦电站带炼化变)的对外联络线故障跳闸，按控制策略表跳上述馈线中的相关开关。

3. 逆功率

对外联络线断面潮流进出相抵为负(净流出)，并且企业电网频率接近低频减载最后一轮定值时，稳控跳潮流向外的对外联络线开关；此后如果潮流继续向外，频率不能恢复，则跳第二回联络线。

6.2.2 判据研判

可用下列判据启动稳控装置，但各有局限：

1. 开关位置

能够反映故障解列，但是当联络线对侧跳闸、本侧开关拒动、本侧开关跳闸而辅助触点拒动时，会使稳控拒动，不宜单独作为启动条件。

2. 保护动作信号

能够反映故障解列，但是当开关拒动时不能正确反映系统状况，当联络线对侧跳闸、本侧保护拒动时，会使稳控拒动。不宜单独作为启动条件。

3. 电流突变量

能够反映系统突变、潮流逆转，但是当线路充电、短路时，不能正确反映系统状况。不宜作为启动条件。

4. 电流数值与方向

能可靠反映一回联络线潮流突然逆转，这可能是故障解列的前兆；将两回联络线送电断面潮流矢量迭加，能正确反映企业电网是否面临崩溃危机；在故障初发时不能反映企业电网是否已经与系统解列；在联络线反向充电时可能导致稳控误动。不宜作为启动条件。

5. 功率为零

因CT、PT存在测量误差、在联络线故障未切除前高次谐波可能产生虚假功率，影响稳控正确判断。不宜作为启动条件。

6. 功率方向

能可靠反映一回联络线潮流突然逆转。单联络线运行时线路发生短路，这时的潮流逆转提示企业电网即将与系统解列；双联络线运行，稳控将两回联络线送电断面潮流矢量迭加，正常

时潮流应指向企业电网侧，而当检测到潮流逆转时，如果不是该企业突然跳掉一大片负荷造成电力盈余，则表明该企业的发电机带上了外电网的负荷，预示企业电网面临崩溃危机。

7. 功率门坎值

当联络线输送低于功率门坎值的小负荷、零负荷时，可能导致稳控误动；当联络线短路时，有功功率很小，稳控可能与线路保护抢时间。不宜单独作为启动条件。

8. 低电压门坎值

能反映企业电网处于电压崩溃危机，但是系统短路低电压可能使稳控发生误动。在故障解列后电压过低无法恢复时，似应作为启动条件，但是考虑到稳控能够准确切除足够大的负荷，使频率基本恢复正常，此时电压也应很快恢复，可不使用低电压触发判据。

9. 功率突减量

引入电流、电压、功率因数、电流方向四个参数，以功率方向由系统指向企业电网为正，能区分本侧母线短路或联络线、对侧母线短路。在单联络线运行中，测得功率突减量达到整定值，即提示可能发生故障解列；在双联络线运行中，测得两回联络线输入功率之和的突减量达到整定值，也提示可能发生故障解列。功率突减量 ΔP 取值须斟酌，ΔP 取小了，企业电网跳掉一片大负荷，稳控可能误动；ΔP 取大了，影响稳控灵敏性。计算功率突减量的时间间隔 Δt 也很重要，Δt 取小了，躲不过保护和断路器动作时间，在短路故障未切除之前，U、I、f 极不稳定，甚至在短路发生前系统已存在振荡或暂态过程，因此稳控可能误动也可能拒动；Δt 取大了，影响稳控快速启动。功率突减量相对其他判据有优势，但仍不宜单独作为启动条件。

10. 频率突变量

频率下降幅值、速率与电力缺额之间的关系，因电网特性不同而差别很大。借助电网短路试验事故录波和可靠的仿真计算可以比较准确地找到频率突变量整定值，但是企业电网不可能做、也做不全各种工况的事故试验，仿真计算软件需要大量电网特性参数支持，这些参数不容易找全，因此仿真计算结果的可靠性难以确定。该判据难以掌握。

11. 频率门坎值

能可靠反映系统和企业电网频率下降程度；需躲过系统正常波动范围和低频减载频率整定值范围；当发生故障解列时，受企业电网频率下降速率滞后影响，如果频率整定值低于低频减载最后一轮整定值，稳控能否避免电网崩溃尚未可知。

6.2.3 控制策略

6.2.3.1 切除对象设置

大电网稳控通常设置为按电网分区或整个220kV变电所切除负荷。企业电网220kV输电网以下分为35kV主配电网、10kV副配电网和城网三个部分，主、副配电网供生产负荷、城网供生活区民用负荷、厂区的非生产性负荷，以及部分非主体生产装置负荷，不可将其中任何一个配电网整体切除。35kV总降进线引自两个电源点，主接线多为扩大内桥，设有2级BZT。多数总降下设6kV装置变电所和380V配电所，所内也设了BZT，总降至低压配电所共有2~4级BZT。大部分炼化生产装置安全停车需要用电，这些装置的变配电所不能全部停电，因此能整个切除的变电所不多。变配电所2~4级BZT使得切除整段母线并不能切除预定负荷。炼化生产装置一般设有A、B泵互为备用，如果只切除运转中的A泵，备用的B泵会自动启动，负荷仍没切除。电源点至主要用电设备典型接线见图6.2-1。

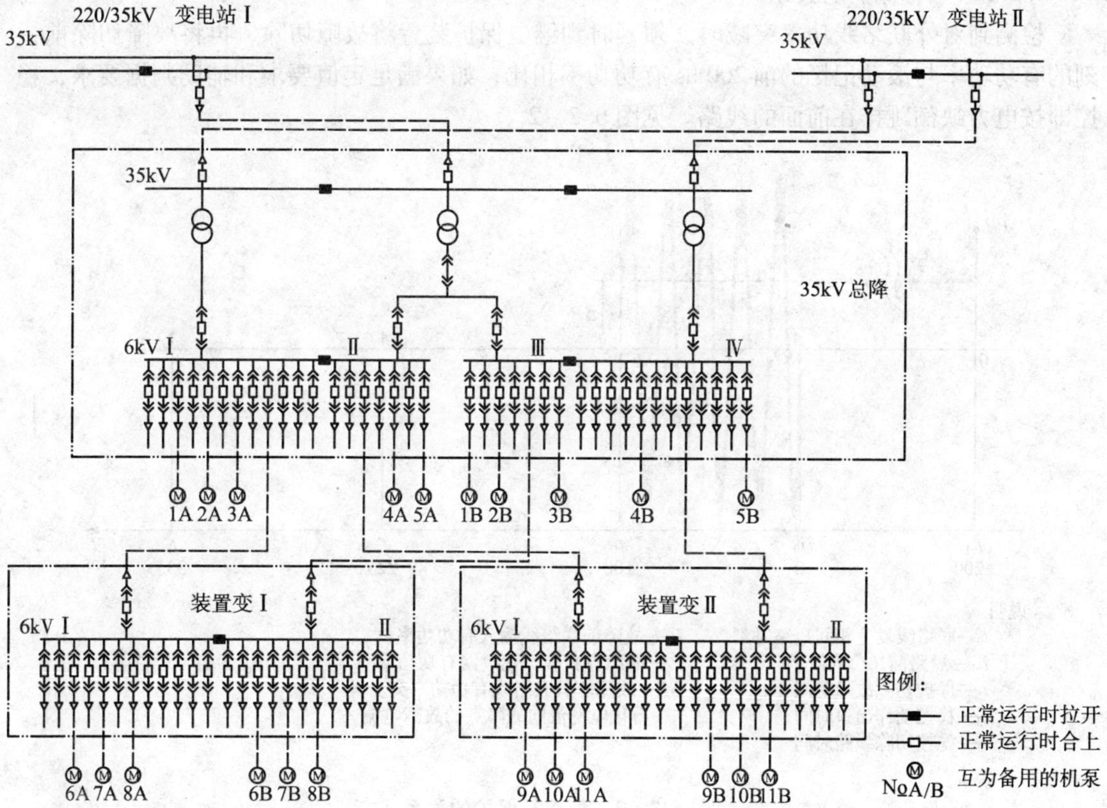

图 6.2－1　电源点至主要用电设备典型接线

由此，切除对象设置为：

整座 35kV(10kV) 总降所供负荷允许全部停电，从热电总厂出线侧切除线路；

安全停车不需用电的生产装置，从总降或分降出线侧切除向该装置供电的所有线路；

安全停车必须用电的生产装置，从总降或分降出线侧切除该装置的关键机组使得仪表联锁停装置、或在保留安全停车负荷的情况下切除大部分 6kV 电动机，或保留一回出线供安全停车用电；

互为备用的 A、B 泵同时切除；

设有 BZT 的相邻母线同时切除。

6.2.3.2　电力缺额启动定值

故障解列时电力缺额大于或等于 10MW，稳控即启动。双联络线运行，送电断面潮流进出相抵为负(净流出)，或单联络线运行潮流向外，稳控发信。

6.2.3.3　检测对象

(1) 对外联络线潮流，滚动记忆前 200ms 有功功率；

(2) 各拟切线路实时有功负荷；

(3) 发电机组电气量；

(4) 220kV 对外、对内联络线开关和刀闸位置；

(5) 电源点 220kV 旁路、母联、分段开关位置和 220kV/35kV/10kV 母线频率；

(6) 总降和分降进线、主变、分段开关位置，联切线路所在母线频率。

6.2.3.4 与保护的关系

检测到对外联络线功率突减时，须延时到继电保护装置将故障切除，再将故障切除前一刻的有功功率与滚动记忆的前200ms有功功率相比，如果满足定值要求和辅助判据要求，稳控即按电力缺额跳排在前面的线路。见图6.2-2。

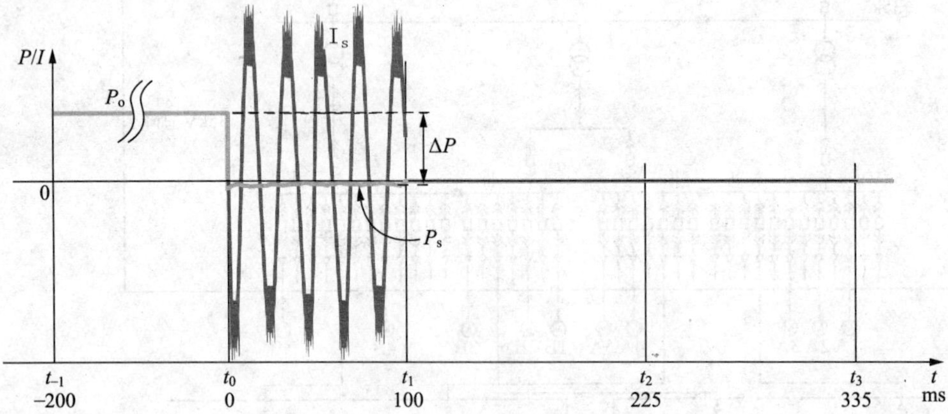

说明：

t_0—联络线发生相间短路时刻

t_{-1}—短路前10个周波

t_1—保护切除故障时间

t_2—稳控动作出口时间

t_3—稳控切除线路时间

P_o—故障前联络线输入有功功率

P_s—故障点吸收石化电网有功功率

ΔP—故障前后联络线有功功率突变量

I_s—石化电网流向故障点的故障电流

图6.2-2 稳控与保护的关系

图6.2-2所示时间尺度基于一般估计，确切时间需做以下调查和整定：

T_1——对外联络线主保护动作出口时间：40ms；

T_2——对外联络线断路器固有分闸时间：30ms；

T_3——保护切除对外联络线短路故障时间（T_1+T_2）：70ms；

T_4——稳控动作出口固有时间：80ms；

T_{5-1}——功率突减量启动，稳控延时动作时间：30ms；

T_{5-2}——线路保护动作接点启动，稳控延时动作时间：100ms；

T_{5-3}——断路器位置接点启动，稳控延时动作时间：30ms；

T_6——功率突减量启动，稳控动作出口时间（$T_4+T_5\sim1$）：110ms；

T_7——线路保护动作接点启动，稳控动作出口时间（$T_4+T_5\sim2$）：180ms；

T_8——断路器位置接点启动，稳控动作出口时间（$T_4+T_5\sim3$）：110ms；

T_9——各线路断路器固有分闸时间（试验记录，如有中间继电器应加时），ms；

T_{10}——功率突减量启动，稳控总切除线路时间（T_6+T_9），ms；

T_{11}——线路保护动作接点启动，稳控总切除线路时间（T_7+T_9），ms；

T_{12}——断路器位置接点启动，稳控总切除线路时间（T_8+T_9），ms；

T_{13}——线路保护动作脉冲返回时间：500ms；

T_{14}——断路器位置脉冲返回时间：470ms。

按此计算，稳控切除各线路，功率突减量启动耗时最多的为170ms，最少为130ms；线路保护动作接点启动耗时最多的为260ms，最少为200ms。如果有足够的经验，将延时缩短甚至取消，稳控切负荷时间还可缩短。如果从短路发生时刻算起，稳控切负荷时间还应加上保护切除故障时间 70ms。在线路保护动作接点和断路器位置接点启动方式中，动作(位置)脉冲返回时间远大于稳控动作出口时间，不会出现脉冲返回而稳控还未触发的问题。

6.2.3.5　启动与闭锁

对外联络线功率突减量达到或超过 80%，稳控启动，辅助判据燃煤/焦电站 220kV 母线频率下降达到低频一段定值 49.3Hz 作为校验闭锁条件，从站和子站联切线路所在母线亦以低频一段定值作为二次校验闭锁(下同)。对外联络线保护动作(带延时)，母线保护动作(带延时)，或对外联络线开关位置改变，稳控启动，低频一段校验闭锁。对外联络线电流大于或等于运行限额，稳控一级报警；大于或等于事故限额，二级报警；若干分钟内连续三次检测到大于事故限额 1.08 倍后，又测到大于或等于事故限额 1.1 倍，稳控启动；测到大于或等于过流保护定值，稳控延时 2.5s 启动。对外双联络线潮流一进一出，流出线路带外电网负荷，或单联络线潮流向外，送电断面潮流为净流出，稳控发信；潮流持续外流并发展，以低频二段(48Hz)启动，逆功率校验闭锁(暂定 10MW)，跳对外联络线，主动与系统解列。电力缺额通常在夏季和检修时出现。稳控入网调试时，鉴于电力缺额已发展为常年存在，遂暂不启用主动与系统解列功能。

上述启动与闭锁主逻辑见图 6.2－3，其中母线保护接点启动，因运方排列组合有上百种，过于复杂，最后改由运行规程控制；线路保护动作接点启动延时放宽到 100ms，作为断路器位置接点启动的后备，而后者因位置接点动作需要时间，又自然成为功率突减量启动的后备。

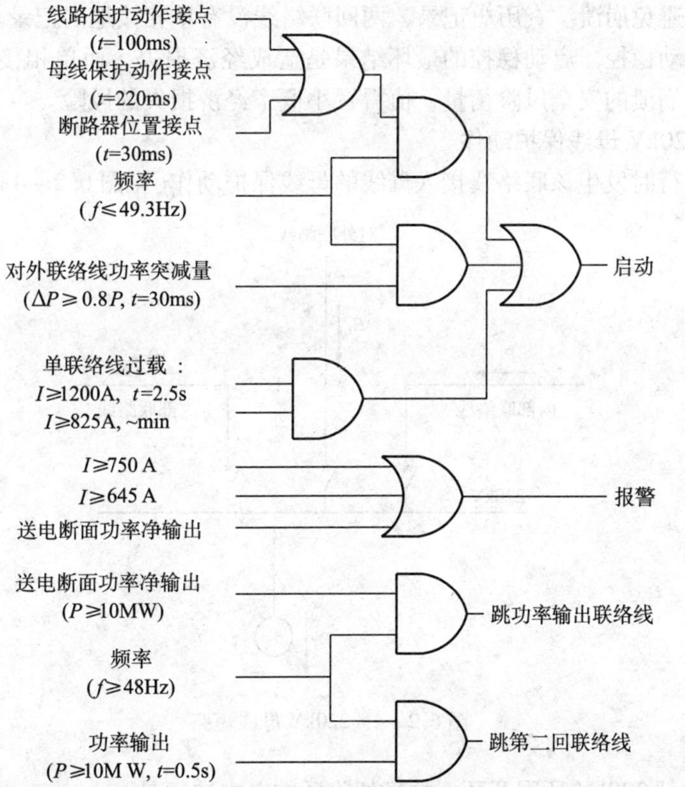

图 6.2－3　启动与闭锁主逻辑

6.2.3.6　切负荷兼欠切原则

企业电网要解决一旦与系统解列，巨大的电力缺额将导致电网崩溃的问题，因此稳控只切负荷，不切机。不切机，即要求切负荷须准确，不能产生高频，当某预定负荷跨越电力缺额界限时不能切除。稳控执行切负荷兼欠切原则。

6.2.3.7　欠切的度

稳控能够准确记忆导致企业电网与系统解列的故障发生前一刻，对外联络线输入的有功功率，按最小欠切原则切除最接近但不超出输入功率的用电负荷，精确消除电力缺额。但是，互为备用的A、B泵和设有BZT的相邻母线必须同时切除，因此，稳控应以生产装置为单位切除线路。举例：如果稳控判定电力缺额排到第131回线路，而该线路供电的生产装置停车，须同时切除第116～146回线路，则稳控只能切除第1～115回线路，第116～131回线路的电力缺额留待发电机组自动调整。

以生产装置为单位切除线路，须校验电网能否承受欠切造成的电力缺额。极限电力缺额可能发生在第36回线路，33000kW，对电网的最大影响是频率降到47.8Hz，在这个频率下用电设备尚能继续运行。该线路是考虑与地方的关系而排在第36回，从电网安全尤其是减少对发电机冲击的角度出发，应将大功率线路调整到联切线路的前列。

据此，可以执行以生产装置为单位切除线路。

6.2.3.8　单相接地

鉴于外电网采用单相接地先跳三相开关、再启动重合闸的方式，如果等到重合闸不成功再启动稳控，企业电网可能难以避免崩溃；由于重合闸延时1.5s，即使重合闸成功，企业电网也可能难以避免崩溃。查历史记录，两回联络线没有单相接地的记录。综合上述，单相接地时宜从速启动稳控。启动稳控的最坏结果是造成经济损失，而单相接地是小概率事件，以规避企业电网崩溃的安全风险衡量，值得冒小概率经济损失的风险。

6.2.3.9　220kV母线保护动作

单联络线运行时发生该联络线接入母线的母线保护动作（见图6.2－4）。

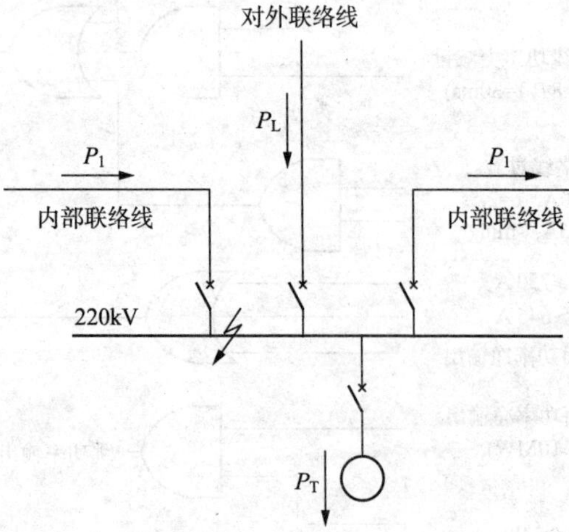

图6.2－4　220kV母线短路

如故障前内部220kV环网开环，故障切除后的电力缺额是：

$$P_{La} = P_L + P_1 - P_2 - P_T$$

式中 P_{La}——孤网的电力缺额；

P_L——对外联络线输入有功功率；

P_1、P_2——内部联络线潮流；

P_T——主变负荷。

如果故障前内部220kV环网闭环，故障后的电力缺额是：

$$P_{La}=P_L-P_T$$

由于稳控应切负荷不是联络线输入功率 P_L，P_T 含没纳入稳控的负荷，稳控将过度切负荷。如果再叠加 $P_1<P_2$，稳控过切更多。虽然分析每一台220kV主变带了多少没纳入稳控的负荷，对于企业电网稳控不是难事，但是识别运行方式数量将从5种增加到几十种，逻辑过于复杂。鉴于该企业的发电机组已安装了超速保护控制系统（OPC），能够解决高周问题，母线短路是小概率事件，母线保护动作后稳控可能过切的问题暂时搁置。

内部220kV环网开环的情况可不考虑，因为220kV运行规定已限制在单联络线时安排内部环网开环。

如果母线保护切除了2台及以上主变，切除负荷大于电力缺额，系统出现高周，稳控不会被触发。这种情况越出了按切负荷设置的稳控的研究范围，问题将由OPC去解决。

6.2.3.10 第二轮切负荷

企业电网的运行方式有数百种变化，随着系统规模扩大，运方将更趋复杂。理论上稳控虽可做到精确消除电力缺额，实际上却不可能一一设防，存在较大残留或次生电力缺额的可能。无论发生什么情况，第一轮切负荷后3s，如果频率低于低频二段整定值48Hz，即启动第二轮切负荷。

此时已是孤网运行，频率低位波动导致功率计算不实，没有对外联络线输入有功功率作为参照，电力缺额不明。为确定第二轮切负荷数值，需要引入频率计算公式，推导应该切除的负荷量。

$$f_\infty=f_N\left[1-\frac{1}{K_L}\times\frac{P_{La}}{P_{L\cdot\Sigma\cdot N}}\right] \tag{6-1}$$

式中 f_∞——由于有功功率缺额造成频率下降后的稳定频率；

f_N——额定频率；

K_L——负荷调节效应系数；

P_{La}——有功功率缺额；

$P_{L\cdot\Sigma\cdot N}$——系统额定频率时的总有功负荷。

设：总负荷为500MW，负荷调节效应系数 $K_L=1.8$，发电机总出力为450MW，代入式(6-1)可得小系统时的频率为：

$$f_\infty=50\left[1-\frac{1}{1.8}\times\frac{500-450}{500}\right]=47.2\text{Hz}$$

将式(6-1)稍作变化而得的式(6-2)，可计算稳控切除部分负荷后系统的频率：

$$f_\infty=f_N\left[1-\frac{1}{K_L}\times\frac{P_{La}-P_{cut}}{P_{L\cdot\Sigma\cdot N}-P_{cut}}\right] \tag{6-2}$$

设：稳控切除负荷 P_{cut} 后，系统频率为48Hz，则由式(6-2)：

$$48=50\left[1-\frac{1}{1.8}\times\frac{500-450-P_{cut}}{500-P_{cut}}\right]$$

解：

$$P_{cut}=15.09\text{MW}$$

亦即：当稳控切除负荷小于15.09MW时，系统频率低于48Hz，需要执行第二轮切负荷。

要使系统频率达到49.3Hz，依式(6-1)，第二轮需要切除负荷：

$$f_{\infty}=49.3=50\left[1-\frac{1}{1.8}\times\frac{P_{cut}}{500-15.09-P_{cut}}\right]$$

解：

$$P_{cut}=11.92\text{MW}$$

亦即：第二轮需要切负荷不小于11.92MW。

第二轮切负荷结束后，如果电力系统仍因电力缺额不能企稳、切负荷顺序中还有负荷可切，稳控支持后续轮次切负荷。

6.2.3.11　电压崩溃与频率崩溃

稳控防御对象有电压崩溃、频率崩溃，或者两者都需要防御。在炼化企业，电动机启动允许母线电压下降10%，电动机分批自启动允许母线电压下降15%，电压波动允许值远大于电能质量国标规定的4%，还有其他因素也会造成电压明显波动。如果稳控的目标是防御电压崩溃，启动值将设定得很低，其时大批生产装置已经自动停车，无功负荷随有功负荷大幅下降，系统危急状况已然缓和。炼化企业拥有较多数量自备发电机组，当机端电压下降到85%时，强励动作，发电机大量向系统输出无功功率，短时间内可抵御电压继续下降，这是其他电力用户所不具备的优势。在电压深幅下降的时候，生产装置自动停车和发电机大量输出无功这两个特点，使得稳控的意义不大，炼化企业电网稳控可以不将抵御电压崩溃作为目标。当与系统故障解列时，炼化企业电网的突出问题是有功功率出现巨大缺额，系统注入功率小于消耗功率，频率持续下降，进入恶性循环，因此稳控应抵御的是频率崩溃。

6.2.3.12　发电机组调功调频

稳控执行欠切原则，频率回复到49.3Hz以上，但低于50Hz，需要发电机组拉入额定频率。发电机组的调频能力怎样，值得研究。

该企业的发电机组都是热电联供机组，执行两条调度原则：并网时“以汽定电”、与系统解列时“以电定汽”。由于电力缺额的存在和买电成本高于自发电成本，运行时增加了一条调度原则，即发电机组应始终运行在设备健康状况允许的高限。第三条调度原则使得在与系统解列时，没有旋转备用抬高频率。在锅炉满负荷情况下，虽然可以制订事故预案，紧急关闭部分用户的用热设备，将减少的供汽量发电，但是这一过程太长，完全不能满足电力系统的需求；在锅炉保有增加蒸发量、抽背机组未满发、抽凝机组抽汽未达到额定流量但低压缸流量已满的情况下，由于多发电须多供汽，而多余蒸汽没有出路，也不能满足电力系统的需求。在这两种情况下，没有条件执行“以电定汽”原则。

如果牺牲经济性，锅炉长期保有紧急增加蒸发量，发电机组长期保有凝汽发电潜力，与系统解列后发电机组的调功调频能力如何呢？

该企业的发电机组有三大调功调频功能：OPC、一次调频、DEH。

OPC：抗超速。3090r/min时关高压调门，3300r/min时极快速关闭主汽门。

一次调频：调出力。(3000±2)r/min时，自动通过DEH调主汽门，调节范围(3000±10)r/min。

DEH：调转速。自动调节范围(3000±150)r/min。

锅炉方面，设有锅炉-汽轮机DCS，按主蒸汽压力自动调整锅炉燃料补给量和风量。

在与系统解列时，假设锅炉增加蒸发量速率满足电力系统抗低频需求，OPC、一次调频、和DEH的综合作用是转速在2850～3090r/min范围内连续可调，亦即47.5～51.5Hz。由6.2.3.10节可知，当电力缺额为50MW时，500MW有功负荷的系统，频率将降到47.2Hz，已超出调节范围，稳控设计水平年最大电力缺额为230MW，发电机组调功调频功能不起作用。

以往的事故案例证明，机炉总会留有一些旋转备用容量，孤网运行时只要快速消除大部分电力缺额，使频率恢复到47.5Hz以上在这个频率下，发电机组不会跳车，用电设备消耗功率比额定频率少，发电机组能缓慢消除频差。

稳控动作一段时间后生产装置完全停车，安全停车负荷消失，系统出现电力盈余。由于安全停车负荷并非同时消失，查各生产装置中最大连带负荷为5900kW，一次调频在3002r/min时就通过DEH起作用，所以系统不会出现有威胁的高周。此外，还有OPC强力保驾，系统安全没有问题。

6.2.3.13 装置停车的关联影响

稳控切除负荷造成装置停车可能产生两方面关联影响：一是停车过程中装置消耗蒸汽或增或减，二是上游装置停车可能导致下游装置陪停。前者供热负荷减大于增，从趋势看有利于发电机组消除欠切带来的低周频差，但是在稳控动作之后最初的几秒到几十秒，也是关键的时段中，耗汽量减少并不能转化为发电出力增加，对电力系统稳定几乎没有贡献。后者既导致供电负荷进一步下降，又导致供热负荷下降，此时需要发电机组降负荷甚至停车，但是反映时间是在稳控动作数十分钟甚至数小时之后，也超出了稳控考虑的范围。

有三类负荷不能切除：必保负荷——公用工程、安全停车负荷和部分民用电，亦即热电站的厂用电、供氮气的空分装置、供压缩空气的空压站、供冷却水的循环水场、水厂、污水净化厂、该企业生产总调和电力调度机构等负荷；生产装置中的保留负荷——已纳入稳控的生产装置安全停车负荷和标志性装置乙烯装置；民生负荷——生活区的医院、商场、证券公司、银行等敏感企事业单位，还有负有其他任务的当地部分负荷。上述负荷超过企业电网总负荷的一半，以致为了保上述负荷，生产装置绝大多数被纳入稳控，除了个别标志性装置作为生产还在维持的象征之外。稳控一旦在设计水平下动作，目标只有一个：避免电网崩溃引发的一系列恶性事故，主体生产装置大部的停产是肯定的，甚至可能全部停产，因此装置停车的上述关联影响无法顾及。

由于安全停车负荷包含物料打循环的机泵，在装置停车初期具备快速恢复生产能力，如果稳控能够保证孤网正常运行，值班人员迅速处理故障并与大电网并网，有可能避免全公司停产。

6.2.3.14 关键机泵、变频器和大容量电动机跳闸

生产装置的关键机泵跳闸，生产装置将进入紧急停车程序，用电负荷自然削减。这一过程与稳控是一种什么样的关系呢？

首先，与系统故障解列时，因有发电机及其强励功能的支撑，约1s内电压下降幅度不太大；发电机甩机通常需经若干秒、若干分钟，有事故案例证明在1s内系统电压不会降到70% U_n 以下；

其次，查：6(10)kV关键机泵的低电压保护定值为70V，当系统电压降到70% U_n 时启动，经一定延时后动作出口。最短的延时为500ms。

稳控最迟于330ms切除线路(含故障切除时间)，系统电压恢复极快，关键机泵低电压

保护应能返回。

380V 关键机泵如果使用交流接触器，在系统电压降到 80% U_n 时将释放，需要改用自保持交流接触器。

变频器在系统电压降到 70% U_n 以下且持续 300ms 时可能跳闸，但使用变频器的生产装置绝大多数纳入了稳控切除范围。

大容量电动机中，7#空分电动机未纳入稳控，且低电压保护延时最短，为 200ms，如果系统电压降到 70% U_n 以下，稳控不能避免它跳闸。它的额定容量 11500kW，正常有功负荷约 8000kW，由于稳控执行欠切原则，尚不至于影响全局。未纳入稳控的大容量电动机还有 8#空分的两台同步电动机，低电压保护定值 70V/500ms，对低电压扰动不足为虑，只可能因失步而跳闸。考虑到炼化企业绝大部分负荷是旋转电机，转动惯量大，系统频率在短时间内不会大幅下降；8#空分是使用静态励磁的同步机，系统频率下降对定子和转子旋转磁场的影响同步，短时间内不会显著失步，有可能维持不跳闸。其他大容量同步机已纳入稳控切除范围，且排序靠前，不自行跳闸也将由稳控执行跳闸。

6.2.3.15　运行方式识别

主电网存在 5 个主要运行方式：

正常运行方式：阳金 2119、阳石 2110 线路运行；

单联络线路运行方式 1：阳金 2119 运行，阳石 2110 线路检修；

单联络线路运行方式 2：阳石 2110 线路运行，阳金 2119 线路检修；

孤立小网运行方式 1：热电二站带热电一站；

孤立小网运行方式 2：热电二站带炼化变。

预定切除负荷可能发生在不同线路乃至不同电源点，稳控应能自动识别不同运行方式，切除相关线路。

3 座双母线带旁路结线的 220kV 配电装置可安排出许多运行方式，如全部要求识别，稳控逻辑和软件将非常复杂，逻辑继电器将采用非标设备。鉴于此，稳控只识别上述 5 个主要运行方式，如果必须采用其他运行方式，需要尽可能确保 2 回对外联络线安全，单联络线运行时不安排炼化变和热电一站检修，同时须停装置降负荷，使联络线输入功率基本守零，并将稳控由跳闸改发信。

35kV 总降和 6kV 装置变中也需要识别运行方式。

在此之前国内大电网的稳控，调度在发令改变一、二次运行方式的同时，发令放上或取下稳控相应压板，达到稳控识别运行方式的目的。鉴于安排了 162 回切除线路，容易发生误操作，该企业要求稳控自动识别运行方式。

自动识别运行方式简单的方法是检测电气量，但是热备用状态下会发生误判。因此，需要采集断路器、刀闸、小车的位置信号，使得工程量成倍增加。

6.2.3.16　其他要求

通过压板接入跳闸回路，使稳控与保护可以在安装、改接、调试时分离；

稳控的重要性级别高于单个电气元件，应直接从 I/O 或综保采集信息；

主、从站的核心设备应是成熟可靠的继电器，不采用集成商搭建的信息化系统；

CT 断线保护；

被切负荷闭锁。被稳控切除的负荷中有一部分安装了分批自启动装置，当检测到电压恢复时会自启动，必须予以闭锁。

6.3　工程实践

6.3.1　系统配置

该企业的稳控设 1 个主站、3 个从站、17 个子站，其间通过光缆连接。

主站：核心设备是 SEL－1102 计算机平台，2 台，冗余设置，使用 UNIX 操作系统。安装并运行控制策略软件，处理 3 个从站和 17 个子站采集的实时测量值，依电力缺额、162 回线路的实时负荷和系统运行方式排出第一、第二轮切除线路，处理结果写入从站的 SEL－2100 继电器。SEL－1102 可设置看门狗，一旦发生死机即时自动重启。主站另设有类似电气监控、供电调度自动化系统的交换机、服务器、操作员站、显示终端、GPS 卫星对时等设备。

从站：设在 3 个电源点。核心设备是 1 台 SEL－2100 保护逻辑处理器，它是一组 32 × 16 二维矩阵排列的寄存器，每一行写入不同运行方式下对应的出口动作值，每一列可接入 1 台 SEL－2505 远端测控单元，与拟切线路相接。在 16 列中有 5 列是公用列：2 列与 SEL－1102 通讯，2 列与其他从站的 SEL－2100 通讯，1 列发布跳闸命令。SEL－2100 接收来自装设在 2 回对外联络线上的 SHL－369H 保护测控单元发出的触发信号，对 SEL－1102 写入的第一、第二轮联切线路发布跳闸命令。

子站：设在 17 个拟切线路所在变电所。主要设备：一是 1 至多台 SEL－2505，每台 SEL－2505 可接入 8 条拟切线路，SEL－2505 接收并执行 SEL－2100 发布的跳闸命令；二是 SHL－369H 保护测控单元，它检测、上传对外联络线的电气量，并完成功率突减量的判定、延时和触发信号上传；三是 SHL－368H 测控单元，它检测没有安装综保和测控单元的线路的实时负荷、断路器和刀闸的位置，并上传；四是通信管理机 DG－X3，它接收综保、各类测控单元上传数据，经过滤处理后向 SEL－1102 发送。子站利用该企业已经大量安装的 SEL－351A 线路纵联差动继电器采集频率，通过通信管理机上传。

通讯网络：100M 光纤双环以太网，采用 SEL 面向保护的镜像位 Mirrored Bits® 规约通讯。

动作时间：SEL－1102 每 3s 刷新一次 SEL－2100 二维矩阵中的第一、第二轮联切线路。当对外联络线跳闸，触发信号发到 SEL－2100 时，SEL－2100 耗时 5ms 对相应拟切线路发出跳闸命令。从 SHL－369H 检测到对外联络线跳闸开始到稳控发布跳闸命令，不计延时的整个工作过程耗时 80ms。

6.3.2　创新点

核心设备选用成熟继电器的企业内部电网稳控装置；

解决多级 BZT、A/B 泵自动互为备用的问题；

在使生产装置紧急停车的同时，保留安全停车负荷；

自动识别运行方式。

该企业的稳控解决了下列主要问题：

启动判据研判：分析各种启动判据的适用性；

启动条件组合：从特定网架结构出发，确定检测对象和启动条件检测；

防误闭锁：合理设置辅助判据；

防止短路故障存续期间误判：合理设置延时；

以装置为单位切除线路：解决多数生产装置安全停车需要用电、普遍设置多级 BZT、A/B 泵自动互为备用的问题；

欠切原则及欠切的度：以装置为单位切负荷，而装置有多回路供电，决定了必须采用欠切原则。电网能否承受欠切的后果，需要校验；装置停车后，发电机能否承受安全停车负荷自动失去产生的高频，需要校验。由此决定欠切的度。

大批装置停车对热电联供机组和上下游装置的关联影响，对稳控起什么作用；在与系统故障解列的扰动中，大容量电动机可能自行跳闸，对稳控有什么影响；

多轮补切：解决残留电力缺额、电源侧故障引起总降分降侧 BZT 动作导致的次生电力缺额问题；

逆功率保护：解决企业电网存在电力缺额，叠加潮流向外时的问题；

自动识别运行方式：该企业的 35(10)kV 总降进线引自不同电源点，220kV 网架结构有 3 种孤立小网运行方式，因此稳控须自动识别运行方式才能有效切负荷。

投运情况：

2008 年春节主站通电，同年 8 月 3 个电源点的设备及其 25 回跳闸线路投发信，2009 年 5 月起投跳闸。报警数千次，查系通讯接口和个别元件接触不良，因没有及时清除，在稳控巡回自诊断中重复报警所致；通信管理机电源模块损坏。所有报警事件均不会触发跳闸。运行方式自动识别准确。

2009 年春节后子站逐个接入从站，同年 6 月全部接入。

2009 年 6 月起，稳控在单联络线运行时投跳闸。

2009 年 10 月起，稳控常年投跳闸。多个子站的通信管理机 DG－X3 电源模块损坏，多个 SHL－368H 测控单元损坏，监控或稳控的通信管理机发生故障没及时按程序开机，致使主站接收的实时负荷不准确。

尽管出现诸多问题，但在多次单联络线运行时，由于稳控的存在，电力公司允许输入功率 100MW 以上，没有影响公司正常生产，避免了巨大的经济损失。

6.3.3 存在问题

光纤通信系统是该企业员工的改制企业施工，质量不高，投运初期时常发生故障。

通信管理机 DG－X3 的电源模块和最底层的测控单元 SHL－368H 选用不当，时有故障发生。集成商解释是电源模块的电容存在批次质量差的问题，而且损坏的子站没有空调。

对拟切线路综保只有 1 对通信接口且没有测控单元的子站，设计按稳控直接从综保取数据，再转发给监控的方式考虑。在安装时，因电气监控系统将投遥控，监控制造商担心改为从稳控的通信管理机取数据会引起误动，故而修改设计，稳控从监控的通信管理机以 RS232 串行口取数据。投运后，任一台通信管理机故障都影响稳控采集实时负荷准确性，该企业的专业人员怀疑发生了抢电平问题，建议改用 485 串行口。稳控开发商更换了所有通信管理机的电源模块，并指导值班员在通信管理机故障时及时按程序重新开机，目前采集和传输数据准确。如果再发生同类问题，拟改 485 串行口，检验是否存在抢电平问题。再不能解决问题，就只能对拟切线路安装测控单元，监控和稳控都直接取数据。

设计时取各拟切线路最高负荷，因部分生产装置没有开车或低负荷运转，向浙江平湖转供电的负荷，平时基本为零，迎峰渡夏时才用电，生活区负荷开不开空调相差 3 倍，厂区空调负荷将近 20MW，使得实际运行时春秋季可切负荷只有设计负荷的 50% 强。设计负荷应高于电力缺额一定比例，该企业正在做扩大稳控切负荷范围的准备工作。

拟切线路太多，系统过于庞大，故障多，用于通讯投资是稳控设备的数倍。

电力系统稳定性。电力系统是否存在动、静稳定问题，稳控 260ms 切除负荷是否太迟，宜进一步压缩稳控延时还是加强发电机组调频能力，该企业曾要求委托权威机构开展电力系统稳定性分析，因资金问题和上海市调否定而未进行。

负荷特性。炼化企业电网的负荷绝大部分是电动机，当频率骤降时电动机惯性产生的反电势，对频率有支撑作用。如果能将高感性电网频率衰减过程量化表达，无疑可避免稳控可能存在的设置失误问题，然而未找到相应的分析方法。

6.3.4　系统可靠性

6.3.4.1　核心设备简单可靠

主机 SEL－1102 是 2 台面向保护的工控机，冗余设置，操作系统是 UNIX，设置了自动重启的看门狗。保护级逻辑处理器 SEL－2100 内部是矩阵排列的寄存器，图 6.3－3 所示的启动与闭锁主逻辑结合各种运行方式，作为矩阵的行，跳闸对象作为矩阵的列(见图 6.3－1)，当主机写入某一格的数据满足行的动作值，相应列控制的线路就跳闸。SEL－2100 以简单可靠的硬件巧妙实现了主逻辑，可靠度高于稳控开发商开发的软件。因为软件可能存在漏洞，而且不到电网遭遇崩溃危险时难以发现。

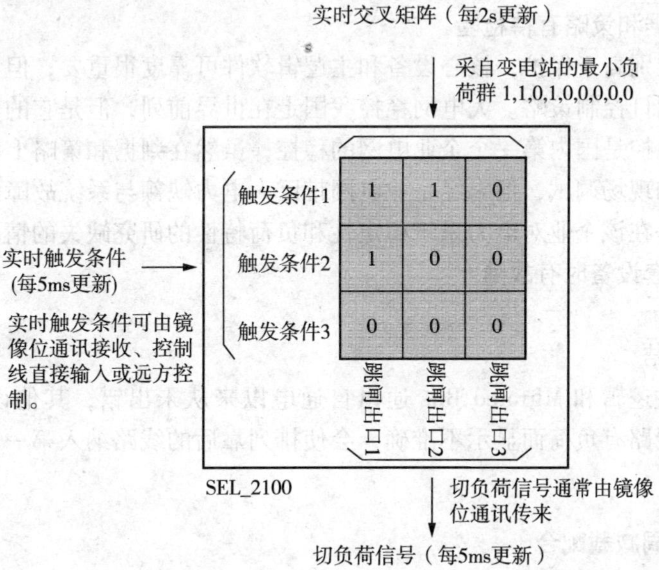

图 6.3－1　SEL－2100 的二维矩阵示意图

6.3.4.2　主要通讯可靠

100M 光纤双环以太网、SEL 面向保护的镜像位 Mirrored Bits® 通讯规约，使得稳控的主要通讯可靠度高。镜像位 Mirrored Bits® 通过专用光纤通道，在 SEL 的保护、监控和控制设备之间，持续互换 8 个逻辑状态点信息(见图 6.3－2)，每传输一个新的信息包含 4 个字节，8 个逻辑状态点信息在 4 个字节中被重复 3 次，每个字节都要进行奇偶校验、帧校验或溢出误差校验，进行地址识别，通讯出错时可按预设状态复位或有所动作，可靠度高于常见串行口通讯。

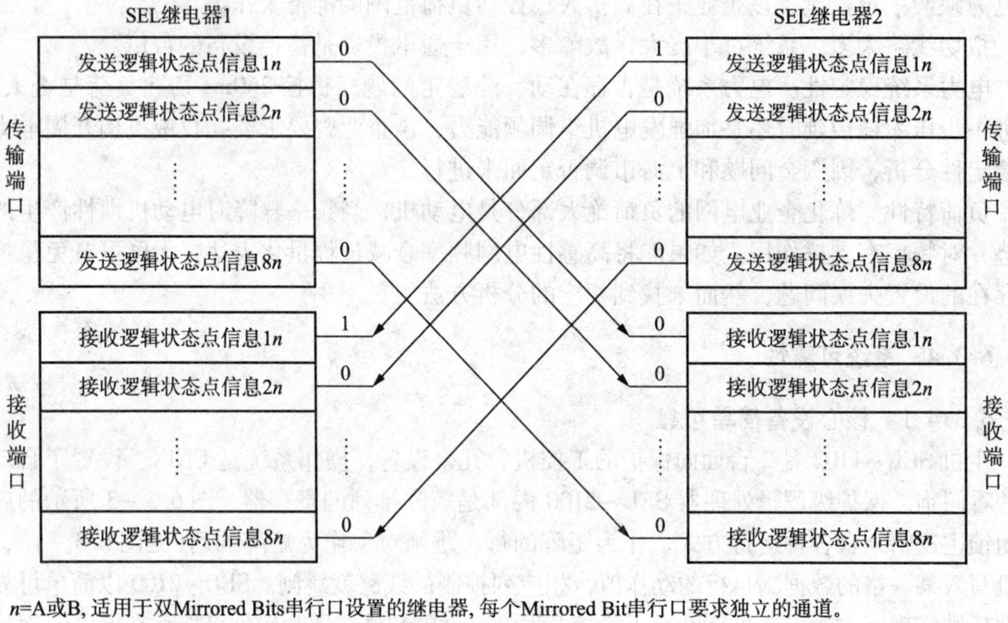

图 6.3－2　镜像位 Mirrored Bits 发送和接收

6.3.4.3　判据和策略有待检验

稳控重要性级别高于保护，核心设备和主逻辑软件可靠度很重要，但设置稳控的真正难点是选择判据和制订控制策略。大电网稳控我国走在世界前列，但是它的策略不能简单移植到企业电网。该稳控是国内第一个企业电网的稳控，虽然在判据和策略上花了很大功夫，也通过了工厂检验和现场调试，但未经企业电网带巨大电力缺额与系统故障解列的考验，不能轻言成功，尤其是在该企业对电力系统稳定性和负荷特性的研究缺失的情况下。

6.3.4.4　配套设备时有故障

见 6.3.3 节。

6.3.4.5　小结

核心设备、主逻辑和 Mirrored Bits 通讯自通电以来从未出错，其他设备和通讯出过故障，故障时部分线路有负荷而显示不准确，会使排列靠后的线路纳入第一轮行列，但稳控不会被误触发。

6.3.5　与低周减载配合

低周减载在炼化企业电网未与系统解列的情况下也会动作，可切负荷安排多了，相当于保地方电网用户，而后者负荷性质低于炼化企业。低周减载由市调按设定频率和延时分 8 个轮次动作，6 个轮次延时 500ms，第 2、第 5 轮延时 20s，在联络线故障跳闸时显然不能避免电网崩溃。稳控仅限于在与系统解列情况下，主动、准确、快速切除动态排定的负荷，是保企业电网自身的装置。设置了稳控之后，低周减载仍然需要，它的设置简单可靠，理论上可以作为稳控的后备。该企业原先低周减载设置负荷占总负荷的 20%，实际运行时只有 10%强，增加可切负荷困难重重。在稳控安装过程中，该企业对拟切线路同步安装了低周减载，并且对因光缆难以敷设而无法纳入稳控的负荷也设置了低周减载，使后者可切负荷超过稳控。

6.3.6 适用范围

企业电网以同塔双回联络线接入当地电力公司的同一座变电站，存在企业电网与系统解列的风险，并且企业电网存在的电力缺额足以致使系统失稳。在这种情况下，适宜考虑设置稳控。

炼化企业电网电力缺额过大，工艺方面要求保留的负荷太多，稳控拟切线路太多，实际运行时可切负荷不足。有上述情况之一者，不适宜设置稳控。

稳控只是与低周减载并列的电网安全最后一道屏障，设置稳控是不已而为之。维护企业电网安全的根本办法是有功功率盈余。退而求其次，任何计划安排的运行方式下的电力缺额应满足 $N-1$ 安全准则，即不会引起大批生产装置停车、不会导致系统失稳。

6.4 结语

企业电网与系统联系薄弱、存在巨大电力缺额、可能导致电网崩溃的情况下，需要设置稳控装置。

大电网稳控要解决的主要问题是高频和系统震荡，主要手段是切除发电机。企业电网的稳控需解决电压崩溃或频率崩溃，抑或两者兼而有之。经分析，该企业稳控的防御对象是频率崩溃，手段是切负荷。

企业电网的稳控投运后，虽然发生了一些问题，但是在多次单联络线运行时避免了主动停大批生产装置，取得了良好经济效益。

该企业的稳控考虑、解决了判据研判、启动条件组合、防误闭锁、与继电保护配合、针对炼化企业电网特性的切负荷方法、与供热、大容量电动机自行跳闸的关系、多轮补切、逆功率、自动识别运行方式等主要问题。

企业电网的稳控在控制策略研究上还有缺失，判据和策略都未经电网带巨大电力缺额与系统故障解列的考验。核心设备简单可靠，且取代了启动和闭锁主逻辑。主通信技术可靠，配套设备运行不够稳定。可切负荷远低于设计值，有待继续改进。

炼化企业生产流程可按上下游区分，或者按乙烯、丙烯等生产线区分。如果生产工艺部门能够允许按上下游或者生产线切负荷，稳控将大为简化，投切和维护也将简便。

第7章 变电站关口保护

7.1 概述

随着石化企业向集团化、规模化的发展，企业集团逐步形成局域性电网与系统相连，局域性电网拥有自己的发电、变配电系统等，主接线比较复杂，其机组容量匹配、网络结构、继电保护自动装置的配置各有其特点。这种企业局域电网解列，特别是外电网进电较大的企业发生电网与系统解列故障，如不采取有效措施，对局域性电网及生产装置的安全生产将造成严重影响，损失巨大。因此，研究这种局域电网的安全运行，如何把电网解列等事故损失降到最小，意义重大。巴陵石化公司通过多年的实践，从企业电网与电力系统相连的关口保护配置方案研究入手，总结出一套行之有效的新关口保护配置解决方案，实践证明这套方案经济实用，能有效地避免企业电网解列后的电力系统瓦解事故，并能基本保住重要生产装置的安全运行，将损失降低到最小。

7.2 事故案例

云溪生产区110kV变电站，有两条110kV线路分别接入系统电网的巴陵和峡山变电站，一用一热备方式运行。变电站装有两台110/37.5kV、40MV·A主变压器和两台37.5/10.5kV、20MV·A联络变，新区有两段35kV母线，老区有四段10kV母线，均采用单母线分段接线，分别向5个35kV生产装置变电站、10个10kV生产装置开关所供电。企业有七台发电机，总装机容量为102MW，全厂最大运行方式为4炉6机，最高发电负荷为85MW，公司最大用电负荷115MW，平均用电负荷90.07 MW，主接线如图7.2-1所示。

7.2.1 110kV电源联络线路及进线开关关口保护配置情况

(1)高频保护：因设备本身原因不能正常投用；

(2)距离保护：(含距离零序)本身不能保证线路全段故障的0秒启动(线路全长的80%段故障由距离Ⅰ段保护0秒启动)；距离Ⅱ段保护虽能保护线路全长，但有时限级差，启动时间较长；

(3)用户侧设置110kV与系统检同期并网设备(同期整步表)技术落后，操作不可靠，需人为凭经验进行检同期并网，不能满足安全并网要求；

(4)低周逆功率保护；

(5)低周减载装置：执行减负荷，短时间难以做到负荷平衡，致使企业电网难以快速、安全并入系统。

7.2.2 事故案例1——2003年“7·12”事故

7.2.2.1 系统运行方式

110kV：504开关合(线路运行)；502开关分(线路热备用)；500开关合；

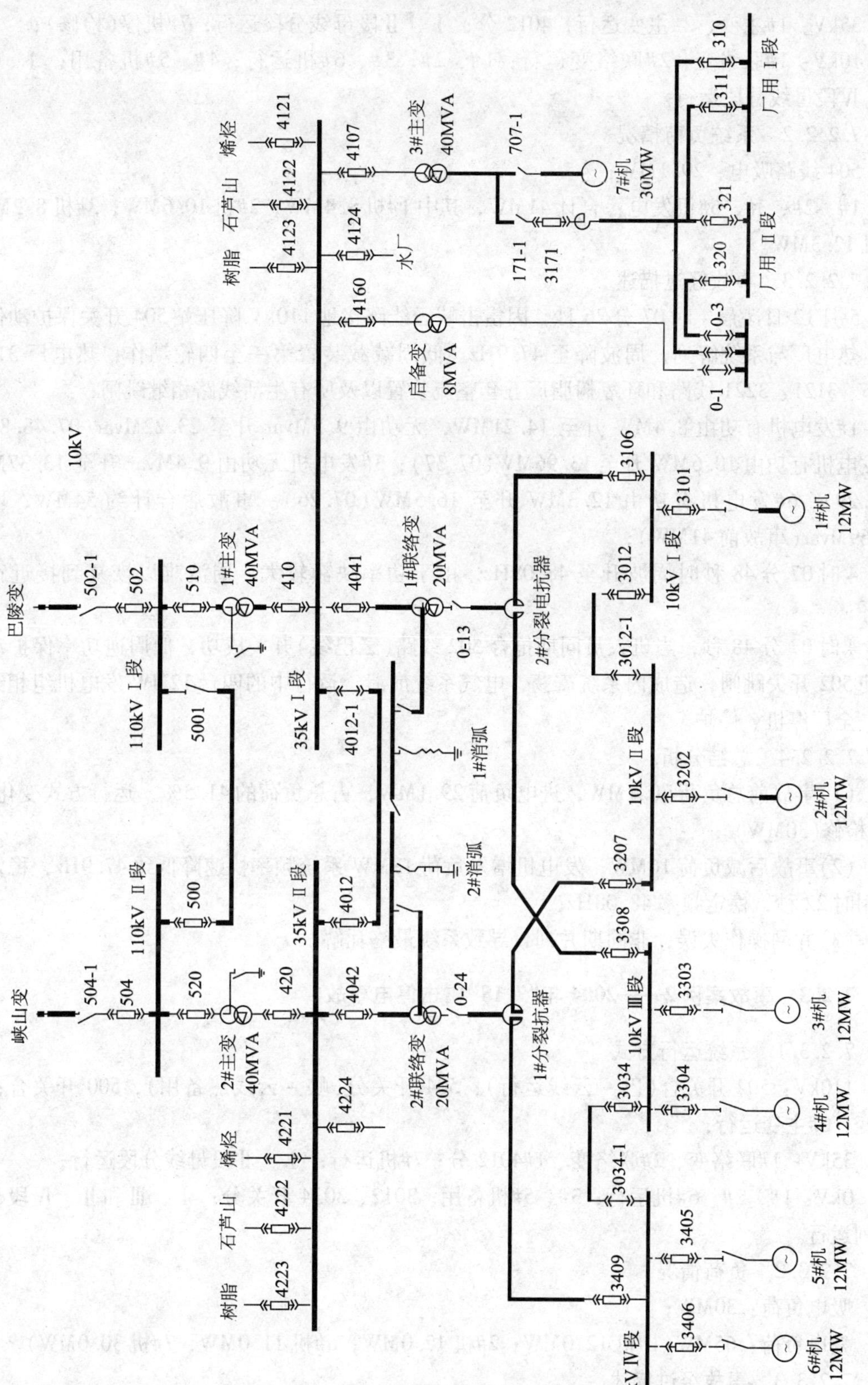

图7.2-1 热电事业部电气主接线简图

35kV：1#主变、2#主变运行；4012 分；Ⅰ、Ⅱ段母线分段运行；7#机停(检修)；

10kV：1#联络变、2#联络变运行；1#、2#、3#、6#机运行；4#、5#机备用；Ⅰ、Ⅲ，Ⅱ、Ⅳ段母线分段运行。

7.2.2.2　系统负荷情况

504 线路吸电：29.1MW；

1#、2#、3#、6#机发电：合计41MW，其中1#机8.4MW；2#机10.6MW；3#机8.2MW；6#机12.3MW。

7.2.2.3　事故经过描述

5 月12 日凌晨4 时07 分26 秒，因雷击峡云线路接地110kV 降压站504 开关保护动作跳闸，热电厂与系统解列，周波降至47.9Hz。低周减载装置第一至四轮动作；热电厂3125、3225、3121、3221 线路和环氧树脂厂五套整流装置以及所有生活线路相继跳闸；

1#发电机有功由8.4MW 升至14.21MW，无功由9.5Mvar 升至23.22Mvar(07.48.89)；2#发电机有功由10.6MW 升至13.96MW(07.37)；3#发电机无功由9.4Mvar 升至13.37Mvar(07.29)；6#发电机有功由12.3MW 升至16.5MW(07.26)。事故后合计约54MW、增发17.69Mvar(事故前41MW)；

4 时07 分48 秒时周波升至48.08Hz，由于功率缺额较大，周波难以恢复到接近正常水平；

4 时07 分48 秒，当班人员同期抢合502 线路(云巴线)开关成功，低周逆功率保护动作致使502 开关跳闸，造成内系统震荡，电气系统崩溃。运行中的四台12MW 发电机组相继解列，全厂停机、停炉。

7.2.2.4　总结分析

(1)事故前总负荷70.1MW，进电负荷29.1MW，占总负荷的41.5%，运行方式变化，7#机检修(30MW)；

(2)事故后减负荷16MW，发电机增发负荷13MW 系统频率快速降低致47.9Hz，稳定时间用时22 秒，稳定频率48.08Hz；

(3)并网操作失误，非同期并列，导致系统最终瓦解。

7.2.3　事故案例2——2004 年“7.18”雷击停电事故

7.2.3.1　系统运行方式

110kV：502 开关合(巴－云线运行)；504 开关分(峡－云线热备用)，500 开关合；1#主变、2#主变运行；

35kV：1#联络变、2#联络变、1#4012 分；7#机运行；Ⅰ、Ⅱ段母线分段运行；

0kV：1#、2#、6#机运行，3#、5#机备用；3012、3034 开关分；Ⅰ、Ⅲ和Ⅱ、Ⅳ段母线分列运行。

7.2.3.2　负荷情况

吸电负荷：30MW；

发电负荷：65MW(1#机12.0MW；2#机12.0MW；6#机11.0MW，7#机30.0MW)。

7.2.3.3　事故经过描述

2004 年7 月18 日22 时50 分38 秒，502 开关距离保护Ⅱ段动作跳闸。110KV 架空线路(巴－云线)距巴陵变电站约2.79km 处因雷击发生短路故障，故障点在距离热电事业部侧

24.13km处，正好在热电事业部距离保护Ⅰ段保护线路全长80%以外，不能零秒切除故障，启动502开关距离保护Ⅱ段经过延时0.5s后动作跳闸，将故障点切除。

故障发生后0.56s内，系统电压急剧降低。110kV系统电压由113kV下降到22kV，35kV系统电压由37.5kV下降到14kV，10kV系统电压由10kV下降到7kV，6kV系统电压由6kV下降到2.4kV，7#机的厂用220V电源相应下降到88V。

22时50分38秒，7#机8000系列保护装置超速保护误动，关闭7#汽轮发电机组主汽门，7#汽轮发电机甩负荷。

解列后，低周波自动减载装置相应迅速动作，22时50分40秒后，因7#机主汽门关闭，甩负荷到零。内部电网周波急剧下降，热电事业部10kV出线3121、3122、3123、3125，3225、3223、3222、3221，3321、3322，3421、3422、3424以及石芦山的311、321、313、323、324共十八条线路相继跳闸。但由于有功缺额太大，内部电网难以建立新的稳态，周波、电压不断变化的过程中系统发生振荡，其间，2#机最低周波48Hz，6#机最低周波44.5Hz，2#机最大电流达2.6kA。22时51分08秒，1#联络变复闭过流跳闸，内部电网四分五裂，1#、2#、6#机分别孤立运行，1#机22时51分13秒周波下降为35Hz停机，2#机孤立稳定运行自22时51分08秒至51分32秒，后至22时52分04秒周波至31.3Hz停机，6#机孤立稳定运行自22时51分08秒至55分45秒后停机。至此电网全部失电。

7.2.3.4　总结与分析

(1)事故前总负荷95MW，外进电30MW，占总负荷的31.5%解列后，2s内7#机主气门关闭，甩负荷30MW，加剧了功率不平衡；

(2)解列前故障持续0.56s，时间较长，电压降低程度较大220V/88V，7#发电机保护误动停机，加剧了负荷的缺额，各发电机频率低至失稳状态，电网瓦解；

(3)110kV电源联络线进线开关继电保护及自动装置的新配置方案——关口保护配置：

①电源进线线路主保护：光纤纵差、距离保护；

后备保护：距离保护、零序保护；

辅助保护：低周逆功率保护。

②解列功率快速平衡系统：负荷联切保护；

③辅助稳定控制：低周减载；

④自动装置：检同期备自投、检同期重合闸。

7.3　110kV电源：联络线路主保护、后备保护

光纤纵差、距离保护、零序保护

(1)光纤纵差、距离保护Ⅰ段能实现线路故障0秒启动保护装置，快速切除故障点；

(2)缩短短路造成的电压冲击扰动时间，有利于解列后系统快速恢复。缩短电网晃电时间，保证重要装置采取抗“晃电”措施后不停车；

(3)减小电网电压波动对生产装置用电设备的影响；

(4)设备配置：SEL311　对侧SEL387L；

(5)辅助保护：低周逆功率保护。

保护的作用：电源联络线以外的外电网事故时与外电网迅速解列，防止有功大量外送，造成系统崩溃。

低周逆功率保护功能用 SEL－351 继电器逻辑组态实现。

动作条件 1：在周波缓慢下降到 48.5Hz，有功功率外送 2.64MW 时，自动与系统解列；

动作条件 2：频率滑差加速，即当频率滑差 df/dt 大于设定值，跳闸频率分别提高到 49.4Hz、49Hz。

具体逻辑如图 7.3－1。

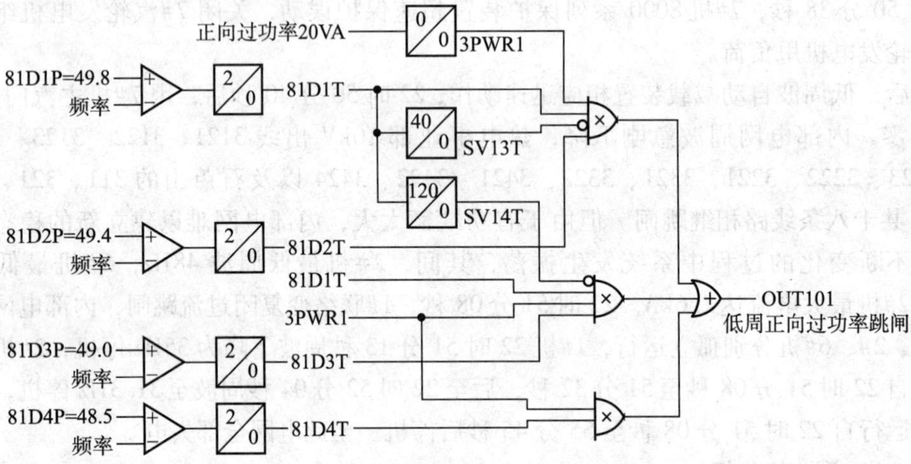

图 7.3－1　SEL－351 继电器逻辑组态图

7.3.1　解列功率快速平衡系统：负荷联切保护

7.3.1.1　负荷联切保护的主要作用

外电网电源进线开关跳闸的同时，根据当时进电功率大小切除相应的负荷，为孤网稳定运行创造条件。

负荷联切系统框图如图 7.3－2 所示。

7.3.1.2　联切负荷量检测与判断

7.3.1.3　逻辑图动作条件（见图 7.3－3）

(1)110kV 线路吸电三相功率达到启动值，并经过适当短延时；

(2)运行线路负荷电流到 0，断路器在断开位置；

(3)备用线路负荷电流为 0。

7.3.1.4　负荷联切的负荷量分组

(1)统计分析进电负荷曲线，正常运行方式下，进电负荷规律确定联切负荷上限及下限；

(2)根据需要设置负荷级差和级数；

(3)实例：

夏季进电负荷 30～40MW，冬季进电负荷 10～16MW（不考虑非正常方式），根据功率基本平衡要求。按三段式负荷联切配置：

Ⅰ段：当吸电负荷功率在 10～20MW 时，冬季切除负荷约 7MW，夏季约 15MW 左右。这部分主要是非主要生产和民用负荷；

Ⅱ段：当吸电负荷功率在 20～30MW 时，除Ⅰ段联切负荷外再联切负荷约 10MW。

Ⅲ段：当吸电负荷功率 30MW 以上时，除Ⅰ、Ⅱ段联切负荷外再联切负荷约 15MW。

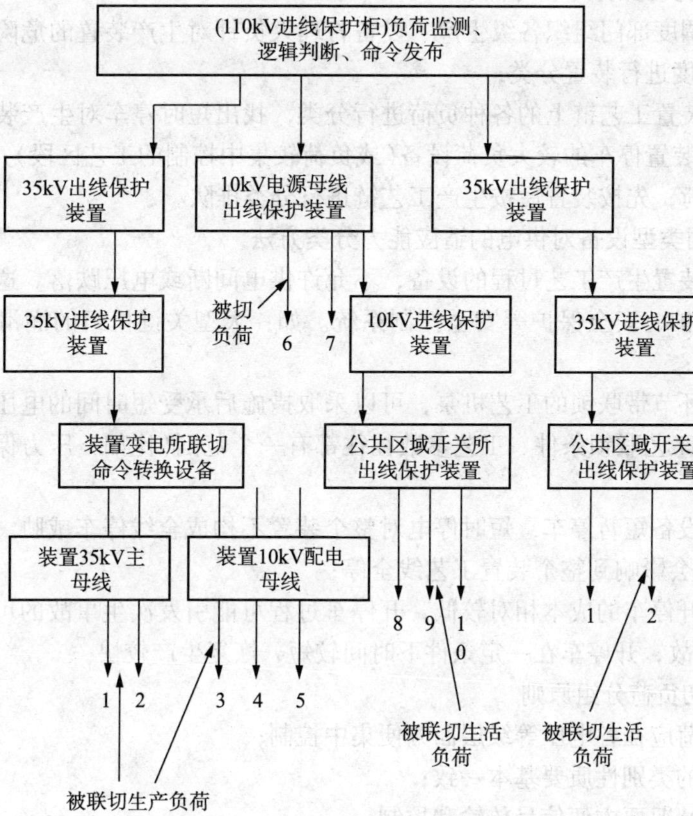

图7.3-2　负荷联切系统的示意框图

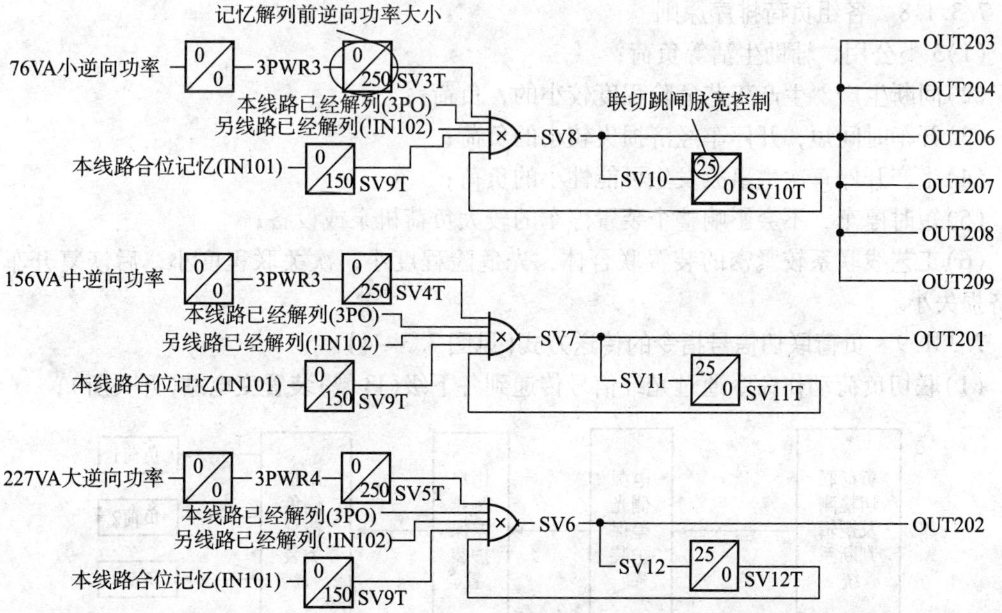

图7.3-3　负荷测量及逻辑判断图

7.3.1.5　联切负荷的分类和排队

(1)联合生产调度部门组织各级生产、设备管理人员针对生产装置的危险性、开停车的经济损失和难易程度进行装置分类；

(2)针对生产装置工艺链上的各种负荷进行分类，找出短时停车对生产装置连续生产影响不大、不会造成装置停车的较大负荷设备(或负荷较集中控制的工艺区段)；

(3)对上述负荷，先按装置后按生产工艺链进行分类排队。

7.3.1.6　不同类型设备对供电的适应能力分类方法

(1)部分生产装置生产工艺过程的设备，不允许供电间断或电压跌落。这些设备基本都配置了工艺联锁保护、安全保护等安全控制系统。如：大型关键机组的润滑油泵、仪表的DCS系统的电源等；

(2)部分工艺环节带联锁的工艺机泵，可以采取措施后承受短时间的电压中断、或电压跌落。这些设备的工艺联锁条件、工艺参数往往都有一个范围(比如：压力保护有低报、高报、跳车等设置)；

(3)部分工艺设备短暂停车，短时停电对整个装置不构成全线停车威胁。部分机泵短时间停运后再恢复不会影响到整个装置工艺线全停；

(4)部分装置开停车的成本相对较低，开停车过程可能引发次生事故的可能性较小，甚至不会发生次生事故，开停车在一定条件下时间较短，恢复生产较快。

7.3.1.7　联切负荷分组原则

(1)每一组负荷应在各电压等级层面方便集中控制；

(2)每组负荷的类别性质要基本一致；

(3)负荷分布情况要方便信号传输和控制；

(4)负荷分组越多，负荷平衡的误差越小，但联切接线越多越复杂，投资会增大；

(5)最终以切负荷后，频率下降小，下降速度越慢越好。

7.3.1.8　各组负荷排序原则

(1)3类公用、辅助生活等负荷；

(2)间断生产、生产工艺危险程度较小的，负荷；

(3)开车时间短，开停车经济损失较小的负荷；

(4)生产开停车次生事故发生可能性小的负荷；

(5)短时停车，不会影响整个装置停车的较大负荷机泵或设备；

(6)工艺线联系较紧密的装置联合体，先危险程度小，次关联程度小，后恢复开车快、经济损失小。

7.3.1.9　负荷联切信号指令的传送方式(见图7.3-4)

(1)联切负荷动作命令通过光纤信号传递到各下级(区域)装置变电站(开关所)；

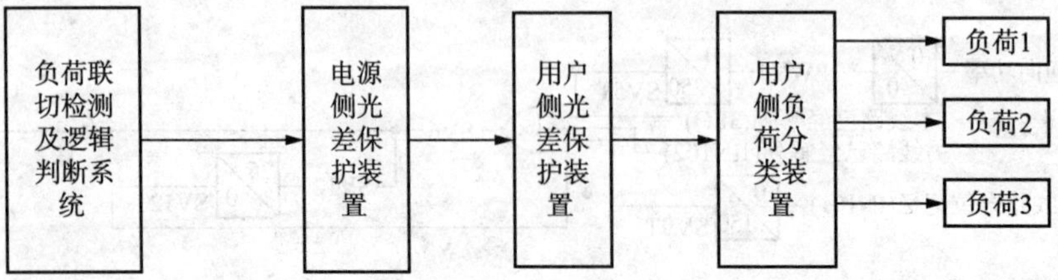

图7.3-4　负荷联切信号指令的传送方式

(2)区域装置变电站(开关所)安装二次分组设备，将联切命令信号分配到联切点，最好以一台高压出线开关为单位作为联切负荷点；

(3)考虑到负荷调整的灵活性，对每条被联切负荷线路均设置联切投退压板。方便负荷调整。

7.3.1.10 使用设备

SEL351、SEL311、SEL387 等。

7.3.2 工程实例

7.3.2.1 系统解列负荷联切负荷判断(见图7.3-5)

SEL351 元件定义、定值及逻辑方程

3PWR2P, 76(VA) 3PWR2T, ——WATTS 3PWR2D, 0

3PWR3P, 156(VA) 3PWR3T, ——WATTS 3PWR3D, 0

3PWR4P, 227(VA) 3PWR4T, ——WATTS 3PWR4D, 0

(注：76VA 相当于10MW，156VA 相当于20MW，227VA 相当于30MW)

SV3 = 3PWR2 SV3PU, 0 SV3DO, 250

SV4 = 3PWR3 SV4PU, 0 SV4DO, 250

SV5 = 3PWR4 SV5PU, 0 SV5DO, 250

(注：SV3PU、SV3DO 分别为逻辑变量的动作、返回延时，目的是记忆解列前5s 的进电功率状态。)

52A = IN101 断路器状态接点输入：

SV9 = 52A SV9PU, 0 SV9DO, 150 本线路合位记忆3s

进电功率10—20MW 负荷联切逻辑：

SV8 = SV3T * 3PO * (! IN102) * SV10T * SV9T

3PO 为本开关三极断开逻辑：

IN102 为另线路开关接点位置(常开)输入：

SV10 = SV8 SV10PU, 25 SV10DO, 0 联跳脉冲宽度调制为0.5s

进电功率20—30MW 负荷联切逻辑：

SV7 = SV4T * 3PO * (! IN102) * SV11T * SV9T

SV11 = SV7 SV11PU, 25 SV11DO, 0

进电功率30MW 以上负荷联切逻辑：

SV6 = SV5T * 3PO * (! IN102) * SV12T

SV12 = SV6 SV12PU, 25 SV12DO, 0

联切出线跳闸逻辑：

OUT203 = SV8 跳石芦山Ⅰ

OUT204 = SV8 跳石芦山Ⅱ

OUT206 = SV8 跳JⅠ

OUT207 = SV8 跳JⅡ

OUT208 = SV8 跳MⅠ

OUT209 = SV8 跳MⅡ

OUT201 = SV7 跳树脂A组

OUT201 = SV6　　跳树脂 B 组

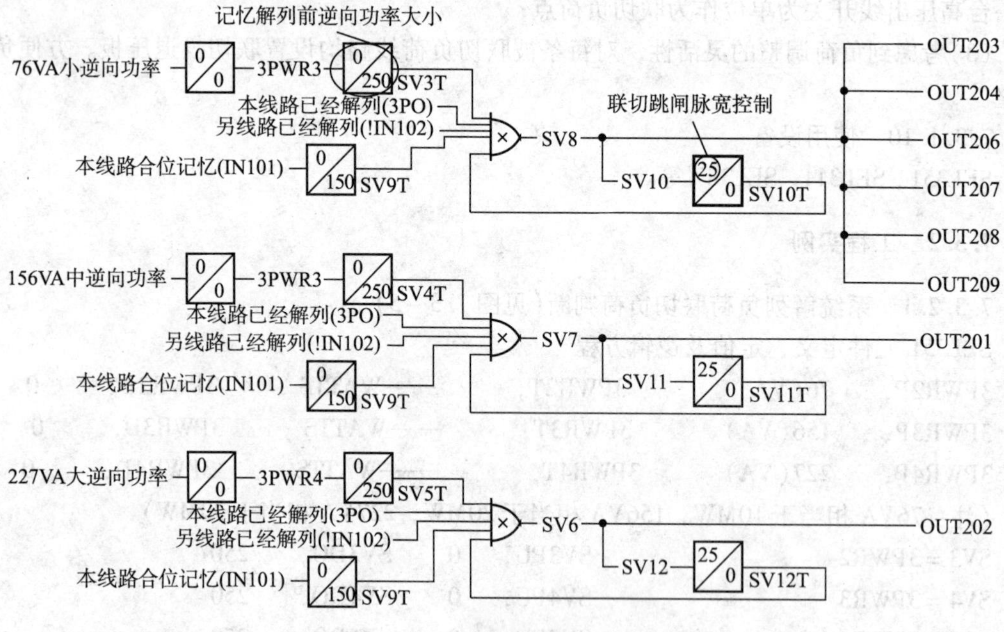

图 7.3－5　系统解列负荷联切负荷判断

7.3.2.2　负荷联切树脂 A 组、B 组在 SEL—311L 中的逻辑

T3X = IN10n1　　　　　　IN10n1、IN10n2 分别接到 SEL—351

T4X = IN10n2　　　　　　负荷联切输出 OUT201、OUT202

SEL—387L 的 R1、R2 接点对应 T3X、T4X 的状态。

7.3.2.3　对生产装置负荷实现远方联切接线原理（见图 7.3－6）

负荷联切保护发切负荷命令给电源侧线路保护装置，经逻辑整定通过光纤发命令给用户端保护机箱，用户端保护机箱输出接点，通过中间继电器分组联切负荷

7.3.2.4　负荷实际联切方案实例

根据保证解列后整体功率、负荷平衡的原则，设置七段负荷联切如下：

Ⅰ段：当吸电负荷功率在 5MW 以内时，电源进线跳闸联切四回生活区线、钢厂线、延寿线、煤场变(2 回)；

Ⅱ段：当吸电负荷功率在 5～10MW 时，除Ⅰ段联切负荷外再联切动力事业部强排线及 8 台磨煤机；

Ⅲ段：当吸电负荷功率 10～15MW 时，除Ⅰ、Ⅱ段联切负荷外再联切化肥事业部、己内酰胺事业部高配负荷 A 组(详见附表)；

Ⅳ段：当吸电负荷功率 15～20MW 时，除Ⅰ、Ⅱ、Ⅲ段联切负荷外再联切化肥事业部、己内酰胺事业部高配负荷 B 组负荷(详见附表)；

Ⅴ段：当吸电负荷功率 20～25MW 时，除Ⅰ、Ⅱ、Ⅲ、Ⅳ段联切负荷外再联己内酰胺事业部铁北(两回)、帘子布(四回)；

Ⅵ段：当吸电负荷功率 25～30MW 时，除Ⅰ、Ⅱ、Ⅲ、Ⅳ、Ⅴ段联切负荷外再联己内酰胺事业部氨肟化(两回)；

Ⅶ段：当吸电负荷功率 30～35MW 及以上时，除Ⅰ、Ⅱ、Ⅲ、Ⅳ、Ⅴ、Ⅵ段联切负荷

外再联己内酰胺事业部主配(两回)。

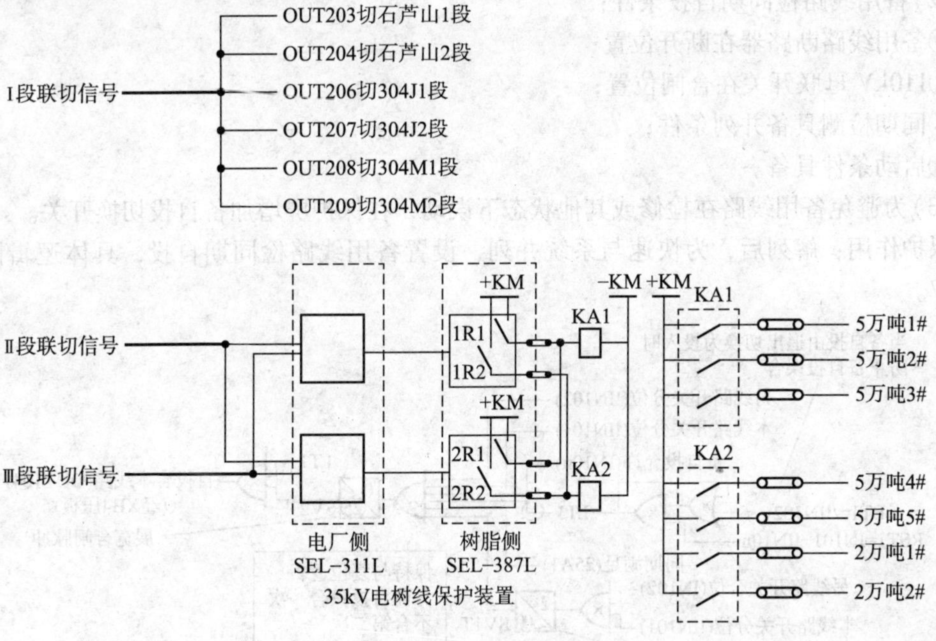

图 7.3-6　生产装置负荷实现远方联切接线原理

7.3.3　低周减载系统仍按原方案设置，作为后备切负荷保护

应该说低周减载是一种简单可行的频率稳定控制措施目前仍被作为电网常用的频率稳控措施，方案实施比较容易。但是，这种措施也存在以下问题：

(1)低周减载是根据每一轮次整定频率下降的数值，确定本轮减负荷的多少，被减负荷的量，是将解列系统的电源等效为一台发电机的数学模型进行计算的，所算出的减负荷量只能是一个近似值。如系统中的发电机台数较多，实际运行台数的变化，运行方式变化，所以不可能做到故障时的运行方式的等效数学模型与整定计算的模型一致，低周减载按预定的负荷量分轮减负荷后，频率恢复水平往往达不到预设效果；

(2)用于进行低周减载的频率继电器，安装较分散，难以适应运行方式变化时的定值变更，管理难度大。因此低周减载的频率定值和负荷定值难以根据运行方式的变化进行调整，只能取几种典型方式作为计算依据，进行综合取舍，制定一组定值；

(3)即使低周减载装置动作后能成功将系统稳定到一个基本满足故障时允许频率(如48Hz 以上)的运行状态，要恢复到正常运行频率水平(49.5Hz 以上)，需要通过人工操作继续减负荷，对运行人员的技术素质要求就比较高，操作时间较长，难以将系统快速，调整到正常运行水平后再并网；

(4)当进电负荷较大时，解列时系统的负荷缺额也较大，解列后，频率下降的速率较快，频率下降的惯性可能导致系统频率降至系统稳定运行要求的最低频率以下，有可能造成系统的一些机组进入失步状态，引起系统震荡，进而崩溃。

7.3.3.1　逻辑图启动条件

(1)运行线路断路器在断开位置，负荷电流到 0，且控制操作开关在合后位置，启动备用线路合闸；

（2）备用线路检同期自投条件：

①备用线路断路器在断开位置；

②110kV 母联开关在合闸位置；

③同期检测具备并列条件；

④启动条件具备。

（3）为避免备用线路在检修或其他状态下误动，在保护屏增加备自投切换开关。

保护作用：解列后，为快速与系统并列，设置备用线路检同期自投，具体逻辑图见图 7.3－7。

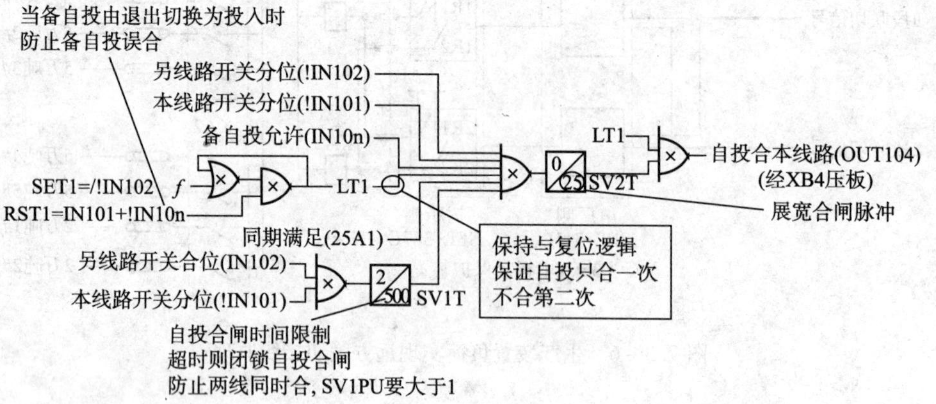

图 7.3－7 逻辑图

7.3.3.2 工程实例（见图 7.3－8）

1. SEL351 逻辑元件检同期设定

E25， “Y”

25VLO，“57.00”

25VHI，“63.00”

25SF，“0.500”

TCLOSD，“15”

2. 检同期备自投——备用线路自投允许信号设定

OUT107＝3PO＊IN10n＊59VS＊59VS

OUT107 自投允许信号输出　　接至运行线路 IN105 输入

IN10n　本线路备自投重合闸联锁压板投入

3. 运行线路跳闸启动备自投设定

SV2＝3PO＊（！IN102）＊IN10n＊L1T＊25A1＊SV1T　备自投合闸逻辑

SV2PU＝0　SV2DO＝25　　合闸脉冲宽度调制

SET1＝！IN102　RST1＝52A＋！IN10n　L1T　锁存器置位、复位，目的是只允许一次自投合闸

SV1＝IN102＊！52A　SV1PU＝0　SV2DO＝500　检同期自投时间限制为 10s，超过 10s，取消检同期自投

OUT104＝SV2T＊L1T　合闸输出（经 XB4 压板）

4. 检同期重合闸

79RI =！52A 　　重合闸触发条件为本线路开关跳

79RIS =！IN102 +！IN105 + IN10n

重合闸允许条件为另线路开关分位，另线路备自投不允许，本线路备自投重合闸联锁压板投入

79I1 = 100 　　重合闸间隔时间 2s

79CLS = 25A1 *！IN102 　　检同期重合

OUT 103 = CLOSE 　　合闸输出（经 XB5 压板）

79CLSD = 500 　　检同期有效时间 10s，超过 10s 重合闸解除

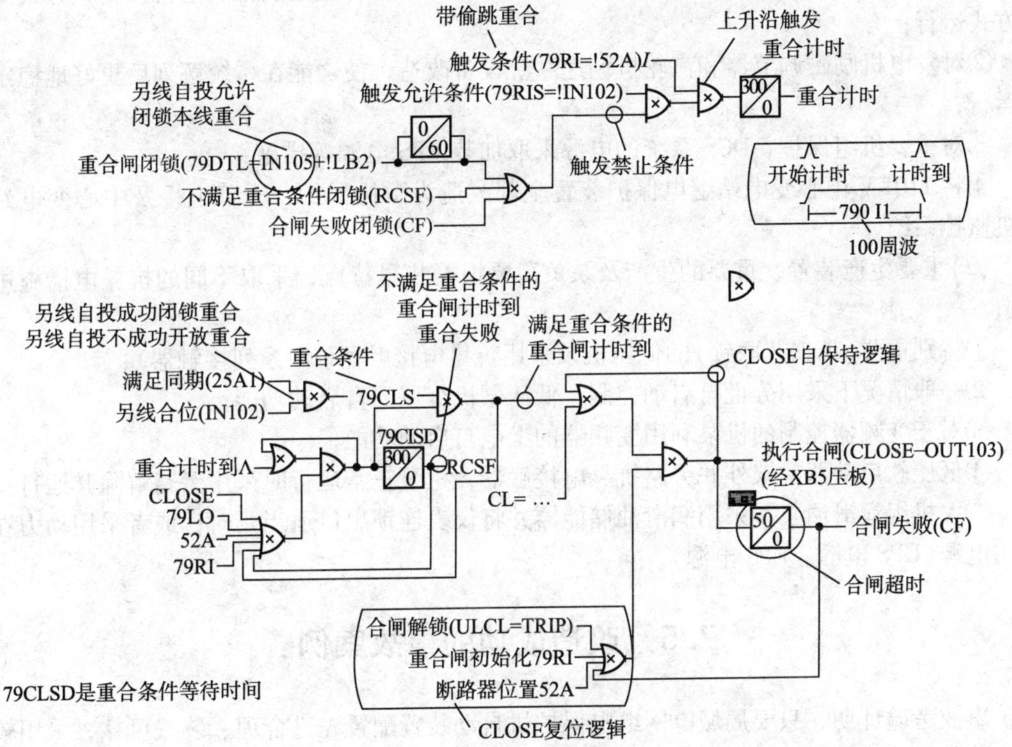

图 7.3－8　工程实例

5. 在确认运行线路跳闸、备用线路自投不成功或自投切换未投入的情况启动重合闸

具体逻辑见图 7.3－9。

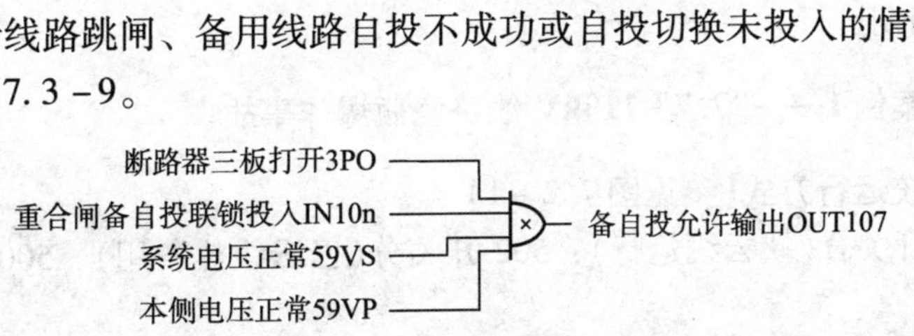

图 7.3－9　逻辑图

启动条件：

①运行线路断路器非正常跳闸（通过负荷电流、断路器位置、操作开关位置判断）；

②备用线路断路器自投不成功或自投未投入（以断路器位置及负荷电流判断）；

③同期并列条件满足，三个条件同时满足启动检同期重合闸。

6. 检同期备自投与重合闸的配合

在重合闸与备自投的配合上，以备自投为优先，在自投未投入时启动重合闸。

7.4 局域电网解列后平稳孤网运行

在采用上述关口保护系统组合改造的同时，还应配套进行以下工作。

(1)提高自备电厂机组的运行稳定能力，合理安排各机组的运行方式，确保局域电网解列后能平稳孤网运行：

①对多机组运行的系统，为了避免发生角稳定问题，合理地安排发电机按调频方式或调压方式运行；

②对发电机励磁调节器和汽轮机调速系统设备改造，使之能在系统解列后更好地稳定系统运行；

③对重要机组保护、DCS 系统的电源采取加装 UPS 电源等措施；

④将 110KV 中心变电站继电保护装置全部改造为微机保护，完善电厂及中心变电站的微机监控系统。

(2)重要生产装置，重要的生产及泵负荷要根据装置特点，采取不同的抗晃电措施进行改造：

①特别重要(带工艺联锁)的低压机泵采用抗晃电接触器(FS 系列接触器)；

②一般情况下采用分批自启动控制、低压微机综保的自启动功能；

③对于变频器控制的机泵利用变频器的上电自启动功能；

④低压软启动器建议外并旁路抗晃电接触器，机泵正常运行时采用旁路解除其运行；

⑤大机组润滑油泵，采用润滑油储能器并将仪表连锁出口适当延时；或者采用动力在线备用电源(UPS 电源、EPS 电源)。

7.5 改造成功的事故案例

事故考验证明，只要局域电网继电保护机自动装置配置先进合理、装置可靠，采用较先进的稳控技术，就能在抵御电力系统事故方面起着极其重要积极作用。2006 年以后，公司先后发生电力系统事故、故障 6 次，成功地避免了可能引发的大面积停电事故，有效地保证了生产装置的长周期运行。

7.5.1 事故案例 1——“7.7” 110kV 线路瓷瓶爆炸事故

7.5.1.1 系统运行方式(参见图 7.2－1)

110kV：504 开关合(峡云线运行)；502 开关分(巴云线热备用)，500 开关合；1#主变、2#主变运行。

35kV：1#联络变、2#联络变、7#机运行；4012 开关分；Ⅰ、Ⅱ段母线分段运行。

10kV：1#、2#、4#、5#机运行，3#、6#机备用；3012、3034 开关分；Ⅰ、Ⅲ和Ⅱ、Ⅳ段母线分列运行。

7.5.1.2 负荷情况

吸电负荷：16.5MW。

发电负荷：82MW(1#机 12.0MW；2#机 12.0MW；4#机 14.0MW；5#机 13.0MW；7#机 30.0MW)。

7.5.1.3　事故经过

2006 年 5 月 7 日 12 时 52 分，504 线路瓷瓶爆炸，距离Ⅰ段、差动保护动作跳闸，负荷联切保护动作成功切除石芦山降压站、304J 所、304M 所出线及树脂厂 5 万吨离子膜部分装置。502 线路备自投成功。除被联切的负荷，其他重要装置均未受到影响，生产维持正常。事故的故障录播图见图 7.5－1。

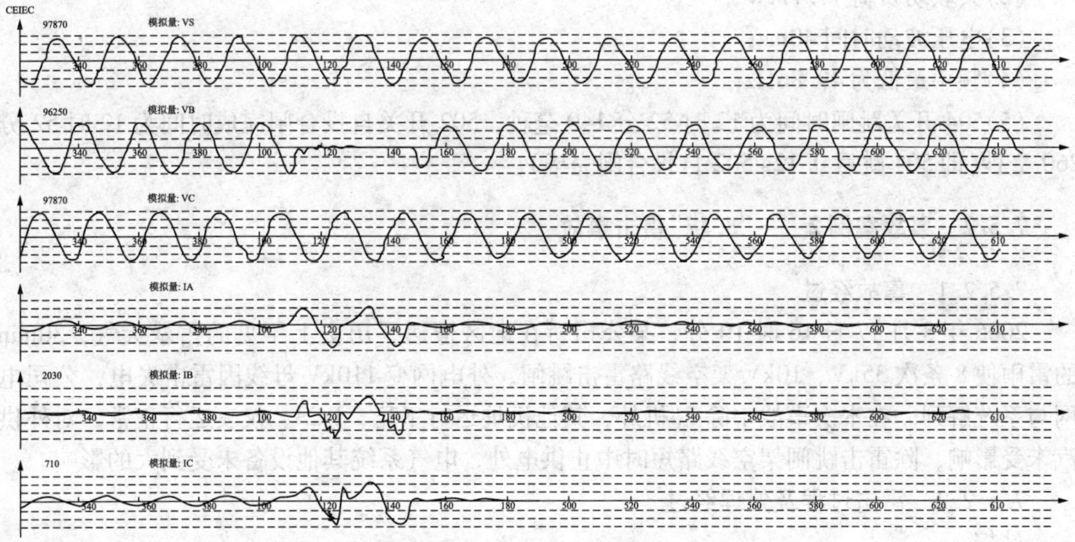

图 7.5－1　事故的故障录播图

7.5.1.4　事故发生时厂内 110kV、35kV 电压电流变化及甩负荷情况

(1)故障发生瞬间 110kV 系统电压电流变化情况

A、C 相电压稳定，B 相电压由 66.6kV 降至 0.1kV，504B 相电流 1436A，A 相电流 473A，C 相电流 360A。

(2)故障发生瞬间 35kV 系统电压变化情况

Ⅰ段电压：A 相电压由 21.1kV 降至 16kV；B 相电压由 21.0kV 降至 16.5kV；C 相电压由 21.1kV 降至 19.5kV；

Ⅱ段电压：A 相电压由 21.0kV 降至 14.7kV；B 相电压由 21.0kV 降至 14.5kV；C 相电压由 21.0kV 降至 19.1kV。

7.5.1.5　故障发生瞬间 1#、2#主变电流变化情况

1#主变：A 相电流 1920A，B 相电流 1180A，C 相电流 156A。

2#主变：A 相电流 880A，B 相电流 905A，C 相电流 436A。

故障发生瞬间，7#机电流电压变化情况：

A 相电流 6180A，B 相电流 2880A，C 相电流 5236A；电压下降 10%。

7.5.1.6　故障发生后负荷联切动作后甩负荷情况

树脂Ⅰ段：负荷由 24.6MW 降至 17.6MW，甩 7MW；

树脂Ⅱ段：负荷由 23.7MW 降至 19.8MW，甩 3.9MW；

J所Ⅰ段：负荷由1.3MW降至0MW，甩1.3MW；

J所Ⅱ段：负荷由1.7MW降至0MW，甩1.7MW；

M所Ⅱ段：负荷由0.8MW降至0MW，甩0.8MW；

石芦山Ⅰ段：负荷由1.7MW降至0MW，甩1.7MW；

石芦山Ⅱ段：负荷由1.3MW降至0MW，甩1.3MW。

7.5.1.7　总结与分析

(1)事故前系统进电16.5MW，发电负荷82MW；

(2)共联切负荷17.7MW；

(3)电压波动时间40ms；

(4)频率最低为49.86Hz；

(5)504开关跳闸时间为12时52分140毫秒，502开关自投合闸完成时间为12时52分260毫秒(即504跳后0.12s 502自投合闸完毕)。

7.5.2　事故案例2——“8.17”雷击事故

7.5.2.1　事故经过

2006年8月17日16时10分，某公司所在地区遭遇了历史上罕见的雷暴天气，30min的雷雨使8条次35kV、10kV架空线路雷击跳闸，外电网变110kV母线因雷击失电，公司电网与系统解列。在本次事故中除5#机外，其他机炉运行平稳，DCS、仪表运行正常，对外供汽未受影响，除雷击跳闸架空线路短时中止供电外，电气系统其他设备未受到大的影响。

7.5.2.2　雷击过程及处理经过

站控：

16时13分51秒：云彭线4224遭受雷击，限时速断跳闸，重合闸成功，跳闸时35kVⅡ段电压降至额定电压的65%。

16时19分16秒：至树脂4223线路遭受雷击，光纤差动保护动作跳闸，跳闸时，35kVⅡ段电压降至额定电压的12%，吸电外送达11MW左右。18时53分，4223线路测绝缘合格送电。

16时19分53秒：变Ⅱ段母线因雷击母差保护动作，对侧出线开关跳闸，502线路负荷到零，频率升至50.4Hz。

16时19分58秒：云彭线4224再次遭受雷击，限时速断保护动作跳闸，重合闸动作成功，35kVⅡ段母线来接地，跳闸时，35kVⅡ段电压降至额定电压的57%。16时30分：断云彭线4224，35kVⅡ段母线接地消失。18时49分，云彭线抢修完送电。

16时21分21秒：站控断502线路开关，504备自投成功。

16时31分：石芦山变电站323线路遭雷击跳闸。313开关小机箱DCAP-3000板损坏。18时30分发现石芦山313线路在生化车间一上杆引线烧断，停313线路。21时15分，更换313开关小机箱DCAP-3000，抢修完送电。

16时56分45秒：4122线路遭雷击速断跳闸。18时44分，测绝缘合格送电。

7.5.2.3　总结分析

(1)16时19分16秒：至树脂4223线路遭受雷击，光纤差动保护动作跳闸，35kVⅡ段电压降至额定电压的12%，吸电外送达11MW左右。故障前电网进电约25MW；

(2)16时19分53秒：巴陵变Ⅱ段母线因雷击母差保护动作，对侧出线开关跳闸，502

线路负荷到零，频率升至50.4Hz；

(3)16时19分58秒：云彭线4224再次遭受雷击，限时速断保护动作跳闸，35KVⅡ段电压降至额定电压的57%。烯烃35kV母联低电压(65V)自投成功；

(4)16时21分21秒：站控断502线路开关，504备自投成功；

(5)期间：厂内线路35kV、10kV先后跳闸(重合闸)8条次；

(6)炼油装置基本没有造成停车，除树脂事业部停车外，其他生产装置受到不同程度的影响。

7.6 结语

从事故教训中总结经验，要保装置长周期安全运行，减少电气系统故障对生产装置的影响，首先要全面地、系统地研究电力系统技术方案，全面提升电力系统的本质安全水平，这样才能达到电力系统安全稳定运行的目的。另外，从系统的角度，单在电气一次设备和电力系统方面做文章是不够的，从某种意义上说，电气事故(故障)是不可避免的，所以我们要分析电气事故的特点，结合不同生产装置的工艺控制要求，查找影响装置停车的主要问题，提高生产装置的抵抗电网波动(晃电)能力。在保证生产装置安全生产的前提下，采取不同的措施，使电力系统安全可靠供电能与满足生产装置长周期运行要求相结合。这样才能减少生产装置的非计划停车，减少因非计划停车造成的损失，为企业争取最大的生产效益。

第8章　电力系统抗扰动

炼油化工企业电力系统扰动通常是由于企业内部的电气设备故障、企业自身电源系统联络线故障以及外部电网故障等原因造成。由于系统联络线故障和外部电网故障是系统性的，其危害性更大，影响范围更广。

多年的运行经验和理论分析表明，要维持企业电力系统安全稳定可靠运行，确保安全生产，需要加强对电力系统扰动的预防和应对，提升电网电能质量。任何单一的技术或手段都无法彻底解决扰动问题，必须采取各种综合措施进行综合治理。

为了预防和应对电力系统电压扰动问题，中国石油化工股份有限公司投入大量资金，与专业厂家合作研发了适合炼油化工企业应用的抗电压扰动技术和设备。并在部分企业进行了大量应用尝试，取得了显著成效。本文基于炼化企业电力系统应用抗扰动综合措施情况，进行相关的介绍。

8.1　电压扰动概述

8.1.1　扰动的概念

电力系统中的扰动通常分为小扰动和大扰动，小扰动通常是由于负荷正常波动、功率及潮流控制、变压器分接头调整和联络线功率无规则波动引起的扰动；大扰动则是由于系统元件短路、断路器切换等引起较大功率或阻抗变化的扰动。

本章所涉及的扰动仅限于电压扰动的范畴，共分为两种情况：一种情况是电力系统电源联络线短时停电；另一种情况是电压波动，属于电能质量的范畴，即电压值偏离正常水平，包括电压的骤升或骤降，即通常所说的“晃电”。实际运行当中，遇到更多的是电压骤降，通常是由于电网无功储备不足、电气设备发生短路故障或大型电动机起动等因素造成的。

8.1.2　电压扰动的类型

电压扰动，按照故障类型可分为四类：

第一类是由于与企业系统电源联络线接至上级变电站的相同母线的相邻线路发生短路故障所造成的电压波动；

第二类是企业系统电源联络线自身发生短路故障时造成的电压波动及保护动作切除故障后切换至备用电源时的电压波动；

第三类是企业内部电网枢纽变电站相邻配出回路短路故障造成的电压波动；

第四类是特大电动机起动时造成的电压波动，等等。

按照故障严重程度可分为严重、一般和较轻三种。严重故障电压幅值变化较大，时间较长(如超过高压电动机的低电压保护设定值)；一般故障电压幅值变化不是太大，时间不太长但足以引起低压接触器脱口释放；较轻故障电压幅值变化不大，时间不长且对电气设备运行影响较小(如远端短路造成的电压波动)。

8.2 电压扰动的危害及影响

电压扰动通常源于电压偏离正常水平，其扰动程度会对设备及生产造成不同程度的影响和危害，严重时还可能导致着火爆炸等次生事故。

8.2.1 电压扰动对电气设备的危害及影响

8.2.1.1 电压扰动对供电回路控制电器的影响

交流接触器在低压电动机控制系统中应用非常广泛。其工作原理是，当电网发生晃电时，交流接触器的操作线圈由于短时断电或电压过低而减小吸力从而导致接触器释放。根据交流接触器相关标准的规定，接触器的最低可靠吸合电压为85%。在实际应用过程中，一般当接触器电压低于线圈额定电压的50%，且时间超过一个周期时，接触器就会释放；当电压低于80%甚至更高，且持续五个周期时，接触器也会释放，从而造成低压电动机失电停机。

8.2.1.2 电压扰动对变频器的影响

在使用变频器调节控制电动机的场合，由于一般的变频器都具有过压、失压和瞬间停电的保护功能，变频器的逆变器件为GTR时，一旦失压(指电压下降到额定电压的70%，个别变频器为76%)或停电，控制电路将停止向驱动电路输出信号，使驱动电路和GTR全部停止工作，电动机将处于自由制动状态；逆变器件为IGBT时，在失压或停电后，将允许变频器继续工作一个短时间 t_d(对于 t_d 有两种规定方法，一种具体的规定时间，如15ms；另一种规定为主电路的直流电压下降到原值的85%所需的时间)，若失压或停电时间 $t_o < t_d$，变频器将平稳过度运行；若失压或停电时间 $t_o > t_d$，变频器自我保护停止运行。在电源“晃电”较为强烈时，有可能使变频器调速的电动机停止运行。

8.2.1.3 电压扰动对运行中电动机的影响

通常，我们在应对电压扰动时，主要考虑其处于低电压时的情况。当电力系统发生电压扰动时，高压电动机因其设置有低电压保护，在满足设定条件时就会跳机自保，低压电动机则因其接触器的电磁力降低而释放跳机。

如电动机在运行过程中，因某种原因长时间低电压又未达到跳闸设定值时会造成电动机过电流，从而引起电动机热保护动作跳闸或烧毁。同时当电压降到一定程度，使电磁力矩无法克服负载阻力矩时，电机就会发生堵转。

8.2.1.4 电压扰动对仪表控制系统的影响

一般而言，现在的仪表控制系统都采用双路供电，按照《中国石化生产装置过程控制仪表电源供电系统技术管理规定》规定进行供电配置控制系统，即一路UPS，一路低压母线直供；两路UPS、一路低压母线直供仪表几乎没有受晃电影响；但如果只有一路或两路低压母线直供的系统，如果现场电磁阀为交流110V或220V供电时，则控制仪表系统和现场仪表可能都会受到影响，控制系统会因晃电造成工作电源丧失而停止工作，对生产造成影响。

8.2.2 电压扰动对生产的危害及影响

如前所述，电压扰动会影响到很多电气设备的正常运行，造成关键生产设备跳车和装置停工，导致装置减产或物料放空，给企业和国家带来经济损失。如果在处理上述停车过程中，未能做到有效安全停车，还会引发着火爆炸等次生事故，引起更严重的后果，甚至危及社会稳定。

8.3 电力系统抗扰动的综合措施

如前所述，电压扰动给石化企业构成的安全运行隐患和导致的严重危害，使其成为当前石化企业电力系统急需解决的主要问题之一。由于电压扰动的危害是系统性的，所以石化企业电力系统抗电压扰动的措施要以综合治理为主，任何单一的措施都不能完全解决电压扰动的问题，各企业应针对自身电力系统的特点和故障类型，综合应用电源快速切换技术、故障时发电机强励功能、动态电压调节器(AVC 或 DVR)、UPS 电源、稳压电源、抗晃电接触器、分批再起动、变频器再起动、限制母线短路电压水平等抗电压扰动的各项措施，以达到充分解决问题的最终目的。本节就其中常用的措施加以介绍。

8.3.1 电源快速切换技术

电源快速切换换技术优先用于解决电力系统电源联络线故障短时停电的故障。该技术最初主要用于火电厂厂用电切换，后经研究和改进，现已成功应用于110kV 电源系统联络线，并取得多年应用经验。该课题已经通过中国石化的评审鉴定，被评定为“具有国际领先水平”，建议推广应用。

8.3.1.1 电源快速切换的原理

1. 快切原理简介

目前，石化企业各电压等级的电源切换主要采用备自投方式。备自投由于受其原理上的限制，需要失电母线电压降低到安全电压幅值(如40V 以下)下才允许备自投装置进行切换。但石化企业大部分负荷均为电动机负荷，由于其反电动势的存在，从失电到电压降至安全电压时，备自投完成动作的过程持续时间一般长达 1 ~2s，甚至更长时间。电动机的转速下降较多，考虑到减少恢复供电时电动机群再起动对电网的冲击，大部分电机已经被分批切除。实践表明，备自投虽能尽快恢复电源供电，但由于大部分电机已停运，生产装置被迫停产，因而实际使用效果并不理想。

电源快速切换装置(以下简称快切装置)考虑了母线残压的变化特征，克服了备自投装置动作慢的缺点，非常适合于母线有大量感应电动机的场合，是一种性能更优的切换装置。快切装置的逻辑主要包括三个部分：起动方式判别模块、切换方式判别模块和合闸方式判别模块。其中起动方式和合闸方式逻辑是快切逻辑的核心。

起动方式判别模块，主要用于如何快速地检测进线电源是否故障。

切换方式判别模块，主要用于如何按照预定的顺序，跳工作开关及合备用开关。

合闸方式判别模块，主要用于如何快速安全地合上备用开关。

快切装置动作的一般过程为：首先由起动方式判别模块识别出进线故障，然后装置按照切换方式判别模块预定的顺序，跳工作开关同时合备用开关。在合备用开关的时候，需满足合闸方式判别模块的条件。

2. 电源快速切换的起动方式

从应用场合来分，起动方式可分为两大类，即用于故障情况下的起动方式及用于正常情况下的起动方式。传统火电厂快切装置提供保护起动、开关变位起动、失压起动和正常手动起动四种起动方式。

保护起动：保护起动主要用于检测进线电源故障的情况。当进线电源故障时快速保护装置在跳工作开关的同时，输出一副接点起动快切装置。保护起动是速度最快的起动方式。在多级快切装置配合的场合，保护起动方式具有选择性，是主要的起动方式。保护起动为纯接点起动方式，一般无需相关起动定值。

需要指出的是，提供给快切装置的保护起动接点，必须是快速保护且保护范围不能延伸到母线及其以下部分。

开关变位起动：开关变位起动主要是用于检测进线开关误跳闸的情况。开关变位起动的原理主要利用末端开关由合到分变位的特征。为了防止接点故障时快切装置误动，常引入无流判据作为辅助判据。

失压起动：失压起动是所有其他起动方式的后备起动方式，其起动原理与备自投装置相同。失压起动定值及失压起动延时的整定原则与普通备自投装置一样。

手动起动：以上各种起动方式都是用于故障情况下的起动方式。快切装置还为用户预留开入接口，用于人工起动切换功能。该功能主要用于人工倒闸或者事故后的恢复。手动起动为纯接点起动方式，一般无相关起动定值。

3. 电源快速切换的切换方式

在起动方式判别模块识别出进线故障后，装置按照切换方式判别模块预定的顺序，跳工作开关同时合备用开关(合备用开关时需满足合闸方式判别模块的条件)。切换方式包括串联切换、同时切换和并联切换。

串联切换，是指快切装置首先发出跳工作开关命令，确认工作开关跳开后，再进入备用开关合闸方式判别模块程序。串联切换是故障情况下最常用的切换方式。

同时切换，是快切装置首先发出跳工作开关命令，且只经过一个设定延时而不确认工作开关跳开，便进入备用开关合闸方式判别模块程序。若工作开关拒跳开，则快切装置还要执行去耦合操作，即将刚合上的备用开关再跳开。同时切换速度比串联切换快，但是存在两个电源并列的危险。在国外，故障情况下的起动方式有时会采用同时切换方式。在国内实践中，故障情况下一般不采用此方式，而采用串联切换方式。

并联切换，是在满足合闸方式判别模块条件的情况下，首先合上备用开关，经过设定延时后再跳开工作电源开关。切换过程中，两个电源短时并列，用电设备不会断电。并联切换一般仅用于正常情况下的手动起动方式。

4. 电源快速切换的合闸方式

由于不存在原动力，因此电动机母线残压的幅值和频率将随时间逐渐衰减，残压和备用电源之间的相角差也逐渐变大。图 8.3-1 中，实线表示相角差变化趋势，虚线表示幅值的变化趋势。备自投装置一般采用无压合闸方式，即母线电压低于定值时发出合闸令。在图 8.3-1 中，对应在区域 3 发合闸令。

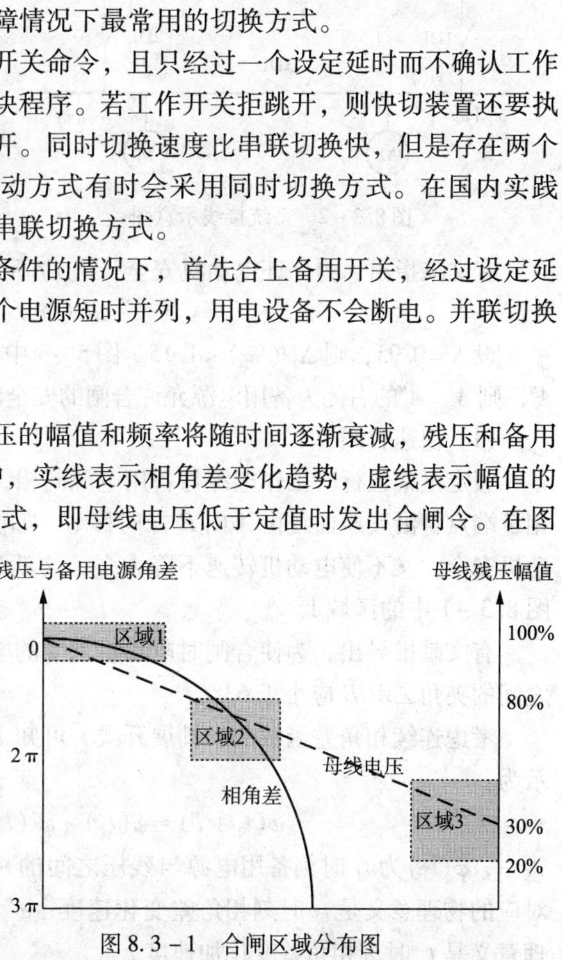

图 8.3-1　合闸区域分布图

分析可知，区域 1 和区域 2 是更优的合闸区域。在失去工作电源的初始时刻，母线残压幅值很高($85\%\ U_n$以上)，且与备用电源相角差还很小，此时若能把备用电源投入，则可确保电动机平稳运行。此阶段即对应图中的区域 1。随着相角差的变化，当残压旋转到第一次与备用电源同相时合闸，此时冲击电流比较小，母线残压也较高。从仿真和现场实践来看，此时残压幅值一般在 70% U_n 左右，可以保证绝大多数高压电动机的平稳运行。此阶段即对应图中的区域 2。在快切理论中，区域 1 的合闸一般称为“快速合闸方式”，区域 2 的合闸一般称为“同期捕捉合闸方式”。

5. 电源快速切换的合闸逻辑

假设有如图 8.3－2 所示变电站接线示意图。正常运行时，系统分列运行。当任一进线故障时，需跳开进线开关，合启联络开关。跳开进线开关（如 1DL）后，母线失电，电动机将惰行，母线上会出现残压，残压的频率和幅值将逐渐衰减。

如图 8.3－3 所示，以极坐标形式绘出的母线残压相量变化轨迹（残压衰减较慢的情况）。

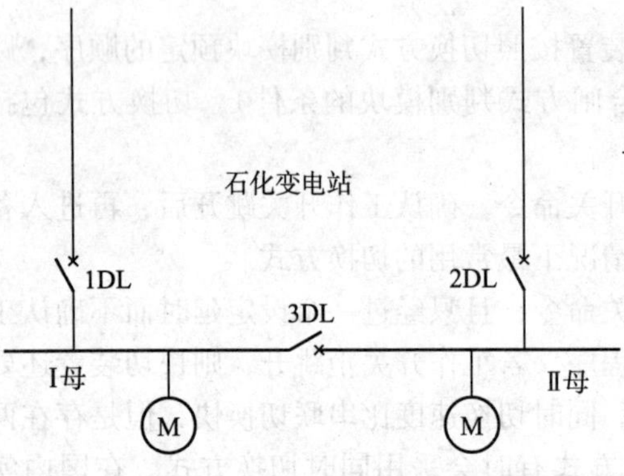

图 8.3－2　系统接线示意图

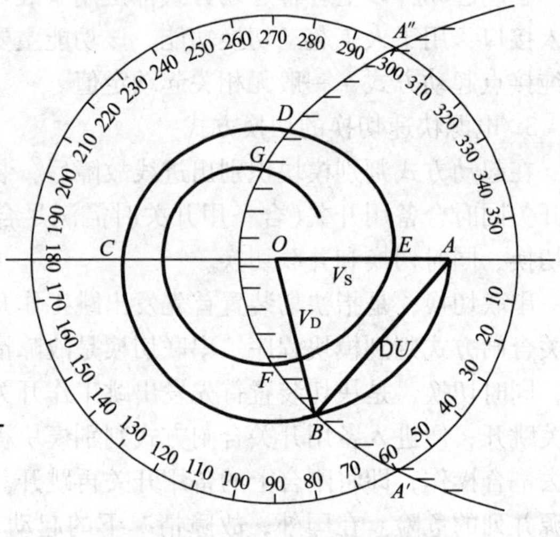

图 8.3－3　残压特性相量图

有文献指出，为保证电动机安全，U_M应不大于 1.1 倍额定电压 U_{De}，则有：

$$\Delta U(\%) < 1.1/K \tag{8-1}$$

设 $K=0.95$，则 $\Delta U(\%) <1.15$。图 5－3 中，以 A 为圆心，以 1.15 为半径绘出弧线 $A'-A''$，则 $A'-A''$的右侧为备用电源允许合闸的安全区域，左侧则为不安全区域。

(1) 快速合闸

假定正常运行时工作电源与备用电源同相，其电压相量端点为 A，则母线失电后，残压相量端点将沿残压曲线由 A 向 B 方向移动，如能在 $A-B$ 段内合上备用电源，则既能保证电动机安全，又不使电动机转速下降太多，这就是所谓的“快速合闸”。该合闸方式也对应于图 8.3－1 中的区域 1。

有文献推导出，为使合闸时电动机承受的电压不大于 1.1 倍额定电压，备用电源与残压之间的夹角 $\angle AOB$ 应小于 63°。

考虑连续相角差函数的泰勒展开式，可知 $T+t_1$ 时刻备用电源与残压之间的相角差可表示为：

$$\varphi(t_1+T) \approx \varphi(t_1) + \varphi'(t_1) \times T + 0.5 \times \varphi''(t_1) T^2 \tag{8-2}$$

式中，$\varphi(t_1)$为 t_1 时刻备用电源与残压之间的相角差；$\varphi'(t_1)$为 t_1 时刻相角差的一阶导数，对应的物理意义是 t_1 时刻相角差变化速度；$\varphi''(t_1)$为 t_1 时刻相角差的二阶导数，对应的物理意义是 t_1 时刻相角差变化加速度。

根据上式，可得快速合闸的理论判据为：

$|\varphi(t_1)+\varphi'(t_1)\times T+0.5\times\varphi''(t_1)T^2|<63$，其中 T 为开关固有合闸时间。

采用这样的判据往往计算耗时较长。为此，实际运用中，一般将实时计算的相角差、频差与定值做比较，只要相角差和频差小于设定值，即满足快速合闸条件。

(2) 影响快速合闸成功率的因素

在实际工程应用中，是否能实现快速合闸，主要取决于工作电源与备用电源间的固有初始相位差、快切装置启动的方式(保护启动等)、备用开关的固有合闸时间以及母线段当时的负载情况(相位差变化速度)等。

(3) 同期捕捉合闸

图 8.3-3 中，过 B 点后 BD 段为不安全区域，不允许切换。利用微机型快切装置的功能，实时跟踪残压的频差和角差变化，实现 $D-F$ 段的切换，特别是捕捉反馈电压与备用电源电压第一次相位重合点实现合闸，这就是“同期捕捉切换”。该合闸方式也对应于图 8-1 中的区域 2。

同期捕捉切换时，电动机转速不至于下降太大，通常仍能顺利自启动，另外，由于两电压同相，备用电源合上时冲击电流较小，不会对设备和系统造成危害。

同期捕捉合闸以相角差为 0° 为合闸目标，考虑到开关的固有合闸时间，发出合闸指令应有提前量。根据式(8-2)，同期捕捉合闸的理论判据为：

$$|360-\varphi(t_1)+\varphi'(t_1)\times T+0.5\times\varphi''(t_1)T^2|<\varepsilon$$

式中，ε 为允许的合闸误差，T 为开关固有合闸时间。快切装置连续判断上述不等式，若满足条件即发出合闸指令。

(4) 慢速合闸

慢速合闸主要包括残压合闸和长延时合闸方式。残压合闸只需设定最大允许残压定值即可。当母线电压低于该定值时，装置判定满足残压合闸条件。

长延时合闸需设定一个延时定值。当超过延时定值后，装置判定满足长延时合闸条件，此时装置不再判断残压幅值、频率和相位条件。

8.3.1.2　石化企业对快速切换的新要求

前面讨论了快切装置的基本理论，这些理论在火电厂快切装置的实际使用中都得到了充分论证。但是，由于石化企业供电系统的接线方式、负荷类型、系统架构等都与火电厂用电系统存在很大差别，所以普通火电厂的厂用电快切装置需要经过改进才能在石化企业的供电系统中有效应用。

石化企业快切装置的改进主要涉及起动逻辑及合闸逻辑。新的起动判据要能快速检测石化供电系统特有的故障类型。为此，石化企业快切装置常用的起动判据还要包括：逆功率起动、无流起动和频压异常起动等。

逆功率起动：一般情形下，有功总是从外电网流向快切装置所在的母线。当外电网发生短路时，有功会短时从母线流向故障点。逆功率起动正是一种以有功功率方向变化为主要特征的起动方式。为了防止判据频繁起动，一般还以母线欠压为辅助判据。

若正常运行时，变电站就向外部电网输送功率，此情形下不能投逆功率起动。此外，由于无法精确定位故障区间，所以外电网远处故障时，本判据也可能起动。解决办法是，调整母线欠压定值，也可以适当增加一定的延时。

无流起动：以进线电流从有到无变化为主要特征的起动方式。为了防止 CT 断线时误动，一般还以频率值为辅助判据。

若正常运行时，变电站从外电网吸收功率很小，进线电流很小时，不宜投该起动方式。

频压异常起动：以三相电压频率、幅值异常为主要特征的起动方式。本判据要采集三相电压及频率，计算量较大，对硬件要求较高。

石化企业快切装置的合闸逻辑则要考虑母线有电容器、同步电动机/发电机的负荷情况(电厂厂用电没有此类负荷)，处理相对复杂。处理的逻辑不仅要考虑到冲击电流，还要考虑到工艺流程的需求。

8.3.1.3　电源快速切换的设计与应用

1. 总体原则

石化企业供电系统的架构一般较为复杂。供电系统从总降到装置变一般要经过2~3个供电层次。从技术上来说，任何一级都可以装设快切装置。但是由于实际情况的约束，一般不会在所有站点同时装快切装置。设计之初，可采取“总体规划 分步实施”的策略。首先对系统要做总体方案，决定哪些站点应装设快切装置，可能存在的困难，哪些配套设施需要改造(如断路器、保护装置改造等)，上下级如何配合，主要定值应如何设置等等。在此基础上，再根据企业自身需求，有计划有步骤地使用快切装置。在设计、使用快切过程中，应注意积累经验，为快切装置后续推广实施打下良好的基础。

以下各节，首先先讨论单个变电站使用快切装置在设计方面应注意的问题，最后讨论多级快切装置之间的配合以及其他一些问题。

2. 快切装置对异步电动机数量及容量的要求

母线上有一定数量及容量的异步电动机是快切装置动作的基本要求。然而，究竟多少数量/容量的电机才可行，目前还没有确切的定量数据。但从实际情况来看，相同总容量下，低压电机对母线电压的支持作用有限，母线残压主要靠高压电机维持。

3. 输入/输出设计

图8.3-4显示了接入到快切装置的主要信号，分为三个部分：开入量、跳合闸出口、电压电流量。

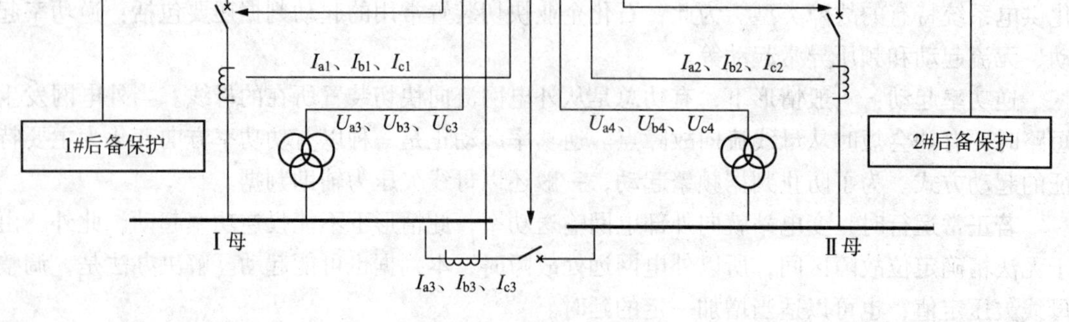

图8.3-4　设计示意图

4. 快速保护动作节点输入

该信号必须是进线电源的快速主保护信号，保护的范围不能延伸到母线或母线以下部分。该开入信号闭合时，快切装置进入“保护起动”逻辑。

对于线路而言是指差动保护、距离Ⅰ段、零序Ⅰ段等。对于变压器支路而言，主要指变压器差动、重瓦斯保护等。

必须注意：普通速断保护不带方向，不能用作起动信号来起动快切装置，因为当母线及母线以下线路发生故障时，速断保护也可能动作。

在部分企业内部，进线电缆仅配置了过流保护，在这些场合使用快切装置时，应另配差动保护用于启动快切装置。

对于某些保护装置，快速保护和后备保护逻辑共用一个跳闸出口。此时需对保护装置逻辑重新进行设置，使得快速保护跳闸出口能独立出来提供给快切装置。

若没有符合要求的接点引入，则应采用其他快速起动方式，例如无流起动、逆功率起动等。

5. 保护闭锁节点输入

当母线及母线以下发生短路故障时，快切装置不应该起动。传统的做法是将工作开关处的后备保护作为闭锁接点引入快切装置。必须强调的是，用于闭锁快切的保护必须有方向性，方向指向母线，也就是此保护只能在母线及母线以下部分发生故障时动作，而电源端发生故障时不会动作。

考虑到实际情况中现场往往不能提供符合要求的闭锁信号，所以要求快切装置应自带方向过流闭锁功能。

6. 手动切换起动节点输入

该接点用于人工命令装置进行切换，一般采用脉冲形式。该接点具备可选性，当现场不需要快切装置的手动切换功能时，可以不引入该接点。

7. 开关状态辅助节点输入

开关状态的辅助接点应直接接入到快切装置中，不应经过中间继电器转换。采用中间继电器会影响快切装置切换的快切速度。

8. 跳合闸出口

快切装置必须包括以下出口：跳工作开关出口、合工作开关出口、跳备用开关出口、合备用开关出口。

当快切装置用在低压场合时，应保证出口能与交流操作回路配合。快切装置跳合闸出口应有一定的容错能力，当发生常见软件或硬件故障时，装置出口要确保不会发生误动。

9. 母线电源、进线电压、进线电流、母联电流

如果母线电压通过空气开关(或熔丝)引入快切装置中，则空气开关(或熔丝)要选择三个单相空开(或熔丝)，进线电压要选择线电压输入。进线电流一般引入三相保护级电流，用于逆功率起动逻辑或无流判别逻辑等。母联电流一般不参与切换逻辑，如果快切装置自带母联保护功能，则可以引入母联电流。

10. 发电机/同步机的处理

石化企业母线下有时会有自备发电机或同步电动机，切换过程中应对此类设备予以特殊考虑。带发电机/同步电动机切换，必须兼顾两个方面：一方面，发电机/同步机价格昂贵且容易受到冲击电流损害，从保护设备角度考虑，要求切换方案趋于保守；另一方面，如果切

换方案过于保守，使发电机/同步机轻易从生产系统切除，就会使生产流程遭受较大影响。以发电机为例，石化企业的很多发电机是利用管网蒸汽来发电，将发电机切除后，有功无处释放，转子极易过速。同时，蒸汽管网压力增大，也会对蒸汽管网的安全构成威胁。而蒸汽系统又与化工工艺生产系统关联，如此连锁反应最终会影响工艺生产设备。而同步电动机的容量一般较大，并且其负荷在生产过程中具有特殊性和重要性，因此，切除同步电动机极易对工艺生产造成较大影响。

仿真研究表明，由于发电机和同步电动机对母线电压有维持作用，所以在保护起动状态下(这也是最常见的起动方式)，快速合闸的成功率很高，而且合闸时频差和相差较小，相应的冲击电流也较小。基于此，可以确定一个包括以下要点的实施方案：

投快速合闸和同期捕捉合闸；

退残压和长延时合闸；

快速合闸定值可略微降低；

同期捕捉合闸添加频率限制定值(低于定值时闭锁同期捕捉切换)。

此方案的优点是：在最常见的故障状态下，快切装置能以最小冲击方式，保障发电机/同步机投入备用电源。如果不满足合闸条件(此种可能性较小)，则允许发电机/同步机自行失步，其自保装置跳开各种开关及辅助设备，实现安全停机。

此方案的缺点是：万一出现不满足合闸条件的情况，不仅会导致发电机/同步机停机，还造成母线下其他各种负荷断电停车，造成较大影响和损失。

考虑到灵活性，无论最终是否切除发电机/同步机，都应该预留相应出口。

11. 电容器的处理

电容器用于调节功率因数，快切装置动作时切除电容器不含造成实质性影响，恢复供电后，可以收到投入电容器。保守做法是，起动快切装置时即可切除电容器，随后投切备用电源。

另一种处理方案是，当快速和同期捕捉合闸时暂不切除电容器，待残压和长延时合闸时再切除电容器。

上述两个方案各有优缺，可以根据实际需要进行选择。

12. 对开关动作时间的要求

开关的固有动作时间对切换影响很大，尤其是备用电源开关的固有合闸时间应越短越好。结合实际要求，固有合闸时间宜小于 80ms。

13. 多级快切装置的使用

快切装置间应采用分级负责的配合原则，即各级快切装置应主要解决本级进线电源(或变压器支路)故障时的切换问题。为此，要求各级快切装置安装处的进线(或变压器支路)应配置差动保护，并利用差动保护的接点来起动快切装置动作。

在没有保护起动信号的场合，快切装置一般提供了无流、逆功率等起动判据，但此类判据不能自动界定故障区域，上下级配合不如保护起动判据简明。实践中，下级快切装置可作适当延时来进行配合，在该方式下，下级快切的切换速度难免有所影响，同期捕捉将成为主要的合闸方式。

14. 联络开关的保护

传统的备自投装置采用无压合闸方式，合闸之前母线上的电动机负荷基本甩完，所以合闸冲击电流一般很小。对于快切装置而言，无论是快速合闸还是同期捕捉合闸，都会存在冲击电流。此时，联络开关保护与进线电源保护两者之间的配合就尤为重要。必须确保联络开关保护动作先于进线电源保护动作，否则，就可能造成整个变电站失电。

8.3.1.4　整定计算

如上所述，快切装置从逻辑上可分为三个部分，即：起动方式判别模块、切换方式判别模块和合闸方式判别模块。以下整定说明主要讨论与三个逻辑相关的定值。

1. 起动方式的定值

石化企业快切装置中故障状态下的起动方式主要包括：保护起动、无流起动、频压异常起动、逆功率起动、开关变位起动和失压起动，其中，保护起动是最常用的起动方式。无流起动、逆功率起动、开关变位起动和频压异常起动等起动方式，主要解决进线(主变)以上电网故障后，保护信号无法接入情况下的起动问题。失压起动是上述所有起动方式的后备起动方式。正常情况下的起动方式只有手动起动方式。

(1) 保护起动、手动起动。皆为纯接点起动方式，一般无需相关起动定值。

(2) 无流起动定值。无流起动主要用于快速检测线路首端开关误跳的情况。电源进线的首末两端往往都装设有开关，分别安装在不同的变电站，有时因距离较远，首端开关信号无法直接接入到线路末端的快切装置。当首端开关跳开后，线路电流为0。此时，快切装置可通过采用检测电流值来判断首端开关是否跳开，起动切换逻辑，这种起动方式称为无流起动。与无流起动相关的主要定值有：无流定值、无流起动频率定值及无流起动延时定值。

无流定值：按规避最小负荷电流整定。参照保护装置最小工作电流，整定值应大于或等于 $0.06I_n$(I_n 为 CT 二次额定值，1A 或 5A)。

无流起动频率定值：按规避进线电源正常运行时出现的最小频率整定，一般可取 49.50 ~ 49.80Hz。

无流起动延时定值：一般取 0 ~ 50ms，推荐取 30ms。

某些场合下，进线正常运行电流小于无流定值所能整定的下限，此时，应考虑使用“频压异常起动”等方式来检测。

(3) 逆功率起动定值。逆功率起动主要用于检测以下故障状态的问题：

没有合适的快速保护起动信号接入到快切装置中；

进线(主变)的上级电网故障。

与逆功率起动相关的主要定值有：逆功率电压门槛定值、逆功率起动延时定值。

逆功率电压门槛定值：主要用于防止对侧变电站相邻线路故障时快切装置频繁起动，一般取 90% ~ 95%。

逆功率起动延时定值：应按规避“对侧变电站相邻线路快速保护的动作时间 + 该线路配出开关的跳闸时间”进行整定，推荐取 100ms。

功率方向的检查由快切装置完成，一般不需设定定值。但必须在确认功率方向正确之后，才能投用本起动方式。

(4) 开关变位起动定值。开关变位起动主要是用于检测进线开关误跳闸的情况。开关变位起动的原理主要利用末端开关由合到分变位的特征，其逻辑为：①末端开关由合到分；②进线电流小于无流定值。无流定值的整定方法详见“8.3.1.4〈1.2〉”。

(5) 频压异常起动定值。该判据主要利用工作母线电压及频率异常的特征来快速起动装置。与频压异常起动相关的主要定值有：频压起动频差定值、频压异常起动延时定值。其中：

频压起动频差定值：一般取 0.2 ~ 0.5Hz；

频压异常起动延时定值：一般取 0～50ms，推荐取 30ms；

电压定值一般由装置内部判断，不需整定；

(6) 失压起动定值。失压起动是其他所有起动方式的后备起动方式，其起动原理与备用电源自动投入装置相同(以下简称为备自投装置)。失压起动定值及失压起动延时的整定原则与普通的备自投装置一样。

2. 切换方式定值。

切换方式包括：串联切换、同时切换和并联切换。其中：

(1)串联切换定值。大多数快切装置为各种故障状态下的起动方式，提供串联/同时切换方式选项。一般而言，应采用串联切换方式；

(2)同时切换定值。与同时切换相关的定值为：同时切换合闸延时定值，一般取 20～30ms。同时切换比串联切换速度快，但是存在两个电源并列的危险。在国外，故障状态下的起动方式有时会采用同时切换方式。在国内一般不采用此种切换方式；

(3)并联切换定值。并联切换一般仅用于正常状态下的手动起动方式。在并联切换调用合闸方式判别模块时，一般只用到其"并联合闸"子模块。

对于正常状态下的手动起动方式，大多数快切装置提供"并联/串联"切换方式选项或者"并联/同时"选项。并联切换方式适用于同频系统间，且固有相位差不大的两个电源切换。串联/同时切换适用于差频系统间，或者同频但固有相位差较大的两个电源切换。

3. 合闸方式定值。快速合闸，同期捕捉合闸、残压合闸、长延时合闸方式只能用于串联和同时切换方式。并联合闸方式只能用于并联切换方式。有发电机/同步电动机/电容器时合闸方式需特殊考虑，详见"8.3.1.3〈10〉"和"8.3.1.3〈11〉"。

(1) 快速合闸定值。快速合闸是一种速度最快、合闸冲击电流最小的合闸方式。同时满足以下两个条件，可以实现快速合闸：

①当前频差绝对值小于快速合闸频差定值；

②当前相差绝对值小于快速合闸相差定值。

快速合闸频差定值：由于很难精确测定，常根据工程经验选取。一般取 1.0～1.5Hz。

快速合闸相差定值可按如下公式整定：

$$(\Delta\phi + 360 \times \Delta f \times T_{cb}) \leqslant 63$$

式中 $\Delta\phi$——快速合闸相差定值；

Δf——快速合闸动作时的实际频差，一般较难取得，可按照整定频差套入计算；

T_{cb}——备用开关的固有合闸时间；

"63°"——允许合闸极限角。本定值整定范围一般为 20°～45°。

母线下电动机数量/容量较小时，母线残压衰减较快。如果上述定值取较大值(例如 1.5Hz、30°)，则可能在合闸瞬间角度会超过 63°，甚至会造成电动机保护跳闸。因此，应采取"缩小快速合闸定值，提高同期捕捉合闸成功率"的策略。定值应取偏小值(主要是相差定值)，如 1.3Hz，20°。

(2) 同期捕捉合闸定值。与同期捕捉合闸相关的主要定值是开关固有合闸时间。整定时需要考虑装置自身出口回路的时间，一般整定为：开关实际合闸时间 + 装置出口回路时间。

对于同期捕捉合闸，也可添加频差定值限制。对于没有发电机或者大型同步电动机的场合，频差定值可选较大值。对于有发电机或大型同步电动机的场合，由于同期捕捉合闸频差较大时冲击电流会呈现明显的震荡特征，所以在此类场合同期捕捉合闸频差定值不宜太大。

（3）残压合闸定值。残压合闸是指在母线残压低于某个设定值时，合上备用开关的合闸方式。在快速和同期捕捉合闸均失败时，装置将可能采用残压合闸逻辑。但应在反馈电压较小时才允许合闸。一般残压切换定值在20% ~40%之间，一般取20%。

（4）长延时合闸定值。长延时合闸是指以工作开关跳开为计时起点，经过一个设定延时后，直接合上备用开关的合闸方式。长延时合闸时，快切装置不再判断任何电压和相位条件。所以，长延时合闸定值一般时间较长，常取3s以上。长延时合闸方式不推荐使用。

（5）并联合闸条件定值。该合闸方式及其定值仅用于并联切换。并联跳闸延时定值：一般设定为0.50 ~1.00s。实现并联合闸方式需要同时满足以下三个条件：

①当前频差绝对值小于并联合闸频差定值。频差定值一般在0.05 ~0.20Hz之间，一般取0.10Hz；

②当前压差绝对值小于并联合闸压差定值。压差定值一般在（5% ~15%）U_n之间，一般取15%U_n；

③当前相差绝对值小于并联合闸相差定值，相差定值一般在10° ~20°之间，一般取15°。

8.3.1.5 检修与维护

电源快切装置能否正常运行直接影响到石化企业供电系统的可靠性。日常的检修和维护是保证快切装置正常运行的重要环节。

1. 装置日常巡检

石化企业电气专业管理人员应定时对装置进行巡检，巡检重点包括以下内容：

面板灯或液晶是否有告警/闭锁提示，运行灯、充电灯是否正常。如果出现上述情况，则需确认告警/闭锁原因。如果是装置硬件故障，则需退出跳合闸出口压板并与厂家联系处理；

面板指示灯状态是否与实际情况相符。例如，开关位置指示灯、运行方式指示灯等；

电压、电流、相角、频率值是否与实际值相符合；

跳合闸出口压板和控制压板等是否处于正确位置；

各个转换开关是否处于正确位置。

2. 装置软硬件升级

当确认装置软件或硬件存在缺陷时，需要对其进行升级处理。对于运行中的装置，升级时需考虑遵守以下原则：

应了解缺陷的严重程度和可能造成的后果。对于严重的缺陷，需尽快予以升级。对于轻微的缺陷，企业维护人员应予记录，并择机进行升级；

升级前，需评估升级是否会修改存储在EEROM之中的装置定值和系统设置等信息。如果可能造成信息修改，则在升级前要记录相关信息。在升级后，将所记录的信息重新输入到装置系统；

升级过程中应临时退出跳合闸出口压板。升级完毕并确认装置系统运行正常后，再投入跳合闸出口压板；

企业电气运行维护人员应撰写系统升级纪要，记录升级基本信息。

3. 装置动作后的处理

当进行一次动作后，装置需做如下处理：

读取(打印)装置的动作报告及波形、录波器波形供事故分析；

核对装置的起动方式、合闸方式是否与实际工况吻合；

复归动作信号；

评估发电机、同步电机或重要电动机等所受冲击电流大小；

要做好文档管理工作，记录相关的动作报告，波形，动作背景等信息。

4. 定检

定检能检查出装置存在的隐患，对于装置正常运行有非常重要的意义。快切装置定检周期及原则与微机继电保护装置相关规定一致。

每次对装置进行试验前，应根据产品标称精度及功能制定测试表格。每做完一项试验，要记录测试结果。表格应至少包括精度测试、IO 回路测试、基本切换功能项目。表格还应该记录试验的基本信息，如软件版本、被测试装置的标号、测试时间、测试人员等。当测试项目过多时，可以选择对最常用的逻辑和定值进行测试。

试验后，需要将装置恢复到工作态，将各种参数设置为运行状态值。应清除试验过程中产生的报文；解除试验接线并将端子螺丝拧紧。

8.3.1.6 应用案例

1. 带单台高压电机切换试验

(1)试验背景

试验变电所是 10kV 消防站。母线上有一台 400kW 的海水提升泵和一个配电变压器(带有少量 400V 电机运行)。快切装置装在 10kV 母线上。

试验方法：人为地拉开消防站 10kV 进线对侧开关。

试验目的：考察母线上仅有少量高压电机情形下，快切装置的切换性能。

(2)试验报告

①试验 1：快速合闸测试

试验时，快速合闸频率定值为 1.5Hz，相差定值为 30°。人为拉开消防站 10kV 进线对侧开关后，快切装置无流起动快速合闸。无流启动电流定值(A)＝0.1，无流启动母线频率(Hz)＝49.8，无流启动延时(ms)＝20。

高压电机速断保护动作跳闸，3 个 400V 电机跳闸(低压脱扣)。从装置的报文来看，合闸时刻角度大约 80°，频差约 3.4Hz。合闸时刻角度大的原因：一是起动方式为无流起动。起动最终确认后，角度已经拉开十几度。二是高压电动机数量/容量太少，负荷转动惯量较小，残压衰减太快。发出合闸指令时的频差和相差基本都压在定值单上限。

②试验 2：同期捕捉合闸测试

试验时，把快速合闸方式退出。人为拉开消防站 10kV 进线对侧开关，但让快切装置无流起动同期捕捉合闸。无流定值不变。试验结果，高压电机未跳闸，低压电机有 1 个跳闸(低压脱扣)。试验效果明显好于快速合闸。

(3)试验说明

①快速合闸判据只是限制发合令时刻的频差相差。它是基于“开关跳开初始时刻母线残压下降很少，频差相差下降不大”的假设。但这种假设成立是有一定条件的。正如“3.1.1.5.2”中所述，固有初始相位差、快切装置启动的方式(保护启动等)、备用开关的固有合闸时间以及母线段当时的负载情况(相位差变化速度)等，都可能使快速合闸失败。就本例而言，无保护起动，电机数量太少是快速合闸失败的主要原因。

②对于电机较少的场合，可以缩小快速合闸定值，以控制开关闭合时刻频差和相差在较小范围，使用同期捕捉合闸效果可能更好。

2. 带大容量发电机切换试验

(1)试验背景

该试验的接线图如图 8.3－5 所示。快切装置安装在 110kV 母线上，切换方向为跳 1127 开关、合 1012 开关。6kV 母线上有 60MW 汽轮发电机。

共进行两次实验：一次为保护起动，快速合闸实验。这里的“保护起动”指人为手动闭合#1 进线主保护接点。该实验主要检查快速合闸时，发电机支路电流、母联 1012 电流以及母线电压的变化情况；第二次实验时退出快速合闸方式，仅投同捕合闸方式，以便将同捕合闸时的电压电流和第一次快速合闸实验时的值进行对比。起动方式为无流起动，即人为断开 1#进线对侧开关。

试验前：1#进线从电网吸收有功 1.07MW，无功 0.60MW；发电机发出有功 3.897MW，无功 2.777MW。

负荷情况为：1#一次风机：1644kW，1#引风机：1778kW；1#二次风机：342kW，3#循环冷却水泵：1153kW；3#冷却塔风机：161kW，2#A 细破碎机：44kW。

发电机的蒸汽使用的是管网蒸汽(发电机的锅炉没有点火)，蒸汽压力约 40 吨(确切数据为：快切试验时 39.82t，同捕试验时 39.89t)。

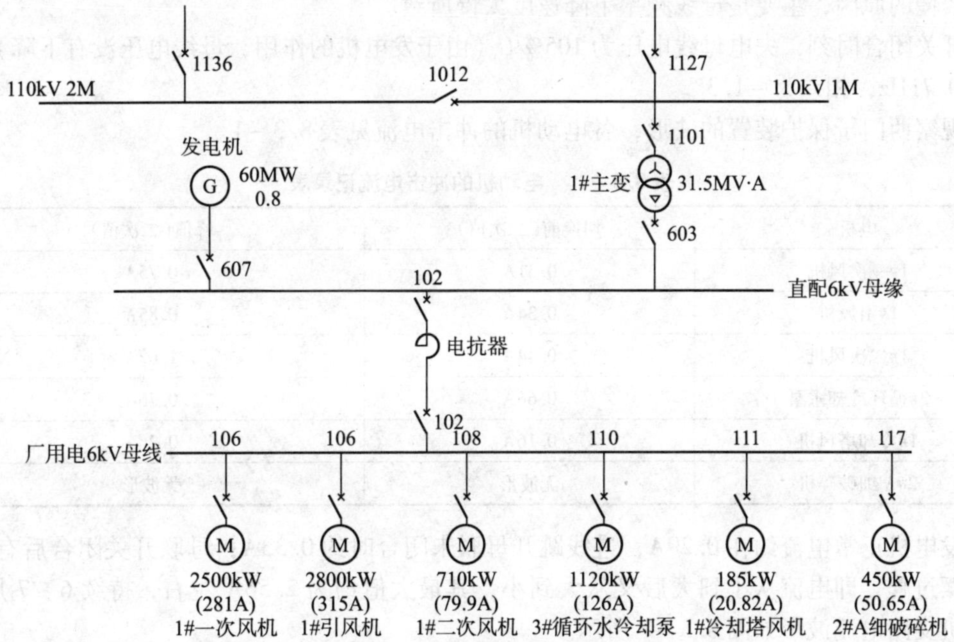

图 8.3－5　接线图

(2)试验报告

①试验 1：快速合闸

发合令时，失电母线电压为 105% U_n(由于发电机的作用，母线电压没有下降)，频差为 0.01Hz，相差为 0.5°。图 8.3－6 为发电机支路 3 相电流的录波。

发电机正常电流约为 0.30A，进线跳开母联未闭合时达最大约 0.35A；母联开关闭合后有一定的摇摆过程，即电流从小到大后又从大到小，但其最大值约为 0.30A 左右。

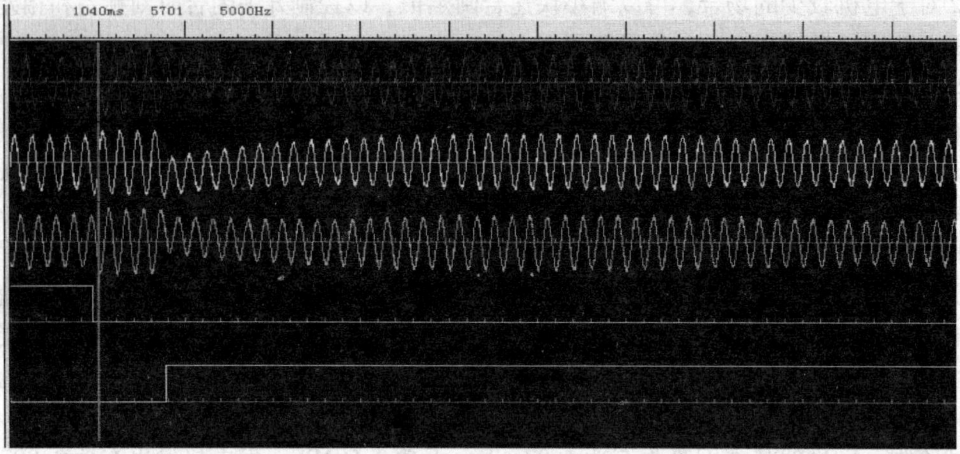

图8.3－6　电流录波

②试验2：同期捕捉合闸

试验时，人为断开1#进线对侧开关。由于有发电机，对侧开关跳开后约7～10s时，快切装置的无流起动才动作。无流启动电流定值为0.2A，无流启动频差定值为0.5Hz。无流起动较慢的原因，主要是母线频率下降速度太慢所致。

开关闭合时刻，失电母线电压为105% U_n（由于发电机的作用，母线电压没有下降），频差为0.71Hz，相差为－1.3°。

观察西门子保护装置的波形，各电动机的冲击电流见表8.3－1。

表8.3－1　电动机的冲击电流记录表

电机	切换前(二次值)	峰值(二次值)
1#一次风机	0.31A	0.75A
1#引风机	0.34A	0.85A
1#二次风机	0.44A	1.02A
3#循环冷却水泵	0.66A	0.76A
1#冷却塔风机	0.16A	0.26A
2#A 细破碎机	无波形	无波形

发电机正常电流约在0.29A，进线跳开母联未闭合时约0.33A；母联开关闭合后有一定的摇摆过程，即电流从小到大后又从大到小，其最大值约为2.56A左右，持续6～7周波。发电机支路电流波形如图8.3－7所示。

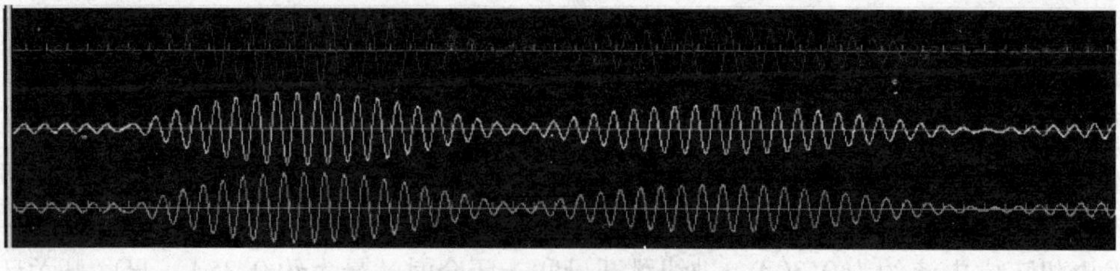

图8.3－7　电流录波

(3)试验说明

在保护起动快速合闸时，发电机支路的冲击电流几乎没有。波形显示，负荷电流为 0.30A，冲击电流小于 0.35A。效果理想。

同期捕捉合闸时，相差为 1.3°左右。从数据上来看，快切装置基本上捕捉到了“同期点”。但由于母线失电时间太长，频差下降了 0.71Hz，结果冲击电流比快速合闸时明显增加，而且还有震荡的特征。

以上仅是人为切换试验，真实故障状态下情况会更严重。因此，为确保实际生产过程中，带发电机切换的安全性，首先应为进线电源配置差动保护，确保故障能快速切除，快切装置能快速起动，这是关键点。

对于快切装置而言，可以适当缩小快速合闸定值，并为同期捕捉合闸添加频差限制。应退出残压和长延时合闸。(详见“8.3.1.3〈10〉”)。

该石化企业在正式投运后，快切装置成功动作两次，皆为保护起动快速合闸，效果很好。

3. 逆功率起动的应用

(1)试验背景

石化企业总降变电所的进线电源一般来自于电网的变电所。电网变电所母线上除了给石化企业供电的出线外，还有其他很多出线。对石化企业而言，对侧电网变电站的其他出线如果发生严重故障，企业内部的电动机也可能受影响而停机。逆功率起动是检测此类故障的重要手段。

(2)试验报告

如图 8.3-8 所示，是某石化企业 110kV 变电站对侧变电所母线相邻线路发生永久性短路故障的示意图。保护跳开后，重合闸装置又将故障线路投入。由于某种原因，此时二段保护延时 0.5s 后才永跳故障线路。此次事故虽不在石化企业变电所进线上，但是对石化企业的生产工艺造成了一定的影响。

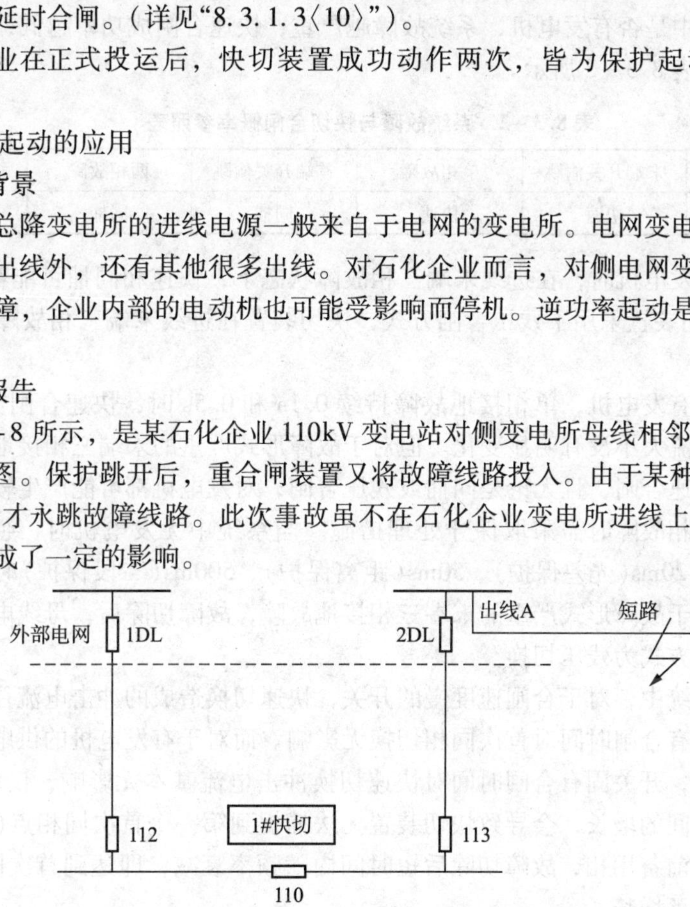

图 8.3-8　短路故障示意图

此后，该企业投入了快切装置的逆功率起动，在后来发生的类似故障中，3 个 110kV 变电站的快切装置都准确动作，使故障对生产的影响降到最小。

(3)试验说明

对侧的电网变电所因为出线较多，所以故障概率较高。故障严重的时候，石化企业的供电系统会受到一定程度的影响。

对于快切装置在这样的场合是否应该动作有两种观点。从保护装置的观点来看，不是区域内的故障，装置最好不要起动(更准确地说，不要非常快的起动)。万一动作失败，极易引起争执。从保证生产负荷的安全性来看，只要出现可能危及生产安全的苗头，快切装置就应该尽快起动。

作为折中方案，可以考虑以下方案：如果对侧变电站相邻线路故障且快速保护动作，则不需要快切装置起动。如果二段等慢速保护动作，则起动快切装置。

对于逆功率起动而言，应设有低电压定值和延时定值。当功率反向且母线电压低于定值，经过延时后起动切换。这里的低电压定值用于调整电动机负荷“抗干扰灵敏度”，而延时定值则用于规避对侧变电站相邻线路快速保护的动作时间。(关于逆功率起动定值的整定详见8.3.1.4〈1.3〉)。

8.3.2 应用快切技术的注意事项

无论供电系统中是否有发电机，系统故障越严重，快速合闸成功率越低，同捕和残压合闸可能性越大，如表8.3-2所示。

表8.3-2 系统故障与快切合闸概率参照表

故障形式(从轻到严重)	末端开关偷跳	单相故障	首端开关偷跳	两相故障	三相故障
合闸方式	快速	快速	同捕	同捕	残压

当供电系统有发电机时，在进线末端三相故障状态下，快速和同捕可能都无法合闸(母线电压太低)。快切装置采用了残压合闸方式，快切装置在进线末端三相故障时需采取保守处理措施。

当供电系统中有发电机，单相接地故障持续0.1s和0.5s时，快速合闸方式都能实现，且两次试验冲击电流大小没有明显变化。但对于故障形式严重的末端三相接地故障，快切装置一般无法进行快速合闸，且无论是同捕或残压合闸，对发电机都可能产生较大冲击。快切装置在进线末端三相故障时需采取保守处理措施。当系统中无发电机时(纯电动机系统)，单相接地故障持续20ms(光差保护)、50ms(距离保护)、500ms(二段保护)时，快速合闸方式都能实现。但对于故障形式严重的末端三相接地故障，故障切除后，母线电压低于残压切换定值，实际切换方式为残压切换。

在纯电动机系统中，对于合闸速度慢的开关，快速切换造成的冲击电流往往比首次同相切换要大；开关固有合闸时间对首次同相切换无影响。而对于有发电机的供电系统，由于系统频率衰减速度慢，开关固有合闸时间对快速切换冲击电流基本无影响，仅增加切换耗时。但伴随固有合闸时间的增长，会导致快切装置无法捕捉到第一个首次同相点(故障后系统频率略增，故相角朝前备用相，故障切除后短时间内随频率衰减，即达到首次同相)，首次同相切换的时间将显著增长。

在供电系统有发电机情况下，随着合闸角度的变大，冲击电流幅值显著增加。而异步电动机惰行时，若后备电源投入，其更容易转入稳定运行状态，合闸角度对纯电动机系统冲击电流的影响相对小一点。

8.3.2.1 针对有发电机的供电系统的试验结果

(1)当初始相角差由0°增至20°时，单相故障时的快速切换方式将无法实现，快切装置的实际合闸方式为同捕切换；当初始相角差由0°增加至10°时，快速切换方式仍可实现，切换过程中冲击电流变化不大。

(2)发电机出力越接近负荷总量，快速合闸进线冲击电流越小，合闸时频差和相差越小；发电机冲击电流略有增加，但基本可以接受。

(3)对于短路故障，当采用快速保护时，快速切换均可以实现，备用开关闭合后的第一个周波出现峰值，随后冲击电流迅速衰减，其对发电机冲击不大。而首端开关误动时，快切装置采用首次同相切换，切换过程中冲击电流有明显振荡的特征，第一个振荡周期冲击电流平均值较大，振荡周期较长，发电机保护动作的机率增加。

(4)系统与外网交换功率越多，快切与首次同相切换的冲击电流越大，但首次同相切换所需时间越少。

8.3.2.2 针对纯电动供电系统的试验结果

(1)转动惯量对快速合闸的切换时间没有影响(受制于母联合闸速度)，但转动惯量越小，快速切换时刻的频差和相差越大，冲击电流越大。伴随转动惯量的增加，残压的频率和幅值衰减越慢，首次同相切换的耗时增加，但对合闸时刻的冲击电流影响很小；

(2)快切切换和首次同相切换均可实现，切换过程中的冲击电流大小主要取决于负荷总量。负荷总量增加，冲击电流也随之增加。伴随负荷总量增加，快速切换耗时不受影响，而首次同相切换耗时略增；

(3)残压切换定值对切换过程用时影响显著。当残压切换的定值由30%降为20%后，切换用时由720ms左右增加至900ms。由于残压切换定值较低(分别为30%和20%)，切换过程中的冲击电流主要由备用侧电压幅值决定，故伴随残压切换定值的降低，切换过程中冲击电流仅有小幅增加。

8.3.3 配合快切技术应用的其他措施

通过实践及理论分析表明，大型石化企业供电系统快速切换装置的切换时间大都在300ms以内，而中压(6kV/10kV)电动机通常的低电压保护定值都设置在500ms，因此采用电源快速切换技术后，基本可以解决中压电动机因电压扰动造成的跳闸问题。

但由变频器拖动的电动机以及低压电动机除外，从附表8－1可以看出，某企业的系统电源联络线遭受雷击等故障发生短路故障后，母线电压降低的幅值较大，虽然通过电源快速切换已能够较快恢复供电，但由于变频器及低压接触器的物理特性，还是会造成跳闸停机。因此，在进行电源快速切换改造时，还应综合应用其他补充措施。

8.3.3.1 变频器抗电压扰动技术

(1)对参与工艺转速调节用的变频器，在变频器的电源侧，增加动态电压调节器(AVC或DVR)，当电压发生扰动时进行自动补偿，据资料介绍AVC标准型三相低至70%剩余电压可补偿至100%或单相低至55%可补偿至100%，可实现0.25ms内开始补偿，10ms内补偿完毕；

(2)更新老式变频器，采用具有失电转速跟踪再起动功能的变频器；

(3)采用抗电压扰动能力强的变频器；

(4)采用大功率无触点开关(SSTS)。

8.3.3.2 低压电动机的抗电压扰动技术

(1)采用带防晃电功能的交流接触器，如FS交流接触器、DZQ等；

(2)采用分批再起动装置；

(3)采用低压综合保护继电器的再起动功能；

(4)对特别关键的低压电动机控制回路采用UPS。

8.3.3.3 其他抗电压扰动技术

优化企业电力系统主接线方案，充分发挥故障状态下发电机的强励功能。重点考虑将发电机接入主供电母线，提升故障状态下主供电母线的残压。某企业曾将部分装置负荷由发电机的机端母线直接供电，在系统电源联络线发生短路故障时，由其供电的装置基本未受到影响。如前所述，配置发电机后更有利于电源快速切换成功。

8.3.4 系统电源联络线的抗电压扰动措施

本文前面介绍的抗扰动措施，从原理上讲都是被动的解决措施，是从系统发生扰动后如何预防设备停机方面想办法。假如能够从系统电源联络线来解决扰动问题，则是变被动为主动，甚至是从根本上的解决扰动问题的措施。我们知道，企业电力系统发生扰动的故障，大部分是企业的系统联络线遭受雷击、台风等恶劣天气影响出现故障或电压波动所致，可以考虑采取以下措施予以解决：

一是提高系统联络线电压等级，增强系统电源联络线的耐雷水平。通过提高系统电源联络线的电压等级，如从110kV提高到220kV，耐雷水平平均可提高50%左右，从而降低线路雷击跳闸率(近30%左右)。随着电压等级的提高，线路杆塔标高也相应提高，受树木、违章建筑的影响随之降低，抵御台风等自然灾害的能力也相应增强；

二是安装线路避雷器，提高系统电源联络线的耐雷水平，降低线路跳闸率。在这方面进行了有益的尝试，企业联合华北电力大学设计了可行方案并组织实施。从附表8－2可以看出，加装线路避雷器后，线路的耐雷水平都有不同程度的提高，雷击跳闸率下降(45.6%)。

附表8－1 2006～2011年快切装置动作情况统计表

序号	故障日期	故障回路	故障类型	启动方式	合闸方式	合闸时母线残压幅值
1	2005.8.8	110kV河油线	雷击(单相接地)	无流	首次同相	$U_a=59.88\%$，$U_b=60.1\%$，$U_c=57.58\%$
2	2005.8.10	110kV河油线	雷击(单相接地)	保护	首次同相	$U_a=58.85\%$，$U_b=55.5\%$，$U_c=57.43\%$
3	2008.9.24	110kV北中甲线	穿墙套管故障(单相接地)	光纤差动	快速切换	$U_a=77.9\%$，$U_b=89.4\%$，$U_c=77.8\%$
4	2009.12.3	110kV茂西线	上游变电站出线误跳	无流	快速切换	$U_a=71.55\%$，$U_b=80.25\%$，$U_c=79.44\%$
5	2010.5.11	110kV河油中线	雷击(单相接地)	距离Ⅰ段	快速切换	$U_a=101.49\%$，$U_b=101.5\%$，$U_c=102.46\%$
6	2010.5.13	110kV榭烯北线	雷击(单相接地)	高频保护	快速切换	$U_a=102\%$，$U_b=100.9\%$，$U_c=98.7\%$
7	2010.5.26	110kV榭油中线	雷击(单相接地)	光纤差动	快速切换	$U_a=99.64\%$，$U_b=98.9\%$，$U_c=101.15\%$
8	2010.7.21	110kV榭烯北线	雷击(单相接地)	高频保护	快速切换	$U_a=99.7\%$，$U_b=100.6\%$，$U_c=100.3\%$

续表

序号	故障日期	故障回路	故障类型	启动方式	合闸方式	合闸时母线残压幅值
9	2010. 8. 23	110kV 榭烯北线	雷击(单相接地)	高频保护	快速切换	U_a = 99. 37%, U_b = 99. 16%, U_c = 99. 79%
10	2010. 11. 26	110kV 榭油中线	挖掘机碰触线路(单相接地)	光纤差动	快速切换	U_a = 97. 35%, U_b = 99. 32%, U_c = 97. 82%
11	2011. 3. 17	110kV 泥烯南乙线	电缆终端故障(单相接地)	高频保护	快速切换	U_a = 101. 37%, U_b = 77. 6%, U_c = 67. 3%
12	2011. 8. 27	110kV 榭油中线	雷击(单相接地)	光纤差动	快速切换	U_a = 100. 8%, U_b = 100. 7%, U_c = 101%

附表8-2　燕南Ⅰ线、燕南Ⅱ线反击方案

杆塔序号	安装位置	原反击耐雷水平/kA	现反击耐雷水平/kA
2#	下相(2支)	40	64
3#	下相(2支)	48	77
9#	上、下相(4支)	110	—
10#	上、中、下相(6支)	58	141
11#	上、下相(4支)	111	—
共计	18支	40(2#)	64(2#)

注：反击跳闸率下降45.6%。

第9章 配电变压器低压侧单相接地保护

9.1 概述

配电变压器低压直配出线作为低压马达控制中心，承担着为DCS、大机组辅助油泵、消防控制等系统及设备提供工作电源的重要任务。但是，由于配电变压器二次侧电压等级较低，保护装置的选型和保护方案的配置往往得不到足够的重视，部分保护整定规程对于配电变压器过流保护兼作低压侧单相接地保护，只对灵敏系数提出≥1.5的要求，而对保护的动作时限没有作严格的规定。随着炼化企业对抗晃电工作越来越重视，低压系统自(再)启动容量也不断增加，变压器过流保护的整定原则也发生了很大的变化，大部分炼化企业配电变压器过流保护的整定方案由原来的定时限调整为反时限。反时限过流整定方案对于低压侧母线接地短路故障，虽然保护的灵敏系数满足了规程的要求，但保护的动作时限长达几秒，甚至十几秒，远远超过了开关热稳定时间1s，也不符合大电流接地系统要求快速切除单相接地短路故障的要求，给供电系统和设备、人身的安全都构成了极大的威胁。另一方面，380V系统配出回路单相接地保护和变压器低压侧单相接地保护配合不当也影响到低压供电系统的稳定运行。

某公司厂用电变电所投用后多次发生由于配出回路单相接地短路引起变压器低压侧接地保护越级动作事件，原因是由于该厂用电变电所380V系统在设计时，配出线路都没有配置专门的单相接地短路保护，而是用配出开关的速断保护兼做单相接地保护；变压器低压侧单相接地保护的配置、整定也没有考虑配出回路的保护配置情况。当配出回路发生单相接地故障时，故障电流未能达到开关速断值，过载保护动作时间与变压器低压侧接地保护失配，导致变压器越级跳闸。

大机组辅助油泵等关键设备都由380V系统供电，保护装置运行不可靠就会影响到低压供电系统的正常运行，也就无法保证装置长周期运行，最终影响企业的经济效益。

9.2 影响保护装置可靠运行的原因分析

9.2.1 管理问题

部分设计人员在进行380V系统保护方案的配置、定值计算时，不详细考虑系统及设备的实际情况，简单套用保护整定规程；另一方面由于现场运行管理人员缺乏相关专业知识，对设计部门下达的保护定值不认真核算，直接将设计定值用作运行定值，导致保护误动、拒动。

9.2.2 技术问题

低压系统短路电流计算难度较大，一旦开关选型过大，利用速断保护兼作接地保护，其灵敏度很难得到保证。380V系统的短路电流计算采用有名值方法计算，数据量较大，计算过程复杂，特别是单相接地短路电流的计算难度更大，部分单位按照经验估算短路电流，保护灵敏度无法得到保证。一旦配出回路发生故障，就有可能导致变压器低压侧接地保护越级跳闸。

9.2.3　设备问题

大部分投用年限较长的配出开关没有配备专门的接地故障保护，而是由开关的速断保护兼作单相接地的主保护。当故障点距离电源中心较远，配电线路线径较小时，接地故障电流就比较小，速断保护就有可能拒动，接地故障只能依靠热过载保护动作来切除。由于热过载保护动作特性为反时限，动作时间按躲过电动机启动整定，动作时间较长，当发生故障时就可能造成其中一相电压长时间过低，严重影响供电系统及设备的安全运行，甚至给人身安全构成威胁。

9.3　配电变压器低压侧单相接地短路分析

9.3.1　变压器低压侧单相接地短路电流计算方法

9.3.1.1　计算原则

根据 IEC 标准，380V 系统短路电流的计算一般采用有名值法。380V 系统短路点离发电机较远，可认为所有元件的负序阻抗等于正序阻抗，而零序阻抗则不同。对于配电变压器高压侧系统的零序阻抗，当配电变压器低压侧发生单相接地短路故障时，零序电流不能在变压器高压绕组流通，高压侧对于零序电流相当于开路状态，故在计算单相接地短路电流时忽略高压侧系统的零序阻抗。而变压器自身的零序阻抗则因变压器的接线组别不同有很大的差别。

9.3.1.2　高压侧系统阻抗

正序阻抗按下式进行计算：

$$Z_S = \frac{(cU_n)^2}{S_S} \times 10^3 \tag{9-1}$$

$$X_S = 0.995 Z_S \tag{9-2}$$

$$R_S = 0.1 X_S \tag{9-3}$$

式中　S_S——变压器高压侧系统短路容量，MV·A；

U_n——变压器低压侧标称电压，0.38kV；

c——电压系数，计算单相短路电流时取 1.0 ；

Z_S——归算到变压器低压侧的高压系统阻抗，mΩ；

X_S——归算到变压器低压侧的高压系统电抗，mΩ；

R_S——归算到变压器低压侧的高压系统电阻，mΩ。

相保阻抗按下式进行计算：

$$R_{php.s} = \frac{1}{3}(R_{(0)S} + R_{(1)S} + R_{(2)S}) = \frac{2}{3}R_S \tag{9-4}$$

$$X_{php.s} = \frac{1}{3}(X_{(0)S} + X_{(1)S} + X_{(2)s}) = \frac{2}{3}X_S \tag{9-5}$$

$X_{php.s}$——归算到变压器低压侧的高压系统相保电抗，mΩ；

$R_{php.s}$——归算到变压器低压侧的高压系统相保电阻，mΩ。

9.3.1.3　配电变压器阻抗

变压器的负序阻抗等于正序阻抗，序阻抗、相保阻抗都可通过查表或计算得出。

正序阻抗的计算如下：

$$Z_T = \frac{u_d\%\ U_n^2}{100\ S_{nT}} \tag{9-6}$$

$$R_T = \frac{\Delta P U_n^2}{S_{nT}^2} \times 10^3 \tag{9-7}$$

$$X_T = \sqrt{Z_T^2 - X_T^2} \tag{9-8}$$

U_n——低压侧额定线电压，kV；

S_{nT}——变压器额定容量，MVA；

$u_d\%$——变压器阻抗电压百分比；

ΔP——变压器短路损耗，kW。

Y，yn0 变压器的相保电阻和相保电抗计算公式如下：

$$R_{php.T} = \frac{1}{3}(R_{(0)T} + R_{(1)T} + R_{(2)T}) = \frac{2}{3}R_T + \frac{1}{3}R_{(0)T} \tag{9-9}$$

$$X_{php.T} = \frac{1}{3}(X_{(0)T} + X_{(1)T} + X_{(2)T}) = \frac{2}{3}X_T + \frac{1}{3}X_{(0)T} \tag{9-10}$$

D，yn11 变压器的相保电阻和相保电抗计算公式如下：

$$R_{php.T} = \frac{1}{3}(R_{(0)T} + R_{(1)T} + R_{(2)T}) = R_T \tag{9-11}$$

$$X_{php.T} = \frac{1}{3}(X_{(0)T} + X_{(1)T} + X_{(2)T}) = X_T \tag{9-12}$$

从上述计算公式可见，对于 D，yn11 变压器，变压器的相保电抗、电阻等于正序电抗、电阻；而对于 Y，yn0 变压器，相保电抗、电阻与正序电抗、电阻并不相等。

9.3.1.4　低压母线、配电线路的阻抗

对于 TN 接地系统，低压网络的零序阻抗等于相线的零序阻抗与 3 倍保护线（即 PE、PEN 线）的零序阻抗之和：

$$R_{php.} = \frac{1}{3}(R_{(1)} + R_{(2)} + R_{(0)ph} + 3R_{(0)p}) \tag{9-13}$$

$$X_{php.} = (\frac{1}{3}X_{(1)} + X_{(2)} + X_{(0)ph} + 3X_{(0)p}) \tag{9-14}$$

$R_{(1)}$、$R_{(2)}$、$R_{(0)ph}$、$R_{(0)p}$、$X_{(1)}$、$X_{(2)}$、$X_{(0)ph}$、$X_{(0)p}$ 分别为母线或配电线路的正序、负序、零序、相线、保护线电阻、电抗。

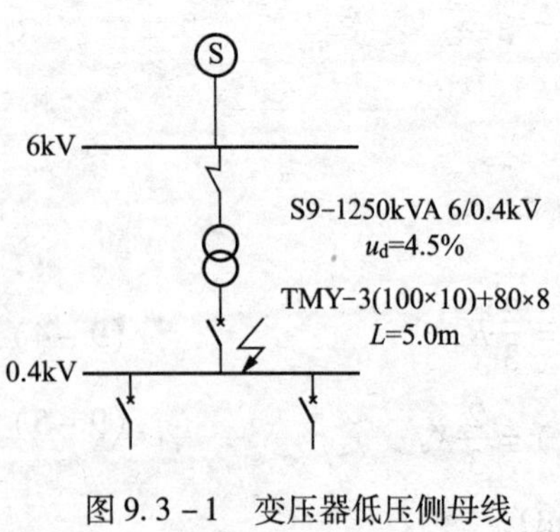

图 9.3-1　变压器低压侧母线单相接地短路示意图

9.3.2　低压母线单相接地短路电流计算实例

某配电变压器型号为 S9 - 1250kV·A，6/0.4kV，u_d = 14.5%，ΔP_k = 12.0kW，变压器高压侧系统短路容量 S_s = 150MVA，低压 380 V 母线平行竖放，母线间距 350mm，中性线距边母线 200 mm，如图 9.3-1 所示。计算 D，yn11 和 Y，yn0 两种不同接线组别变压器低压

开关出口处发生单相接地短路故障电流。

低压侧母线单相接地短路电流计算：

在实际工程计算中，变压器、母线(配电线路)的相保电阻、电抗通过查表获得，只有当变压器、母线(配电线路)与标准参数差别较大时，通过公式计算。

1. 系统阻抗

正序、负序阻抗按式(9－1)、式(9－2)计算得

$$Z_s=(1.0\times0.38)2\div150\times1000=0.9627\text{m}\Omega$$

$X_s=0.995Z_s=0.9579\text{m}\Omega$　$R_s=0.1X_s=0.09627\text{m}\Omega$

相保阻抗：

相保电阻 $R_{s.php}=\dfrac{2}{3}R_s=\dfrac{2}{3}\times0.09627=0.06386\text{m}\Omega$

相保电抗 $X_{s.php}=\dfrac{2}{3}X_s=\dfrac{2}{3}\times0.9579=0.6386\text{m}\Omega$

2. 变压器阻抗

查《工业与民用建筑配电设计手册》(第三版)(中国电力出版社，2005)P155 表 4－22 得

D，yn11 变压器　$R_{T\cdot php}=1.23\ \text{m}\Omega$

$$X_{T\cdot php}=5.63\ \text{m}\Omega$$

Y，yn0 变压器　$R_{T\cdot php}=2.29\ \text{m}\Omega$

$$X_{T\cdot php}=11.29\text{m}\Omega$$

3. 母线阻抗

查《工业与民用建筑配电设计手册》P157 表 4－24 得 TMY－3(100×10)＋80×8mm，D＝350mm，母线标准相保电阻、电抗：

$R_{m\cdot php}=0.056\ \text{m}\Omega/\text{m}$

$X_{m\cdot php}=0.380\ \text{m}\Omega/\text{m}$

4. 不同接线组别变压器低压侧单相接地短路电流计算

根据欧姆定律 I＝U/Z，得低压侧单相接地短路电流 $I_d=U_{np}/Z_{php}$

$$Z_{php}=\sqrt{R_{php}^2+X_{php}^2}$$

$R_{php}=R_{s\cdot php}+R_{m\cdot php}+R_{T\cdot php}$；

$X_{php}=X_{s\cdot php}+X_{m\cdot php}+X_{T\cdot php}$；

R_{php}——所有元器件的相保电阻之和；

X_{php}——所有元器件的相保电抗之和；

Z_{php}——所有元器件的阻抗；

U_{np}——相电压，一般取 220V。

通过表 9.3－1 可以看出，Y，yn0 变压器的相保阻抗比 D，yn11 变压器的相保阻抗大，而低压侧单相接地短路电流则较小。

表 9.3－1　不同接线组别变压器单相接地短路电流计算结果

故障点	Z_{php}	I_d(400V)	I_d(折算到 6kV)
D，yn11 变压器低压侧母线	8.32mΩ	25kA	962 A
Y，yn0 变压器低压侧母线	14mΩ	8.41kA	374 A

9.4 配电变压器低压侧单相接地保护整定计算

9.4.1 利用变压器过流保护兼作低压侧单相接地保护存在问题

9.4.1.1 变压器高压侧过流保护采用定时限特性

根据规程，当低压自启动容量较大时，过流启动值的自起动系数 K_{zq} 取 2～3，过流定值整定如下：

$I_{dz} = K_k \times K_{jx} \times K_{zq} \times I_e \div K_f = 1.2 \times 1.0 \times (2 \sim 3) \times 120 \div 0.95 = 303 \sim 455A$

D，yn11 变压器过流保护对于低压侧单相接地的灵敏系数

$K_{lm} = 952 \div (303 \sim 455) = 3.18 \sim 2.1$，可以满足灵敏系数≥1.5 的要求。

Y，yn0 变压器过流保护对于低压侧单相接地的灵敏系数

$K_{lm} = 374 \div 303 = 1.2$，无法满足灵敏系数≥1.5 的要求。

9.4.1.2 变压器高压侧过流保护采用反时限过流保护

当变压器过流保护采用反时限特性时，若过负荷系数取 2，则过流启动值的整定如下：

$I_{dz} = K_k \times K_{jx} \times K_{zq} \times I_e \div K_f = 1.2 \times 1.0 \times 2 \times 120 \div 0.95 = 303A$

如采用 IEC V 非常反时限 $t_p = 0.45s$(2 倍 6s)

根据 IEC V 曲线动作特性计算得，对于 D，yn11 变压器，低压侧母线发生单相接地故障过流保护动作时间为 3s；而对于 Y，yn0 变压器，保护动作时间为 26s，都超出了低压侧开关热稳定时间 1s 的要求，也无法满足大电流接地系统要求快速切除单相接地短路故障的要求。

9.4.2 变压器低压侧单相接地保护整定计算

通过以上分析可见，对于 Y，yn0 变压器，无论高压侧过流保护是采用定时限还是反时限特性，利用高压侧过流保护兼作低压侧母线单相接地短路保护的灵敏系数都无法满足规程的要求，必须配置专用的接地线零序过流保护。而对于 D，yn11 变压器，当高压侧过流保护动作特性采用反时限特性时，保护动作时间超过了 1s，无法满足低压侧母线单相接地短路时设备及系统的安全要求，也必须在中性点接地回路装设反应低压母线单相接地的保护，而这一点在《工业与民用建筑配电设计手册》里面是没有硬性要求的。

根据《工业与民用建筑配电设计手册》(第三版)P299，装设在中性线单相接地短路保护电流启动值按躲过正常运行时变压器中性线上的不平衡电流整定：

Y，yn0 变压器：不平衡电流取 25% 额定电流；

D，yn11 变压器：不平衡电流取 35% 额定电流。

考虑到配出回路单相接地保护配置情况，配电变压器低压侧单相接地保护动作特性应分不同情况进行整定。

9.4.2.1 配出回路配有接地保护

对于配出回路配有接地保护的系统，配电变压器低压侧接地保护可按照定时限过流的特性进行整定，保护范围考虑保护母线并有一定的延伸，动作时限应比母线直配开关接地保护动作时限大一个级差。根据低压开关的热稳定时间一般为 1s，故保护的最长动作时限宜小于 1.0s，一般取 0.6s。

9.4.2.2　配出回路未配有接地保护

对于配出回路未配有接地保护，而是用开关的速断保护兼作接地保护的主保护，在故障点距离电源中心较远处，速断保护的整定值就可能无法反应单相接地故障，速断保护有可能拒动，故障由热过载保护延时切除。如果变压器低压侧单相接地保护动作时限仍按定时限整定，有可能就会导致变压器越级跳闸。此时应考虑采用反时限特性来整定，当故障点距离电源中心较远时动作时限较长，可与热过载保护配合；而在故障点距离电源中心较近时，故障电流较大动作时限较短，特别是故障点在母线处可快速动作。时间常数的选择宜保证在最大运行方式下母线接地短路动作时间在 0.4～0.6s 左右，而最小运行方式下，动作时限不宜超过 1.0s。

9.4.2.3　整定实例

上述 D，yn11 变压器低压侧单相接地保护整定值如下：

过流启动值：$I_{dz} = 1.2 \times 0.35 \times 1804 \div 0.95 = 800A$

动作特性曲线 IEC V　$t_p = 1.2s$（16.2s/2 倍）

灵敏系数校验：

D，yn11 变压器低压侧母线单相接地短路电流值 25kA

$K_{lm} = 25000 \div 800 = 31 > 2.0$

根据选定的动作特性曲线，低压母线单相接地短路动作时限 $t = 0.54s < 1s$，可以满足设备及系统的安全要求，由于其反时限动作特性，也可与热过载保护进行一定的配合，避免越级跳闸。

9.5　结语

通过以上分析可见，对于 Y，yn0 连接的变压器，由于变压器相保阻抗很大，导致低压单相接地故障短路电流较小，利用高压侧过流保护不能满足低压侧单相接地故障灵敏系数的要求，必须单独在低压侧配置单相接地保护。而对于 D，yn11 变压器，当过流保护采用定时限特性曲线时，利用高压侧三相过电流保护兼作低压侧单相接地故障保护，灵敏度完全满足 ≥1.5 的要求。当配出回路设有接地保护时，可以不单独配置专用的中性点电流互感器和保护继电器，可节省设备配置和接线，同时减少运行维护成本。但是当配出回路未配置有接地保护，或者变压器采用反时限过流保护时，应考虑在低压侧装设单相接地保护，而且采用反时限过流特性曲线，才能同时兼顾保护动作的快速性和可靠性。

长期以来大部分企业对于 380V 系统保护定值重视不够，随意将设计定值用作运行定值，给供电系统安全可靠运行埋下了极大的隐患。随着炼化企业“精细化管理”的要求越来越高，380V 供电系统的安全可靠运行不容忽视，保护定值整定计算也应该逐步走上规范化的道路，只有这样才能保证整个供电系统的安全可靠运行，真正实现“精细化管理”。

第10章　检测技术

10.1　接地装置检测

接地装置的检测主要包括接地装置的电气导通性和接地体接地电阻两方面的检测内容。见图10.1-1。

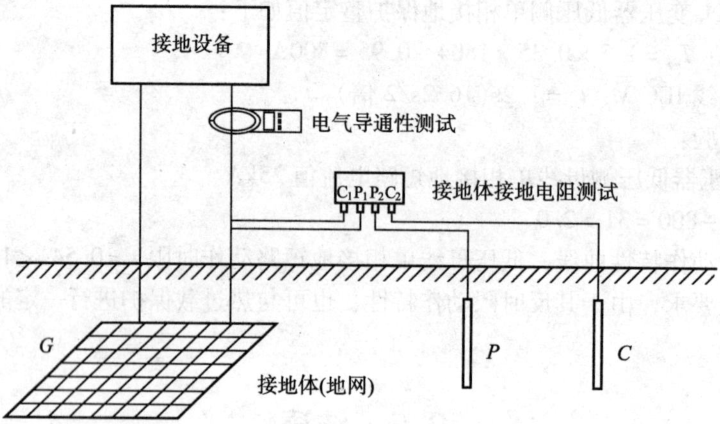

图10.1-1　将接地装置分为两部分进行检测

10.1.1　接地装置的电气导通性检测

接地装置中应该接地的各种电气设备之间，接地装置的各部分及与各设备之间的电气连接性，即直流电阻值[1]。

接地装置的电气导通性包含了接地引下线与设备本体的连接情况，接地引下线自身的腐蚀情况，接地引下线与接地体连接情况。

目前的接地检测中，大部分只重视接地电阻的检测，而不重视接地装置的电气导通性检测，使得部分接地引线断裂等问题无法发现。

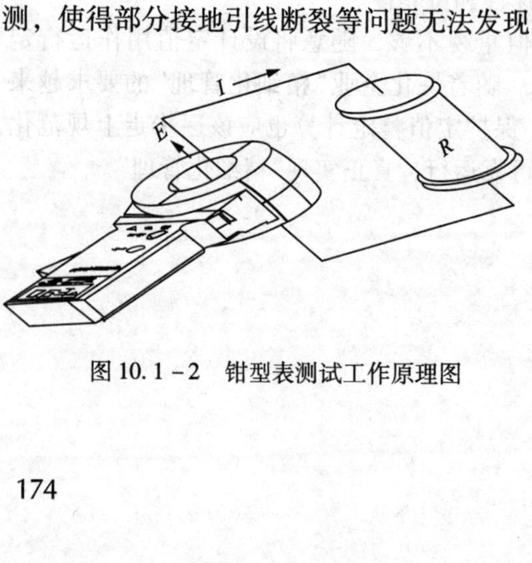

图10.1-2　钳型表测试工作原理图

目前主要使用的检测仪表是钳形回路电阻测试仪。

钳形回路电阻测试仪的工作原理如图10.1-2。

钳表上有两个独立线圈，电压线圈和电流线圈。

电压线圈在被测回路中激励出一个感应电势E，并在被测回路中产生一个回路电流I，且$I=E/R$，其中R为回路总阻，通过电流线

圈可以测得 I 值，这样即可通过：$R=E/I$ 求得 R 值。

注意事项：

在某些接地系统中，如图 10.1－3 所示，应选择一个正确的测量点进行测量，否则会得到不同的测量结果。

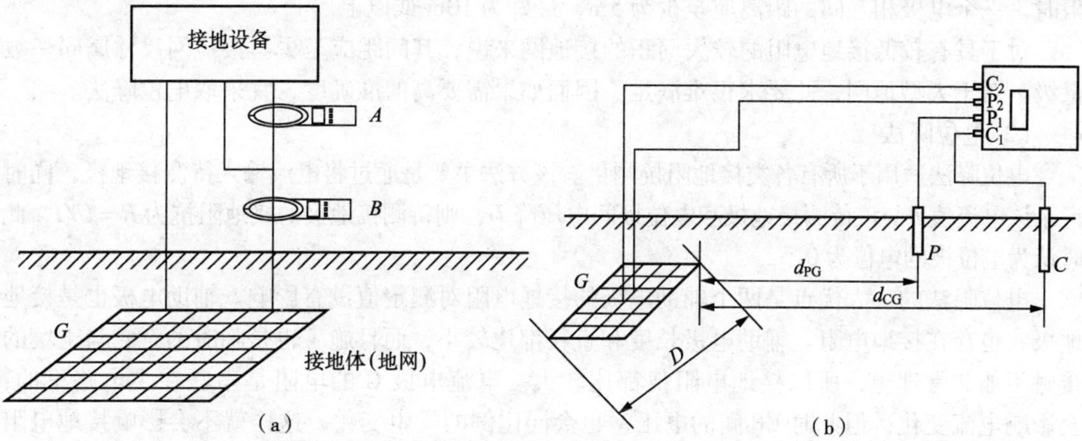

图 10.1－3 钳形表测试时测试回路的选择

在 A 点测量时，所测的支路是金属导体形成的回路，钳表显示“L 0.01Ω”或金属回路的电阻值，应更换测量点。在 B 点测量时，所测的是该支路下回路电阻值，可反映回路的导通性。

10.1.2 接地电阻检测

1. 接地电阻

接地电阻 R_d 的定义式 $R_d=\dfrac{U_d}{I_d}$，

式中，R_d 为接地装置的接地电阻，单位 Ω；U_d 为接地装置的对地电压，单位 V；I_d 为产生 U_d 时的流过接地装置的电流，单位 A。

接地装置的接地电阻包括三部分。一是接地线及接地电极本身的导体电阻，二是接地电极的表面和与之接触的土壤之间的接触电阻，三是接地电极周围土壤所具有的电阻。一般而言，第三部分即接地电极周围土壤所具有的电阻对接地电阻值影响最大。

在测量覆盖较大范围接地阻抗小于 1Ω 的接地网时，应将电抗分量考虑进去，大型接地网的接地阻抗小于 0.5Ω 时，其电抗分量可能较大，因此所测得值是阻抗。对于接地阻抗高于 1Ω 的接地网，电抗分量作用不明显。

2. 常用的测试方法

(1)三电极法

此法使用两个试验电极，其接地电阻分别为 r_2、r_3，待测接地极的接地电阻为 r_1。每两对电极间的电阻为 r_{12}、r_{13}、r_{23}，此处：

$$r_{12}=r_1+r_2,\quad r_{13}=r_1+r_3,\quad r_{23}=r_2+r_3$$

解联立方程，得：$r_1=\dfrac{r_{12}-r_{23}+r_{12}}{2}$

因此，借助测量每对电极的串联电阻值，并代入方程，可求出 r_1 的值。如果两个试验电极的接地电阻较待测接地极的接地电阻大许多，则每项测量的误差将在最后的结果中放大许多。因此测量时应保证两个试验电极与大地接触良好，电阻值尽可能的小。

测量时，电极间相对位置必须满足一定的要求。

如果采用直线设置试验电极。两试验电极必须相距一定距离，在测量单根接地极接地电阻时，三个电极相互间的距离应至少为5m，最好为10m或以上。

对于具有较低接地电阻的较大面积的接地网来说，其间距应至少与接地网尺寸属同一数量级。对于大型地网，此要求很难满足。因而如果需要高的准确度，宜采取电位降法。

(2)电位降法

电位降法适用于所有各类接地阻抗测量。该方法主要是通过将电流输入待测接地极，同时记录该电流值I与该待测接地极和电位极间电压降U，则待测接地极的接地阻抗为$R=U/I$，此时认为电位极的电位为0。

电位降法的一大优点是两个辅助电极的接地电阻对测定值没有影响。辅助电极也是接地地极，也存在接地电阻。辅助电极长度和直径都比较小，而且施工也是临时的，它与土壤的接触不能非常理想，所以接地电阻值都比较大。电流电极C的电阻是串联在主电路里的，会影响电流变化，但此时EP间的电压V也会同比例的发生变化，这样就不会影响接地电阻值V/I了。电位电极P的接地电阻包含在电位差测定电路中，因此尽量采用不取电流的装置，就可以除去电位电极接地电阻的影响。

在使用电位降法测量接地阻抗时，要设置一个电流极，以便向待测接地极输入电流，设置一个电位极，以便测量电位极与待测接地极之间的电位降。电位降法的电路布置如图10.1-4所示。

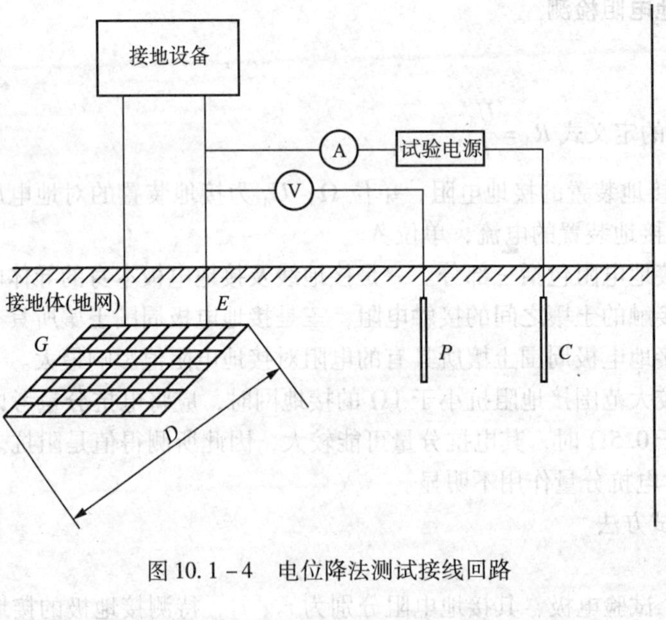

图10.1-4　电位降法测试接线回路

图中E是待测接地网的测试点，C，P是测定用的辅助电极，在距离E的合适地方将它们打入地下。C是电流辅助极，P是电位辅助极。

在理论上，辅助电位极P距离待测电极E的距离应该为无穷远，在实际测量中为有限距离。通过大量研究证明，存在一个可测出待测接地极真实接地阻抗的电位极间距。然而，要确定电位极的正确间距是困难的，该距离与接地网的结构、土壤组成等因素有很大的关系。

待测电极和辅助电流极上的电流在地面上会产生渐变的电位分布，存在一个零电位线，其电位与无穷远处电位相等，电位极一般布于此零电位线上的某点。实际测量时，电位极的布置通常采用 0.618 法和 300 夹角法。

1)0.618 法

电位极与待测电极的距离 d_{EP} 和电流极与待测电极的距离 d_{EC} 之比 d_{EP}/d_{EC} 为 0.618(当电位极 P 位于 E、C 之间，且土壤为同质时)。对于半圆小电极，这一结论最新被柯次(E. B. Curdts)所证明。如图 10.1-5 所示。

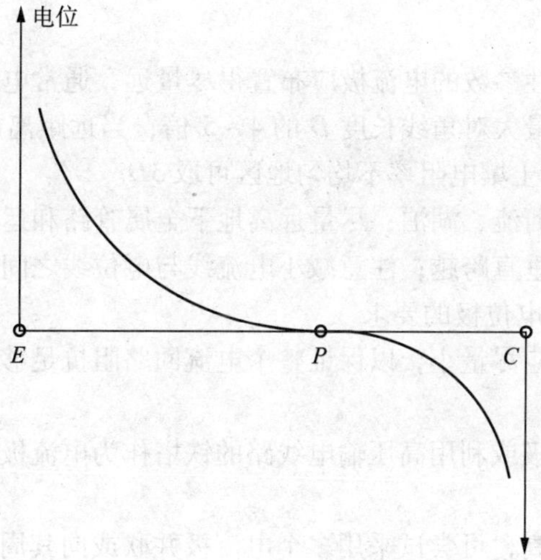

图 10.1-5　电位分布曲线

以上表明，为了应用 61.8% 规则，应满足以下条件：

有完全同质的土壤；

有足够大的间距，以便电极可采取半圆的形式。

通常情况下采用的三极直线法，要求 E、P、C 三个电极沿直线分布，并且 EP 的间距不小于 20 m，EC 的间距不小于 40 m，这样测得的结果认为是比较准确的。

2)300 夹角法

采用 300 夹角法时，探测针布置如图 10.1-6 所示，一般取 $d_{12}-d_{13}>2D$，夹角 $\theta\approx$ 300，也可移动电位探测针重复 3 次测量，使测得的电阻值接近即可。

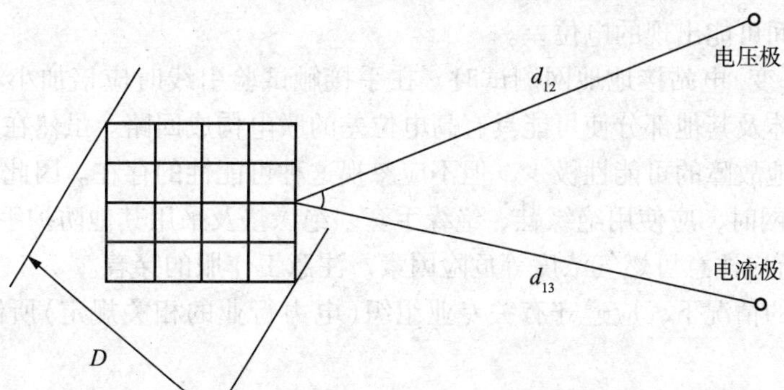

图 10.1-6　300 夹角法测量接地网接地电阻时探测针布置图

3. 试验电源的选择

(1) 为避免直流电流引起的极化效应，通常用交流电流或周期性换向直流电流测定接地网的接地电阻，交流电流的频率应接近工频。推荐采用异频电流法测试大型接地装置的工频特性参数，试验电流宜在3~20A，频率宜在40~60Hz范围，异于工频又尽量接近工频。

(2) 如果采用工频电流测试大型接地装置的工频特性参数，则应采用独立电源或经隔离变压器供电，并尽可能加大试验电流，试验电流不宜小于50A，并要特别注意试验的安全问题，如电流极和试验回路的看护。

4. 测试回路的要求

测试接地装置工频特性参数的电流极应布置得尽量远，通常电流极与被试接地装置边缘的距离应为被试接地装置最大对角线长度 D 的4~5倍；当远距离放线有困难时，在土壤电阻率均匀地区可取 $2D$，在土壤电阻率不均匀地区可取 $3D$。

测试回路应尽量避开河流、湖泊；尽量远离地下金属管路和运行中的输电线路，避免与之长段并行，与之交叉时垂直跨越；注意减小电流线与电位线之间的互感的影响。

5. 辅助电流极和辅助电位极的要求

(1) 电流极的电阻值应尽量小，以保证整个电流回路阻抗足够小，设备输出的试验电流足够大。

(2) 可采用人工接地极或利用高压输电线路的铁塔作为电流极，但应注意避雷线分流的影响。

(3) 如电流极电阻偏高，可尝试采用多个电流极并联或向其周围泼水的方式降阻。

(4) 电位极应紧密而不松动地插入土壤中20cm以上。

10.1.3 检测中的注意事项

(1)应在干燥天气进行，避免雨后立即进行，记录测量时的天气情况

(2) 所用的试验引线截面积不应小于1mm²；试验引线应与地绝缘。

(3) 电流极与电压极的引线应在线路或地下金属管道垂直方向上。

(4) 为减少测量误差，被测接地点有漆或锈时，应将其清楚后再进行测量。

(5) 试验的安全试验期间电流线严禁断开，电流线全程和电流极处要有专人看护。

(6) 在进行(变)电站接地地网测试时，如果电力系统发生涉及该接地网故障，则在该地网与远方零电位点间会有致命的电位差存在。选择电极引线时应考虑该引线能承受引线和接地网任何一点间可能出现的电位差。

(7) 在进行(变)电站接地地网测试时，在手接触试验引线时应倍加小心，绝不允许通过人的两手或人体及其他部分使可能具有高电位差的联电构成回路。虽然在人触及试验引线的同时，发生接地故障的可能性极少，但不应忽视这种可能性的存在。因此，在测量运行中的(变)电站接地网时，应使用绝缘鞋、绝缘手套、绝缘垫及采用其他防护手段。

(8)危险场所应注意可燃气浓度等危险因素，注意工作服的穿着。

(9) 在所有的情况下，应遵守有关专业组织(电力行业的相关规定)所制定的安全程序和安全方法。

10.1.4 检测周期及要求

接地装置的检测包括了电气完整性检测和接地电阻检测，检测周期应符合国家相关要

求。见表 10.1－1。

表 10.1－1　接地装置检测项目及周期

序号	检测项目	检测周期	技术要求
1	电气导通性测试	半年	范围：包含所有接地引下线 要求：回路电阻值一般不应大于 2Ω
2	接地电阻检测	半年	范围：每个独立地网 要求：接地电阻值不应大于 4Ω
3	接地装置开挖检查	5～8 年	范围：研究地网、土壤特性后确定开挖方案，要有一定的代表性和普遍性 要求：开挖深度不少于 1m，检查地网腐蚀情况并进行有效性评估

10.2　高压电气设备的检测

10.2.1　高压电气设备的绝缘特征量

电力设备是由导电材料、绝缘材料、导磁材料和结构材料组成。常用的导电材料有铜、铝；常用的导磁材料有硅钢片等；常用的结构材料有铸铁、钢板等。电力设备的绝缘材料有固体、液体和气体，如发电机的环氧—云母复合绝缘、电缆的塑料绝缘（交联聚乙烯、聚氯乙烯、氟塑料等），绝缘子与套管的绝缘（电瓷、玻璃、环氧玻璃纤维硅橡胶）；变压器、充油电缆的油纸复合绝缘；GIS（气体绝缘系统或气体绝缘变电站）中的 S_{F6} 或 S_{F6} 混合气体绝缘等等。

设备绝缘结构性能的好坏，往往成为决定整个电气设备寿命的关键所在。大量故障统计分析表明，电力设备运行中 60%～80% 的事故是由绝缘故障导致的，所以研究电力设备绝缘检测与诊断技术，对提高电力设备运行可靠性具有极其重要的意义[3]。

电力没备在制造、运输、安装和运输过程中不可避免地会产生绝缘缺陷，特别是在长期运行过程中，电力设备受到电场、热场、机械应力、化学腐蚀以及环境条件等的影响，电力设备绝缘的品质逐渐劣化，可能导致绝缘系统的破坏。

绝缘系统中的绝缘缺陷通常可以分成两大类：一类是集中性缺陷，指缺陷集中于绝缘的某一个或某几个部分，例如局部受潮、局部机械损伤、绝缘内部气泡、瓷介质裂纹等。它又可分为贯穿性缺陷和非贯穿性缺陷，这类缺陷的发展速度较快，因而具有较大的危险性。另一类是分布性缺陷，指由于受潮、过热、动力负荷及长时间过电压的作用导致的电气设备整体绝缘性能下降。例如绝缘整体受潮、充油设备的油变质等，它是一种普遍性的劣化，是缓慢演变而发展的。绝缘内部有了上述这两类缺陷后，它的特性就要发生一定的变化。

绝缘材料和结构在运行中产生的特性劣化，有的是可逆的，有的是不可逆的。对于绝缘系统在运行中出现的诸如受潮等情况而导致绝缘性能下降，经过处理可以恢复原有特性的，就是一种可逆的劣化；而绝缘系统在各种因素的长期作用下发生一系列的化学、物理变化，导致绝缘性能和机械性能等不断下降，则产生了一种不可逆的变化，将最终导致电力设备绝缘击穿，这种变化过程即为老化。

电力设备绝缘老化是在一定的外界因素的作用下产生的，这些外界因素（如电、热、机械应力、环境因素等）常称为老化因子。运行过程中，在多因子的综合作用下电力设备绝缘系统产生老化，其作用过程极其复杂。目前国内外对单一因子作用下的老化规律有较多的研究，而对多因子顺序作用和同时作用的老化机理研究较少，从而也制约了电力设备绝缘检测水平的提高。

电老化是指在电场长期作用下电力设备绝缘系统中发生的老化。电老化机理很复杂，它包含放电引起的一系列物理和化学效应。随着外施电压的增加，绝缘系统中的放电加强，放电量和放电重复率均增加，导致电老化速度加快，绝缘寿命降低。热老化是热的长期作用下电力设备绝缘系统中发生的老化。有机绝缘材料在热的作用下发生热降解，绝缘材料的结构变化，使其电气性能和机械性能劣化。随着温度的上升，绝缘的热老化速度迅速增加，不同的绝缘材料受温度的影响程度不一样，在室温下绝缘材料的老化极其缓慢。机械老化是指固体绝缘系统在运行过程中受到各种机械应力的作用发生的老化。机械老化过程是绝缘材料在机械应力的作用下微观缺陷发生规则运动，形成微裂缝并逐渐扩大而导致的。机械应力产生的微裂缝在强电场作用下将引发局部放电，从而加速绝缘系统的破坏。环境老化是指在水分、氧气、阳光辐射、化学尘埃等自然环境条件下和高海拔地理条件下导致的绝缘系统表面老化，特别是当有机高聚物表面沉积污秽物后，在水和强电场的作用下将产生强烈的污秽放电，导致绝缘表面产生破坏。

表征不同绝缘系统劣化程度有不同特征量。绝缘特征量分两类：一类是直接表征绝缘剩余寿命的特征量。如耐电强度、机械强度；另一类是间接表征绝缘剩余寿命的特征量，如绝缘电阻、介质损耗角正切、泄漏电流、局部放电量、油中气体含量、油中微水含量等等。直接特征量是通过破坏性试验方法得到的，而间接特征量可以通过非破坏性试验得到。随着对不同老化因子作用规律研究的深入，提出了一些新的表征绝缘品质的特征量，如第二电流激增点、直流分量、超高频放电频谱、超声振动特性等等。

绝缘老化是时间和老化因子的函数，绝缘老化的程度要根据其性能的变化来确定。当绝缘性能指标达到某些极限值时，绝缘已不能在工作电压下正常使用，其寿命达到使用极限，这些性能指标称为阈值或判据。绝缘检测就是通过各种不同的方法检测电力设备的现有绝缘性能，即通过一些试验，测量表征绝缘性能的有关参数，把隐藏的缺陷查出来。电力运行部门和电力试验研究部门，对于运行中的电力设备常采用定期检测和在线监测的方法，来判定绝缘系统的当前性能。

10.2.2 高压电气设备常规检测项目

为了确保电力设备的安全运行，电力设备在制造和运行过程中均需要进行严格的检测。电力设备在制造过程中的检测主要分：型式试验、例行试验和出厂试验；电力设备在运行前和运行中的检测主要有：交接试验、预防性试验和在线监测。通过试验，掌握电气设备绝缘的情况，可保证产品质量或及早发现缺陷，从而进行相应的维护与检修，以保证设备的正常运行。

电力设备在运行中进行绝缘预防性试验，可及时发现缺陷，减少事故的发生，它已成为我国电力生产中的一项重要制度。预防性试验可分为非破坏性试验和破坏性试验两大类。

1. 非破坏性试验

又称绝缘特性试验，是指在较低的电压下或是用其他不会损伤绝缘的办法来测量绝缘的各种特性，从而判断绝缘内部有无缺陷。常见的试验项目有绝缘电阻测量、泄漏电流测量、介质损耗角正切测量、油中气体含量检测等项目：由于这类试验加的电压较低或不需施加电压，故不会损伤设备的绝缘性能，其目的是判断绝缘状态，及时发现可能的劣化现象。实践证明这类方法是有效的，但目前还不能仅依据它们来可靠地判断设备的绝缘状态。

2. 破坏性试验

又称绝缘耐压试验，是指在高于工作电压下所进行的试验。试验时在设备绝缘上施加规定的试验电压，考验绝缘对此电压的耐受能力。它主要指交流耐压和直流耐压试验。由于这类试验所加电压较高，考验比较直接和严格。特别是能揭露那些危险性较大的集中性缺陷，因此能保证绝缘有一定的水平或裕度，缺点是可能会在耐压试验时给绝缘造成一定的损伤。耐压试验在非破坏性试验之后才进行，如果非破坏性试验已表明绝缘存在不正常情况，则必须在查明原因并加以消除后再进行耐压试验．以避免不应有的击穿。

我国 1996 年对《电力设备预防性试验规程》(以下简称《规程》)进行了修订，常见的电力设备预防性试验主要项目见表 10. 2 – 1。

表 10. 2 – 1　现行电力设备预防性试验主要项目

试验项目	发电机	电力变压器	电力电缆	高压套管	断路器	
					充 SF6	充油
绝缘电阻	☆	☆	☆	☆	☆	☆
直流泄漏电流	☆	☆	☆	×	☆	☆
介质损耗角正切	△	☆	☆	☆	△	☆
绝缘油试验	☆	☆	☆	○	×	☆
微量水分测定	×	☆	×	○	☆	×
油中溶解气体分析	×	☆	×	○	×	×
局部放电试验	×	×	×	○	×	×
直流耐压试验	☆	×	☆	×	×	×
交流耐压试验	△	△	×	△	△	☆

注：“☆”表示正常试验项目，“×”表示不进行该项试验。“△”表示大修后进行，“○”表示必要时进行。

预防性试验是一种简便且较有效地评估电力设备绝缘状况的方法。根据过去长期的运行经验及试验研究中已逐步确立起来的这些预防性试验项目，为确保电气设备的安全运行发挥着很大作用。但是，近年来愈来愈多的电力工作者从实践中意识到，常规预防性试验存在着试验时需要停电、试验时间集中工作量大、试验是否有效的问题，特别在电力设备运行过程中，人们最关心的是绝缘结构的剩余电气强度，但至今还未找到它与绝缘电阻、泄漏电流及介质损耗角正切等非破坏性试验参数之间的直接函数关系，所以仅凭这些试验项目难以准确、有效地判断电力设备绝缘的好坏，也不能确保下一运行周期安全运行，有的试验项目试验后还会留有后遗症，这就暴露出常规的停电预防性试验本身存在着缺陷。

为了提高电力设备绝缘试验的准确性和有效性，近年来对电力设备的预防性试验方法进行了必要地修正，一方面提出了一些新的预防性试验项目，如色谱分析、局部放电试验等，使检测的有效性明显提高；另一方面对原有的试验技术进行修正，如“分解试验”(即在可能的情况下，将大型电力设备分解成若干部分进行试验)，并起到了一定的效果。

10. 2. 2. 1　绝缘电阻测试

绝缘电阻是反映绝缘性能的最基本的指标之一，绝缘电阻的测量在设备维护检修时，广泛地用作常规的绝缘试验。

通常都用兆欧表来测量绝缘电阻。当直流电压作用在任何电介质上时，流过它的电流是随加压时间的增长而逐渐藏小的，在相当长时间后，趋于一稳定值，这个稳定电流即为泄漏电流。如图 10.2-1 中的曲线 1 即是这一电流随时间的变化的曲线，这一现象称为吸收现象。如被试设备绝缘状况良好，吸收过程进行得越慢，吸收现象越明显，如图 10.2-1 中曲线 2 所示。

如被试设备绝缘受潮严重，或有集中性的导电通道，则其绝缘电阻值显著降低，泄漏电流将增大，吸收过程加快，吸收现象不明显，此时绝缘电阻值随加压时间的变化如图 10.2-1中的曲线 3 所示。如上所述，可根据被试设备泄漏电流变化的情况来判断设备的绝缘状况。

为了方便，在一般情况下，不是直接测量电气设备绝缘的泄漏电流，而是用兆欧表来测量绝缘的电阻变化，因为当直流电压一定时，绝缘电阻与泄漏电流成反比。

1. 兆欧表的工作原理

兆欧表是利用电流比较法的原理进行绝缘电阻测量的，电压线圈和电流线圈相互垂直地固定在同一转轴上，并处在同一磁场中，仪表指针固定在转轴上，如图 10.2-2 所示。

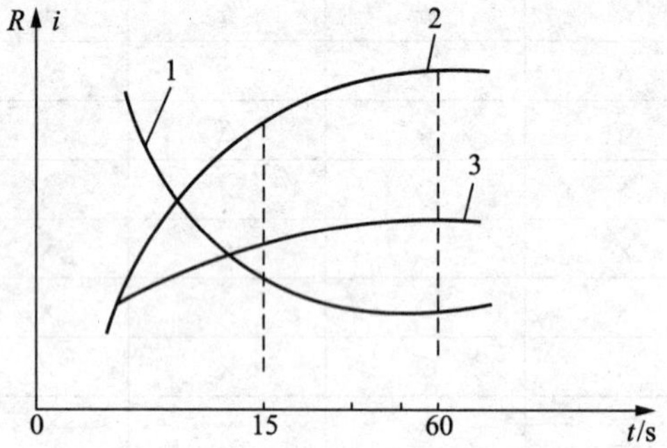

图 10.2-1 泄漏电流、绝缘电阻测量值与时间的关系

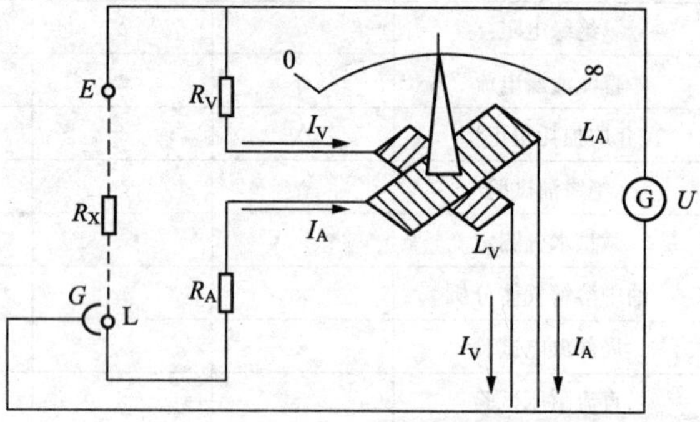

图 10.2-2 兆欧表测量原理图

R_V——分压电阻；

R_{V0}——电压线圈 L_V 的固有电阻；

R_A——限流保护电阻；

R_{A0}——电流线圈 L_A 的固有电阻；

R_X——试品的绝缘电阻。

根据转矩平衡原理，

$$\begin{aligned} M_V &= I_V \cdot f_V(\alpha) \\ M_A &= I_A \cdot f_A(\alpha) \\ M_V &= M_A \end{aligned} \qquad (10-1)$$

由此，$\dfrac{I_A}{I_V}=\dfrac{f_V(\alpha)}{f_A(\alpha)}=f(\alpha)$，或表示为 $\alpha=f(\dfrac{I_A}{I_V})$。此式表明，偏转角 α 只与两电流大小的比值有关。

由于 $I_A=\dfrac{U}{R_X+R_A+R_{A0}}$；$I_V=\dfrac{U}{R_V+R_{V0}}$；则$\dfrac{I_A}{I_V}=\dfrac{R_V+R_{V0}}{R_X+R_A+R_{A0}}$。

于是 $\alpha=f(\dfrac{R_V+R_{V0}}{R_X+R_A+R_{A0}})$。

由于 R_V、R_{V0}、R_A、R_{A0} 均为常数，所以

$$\alpha = f(R_X) \tag{10-2}$$

即兆欧表指针偏转角 α 反映了被试品绝缘电阻值 R_X 的大小，这就可以把偏转角 α 的读数直接标定为被测绝缘电阻 R_X 的值。它不受电源电压波动的影响，这是兆欧表的重要特点。

2. 绝缘电阻的测试方法

兆欧表有三个端子，如图 10.2 – 3 所示为用兆欧表测量套管绝缘的接线图，其中高压端子 L，接地端子 E，屏蔽端子 G。其中屏蔽电极的作用是吸收套管表面的漏电流，从而减小测量误差，屏蔽电极越靠近高压端对被试绝缘电场的畸变越小，测量效果越好。

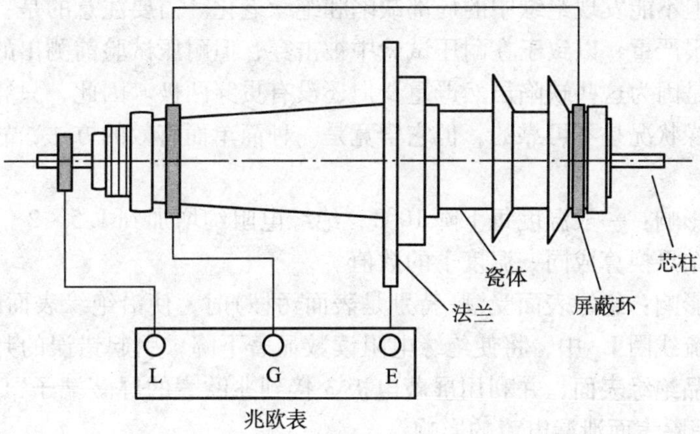

图 10.2 – 3　用兆欧表测量套管绝缘的接线图

测量绝缘电阻时规定以加电压后 60s 测得的数值为该被试品的绝缘电阻值。当被试品中存在贯穿的集中性缺陷时，反映泄漏电流的绝缘电阻将明显下降，于是用兆欧表测量时，便很容易发现，在绝缘预防性试验中所测得的被试品的绝缘电阻值应等于或大于一般规程所允许的数值。但对于许多电气设备，反映泄漏电流的绝缘电阻值往往变动很大，它与被试品的体积、尺寸、空气状况等有关，往往难以给出一定的判断绝缘电阻的标准。通常把处于同一运行条件下，不同相的绝缘电阻值进行比较，或者把本次测得的数据与同一温度下出厂或交接时的数值及历年的测量记录相比较，与大修前后和耐压试验前后的数据相比较，与同类型的设备相比较，同时还应注意环境的可比条件。比较结果不应有明显的降低或有较大的差异，否则应引起注意，对重要的设备必须查明原因。常用的兆欧表的额定电压有 500V、1000V、2500V 和 5kV 等四种，高压电气设备绝缘预防性试验中规定，对于额定电压为 1000V 及以上的设备，应使用 2500V 的兆欧表进行测试；而对于 1000 V 以下的设备，则使用 1000V 的兆欧表。

3. 极化指数与吸收比

对于电容量较大的设备，如电机、变压器等，可以利用吸收现象来测量其绝缘电阻值随时间的变化，以判断其绝缘状况，通常测定加压后 15s 的绝缘电阻 $R15$ 值和 60s 时的绝缘电阻 $R60$ 值，并把后者对前者的比值称为绝缘的吸收比 K，即

$$K = \frac{R''_{60}}{R''_{15}} \tag{10-3}$$

对于大容量试品，还采用测定加压后 10min 的绝缘电阻 R'_{10} 和 1min 时的绝缘电阻 R'_1 值，把前者对后者的比值称为极化指数，即 R'_{10}/R'_1。

对于不均匀试品的绝缘(特别是对 B 级绝缘)，如果绝缘状况良好，则吸收现象特别明显，K 值便远大于1。如果绝缘受潮严重或是绝缘内部有集中性的导电通道，由于泄漏电流大增，吸收电流迅速衰减，使加压后60s 时的电流基本上等于15s 时的电流，K 值将大大下降，$K\approx 1$。因此，利用绝缘的吸收曲线的变化或吸收比 K 值的变化，可以判断绝缘的状况。《电力设备预防性试验规程》中规定：沥青浸胶及烘卷云母绝缘(容量为 6000kW 及以上)的吸收比不小于1.3 或极化指数不小于1.5 为绝缘干燥，如果小于以上的数值，则可判断绝缘可能受潮。

测量绝缘电阻可发现总体绝缘质量不良、绝缘受潮、绝缘表面情况不良以及贯穿性的导电通道等缺陷，但不能发现绝缘中的局部缺陷和绝缘老化。需要注意的是：有些设备的某些集中性缺陷虽已很严重，以致于在耐压试验中被击穿，但耐压试验前测出的绝缘电阻值和吸收比均很高，这是因为这些缺陷虽然严重，但还没有贯穿两极。因此，只凭测量绝缘电阻和吸收比来判断绝缘状况是不可靠的，但它毕竟是一种简单而有效的方法，故使用十分普遍。

4. 影响因素

(1) 温度的影响：一般温度每下降 10℃，绝缘电阻约增加到 1.5 ~ 2 倍。为了比较测量结果，需将测量结果换算成同一温度下的数值。

(2) 湿度的影响：绝缘表面受潮(特别是表面污秽)时，使沿绝缘表面的泄漏电流增大，泄漏电流流入电流线圈 L_A 中，将使绝缘电阻读数显著下降，引起错误的判断。为此，必须很好地清洁被试品绝缘表面，并利用屏蔽电极 3 接到兆欧表的屏蔽端子“G”，接线方式见图 10.2 -3，以消除表面泄漏电流的影响。

5. 测量绝缘电阻时的注意事项

(1) 测试前应先拆除被试品的电源及对外的一切连线，并将其接地，以充分放电；

(2) 测试时以额定转速(约 120r/min)转动兆欧表把手(不得低于额定转速的 80%)，待转速稳定后，接上被试品，兆欧表指针逐渐上升，待指针读数稳定后，开始读数；

(3) 对大容量的被试品测量绝缘电阻时，在测量结束前，必须先断开兆欧表与被试品的连线，再停止转动兆欧表，以免被试品的残余电荷对兆欧表反充电而损坏兆欧表；

(4) 兆欧表的线路端与接地端引出线不要靠在一起，接线路端的导线不可放在地上；

(5) 记录测量时的温度和湿度，以便进行校正。在湿度较大的条件下测量时，必须加屏蔽。

10.2.2.2 泄漏电流测试

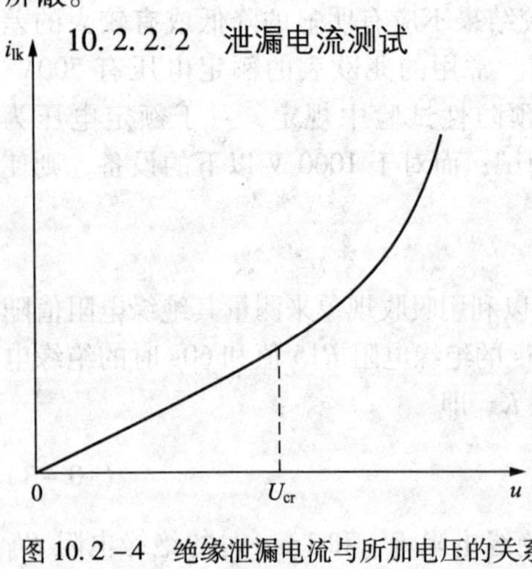

图 10.2 -4 绝缘泄漏电流与所加电压的关系

在直流电压作用下测量泄漏电流，实际上也是测量绝缘电阻。经验表明：当所加的直流电压不高时，由泄漏电流换算得出的绝缘电阻值与兆欧表所测值极为接近，测泄漏电流并不比用兆欧表测绝缘电阻能获得更多的信息；但用较高的电压来测泄漏电流时，就有可能发现兆欧表所不能发现的绝缘损坏或弱点。例如图 10.2 -4 所示，当 $u < U_{cr}$ 时，泄漏电流 i_{lk} 与所加电压 u 接近成正比，而当 $u > U_{cr}$ 时，泄漏电流增长较快，这表示该绝缘不宜长时间承受大于 U_{cr} 的电压。

泄漏电流的测量采用微安表，其接线方式如图

10.2－5 所示。

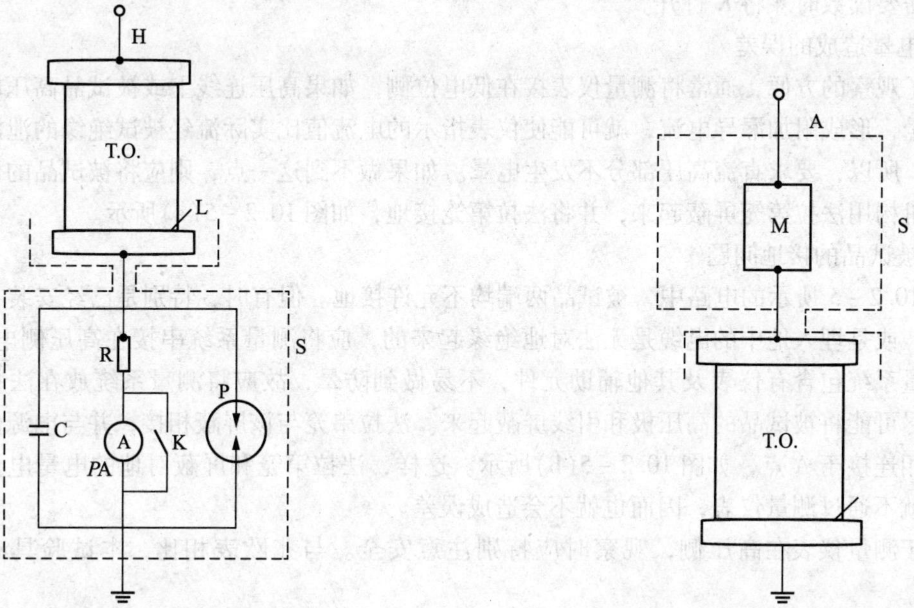

（a）被试品不接地时的测试电路　　（b）被试品一端接地时的测试电路

图 10.2－5　泄漏电流测量电路图

T.O.—被试品；H—高压电极；L—低压电极；A—直流电流表；
R—保护电阻；P—放电管；C—缓冲电容；K—旁路开关；S—屏蔽笼；M—测量机构

一个良好的绝缘，在标准规定的试验电压作用下，其泄漏电流不应随加压时间的延长而增大。读取泄漏电流值的时间，一般规定为到达试验电压后 1min。《试验规程》规定的油浸电力变压器绕组泄漏电流允许值如表 10.2－2 所示。

测泄漏电流时，除了考虑温度、时间和表面泄漏等因素之外，还应注意下列问题：

1. 电压的稳定性

一般都用整流来获得直流电压，整流电压的脉动因素应符合国家标准规定，不大于3%。

表 10.2－2　油浸电力变压器绕组泄漏电流允许值(μA)

额定电压/kV	试验电压峰值/kV	温度/℃							
		10	20	30	40	50	60	70	80
2～3	5	11	17	26	39	55	83	125	170
6～15	10	22	38	50	77	112	166	250	340
20～35	20	33	50	74	111	167	250	400	570
63～330	40	33	50	74	111	167	250	400	570

2. 测量仪表的保护

可以应用图 10.2－5 所示的电路。电阻 R 的值应这样选取：电流表 A 所允许的最大电流在电阻 R 上的压降应稍大于放电管(可以是测电笔中用的氖管)的起始放电电压，并联电容 C 的作用不仅使电流表的读数稳定，更重要的是作用在放电管 P 上的电压陡波前能有足够的平缓，使 P 来得及动作，故其电容量应较大(>1μF)。电流表平时被旁路开关 K 短接，只有在需要读数时才将 K 打开。

3. 电晕造成的误差

为了观察的方便，通常将测量仪表接在低电位侧，如果高压连线上或被试品高压电极上发生电晕，形成附加漏导电流，就可能使仪表指示的电流值比实际流经被试绝缘的泄漏电流大很多，所以，要求直流高压部分不发生电晕。如果做不到这一点，则应将被试品的低压极和测量机构用法拉第笼屏蔽起来，并将法拉第笼接地，如图 10.2 -5(a)所示。

4. 被试品的接地问题

图 10.2 -5 所示的电路中，被试品两端均不允许接地。但有时，特别是已经安装在现场的设备，或是埋入地中的电缆是无法对地绝缘起来的，应将测量系统串接在高压侧电路中。由于测量系统包含有仪表及其他辅助元件，不易做到防晕，故应将测量系统放在法拉第笼中，并尽可能将被试品的高压极和引线屏蔽起来。法拉弟笼与该屏蔽相接，并与电源侧的高压引线相连接于 A 点，如图 10.2 -5(b)所示。这样，法拉第笼和屏蔽对地的电晕电流和泄漏电流就不通过测量仪表，因而也就不会造成误差。

由于测量仪表在高压侧，观察时应特别注意安全。与兆欧表相比，本试验具有如下特点：

(1)所加直流电压较高，能揭示兆欧表不能发现的某些缺陷；

(2)所加直流电压逐渐升高，从所测电流与电压的线性度，即可指示绝缘状况；

(3)所测结果能精确读取。

10.2.2.3 介质损耗因数(tgδ)测试

介质损耗因数 tgδ 是表征绝缘在交流电压作用下损耗大小的特征参数，它与绝缘体的形状和尺寸无关，是绝缘性能的基本指标之一。其定义为流过绝缘体的有功电流与无功电流的比值。

1. 测试电路

测量 tgδ 的方法有多种，如瓦特表法、电桥法、不平衡电桥法等其中电桥法的准确性最高。测试介质损耗角正切(tgδ)最通用的方法是西林电桥，其原理如图 10.2 -6 所示。

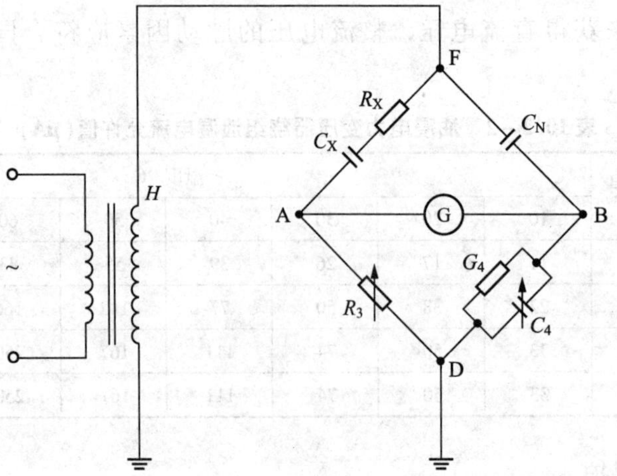

图 10.2 -6　西林电桥基本原理电路

U—高压输出；C_X、R_X—试品；R_3—可调电阻；G—检流计；R_4—固定电阻；

C_n—标准电容(50 ±1pF)；C_4—可调电容；R—保护电阻

为测量方便，令 $Z_1^{\&}$ 为纯电容元件，可用气体绝缘的标准电容器来充当，在工作条件范围内，其电容值为恒量，不随环境温度、适度及所加电压的幅值或频率等因素而变。另 $Z_3^{\&}$ 为纯电阻元件。设各臂的复阻抗分别为

$$Z_1^{\&} = |Z_1| \angle \varphi_1 = R_x + \frac{1}{j\omega C_x};$$

$$Z_2^{\&} = |Z_2| \angle \varphi_2 = \frac{1}{j\omega C_n};$$

$$Z_3^{\&} = |Z_3| \angle \varphi_3 = R_3;$$

$$Z_4^{\&} = |Z_4| \angle \varphi_4 = \frac{1}{\frac{1}{R_4} + j\omega C_4} = \frac{1}{G_4 + j\omega C_4}$$

则电桥平衡条件为：

$$Z_1/Z_3 = Z_2/Z_4 \tag{10-4}$$

即：

$$Z_1 \cdot Z_4 = Z_2 \cdot Z_3 \tag{10-5}$$

被试品在串联等效电路时的向量图如图 10.2－7(a)所示，其介质损耗因数表示为：

$$\mathrm{tg}\delta = \frac{|U_R^{\&}|}{|U_{cx}^{\&}|} = \frac{I \cdot R_x}{\mathrm{I} \cdot (1/\omega C_x)} = \omega R_x C_x \tag{10-6}$$

被试品在并联等效电路时的向量图如图 10.2－7(b)所示，其介质损耗因素表示为：

$$\mathrm{tg}\delta = \frac{|I_R^{\&}|}{|I_R^{\&}|} = \frac{U \cdot G_x}{U\omega C_x} = \frac{1}{\omega R_x C_x} \tag{10-7}$$

由式(10－4)代入各桥臂阻抗，可得：

$$(R_x + \frac{1}{j\omega C_x}) \cdot \frac{1}{G_4 + j\omega C_4} = \frac{1}{j\omega C_N} \cdot \frac{1}{G_3} \tag{10-8}$$

将

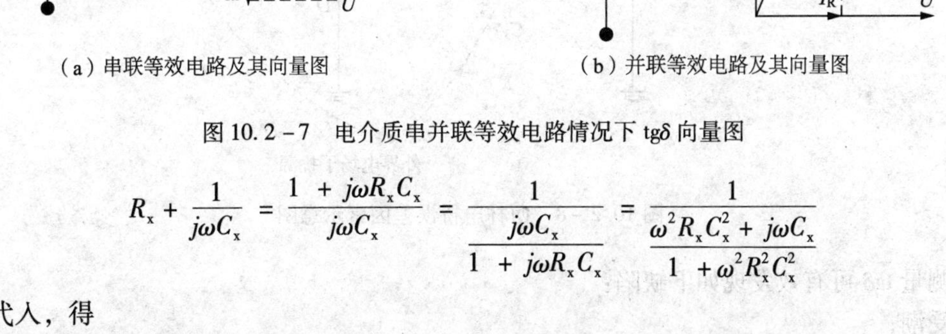

(a) 串联等效电路及其向量图　　(b) 并联等效电路及其向量图

图 10.2－7　电介质串并联等效电路情况下 tgδ 向量图

$$R_x + \frac{1}{j\omega C_x} = \frac{1 + j\omega R_x C_x}{j\omega C_x} = \frac{1}{\frac{j\omega C_x}{1 + j\omega R_x C_x}} = \frac{1}{\frac{\omega^2 R_x C_x^2 + j\omega C_x}{1 + \omega^2 R_x^2 C_x^2}}$$

代入，得

$$\frac{1}{\dfrac{\omega^2 R_x C_x^2 + j\omega C_x}{1 + \omega^2 R_x^2 C_x^2}} \cdot \frac{1}{G_4 + j\omega C_4} = \frac{1}{j\omega C_N} \cdot \frac{1}{G_3}$$

进一步整理，得，

$$\frac{(\omega^2 R_x C_x^2 G_4 - \omega^2 C_x C_4) + j\omega C_x (G_4 + \omega^2 R_x C_x C_4)}{1 + \omega^2 R_x^2 C_x^2} = j\omega C_N G_3$$

根据实部、虚部分别相等，可得

$$\left.\begin{aligned} \frac{\omega^2 R_x C_x^2 G_4 - \omega^2 C_x C_4}{1 + \omega^2 R_x^2 C_x^2} &= 0 \\ \frac{\omega C_x (G_4 + \omega^2 R_x C_x C_4)}{1 + \omega^2 R_x^2 C_x^2} &= \omega C_N G_3 \end{aligned}\right\} \tag{10-9}$$

由串联等效电路的介质损耗因数为：

$$\text{tg}\delta_x = \omega R_x C_x = \omega C_4 R_4 \tag{10-10}$$

试品电容量为

$$C_x = \frac{1}{1 + \text{tg}\delta_x^2} \cdot \frac{R_4}{R_3} C_N \tag{10-11}$$

为了计算方便，通常取 $R_4 = 104/\pi\Omega$。电源为工频时，$\omega = 100\pi$。由式(10－10)可，$\text{tg}\delta_x = 10^6 C_4$。如 C_4 以 μF 计，则 $\text{tg}\delta_x = C_4$。

一般情况下 $\text{tg}\delta_x$ 很小(一般为百分之几)，所以 $C_x \approx \dfrac{R_4}{R_3} C_N$。

2. 影响因素

影响电桥准确度的因素有：高压端对桥体杂散电容的影响；外界干扰的影响(见图 10.2－8)。

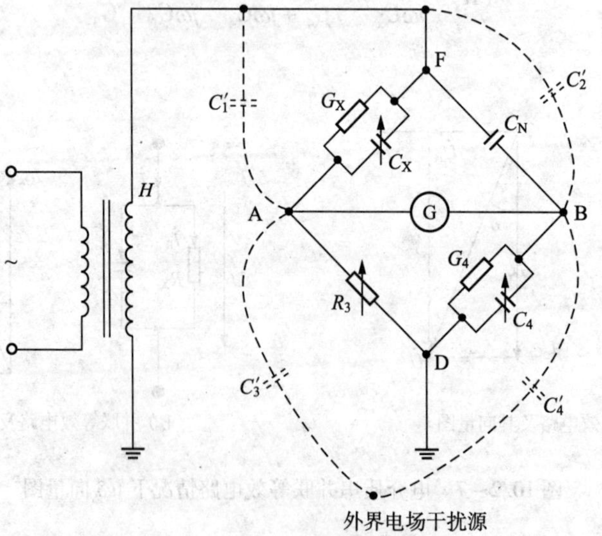

图 10.2－8　西林电桥误差因素示意图

测量 tgδ 可有效发现如下缺陷：

受潮；

穿透性导电通道；

绝缘内含气泡的电离，绝缘分层、脱壳；

绝缘老化、劣化，绕组上附积油泥；

绝缘油脏污、劣化；

非贯穿性的局部损坏、个别的绝缘弱点；

测量介损的注意尽可能地分部测试。

与温度的关系：

不同温度下的测量结果不能准确换算；

为进行比较，要求在相同温度条件下测试。

与电压的关系：

试验电压过低，不易发现缺陷，应接近工作电压。

表面泄漏要排除：加屏蔽环。

抗干扰措施：屏蔽和接地要好。

测量绕组绝缘时，应将绕组首尾短接，避免电感和励磁铁损造成误差。

10.2.2.4　局部放电的测试

1. 测量局部放电的几种方法

此处所谓的局部放电，是指由于电气设备内部绝缘里面存在弱点，在一定外施电压下发生的局部的重复击穿和熄灭现象。这种局部放电发生在一个或几个绝缘内部的气隙或气泡之中，因为在这个很小的空间内电场强度很大。它的放电能量很小，所以它的存在并不影响电气设备的短时绝缘强度。但如果一个电气设备在运行电压下长期存在局部放电现象，这些微弱的放电能量和由此产生的一些不良效应，如不良化合物的产生，就会慢慢地损坏绝缘，最后导致整个绝缘被击穿，引起电气设备的突发性事故。也就是说，一台存在内部弱点的电气设备，尽管它通过了出厂和验收时的耐压试验，但在长期运行中，可能在正常工作电压下发生击穿。为此，制造厂和运行单位都很重视检测设备绝缘内部的局部放电。IEC和国家标准对检测局部放电的方法和放电量指标作出了规定。

实用的局部放电(Partial Discharge，PD)测量方法主要有以下几种：

(1)　绝缘油的气相色谱分析

这项试验是通过检查电气设备油样内所含气体的组成和含量来判断设备内部的隐藏缺陷。电气设备内部若有局部放电或局部过热通常会引起缺陷附近的绝缘分解而产生气体，使溶解于绝缘油中的气体成分发生变化。当变压器内部存在局部放电时，其色谱分析的特征是乙炔(C_2H_2)、氢(H_2)及总烃(甲烷、乙烷、乙烯和乙炔四种气体的总和)气体含量超过一定值。高压互感器和套管等也可用类似方法来判断有无严重的局部放电。

(2)　超声波探测法

在电气设备外壁放置由压电元件和前置放大器组成的超声波探测器，来探测局部放电所造成的超声波，从而确定有无局部放电的发生，并粗略测量其强度和发生的部位。配合局部放电的电测法，可相互验证测试结果的真实性。

(3)　测PD所形成的脉冲电流大小以判断绝缘PD的强弱程度

这种方法可以给出定量的结果，目前规程中已给出了定量的指标。

2. 脉冲电流法

为了方便起见，采用绝缘的三电容模型来表征气孔的存在并解释局部放电的机理和脉冲电流法测 PD 的原理。图 10.2－9(a)表示在绝缘中，位于 g 的一块体积中存在一个气泡，b 和 m 处绝缘状况良好。在图 10.2－9(b)则用 C_g 代表气泡的电容，C_b 代表和 C_g 相串联部分 b_1 和 b_2 的介质电容，C_m 代表其余大部分绝缘 m 的电容。气泡很小，C_g 比 C_b 大，C_m 比 C_b 大很多。如在电极间加上交流电压 u，则出现在 C_g 上的电压为 $u_g = uC_b/(C_g + C_b)$。

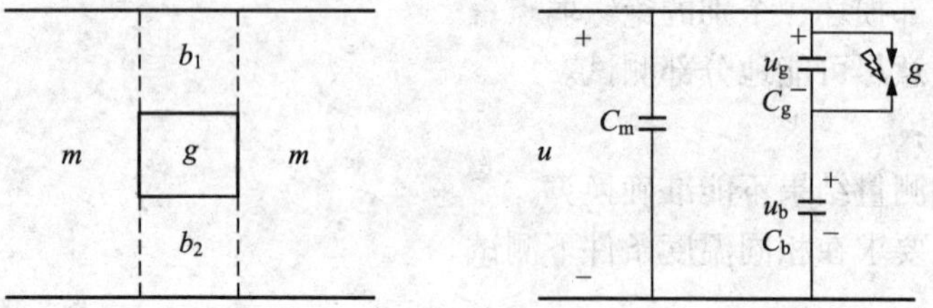

(a) 具有气泡的介质剖面　　(b) 等效电路

图 10.2－9　介质内部有气隙放电时的三电容模型

u_g 随外加电压 u 升高，当 u 上升到某一瞬时值 U_s，u_g 到达 C_g 的放电电压 U_g 时，C_g 气隙放电，真实放电量为 Δq_r。于是 C_g 上的电压一下子从 U_g 下降到 U_r，然后放电熄灭。U_r 叫做残余电压，它可以接近于零值，也可以为小于 U_g(均绝对值)的其他值。外施电压是作用在整个试品 C_m 上的，当 C_g 上的电压变动($U_g - U_r$)时，会造成外施电压的变化位为 ΔU。与它相应的电荷变化量为 Δq，即：

$$\Delta q = \Delta U C_m + \frac{C_b C_g}{C_b + C_g} = \Delta q_r C_b/(C_g + C_b) \tag{10-12}$$

真实放电量 Δq_r 是无法测量的，而 Δq 是可以测得的，Δq 称作视在放电量，它是局部放电试验中的重要参量，国际和国家标准中，对于各类高压设备的视在放电量 Δq 的允许值均有所规定。从上式可见，Δq 比真实放电量 Δq_r 小得多。它以 pC 作为计量单位。其中 C 代表电荷量库仑。

3. 表征局部放电的基本参数

表征局部放电的基本参数有以下几种：

(1) 视在电荷(Apparent Charge，即前述的视在放电量 Δq)；

(2) 脉冲重复率 n(pulse repetition rate)。在选定的时间间隔内所记录到的 PD 脉冲的总数与该时间间隔的比值；

(3) 脉冲重复频率 N(pulse repetition frequency)。就等间隔脉冲而言，脉冲重复率就是每秒局部放电脉冲数；

(4) 平均放电电流 I。在选定的参考时间间隔 T 内，各个视在电荷绝对值的总和除以时间 T；

(5) 放电功率 P。在选定的参考时间间隔 T 内的单个视在电荷馈入试品两端间的平均脉冲功率；

(6) 局部放电的起始放电电压和熄灭电压。

4. 局部放电测量回路和检测阻抗

(1) 脉冲电流法的基本测量回路

一般推荐三种基本测量回路：①试品与检测阻抗并联的回路(图 10.2－10)；②试品与检测阻抗串联的回路(图 10.2－11)；③电桥平衡回路(图 10.2－12)。

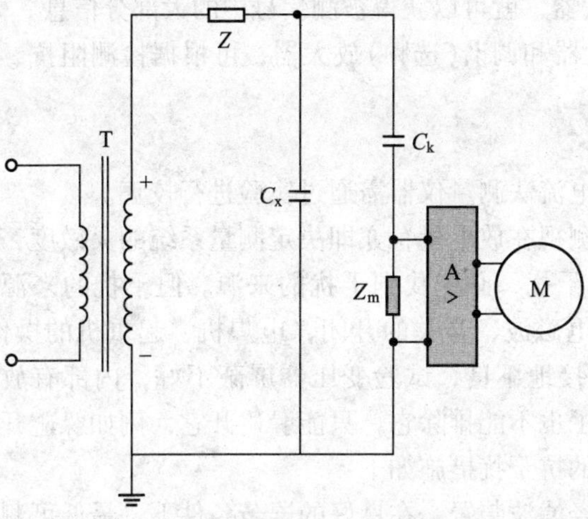

图 10.2－10 试品通过 C_k 后与检测阻抗并联的回路

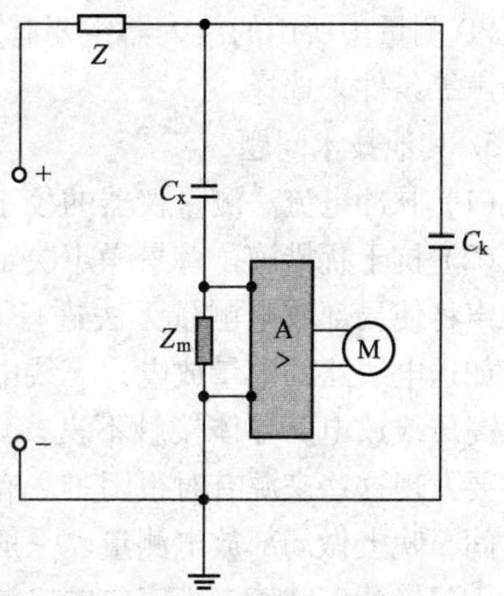

图 10.2－11 试品与检测阻抗相串联的回路

三个图中 C_x 代表被试品的电容，C_k代表耦合电容，Z_m 代表检测阻抗，Z 代表低通滤波器，u 代表由无晕高压试验变压器供给的交流高电压，A 代表放大器，M 代表侧量仪器。这三个回路都是要把在一定电压 u 作用下的被试品 C_x 中产生的局部放电信号，能传递到 Z_m 的两端，然后通过放大器送到测量仪器。耦合电容器 C_k 为被试品 C_x 与测量阻抗 Z_m 之间提供一个传递 PD 信号的低阻抗通道，同时它可以大大降低作用于 Z_m 上的工频电压分量。C_k 必须无内部局部放电，一般而言希望 C_k 的电容不小于 C_x。为了防止电源噪声流入到测量回路和试品的局部放电脉冲流向电源，在电源和测量回路间接入一个低通滤波器 Z，Z 上不应该出现放电，它应比 Z_m 大。图 10.2－10 与图 10.2－11 的电路对高频脉冲电流而言并无差别，前者可应用于试品一端接地的条件下。此外，在 C_x 较大的情况下，可以采用电容值小于 C_x 的 C_k，以避免较大的工频电容电流流过 Z_m。为了提高抗外界干扰的能力，可采用图 10.2－12 所示的电桥平衡电路，若 C_k 采用与试品完全相同而其内部局部放电量极小的辅助试品，且 Z_m 与 Z'_m 二者完全相同，则理论上此电桥电路可以对所有的外加干扰的频率都能平衡，由此可消除外来干扰的影响。在 C_x 中发生局部放电时，平衡条件被破坏，在检测阻抗 Z_m 上即可获得 PD 信号。

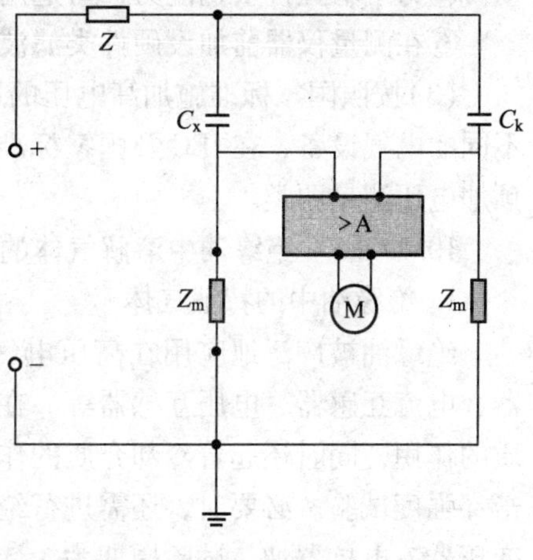

图 10.2－12 电桥平衡检测回路

（2）检测阻抗和放大器

检侧阻抗 Z_m 的作用是获得局部放电所产生的高频脉冲信号。由于信号幅度很小需经过放大器 A 予以放大，Z_m 与 A 在特性上需相互适应。它们关系到测量的灵敏度和脉冲分辨率。

检测阻抗主要有 RC（并联）型和 RLC（并联）型两种。测量时，检测阻抗上的电压幅值 Δu_d 与视在电荷成正比。RC 型的 Z_m 两端电压为非周期性的单向脉冲，脉冲持续时间短，分辨率高。RLC 的 Z_m 两端 u_d 频谱中，幅值较大的谐波分量集中在一个中心角频率 ω_d 附近，

只要选用包括 ω_d 在内而频带不必很宽的放大器，就可以获得被测信号中的大部分信息。

PD 测量中所用的放大器主要有宽带放大器和调谐(选频)放大器，可根据检测阻抗、外界噪声等条件来选择。

5. 其他技术问题

(1) 脉冲电流法测量仪器的校正。脉冲电流法测量仪器需通过实验进行校正。

(2) 抗干扰措施。背景噪声决定最小可测视在放电量，亦即决定测量系统的灵敏度，严重噪声将使局部放电测量无法进行。要消除干扰，必先找到干扰的来源。但干扰的来源很多，如送电线路的电晕放电，无线电广播的电磁波，开关的开闭，电焊机、起重机的操作，试区高压线放电，导体接触不良，试验回路接地不良，试验变压器屏蔽不好，内部有放电等。要发现这些来源有时很困难。有时发现了也不能排除它，只能躲避开它，例如躲避开用电时间，晚上做局部放电测量。一般所采用的抗干扰措施如下：

①建屏蔽室并使进入室内的电源线预先经滤波装置，在良好的屏蔽条件下，最低可测放电量约为 1pC；

②选用没有内部放电的调压装置及试验变压器和耦合电容器，外露电极应有屏蔽罩；

③试验室内一切不带电导体都应可靠接地，要防止照明产生干扰；

④采用图 10.2－12 电桥平衡回路有助于降低干扰水平；

④为了增强抗干扰能力，可选用较窄频带的放大器或选频放大器；

⑥在测量仪器前加设硬件类滤波器，采用数字式记录仪时，可加软件类数字滤波器。

(3)按照国家标准施加高电压的过程。应施加的高电压数值及施加电压的测量过程，按不同的电气设备，在 IEC 及国家标准中均有所规定。加电压情况可分为无预加电压测量和有预加电压测量两类。

10.2.2.5　绝缘油中溶解气体的色谱分析

1. 绝缘油中的特征气体

绝缘油被广泛地应用在高压电气设备中，如电力变压器、断路器、电力电容器、电抗器、电流互感器、电压互感器等。在以绝缘油为绝缘介质的设备中，绝缘油不仅起到绝缘介质的作用，同时还起着冷却介质的作用。所以在电力设备进行耐压试验前，必须进行绝缘油击穿强度试验。必要时，还需进行绝缘油物理、化学试验及 $\mathrm{tg}\delta$ 测定。例如：330kV、500kV 变压器、电抗器油，试验周期为 1 年。对于 66～220kV 变压器及 1000kVA 以上所有厂用变压器油，试验周期为 1 年。35kV 及以下变压器油试验周期为 3 年。新变压器、电抗器在投运前、大修后，也要进行油试验。

变压器油的主要成分：烷烃、环烷烃、芳香烃、烯烃等。绝缘纸、纸板主要成分为纤维素(C_6H_{1005})$_n$，n 为聚合度(一般在 1500 左右)。新绝缘油中溶解的气体主要是空气，即 N_2 (71%)和 O_2(28%)。浸绝缘油的电气设备，在出厂试验和正常运行过程中，绝缘油和浸在油中的有机材料发生老化，绝缘油中就有可能溶解少量的 H_2、CO、CO_2 或烃类气体，但含量一般不会超过参考值。但当设备存在局部过热、电弧、内部故障时，绝缘油或其他材料会分解出大量的烃类气体和 CO，CO_2 等，这些气体因此被称为特征气体。所谓绝缘油的气相色谱分析，就是将绝缘油中溶解的气体分离出来，送入相色谱仪，对不同的气体进行分离和定量，根据测定的绝缘油中所溶解的气体的种类、含量，判断电气设备是否存在绝缘故障以及故障种类的试验方法。

当电气设备内部有过热或局部放电等缺陷时，缺陷附近的油纸绝缘就会分解而产生烃类气体、H_2、CO、CO_2 等，这些气体不断溶解于绝缘油中。如果变压器油发生热分解，则溶解气体的主要特点是烃类气体的总量较高，且其中甲烷、乙烯也较多。如果固体绝缘（纸板、木材等）过热，由于固体绝缘受热分解，油中溶解气体中的 CO、CO_2 含量也将加大，所以 CO、CO_2 含量高是固体绝缘热分解的主要特征。当变压器内部存在放电故障时，其色谱分析的特征是 C_2H_2 和 H_2 的含量较大。C_2H_2 含量过大常是区别放电或过热的主要特征。分析油中溶解气体以上各种成分、含量，有助于判断变压器中陷藏缺陷的性质。GB 7252—2001 给出了变压器油纸绝缘存在故障情况下产气的主要成分，如表 10.2-3 所示。

表 10.2-3 GB 7252—2001 中给出的油纸绝缘不同故障类型产生的气体组分

故障类型	主要成分	次要成分
油过热	CH_4，C_2H_4	H_2，C_2H_6
油和纸过热	CH_4，C_2H_4，CO，CO_2	H_2，C_2H_6
油纸绝缘中局部放电	H_2，CH_4，C_2H_2，CO	C_2H_6，CO_2
油中电火花	C_2H_2，H_2	
油中电弧放电	H_2，C_2H_2	C_2H_4，C_2H_6
油和纸中电弧	H_2，C_2H_2，CO，CO_2	CH_4，C_2H_4，C_2H_6

注：进水受潮或油中气泡也可使氢气含量增加。

绝缘油的气相色谱分析方法对于判断上述慢性局部潜在缺陷是有效的，但此法不易发现某些突发性故障，如在匝间短路故障的潜伏期，油中溶解气体的成分、容量无异常变化，气相色谱分析不易发现这种故障。

2. 气相色谱分析的流程

用色谱分析来测定油中溶解气体组分的流程如下：

（1）取油样

一般可在设备运行状态下，从变压器油箱下部的放油阀处放取油样。运行时由于油的对流，使各部分的溶解气体分布均匀，对产气较慢的潜伏性故障所产生的气体已大致扩散均匀，故从何处取油样，其测定结果是相同的。但在故障严重、绝缘材料产气量大时，气体来不及溶解就呈气泡状向上运动。这样产气的故障点以上部位的油中溶解气体就多，上、下部位油中含气量差别较大。这时应以上、下部位同时取样为好。发生突发性故障后，气体扩散往往不充分，应注意取样时间和部位。必要时可在多处取样。对气体继电器已动作的变压器，则应同时从继电器放气嘴上取气样作综合分析。

一般可用玻璃注射器取油样和气样。GB 7252—2001 规定，对大油量的变压器、电抗器的取样量可为 50～80mL；对少油设备应尽量少取，以够用为限。实际取样量与脱气方法有关。采用机械振荡法、盐水真空搅拌法及托里拆利真空法脱气时，一般取样量为 30mL 就足够了。取样操作应按照国家标准规定进行。

（2）脱气

按照国家标准介绍，常用的脱气方法有两类。

一类是溶解平衡法。目前，溶解平衡法使用的是机械振荡方式，其重复性与再现性能满足使用要求。该方法的原理是在恒温条件下，油样在含有洗脱气体的密闭系统内通过机械振荡，使油中溶解气体在气、液两相达到分配平衡。通过测试气相中各组分浓度，并根据平衡原理导出的奥斯特瓦尔德系数，计算出油中溶解气体各组分的浓度。

第二类是真空法。真空法主要采用变径活塞泵全脱气法。利用大气压与负压交替对变径活塞施力的特点，借真空与搅拌作用，并连续补入少量氮气(或氩气)到脱气室，使油中溶解气体迅速析出。连续补入少量氮气(或氩气)可加速气体转移，克服了集气空间死体积对脱出气体收集程度的影响，提高了脱气率，基本上实现了真空法的全脱气。

(3) 气相色谱仪分析气体

将进入脱气装置集气管或集气瓶中的气体尽快转移到玻璃注射器中，由玻璃注射器进样到色谱仪中，用色谱柱将各气体组分进行分离。色谱柱常以玻璃管、不锈钢管或铜管组成，管内装有固体填充剂(称为固定相)，固定相对气体有吸附和解吸作用。

待测气体在载气的推动下注入色谱柱，载气可以是氩气、氮气等活性不强的气体。载气又称为流动相，流动相为气体的称为气相色谱分析，流动相为液体的则称为液相色谱分析。

当待测的混合气体被流动相携带通过色谱柱时，气体分子和固定相分子之间发生吸附和解吸的相互作用，从而使混合气体各组分的分子在两相之间进行分配。由于各组分物化性质的不同，造成各组分在色谱柱中运动的速度各不相同。当通过适当长度的色谱柱后，各类气体会因运动速度不同而逐渐被拉开距离，最后会按速度快慢顺序，先后从色谱柱后流出，从而完成了分离。分离过程的示意图如图 10.2－13 所示。

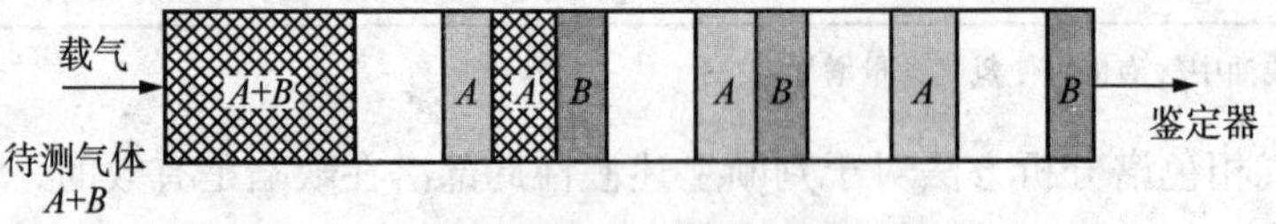

图 10.2－13　色谱柱分离气体组分过程示意图

固定相对气体组分的分离起着决定性作用，不同性质的固定相适应不同的分离对象，应根据需分离的对象来选择固定相的材料。常用的固定相材料有活性炭、硅胶、分子筛、高聚物(如 TOX 系列的碳分子筛、GDX 系列的聚芳香烃高分子多孔小球)等。选择固定相时，要求待测气体的各组分在固定相上的分配系数有差别，并且热稳定性和化学稳定性好，不能与被测组分起化学反应。固定相选定之后，所能分离的气体组分及各组分流出峰的先后次序就确定不变了。图 10.2－14 所示是烃类在硅胶上分离的次序，在 3min 内即可分离 6 个烃类组分。

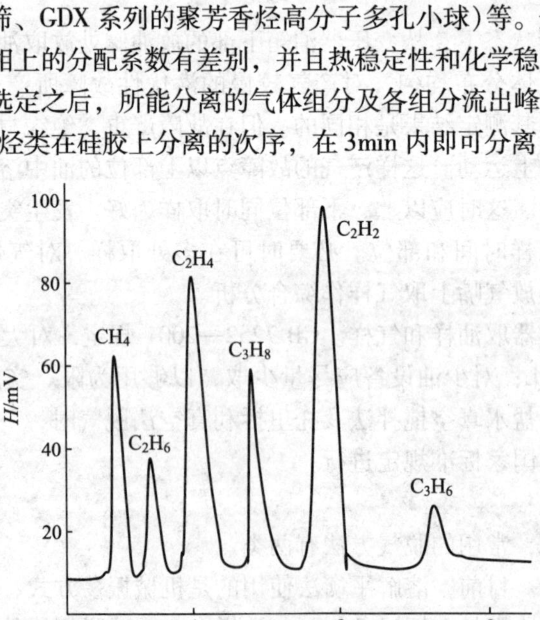

图 10.2－14　烃类气体在异氰酸苯酯多孔硅胶(HGD－201)上的分离次序

为了检测各成分的含量，采用热导池鉴测器(TCD)及氢焰鉴测器(FID)。热导池鉴测器用来检测气样中的H_2，同时也检测出O_2。这种鉴测器用4个钨丝电阻臂组成电桥，未输入检测气体前电桥是平衡的，所以无输出信号；当检测气体进入测量臂后，由于改变了导热系数，因而改变了测量臂钨丝的温度即改变了其电阻值，电桥不平衡而输出信号。信号的大小与被检测的气体种类及含量有关。氢焰鉴测器具有更高的灵敏度，它用来检测烃类气体和CO、CO_2。但CO、CO_2需经过转化炉由镍催化剂转化成有机气体CH_4才能由氢焰鉴测器鉴测。氢焰鉴测器系通过氢气在空气中燃烧生成火焰使被检测气体电离，再由极间电场吸收电离电流，电流的大小即反映被监测气体的含量。

(4) 数据处理

按照国家标准规定，要将测出的各气体组分换算到标准状态(压力为101.3kPa、温度为20℃)时的体积，换算公式为

$$V_g = V'_g \frac{p}{101.3} \cdot \frac{293}{273+t} \tag{10-13}$$

式中 V_g——脱出气体组分换算到标准状态时的体积，mL；

V_g——脱出气体组分在压力为p、温度为t时的实测体积，mL；

p——脱气时的大气压，kPa；

t——环境温度,℃。

(5) 故障性质的诊断

如前所述，不同性质的故障所产生的油中溶解气体的组分是不同的，据此可判断故障的类型。例如过热故障产生的特征气体主要是CH_4、C_2H_4；而放电故障主要是C_2H_2、H_2。为此，可以用体积分数之比CH_4/H_2来区分是放电故障还是热故障，如图10.2-15所示。当温度升高或绝缘纸也过热时，CH_4还要增加，如图10.2-16所示。而温度的高低则可以用体积分数之比C_2H_4/C_2H_6来区分，原因是随着故障点温度的升高，C_2H_4占总烃的比例将增加。

此外，也可用CO/ CH_4体积分数之比来区分温度高低，因为绝缘纸过热虽也分解CO，但也分解CH_4，故温度越高，CO/ CH_4越低。电弧和火花放电故障时有C_2H_2产生，其次是C_2H_4。而局部放电一般无C_2H_2，为此，可用C_2H_2/C_2H_4来区分放电故障的类型。

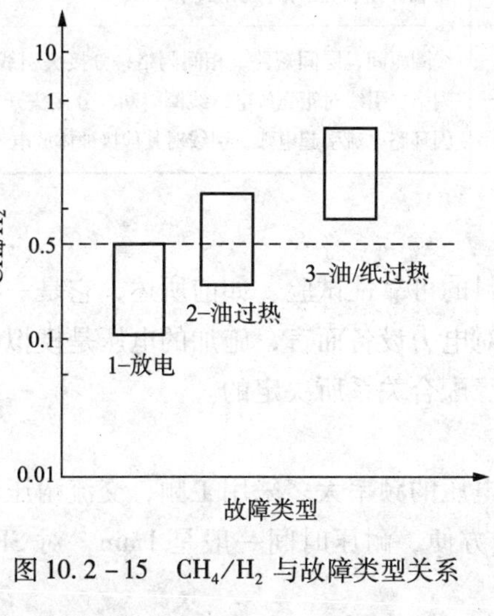

图10.2-15 CH_4/H_2与故障类型关系

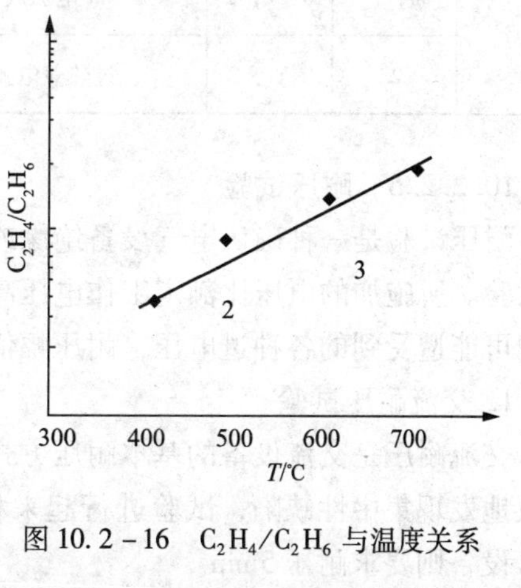

图10.2-16 C_2H_4/C_2H_6与温度关系

综上所述，国际电工委员会和我国国家标准推荐用 C_2H_2/C_2H_4、CH_4/H_2、C_2H_4/C_2H_6 三个比值来判断故障的性质。表 10.2－4 和表 10.2－5 分别为 GB 7252—2001 推荐的改良三比值法的编码规则和故障类型的判断方法。

表 10.2－4　改进的三比值编码规则

比值范围	比值编码的范围		
	C_2H_2/C_2H_4	CH_4/H_2	C_2H_4/C_2H_6
<0.1	0	1	0
0.1～1	1	0	0
1～3	1	2	1
≥3	2	2	2

表 10.2－5　故障判别方法

比值范围			故障类型判断	故障实例（参考）
C_2H_2/C_2H_4	CH_4/H_2	C_2H_4/C_2H_6		
0	0	1	低温过热（低于 150℃）	绝缘导线过热，注意 CO、CO_2 含量和 CO/CO_2 的值
	2	0	低温过热（150～300℃）	分接开关接触不良；引线夹件螺丝松动或接头焊接不良；涡流引起过热；铁芯漏磁、局部短路和层间绝缘不良，铁芯多点接地等
	2	1	中温过热（300～700℃）	
	0，1，2	2	高温过热（高于 700℃）	
	1	0	局部放电	高湿度、高含气量引起油中低能量密度的局部放电
1	0，1	0，1，2	低能放电	引线对电位不固定的部件间连续火花放电，分接抽头引线和油隙闪络，不同电位之间的油中火花放电或悬浮电位之间的火花放电
	2	0，1，2	过热兼低能放电	
2	0，1	0，1，2	电弧放电	线圈匝间、层间短路，相间闪络，分接头引线间油隙闪络，引线对箱壳放电，线圈熔断，分接头开关飞弧，因环路电流引起电弧，引线对其他接地体放电
	2	0，1，2	过热兼电弧放电	

10.2.2.6　耐压试验

耐压试验是一种确认电气设备绝缘或绝缘材料的可靠性试验，如前所述，它是一种破坏性试验。所施加的电压比额定工作电压高得多。对电力设备而言，施加的电压是模拟电力系统中可能遭受到的各种过电压，耐压幅值是由绝缘配合关系所决定的。

1. 交流耐压试验

交流耐压是交流设备的基本耐压方式。交流电压的频率大多采用工频，交流耐压试验能有效地发现集中性缺陷，试验进行起来相对比较方便。耐压时间一般是 1min，对 SF_6 断路器等设备则要求耐压 5min。

国家标准和电力设备预防性试验规程(DL/T 596）对各类设备的耐压值作出了规定。以电力变压器为例，因大修而全部更换绕组后，按出厂试验电压值进行试验。在其他情况下，它们的耐压值取出厂试验电压的85%。

电力变压器的倍频感应耐压试验也属于交流耐压试验的范畴。它是指在电力变压器低压绕组上施加倍频电压，在高压绕组上感应而产生高电压。这样所施加的电压值可高于额定工作电压。进行本项试验，是为了考验变压器的纵向(匝、层间)绝缘及主绝缘，由专门的倍频发电机作为试验电压源。在电力系统现场进行本项试验时，电源可采用移动式中频发电机装置，或是通过三个单相交压器连接成“星形/开口三角”接法，以产生三倍频电压。当试验所采用的频率超100Hz时，为了避免频率的提高而加重对绝缘的考验，应缩短试验的时间。在频率为f时，耐压试验的时间应由下式确定：

$$t = 60 \times 100/f \tag{10-14}$$

式中，t不小于15s。

在额定电压不低于220kV变压器的高压绕组进行交流耐压时，因A、B、C出线端部的绝缘水平远高于中性点的绝缘水平，对前者的交流耐压是通过倍频感应耐压试验来完成的。

2. 直流耐压

直流耐压是直流电力设备的基本耐压方式。对于交流电网中的长电力电缆等，在现场进行交流耐压试验常出现困难，因为长电缆的电容量较大。为了减小试验电源的试验容量，规程规定采用直流耐压来检查电缆绝缘的质量。为了加强对绝缘的考验，电缆的直流耐压值规定得较高。尽管如此，对于使用在交流电网中的电缆，进行直流耐压对绝缘的考核不如交流耐压接近实际。对电力电缆的直流耐压持续时间为5min，可同时进行泄露电流的测量，加电压极性负。对电力变压器及电抗器绝缘的泄露电流测试时所施加的直流电压不很高(见表10.2-6)，可以认为是非破坏性试验。对电动机绝缘进行直流耐压也是发现绝缘缺陷的重要方法。

3. 雷电冲击耐压

雷电冲击耐压用作为考验电力设备承受雷电过电压的能力。对电力变压器类试品不仅考验主绝缘，而且是考验纵绝缘的主要方法。因为本项试验会造成积累效应，所以在规定的试验电压下只施如3次负极性冲击。对多数电力设备只在制造厂作为型式试验进行。但国家标准规定额定电压不小于110kV的变压器出厂时应进行本项试验。电力系统中的绝缘试验，不进行本项试验，对主绝缘的耐受雷电过电压的能力，由交流耐压试验等效地承担。

表10.2-6 不同电压等级变压器类试品的直流试验电压值 kV

绕组额定电压	3	6~10	20~35	66~330	500
直流试验电压	5	10	20	40	60

4. 操作冲击耐压

进行本项试验的必要性。超高压和特高压电力设备的绝缘水平，很大程度上取决于操作过电压。标准规定超高压和特高压电力设备在出厂时，应进行本项试验。标准规定额定电压在220kV及以上变压器在出厂时，也需进行操作冲击耐压，此时可采用在高压绕组上直接加压法。电力行业标准(DL/T 596—1996)规定在电力系统现场进行各种电压等级变压器的耐压试验时，可采用操作冲击耐压方式来取代工频耐压试验。此时常加操作冲击电压在变压器的低压绕组上，利用被试变压器自身的电磁感应作用来升高电压，使高压绕组耐受操作冲击电压。所以冲击电源电压较低，整个装置比较简单。工频耐压试验本来是企图等效地代表雷电和操作过电压的，但它的等效性并不全面，所以从这个意义上来说，进行操作冲击耐压试验是合理的，而且试验本身不会在绝缘中产生残留性损伤。

对电抗器、互感器、变压器以外的电器装置，所施加的操作冲击波形为250/250μs 标准波形。对电抗器、变压器类的电器装置，因铁芯会产生饱和，波长时间不可能持续太长。

标准规定的操作冲击耐压值。国家标准规定的330～500kV 输变电设备的操作冲击耐受电压值见表10.2－7。

表10.2－7　国家标准规定的330～500kV 输变电设备的操作冲击耐压值　kV

系统标称电压(有效值)	设备最高电压有效值	相对地耐压(峰值)	相间耐压(峰值)	相间与相对地耐压比
330	363	850 950	1300 1425	≈1.5 ≈1.5
500	550	1050 1175	1675 1800	≈1.6 ≈1.5

电力行业标准DL/T 596—1996 电力设备预防性试验规程规定了电力系统内可对电抗器、变压器类设备进行操作冲击耐受试验，它的耐受电压值见表10.2－8。

表10.2－8　35～500kV 变压器线端操作冲击耐压值　kV

电压等级	35	63	110	220	330	500
操作冲击耐压值	160	270	375	650 750	850 950	1050 1175

注：220～500kV 有两个数值是因为有两种绝缘水平。

表10.2－8 所列出的耐受电压值适用于大修全部更换绕组后试验用，部分更换绕组及交接试验时应取表中值乘以0.85。

变压器类设备的操作冲击试验60076－3(C)IEC：2000 和国家标准对电力变压器内绝缘进行操作冲击耐压试验作出了规定。波形视在波前时间 T_f 不小于100μs，通常小于250μs。波长时间 T_z 不小于500μs，最好能达到1000μs。90%峰值持续时间 T_d 不小于200μs。施压的第一个波为负极性，加压3 次。

在变压器类设备进行操作冲击波试验时，波长时间 T_z 可用下式进行估算。

$$T_z = (6.6U/U_m) \times 10^{-3} \qquad (10-15)$$

式中，U 为被绕组的额定电压有效值，U_m 为被试绕组上所施加操作冲击电压的最大值。

当铁芯有正向剩磁时，上式中的系数6.6 会减小；反之当铁心有反向剩磁时，系数6.6 会有所增大。可预先加一、两次反极性的稍低幅值电压来产生反向剩磁，以增加波长时间。

视在波前时间 T_f 可用下式进行估算：

$$T_f = 3RCC_0/(C + C_0) \qquad (10-16)$$

式中，R 为变压器低压侧总阻尼电阻；C 为发生器主电容值；C_0 为变压器绕组（折合至低压侧输入端）对地的等效电容。

标准介绍了额定电压 330kV、500kV 的 Y/Δ 接法三相变压器进行操作冲击感应耐压试验的接线。以试验 A 相绕组为例（见图 10.2－17），高压侧中性点接地，冲击波加在低压侧 a 端，该相低压绕组末端（即 c 端）接地。于是被试相全励磁，其余两相半励磁。在被试相端部产生额定试验电压，在 B、C 两相端部产生与之极性相反、幅值为 1/2 的额定试验电压。这样使被试相的对地绝缘受到了考核；相间绝缘在出线端受到了 1.5 倍额定试验电压的考核，可满足表 10.2－8 所示试验值的要求。

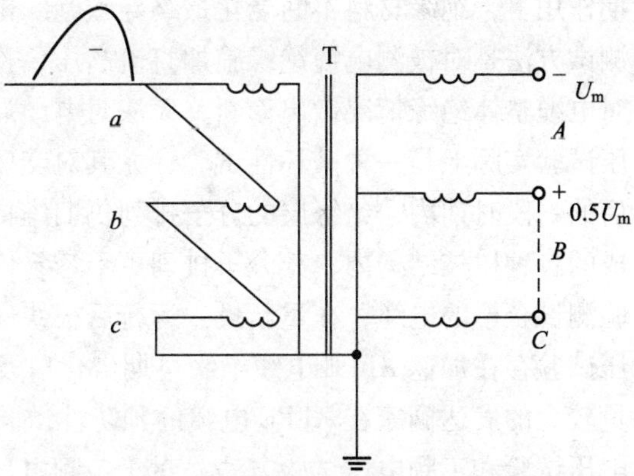

图 10.2－17　三相变压器操作冲击试验接线

5. 各种预防性试验方法的特点总结

表 10.2－9 总结了各种预防性试验方法的特点。

表 10.2－9　各种预防性试验方法的特点

序号	试验方法	能发现的缺陷	序号	试验方法	能发现的缺陷
1	测量绝缘电阻及泄漏电流	贯穿性的受潮、脏污和导电通道	5	油的气相色谱分析	持续性的过热和局部放电
2	测量吸收比	大面积受潮、贯穿性的集中缺陷	6	交流或直流耐压	使耐电强度下降到一定程度的主绝缘局部缺陷
3	测量 tgδ	绝缘普遍受潮和劣化	7	操作冲击波或低频感应耐压试验（限于变压器类）	使绝缘强度下降到一定程度的主绝缘或总绝缘的局部缺陷
4	测量局部放电	有放电的局部缺陷			

10.3　高压电力电缆检测

10.3.1　概述

近年来，挤塑型电力电缆特别是 XLPE 电力电缆由于其绝缘性能好、易于制造、安装方便、供电安全可靠、有利于城市和厂矿布局等优点，在城市电网中得到广泛使用。但是这种电缆的绝缘结构中往往会由于加工技术上的难度或原材料不纯而存在气隙和有害性杂质，或者由于工艺原因在绝缘介质与半导电屏蔽层之间存在间隙或半导电体向绝缘层突出，在这些气隙和杂质尖端处极易产生局部放电，同时在电力电缆的安装和运行过程当中也可能会产生各种绝缘缺陷导致局部放电。由于 XLPE 等挤塑型绝缘材料耐放电性较差，在局部放电的长期作用下，绝缘材料不断老化最终导致绝缘击穿，造成重大事故。判断电缆绝缘好坏的惯用测试方法是对被测电缆绝缘施加直流高压，检测直流泄漏电流的大小。但是，这种方法仅能对电缆整体绝缘情况做出诊断，无法对电缆局部进行测试和缺陷定位。更重要的是，直流耐压试验实际上是一种破坏性试验，尤其对交联聚乙烯(XLPE)电缆，在研究去掉直流高压之后的一段时期内，绝缘层的分子排列仍旧维持着极化状态的分子排列，特别是在因老化而生成的各种树枝结构内，其分子排列更不容易恢复到施加直流高压之前的状态，经直流耐压试验测试合格的电缆，在重新投入运行后很快发生绝缘击穿事故的例子屡见不鲜。由于直流耐压试验存在加速 XLPE 电缆绝缘早期劣化以及大大缩短电缆运行寿命等弊端，一些电缆使用量较大的发达国家在 XLPE 电缆的预防性试验中相继推出了振荡波电压试验、0.1Hz 超低频电压试验和工频电压试验方法。对于工频电压试验方法，由于电缆所呈现的容性负载效应，对电缆进行充电测试需要很大的能量，该充电系统包含多个设备，如发电机、高压变压器或谐振器、控制仪器、局部放电探测和故障定位仪器、耦合电容和高压连接电缆。同时运输这些设备需要大型运输车辆，大大增加了测试费用，因此，0.1Hz 超低频电压试验和振荡波电压试验近年来得到了广泛应用。

10.3.2 超低频交流耐压测试技术

德国、奥地利、美国和日本等国家早在 80 年代中期，就着手对运行中的 XLPE 电力电缆采用超低频 0.1Hz 耐压试验作为发现电缆运行绝缘缺陷的无损试验手段开展了大量实验室研究和现场试验研究工作。德国发电厂联合会(VDEW)和国际大电网会议第 21.09 工作组(CIGRE Working Group 21.09)研究报告表明：超低频 0.1Hz 耐压试验仍是交流试验，推荐用于中压 XLPE 绝缘电力电缆试验。一方面该试验不会在电缆 XLPE 绝缘中聚集空间电荷，畸变局部电场；另一方面，该试验能够在较低的试验电压下发现电缆绝缘水树枝老化等缺陷；故其对 XLPE 绝缘的损害程度较小。我国从 1996 年开始，在上海、烟台、北京等城市逐步采用超低频 0.1Hz 耐压试验并结合超低频 0.1Hz 电压下电缆绝缘介质的介损 $\mathrm{tg}\delta$ 测量作为发现电缆运行绝缘缺陷的无损试验手段；同时，科研院所着重对超低频 0.1Hz 耐压试验的有效性相继开展研究。1990 年奥地利 Kruger 首次提到塑料电力电缆经过直流耐压试验之后，投入运行后不久即发生绝缘击穿现象。因此提出用 0.1Hz 正弦波电压作为塑料电力电缆的耐压试验，并通过对比试验得出结论：在 0.1Hz、$3U_0$ 的试验电压下 1h 可检测塑料电缆绝缘中的严重弱点。

所谓超低频是相对与工频 50Hz 而言，是指频率在几赫兹以下的交流正、余弦信号。在电力设备的绝缘耐压试验中，人们通常所说的 0.1Hz 就是超低频的一个特指频率，在实际中超低频信号的频率最小可应用到 0.01Hz 通常采用 0.1Hz 超低频正弦波技术，其原理是用超低频以低充电电流、相对长一点的时间间隔对试品充电至高压，此时正弦波形避免了其他波形可能产生的高频谐波，而该高频谐波会对测试目标产生驻波或有害的电压突变。超低频 0.1Hz(VLF)交流耐压试验由于它的工作频率仅为工频的 1/500，根据无功功率的计算公式：$Q = U^2 2\pi fC$，理论上它的容量可以比工频交流试验的功率降低 500 倍（除去设备结构等其他因素，实际容量可下降 50～100 倍），所以 0.1Hz 超低频交流耐压的试验设备的容量远比工频交流耐压的试验设备小，它克服了直流耐压试验和工频交流试验的缺点，现场使用非常方便。

10.3.2.1　超低频系统原理

0.1Hz 超低频试验仪器的原理图如图 10.3－1 所示，系统所需的输入功率是从一个正常的 220V、50Hz 的电源处获得。输出电压的振幅是由自动可调变压器控制的，由图中的 T_1 来表示。该变压器的输出用相应需要的超低频来调节，如 0.1 Hz 频率。该过程在图 10.3－1 中用 T_2 来表示，T_2 输出以正弦波模式周期性地增加或减少，频率是两倍的输出频率，这样就会产生一个 50 Hz 电压。该调制工频电压经过高压变压器逐步升压，即图中的 T_3。该高压变压器的输出通过一个能产生单极电压的全波整流器来整流。最后，整流器与终端之间的一个极性开关每隔半个周期就会将整流后的电压的极性颠倒一次。输出电缆和被试品的电容将提供充足的滤波，以便将 120Hz 的波动减至一个可接受的水平，其终端波形是一个高压超频正弦波。0.1Hz 超低频试验系统的工作频率可通过调整 T_2 获得 0.05Hz、0.02Hz、0.1Hz 等不同的工作频率，较低的频率可测试超长电缆。

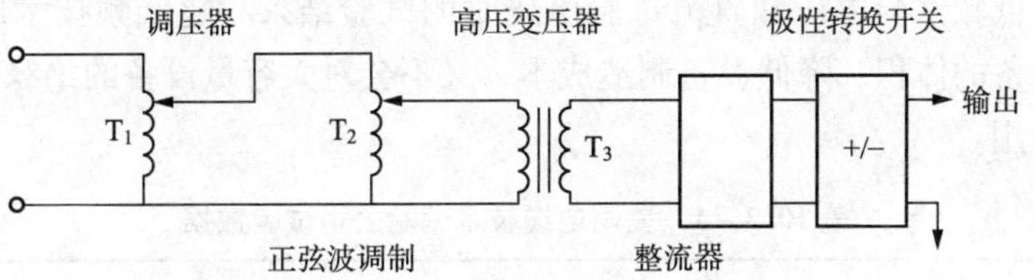

图 10.3－1　超低频系统原理图

10.3.2.2　超低频耐压试验特点

由于电力电缆容量大，根据：

$$S=\omega CU_s^2=2\pi fCU_s^2 \tag{10-17}$$

式中　C——被试电缆电容量，μF/km；

U_s——试验电压，kV；

f——工频频率，我国为 50 Hz。

例如，在工频 50 Hz 下，试验 1 μF(约 3km)的 8.7/10 kV 的电缆，当试验电压为 26 kV ($3U_0$)时，试验设备容量需达到 213kVA，因此所需的试验设备容量很大，使得设备体积大而笨重，同时价格也很昂贵，所以工频交流耐压试验方法不适于现场应用。根据式(10－17)可以得出频率越低，在试验电压下所需功率越小。如使用 0.1Hz 交流耐压设备所需的功率比使用工频 50Hz 交流耐压设备小 500 倍，使现场操作变得更加容易。

通过国内外使用情况研究，发现 10kV 交联电缆的交接预防性试验可在 $3U_0$ 电压下进行，当试验时间为 15min 时，可以发现 75% 的电缆缺陷。试验时间为 20min 内能发现 95% 以上的缺陷。同直流耐压试验相比，用(0.1Hz)超低频耐压试验时，虽然局放起始电压较低，但是具有较快的放电通道增长速度，对电缆绝缘不易产生新的损伤，但能在较快时间内检查出电缆的绝缘缺陷。超低频耐压试验时，可以和测量介质损判断电缆绝缘老化一起进行。超低频耐压试验用于油纸绝缘电缆线路时，能和直流耐压试验一样可靠地发现绝缘缺陷。采用 0.1 Hz 对 35 kV 及以下电缆进行耐压试验试验的标准为：设备交接时：$3U_0$，耐压时间：60 min；预防性试验：$2.1U_0$，耐压时间：5 min。

电力电缆的耐压试验大多在野外进行，很多场所需要小型发电机作为仪器的工作电源。由于发电机的功率较小和超低频耐压试验中输出功率较大变化，引起发电机频率变化较大，导致超低频发生器逆变颠覆，输出信号紊乱，仪器不能正常工作。出现这种现象，通常解决的措施有两种：

(1)增大发电机的容量，稳定测试过程中频率的变化范围；

(2)在发电机出口并联一个适当的电阻，并联电阻的目的实质是稳定负荷。

10.3.2.3 超低频耐压技术与直流耐压技术的比较

直流耐压试验能有效地发现电缆绝缘缺陷，但对交联聚乙烯电缆则不一定有效，甚至可能产生负作用。在做直流耐压试验时，直流高压在运行电缆的水树区域形成负电荷积累，这些积累的电荷将一直残留在绝缘体上，待耐压试验后，投入运行时通过的是交流电，正电荷与直流耐压产生的负极性空间电荷处电压叠加，导致局部放电、电树形成、直至绝缘击穿。

表10.3-1列出了美国电缆技术试验公司公布的交联聚乙烯电缆在不同人为故障情况下，分别施加超低频试验电压和直流试验电压时的试验结果。超低频技术应用于耐压试验上，既减少了设备的体积、降低设备制造成本，又不会对大容量设备的绝缘造成损坏，非常适合于现场的使用。

表10.3-1 美国电缆技术试验公司试验数据

电缆上的模拟故障型式	击穿电压		
	直流/kV	VLF/kV 有效值	VLF 频率
刀割绝缘层(剩余绝缘厚度为0.58mm)	47.5	9.2	0.19
尖针穿刺绝缘层(剩余绝缘为0.58mm)	41.0	8.2	0.20
尖针穿刺绝缘层(剩余绝缘为1.47mm)	80.0	21.9	0.27
绝缘层中钻孔(剩余绝缘为厚度0.25mm)	92.0	21.9	0.24

通过对直流耐压试验、超低频(0.1Hz)交流耐压试验两种试验方法的原理分析对比，我们可以得出以下结果：

(1)超低频(0.1Hz)交流耐压试验不会在交联聚乙烯电缆绝缘中产生空间电荷，避免了直流试验后在交流电压下发生绝缘损伤；

(2)超低频(0.1Hz)交流耐压试验试验设备容量较小，重量较轻，与直流耐压试验都能满足现场工作的需要；

(3)同直流耐压试验相比，用超低频(0.1Hz)耐压试验时，虽然局放起始电压较低，但是具有较快的放电通道增长速度，对电缆绝缘不易产生新的损伤，但能在较快时间内检查出电缆的绝缘缺陷；

(4)用超低频(0.1Hz)耐压试验时，可以和测量介质损判断电缆绝缘老化一起进行；

(5)超低频(0.1Hz)耐压试验用于油纸绝缘电缆线路时，能和直流耐压试验一样可靠地发现绝缘缺陷。因此，超低频(0.1Hz)交流耐压试验具有比直流耐压试验更加适应10kV电力电缆预防性试验。

10.3.3　振荡波局部放电测试

振荡波电压(OSW)是近年来国内外研究较多的一种用于XLPE电力电缆检测的电压，它与交流电压等效性好，作用时间短、操作方便、轻便灵活、便于携带运输，可发现XLPE电力电缆中的各种缺陷，且试验中不会对电缆造成损伤。目前，IEEE及部分国家已制定了应用OSW测试系统进行电力电缆耐压试验的相关标准，耐压与局放试验结合判定电缆的绝缘状况成为热门课题。

2008年，XX电力公司在奥运保电的任务中采用振荡波法对10kV电缆进行了局部放电测试，取得了显著的成果。此后，上海、广州等一线城市在该项技术的应用中都走在了前列，并且对OWTS电缆测试技术的实用性达成了广泛的共识。该技术也成为国家电网、南方电网两大电网公司重点推广的一项实用新技术，并且电压等级也迅速向110kV、220kV发展。在OWTS系统中，将试品电缆用电容近似表示，检测系统由直流升压单元和局放检测单元组成，试验在电缆停电时进行，检测时通过加压回路施加直流0~2倍直流电压(U_0)，通过合上高压开关IGBT(绝缘栅双极型功率管)，被试电缆与空心电感构成串联谐振回路，谐振频率为$f_0=\dfrac{1}{2\pi\sqrt{LC}}$。根据不同电缆的等效电容大小，可以检测电容范围为0.05~2.00μF的电力电缆。

10.3.3.1　振荡波测试系统(OWTS)原理

振荡波测试系统原理如图10.3-2所示，被试电缆线芯的一端接高压直流源的高压输出端，另一端悬空，电缆屏蔽层接地，让高压直流电源通过一个0.7H的电感对试品电缆充电，高压电子开关并联在高压直流源两端，从0开始逐渐升压，当所加电压达到预设值时闭合高压电子开关，同时直流源退出整个回路，使被测电缆和电感形成LC阻尼振荡回路，产生振荡波电压，并以此振荡波电压信号来激发出电缆绝缘缺陷处的局部放电。测量回路分两路，一路为一阻容分压器，用来测量振荡波电压信号，分压比为10000:1。另一路为以局部放电耦合单元，经放大器、滤波器将局部放电信号放大、滤波后传给信号采集卡，信号采集卡与计算机通过信号电缆连接，测试人员通过计算机进行数据采集与分析。

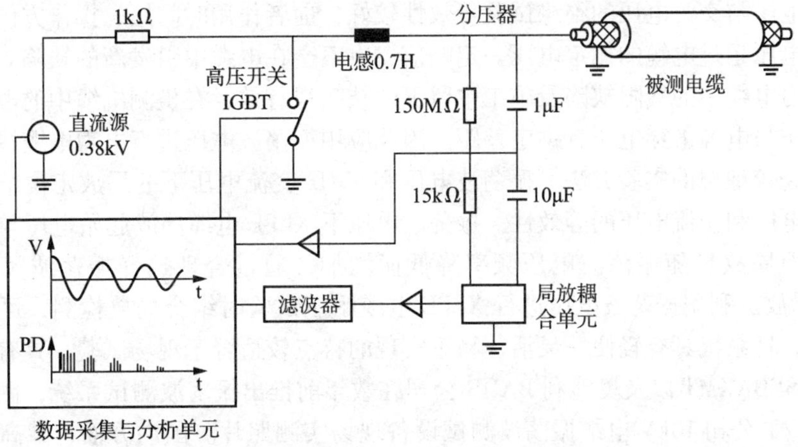

图10.3-2　电缆振荡波测试系统原理图

10.3.3.2　基于振荡波测试原理的电缆局部放电定位技术

对于电力电缆局部放电的定位，早期利用电缆扫描式检测来查找电缆的局部放电点，现在利用局部放电脉冲在电缆上的传播特性，用10MHz以上的高频扫描示波器进行定位测量的方法，称为脉冲反射法。脉冲反射法是利用脉冲信号在电缆线路中传播时遇到的波阻抗不匹配点产生电磁波反射的原理，由示波器上测得脉冲反射时间和电缆波速，确定电缆故障点的距离。OWTS的电缆局部放电检测和定位装置采用该方法对电力电缆局部放电进行定位。电缆本体或附件绝缘中存在一点或多点缺陷(微孔、杂质、半导电电极表面突起或凹陷等)，使该点局部场强增加，当其超过所处绝缘介质的耐电强度时会发生局部放电，所产生的放电脉冲电流会在电缆线路回路中传播。根据行波理论，局部放电产生的电流脉冲沿电缆两侧流动，在电缆端部发生反射，安装在电缆起始位置处的传感器记录入射和反射脉冲，计算两次脉冲之间的时间间隔，在已知电缆总长度及电缆中波速的前提下即可计算出局放源所在的位置。根据行波理论，给出电缆中脉冲的传播特性如图10.3－3所示。

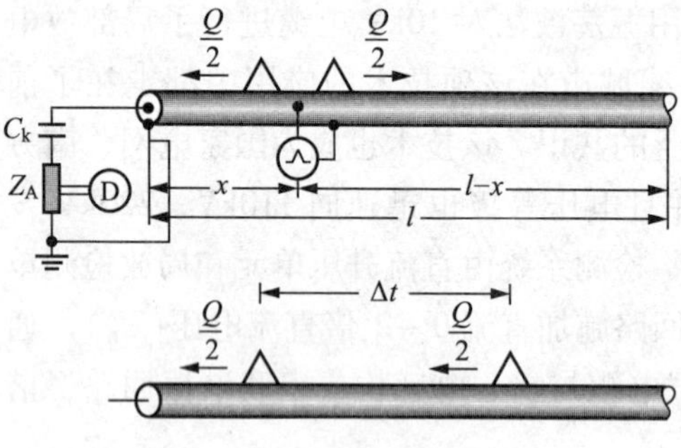

图10.3－3　电缆局放定位原理图

$$t_1 = \frac{x}{v} \tag{10-18}$$

$$t_2 = \frac{2l - x}{v} \tag{10-19}$$

$$\Delta t = t_2 - t_1 = \frac{2(l - x)}{v} \tag{10-20}$$

$$x = l - \frac{v * \Delta t}{2} \tag{10-21}$$

式中，v为局放信号在电缆中的传播速度，t_1和t_2分别为入射波和反射波到达测试端的时间，x为放电点的具体位置。

10.3.3.3　振荡波测试系统特点

振荡波电压与交流电压的绝缘试验等效性较好，前者作用时间短，操作方便，即使耐压试验时所加电压超过电缆的额定电压一定幅值，也不会在电缆中引发新的缺陷。应用振荡波电压检测电力电缆中的气隙缺陷及施工中留下的缺陷很有效，在检测电缆中的电树枝时，电树枝起始电压与电缆击穿电压有一定差距。因此应用振荡波电压进行电力电缆竣工或维修后的交接试验是较理想的实验方法。振荡波电压和50Hz交流电压下的局放定位结果一致，说明了振荡波电压和交流电压的等效性。振荡波电压下XLPE电缆局放起始电压与振荡波电压频率无关，而局放量随振荡波电压频率降低而增加，通过合理选择振荡波频率，可检测XLPE电缆局放。利用振荡波电压进行XLPE电缆耐压试验时结合局放检测，可更加有效发现电缆缺陷，且系统具有轻便、灵活、易于实现的特点较适合于现场试验，具有广阔的应用前景。德国SEBAKMT以及奥地利BAUR公司在数年前推出振荡波测试系统，图10.3－4为德国SEBAKMT公司10kV电缆振荡波测试设备现场实测照片。国内方面，某高压电气公司与华北电力大学高压实验室合作，于2009年研制成国内第一台10kV电缆振荡波设备，见图10.3－5。

图 10.3－4　德国 10kV 振荡波设备现场测试照片

图 10.3－5　国产 10kV 振荡波设备实验室实测照片

10.4　色谱分析诊断油浸变压器内部故障

10.4.1　引言

随着企业规模的发展，变压器数量不断增加，容量也日益增大，其可靠性直接关系到电网的安全、高效、经济运行。

变压器在运行中不仅承受大气过电压、操作过电压和长期工作电压的作用，还承受短路电流电动力的作用，且变压器油的老化、受潮以及含有杂质、气泡等将影响电气性能，特别是在高温下，会加速油的老化，高温时绝缘纸老化变脆，当遇到短路等故障时，可能承受不了机械应力而使绝缘层断裂，导致绝缘击穿，引发停电事故。

据统计，20 世纪末，中国电力行业变压器年平均事故率以台数计为 0.56%，以容量计为 0.65%，如何及时发现其运行中的故障，做出科学、准确的诊断，已成为电力系统亟待解决的问题。

因相当一部分变压器，尤其是大型变压器为油浸式，这就为色谱分析提供了广阔舞台。色谱分析三比值等方法是一套成熟的诊断故障方法，其精度高，且不影响变压器正常运行，得到广泛应用。

10.4.2　油浸变压器的故障识别

10.4.2.1　出厂和新投运的设备

要求出厂和新投运的变压器和电抗器设备出厂试验前后的两次分析结果，以及投运前后的两次分析结果不应有明显的区别，并且氢气、乙炔及总烃含量符合表 10.4－1 的要求。

表 10.4－1　对出厂和新投运前的设备含气量的要求　　μL/L

气体	变压器和电抗器	互感器	套管
氢气	<30	<50	<150
乙炔	0	0	0
总烃	<30	<30	<30

10.4.2.2 运行中油中溶解气体的注意值(表 10.4－2)

表 10.4－2 变压器油中溶解气体含量的注意值 μL/L

气体组分	含量	
	330kV 及以上	220kV 及以下
总烃	150	150
乙炔	1	5
氢气	150	150

10.4.2.3 气体增长率的注意值

1. 绝对产气速率

每运行日产生某种气体的平均值，按式(10－22)计算：

$$\gamma_g = (C_{i2} - C_{i1}) * G/\Delta t/\rho \tag{10-22}$$

式中 γ_g——绝对产气速率，mL/L；

C_{i2}——第二次取样测得油中某气体浓度，μL/L；

C_{i1}——第一次取样测得油中某气体浓度，μL/L；

Δt——两次取样时间间隔中的实际运行时间天数，d；

G——设备总油重，t；

ρ——绝缘油的密度，t/m^3。

2. 相对产气速率

每运行月某种气体含量增加原有值百分数的平均值，按式(10－23)计算：

$$\gamma_r = (C_{i2} - C_{i1}) * 100\% / C_{i1}/\Delta t \tag{10-23}$$

式中 γ_r——相对产气速率,%/月；

C_{i2}——第二次取样测得油中某气体浓度，μL/L；

C_{i1}——第一次取样测得油中某气体浓度，μL/L；

Δt——两次取样时间间隔中的实际运行时间月数，月。

相对产气速率可判断油浸变压器内部故障状况，总烃相对产气速率大于10% 应引起注意，但对总烃起始含量很低的设备不宜采用此判据。变压器和电抗器的绝对产气速率注意值见表 10.4－3。

表 10.4－3 变压器和电抗器的绝对产气速率注意值 mL/d

气体组分	开放式	隔膜式
总烃	6	12
乙炔	0.1	0.2
氢气	5	10

10.4.2.4 故障类型判断方法

1. 特征气体法

根据产气基本原理和不同故障类型产生的气体推断故障类型。

2. 三比值法

三比值法是在四比值法基础上的一种简化方法，是将油裂解产生的 CH_4、H_2、C_2H_4、C_2H_6、C_2H_2 等 5 种特征气体，相互比较得到一组数字编码，根据其不同组合判断故障类型。见表 10.4－4 ~ 表 10.4－7。

表 10.4－4 编码规则

μL/L

气体比值范围	比值范围的编码		
	C_2H_2/C_2H_4	CH_4/H_2	C_2H_4/C_2H_6
<0.1	0	1	0
≥0.1 ~ <1	1	0	0
≥1 ~ <3	1	2	1
≥3	2	2	2

表 10.4－5 故障类型判断方法

编码组合			故障类型判断	故障实例(参考)
C_2H_2/C_2H_4	CH_4/H_2	C_2H_4/C_2H_6		
0	0	1	低温过热(低于 150℃)	绝缘导线过热，注意 CO 和 CO_2 的含量以及 CO_2/CO 值
	2	0	低温过热(150 ~ 300℃)	分接开关接触不良，引线夹件螺丝松动或接头焊接不良，涡流引起铜过热，铁芯漏磁，局部短路，层间绝缘不良，铁芯多点接地
	2	1	中温过热(300 ~ 700℃)	
	0，1，2	2	高温过热(高于 700℃)	
	1	0	局部放电	高湿度，高含气量引起油中低能量密度的局部放电
1	0，1	0，1，2	低能放电	引线对电位未固定的部件之间连续火花放电，分接抽头引线和油隙闪络，不同电位之间的油中火花放电或悬浮电位之间的火花放电
	2	0，1，2	低能放电兼过热	
2	0，1	0，1，2	电弧放电	线圈匝间、层间短路，相间闪络、分接头引线间油隙闪络、引起对箱壳放电、线圈熔断、分接开关飞弧、因环路电流引起对其他接地体放电等
	2	0，1，2	电弧放电兼过热	

表 10.4－6 溶解气体分析解释表

情况	特征故障	C_2H_2/C_2H_4	CH_4/H_2	C_2H_4/C_2H_6
PD	局部放电	NS	<0.1	<0.2
D1	低能量局部放电	>1	0.1 ~ 0.5	>1
D2	高能量局部放电	0.6 ~ 14.5.2.5	0.1 ~ 1	>2
T1	热故障 t < 300℃	NS	>1 但 NS >1	<1
T2	热故障 300℃ < t < 700℃	<0.1	>1	1 ~ 4
T3	热故障 t > 700℃	<0.2	>1	>4

注：(1) NS 表示无论何数值均无意义，C_2H_2 的总量增加，表明热点温度增加，高于 1000℃。

(2) 以上比值至少上述气体之一超过正常值并超过正常增长率时，计算才有效。

(3) 在互感器中 CH_4/H_2 <0.2 时，为局部放电；在套管中 CH_4/H_2 <0.7 时，为局部放电。

(4) 气体比值落在极限范围之外，而不对应于本表中的某个故障特征，可认为是混合故障或一种新故障。这种情况下，本表不能提供诊断。

表 10.4－7　溶解气体分析解释简表

情况	特征故障	C_2H_2/C_2H_4	CH_4/H_2	C_2H_4/C_2H_6
PD	局部放电		<0.2	
D	低能量或高能量局部放电	>0.2		
T	热故障	<0.2		

3. 三比值法和四比值法相结合判断过热故障

将三比值法和四比值法相结合，可区分过热故障发生在磁回路还是导电回路。

在四比值法中，当 $C_2H_2/C_2H_4<0.5$、$CH_4/H_2=1\sim3$、$C_2H_4/C_2H_6\geqslant3$、$C_2H_6/CH_4<1$ 时，则表明变压器存在磁路回路过热故障。实践证明，它对磁回路过热故障具有相当高的准确性。

当基于三比值判断为 0：2：2 过热故障后，再将其中 CH_4/H_2 的比值按 1～3 和≥3 划分为：$CH_4/H_2=1\sim3$，编码记为 2C，C 表示磁回路过热故障；$CH_4/H_2\geqslant3$，编码记为 2D，D 表示电回路过热故障。

4. 一氧化碳和二氧化碳的判断

当故障涉及到固体绝缘时，会引起 CO 和 CO_2 的明显增长，其含量一般没有严格的界线。经验证明，当怀疑设备固体绝缘材料老化时，一般 $CO_2/CO>7$；当怀疑故障涉及到固体绝缘材料时(高于200℃)，可能 $CO_2/CO<3$。必要时，应从最后一次的测量结果中减去上一次的测试数据，重新计算比值，以确定故障是否涉及到固体绝缘。

运行中的设备，随着油和固体绝缘材料的老化，CO 和 CO_2 都会成有规律的增长，当其增长趋势发生突变时，应与特征气体的变化情况进行综合分析，判断故障是否涉及到固体绝缘。

当怀疑纸或纸板过度老化时，应测试油中糠醛含量，或在可能的情况下测试纸样的聚合度。

10.4.2.5　判断故障类型的其他方法

1. 比值 O_2/N_2

在设备中 O_2/N_2 接近 0.5，运行中由于油的氧化或纸的老化，这个比值可能降低，因为 O_2 消耗比扩散更迅速，但当 $O_2/N_2<0.3$ 时，一般认为是氧被过度消耗。

2. 比值 C_2H_2/H_2

在电力变压器中，有载调压操作产生的气体和低能量放电情况相符。若有载调压油箱与主油箱相通，能造成主油箱的污染，导致误判断。主油箱中 $C_2H_2/H_2>2$，认为是有载调压污染的迹象。

10.4.3　典型应用事例

10.4.3.1　某公司热电厂 8 号主变色谱分析异常及处理

1. 基本情况

某公司热电厂 8 号主变 2005 年 10 月投运，系 2004 年鲁能泰山公司 SF9－90000/110 型产品。其数据见表 10.4－8～表 10.4－10。

表10.4－8　某公司热电厂8号主变色谱分析原始数据表　μL/L

检测时间	CH_4	C_2H_6	C_2H_4	C_2H_2	H_2	CO	CO2	总烃
2007年11月27日	277.8	67.5	212.2	1.5	119.5	879.7	3062.6	559
2010年4月15日	431.1	91.3	459.8	7.4	279.2	196.0	1550.5	989.6
2010年5月5日	508.6	121.5	542.7	8.5	226.7	197.3	2085.4	1181.3
2010年5月19日	90.2	27.0	117.4	1.6	28.2	15.7	459.2	236.2
2010年9月14日	130.7	36.1	145.6	2.1	24.2	52.9	1094.4	314.5

表10.4－9　某公司热电厂8号主变色谱分析三比值及编码数据表

检测时间	C_2H_2/C_2H_4	CH_4/H_2	C_2H_4/C_2H_6	编码组合	故障原因
2007年11月27日	0.007＜0.1	2.32 ＝1～3	3.14 ＝1～4	0：2C：2	300～700℃磁过热
2010年4月15日	0.016＜0.1	1.54＝1～3	5.04＞4	0：2C：2	300～700℃，伴随高于700℃磁过热
2010年5月5日	0.016＜0.1	2.24＝1～3	4.47＞4	0：2C：2	
2010年5月19日	0.014＜0.1	3.20＞1	4.35＞4	0：2D：2	300～700℃，伴随高于700℃电过热
2010年9月14日	0.014＜0.1	5.40＞1	4.03＞4	0：2D：2	

表10.4－10　某公司热电厂8号主变色谱分析四比值数据表

检测时间	C_2H_2/C_2H_4	CH_4/H_2	C_2H_4/C_2H_6	C_2H_6/CH_4	故障原因
2007年11月27日	0.007＜0.1	2.32＝1～3	3.14＝1～4	0.24＜1	300～700℃磁过热
2010年4月15日	0.016＜0.1	1.54＝1～3	5.04＞4	0.21＜1	300～700℃，伴随高于700℃磁过热
2010年5月5日	0.016＜0.1	2.24＝1～3	4.47＞4	0.24＜1	
2010年5月19日	0.014＜0.1	3.20＞3	4.35＞4	0.3＜1	300～700℃，伴随高于700℃电过热
2010年9月14日	0.014＜0.1	5.40＞3	4.03＞4	0.28＜1	

2. 三比值法分析故障原因

依据三比值法表10.4－4编码规则，计算其2010年4月15日及9月14日的色谱分析三比值数据为0：2：2，对照表10.4－5得知，其故障原因是“分接开关接触不良，引线夹件螺丝松动或接头焊接不良，涡流引起铜过热，铁芯漏磁，局部短路，层间绝缘不良，铁芯多点接地”。

3. 三比值法和四比值法相结合判断过热故障

计算2007年11月27日、2010年4月15日及5月5日的四比值项，结符合“$C_2H_2/C_2H_4<0.5$、$CH_4/H_2=1\sim3$、$C_2H_4/C_2H_6\geqslant3$、$C_2H_6/CH_4<1$”这一条件，表明为磁回路过热故障。

因$CH_4/H_2=1\sim3$，三比值组合为0：2C：2，也表明是磁回路过热故障。

4. 故障处理及分析

处理前后经历了3个阶段：

(1)2008年9月将变压器油放至离钟罩顶盖下约100mm处，检查10kV和35kV绕组连接部位，发现10kV绕组出线连接处有放电痕迹，连接螺栓松动，处理并紧固其余螺栓，滤油后回装投运，2010 年 4 月 15 日总烃再次严重超标。

(2)2010 年 5 月 14 日检查 10kV 和 35kV 绕组连接部位，未发现异常，紧固各连接处螺栓，滤油后，2010 年 5 月 17 日回装投运，2 天后，再次出现总烃超标。

(3)2010 年 9 月 14 日吊罩检查，发现器身上夹件与侧梁连接穿心螺栓多处松动，并有过热放电现象(见图 10.4－1)，附近腹板面漆变色发黄甚至变黑，其他各项检测正常。

分析过热放电原因为：运行中振动等导致上夹件与侧梁连接部分螺栓松动，加之上夹件表面有油漆，使穿心螺栓与腹板间接触电阻增大，运行中产生的悬浮电位，导致穿心螺栓对夹件放电，并在漏磁场作用下发热，裂解形成甲烷、乙烯、乙烷等气体，甚至产生少量乙炔，导致油色谱超标。

这一现象与表 10.4－5 中“铁芯漏磁”这条吻合，处理穿心螺栓与夹件之间接触面，清理烧伤部位，将原来的铁螺栓更换为不锈钢螺栓，滤油回装后，至今运行正常，色谱分析跟踪检查，无异常。

图 10.4－1　某公司 8 号主变铁芯穿心螺栓与上夹件过热放电

10.4.3.2　某公司氯碱厂 2 号离子膜变色谱分析异常及处理

1. 基本情况

某公司氯碱厂 2 号离子膜变 2004 年 12 月投运，系 2004 年西安中特电气股份公司 ZH-SSPT－21000/110 型产品。其数据见表 10.4－11。

表 10.4－11　某公司氯碱厂 2 号离子膜变色谱分析原始数据表　μL/L

检测时间	CH_4	C_2H_6	C_2H_4	C_2H_2	H_2	CO	CO_2	总烃
2005 年 9 月 29 日	163	38.8	2414.5.3.5	1.9	1114.5.2.8	160.5	868.4	447.2
2005 年 11 月 25 日	104	26.1	160.1	1.4	56.1	49.9	450.8	291.2
2006 年 10 月 30 日	805	218.3	1246	6	364.5	368.3	2086	2275
2006 年 11 月 30 日	1024	260.4	1407	6.1	421.6	427.7	1977.4	2697

2. 三比值法分析故障原因

依据三比值法表 10.4－4 编码规则，计算其 2005 年 9 月 29 日到 2006 年 11 月 30 日色谱分析三比值数据为 0：2：2，对照表 10.4－5 得知，其故障原因是“分接开关接触不良，引线夹件螺丝松动或接头焊接不良，涡流引起铜过热，铁芯漏磁，局部短路，层间绝缘不良，铁芯多点接地”。

3. 故障处理及分析

(1) 2005 年 10 月 24 日停电滤油后，未解决问题，投运后，2005 年 11 月 25 日再次出现总烃超标。

(2)其后，检测发现 CH_4 等5种特种气体存在增长趋势。

①依据式(10－22)计算2005年11月25日到2006年10月30日之间的绝对产气速率如下：

其一：总烃绝对产气速率为

$\gamma_g = (C_{i2} - C_{i1}) \times G/\triangle t/\rho = (2275 - 291.2) \times 14.5.2.8/339/0.895 = 18.31\text{mL/d}$

其二：氢气绝对产气速率为

$\gamma_g = (C_{i2} - C_{i1}) \times G/\triangle t/\rho = (364.5 - 56.1) \times 14.5.2.8/339/0.895 = 14.5.2.85\text{mL/d}$

其25号变压器油重14.5.2.8t，密度为0.895t/m^3。

该变压器为隔膜式，其总烃绝对产气速率大于12mL/d的注意值，表明其过热故障存在明显发展趋势，应予以处理。

②依据式(10－23)计算2005年11月25日到2006年10月30日之间的相对产气速率如下：

其一：总烃相对产气速率为

$\gamma_r = (C_{i2} - C_{i1}) \times 100\%/C_{i1}/\triangle t = (2275 - 291.2) \times 100\%/291.2/11.2 = 60.83\%$

其二：氢气相对产气速率为

$\gamma_r = (C_{i2} - C_{i1}) \times 100\%/C_{i1}/\triangle t = (364.5 - 56.1) \times 100\%/56.1/11.2 = 49.08\%$

总烃相对产气速率为60.83%，远大于10%的注意值，也说明其过热故障较为严重，必须予以处理。

经协商，由厂家更换变压器，2006年12月22日将原变压器拆除，安装新变压器，2006年12月28日投运，至今运行正常，色谱分析无异常。

10.4.3.3 某公司电厂1号主变色谱分析异常及处理

1. 基本情况

某公司电厂1号主变2007年12月19日投运，系2006年5月钱江电气集团股份有限公司S10－31500/35型油浸自冷变压器。其数据见表10.4－12。

表10.4－12 某公司电厂1号主变色谱分析原始数据表 μL/L

检测时间	CH_4	C_2H_6	C_2H_4	C_2H_2	H_2	CO	CO_2	总烃
2010年6月3日	11814.5.2.5	356.8	1687.1	4.4	275.9	151.8	1641	3230.8
2010年6月8日	11514.5.2.7	366.7	1678.3	4.1	289.8	1814.5.3.8	2016.3	3201.8

2. 三比值法分析故障原因

依据三比值法表10.4－4编码规则，计算其2010年6月3日及6月8日的色谱分析三比值数据为0:2:2，对照表10.4－5得知，其故障原因是“分接开关接触不良，引线夹件螺丝松动或接头焊接不良，涡流引起铜过热，铁芯漏磁，局部短路，层间绝缘不良，铁芯多点接地”。

3. 故障处理及分析

2010年6月11日至7月5日返厂解体检查，确认为该变压器油浸自冷效果差，不能满足额定负荷的运行需求，导致导体等部位过热，增加4台冷却风机，将冷却方式由油浸自冷改为油浸风冷，改善了散热条件，至今运行正常，色谱分析无异常。

10.4.4 结论

10.4.4.1 色谱分析是诊断油浸变压器内部故障的有效手段

通过油中溶解气体的色谱分析，能尽早的发现变压器内部存在的潜伏性故障，是绝缘监督的一种重要手段。近年来，通过色谱分析，发现了多起变压器内部故障，有效避免了大面积停电事故的发生，提高了电力系统的运行可靠性。为更好地发挥其作用，必须按规定周期坚持做好油浸变压器的色谱分析工作。

10.4.4.2 利用三比值等方法分析判断，实现变压器的预知检修

乙炔、氢等5种特征气体与油中溶解气体注意值作比较，同时比较产气速率的注意值，利用三比值法等方法，综合判断故障类型，得出科学的结论。

产气速率在很大程度上依赖于故障类型、设备类型、负荷情况和所用绝缘材料的体积及其老化程度，应对这些情况进行综合分析，判断设备状况时还应考虑呼吸系统对气体的逸散作用。

若短期内特征气体产气速率达到甚至超过其注意值时，虽其含量尚未达到注意值，也判断为内部有异常；有些设备因某种原因，既使特征气体含量基值较高，超过注意值，但其增长速率低于产气速率注意值，可认为是正常设备。

当瓦斯继电器出现气体时，可取其气样，分析判断故障类型。

发现设备气体含量有缓慢增长趋势时，应适当缩短检测周期，以监视故障发展的趋势，便于及时采取措施予以处理，避免设备运行状况突然恶化，引发短路，导致设备损坏，造成大面积停电事故发生。

根据色谱分析结果及其他检查性试验，结合运行、检修等情况，综合分析、判断故障的性质和部位，采取缩短试验周期、加强监视、限制负荷、近期安排内部检查或立即停运等处理措施，实现变压器的预知检修，提高电力系统的运行可靠性。

10.4.4.3 在线监测是色谱分析的新发展

随着电网的发展和运行电压的提高，油中溶解气体色谱分析技术也不断发展，由常规的色谱分析方法到在线监测仪器的应用，发生了质的飞跃。在充分调研基础上，可选用成熟技术的油色谱在线监测系统，在220kV及以上的某台主变上试点安装运行，在取得运行经验后再推广，有利于更好地实现大型变压器的状态监测，进一步提高预知检修水平。

第11章 微机“五防”技术

11.1 概述

电气误操作事故是电力系统频发性事故之一，能造成电力设备损坏、大面积停电和人身伤亡等重大事故，给国家和企业造成重大的经济损失。电气误操作中危害最大的是以下5种恶性误操作：

误分、误合断路器；

带负荷拉、合隔离开关或手车触头；

带电挂(合)接地线(接地刀闸)；

带接地线(接地刀闸)合隔离开关；

误入带电间隔。

只有防止电气误操作事故的发生，方能保证电网的安全、稳定、经济运行，提高变电运行管理水平。从电气误操作的事故统计分析看，主要有人为因素、设备及管理原因三个方面。人的行为不符合设备及环境安全运行的要求是引发事故的主要原因，人的因素最为重要，绝大多数电气误操作事故是可以预防和控制的。

预防与控制电气误操作的主要手段包括组织措施和技术措施两大方面。组织措施主要是根据误操作事故发生的规律制定的一系列管理制度与措施，如电力安全工作规程、防止电气操作安全管理规定、“两票三制”(工作票、操作票；交接班制、巡回检查制、设备定期试验切换制)等，建立安全生产责任、监督、培训等体系和管理措施来防止电气误操作。技术措施主要是在高压电气及附属装置上专设防止电气误操作闭锁装置(简称“防误装置”)，并从功能要求、设计原则、技术条件、试验要求、设备选型等多个技术角度，规范防误装置的装设标准。管理措施与技术措施相辅相成，两者并举，实现防止以上5种恶性误操作，通常被简称为“五防”。

为有效防止电气误操作的发生，高压电气设备上装设的防误闭锁装置应满足强制性与完善性的要求。强制性闭锁是指在设备的电动操作控制回路中串联以闭锁回路控制的接点或锁具，在设备的手动操控部件上加装受闭锁回路控制的锁具。其要点有两个方面：一是高压设备的电控回路串接闭锁接点，手动部件装设锁具；二是闭锁接点或锁具由闭锁回路控制。因此，不论强制闭锁需要的闭锁回路如何实现，其技术基础是闭锁接点与闭锁锁具。

完善的防止电气误操作闭锁装置是指，电气设备的操作控制功能可按远方操作、站控层、间隔层、设备级的分层操作原则来考虑。无论设备处在哪一层操作控制，设备的运行状态和选择切换开关的状态都应具备防误闭锁功能。这里的电气设备不仅包括断路器、隔离开关等一次设备，还包括可能产生误操作的临时接地线、网(柜)门等。不完善的防误闭锁装置即使具备强制闭锁功能，也会存在误操作的隐患。

随着电气自动化技术的进步和电气设备装设水平的提高，变电站、发电厂运行模式已逐步向计算机监控、无人或少人值班发展。电气设备的操作模式、操作点增加，设备操作有集控远方遥控操作、站控层操作、就地手动操作、检修操作及多班组并行操作等方式。设备操作点可在集控中心、受控站后台、测控屏、端子箱(汇控柜)、就地操作机构等地方进行。这些管理模式、运行方式、电气设备的变化带来了新的事故隐患与事故类型，对防止电气误操作提出更多的要求。

防误闭锁装置的发展应能有效地解决这些要求，防止电气误操作的发生，为安全生产提供有力的保障。

11.2 防误操作装置概述

目前国内使用的防误闭锁装置有多种方式，主要有机械联锁、电气闭锁、电磁锁、机械程序锁和微机防误闭锁等。这些闭锁方式在防误工作中都发挥了积极作用，经过多年使用和运行考验，各种防误闭锁方式的优缺点均已充分显现。下面对各类防误闭锁方式进行简要介绍。

11.2.1 机械联锁

机械联锁始于50年代，其防误原理是利用电气设备操作机构的机械联动部件(如传动轴上的异型限位档板，见图11.2－1)，对相关电气设备的机械操作机构的动作进行限制，实现对电气设备操作的防误闭锁。

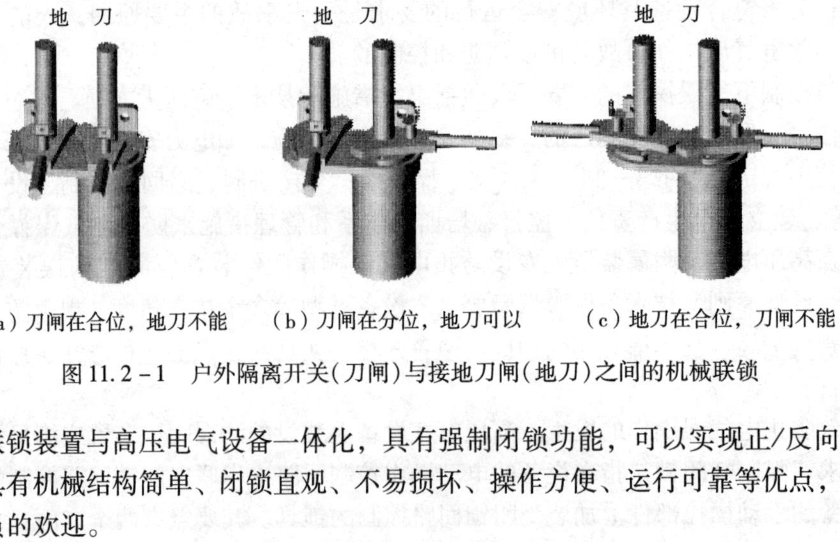

(a)刀闸在合位，地刀不能　(b)刀闸在分位，地刀可以　(c)地刀在合位，刀闸不能

图11.2－1　户外隔离开关(刀闸)与接地刀闸(地刀)之间的机械联锁

机械联锁装置与高压电气设备一体化，具有强制闭锁功能，可以实现正/反向的防误闭锁要求，具有机械结构简单、闭锁直观、不易损坏、操作方便、运行可靠等优点，很受运行和检修人员的欢迎。

然而机械联锁只能用于高压电气设备本体之间的防误闭锁，如在户外一体化的隔离开关与接地刀闸之间的闭锁、开关柜内部机械操作机构的电气设备之间的闭锁。对两柜之间或户外隔离开关与断路器之间无法实现闭锁，还需辅以其他闭锁装置，才能满足全站的闭锁要求。

11.2.2 电气联锁

电气闭锁始于60年代，其防误原理是利用一次设备(断路器、隔离开关、接地刀闸等)的位置辅助接点组成电气闭锁逻辑控制回路，接入需闭锁的电动操作设备的控制回路中，实现对电气设备操作的防误闭锁，参见图11.2－2。

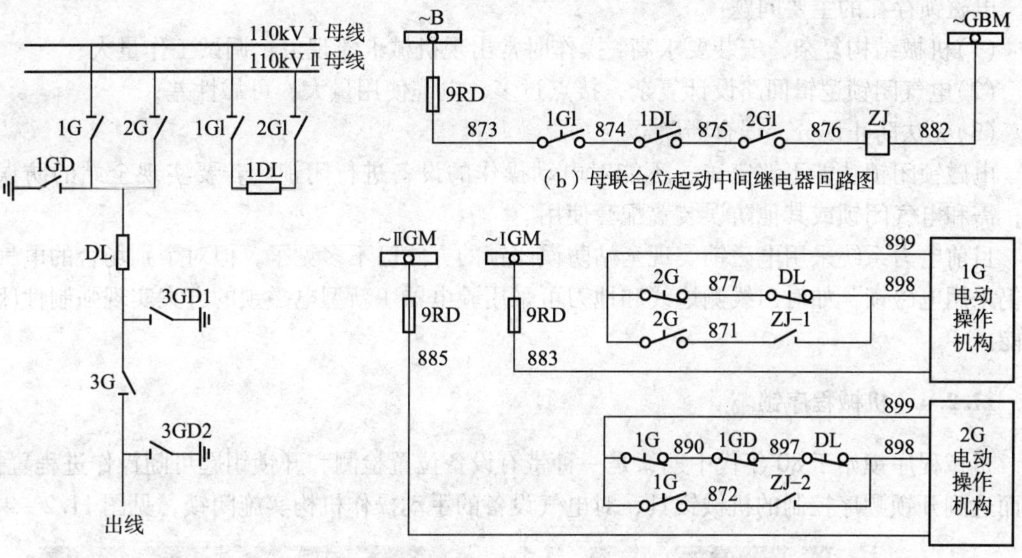

（a）双母线接线示意图

（b）母联合位起动中间继电器回路图

（c）隔离开关电气防误操作回路图

图 11.2－2　电气联锁

电气闭锁直接将反映设备的电气量接入电动操作设备控制回路中，对电动操作设备具有强制闭锁功能，不需要额外安装锁具，且不增加额外的操作，操作简便。其适用于闭锁逻辑较为简单的单元间隔内的电动操作设备和组合开关柜的防误闭锁，特别是对 GIS 组合电气设备尤为适用。

电气闭锁存在的主要问题：

(1)对辅助开关的质量和运行环境要求较高。环境差时辅助开关的接点易锈蚀，接触不可靠造成操作失灵；

(2)跨间隔横向闭锁(如母联、旁路、分段、主变开关和母线地刀等)的电气闭锁逻辑回路设计复杂，接点过多，电缆使用量大，几乎无法实施防误闭锁；

(3)无法防止误分、误合断路器；

对手动操作的电气设备、接地线和网门等缺乏有效的闭锁手段，无法防止带地线合刀闸、带电挂接地线、误入带电间隔(该类设备的防误闭锁需和电磁锁配套使用才能实现)；

(4)防误闭锁功能缺乏提示性。

电气闭锁的功能不够完善，不能对手动操作的电气设备进行闭锁。若要实现全站的防误闭锁(包括断路器、手动操作的设备和临时接地线)，需和其他防误闭锁装置配套使用。

11.2.3　电磁锁

电磁锁始于 60 年代，是一种采用电磁铁控制锁销开启的电控机械锁具，对电气设备的手动操作机构实施闭锁，见图 11.2－3。

防误闭锁原理是：利用一次设备(断路器、隔离开关、接地刀闸等)的位置辅助接点或电磁锁自带的辅助接点组成电气闭锁逻辑控制回路，接入电磁锁的电源回路中，实现对电气设备间的防误闭锁。

电磁锁对手动操作的电气设备具有强制闭锁功能，可实现非同一体的电气设备之间的防误闭锁，适用于电气接线较简单的手动操作设备和配电装置的防误闭锁。

电磁锁存在的主要问题：

(1)机械结构复杂，安装要求高，操作时常出现机械卡滞现象，调试工作量大；

(2)电气闭锁逻辑回路设计复杂，接点过多，电缆使用量大，可靠性差；

(3)无法防止误分、误合断路器。

电磁锁闭锁功能不够完善，不能对电动操作的设备进行闭锁。若要实现全站的防误闭锁，需和电气闭锁或其他防误装置配套使用。

目前电力系统采用电磁锁实现全站防误闭锁的方式已不多见了，但对个别场合的电气设备仍采用电磁锁，如对出线侧地线和地刀可采用验电器+新型电磁锁的方案实现强制性闭锁功能。

11.2.4　机械程序锁

机械程序锁始于80年代中期，是一种带有设备位置检测和开锁钥匙可随操作进程置换，从而达到开锁顺序控制的机械锁具，对电气设备的手动操作机构实施闭锁，见图11.2－4。

图11.2－3　电磁锁闭锁

图11.2－4　机械程序锁

防误闭锁原理是：第一步操作完成，设备的操作机构位置到位后，才能取出下一步操作的钥匙，进行下一步开锁操作，从而实现对电气设备间的防误闭锁，故又称连环锁。

机械程序锁对手动操作的电气设备具有强制闭锁功能，操作简便，工程造价低。

机械程序锁存在的主要问题：

(1)机械结构复杂，室外使用锁具易锈蚀，操作时常出现卡滞现象，开启不灵活。

(2)安装精度要求高，调试和维持工作量大，使用可靠性差；

(3)不适应复杂接线方式变电站的所有运行方式(如倒母线、旁代、检修等操作)。

该闭锁方式仅适用于线路简单的小型变电所，不能满足电气设备远方操作的强制性闭锁功能，不适用于无人值守变电站、综自站和集控站。

11.2.5　微机防误闭锁

微机防误闭锁始于80年代末，是一种采用计算机、测控及通信等技术，用于高压电气设备及其附属装置防止电气误操作的系统。

微机防误闭锁系统主要由防误主机、遥控闭锁装置、电脑钥匙、各种防误锁具及安装附件等部件组成。微机防误闭锁系统基本结构示意图见图11.2－5。

其原理是将现场大量的二次闭锁回路和操作规则转变为计算机中的防误闭锁逻辑规则库，极大地简化了二次闭锁回路设计，无需敷设大量的电缆，可以实现以往不能实现或者难以实现的防误闭锁功能，(其防误闭锁原理详见本章第3节)。

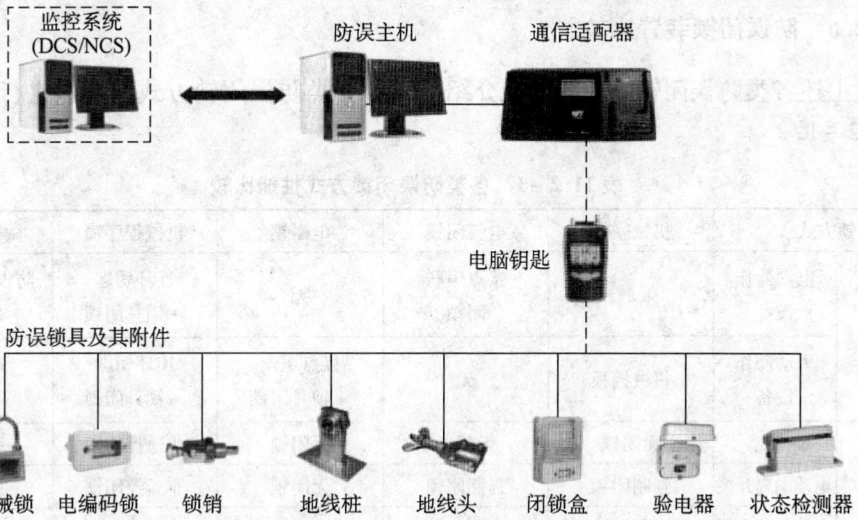

图11.2-5 微机防误闭锁系统基本结构示意图

对手动操作的电气设备、接地线及网门等采用电脑钥匙和编码锁实现强制闭锁功能；遥控操作的设备采用遥控闭锁装置的闭锁接点串接在电气回路中实现强制闭锁功能。系统还具备多任务操作、唯一操作权控制，在集控站还可实现任意点开票、模拟预演、接票、回传、站间闭锁、集控层、站控层、间隔层、过程层多层防误等功能。

微机防误闭锁系统完全满足电气设备“五防”功能的要求，适用于各种电压等级、复杂结线的发电厂和变电站。

微机防误闭锁的特点：

(1)通过防误主机显示设备状态、倒闸操作模拟预演、设备操作等工作；

(2)锁具具有唯一编码和统一的电脑钥匙接口，可对手动和电动操作的设备进行强制闭锁；

(3)具有完善的“五防”闭锁功能，能适应所有运行方式。不仅可实现设备、间隔之间的闭锁要求，还可以实现整个变电站(发电厂)的防误闭锁功能；

(4)与监控系统接口后，可实现设备在线对位和远方遥控操作的防误闭锁功能。

(5)满足无人值守站和集控站的防误闭锁要求；

(6)防误闭锁设备安装简单，使用、维护方便，可靠性高。

微机防误闭锁技术自诞生以来，历经了几代的发展。从早期单站运行的旋钮模拟屏，发展到具备三屏合一、遥视联动功能的综合式防误操作系统，用户的操作界面已经具备模拟屏、大屏幕显示器、触摸屏等多种形式。防误主机也从早期采用嵌入式单片机主机，发展到目前广泛采用工业级嵌入式32位处理器、高性能计算机、服务器作为产品硬件平台。随着微机防误技术不断发展，微机防误闭锁产品的应用范围已经从单个变电站扩展到集控站、配电网、智能变电站，在电力、石化、煤炭、冶金、交通等行业的发电厂、变电站的建设和改造中得到广泛应用。

微机防误闭锁技术与传统的电气防误闭锁技术相比，有着显著的技术优势，完全满足防误操作强制性和全面性的要求。微机防误闭锁技术的广泛应用，对降低误操作事故的发生，保障电力系统的安全生产起到了积极有效的作用。

11.2.6　防误闭锁装置比较

通过上述各类防误闭锁方式的功能介绍，现对各类防误闭锁方式的性能进行全面比较，见表11.2－1。

表11.2－1　各类防误闭锁方式性能比较

闭锁方式		机械联锁	电气闭锁	电磁锁	机械程序锁	微机防误闭锁
闭锁原理	电动操作设备	无	接点串联闭锁	无	连环钥匙+锁具闭锁	防误逻辑+接点串联闭锁
	手动操作设备	机械挡板	无	接点逻辑+锁具闭锁	连环钥匙+锁具闭锁	防误逻辑+锁具闭锁
对设备的闭锁	断路器	无闭锁	无闭锁	无闭锁	非遥控闭锁	强制闭锁
	电动隔离开关	强制闭锁	强制闭锁	无闭锁	非遥控闭锁	强制闭锁
	电动接地刀闸	强制闭锁	强制闭锁	无闭锁	非遥控闭锁	强制闭锁
	手动操作设备	强制闭锁	无闭锁	强制闭锁	强制闭锁	强制闭锁
	接地线	无闭锁	无闭锁	强制闭锁	强制闭锁	强制闭锁
	网门	无闭锁	无闭锁	强制闭锁	强制闭锁	强制闭锁
远方遥控操作		不能	能	不能	不能	能
适用范围		设备本体闭锁	单元间隔电动设备闭锁	单元间隔手动设备闭锁	低电压等级、无遥控操作的全站闭锁	遥控和就地操作要求强制闭锁的厂/站

由表11.2－1可知，从防误闭锁的强制性与完善性要求来看，除微机防误闭锁系统外，其他闭锁方案在完善性方面均存在问题，偏重于设备的角度考虑，并没有从全站的防误操作角度来设计方案，存在较多的防误盲区。

11.3　微机防误闭锁系统原理

11.3.1　微机防误闭锁系统的组成

微机防误闭锁系统一般由防误主机、电脑钥匙、遥控闭锁装置、通信装置、各种防误锁具及安装附件、紧急解锁钥匙等组成，如图11.3－1所示。

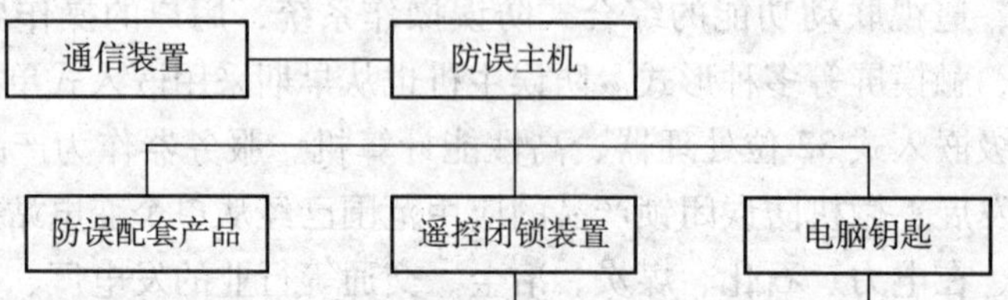

图11.3－1　微机防误闭锁系统结构图

防误主机：

防误主机是微机型防误系统的主控单元。常见的有计算机型防误主机和微机模拟屏型防误主机两种(见图 11.3－2)。

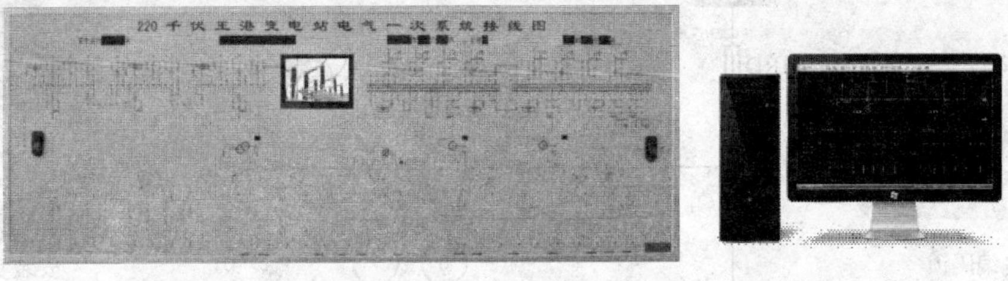

(a) 微机模拟屏型防误主机　　(b) 计算机型防误主机

图 11.3－2　防误主机

主要功能：显示设备状态、倒闸操作模拟预演、设备操作、系统维护等工作。

防误主机操作界面上具有与现场设备状态一致的主接线模拟图，包括断路器、刀闸、网门、地线等所有可操作的一次设备。这些设备的状态可通过监控系统获取遥信量或记忆方式来实现与现场设备状态对位。

在防误主机内存储有防误系统应用软件和所有一次设备的防误闭锁逻辑规则库，用于模拟预演和设备操作的防误逻辑判断。

防误主机将模拟预演生成的正确操作程序传输给电脑钥匙或顺序控制遥控闭锁装置开锁，接收电脑钥匙操作过程回传信息。

电脑钥匙：接收防误主机的操作程序、操作过程中识别防误锁具编号、严格按操作程序的顺序和内容控制解锁操作、并记录操作过程等信息、操作结束后将操作过程信息回传给防误主机等。

遥控闭锁装置：接收防误主机的操作指令、按操作指令控制对应的遥控锁具(遥控闭锁继电器)开锁或闭锁、对网络上的遥控锁具进行管理等。

防误锁具及安装附件：防误锁具是加装在一次设备上，用于闭锁高压电气设备的电气控制回路和操作机构的部件。安装附件配合防误锁具使用，完成特定高压设备的闭锁功能。

所有防误锁具内部均装有可被电脑钥匙识别的锁编码片(见图 11.3－3)。锁编码应具备唯一性，常见的锁编码有机械编码[图 11.3－3(a)]和 RFID 编码[图 11.3－3(b)]。由于 RFID 编码具备无源、不可复制、全球唯一编码、高可靠性等特点，目前基本上采用 RFID 编码。

(a) 机械码片　　(b) RFID 锁编码片

图 11.3－3　电编码锁

电编码锁主要用于对电动操作的高压电气设备(如断路器、电动刀闸、电动地刀闸等)就地操作回路实施强制闭锁的电气锁具。其闭锁原理见图 11.3－4。

电编码锁在电气原理上相当于一个常开接点，通常被串入到相应的电气操作回路中。倒闸操作时，先将电脑钥匙插入电编码锁中，如被操作设备的编号和电脑钥匙显示的编号一致，则电脑钥匙内部接通操作回路，闭锁解除，允许倒闸操作。倒闸操作后，电脑钥匙检测到有操作电流流过，即认为本步操作结束，可进行下一项操作。

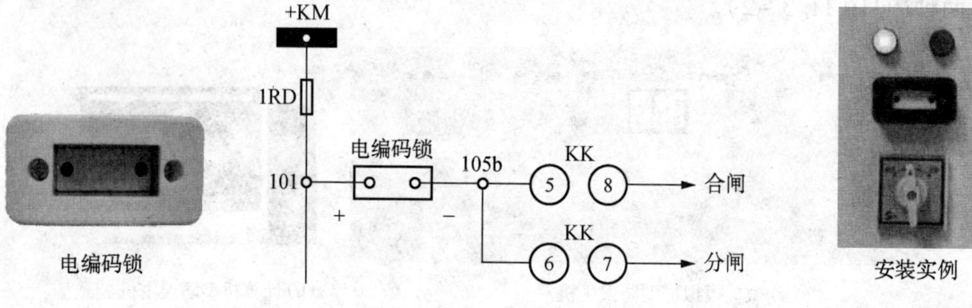

图 11.3－4　电动操作的高压电气设备的闭锁原理

遥控闭锁继电器：主要用于对电动操作的高压电气设备(如断路器、电动刀闸、电动地刀闸等)遥控操作回路实施强制闭锁的电气锁具。

遥控闭锁继电器如图 11.3－5(a)所示，是由电编码锁和可遥控的开出单元组成。其闭锁接点接线原理图见图 11.3－5(b)，是具有远方遥控开锁和就地电脑钥匙开锁的双重属性的闭锁器件。

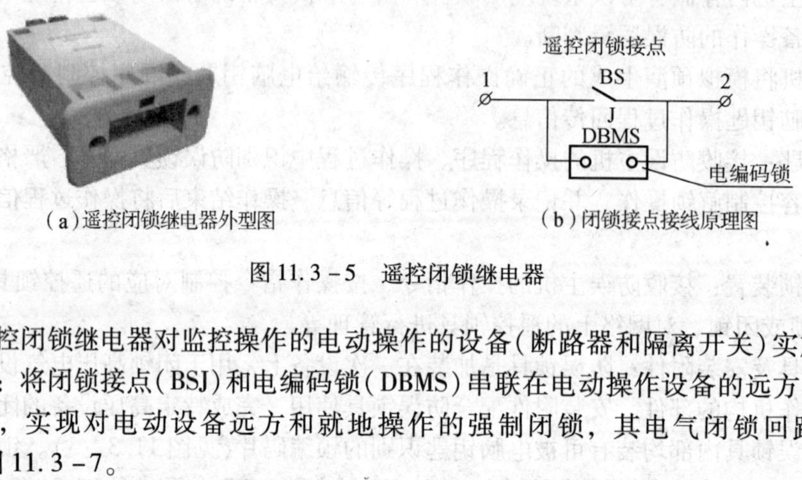

(a)遥控闭锁继电器外型图　　(b)闭锁接点接线原理图

图 11.3－5　遥控闭锁继电器

采用遥控闭锁继电器对监控操作的电动操作的设备(断路器和隔离开关)实施强制性闭锁的原理是：将闭锁接点(BSJ)和电编码锁(DBMS)串联在电动操作设备的远方和就地操作控制回路中，实现对电动设备远方和就地操作的强制闭锁，其电气闭锁回路原理见图 11.3－6、图 11.3－7。

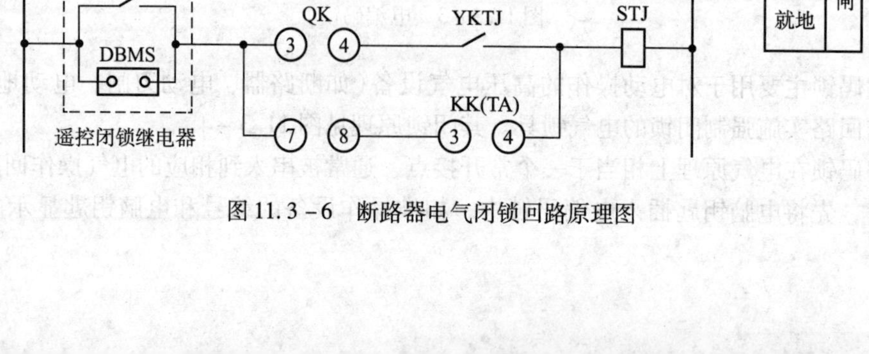

图 11.3－6　断路器电气闭锁回路原理图

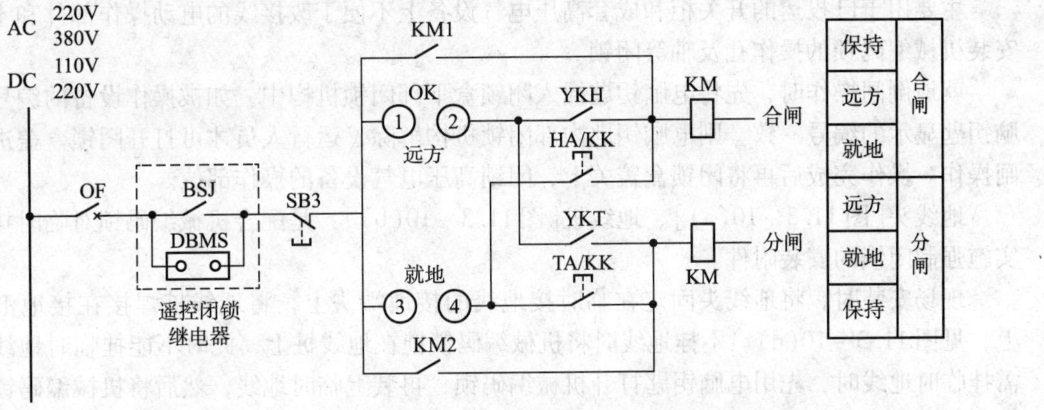

图 11.3－7　电动操作隔离开关控制回路闭锁接线图

遥控操作时，防误主机将通过遥控闭锁控制器向相应的遥控闭锁继电器发送解锁命令，控制遥控闭锁继电器的闭锁接点(BSJ)吸合，监控系统才能对该设备进行遥控操作，否则不能进行操作。

机械编码锁[图 11.3－8(a)]：是用于对手动操作的高压电气设备(如刀闸、地刀、网门、临时接地线等)就地操作机构实施强制闭锁的机械锁具。

高压电气设备就地操作机构闭锁实例见图 11.3－8(b)、(c)。

(a)机械编码锁　　(b)户外刀闸闭锁　　(c)网门闭锁

图 11.3－8　手动操作的高压电气设备闭锁实例

就地倒闸操作时，先将电脑钥匙插入机械编码锁中，如被操作设备的编号和电脑钥匙显示的编号一致，则电脑钥匙内部闭锁机构解除，运行人员可开锁进行操作。操作完成后，再用机械编码锁将被操作设备闭锁。

闭锁盒：如图 11.3－9 所示，是一种既可对电动操作的高压电气设备，又可对手动操作的高压电气设备实施强制闭锁的机械锁具。

(a)闭锁盒　　(b)闭锁实例

图 11.3－9　闭锁盒及闭锁控制把手实例

主要用于已投运的开关柜和成套高压电气设备上不便于改接线的电动操作部件和不便于安装机械编码锁的操作孔及轴等闭锁。

就地倒闸操作时，先将电脑钥匙插入闭锁盒下部闭锁机构中，如被操作设备的编号和电脑钥匙显示的编号一致，则电脑钥匙内部闭锁机构解除，运行人员才可打开闭锁盒盖进行倒闸操作。操作完成后再将闭锁盒盖关上，闭锁高压电气设备的操作部位。

地线头[图 11.3－10(a)]、地线桩[图 11.3－10(b)]：是配合机械编码锁对临时接地线实施强制闭锁的安装附件。

现场安装时，将地线头固定在临时接地线的接地端头上，将地线桩焊接在接地汇流条上，见图 11.3－10(d)。不挂地线时将机械编码锁锁在地线桩上，此时不能挂临时地线；当需挂临时地线时，先用电脑钥匙打开机械编码锁，再装上临时地线，然后将机械编码锁锁在地线头上，见图 11.3－10(c)。

（a）地线头　（b）地线桩　（c）闭锁示意图　（d）闭锁实例

图 11.3－10　临时接地线闭锁实例

门锁把[图 11.3－11(a)]：是配合机械编码锁对开关柜门实施强制闭锁的安装附件。

柜门闭锁时，用机械编码锁将门锁把上的按钮锁住[图 11.3－11(b)]，按钮按不下去，门锁把不能旋转开启柜门。只有用电脑钥匙打开并取下机械编码锁，按下按钮后才能旋转开启柜门。

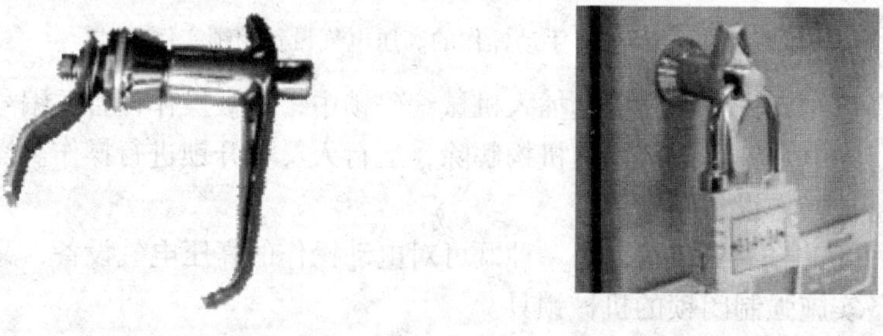

（a）门锁把　（b）闭锁实例

图 11.3－11　开关柜门的闭锁实例

锁销[图 11.3－12(a)]：是一种配合机械编码锁对开关柜上的隔离开关、接地刀闸及类似设备的操作机构上装设机械编码锁的安装附件。闭锁实例参见图 11.3－12(b)。

设备的闭锁是用机械编码锁锁住锁销，销子抽不出来将无法操作设备。

紧急解锁钥匙：微机防误闭锁系统设置紧急解锁钥匙(万能解锁钥匙)以应对当微机防误闭锁系统出现故障或在特殊情况下实施紧急解锁的要求。紧急解锁钥匙根据系统配置的闭锁锁具的型号配置，一般包括机械解锁钥匙和电气解锁钥匙（见图11.3－13）。

（a）锁销

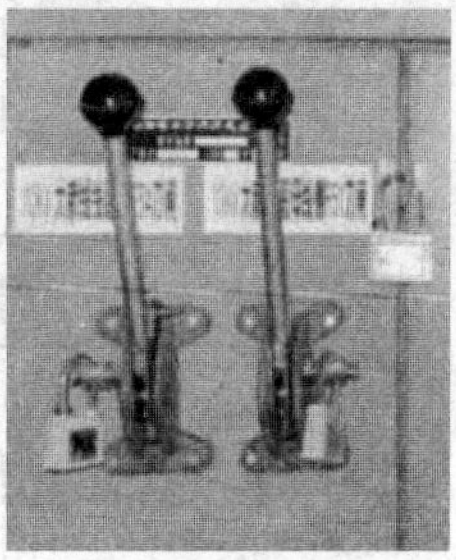

（b）闭锁实例

图11.3－12　开关柜刀闸地刀闭锁

（a）电解锁钥匙

（b）机械解锁钥匙

图11.3－13　紧急解锁钥匙

通信接口：微机防误闭锁系统设有多种通讯口，支持多种通信协议，可与综合自动化监控、DCS等系统接口实现以下功能：

（1）设备状态资源共享

①防误主机通过与监控系统通讯，获取断路器及电动刀闸的实时位置信息（又称"遥信量"），作为防误逻辑判断的依据，并正确显示高压设备的位置状态；

可向监控系统（RTU）提供包括刀闸、网门、临时地线等监控系统未采集的设备状态（又称"虚遥信量"），供监控系统掌握全站的设备状态。

②配合监控系统完成远方遥控操作时对一次设备的防误操作。

可对监控后台机的遥控操作进行防误控制，监控系统的遥控命令必须通过防误主机进行防误逻辑判断，判断正确后方为有效遥控命令。否则，禁止遥控操作。

（2）防误配套产品

微机防误闭锁系统可配置操作票专家系统软件、高压带电显示闭锁装置、地线管理装置、钥匙管理机等配套设备，实现一些与防误操作相关的辅助或增强功能。

11.3.2　微机防误闭锁系统基本工作原理

微机防误闭锁系统操作流程参见图11.3－14。

倒闸操作时，先在防误主机上设备状态对位操作，保证防误主机一次主接线图设备状态与现场设备状态一致，是防误系统进行闭锁逻辑判断的前提。防误系统一般采用两种方式实现设备对位操作：对于监控系统能实时采集到的断路器、隔离开关、接地刀闸等设备的状态，可通过防误系统与监控系统通信来实现设备对位；对于监控系统无法实时采集到的接地线、网门等设备的状态，可通过电脑钥匙的操作结果，以及自动记忆设备状态，来确保设备状态与现场一致。

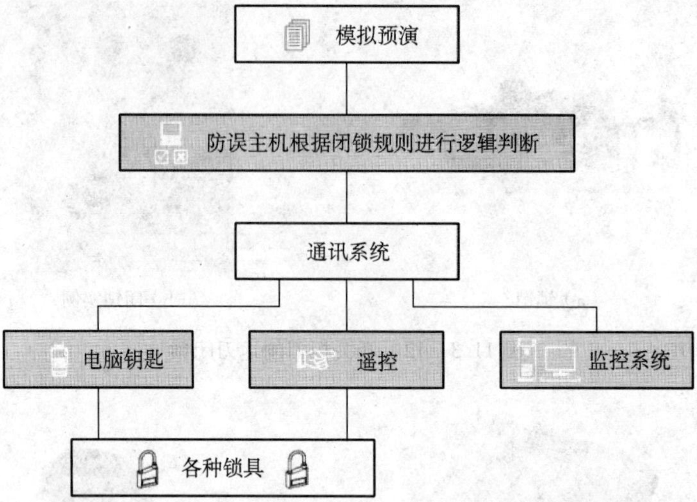

图 11.3－14　微机防误闭锁系统操作流程图

对位操作结束后，根据操作票在防误主机上进行模拟预演。防误主机根据预先储存的防误闭锁逻辑库和当前设备位置状态，对每一项模拟操作进行五防逻辑判断，禁止错误的模拟操作并发出告警。预演结束后，防误主机将正确的倒闸操作票生成实际操作程序。防误主机按照实际操作程序，根据设备闭锁方式的不同，可采用以下三种方式进行解锁操作（见图 11.3－15）。

1. 电脑钥匙解锁操作

当前操作为就地操作时，防误主机将实际操作程序发送给电脑钥匙，运行人员持电脑钥匙并按照提示的操作内容依次对设备进行解锁、倒闸操作。操作时，先将电脑钥匙插入对应电气设备的防误锁具内，检测被操作的设备编号是否正确，若正确则开放其闭锁回路或机构，这时就可以进行倒闸操作。若走错间隔操作，则电脑钥匙不能解除闭锁，使倒闸操作无法进行，同时发出持续的报警声提醒操作人员。

图 11.3－15　可实现遥控操作强制闭锁的微机防误系统网络结构示意图

2. 通过遥控闭锁控制单元直接控制闭锁接点解锁操作

当前操作为远方遥控操作，且电气设备的遥控操作回路中加装了受防误主机控制的闭锁接点(遥控闭锁继电器的输出接点 BSJ)时，防误主机将通过遥控闭锁控制器向被控设备的遥控闭锁继电器发送解锁命令，控制闭锁接点预先吸合，接通控制回路的电源。操作人员再利用监控主机按正常流程操作，即可实现被控设备的遥控操作。当监控系统采集到被控设备操作变位信号后，将设备状态发送给防误主机，防误主机收到设备变位信息后，按照倒闸操作票的顺序自动对下一步待操作设备进行解锁。若操作人员在监控主机上误对其他电气设备进行遥控，因其遥控操作回路中的闭锁接点未吸合(即闭锁状态)，无操作电源，故该电气设备状态不会发生变位。

防误系统在执行遥控操作的整个过程中，自动按照倒闸操作票的顺序进行解闭锁，无需操作人员干预，不改变原操作流程，可节省操作时间，提高工作效率及质量。

3. 通过通讯接口对监控系统执行解锁操作

若当前操作为远方遥控操作，且电气设备的遥控操作回路中未加装闭锁接点时，防误主机将向监控主机发送被控设备的遥控许可命令。操作人员在监控主机上对被控设备进行遥控操作，监控主机向被控设备的测控装置发送遥控命令进行倒闸操作，当监控系统采集到被控设备操作变位信号后，将设备状态发送给防误主机，防误主机收到设备变位信息后，按照倒闸操作票的顺序自动进行下一步待操作设备进行解锁。若操作人员在监控主机上误遥控操作其他电气设备，与误主机发送的被控设备的遥控许可命令不符，监控系统将禁止发送遥控命令，并提示告警，不能对该设备进行遥控操作。

运行人员按照防误主机和电脑钥匙的提示，依次对高压设备进行解锁操作。防误主机和电脑钥匙对不符合程序的操作实施强制闭锁，从而达到防误操作的目的。

操作过程中，防误主机通过电脑钥匙的回传或监控系统通信，获取操作后的设备状态信息，对显示的设备状态实时刷新，以保证与现场设备实际状态一致。

11.4　微机防误配套设备

随着科学技术的进步和防误技术的发展，原来一些依靠组织管理保证防误操作的措施，已可由技术措施实现，由此出现了不少解决单一防误问题装置。这些装置同微机防误系统配套使用，加强了微机防误系统的功能，扩展了防误范围，使微机防误技术更加全面化和实用化。

11.4.1　高压带电显示闭锁装置

高压带电显示器是一种直接安装在室内、室外电气设备上，可直观显示出电气设备是否带有运行电压的装置。当高压设备带有运行电压时，高压带电显示器发出灯光告警，提示操作人员该电气设备有电，有效防止误入带电间隔、带电挂接地线或合地刀。

目前，高压电气设备自身所带高压带电显示器，对操作人员在高压带电设备周边工作时仅起到一种警示性的作用，往往会由于装置故障、显示灯光过弱、工作人员疏忽等原因造成这种提示性功能形同虚设，缺乏强制性，致使高压带电显示器无法有效地达到防止误操作目的。

为解决上述问题，国内生产厂家研制了一种新型"高压带电显示闭锁装置"。该装置除了可以显示高压电气设备的带电状态，还可输出闭锁接点、提供与防误装置联接的闭锁接口，通过与防误装置配套使用，有效地解决了常规闭锁技术无法满足防止电气误操作要求的电气设备(如联络线、封闭式电气设备等)的强制性闭锁问题。

高压带电显示闭锁装置由显示单元及传感器组成(见图 11.4－1)。

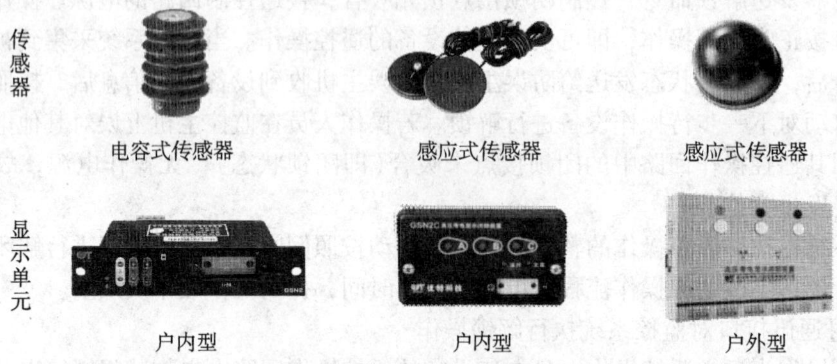

图 11.4－1　高压带电显示闭锁装置

传感器：用于将高压设备及线路的高电压变换成低电压，传送至显示单元。

显示单元：内置检测电路，面板上设有带电指示灯、防误装置闭锁接口(见图 11.4－2)。

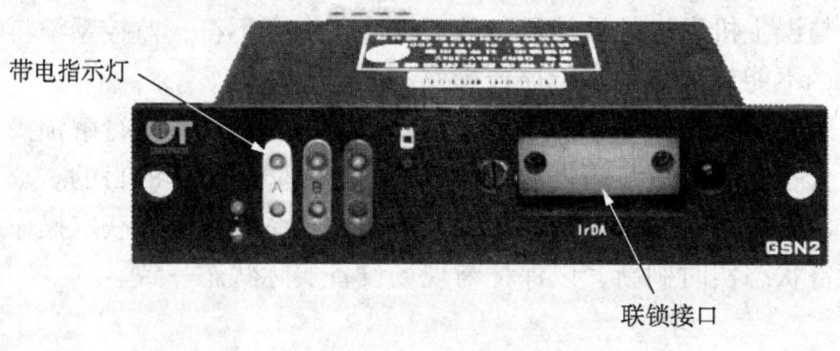

图 11.4－2　GSN2 型户内高压带电显示闭锁装置

带电指示灯：采用高亮红色 LED 发光管，用于显示高压设备及线路的带电状态。

联锁接口：用于联接防误闭锁装置实现强制性闭锁。

11.4.1.1　工作原理

高压带电显示闭锁装置按其传感器工作原理，一般分为接触式和感应式。

1. 接触式(电容式)

此类型的装置由支柱瓷绝缘子式传感器和显示单元组成，其传感器基于电容分压原理，显示单元通过电容芯棒从高压带电体中抽取一定的电压量，经运算处理后用于反映被测设备或线路的带电状态，并输出联锁信号。其原理如图 11.4－3 所示。

2. 感应式

此类型的装置由感应式传感器和显示单元组成。感应式传感器是一个靠近高压带电体的对地绝缘的感应电极，通过感应电极和高压带电之间的杂散电容，耦合高压带电体上的交变电压信号。通过电缆把这一信号传送到显示单元进行放大和处理，最终实现高压带电显示和闭锁控制。其原理如图 11.4－4 所示。

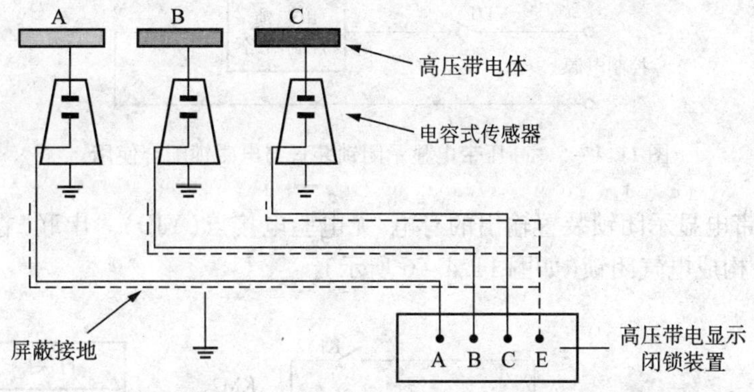

图11.4-3 接触式带电显示闭锁装置原理图

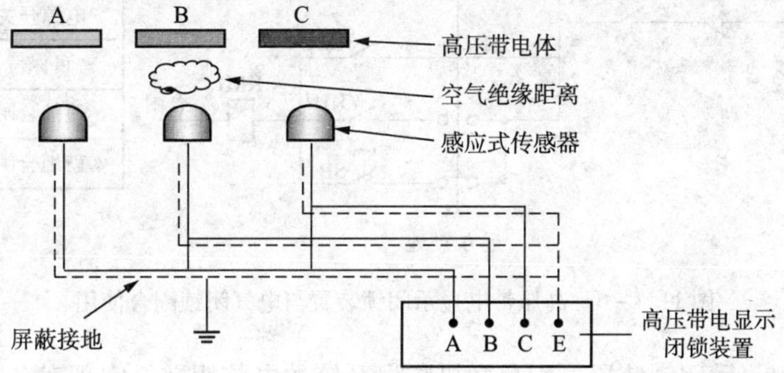

图11.4-4 应式带电显示闭锁装置原理图

3. 联锁信号输出

对具有联锁输出的显示单元，在"有电"或"无电"时，应输出准确可靠的"闭锁"或"解锁"指令。当三相设备共用一套联锁装置，任意一相"有电"时，显示单元联锁信号输出都保持"闭锁"指令。

目前市场上供应的高压带电显示闭锁装置有多种类型：

按应用场合分类：户内型、户外型；

按传感器的结构分类：接触式(电容式)、感应式、等电位式；

按联锁接口分类：电气接点输出、电脑钥匙接口；

按工作电源分类：无源式、有源式、电池供电型；

按通讯方式分类：有线、无线。

11.4.1.2 典型应用

高压带电显示闭锁装置在现场应用范围很广，既可单独作为高压带电显示装置使用，也可与电磁锁、微机防误系统等结合使用，实现对网门(柜门)、接地刀闸和接地线的强制闭锁，从而实现防止误入带电间隔和带电合地刀、挂接地的强制性闭锁。

高压带电显示闭锁装置实现防误功能的方式有以下三种：

(1)将高压带电显示闭锁装置输出的有电/无电验电接点(YJD)直接"串联"在电磁锁的电源控制回路中，利用电磁锁对手动隔离刀闸或接地线实施强制性闭锁(如图11.4-5所示)。

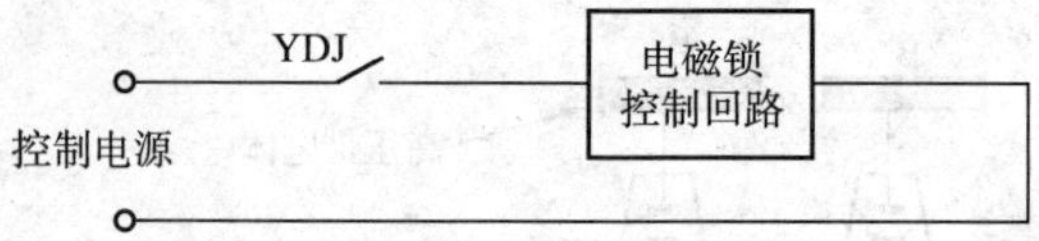

图 11.4－5　高压带电显示闭锁装置与电磁锁配合使用

(2)将高压带电显示闭锁装置输出的有电/无电验电接点(YJD)“串联”在电动隔离刀闸的控制回路中，构成电气闭锁(如图 11.4－6 所示)。

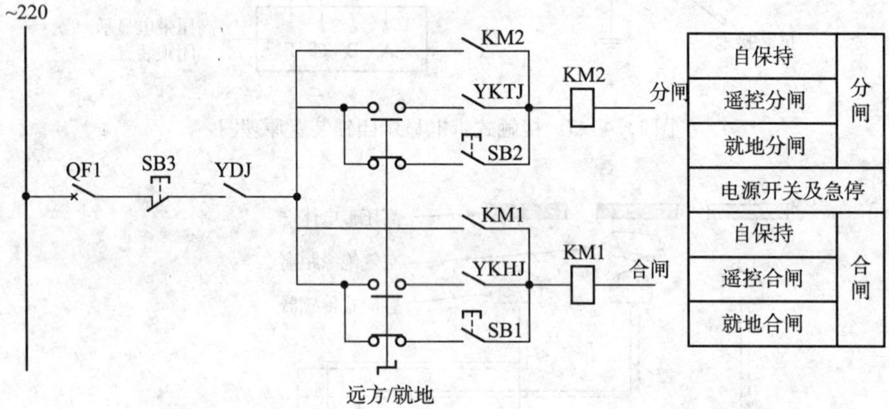

图 11.4－6　高压带电显示闭锁装置与电气闭锁配合使用

(3)高压带电显示闭锁装置可配合微机防误系统的电脑钥匙，实现对各种设备的强制性闭锁。操作流程：用电脑钥匙先验电，无电后才能对相应的接地刀闸、接地线或网/柜门等进行解锁操作(如图 11.4－7 所示)。

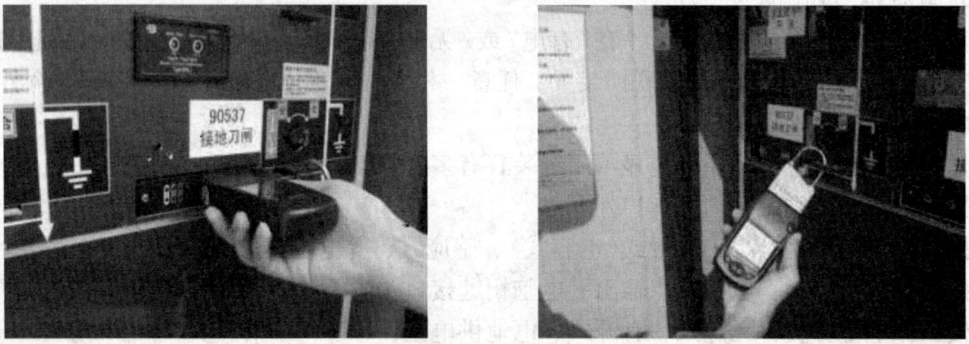

图 11.4－7　高压带电显示闭锁装置与微机防误系统配合使用

11.4.2　钥匙管理机

微机防误系统的广泛应用，使得其解锁钥匙的管理成为变电站安全管理非常重要的一部分。由于解锁钥匙的万能解锁性质，在管理上必须对其进行严格的授权管理及监控。传统方式采用信封封存、抽屉保管等类似办法，这些手段不能从根本上限制解锁钥匙的使用。

解锁钥匙管理机是一种存放、管理微机防误操作系统各类解锁钥匙的智能装置，可实现解锁钥匙管理、解锁钥匙存取记录、解锁钥匙授权等功能，其结构如图 11.4－8 所示。

11.4.2.1 工作原理

把解锁钥匙放在一个可控制闭锁的钥匙箱里，采用使用前先申请，批准后再使用的工作管理流程。一般的批准方式有刷卡、密码、网络、短信等方式控制是否允许开启箱子，从而保证了存放在钥匙箱里的解锁钥匙不能随意使用，而且所有的钥匙存取记录将详细准确的记录下来。根据需要，可运行于单机方式，也可以运行于网络方式。

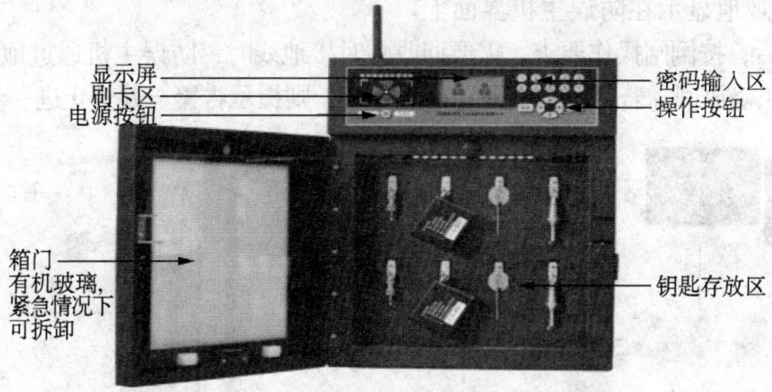

图11.4-8 钥匙管理机结构

按产品功能不同，钥匙管理机可分为普通型和智能型钥匙管理机。

普通型钥匙管理机：实现对解锁钥匙的管理，能够通过多种方式授权，并能够记录存取、授权、使用记录，根据授权方式不同，一般还可以分为刷卡型、网络型、短信型。

智能型钥匙管理机：智能型解锁钥匙管理机除了可管理解锁钥匙外，增加了智能解锁功能。用户可通过液晶触摸屏指定相关解锁设备，未指定的设备不能被解锁，实现了紧急解锁下的防误操作功能，解决了紧急解锁时操作不受控（如走错间隔）的问题。

11.4.2.2 典型应用

一般情况下，在有人值班的变电站配一台独立运行的钥匙管理机，在需要使用紧急解锁钥匙时，利用刷卡授权或密码授权的方式取用。在无人值守变电站，可配一套网络版的钥匙管理机，当在变电站需要使用解锁钥匙时，通过网络或短信方式获得授权。

11.4.3 地线管理系统

地线管理系统是用来管理变电站或发电厂所使用的临时接地线的智能设备。它可以与微机防误闭锁装置联机使用，也可以独立使用。

据统计，与临时接地线有关的电气误操作事故占误操作事故总数的60%左右，表明地线的使用和管理急需加强。地线管理系统是从技术措施上解决地线的防误问题。在解决了地线操作过程中的误漏挂、误漏拆问题的基础上，还可以实现临时接地线的实时管理，可实时查询地线是否在指定位置、实时跟踪和检测当前各组临时接地线在现场所挂接的位置及状态，并自动生成记录等功能。从技术角度对保证地线按章使用、规范管理，进而防止误操作的发生。

11.4.3.1 工作原理

地线管理系统一般包括地线管理器主机、检测闭锁机构、地线柜与智能地线检测装置等组成（如图11.4-9所示）。

每根临时接地线的地线头上安装有地线识别码片，用来标识地线的唯一编号。每个检测闭锁机构上安装有无线码片识别电路和闭锁机构，当地线头挂到检测闭锁机构指定的位置时，检测闭锁机构上的无线码片识别电路将识别到地线的编号，从而识别地线身份并将正确编号的地线闭锁。检测闭锁机构可以安装在工具室的墙壁上或地线柜内。

地线管理主机统一管理多个检测闭锁机构，同时通过通信向防误主机报告地线当前状态，或执行五防主机对地线的解锁或闭锁命令。在倒闸操作任务中有挂接地线的操作时，五防主机通过地线管理主机解锁在模拟预演时选择的临时接地线，这样操作人员可以取走指定的地线，未被选择的地线则仍处于闭锁状态。五防主机可通过无线网络检测到临时接地线的实时状态，并直观地显示在防误主机界面上。

当操作完成后，按倒闸操作要求，需要回收临时接地线时，防误主机通过地线管理器主机检查是否地线已经正确放回。若是，则任务结束，否则，则提示告警，并禁止进一步的操作。

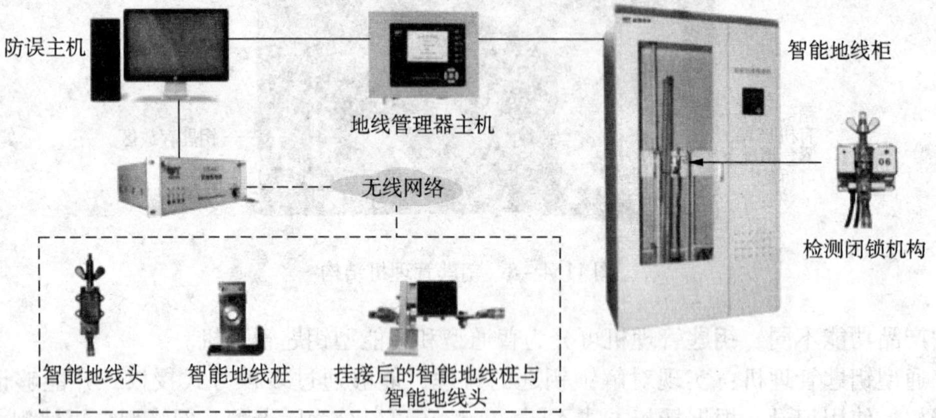

图 11.4-9　地线管理系统结构图

地线管理器主机：管理控制检测闭锁机构，并向五防主机提供地线的当前状态，执行五防主机的解、闭锁命令。

检测闭锁机构：检测识别与解、闭地线，检测闭锁机构的个数可根据地线数量配置。

地线柜：用于对地线进行规范存放。

智能地线检测装置：能实现临时接地线所挂接的地线桩的识别，并实时与远方主机通信，上传地线位置与状态。

智能地线头：具有无线发射模块和地线桩识别模块，能够识别到对应地线所挂接的地线桩编号，并通过无线方式，同防误系统通信。

智能地线桩：具有唯一编码的地线桩，智能地线头能通过无线方式识别到此编码。

按地线是否能实时跟踪，可分为普通地线管理系统和实时地线管理系统。

普通地线管理系统：能够完成临时地线的强制闭锁，记录地线的使用过程。

实时地线管理系统：能够完成临时接地线的强制闭锁，通过无线方式，可实时跟踪地线的使用状态、现场的挂接情况。

11.4.3.2　典型应用

地线管理系统可以单独使用，实现地线使用的规范化管理，也可以同防误系统配合使用，实现地线的防误、管理一体化。

11.4.4　视频监控系统（遥视系统）

倒闸操作过程的远程跟踪和视频监视，也是保证操作正常进行的有效手段。视频监控系统同微机防误操作系统的结合，可以使整个操作过程中实现视频的实时跟踪及操作、模拟过程的视频联动，是操作过程非常实用的辅助手段和工具，能够通过视频远程实时跟踪操作情况，包括设备操作的到位情况和远程设备查看，达到防止误操作的目的。

视频监控系统是由摄像、传输、控制、显示和录像五大部分组成(见图 11.4－10)。摄像机通过同轴视频电缆将视频图像传输到视频服务器，视频服务器再将视频信号分配到各监视器及录像设备，同时可将需要传输的语音信号同步录入到录像机内。

通过视频服务器，操作人员可发出指令，对云台的上、下、左、右的动作进行控制及对镜头进行调焦变倍的操作，并可通过视频服务器实现在多路摄像机及云台之间的切换。利用特殊的录像处理模式，可对图像进行录入、回放、处理等操作。

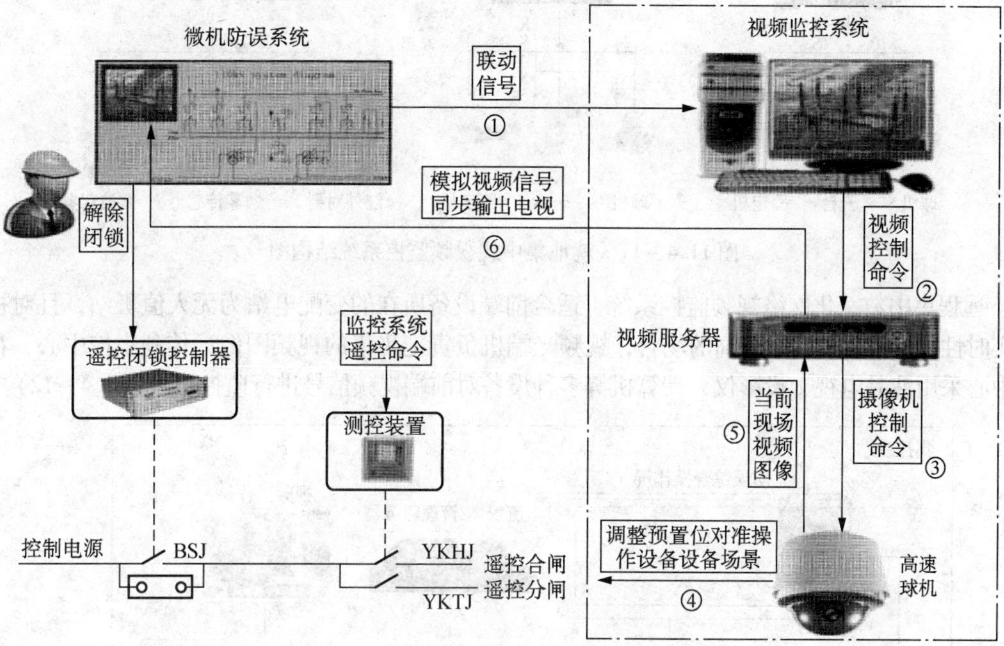

图 11.4－10　防误－视频监控联动图

11.4.4.1　工作原理

防误操作系统进行模拟和操作过程中，能够对相应设备进行自动实时视频跟踪，及时发现模拟和操作过程中的异常情况。如图 11.4－10 所示，微机防误系统在进行模拟、操作时，向视频监控系统发送信息，通过视频服务器控制摄像机切换到指定位置，同时控制照明系统打开现场灯光，监视器画面切换到对应的操作设备现场，使运行人员在控制操作的同时可以及时了解现场的情况，实现同微机防误系统之间视频画面联动功能。

视频监控系统一般有以下几种类型：

①就地集中式视频监控系统；

②就地数字化网络视频系统；

③远程集中数字化网络视频监控系统。

11.4.4.2　典型应用

就地集中式视频监控系统见图 11.4－11，适合在监控中心和前端摄像头距离较近的场合，如变电站当地监控，厂区监控等。该结构扩展性很强，可以很容易扩展成为一个集控中心的子站而实现远程监控功能。如果需要进行视频浏览可以设置一个远程工作站来实现 Web 浏览功能。

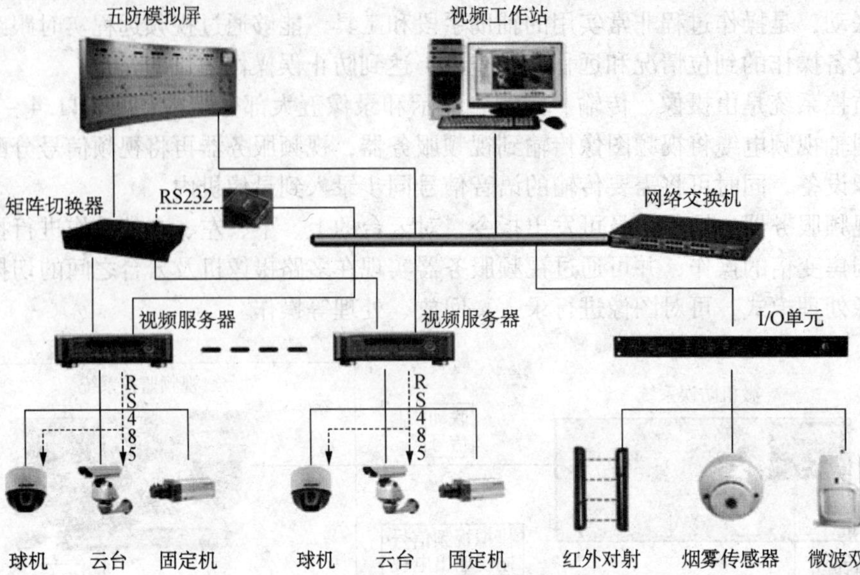

图 11.4－11　就地集中式视频监控系统结构图

远程集中数字化网络视频监控系统，适合前端设备所在的变配电站为无人值班站，且对视频的实时性和清晰程度要求较高的场合，视频光端机负责把采集的视频图像远传到集控中心，在集控中心采用液晶电视、投影仪、计算机等多种设备对前端视频信号进行监控(见图 11.4－12)。

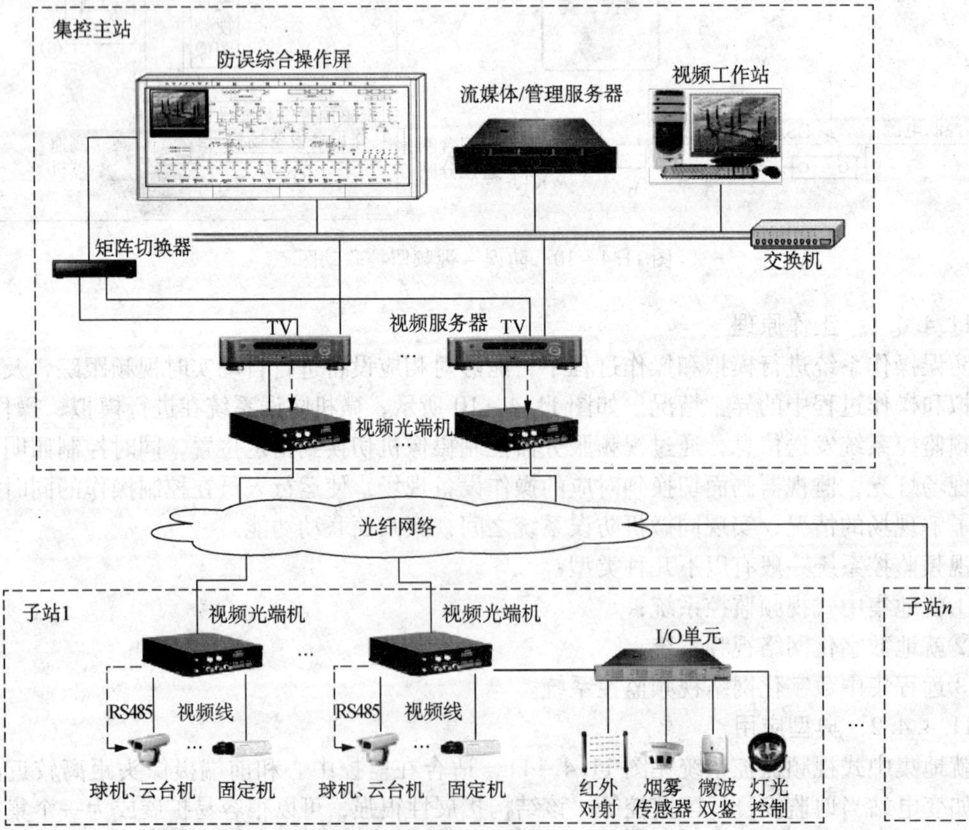

图 11.4－12　远程集中数字化网络视频监控系统结构图

11.5 微机防误系统应用

11.5.1 常规变电站微机防误闭锁系统

微机防误系统按根据系统结构和工作原理，主要分离线式、在线式、综合式三类。

11.5.1.1 离线式微机防误闭锁系统

离线式微机防误闭锁系统结构如图11.5－1所示。

离线式微机防误闭锁系统的防误主机和现场锁具无任何连接，现场设备的位置状态由防误主机通过与监控系统通讯获取，或者依靠电脑钥匙操作后回传操作信息的方式获取，实现防误主机内的设备状态与现场设备状态保持一致。

操作人员在解锁操作时，对于监控系统无法采集的设备(如临时地线、网门等)，防误主机无法实时监视操作进程，只有当操作完成后通过电脑钥匙向防误主机回传操作信息，防误主机才能获取现场设备的变位情况。

该方式对于正常倒闸操作，完全满足防误的基本要求；对于非正常操作(如解锁操作)，有可能出现防误主机显示的设备位置状态与现场设备的实际位置状态不符，需人工设置设备状态(对位)。

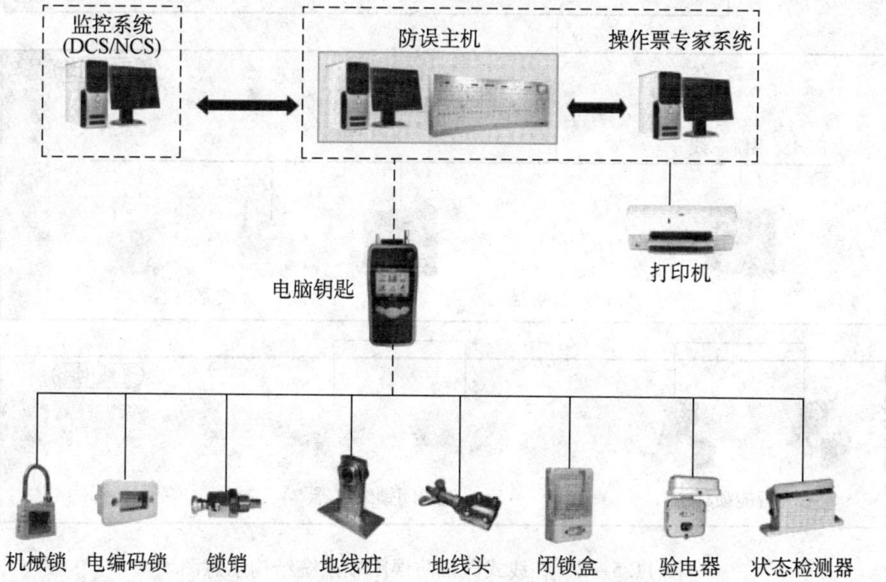

图11.5－1 离线式微机防误闭锁系统结构示意图

系统由防误主机(模拟屏、计算机)、传输适配器、电脑钥匙和常规锁具组成。系统支持RFID编码技术，可实现多任务并行操作、检修票、智能解锁、黑匣子等功能。断路器通过电编码锁闭锁，隔离开关、接地刀闸、网柜门、接地线等其他设备采用机械编码锁和闭锁附件相结合的方式闭锁，监控系统的闭锁采用通信软闭锁。

(1)系统主要功能

①系统除具有基本的"五防"闭锁功能外，还具有旁路母线充电、代路操作、倒母线操

作、线路侧验电等复杂的闭锁功能；

②间隔层、设备级手动操控部件都具有强制闭锁功能；

③系统支持多任务并行操作和唯一操作权管理功能；

④计算机式的防误主机支持二次设备的模拟操作；

⑤信息共享，通过与监控系统通信获取现场一次设备的实时状态；

⑥采用 RFID 编码技术，保证了锁码的全球唯一性；

⑦“黑匣子”功能，可以对操作票进行追忆，便于事故分析；

(2)系统应用特点

①工程造价相对较低；

②安装简单方便，在现场不用铺设任何电缆；

③监控系统无法采集的现场设备的状态依靠主机记忆对位。

11.5.1.2　在线式微机防误闭锁系统

在线式微机防误闭锁系统结构如图 11.5－2 所示。

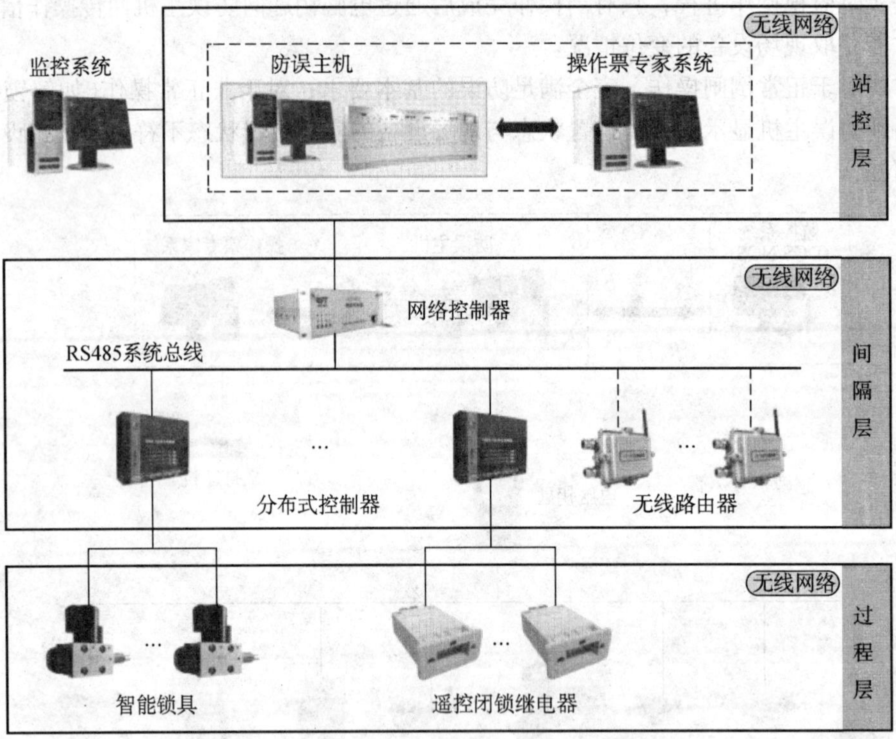

图 11.5－2　在线式微机防误闭锁系统结构示意图

在线式微机防误闭锁系统不使用电脑钥匙进行解锁操作，防误主机通过无线或者有线电缆与现场闭锁锁具连接，并对其进行解/闭锁控制。现场闭锁锁具通过无线网络或有线电缆回传设备的位置信息，从而实现系统实时在线的设备对位功能。

本系统引入无线网络或者有线网络、网络控制器、智能锁具等，可实现多任务并行操作、检修票、智能解锁、黑匣子、设备状态实时对位、防误逻辑实时判断、操作过程实时监控等功能。通过智能锁具来实现断路器、隔离开关、接地刀闸、网柜门、接地线等设备手动操控部件的闭锁，以及断路器等相关电动设备远方遥控操作的强制闭锁。

(1)系统主要功能

①对电动设备远方遥控操作实施强制闭锁，可有效解决当地监控系统或通讯系统由于雷击或软、硬件故障、干扰等造成的误动作，也可防止在集控站远方操作或当地监控操作中，由于运行人员操作不当所造成的误操作；

②支持有线和无线两种通讯方式，两种网络可视具体工程灵活配置；

③实时在线对位，防误主机通过分布式控制器上传的实时数据，使设备状态实时在线，确保防误主机显示的设备状态与现场的设备状态完全一；

④实时防误逻辑判断及闭锁，系统可采集设备实时状态，在某操作任务进行时，防误主机可根据设备位置状态的变化，对当前操作进行实时逻辑判断，确定操作是否继续；

⑤实时监控倒闸操作全过程，整个操作过程自动根据模拟操作票的顺序进行，无需人工干预，防误主机直接控制现场锁具的解/闭锁，被操作设备的状态和锁具状态经采集后，通过有线网络或无线网络反馈给防误主机，并实时显示在防误主机的操作界面上。在检测到当前操作的设备状态正确变位后才开放下一步的操作，有效防止操作中走“空程序”等问题。

(2)系统应用特点

①系统造价相对较高；

②现场要敷设电缆或相关网络，安装相对复杂；

③现场无需电脑钥匙，可实现设备的实时在线操作。

11.5.1.3　综合式微机防误闭锁系统

综合式微机防误闭锁系统结构如图11.5－3所示。

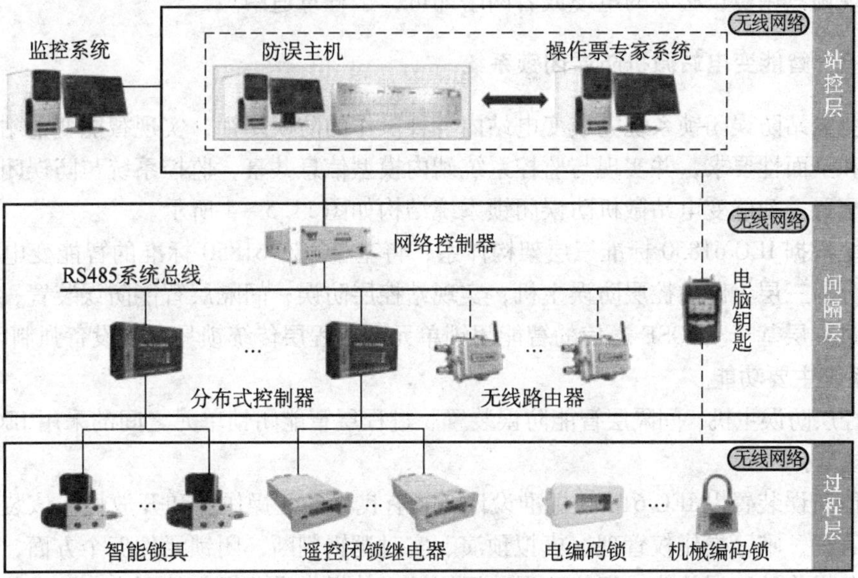

图11.5－3　综合式微机防误闭锁系统结构示意图

该方式既有离线式闭锁方式，又有在线式闭锁方式，它综合了离线式和在线式的优点，组成了一种适应性更强、性能更高的微机防误闭锁系统。

本系统引入无线网络、有线网络、网络控制器、智能锁具、常规锁具等，可实现多任务并行操作、检修票、智能解锁、黑匣子、设备状态实时对位、防误逻辑实时判断、操作过程实时监控等功能。采用常规锁具来实现断路器、隔离开关、接地刀闸、网柜门、接地线等设备手动操控部件的闭锁，采用遥控闭锁继电器实现断路器等相关电动设备远方遥控操作的强制闭锁，根据现场情况，可选择性的对重要设备(比如母线地刀)采用智能锁具闭锁。

(1)系统主要功能

①具有离线式微机防误闭锁系统的全部功能；

②对电动设备远方遥控操作实施强制闭锁，可有效解决当地监控系统或通讯系统由于雷击或软、硬件故障、干扰等造成的误动作，也可防止在集控站远方操作或当地监控操作中，由于运行人员操作不当所造成的误操作；

③实时在线对位，防误主机通过分布式控制器或无线电脑钥匙上传的实时数据，使设备状态实时在线，确保防误主机显示的设备状态与现场的设备状态完全一；

④实时防误逻辑判断及闭锁，系统通过监控系统、智能锁具、无线电脑钥匙采集设备实时状态，在某操作任务进行时，防误主机可根据设备位置状态的变化，对当前操作进行实时逻辑判断，确定操作是否继续。

⑤实时监控倒闸操作全过程，整个操作过程自动根据模拟操作票的顺序进行，防误主机直接控制或通过无线电脑钥匙控制现场锁具的解/闭锁。被操作设备的状态和锁具状态经采集后，通过有线网络或无线网络反馈给防误主机，并实时显示在防误主机的操作界面上。在检测到当前操作的设备状态正确变位后才开放下一步的操作，有效防止操作中走“空程序”等问题。

(2)系统应用特点

①造价适中，介于离线式和在线式之间；

②在现场只用敷设必要的电缆或者网络即可，工程量适中。

11.5.2 智能变电站微机防误闭锁系统

智能变电站防误闭锁系统完成变电站内各种操作的防误闭锁，实现智能变电站防误闭锁的强制性和全面性要求，并实现与监控系统站内模型信息共享，监控系统与防误闭锁系统信息交互免配置。智能变电站微机防误闭锁系统结构如图 11.5-4 所示。

本系统根据 IEC 61850 标准三层架构体系，将基于 IEC 61850 标准的智能变电站防误闭锁系统划分为三层，即站控层防误主机，实现站控层防误；间隔层智能防误装置，实现间隔层防误；过程层基于 GOOSE 通信的智能闭锁单元、过程层传统锁具实现设备强制闭锁等。

(1)系统主要功能

①站控层防误主机、间隔层智能防误装置、过程层智能闭锁单元之间的采用 IEC 61850-8-1协议规范；

②智能防误装置以 IEC 61850 标准设计，具有良好的互操作性和开放性。该装置本身融合了权限管理、唯一操作权管理、模拟预演、实时逻辑判断、闭锁元件五个方面，完整地实现了对设备操作的防误功能。智能防误装置能够对外提供设备操作的所有五防功能，包含顺控功能；

③智能闭锁单元按间隔设计，实现单元间隔内所有电动操作设备(包括断路器、隔离刀闸、接地刀闸等)远方操作的强制闭锁，与监控系统的智能终端共同安装于过程层的智能控制柜中；

④防误系统与监控系统通信，由早期的传统规约确定通信点表模式，更改成不同厂家提供各自的模型文件(ICD/CID/SCD)，维护简单。

(2)系统应用特点

①工程造价相对较高;

②过程层 GOOSE 网络可独立组网或与监控系统共用;

③满足数字化或智能变电站防误闭锁的要求。

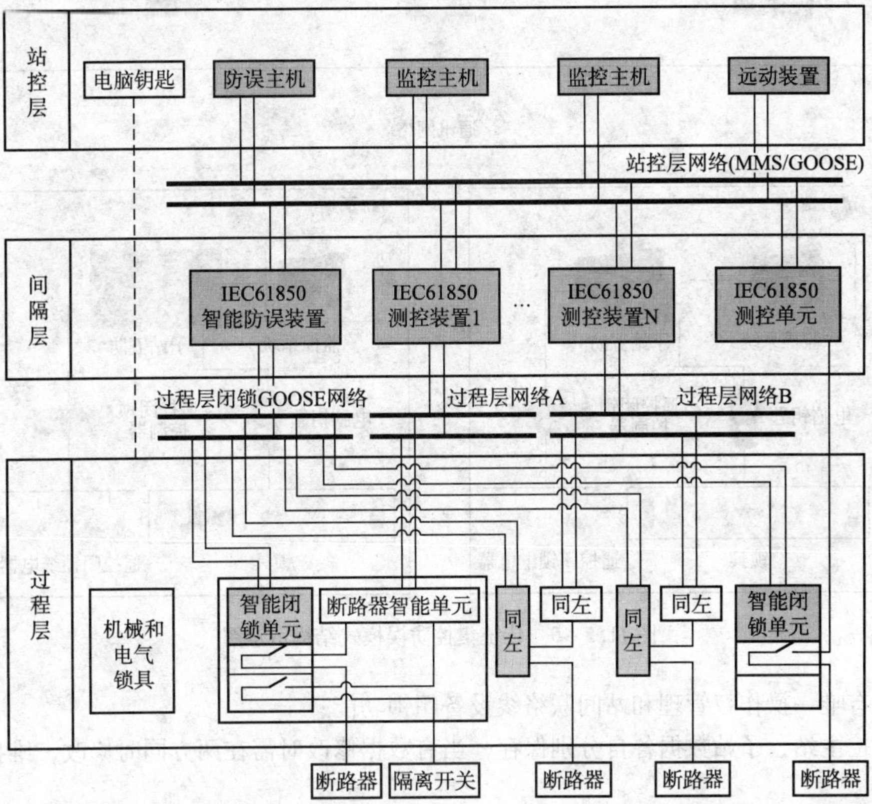

图 11.5-4 智能变电站微机防误闭锁系统结构示意图

11.5.3 集控方式下的微机防误闭锁系统

11.5.3.1 传统集控防误模式

传统集控防误模式是以自下而上的模式建立的,是一种堆砌式的集控站,也就是说这种集控站的建立是因为本地区运行的变电站数量较多(一般不超过 15 座),需要进行信息的共享及数据的统一管理,才组建集控站。各子站保持原有五防系统不变,只需增加集控主站设备及与各子站的通信网络设备,投资较少。传统集控防误模式结构如图 11.5-5 所示。

传统集控防误模式主要有两层,即集控主站层和子站层。集控主站和子站五防系统利用调度数据网或专用的通道进行数据交互,对通道的要求不高,通信信道可以为串口或以太网,实现设备的状态同步、唯一操作权、遥控闭锁、站间联络线闭锁等功能。

(1)系统主要功能

①实现了集控层、站控层、间隔层、设备级的防误闭锁功能;

②集控主站与子站都具有完善的五防功能,主子站均与监控系统接口,实现接收遥信、发送虚遥信、闭锁监控后台等功能;

③在集控主站开票,既可在主站接票也可以在子站接票;也可在子站开票,子站接票。

电脑钥匙既可以在主站回传，也可以在子站回传；

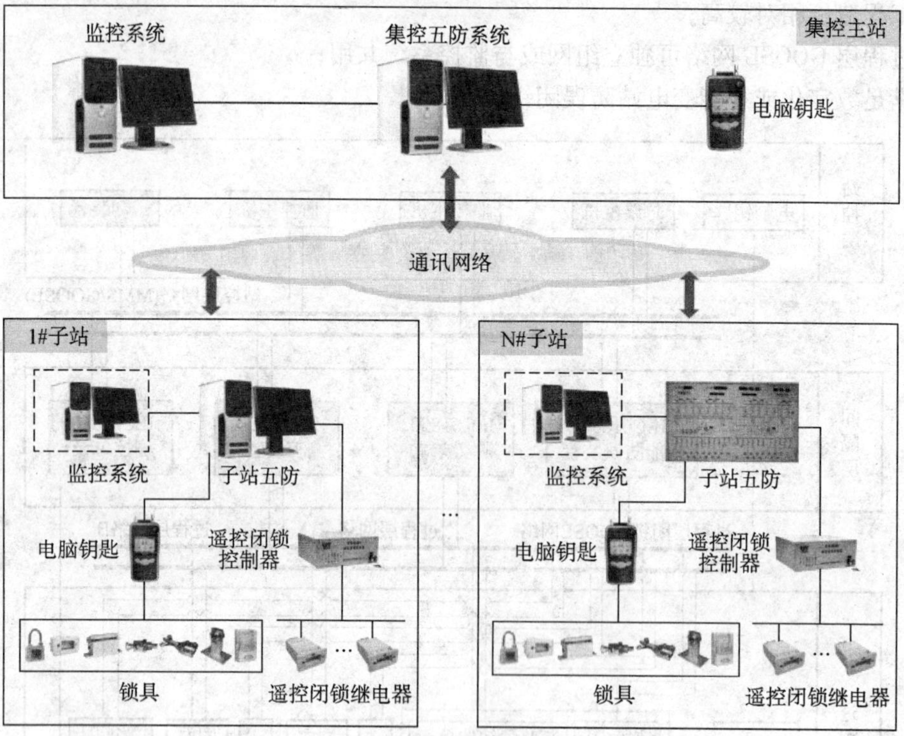

图 11.5－5　传统集控防误模式结构示意图

④具有唯一操作权管理和站间联络线设备闭锁功能；

⑤集控主站、子站数据各自分别保存，当有数据修改时需在两方同时修改，维护工作量较大。

(2)系统应用特点

①工程造价相对较低；

②此种模式不支持多集控主站，适合小型集控，受控子站数量少的场合。

11.5.3.2　基于服务器的集控防误模式

基于服务器的集控防误是以自上而下的模式建立的，是一种发散性的集控站，它不仅考虑到了本地区已经运行的诸多变电站要组成集控站，而且考虑到在今后会有更多的变电站要进行集中管理。另外在集控站扩充到一定规模时，在集控中心与受控站层需要扩展防误一级站、防误二级站、……，会很方便地实现。增加各层工作站只需要在服务器中对其进行数据配置即可，不需要进行大量的调试工作。基于服务器的集控防误模式结构如图 11.5－6 所示。

为了适应灵活多变的多层管理模式，采用客户端/服务器结构的方式实现，各层利用调度数据网或专用的五防以太网通道进行数据交互。在集控层设置五防集控服务器，根据管理的需要可以放在监控中心、集控中心或调度中心，对所有的数据进行集中管理、统计、查询，可进行开票、模拟预演、集控层遥控操作闭锁、唯一操作权管理等功能；在受控站设置独立五防系统，实现全站设备操作的防误闭锁。远方操作时采用通信软闭锁或串联在遥控控制回路的闭锁接点实现防误闭锁；就地操作时则由电脑钥匙和锁具来实现防误闭锁。远方和就地操作都具有防止电气误操作措施。根据管理的需要可在集控中心和受控站之间设立防误一级站、防误二级站、……，实现对受控站的管理。

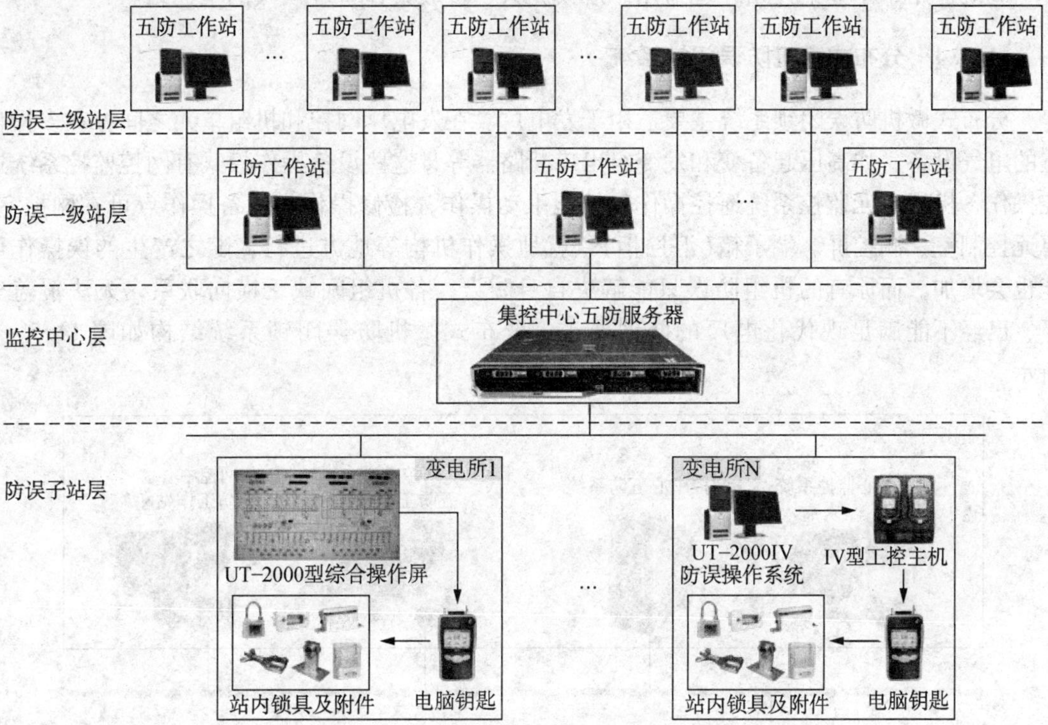

图11.5－6 基于服务器的集控防误模式结构示意图

(1)系统主要功能

①五防服务器负责整个防误系统的数据维护和管理，集中管理所有受控站的数据，为所有五防工作站提供五防功能服务。可实现各站状态同步、遥控操作闭锁、站间闭锁、唯一操作权、数据唯一性等功能；

②受控站具有原变电站防误系统的所有功能；

③实现了集控中心层、站控层、间隔层、设备级的防误闭锁功能；

④五防服务器即可监护防误一级站层、防误二级站层、变电站的开票过程，也可以跟踪操作过程，发现操作有误可以停止开票或中止操作；

⑤可以在防误一级站层、防误二级站层的五防工作站上就地进行模拟预演、开票、传入电脑钥匙，由相关人员拿电脑钥匙到变电站去操作；还可以在防误一级站层、防误二级站层、模拟预演、开票后，通过防误网络将电子票传送到变电站，然后由当地相关人员接票传输到电脑钥匙上，直接操作。操作完毕后，电脑钥匙既可以在受控站回传也可以在防误一级站层、防误二级站层/回传；

⑥服务器具备双机冗余功能，当其中一台主机故障时，备份主机自动切换；

⑦系统调试、维护、升级方便，可以在任意有权限的五防工作站上对服务器进行数据、程序的更新，系统自动保持同步更新；

⑧系统配置灵活，整个系统可以规划为二级、三级、四级等多级结构。

(2)系统应用特点

①工程造价虽然较高，但性价比更高；

②既适用于小型集控站，也适用于规模庞大、多级集控管理模式的集控站。

11.5.4 分布式微机防误闭锁系统

分布式微机防误闭锁系统主要适用于发电厂。在发电厂网控和机组单元之间存在多操作点的电气设备，如高压起备变和发变组出口断路器等，这些设备操作模式有网控监控系统遥控操作、机组单元监控系统遥控操作、就地手动操作、检修操作。设备操作点可在网控室、单元控制室、测控屏、端子箱(汇控柜)、就地操作机构等地方进行，随之产生的误操作可能也会增加。而原有的机组防误只能解决自身防误，各机组间缺乏横向联系，无法覆盖全厂，已经不能满足现代化电厂的防误要求。分布式微机防误闭锁系统结构如图 11.5－7 所示。

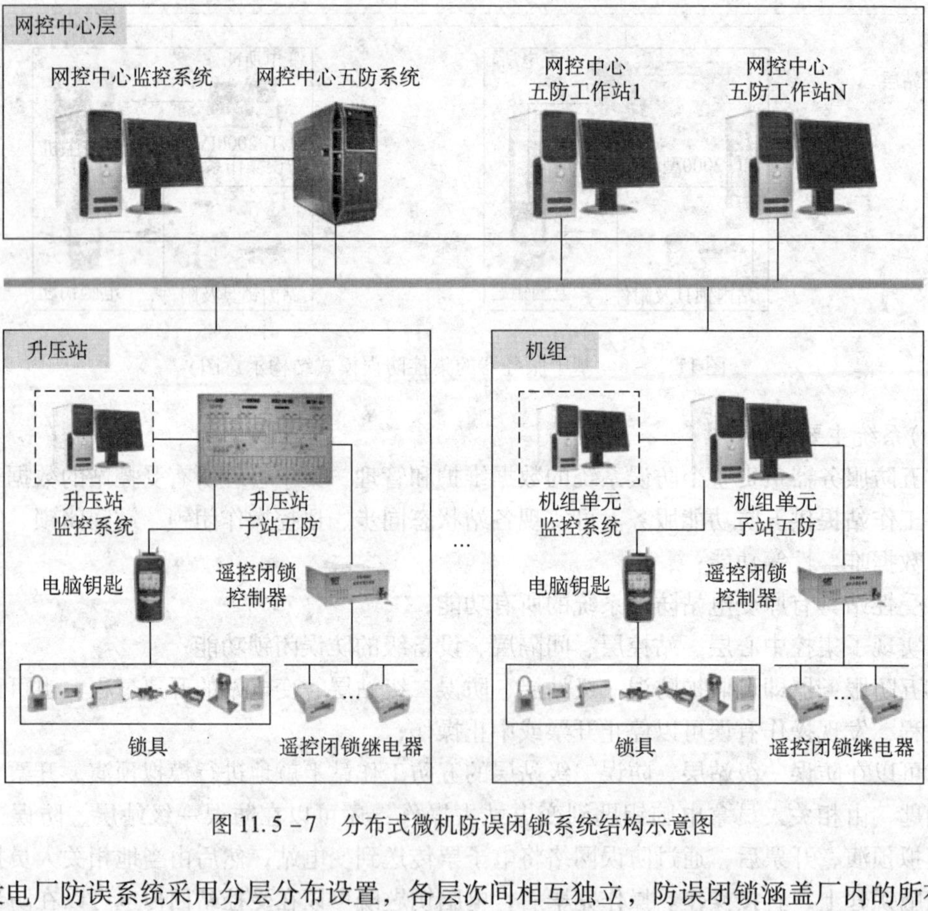

图 11.5－7　分布式微机防误闭锁系统结构示意图

发电厂防误系统采用分层分布设置，各层次间相互独立，防误闭锁涵盖厂内的所有一次主设备及可能影响主设备安全运行的设备的操作闭锁要求。在网控中心层设置五防服务器，对所有机组单元、升压站的数据进行集中管理、统计、查询，可进行开票、模拟预演、网控层遥控操作闭锁、唯一操作权管理等功能。在网控中心层可设置五防工作站，采用计算机作为操作界面，集中显示各个机组单元、升压站的一次设备状态及运行方式。在单元控制室设置独立五防系统，实现全站设备操作的防误闭锁。远方操作时五防系统对监控系统实现程序闭锁；就地操作时则由电脑钥匙和锁具来实现防误闭锁。

网控中心五防服务器预留足够的扩容通道，满足后期新上机组的五防系统可直接接入五防服务器。

(1)系统主要功能

①实现了网控中心、单元控制室、测控屏、端子箱(汇控柜)、就地操作机构等多操作点的防误闭锁；

②各机组的防误系统采用分布式设置，具有独立的防误功能；

③多班组交叉检修作业功能，可有效管控多班组、多工作面交叉作业；

④操作权的唯一性，不论在网控还是单元控制室，对于任何设备，在任意时刻，确保只有唯一的人员可以取得该设备操作权。该人员取得操作权后，任何其他人员，都不能操作该设备和相关的设备，只有该工作人员工作结束，释放操作权，或主动将该操作权转移，其他人员才有可能对该设备及相关设备进行操作，确保操作人员和被操作设备的安全；

⑤系统实现了遥控和手动混合操作、检修操作等方面的防误操作问题。

(2)系统应用特点

①此方案目标客户为发电厂；

②此方案是基于服务器的集控防误模式的一种特殊应用。

11.5.5　可视化微机防误闭锁系统

大型石油化工企业供电系统的安全、稳定对生产至关重要，随着石油化工企业的规模越来越大，其供电量及电气设备容量不断增大，变配电所总数量也日益增多，供电系统结构也更加复杂。由于变配电所布置相对分散，操作和管理难度大、复杂。手动、遥控操作防误技术措施不完善，容易产生误操作。现场设备发生事故，运行人员无法第一时间了解现场运行设备的实际状况，容易延误抢送时机。可视化微机防误闭锁系统是结合石化系统目前的运行管理模式量身定做的一套系统。可视化微机防误闭锁系统结构如图11.5-8所示。

本系统在集控主站设置五防服务器、微机防误综合操作屏、五防工作站。五防服务器负责整个防误系统的数据维护和管理，集中管理所有受控站的数据，为所有五防工作站提供五防和操作票功能服务。微机防误综合操作屏显示集控站系统电气主接线图，具有对监控系统的操作进行解/闭锁、作为监控系统的冗余备份系统(设备在线对位、潮流显示、闪光报警及提示、双汉显分别显示操作内容及报警内容、安全日计数器)以及视频监视功能，并配置操作票专家系统一套，实现倒闸操作票的计算机管理。另外，防误综合操作屏还具有带五防逻辑的模拟预演功能、实时反馈遥信遥测及遥控功能。预演正确的操作票可以传给电脑钥匙，再根据正确的操作内容一步一步实现远方遥控操作或者就地手动操作。五防工作站具有防误和操作票功能，可根据需要在集控主站、子站灵活配置。

在集控主站设置一套完整的视频监控系统完成对整个集控站所有的电气设备及周边环境的实时监视及录像，并与综合操作屏接口，实现操作联动、报警联动及跟踪联动功能。

对于受控变电所，按照无人值守设计，为配合监控系统，每个变电所内设置1套独立的防误闭锁系统，实现集控操作方式下的微机防误闭锁功能，并设置遥控闭锁装置，实现对断路器遥控操作的强制闭锁。变电所无需设置独立的视频监视系统，仅通过视频光端机将本站摄像机的画面送至集控中心监视即可。

(1)系统主要功能

①实现了集控层、站控层、间隔层、设备级的防误闭锁功能；

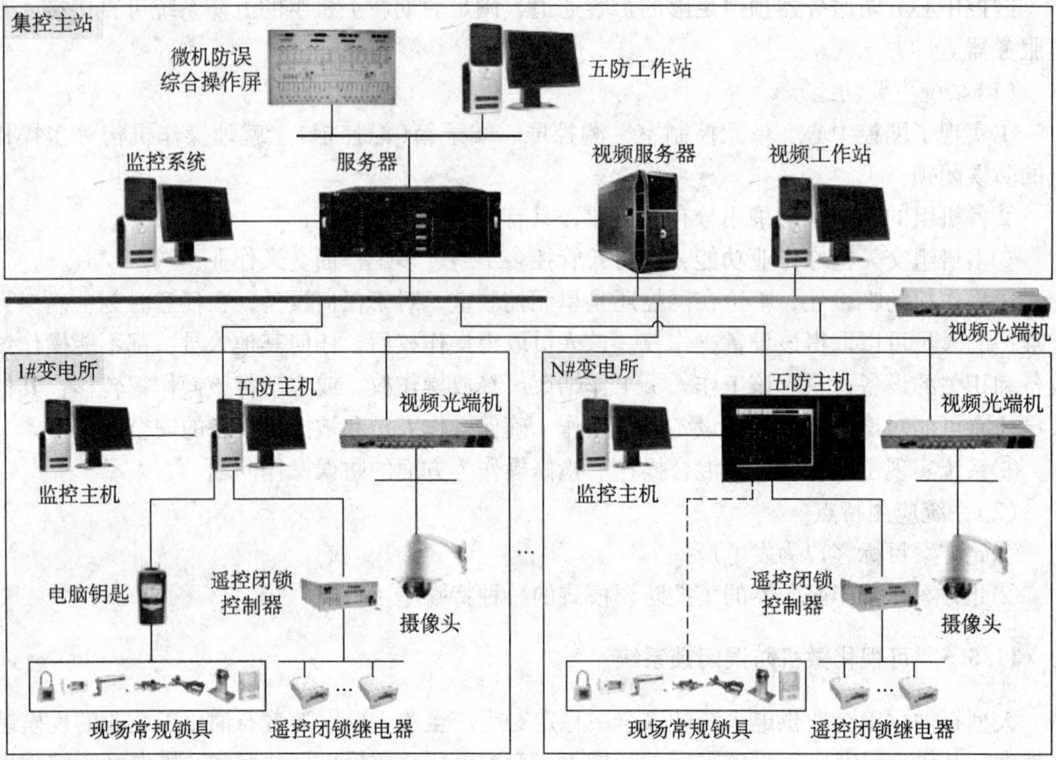

图 11.5－8　可视化微机防误闭锁系统结构示意图

②五防服务器负责整个防误系统的数据维护和管理，集中管理所有受控站的数据，为所有五防工作站提供五防功能服务。可实现各站状态同步、遥控操作 闭锁、站间闭锁、唯一操作权、数据唯一性等功能；

③强制性闭锁功能，在遥控回路通过安装遥控闭锁继电器实现遥控操作的强制闭锁，在手控操作部件上通过加装锁具，对其操作实施强制闭锁；

④综合操作屏主机采用双主机双电源配置，可实现热备冗余运行，切换时间无间隙。具备独立的 4 个 100MB 以太网接口，可接入 4 个独立网段，与监控系统采用双网，与子站防误系统单独组一个五防网络，与视频监控系统单独通信完成视频联动功能；

⑤设备对位功能。微机防误综合操作屏与监控系统接口后，通过监控系统传输的遥信量，利用显示屏面上实时显示相关设备状态，实现在线遥信量自动对位显示；确保综合操作屏与现场一次设备自动实时在线对位。同时具有远方操作后或事故动作后自动刷屏的功能；

⑥五防模拟操作。在模拟操作时，微机五防系统检验操作票是否正确，错误操作时，发出语音信号，防止各种误操作的产生，同时也起到仿真培训的作用；

⑦视频图像采集和处理功能。根据变电站现场需要监视的设备和场景，合理设计由固定摄像机、带云台的变焦摄像机或智能球头摄像机进行图像的采集。同时将采集的视频信号进行采样转化成能供计算机进行处理的数字信号，并且压缩成标准格式的数字信号流，提供给计算机进行存贮和网络传输；

⑧多画面实时监视。可同屏监视变电站多路(1、4、9、16)实时图像画面；

⑨录像追忆功能。系统可自动对操作现场及告警现场进行录像，并能对相关录像进行检

索回放，实现操作及告警事件的场景追忆功能；

⑩视频联动功能。操作联动，在模拟屏上模拟或监控系统上遥控操作时，视频系统画面自动切换至待操作的设备场景处，让操作人员具有身临其境的感觉，提高操作安全性；告警联动，变电站设备发生事件告警时，视频系统画面自动切换至告警设备区域，让运行人员能够第一时间了解告警现场情况，提高事件处理的实时性；巡视联动，可通过自动巡视方式或按压模拟屏上的灯开关切换监视画面，实现设备点的远程巡视功能，能够部分替代日常现场设备巡视工作，减轻巡视工作量。

(2)系统应用特点

①此方案目标客户为石化系统；

②此方案是基于服务器的集控防误模式的一种特殊应用。

11.6 微机防误的选用及配置

11.6.1 微机防误闭锁系统选用原则

变、配电装置改造加装防误装置，应优先采用微机防误闭锁系统或电气闭锁方式。新建变电站、发电厂(110kV及以上电气设备)防误装置优先采用单元电气闭锁回路加微机防误的方案。

选择微机防误闭锁系统时，应考虑到适用的法规和用户的安全规程，原则上凡高压电气设备及其附属装置所有可能造成误操作的部位，操作方式无论远方或就地，均应实现机械或电气的强制闭锁功能。

微机防误闭锁系统应可靠、简单、操作和维护方便，尽可能不增加正常操作和事故处理的复杂性。

对于给定的运行方式，选用的微机防误闭锁系统各元件的额定值应满足正常条件及电气设备或系统故障条件下的要求，并考虑到当前运行条件、运行方式的特点及未来发展。

微机防误闭锁系统应设置万能解锁钥匙，以应对当微机防误闭锁系统出现故障或在特殊情况下实施紧急解锁的要求，对万能解锁钥匙的使用应具备监控及管理功能。

微机防误闭锁系统采用的户外闭锁装置(锁具)要做到防雨、防潮、防霉、防尘，并满足长期可靠使用要求。

作为微机防误闭锁系统的补充，对使用常规闭锁技术无法满足防止电气误操作要求的设备(或场合)，宜采取加装高压带电显示闭锁装置等技术措施，辅助实现强制闭锁功能。

微机防误闭锁系统必须选用通过省、部级以上鉴定，并经相关部门认定的产品。通过认定的产品，应通过试运行考核后方可推广使用。

11.6.2 常见电气设备的配置原则及闭锁方式

根据不同类型电气设备的操作机构及操作方式，可采用不同的防误锁具及其附件对电气设备实施强制性闭锁。各类电气设备的闭锁方式可参照下述原则配置：

1. 电动操作的电气设备(包括断路器、电动隔离开关、接地刀闸等)

(1)配置原则

①电动操作的电气设备可在远方操作(集控中心)、站控层操作(主控室、测控柜)、间

隔层操作(汇控箱、端子箱)、设备层操作(操作机构箱)。无论设备处在哪一层操作控制，都应具备防误闭锁功能。防误闭锁系统应支持同一电气设备多点操作方式的闭锁；

②电动操作的电气设备，宜采用“微机防误闭锁+电气闭锁”方案。电气闭锁仅设置本间隔内设备的电气闭锁回路，不设置跨间隔设备的电气闭锁回路。单元间隔之间的闭锁和全站公用设备的闭锁由微机防误闭锁系统实现。电气闭锁与微机防误闭锁系统构成双重闭锁，可解决非正常操作情况的防误闭锁问题。

(2)闭锁方式(见图 11.6-1)

①远方遥控操作，可采用在遥控操作电气回路中加装“遥控闭锁装置”的方式，实现远方操作强制闭锁。遥控闭锁装置可分散装设在每个安装单位的测控屏上，也可集中组屏；

②汇控柜、(端子箱)就地操作，可采用在电气操作回路中加装“电编码锁”，也可采用“闭锁盒”将就地操作按钮罩住的方式，实现就地电动操作强制闭锁；

③操作机构箱就地操作，可采用“机械编码锁”闭锁操作机构箱门的方式，实现就地手动操作强制闭锁。

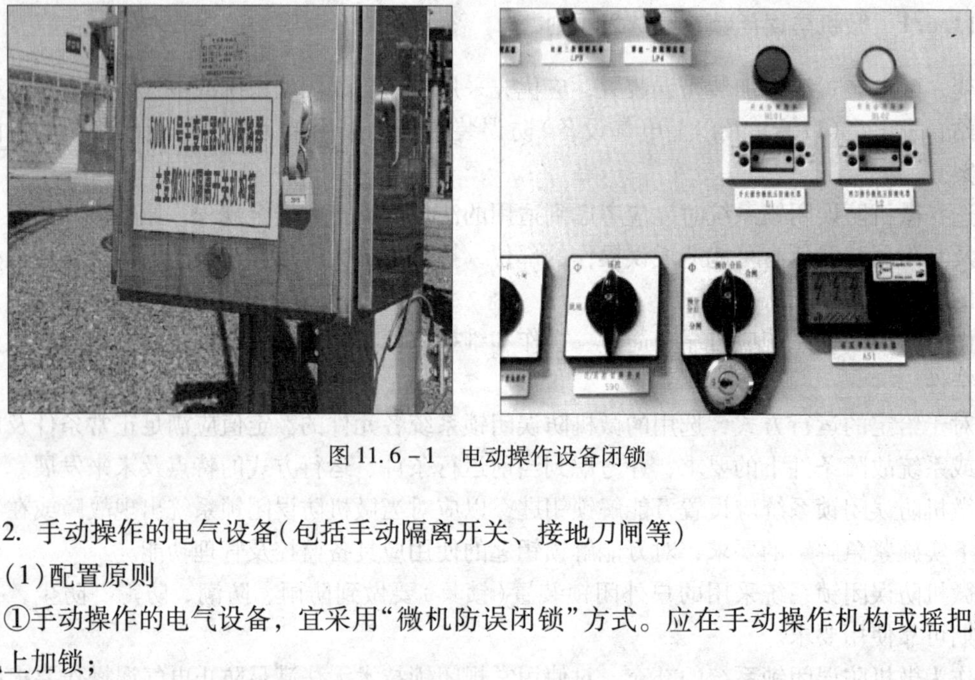

图 11.6-1　电动操作设备闭锁

2. 手动操作的电气设备(包括手动隔离开关、接地刀闸等)

(1)配置原则

①手动操作的电气设备，宜采用“微机防误闭锁”方式。应在手动操作机构或摇把操作插孔上加锁；

②当隔离开关和接地刀闸为自带机械联锁的一体化设备，应保留其机械联锁部件；

③对于无法直接验电的联络线或进线，为了防止带电合接地刀闸，应配置高压验电装置。

(2)闭锁方式(见图 11.6-2)

①手动操作的电气设备，应采用“机械编码锁”闭锁操作机构的方式，实现就地操作强制闭锁；

②摇把操作的电气设备(接地刀闸)，应采用“机械编码锁闭锁+阻止摇把插入的锁附件”或固定式机械编码锁的方式闭锁操作插孔，实现就地操作强制闭锁；

③对联络线或进线处无法直接验电的接地刀闸，能提供线路有电检测手段(电压检测或接点)的，可配置“验电器”。不能提供线路有电检测手段的，应在线路侧配置“高压带电显

图 11.6－2　隔离开关、接地刀闸闭锁

示闭锁装置”，与微机防误闭锁配合实现强制闭锁。

3. 临时接地线

(1)配置原则

①检修时需要通过临时接地线来作安全措施的所有接地点，应实施强制闭锁。

②有接地刀闸且能够使用临时接地线作安全措施的接地点，应实施强制闭锁。

③具有无线通信网络的微机防误闭锁系统，可优先考虑配置智能地线管理装置，实现对临时接地线在线实时监测和强制管理功能。

④对于无法直接验电的联络线或进线，为了防止带电挂地线，应配置高压验电装置。

(2)闭锁方式(见图 11.6－3)

①可采用“机械编码锁＋地线头(或智能地线头)、接地桩(或智能接地桩)”的闭锁方式，对临时接地点实现强制闭锁；

②所有临时接地点处应装设地线桩(或智能接地桩)，并加装机械编码锁，实现就地操作强制闭锁；

③临时接地线上加装地线头(或智能地线头)，与地线桩配合实现对临时接地线的强制闭锁；与地线管理器配合，实现对临时接地线的强制管理功能；

④对能提供线路有电检测手段的，可配置“验电器”。不能提供线路有电检测手段的，应在线路侧配置“高压带电显示闭锁装置”，与微机防误闭锁配合实现临时接地线强制闭锁，防止带电挂接地。

图 11.6－3　临时接地线与地线桩配合闭锁

4. 网门

(1)配置原则

①网门闭锁，宜采用“微机防误闭锁 + 高压验电”方案，实现就地操作强制闭锁，防止误入带电间隔功能。

②对于有多个网门的设备(如电容器)，为了检修方便和安全，需要将全部门加装机械编码锁，所有锁具使用同一设备的编码。

(2)闭锁方式(参见图 11.6 –4)

①采用机械编码锁 + 门锁扣(门把手)的闭锁方式，对网门实现强制闭锁。

②对能提供门内电气设备有电检测手段的，可配置“验电器”。不能提供门内电气设备有电检测手段的，应配置“高压带电显示闭锁装置”，与微机防误闭锁系统配合实现网门强制验电闭锁，防止误入带电间隔。

图 11.6 –4　网门闭锁

5. GIS 组合电气设备

(1)配置原则

①GIS 组合电气设备本身应具备完善的电气闭锁和机械闭锁，实现本间隔除防止误分合断路器外其他“四防”的防误操作功能；

②采用“微机防误闭锁 + 电气设备本体自带电气和机械闭锁”方案，实现全站电气设备的强制闭锁；

③单元间隔内电气设备之间的闭锁，宜采用 GIS 组合电气设备本体自带电气闭锁和机械联锁方式，实现间隔内的防误操作功能；

④跨间隔横向闭锁和全站公用电气设备的闭锁，宜采用微机防误闭锁方式，如母联开关、分段开关、主变开关、母线地刀、PT 等；

⑤GIS 组合电气设备出线侧应装设高压带电显示闭锁装置，与微机防误闭锁系统配合实现接地刀闸和接地线的防误闭锁，防止带电接地。

(2)闭锁方式：(见图 11.6 –5)

①断路器远方遥控操作电气回路中加装“遥控闭锁装置”的方式，实现远方/就地操作强制闭锁，完善 GIS 设备防止误分合断路器功能；

②断路器汇控柜就地操作部位，可采用“电编码锁或闭锁盒”实现强制闭锁；

③隔离开关、接地刀闸的手动操作机械箱门或手动摇把孔上加装“机械编码锁”的闭锁

方式，实现就地操作强制闭锁；

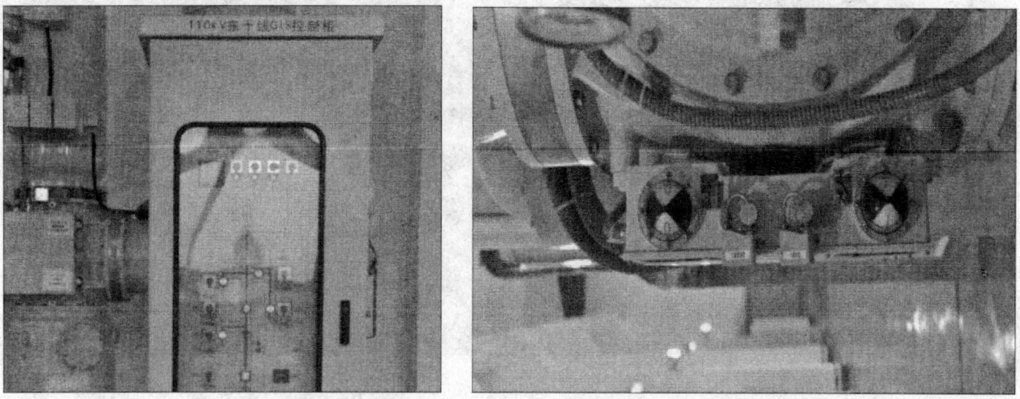

图11.6－5　GIS及充气开关柜设备闭锁

④临时接地线可采用“机械编码锁＋地线头(或智能地线头)、接地桩(或智能接地桩)”的闭锁方式，实现就地操作强制闭锁。与地线管理器配合，实现对临时接地线的强制管理功能。

6. 35kV及10kV开关柜设备

(1)配置原则

①采用“微机防误闭锁＋开关柜本体自带电气和机械闭锁”的方案，实现全站电气设备的强制闭锁；

②开关柜内部的电气设备之间宜采用开关柜本体自带电气和机械闭锁，实现柜内的防误操作功能；

③跨间隔横向闭锁和全站公用电气设备的闭锁，宜采用微机防误闭锁方式，如母联开关、分段开关、主变开关、母线地刀、PT等；

④对于开关柜的闭锁应在关键操作按钮、操作手柄、摇把孔、前门、后门、接地桩等处增加闭锁部件；

⑤开关柜应装设高压带电显示闭锁装置，与微机防误闭锁系统配合实现柜门或接地线强制验电闭锁，防止误入带电间隔和带电接地。

(2)闭锁方式(见图11.6－6)

①断路器应加装“遥控闭锁继电器”，实现远方/就地操作强制闭锁，完善开关柜防止误分合断路器功能；

②隔离开关、接地刀闸的手动操作手柄加“装机械编码锁”闭锁方式，实现就地操作强制闭锁；

③手摇式手车和地刀，应采用“机械编码锁闭锁＋阻止摇把插入的锁附件”或‘固定式机械编码锁’的方式闭锁摇把插孔，实现就地操作强制闭锁；

④临时接地线可采用“机械编码锁＋地线头(或智能地线头)、接地桩(或智能接地桩)”的闭锁方式，实现就地操作强制闭锁。与地线管理器配合，实现对临时接地线的强制管理功能；

⑤开关柜前门、后门应采用‘机械编码锁＋门把手’的闭锁方式，实现防止误入带电间隔。

11.6.3　常见高压开关柜的闭锁

1. KYN28型开关柜闭锁(图11.6－7、图11.6－8)

图 11.6－6　35kV 及 10kV 开关柜设备闭锁

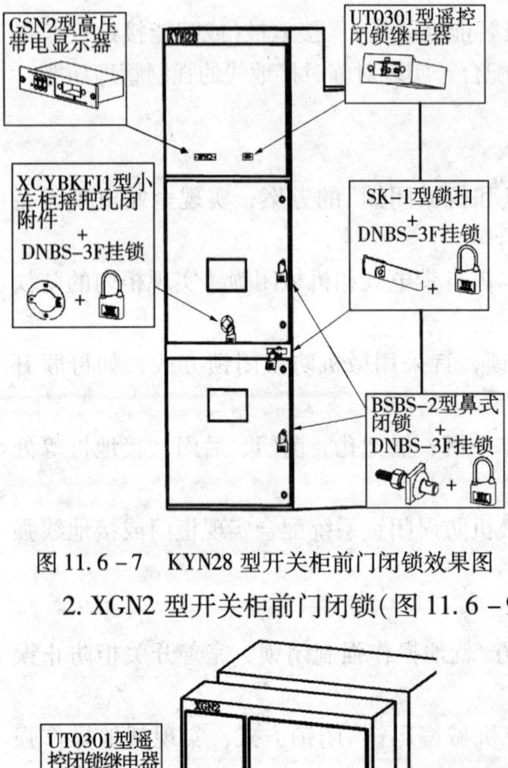

图 11.6－7　KYN28 型开关柜前门闭锁效果图

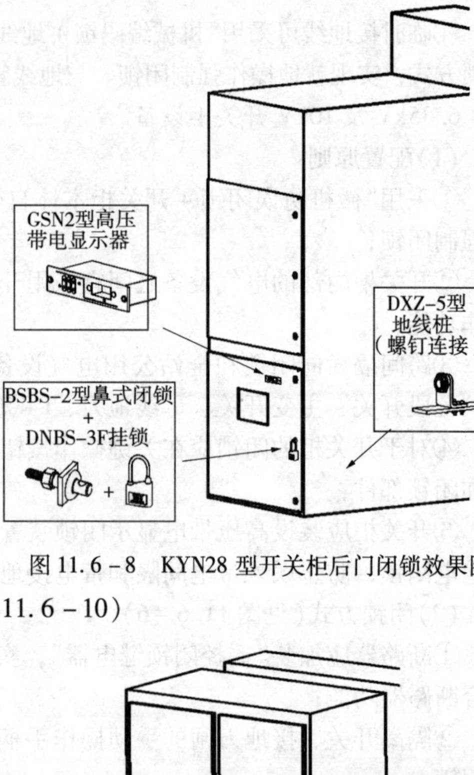

图 11.6－8　KYN28 型开关柜后门闭锁效果图

2. XGN2 型开关柜前门闭锁（图 11.6－9、图 11.6－10）

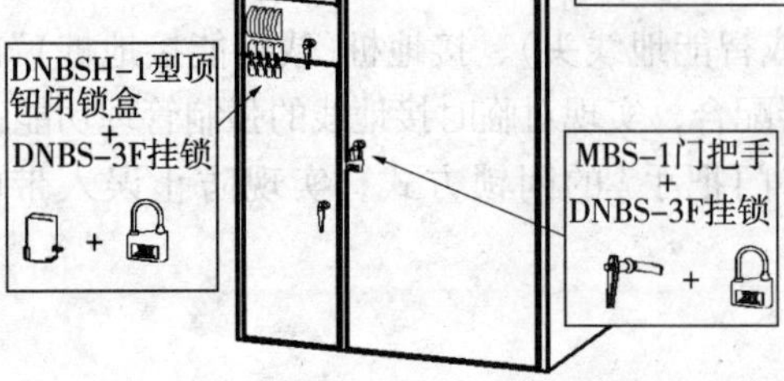

图 11.6－9　XGN2 型开关柜前门闭锁效果

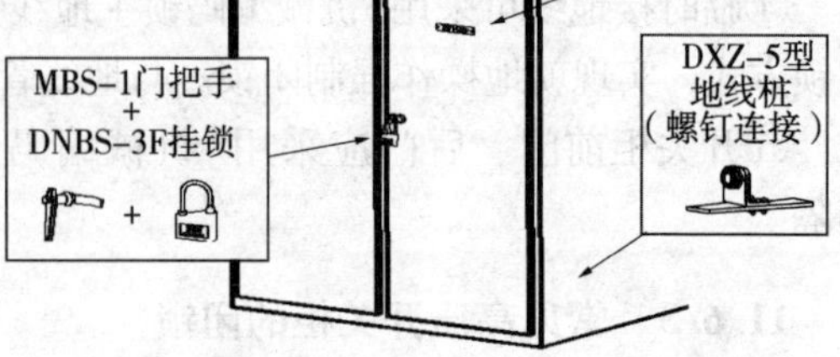

图 11.6－10　XGN2 型开关柜后门闭锁效果

3. GG1A 型开关柜前门闭锁(图 11.6－11、图 11.6－12)

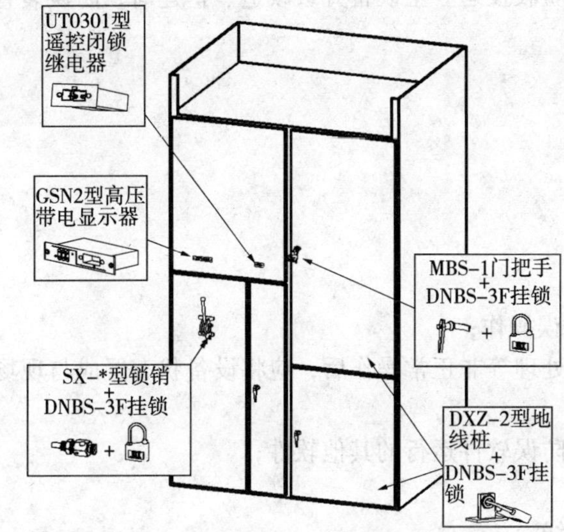

图 11.6－11　GG1A 型开关柜前门闭锁效果图

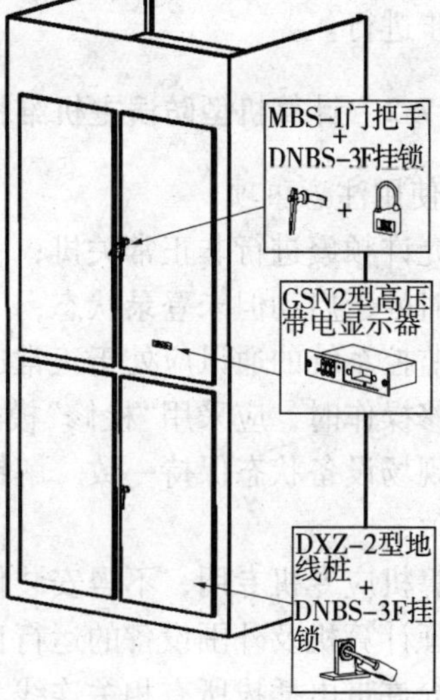

图 11.6－12　GG1A 型开关柜后门闭锁效果图

11.7　微机防误系统的日常管理与维护

运行人员(或操作人员)及检修维护人员应熟悉防误装置的管理规定和实施细则，做到“三懂二会”(懂防误装置的原理、性能、结构；会操作、维护)。新上岗的运行人员应进行使用防误装置的培训。微机防误闭锁装置的运行维护包括以下几个方面。

11.7.1　运行维护管理

做好微机防误装置的有关信息备份，满足装置故障时的恢复要求；

制定微机防误装置主机相关口令和权限的管理办法；

现场操作应使用防误装置的电脑钥匙进行，操作完毕后应将电脑钥匙的操作信息回传到防误主机，保证防误装置主机状态更新并与现场设备状态一致；

中止操作时，应采用电脑钥匙“中止回传”方式结束操作；

以任何形式进行部分或全部解除防误装置功能的电气操作，均视为解锁操作，应制定相关解锁操作规定及解锁钥匙管理规定；

非正常解锁操作后，需核对防误主机显示的设备运行状态与现场设备运行状态是否保持一致，若不一致，需人工进行设备置位；

电脑钥匙返修后，必须进行“自学”后才能使用；

防误装置的检修维护工作应明确分工，由专门单位负责；检修项目与主设备检修项目协调配合；

防误装置逻辑闭锁软件的升级修改，应首先经运行管理部门审核，报主管领导批准后方可进行。修改后应仔细验证闭锁逻辑的正确性，并做好详细记录和备份；

防误装置日常运行应保持良好的状态，其运行巡视及缺陷管理应同主设备一样对待；

防误装置管理应纳入厂站现场规程。防误装置投运前，应制定现场运行规程及检修维护制度，定期检查、维护和巡视内容等；

防误装置应与主设备同时设计、安装、验收投运。主设备升级改造、扩建时，防误装置亦应同步进行。

11.7.2 计算机型防误主机维护

1. 使用注意事项

不允许频繁进行非正常关机；

平时处于启动但未登录状态；

与监控系统的通讯应处于正常通讯状态；

检修操作时，应采用“检修”模式进行防误操作；

与现场设备状态保持一致。解锁、事故处理等非正常操作后，应将设备状态置成与现场状态一致；

计算机应专机专用，不得安装任何影响防误软件运行的其他软件；

保证计算机及外围设备的运行良好；

不允许带电插拔所有相关连线，如通讯线。

2. 定期检查

核对设备主接线图与现场实际接线方式一致；

核对运行方式，全面检查防误装置设备闭锁关系及运行方式；

利用追忆数据浏览功能，检查防误装置的使用情况；

无 GPS 对时的计算机应核对一次时钟；

对计算机系统进行病毒库升级，查杀病毒；

进行数据备份，并检查计算机硬盘空间；

推荐维护周期：3 ~6 个月。

11.7.3 模拟屏型防误主机维护

1. 使用注意事项

平时处于反馈运行状态；

与监控系统的通讯应处于正常通讯状态；

检修操作时，应采用“检修”模式进行防误操作；

与现场设备状态保持一致。解锁、事故处理等非正常操作后应将设备状态置成与现场状态一致；

保证电源供应，保持屏面清洁卫生。

2. 定期检查

屏面外观：检查屏面的平整，整体没有明显的凸凹阴影，同一线条无上下错位；侧屏、底座屏眉连接缝紧密，没有明显缝隙；如有问题及时校正；

一次接线图：核对模拟屏的一次主接线，线路名称应与现场一致；检查屏面线条和丝印模块完整。如有缺失，统计后及时通知相关部门及厂家处理；

无 GPS 对时的模拟屏应核对一次时钟；

将模拟屏电源切断，清洁屏面，打扫屏后卫生，保证屏内干净，无杂物，屏低电缆封堵完好；

使用模拟屏提供的自检功能自检一遍，保证模拟屏模拟元件正常工作；

模拟屏功能试验：给模拟屏上电，启动后，按“模拟”，能够正常进行模拟、传票，电脑钥匙可以正常接票；

推荐维护周期：6 个月。

11.7.4　电脑钥匙维护

1. 使用注意事项

开机械编码锁时，若压一下开锁按钮未能打开锁，可多按压几次；

必要时压住开锁按钮不松开，用手将锁拉一下；

不要用电脑钥匙强压硬拉，避免造成电脑钥匙损坏；

电脑钥匙的收发窗口的要保持清洁，否则会影响数据传输；

电脑钥匙操作后，应放置在充电座上充电，保持电脑钥匙电池电量充足(长期放置在充电座上对钥匙电池的寿命没有影响)；

备用电脑钥匙至少一个月充一次电；

新电脑钥匙或返修回的电脑钥匙应充电、自学后再使用；

电脑钥匙不要长期放置在潮湿的地方；

电脑钥匙为机、光、电一体化产品，内部结构复杂。非厂方授权，切勿自行打开，以免损坏内部元器件。

2. 定期检查

检查电脑钥匙(包括备用电脑钥匙)外观、显示、开锁、传接票等情况；

利用电脑钥匙的“自检”功能，对电脑钥匙的硬件进行全面检查；

对照已完成的操作票，用电脑钥匙的“追忆”功能，查看历史操作记录；

利用电脑钥匙的“锁码”功能，对全站的锁编码进行全面检查；

配合防误装置进行一次倒闸操作；

核对电脑钥匙时钟；

推荐维护周期：6 个月。

11.7.5　防误锁具维护

1. 使用注意事项

锁具在操作、解锁、检修后应回复到闭锁状态；

应注意将相关防尘盖罩好。

2. 定期检查

检查所有闭锁设备的锁具配置齐全、无遗漏丢失，位置放置正确，锁标牌齐全；

配合电脑钥匙对全站的锁编码进行一遍检查，更换错误的锁编码；

检查所有锁具安装附件是否安装牢靠，防锈措施良好；若防锈保护层破坏，应重做防锈处理；

检查电编码锁与电脑钥匙的接触是否良好，发现接触不良时需更换电编码锁并重新接线；

给所有机械锁具上一次润滑油，保证开锁正常，无卡涩；

检查并清理所有锁具锁孔；

推荐维护周期：6 个月。

第12章 电力电子技术

12.1 SVC技术

12.1.1 无功补偿装置发展概述

工业负荷多为交流传动设备和各类电炉设备，且有部分设备，如轧机的主传动，各类电炉，煤矿主、副井的铰车采用交-交变频调速设备或直流调速设备均属重载起动，无功冲击较大，电压闪变严重，并伴随大量整数倍和非整数倍的谐波电流产生，功率因数低，给电网供电造成各种各样的问题，严重时危及到供电的安全。因此，为了避免负荷在工作时引起的电能质量问题影响到电网供电的质量和安全性，需要在负荷端加装无功补偿装置对电能质量进行治理。

从20世纪早期开始，无功补偿装置就开始服务于工业，并随着科学技术的进步以及基础工业的成熟，向着越来越智能的方向发展。根据所使用开关器件的不同，无功补偿装置大致可以分为三个阶段的产品：第一类是以机械开关作为投切器件的产品，此类型式的主要代表产品为并补电容器组；第二类是以半控器件晶闸管为控制开关的产品，此类型式的主要代表产品有晶闸管投切电容器(TSC)、晶闸管控制自饱和电抗器(MCR)型SVC和晶闸管控制相控电抗器(TCR)型SVC；第三类是以全控器件IGBT为控制开关的产品，此类型式的主要代表产品就是目前国际公认的最先进的无功补偿装置SVG。

随着工业负荷波动越来越严重，电能质量问题越来越复杂，以上三类无功补偿装置中的第一类并补电容器组的应用范围越来越小，只有在极个别负荷小或负荷波动不明显的地方还有应用，而更多的地方都使用的是第二类和第三类的动态无功补偿装置。而第三类无功补偿装置SVG是20世纪80年代才开始出现的产品，经过这么多年的发展于本世纪初才逐步成熟，于近几年才在国内开始应用。所以，目前国内外应用最多的动态无功补偿装置还是以晶闸管为开关器件的第二类补偿装置SVC。下面我们将对应用最广的TCR型SVC进行介绍。

12.1.2 SVC原理

12.1.2.1 供电系统概述

一般电力系统用户负荷吸收有功功率 P_L 和无功功率 Q_L。电源提供有功功率 P_S 和无功功率 Q_S(可能为感性无功，也可能是容性无功)，忽略变压器和线路损耗，则有 $P_S=P_L$，$Q_S=Q_L$。没有足够无功补偿的电网存在以下几个问题：

①电网从远端传送无功，在线路中造成很大的损耗；

②负荷的无功冲击影响本地电网和上级电网的供电质量；

③负荷的不平衡与谐波也会影响电网的电能质量。

因此，电力系统一般都要求对用电负荷进行必要的无功、不平衡与谐波补偿，以提高电力系统的带载能力，净化电网，改善电网电能质量。

1. SVC 的基本原理

假设负荷消耗感性无功(一般工业用户都是如此)为 Q_L，负荷的最大感性无功为 Q_{Lmax}，则若取 $Q_C = Q_{Lmax}$，即系统先将负荷的最大感性无功用电容补偿。

当负荷变化时，电容与负载共同产生一个容性无功冲击，$Q_P = Q_C - Q_L$，这时，用一个可调电抗(电感)来产生相对应的感性无功 Q_B，抵消容性无功冲击，这样在负荷波动过程中，就可以保证：$Q_S = Q_C - Q_B - Q_L = 0$，即使系统中的无功为零(见图 12.1－1)。

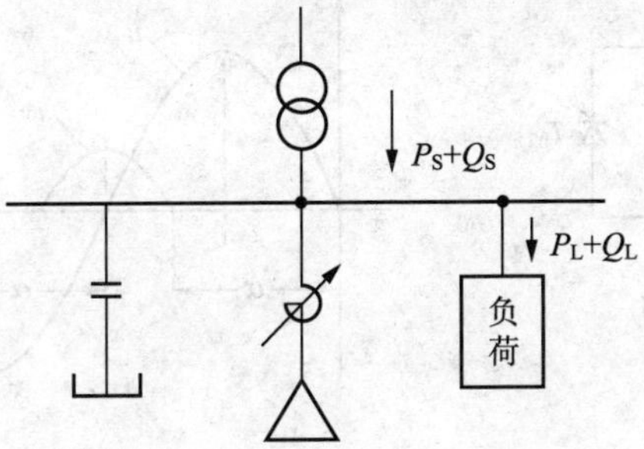

图 12.1－1　带有可调相控电抗器无功补偿装置的系统

2. SVC 的构成

SVC 的构成主要有两部分：一部分为高次谐波滤波器(FC)，另一部分为晶闸管相控电抗器(TCR)。其系统连接示意图如图 12.1－2 所示。

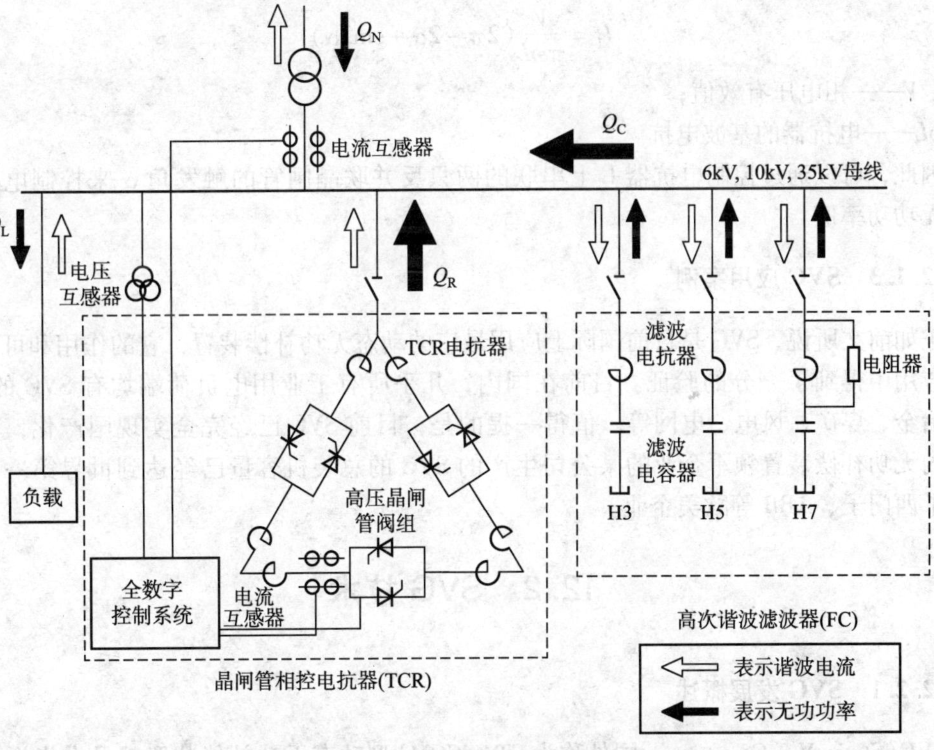

图 12.1－2　SVC 组成示意图

其中 FC 部分的作用为滤除谐波电流并提供固定的容性无功功率，该功率值一般设计为负荷工作时所需的最大无功功率。这样，无论负荷工作在任何工况下，系统中的无功功率都是呈容性的，再通过另一部分晶闸管相控电抗器(TCR)来发出大小可变的感性无功来抵消系统中多余的容性无功，最终保证系统中的无功功率为零。

12.1.2.2 TCR产生连续变化感性无功的基本原理

如图12.1－3所示，U为交流电压，T_{h1}、T_{h2}为两个反并联晶闸管，控制这两个晶闸管在一定范围内导通，则可控制电抗器流过的电流i，i和u的基本波形如图12.1－3所示。

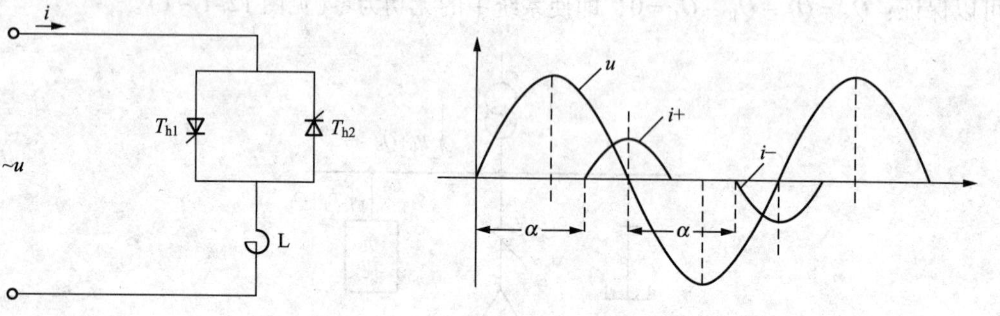

图12.1－3 TCR原理及TCR电压电流波形图

α为T_{h1}和T_{h2}的触发角，则有

$$i = \frac{\sqrt{2}V}{\omega L}(\cos\alpha - \cos\omega t)$$

i的基波有效值为：

$$I_1 = \frac{V}{\pi\omega L}(2\pi - 2\alpha + \sin 2\alpha)$$

式中 V——相电压有效值；

ωL——电抗器的基波电抗。

因此，可以通过控制电抗器L上串联的两只反并联晶闸管的触发角α来控制电抗器吸收的无功功率值。

12.1.3 SVC应用案例

正如前文所说，SVC是目前国际上应用最广的动态无功补偿装置，它的作用和可靠性在实际应用中得到了充分的验证。目前在国内，几乎所有工业用电负荷端均有SVC的应用，包括冶金、煤矿、风电、电网等。值得一提的是，目前SVC已经完全实现国产化，其中作为国内无功补偿装置领军企业的某公司生产的SVC的总装机容量已经达到世界第一，远远超过了西门子、ABB等欧美企业。

12.2 SVG技术

12.2.1 SVG发展概述

SVG(Static Var Generator，国外称为STATCOM)型动态无功补偿装置就是专指由自换相的电力半导体桥式变流器来进行动态无功补偿的装置。SVG是迄今为止性能最优越的动态无功补偿设备。

采用电力半导体变流器实现无功补偿的思想早在20世纪70年代就已有人提出，1972

年日本就发表了用强迫换相的晶闸管桥式电路作为调相装置的研究论文；1976 年，美国学者 L. Gyugyi 在其论文中提出了用电力半导体变流器进行无功补偿的各种方案，其中使用自换相桥式变流电路的方案最受青睐。限于当时的器件水平，采用强迫换相的晶闸管器件是实现自换相桥式电路的唯一手段。

1980 年日本研制出了 20Mvar 的采用强迫换相晶闸管桥式电路的 SVG，并成功地投入了电网运行。随着电力电子器件的发展，GTO 等自关断器件开始达到了可用于 SVG 装置中的电压和电流等级，并逐渐成为 SVG 的自换相桥式电路中的主力。1987 年美国西屋公司研制成 1Mvar 的采用 GTO 器件的 SVG 实验装置，并成功地进行了现场试验。1991 年和 1994 年日本和美国分别研制成功了一套 80Mvar 和一套 100Mvar 的采用 GTO 器件的 SVG，并且最终成功地投入了商业运行。

随着 SVG 装置技术及其核心元件生产技术的成熟，从 20 世纪末开始，国外已经开始大量使用，设备安全可靠性通过实际运行得到了充分的验证。

国内有关的研究近几年承接国外研究成果开始进行，自 2008 年以来，国内 SVG 装置的研发和应用进一步深入发展。据不完全统计，目前国内应用 SVG 装置的项目已经超过 800 个，已经投运的 SVG 设备超过 200 套，涉及电网、冶金、化工、煤矿、风电、光伏发电等各个行业。

12.2.2 SVG 原理

SVG 主要是由自换相的电力半导体桥式变流器组成的动态无功补偿装置(见图 12.2－1)。

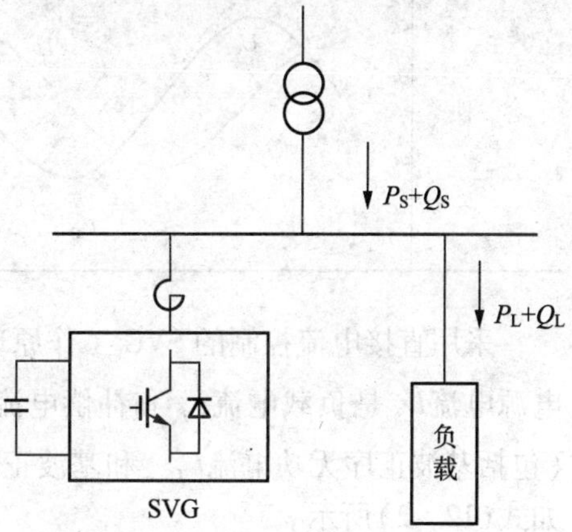

图 12.2－1　SVG 与系统的连接示意图

设电网电压和 SVG 输出的交流电压分别用相量 $\dot{U}_S$ 和 $\dot{U}_I$ 表示，则连接电抗 X 上的电压 $\dot{U}_L$ 即为 $\dot{U}_S$ 和 $\dot{U}_I$ 的相量差，而连接电抗的电流是可以由其电压来控制的。这个电流就是 SVG 从电网吸收的电流 $\dot{I}$。如果未计及连接电抗器和变流器的损耗，SVG 的工作原理可以用图 12.2－2(a)所示的单相等效电路图来说明。在这种情况下，只需使 $\dot{U}_I$ 与 $\dot{U}_S$ 同相，仅改变 $\dot{U}_I$ 幅值大小即可以控制 SVG 从电网吸收的电流是超前还是滞后 90°，并且能控制该电流的大小，SVG 的运行模式及其补修特性见表12.2－1。

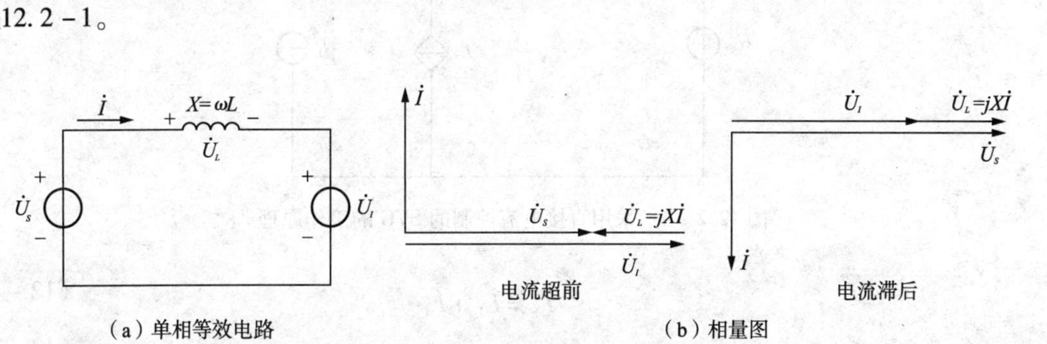

图 12.2－2　SVG 等效电路及工作原理(未计及损耗)

表 12.2－1　SVG 的运行模式及其补偿特性说明

运行模式	波　形	说　明
空　载	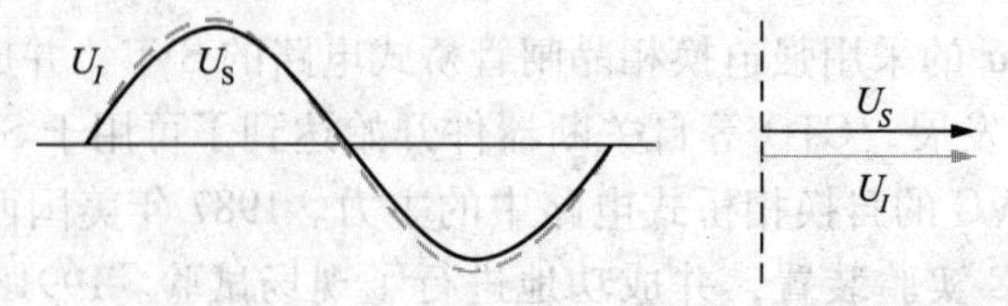 (a) $U_I=U_S$	如果 $U_I=U_S$，SVG 不起任何补偿作用。
感　性	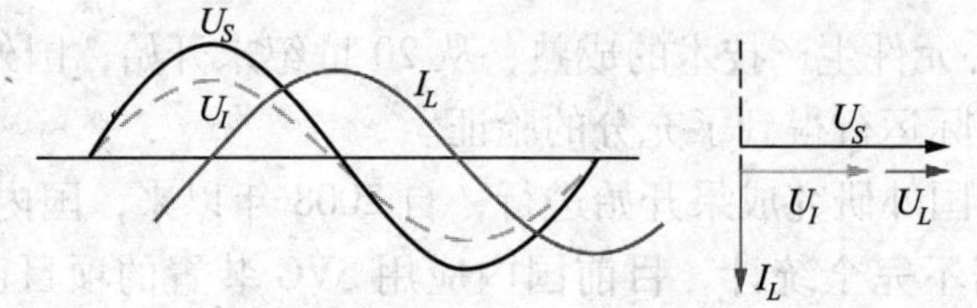 (b) $U_I<U_S$	如果 $U_I<U_S$，SVG 输出的无功电流带后电网电压，SVG 发出感性无功，且其无功可连续调节。
容　性	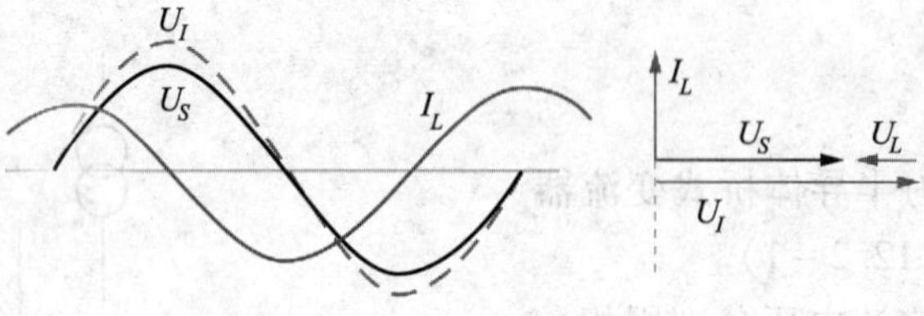 (c) $U_I>U_S$	如果 $U_I>U_S$，SVG 输出的无功电流超前电网电压，SVG 发出容性无功，且其无功可连续调节。

采用直接电流控制的 SVG 工作原理如图 12.2－3 所示。从图中可以得出式(12－1)，即电源电流$\dot{I}_S$是负载电流$\dot{I}_L$和补偿电流$\dot{I}_C$之相量和。假设负载电流$\dot{I}_L$中含有基波正序电流(包括基波正序无功电流$\dot{I}_{Lfq+}$和基波正序有功电流$\dot{I}_{Lfp+}$)、基波负序电流$\dot{I}_{Lf-}$和谐波电流$\dot{I}_{Lh}$，如式(12－2)所示。

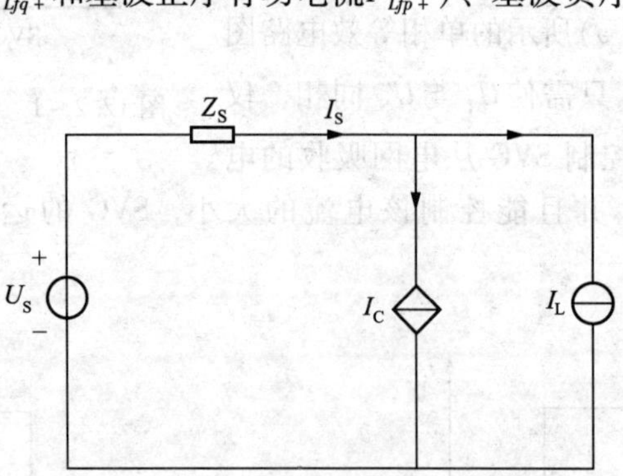

图 12.2－3　采用直接电流控制的 SVG 的工作原理

$$\dot{I}_S=\dot{I}_L+\dot{I}_C \tag{12-1}$$

$$\dot{I}_L=\dot{I}_{Lfp+}+\dot{I}_{Lfq+}+\dot{I}_{Lf-}+\dot{I}_{Lh} \tag{12-2}$$

为使电源电流$\dot{I}_S$中不含有基波正序无功和基波负序电流，则需要控制 SVG 输出电流$\dot{I}_C$

满足式(12-3)。这样电源电流中就只含有基波正序有功和谐波电流，如式(12-4)所示。

$$\dot{I}_C = -(\dot{I}_{Lfq+} + \dot{I}_{Lf-}) \tag{12-3}$$

$$\dot{I}_S = \dot{I}_{Lfp+} + \dot{I}_{Lh} \tag{12-4}$$

所以，要想达到补偿目的，关键是控制SVG输出电流$\dot{I}_C$满足式(12-3)。

从SVG工作原理的描述可以看出，如果要使SVG在补偿无功的基础上还对负载谐波进行抑制，只需要使SVG输出相应的谐波电流即可。因此，从这个意义上说，SVG能够同时实现补偿无功电流和谐波电流的双重目标。

SVG滤波的基本思想如图12.2-4。谐波源一般为非线性负荷，如整流器、带有整流环节的变频器及大量带有开关器件的设备等，产生谐波电流I_h；供电系统一般为被保护对象，也即要达到最终流入或流出系统的电流是谐波含量极少的正弦波，有时还有功率因数要求；SVG表现为流控电流源，它的作用是产生和谐波源谐波电流有相同幅值而相位相反的补偿电流$-I_h$，来达到消除谐波的目的。SVG补偿谐波电流是一种主动型的补偿装置，具有较好的动态性能。

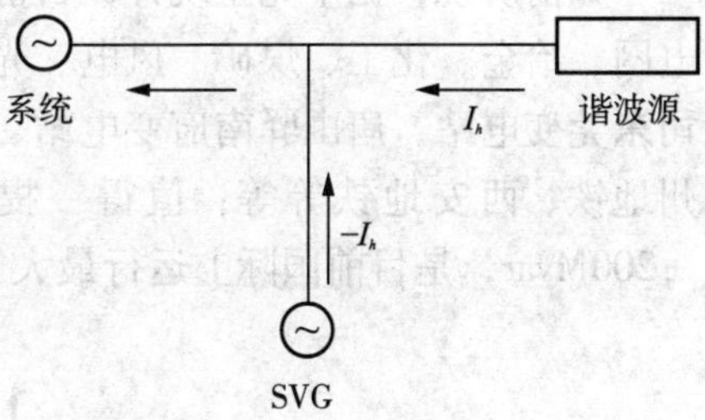

图12.2-4　SVG滤波基本原理图

SVG可以根据负载特点和工况，自动调节其输出的无功功率的大小和性质(容性或者感性)。因此，从本质上讲，SVG可以等效为大小可以连续调节的电容或电抗器。

SVG是目前最为先进的无功补偿技术，其基于电压源型变流器的补偿装置实现了无功补偿方式质的飞跃。它不再采用大容量的电容、电感器件，而是通过大功率电力电子器件的高频开关实现无功能量的变换。从技术上讲，SVG较传统的无功补偿装置有如下优势：

(1) 响应时间更快

由于SVG采用的是全控型开关器件，因此，其响应速度比其他动态补偿设备更快，其响应速度可以小于5ms，而其他动态补偿装置最快只能做到小于或等于10ms。并且SVG可在极短的时间内完成从额定容性无功功率到额定感性无功功率的相互转换，这种无可比拟的响应速度完全可以胜任对冲击性负荷的补偿。

(2)抑制电压闪变能力更强

其他类型的动态补偿设备对电压闪变的抑制率最大可达50%，而SVG对电压闪变的抑制率可以达到80%，并且由于SVG响应速度极快，增大装置容量可以继续提高抑制电压闪变的能力。

(3)运行范围更宽

SVG能够在额定感性到额定容性的范围内工作，所以比其他类型动补的运行范围宽很多。更重要的是，在系统电压变低时，SVG还能够输出与额定工况相近的无功电流。而其他类型动补均靠电容器提供容性无功，其输出的无功电流与电网电压成正比，电网电压越低，其输出的无功电流也越低，所以对电网的补偿能力也相应变弱。这是其他类型动补技术的本质缺点。

(4)补偿功能多样化

使用同一套SVG装置，可以实现不同的多种补偿功能，即可分别单独补偿无功、谐波、电压不平衡度，也可对这些电能质量问题同时治理。因此SVG具有强大的补偿功能。

(5)有源滤波功能

采用了PWM技术的SVG，不仅自身产生的谐波含量极低，还能够对负载的谐波进行补偿，实现有源滤波的功能，真正做到多功能化。

(6)占地面积较小

由于无需大容量的电容器和电抗器做储能元件，SVG的占地面积通常只有相同容量其他类型动补的50%，甚至更小。所以，在一些厂矿改造中SVG具有很大的优势。

12.2.3 SVG应用案例

如前所说，据不完全统计，目前国内应用SVG的项目已经超过了800个，广泛应用于电网、冶金、化工、煤矿、风电、光伏发电等各个行业。国内应用的典型案例有南方电网公司东莞变电站、唐山驿南府变电站、开滦范各庄煤矿、华能河口风电场、福州金纶高纤、广州地铁、西安地铁等等；值得一提的是，南方电网公司东莞变电站应用的SVG容量为±200Mvar，是目前国际上运行最大容量的SVG。

12.3 DVR技术

12.3.1 DVR概述

在电能质量问题中，电压问题是一个重要的内容。电压问题主要包含电压的骤升、跌落、闪变、缺口、谐波和掉电等多种现象。目前工业上一般采用不间断电源(UPS)来解决这一问题，UPS能够对电压的多种问题进行比较理想的补偿，但其容量和负载的容量相当，所需成本很高，尤其不太适用于一些大功率的场合。同时，根据对电压故障的统计分析，在所有的破坏性电压故障中，电压跌落出现的次数最多，达80%左右，造成的损失也最大。

动态电压恢复器(Dynamic Voltage Restorer，DVR)是一种采用电力电子技术实现的电压补偿装置，其主要的补偿对象是电压跌落，同时能够对谐波、闪变、不对称等多种电压电能质量问题进行治理。DVR能在输电线路和敏感负荷之间插入一个任意幅值、相位和形状的电压波形，所以可以根据网侧电压的需要，改变其发出的波形，从而使敏感负荷的供电电压恢复到理想水平，保障了用户端的供电质量。DVR不但可以提供或吸收无功成分，而且也能提供有功成分。对较小的电压畸变，DVR只要经过无功之间的交换就能使电压恢复到理想的水平；而在畸变较大的情况下，可以通过自己的储能装置向供电系统提供有功成分以使电压恢复到理想的水平。同时，DVR能够快速的完成对电压畸变的检测和补偿，所以能够使用户电压在幅值和波形质量上均得到保证。

DVR不仅在理论研究方面取得了很多的成果，而且不少产品已经投入使用，并取得了良好的效果。1996年8月，西屋公司的Duke电力公司在位于南加州安德森的12.47kV变电站安装了第一台DVR用于解决一家自动化纺织厂的供电电压问题。随后ABB公司研制的22kV/4MVA的DVR也成功地用于一家半导体厂家的故障电压恢复。ABB还推出了基于IGCT的DVR。SIMENS公司也在DVR的研制上处于先进水平，不仅开发了用于中等电压等级的DVR，还开发了用于大功率负荷的多模块DVR。DVR的投入使用会带来巨大的经济效益，如澳大利亚的一家名叫Bonlac的食品公司在DVR投入运行后，每年可减少245.34万澳元的经济损失。

12.3.2　DVR 原理

DVR 的结构简图如图 12.3－1 所示。

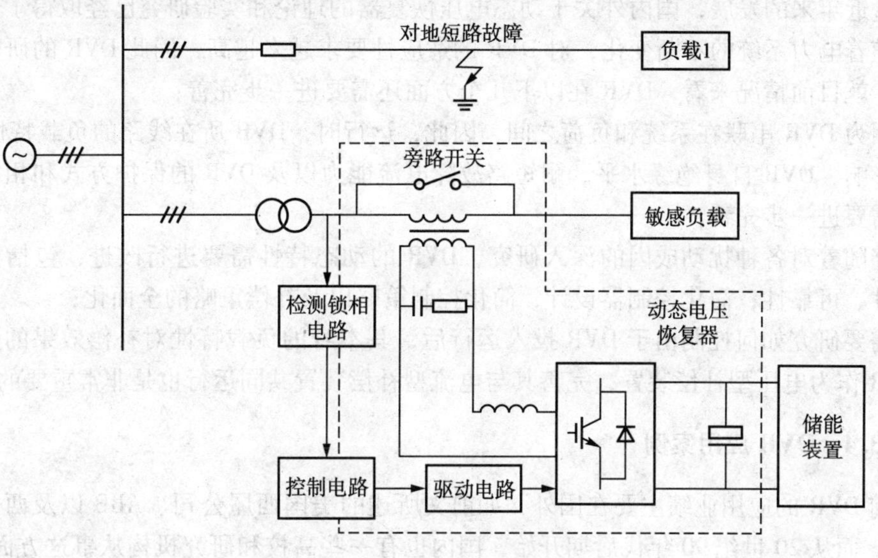

图 12.3－1　DVR 系统结构框图

DVR 串连在电网和敏感负荷之间，相当于一个受控电压源，能够产生任意幅值、相位和波形的电压。DVR 的等效电路如图 12.3－2 所示，该结构为三相三线制结构。图中的 $u_{sa,sb,sc}$ 表示网侧电压，$i_{sa,sb,sc}$ 表示三相电路电流，$Z_{a,b,c}$ 表示网侧的等效阻抗，$u_{fa,fb,fc}$ 表示 DVR 的输出电压，$Z_{la,lb,lc}$ 表示负载阻抗。

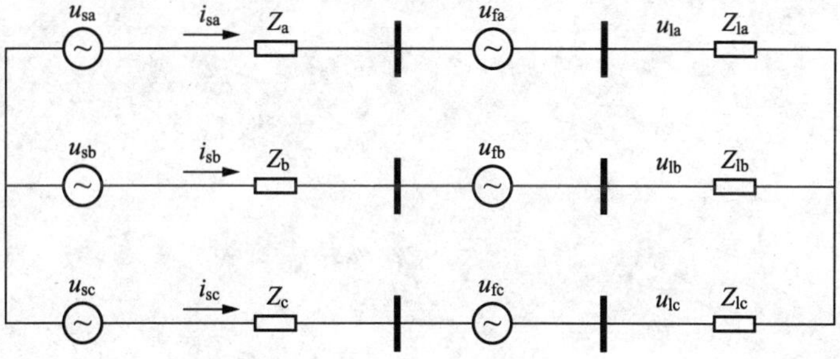

图 12.3－2　DVR 原理图

由图可知：

$$u_l = u_s + u_f - i_s z_l$$

其中，u_l 为负载的电压，因控制的目的为保持 u_l 不变，所以电路中的电流 i_s 可以看作恒定，故 $i_s z_l$ 为常值。当网侧的电压 u_s 发生变化的时候，就可以通过改变 DVR 的电压 u_f，从而使负载电压 u_l 保持恒定。

DVR 的原理还可以用向量图的形式加以说明，如图 12.3－3 所示。图中向量 $\boldsymbol{U}_l$ 为负载的理想电压。网侧的电压跌落后为 $\boldsymbol{U}_{after-sag}$，补偿时 DVR 的电压为 $\boldsymbol{U}_{dvr}$，通

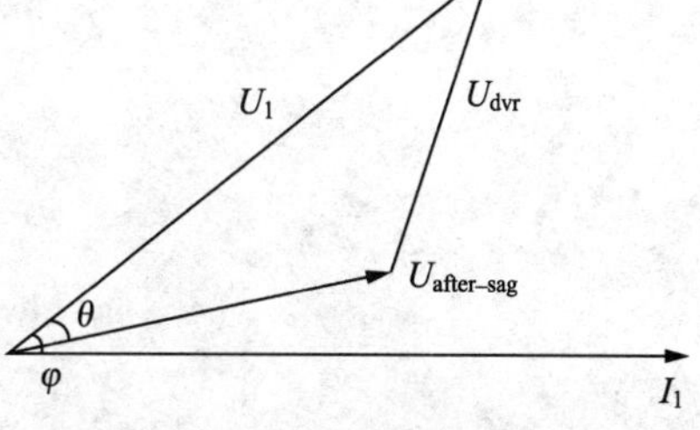

图 12.3－3　DVR 向量原理图

过 DVR 的补偿，负载的电压得以保持不变。

12.3.3 DVR 的发展近况

经过近年来的发展，国内外关于动态电压恢复器的理论和实验研究已经取得了长足的进步，但随着电力系统的不断变化，对 DVR 的适应性要求越来越高，因此 DVR 的研究也在不断加深。就目前情况来看，DVR 在以下几个方面还需要进一步完善：

①因为 DVR 串联在系统和负荷之间，因此，运行时，DVR 所在线路的负载特性对 DVR 行为的影响、DVR 自身绝缘水平、耐短路故障电流能力以及 DVR 的保护方式和相应的保护策略还需要进一步完善；

②伴随着对各种扰动成因的深入研究，DVR 的动态特性需要进行改进，包括检测方法的实时性、可靠性；简化控制器设计；简化控制策略以及补偿策略的全面化；

③需要研究如何控制由于 DVR 投入运行后，其本身的负载特性对补偿效果的影响。此外，DVR 作为电压型补偿装置，完善其与电流型补偿装置共同运行也是非常重要的。

12.3.4 DVR 应用案例

目前 DVR 的应用业绩主要在国外，如前文所述的美国西屋公司、ABB 以及西门子生产的 DVR。而从 20 世纪 90 年代后期开始，国内也有一些高校和研究机构从事这方面的研究。目前国内有应用的 DVR 主要集中在 380V 低压侧，而针对高压侧的 DVR 还处于研究试验阶段，尚无可靠运行业绩。

第 13 章　电力系统仿真分析及可靠性评估

13.1　电力系统可靠性评价的基本概念

电力系统的可靠性是指长时间、连续正常供电的能力，是考核供电系统电能质量的重要指标，反映了供电系统持续供电的能力。电力系统可靠性评价是把可靠性工程的一般原理和方法与电力系统中的工程实际问题相结合的一门应用学科。目前，电力系统可靠性评价已经渗透到了电力系统规划、设计、制造、安装、运行和管理等各个方面，并得到了广泛的应用。对供电系统进行可靠性评价，包括对电网结构、电网接线方式、电网运行方式、大负荷启动、内外部故障、电网安全自动化装置配置、保护系统配置等进行统计、计算、分析和评价等内容，为企业电网的系统运行、检修维护、规划设计和建设制造提供基本的决策依据。

13.2　炼化企业电网供电系统可靠性评价的必要性

炼化企业内部电网特性与公共电网既有共性问题，也有自己的独特之处，需要区别对待，深入分析。炼化企业自备电厂及电网水平各异，老的炼化电厂存在电气结构不合理、部分设备老化、电网运行方式不合理、发电设备备用容量不足且可靠性较差等问题。这些问题严重威胁着石化企业内部电网的安全稳定运行，且可能导致大面积停电，造成巨大的经济损失。虽然近年来针对大型公共电网的仿真分析手段与运行管理水平不断发展更新，对于石油化工等大型企业，虽然其内部电网规模不断扩大，也应用了很多新的技术和设备，但是无论在电网仿真分析工具的应用，还是在电网运行管理水平上都远远没有跟上，企业安全生产埋下潜了隐患。因此，有必要收集整理企业电网的仿真模拟数据，深入研究企业内部电网供电模式、负荷特点、供电可靠性、电能质量、自动控制措施、孤网运行、节能降损等一系列问题，对企业电网设备参数有效管理，定期对企业电网运行情况进行仿真校验，提前发现企业电网运行薄弱环节，制定防止电网崩溃等事故的有效措施，保障企业电网的安全可靠运行，为企业的安全生产保驾护航，同时提高企业内部电网的运行效益。其具体内容如下：

1. 外部大电网运行特性影响炼化企业电网的安全稳定运行

外部大电网的安全性是炼化企业电网供电安全的重要保证。炼化企业电网通常通过单回或多回 110/220kV 线路与外部电网连接，大电网的安全稳定运行直接关系到炼化企业电网的安全稳定运行。伴随国家电网特高压、智能电网、大规模可再生能源的迅猛发展，企业外部连接的大电网运行特性将发生较大改变，不确定性增加，运行方式及安全稳定控制措施也有较大变化，对企业电网的供电安全带来一些不确定的因素，需要根据外部电网特点提前做好适应于外部电网严重故障扰动下的应急预案。

2. 炼化企业生产需要安全、可靠、持续、优质的电力供应

供电可靠性要求高。中断正常供电，可能引起主设备损坏，大量产品报废，连续生产过程被打乱，甚至发生安全事故，需较长时间才能恢复。部分企业形成新、老区电网结构，系

统接线方式复杂，运行方式不尽合理，调度不够灵活。炼化企业电网抗扰动能力较差，对内外部电网大扰动故障对供电网安全稳定运行的影响认识不足，防止电网崩溃的有效措施相对缺乏。

3. 企业内部电网规模的扩大使控制决策的过程更为复杂

企业内部电网既有发电机组，又有各种形式的负荷和现代化设备，运行调度也越来越复杂，针对各种运行方式是否合理必须提前做仿真分析和评估。在极端情况下，如果外部电网发生严重故障，可能使炼化电网孤立运行。孤立运行条件下各种安全稳定控制措施的合理配合，直接决定了企业电网能否在孤立情况下稳定运行，并最终恢复并网。

4. 电能质量、节能降损是关注热点

电能质量、节能降损是企业电网的重要关注热点，需要综合评估并给出相应的治理措施。

5. 各种措施的适应性需要评估分析

各种运行工况下的安自装置、机组保护、切负荷措施、备自投措施的适应性需要根据实际运行方式数据进行评估分析。

综上所述，现代企业电网发展迅速，规模不断扩大，与外部电网联系密切，依赖传统的经验性评估和单纯的内部稳定性评估很难形成合理的科学决策。只有建立企业电网的仿真分析手段，随时针对各种可能的运行工况进行仿真分析和评估，才能合理安排运行方式，制定合理的稳定控制措施，避免负荷损失影响企业正常生产，提高自身供电可靠性和电能质量，保证优质的电力供应，维持企业安全生产。

13.3 炼化企业电网供电系统可靠性评价的目的和任务

13.3.1 可靠性评价目标

可靠性目标通常是依据系统可靠运行的要求来规定的，它是系统可靠性达到希望水平的总的要求和目的。炼化企业电网可靠性的目标主要包括以下几个方面：

(1)保证电力系统的充裕度，即以合格的质量连续地向用户提供所需的电力和电量；

(2)保证系统的安全性，采取必要的手段和措施使系统经受住可能的偶发事故而不必削减负荷或停电，并避免对系统和设备造成严重损坏。它表征在事故情况下电网短时间内抗干扰的能力；

(3)保持电力系统的整体性，其目标是即使在严重的偶发事故下也不致于造成电力系统主要环节或部分的不可控性而造成事故损失；

(4)限制故障扩大，减小停电范围，并保证停电后迅速恢复运行。

13.3.2 可靠性评价的内容

炼化企业电网供电可靠性的评估贯穿于系统规划、设计和运行的各个阶段之中，并且分别规定有具体的任务，简单概括为：

1. 规划阶段

包括四个方面的任务：

(1)对企业电网的发展进行远景规划、对未来电力、电量需求进行预测；

(2)收集设备的技术经济数据和必要的技术参数；

(3)制定可靠性准则和设计标准；

(4)选择最佳方案。

2. 设计阶段

电力系统从可靠性的角度考虑的设计原则是：

(1)在线路短路故障、开关拒动等偶发事故发生时，能保证系统的充裕度、安全性和整体性，电网波动最小，减少负荷损失；

(2)充分考虑系统设备维修时对供电可靠性的影响，保证在设备检修时依然能保证供电的安全性、可靠性；

(3)考虑网架结构的合理性，优化输电线的结构并保证在非正常情况下的企业电网的电力传输能力。

3. 运行阶段

主要是考虑短期内可能出现的风险，并对其进行有效评价，提出相应的措施。其主要内容包括：

(1)确定包括大负荷启动在内的各种运行方式，合理安排发电容量；

(2)确定检修方式，按计划进行检修；

(3)确定互联系统的送受电力和电量。

13.4 炼化企业供电系统可靠性分析的工具和方法

13.4.1 炼化企业电网仿真建模的概念

电力系统仿真：在计算机或实体上建立电力系统的有效模型(数学或物理)，并在模型上进行系统实验，以达到研究系统的目的，研究电力系统在规定时间内的工作行为和特性。电力系统的科学研究离不开仿真技术，通过研究实际电网各种现象，进行仿真实验，发现电网薄弱环节，提出必要的措施，是保证电网安全、稳定、可靠、经济运行的重要手段。同时，电网仿真计算分析也是电网规划、设计、生产、分析、控制、测试、校验、培训的必要过程。可以说电力系统仿真技术水平代表了电力系统的研究水平。

当前实用的电力系统仿真有物理仿真和数字仿真。物理仿真是根据相似原理构成的物理模型，通过模型实验来研究系统的特性，电力系统动态模拟就是典型的例子。全数学仿真以数学表达式来描述实际系统的特性，通过数字仿真计算来分析其过程。物理仿真具有物理概念明确、能自然包含各种复杂物理因素的优点，但模型实验代价高且费时费力，很难模拟大规模电力系统。全数学仿真虽然有时难以包含所有的物理因素，但随着计算机技术的迅速发展，用数字仿真计算进行分析研究已越来越显示出其简便、灵活、代价小等方面的优越性。数字仿真和物理仿真的对比分析如表 13.4-1 所示。

电力系统的仿真模型：为了某个特定目的，将系统的某一部分信息减缩、提炼构造而成的系统替代物，是系统某种性能的一种抽象形式。电力系统建模是对实际电力系统本质的简化描述，这包含两层涵义：一是模型必须能够正确描述系统的本质；二是模型应该尽量简单。模型的准确性和简单性往往存在着矛盾，一般需要根据实际问题对模型的要求找出这两者的合适解决方案。

电力系统建模的对象按照复杂程度分为两类：元件建模和等值建模。比如，同步发电机建模就属于前者，电力负荷建模则属于后者。一般来说，元件建模比等值建模要简单一些。因为前者往往范围小、元件单一而且机理清楚，而后者则范围大、元件多而且复杂。

表 13.4－1　物理模拟与数字仿真的对比分析

要　素	项　目	物理模拟	数字仿真
系统	时域范围	全部覆盖	受模型、算法的影响，对高频过程的快速仿真效果不佳
	系统规模	有限	大
	系统修改	困难	灵活方便
	安全性	一般	好
	经济性	差	好
模型	建模理论	相似理论	假设近似
	数学模型	不需要	严重依赖
	仿真模型	物理模型	数学模型
	未知模型	可探索未知物理规律	无法研究未建立合适数学模型的设备
	模型特点	可扩展性、兼容性差	只取决于软件，与硬件无关 通用性、兼容性强
仿真实验	计算设备	不需要	必需
	反映本质	深入物理现象的本质，表现比数学描述更为丰富的真实过程	一定程度上反映系统真实响应，受限模型、算法适用范围
	仿真过程	现象直观、概念清晰	数学表达，通用性好
	仿真速度	实时	受系统规模、模型、算法、计算能力(硬件)等影响
	仿真精度	不高	受模型、参数、算法等影响
	可信度	高	受模型、参数等影响，需凭经验或故障录波反复修正
	校验能力	能校验模型、参数、算法	无法实现对模型、参数和算法的校验
	测试能力	能测试和检验新装置、新理论	对新设备与系统之间相互影响的研究和测试能力不足

电力系统建模最主要是确定“四大参数”，即励磁系统及其调节器参数、原动机及其调节器参数、同步发电机参数、电力负荷参数。除此之外，电力系统建模还包括动态等值建模、输电线路建模、动力系统建模等。

现代电力系统是集发电、输电、配电和用电为一体的复杂非线性网络系统，对其物理本质的研究涉及短至1μs到长至1h的动态过程。为了保证实际运行的电力系统的安全和稳定，不便采用线物理试验的方法对电力系统的动态行为进行研究。

目前主要利用电力系统仿真软件离线计算的方法对电力系统及装置的动态行为进行仿真研究。以下提及的电力系统仿真主要指全数字仿真，电网仿真建模也主要是指根据实际电力元件参数以及连接关系生成数字仿真工具所能识别的相关数据。

13.4.2　炼化企业电网仿真数据建模

电网实际数据的收集与电力系统物理模型的构建是电网仿真计算分析的基础工作。电力系统每个计算程序都要求输入一定的原始数据，这些数据可以反映电力网络结构、电力系统正常运行条件、电力系统各元件参数和特性曲线等。由于需要复制电力系统的各种运行情况，因此，它应包含电网可靠性仿真分析所需的所有数据信息。这些数据繁杂、多样，按照设备不同的作用又可以分为一次设备数据和二次设备数据。

图13.4-1中的一次设备一般采用集中参数电阻、电抗和电容表示。为了表示电力系统中各元件是怎样相互连接的，通常需要对网络节点进行编号，电力网络的结构和参数由电力系统中各支路的特性来描述。支路特性包括支路两端的节点号、正序阻抗与电纳、零序阻抗与电纳、变压器费标准变比等。这些标准支路特性的方式一般有电力系统计算机和电力系统仿真人员自行决定，所以需要对上述收集的数据进行综合管理。

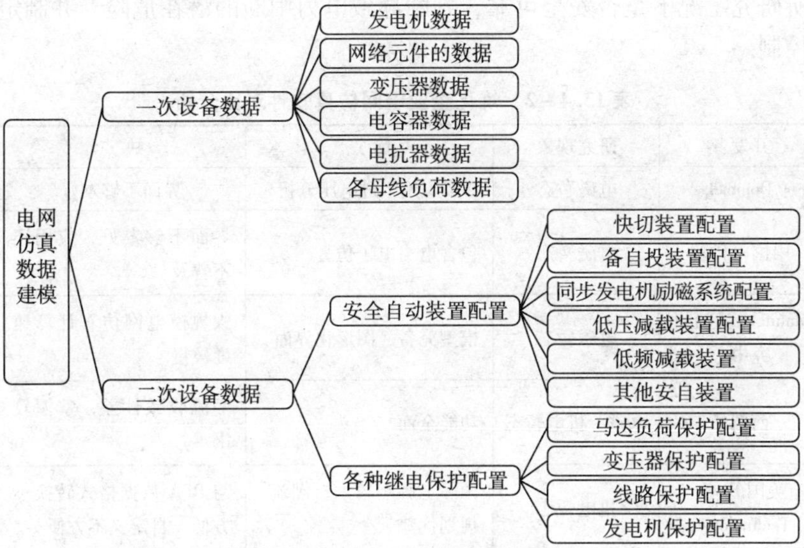

图13.4-1　电网仿真收资数据

炼化企业电网分析软件应具有适用于炼化电网的电网仿真参数数据库，对电网仿真相关数据进行集中统一管理，维护电网相关重要数据的一致性和准确性。

电网仿真参数的管理主要包括：电网元件型号管理、电网元件物理参数管理、电网元件标么参数管理、计算作业及结果管理、多电网数据抽取与合并。

电网元件型号管理：根据炼化电网的实际情况，收集各电网元件常用型号，根据各种型号的元件参数建立元件型号数据库，实现以元件型号为索引查询元件相关参数。需要管理的元件主要包括母线、架空线、电缆、变压器、发电机等。用户建立电网模型数据时，只需选择正确的元件型号，输入很少的元件参数，即可实现元件仿真参数的录入。

电网元件物理参数管理：用于电网仿真计算的每一个物理元件都可以用一系列物理参数来描述。对于两个物理元件，即使是同一型号，由于运行环境及其他因素的不同，在物理参数上也可能存在差异。建立各主要元件的物理参数数据库，实现以元件名称或元件编号为索引查询元件相关物理参数。这些元件主要包括架空线、电缆、变压器、发电机等。

电网元件标么参数管理：在电网仿真计算中，各元件参数往往都是采用标么值的形式，因此需要将元件物理参数折算成标么参数。根据仿真计算分析程序的需要，建立各主要元件的标么参数数据库，实现从元件物理参数到标么参数的自动转换，并且能根据元件名称或元件编号为索引查询元件相关标么参数参数。这些元件主要包括架空线、电缆、变压器、发电机等。

需要指出的是，在电力系统数据建模时，对于外部电网的数据收集必不可少。外部电网是炼化企业电网的有效保证性电源，外部电网的部分故障模式会对炼化企业电网造成很大的影响。因此，需要明确外部电网与炼化企业电网的接线方式，了解外部电网可能的运行方式，以及外部电网对联络线输送功率的约束等要求。

13.4.3 炼化企业电网供电可靠性评价软件的介绍

目前，炼化企业电网可靠性分析工具主要依赖于电力系统全数字仿真软件，常用的软件见表13.4－2。通过这些软件对所研究电网进行仿真计算，根据仿真软件计算得出的结果，分析电网在所研究工况下是否安全可靠，判断导致电力中断的潜在危险，并制定必要的措施加以预防和控制。

表13.4－2 炼化企业电网仿真软件对比分析

项目	开发者	研究现象	优点	缺点	应用情况
EMTP/ATP	Dommel	电磁暂态	多应用于过电压分析	界面不够友好	广泛
EMTPE	中国电科院	电磁暂态	包含电力电子仿真	界面不够友好，应用还不普及	较少
PSCAD/EMTDC	Manitoba直流研究中心	电磁暂态	模型完备、图形化界面	大规模电网仿真计算速度较慢	广泛
NETOMAC	西门子	电磁、机电暂态	功能全面	潮流收敛性差，掌握较困难	有一定应用
PSS/E	美国Power Technologies	机电暂态	国际上影响较大，潮流、规划优势	与BPA数据格式转换不方便，自定义不方便	国外广泛，国内有一定应用
EUROSTAG	法国EDF	机电暂态、中长期动态	研究中长期动态，自动连续调步长	国内应用还不普及	有一定应用
MATLAB	美国Mathworks	电磁、机电暂态	图形界面，控制设计功能强大	速度慢	有一定应用

一般来说，对于不同的研究对象，各仿真软件存在不同的适应性。炼化企业电网与电力主网相比，虽然有许多相似之处，但也有其自身的特点。对于这样一个集发电、配电、用电于一体的小型电网，在仿真过程中需要考虑的因素众多。这些因素都使得不能简单地将大电网仿真分析工具直接套用到炼化企业电网仿真分析工作上，这就需要更适合炼化企业电网的仿真分析工具。

炼化企业电网仿真分析软件拥有强大的参数管理、全面的分析应用功能和丰富的可视化人机界面，其前身PSD－BPA软件是国内最有影响力的电力软件之一。目前，该软件具有潮流分析、短路计算、继电保护配合和选择、电动机启动分析、暂态稳定分析等近三十多个模块。其主要功能包括电网供电能力和静态安全分析、设备选型与配置、计划安排与校核、网损与节能分析、自动控制措施校核、紧急措施校核、辅助分析与决策、保护配置与管理等。应用仿真软件的众多电网计算分析功能，定期对电网运行情况进行仿真校验，可以提前发现电网运行薄弱环节，制定防止电网崩溃等事故的有效措施，保障企业电网的安全可靠运行，为企业的安全生产保驾护航，提高企业电网的运行效益。可扩展微实时智能电力管理系统，用于监测、控制、模拟系统运行，使系统自动化和最优化。

软件功能如图13.4－2所示。

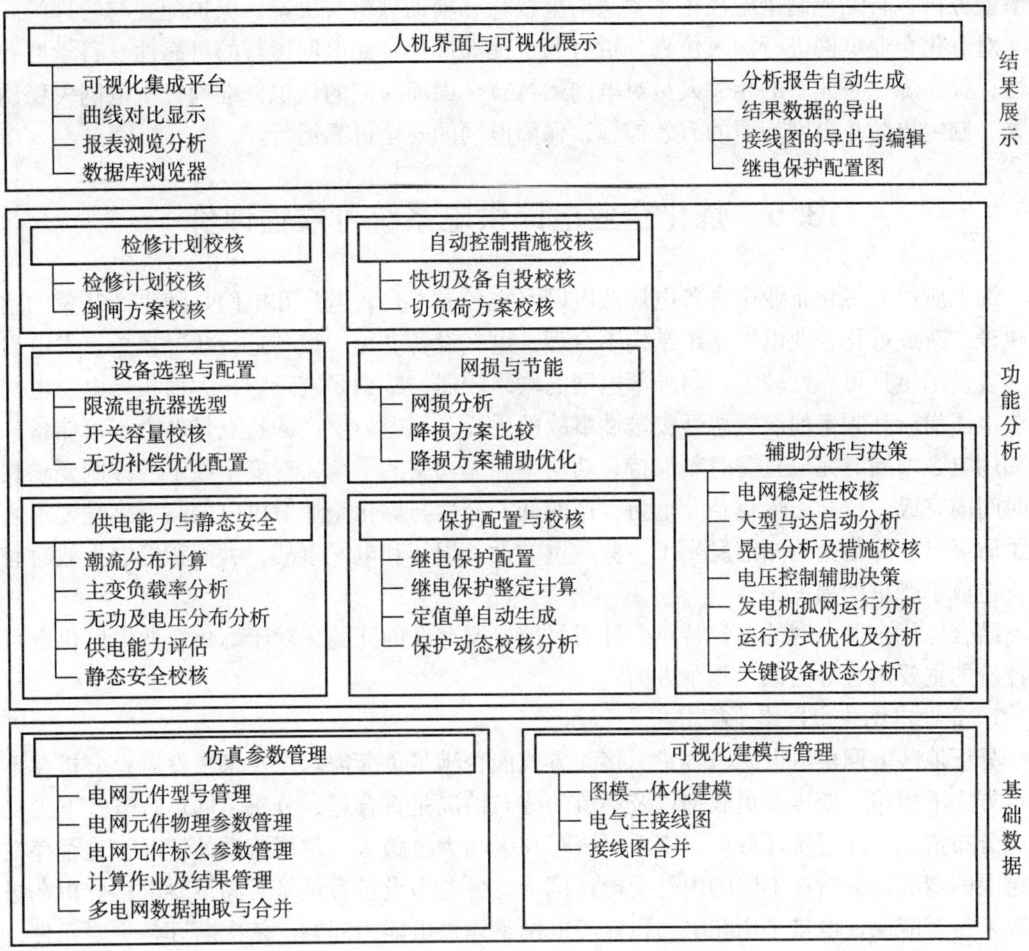

图 13.4－2　炼化企业电网仿真分析工具主要功能

另外，企业电网仿真软件需要考虑软件使用者的不同文化差异，考虑软件的便捷性、可操作性和实用性。特别是对于炼化企业电网仿真，如果只负责对用户整理的电网数据进行仿真计算，而计算所得出的结果需要用户做进一步的分析，这部分工作往往考验了用户对电网的认识深度和相关工作的经验。

本仿真软件的特点如下：

(1)便捷的电网建模方式

可以兼容或直接导入大电网数据(如 PSD－BPA 格式)，能够通过绘制电网电气接线图实现电网相关数据的录入，具有安全统一的电网数据管理功能，可以通过选择元件型号等方式录入元件数据；

(2)友好的人机界面

能编辑和显示符合相关标准的电气接线图(如局部电气接线图)，将多项仿真分析功能集成在同一平台环境上，具有列表、对话框、报表、曲线等多种数据展示方式，配合接线图显示相关数据或计算结果，能将相关数据或接线图导出成普通文件；

(3)丰富实用的仿真分析功能

主要功能包括电网供电能力与静态安全分析、设备选型与配置、计划安排与校核、网损与节能分析、自动控制措施校核、紧急措施校核、辅助分析与决策、保护配置与管理等。

对炼化企业电网进行深入仿真分析有利于提高炼化企业电网运行的可靠性、科学性和合理性；提高炼化企业中的相关人员对电网运行有全面而深刻的认识；准确分析电网失稳诱发因素，制定出防止电网崩溃的有效措施，保障电网的安全可靠运行。

13.5　炼化企业电网供电系统可靠性评价

综上所述，炼化企业中自备电厂及电网水平各异。自备电厂和电网是随生产装置的建设而建设，造成炼化企业电气系统结构不合理、电气设备老化、设备运行状况较差、发电设备备用容量不足且可靠性较差、与外部电网的联络较弱，特别是缺乏防止大面积停电、电网瓦解、电压崩溃和频率崩溃等恶性灾难性事故的手段。而电力生产的特点是电力不可储备，发电和用电必须同时完成且需时刻保持有功功率和无功功率的平衡，对安全稳定的控制要求在极短时间内完成。这样，炼化企业电力生产的低安全性与炼化企业对供电的高可靠性要求之间的矛盾突出。炼化企业相继发生了一些严重的设备损坏和电网事故，大面积停电事故时有发生，造成了严重的损失。

结合炼化企业电网的自身特点，针对目前普遍存在的问题，对于炼化企业电网供电可靠性评价的主要内容分为以下几个方面：

1. 企业电网供电网络平衡分析

分析地区电网供电电源、容量、接线方式能否满足负荷需求以及未来发展；分析在不同运行方式下线路、变压器负载率以及潮流的分布情况是否合理；分析不同运行方式下无功及电压分布情况，通过统计分析，查看是否存在无功大量跨区、越层流动的情况，是否存在电压越限的情况；分析在不同的内外受电比例下，各电力设备容量是否满足要求；分析在极端情况下是否能保证电量平衡和电力供应等电网整体供电能力问题。依次断开各主要元件，校核其他元件是否存在过载或电压越限的情况，计算各种运行方式下，短路电流水平。

2. 炼化企业电网故障扰动分析

电压波动是比较常见的电气事故，因为引起电压波动的因素很多。由于炼油（化工）企业内部电网由短线路构成，任何一点的事故都会造成大幅度电压波动，导致电机跳闸而停工停产。因此，对电网各种运行工况进行时域仿真，查看是否发生晃电现象，查找晃电发生的原因。通过时域仿真的方法对各种防晃电措施进行仿真研究，查看措施是否有效。研究故障扰动下电网的稳定特性和损失负荷的风险，分析电网现有网架特点和薄弱环节，总结企业需要重点关注的电网稳定问题，提出有利于电网稳定运行的措施和建议。

3. 安全自动控制措施配置方案研究

研究外部电网故障对企业电网的影响特征，提出企业电网抵御外网故障影响稳定控制措施的配置原则及配置方案。针对企业电网可能出现的稳定问题，研究各类安自装置的配置（低频解列、振荡解列、低周减载等）以及相互间协调配合问题，提出能够保证一、二类负荷可靠运行的安自装置配置原则、配置方案和装置协调配合建议。

4. 安全自动控制装置与电动机自动再起动协调配合研究

分析企业电网马达启动方式的现状；对可能的马达启动方式进行模拟，分析在不同启动策略下对电网安全稳定运行的影响；提出可能的电动机群起策略，保证重要马达负荷可靠启动；研究自动切换装置与电动机再起动要求之间的配合问题，根据电动机再起动要求，研究各级电源自动切换装置的动作时限以及相互配合问题，并研究电动机再启动情况下对电网安全稳定运行的影响。

5. 孤岛运行方案的研究

建立孤岛运行动态特性研究模型，分析孤网形成时网内频率和电网的变化特性；对非计划性孤岛进行风险分析，指出形成孤岛运行的故障条件，并对孤网形成后的稳定性进行分析；分析企业电网内机组在孤岛运行时的影响因素，指出电网运行方式、电力系统自动化装置、发电机组保护以及其定值等对孤网运行产生的影响；提出孤岛运行时，发电机组所具有的动态特性与稳定控制策略；结合现有企业电网的配置，指出企业电网现有配置的不足，提出改进措施。

大型炼化电力系统的特点，决定了电力系统的生产管理、运行调度、运行方式，特别是技术改造是一项庞大、复杂的工程。对炼化企业电网进行系统分析，需要建立整个系统的模型，站在系统的角度，完成相关分析计算，输出报告，作为处理日常事务、新的变电站的投运、增容改造、新的大型电机的投运、调度员和值班员高级分析培训等的依据。具体的步骤如流程图 13.5－1 所示。

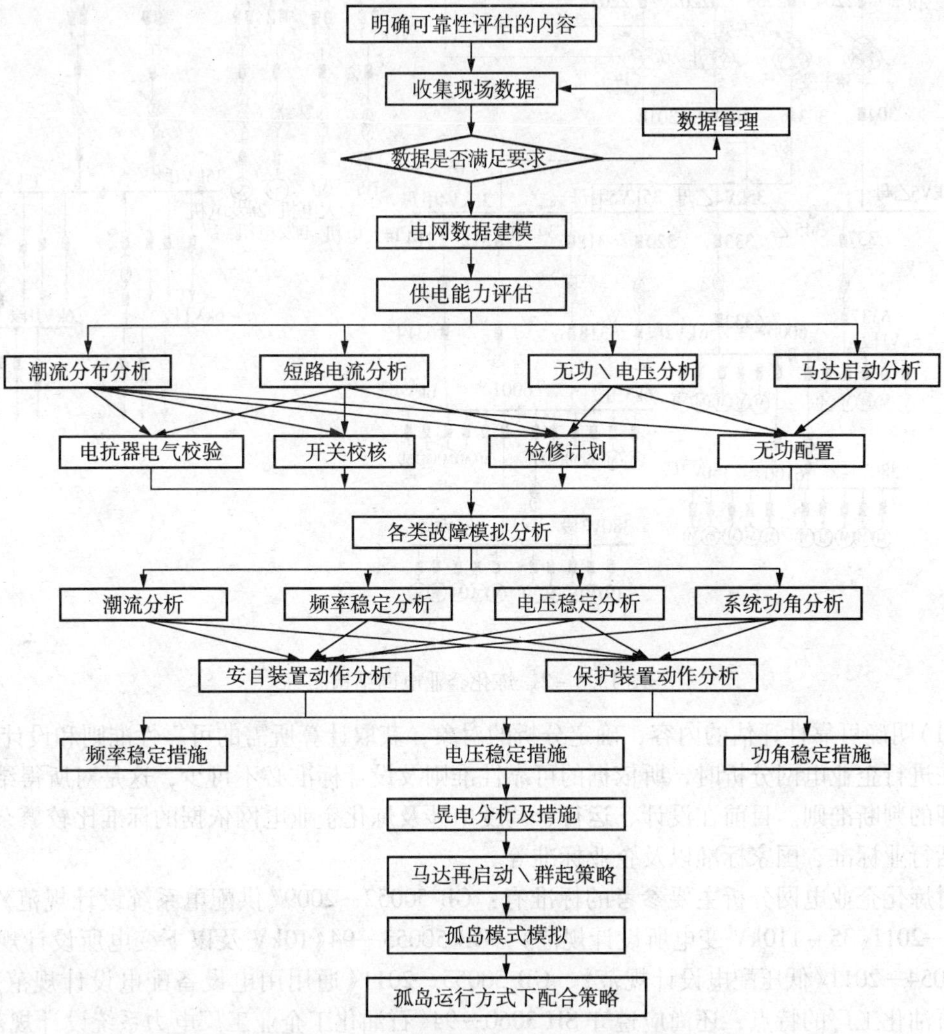

图 13.5－1　炼化企业电网可靠性评价流程图

为了更好地阐述清楚企业电网供电可靠性评价的具体步骤，特将一个实际炼化企业电网进行精简，构造一个简单的炼化系统，作为算例进行说明。该电网结构如图 13.5－2 所示。

该电网采取三电源配置，电源联络线分别取自地方电网中 220kV 变电站 A 和 220kV 变电站 B 两段母线。正常运行时，石化Ⅰ线、石化Ⅱ线投运，石化Ⅲ线备用。网内枢纽变电站电压等级为 220kV，枢纽变电站采用双母线单分段接线方式，其余中心变电站、主供电站采用单母线分段接线方式，整个企业电网电压等级为 380V～220kV。正常运行方式下，采用大分裂方式。

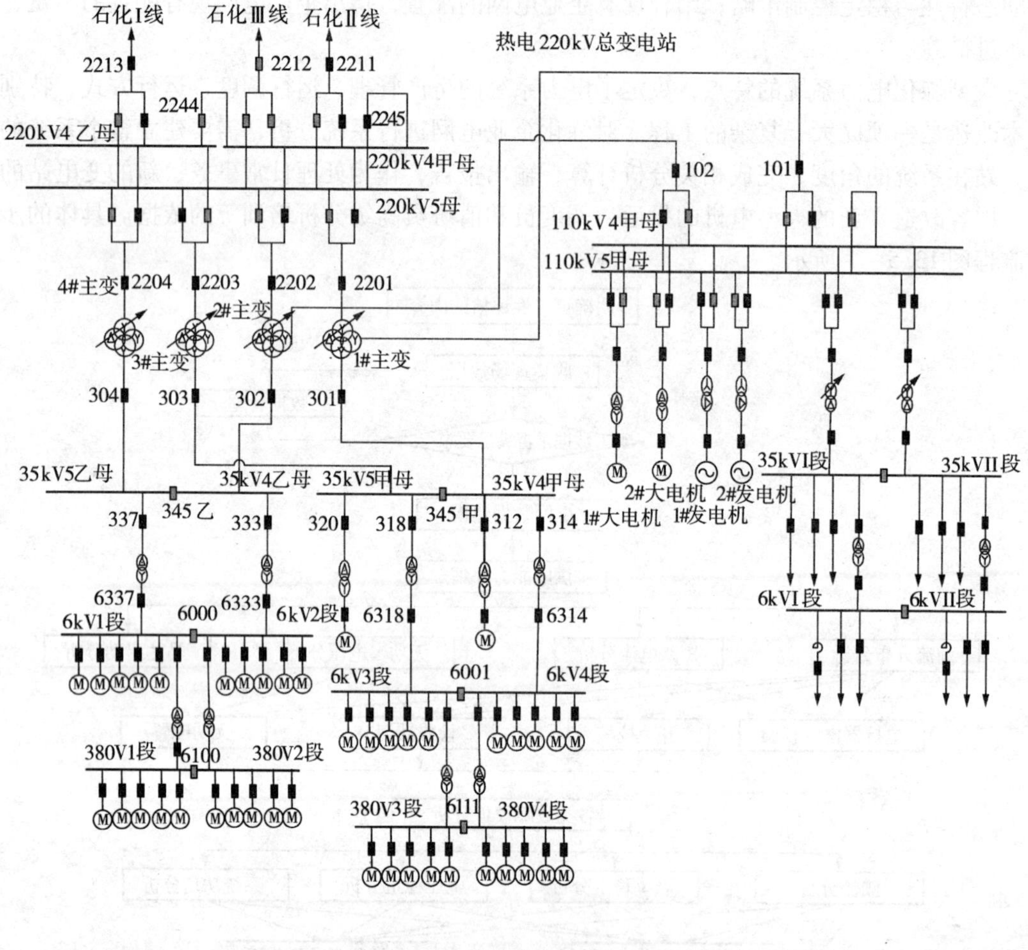

图 13.5－2　炼化企业电网结构图

（1）明确可靠性评估的内容，确定分析的对象，获取计算所需的可靠性准则和设计标准

在进行企业电网分析时，所依据的可靠性准则及设计标准必不可少，这是对所得结果是否合理的判断准则。目前在设计、运行、调度中涉及炼化企业电网依据的标准比较繁杂，其中包括行业标准、国家标准以及企业标准等。

对炼化企业电网分析主要参考的标准有：GB 50052—2009《供配电系统设计规范》、GB 50059—2011《35－110kV 变电所设计规范》、GB 50053—94《10kV 及以下变电所设计规范》、GB 50054—2011《低压配电设计规范》、GB 50055—2011《通用用电设备配电设计规范》等。根据石油化工厂的特点，还尚应遵守 SH 3060—94《石油化工企业工厂电力系统设计规范》和 SH 3038—2000《石油化工企业生产装置电力设计技术规范》。

其中，还包括企业内部的一些指导性文件，如中国石油化工集团公司内部的《中国石化电力系统主网结构技术管理规定》、《中国石化电气设备及运行管理规定》、《中国石化生产装置过程控制仪表电源供电系统技术管理规定》等。

(2)收集现场数据，对数据进行辨识，按照所取基准容量对实际参数进行折算

炼化企业电网的仿真分析数据主要由两部分组成：炼化企业内部电网数据和外部电网数据。对所研究电网进行建模是进行电网仿真计算分析的基础工作，主要包括三方面：选择合适的元件模型、元件模型参数的录入和电网电气接线图的绘制。由于电网计算分析目的不同，其电网元件表示的模型存在较大差异。根据炼化电网采用的实际设备以及电网仿真计算的需要，确定满足不同需求的电网仿真模型，保证电网仿真计算的准确性，为元件参数录入提供依据。

收集所研究电网的相关电气元件资料，根据其型号和实际应用情况，在元件型号数据库中选择对应型号的元件。如果没有该型号元件则需要向元件型号数据库中添加该型号元件，再输入必要的物理参数，从而完成元件物理参数库的录入。根据元件物理参数以及相关基准值，将物理参数折算成相应的标幺参数，录入到元件标么参数数据库。在录入电网数据的基础上可以应用电气接线图绘制工具绘制所研究电网的电气接线图。

同时，参考小节9.4.2所述，将所需的原始数据分为一次设备数据和二次设备数据两部分。其中一次设备数据包括：变压器、传输线、电缆、电抗器、同步发电机和感应电动机模型等；二次设备包括数据中配置相应的控制系统、继电保护系统、自动安全装置低频解列、振荡解列、低周减载、BZT等自动装置等。同时，特别需要明确外部电网的运行方式和联络线功率的特殊要求。

对于图例中的炼化企业电网而言，当基准容量取1000MVA时，图13.5-2中1#发电机在软件中需要填写的基础参数有：

潮流计算所需基本数据：

节点类型：BQ　母线名：1#母线　电压：13.8kV　分区名：xr

最大有功出力：100MW　　实际有功出力：100MW

无功出力最大值：30Mvar　　安排电压值：1.0pu

稳定计算所需基本数据：

发电机卡：MF　电机母线名：1#母线　电机母线电压(kV)：13.8kV

发电机动能(MW * s)：490　发电机标么参数的基准容量：1000Mvar

直轴暂态电抗 ：1.726pu　交轴暂态电抗：4.896pu

直轴不饱和同步电抗：15.3pu　交轴不饱和同步电抗：17.0pu

直轴暂态开路时间常数(s)：7.5

交轴暂态开路时间常数(s)：1.7

还包括励磁参数和调速器参数等。

(3)企业电网供电能力分析，对炼化企业电网总体水平进行概括和分析

供电能力分析主要目的是从整体上校验电网设计、运行方式是否合理，主要考察电量平衡和电力供应等电网整体供电能力。图13.5-2中所示的炼化企业电网与外部地方电网采用了三回联络线连接(石化Ⅰ线、石化Ⅱ线、石化Ⅲ线)，分别连接在了220kV变电站A和220kV变电站B，符合《中国石化电力系统主网结构技术管理规定》中对于电源配置的规定。企业电网内220kV变电站采用双母线单分段结构，其余各母线均采用了单母单分段接线方式，电网内单台发电机容量均为100MW，网内正常方式下负荷为175MW。因此，根据电网

的网架结构、电源情况、设备运行状况以及用电负荷特性等因素来看，本炼化企业电网在两台机组同时运行时受电比例恰当、各电力设备容量也能满足要求。而当企业点网内用蒸汽量较少，仅开1台发电机时(以汽定电)，需要外部地方电网提供大约80MW的有功功率，电网外受电比例达到46%。虽然通过潮流计算分析各线路、变压器均不存在过载风险，但是过大的受电比例增加了企业电网对外部地区电网的依赖性，增加了运行的风险，需要对该运行方式近一步进行分析。

(4)通过模拟不同的运行方式，分析在不同运行方式下电网潮流分布，确定无功电压状况以及各位置的短路电流情况

潮流分布分析：潮流计算的目的是通过一定的计算得到企业电网在各种特定运行方式下的运行状况和各种电气量(包括有潮流的分布和流向、各母线的电压等)，判断各电气量是否合理、是否满足目标与要求。

对于图13.5－2中的企业电网，首先根据机组的开停方式，将该电网分为基础运行方式(1#发电机接入电网)和全开机方式(两台发电机均接入电网)，凭借炼化企业仿真分析软件完成多种运行方式(如合、解环运行方式)和变负荷状况的分析计算工作。根据潮流分析结果制定出所需的检修计划，对运行备用进行分析，得出不足备用通告，对功率因数进行校正，准确分析有功和无功损耗，计算所有投运主变的负载率，按电压等级、厂站、分区等多种条件进行统计查询。设置主变负载率阈值，自动判断主变负载率越限情况。自动分析主变负载率越限的原因，统计给出详尽的越限报警。为各种典型调度方案以及一些特殊方案和临时方案提供理论依据，而不仅仅凭经验做事。图13.5－3、图13.5－4为该企业电网全开机方式下合、解环两种方式下部分电网的潮流分布状况。

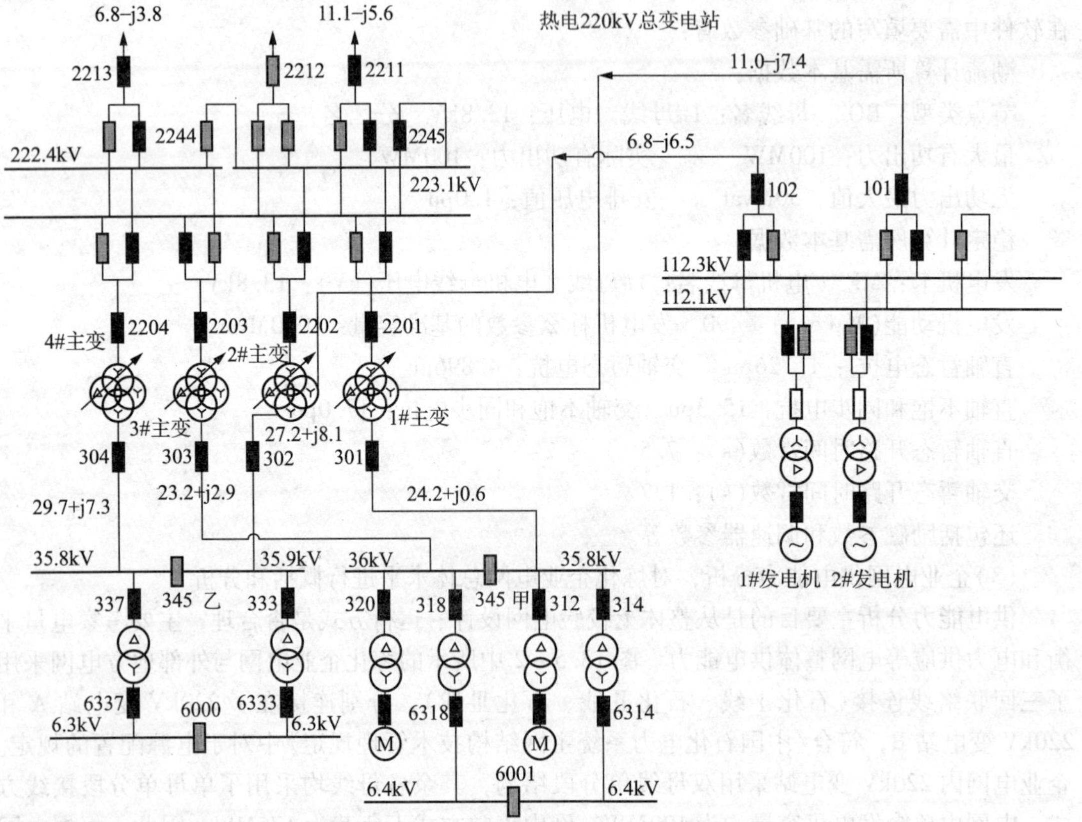

图13.5－3　炼化企业电网分裂运行潮流图

当图 13.5-4 中炼化企业电网 1#发电机和 2#发电机同时并网运行，且 220kV 母联开关 2244 合上后，形成石化Ⅰ线和石化Ⅱ线合环运行。此时无论是内桥连接方式还是外桥连接方式，都形成较大的穿越功率。炼化企业大量功率石化Ⅱ线流入炼化电网内，又通过石化Ⅰ线流出，部分负荷没有被变压器转移到低压侧，而是直接从高压侧穿越流入地区电网。这部分穿越功率的大小将直接影响变电站的主接线设计，特别是在按照最大工作电流计算式选择主变高压母线时，容量选择不仅需要考虑变压器容量，而且需要考虑通流容量，通流容量 = 本变电站主变容量 + 穿越功率。同时，在此方式下，需要校核电源联络线的线径大小和断路器，以及电流互感器等设备的配置容量是否合适。

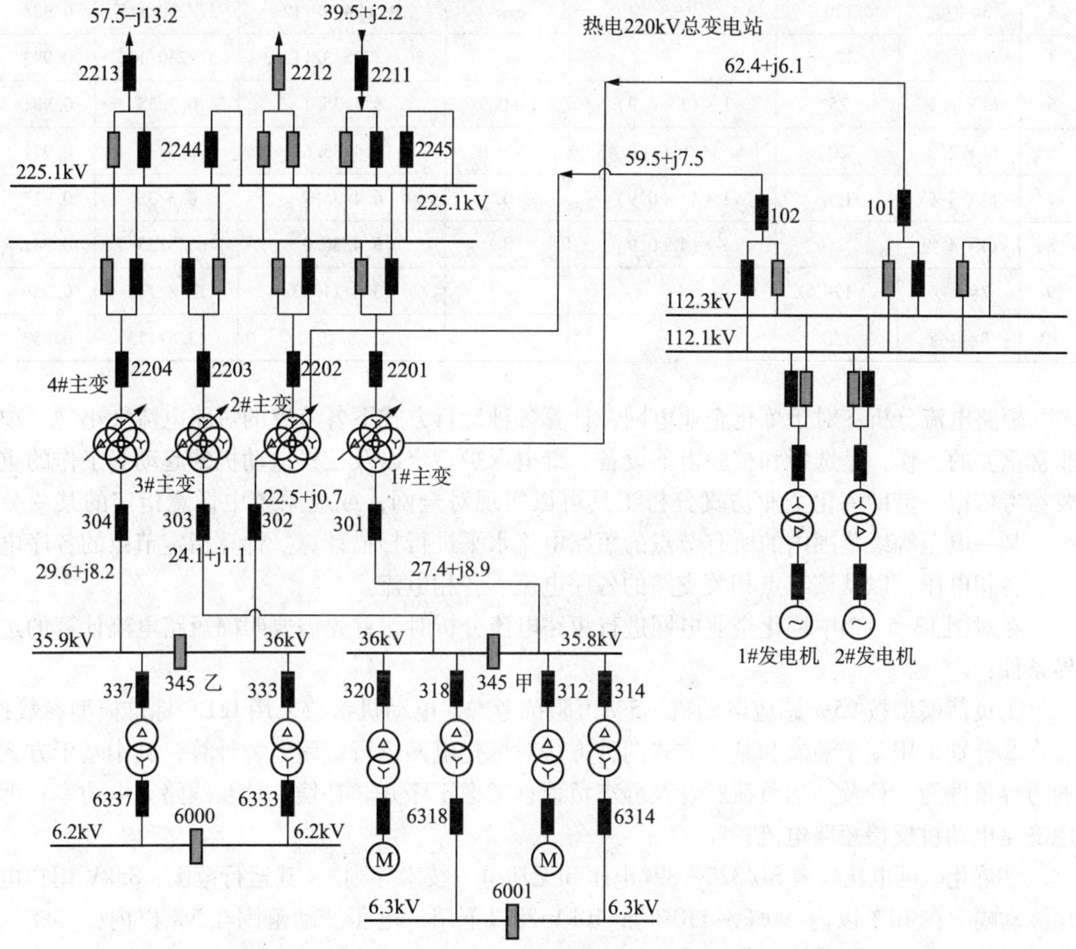

图 13.5-4 炼化企业电网合环运行潮流图

无功/电压分析：企业电网无功电网分析的目的是借助潮流分析，得出各支路母线的压降。无功及电压分布是评价电网运行状态是否合理的重要标准，通过统计分析，查看是否存在无功大量跨区、越层流动（对于三绕组变压器观察中压侧功率大小）、电压越限的情况。无功补偿措施主要以集中补偿和分散补偿相结合，以分散补偿为主；高压补偿和低压补偿相结合，以低压补偿为主的原则，实行分级补偿，实现无功动态就地平衡，以满足降损和调压的需要。

结合无功优化计算的结果，综合考虑电网电压分布、无功潮流分布、变压器下注功率因数、发电机无功备用等因素，确定发电机端电压大小、变压器抽头档位、电容器组投切安排以及最佳电容器组安装位置等电压控制手段，为电网电压控制提供辅助决策。表13.5－1为炼化电网在全开机时某正常方式下的各变电站无功补偿和无功电压控制策略。

表13.5－1　全开方式下各站点无功补偿及电压水平统计表

序号	变电站名称	变压器容量/MV·A	低容容量/Mvar	实际投入容量	母线电压/kV	变压器档位	功率因数
1	1#主变	120	—	—	35.2/224.9/113.3	37/230/115	0.877
2	2#主变	120	—	—	35.7/225.3/19.7	37/230/115	0.997
3	3#主变	120	—	—	36/224.9/112	37/230/115	0.988
4	4#主变	120	—	—	36.1/225.3/112.3	37/230/115	0.993
5	6kV 1变	25	1*(1+0.9)	1+0.9	6.3/35.1	6.3/35	0.981
6	6kV 2变	20	1*(1+0.9+0.45)	1+0.9	6.4/35.6	6.3/35	0.971
7	6kV 3变	1.6	1*(1+0.9)	0	6.4/35.9	6.3/35	0.917
8	6kV 4变	25	1*(1+0.9)	0	6.4/36.0	6.3/35	0.941
9	7#主变	120	—	—	13.6/110.3	13.8/115	0.966
10	8#主变	120	—	—	13.8/19.7	13.8/115	0.953

短路电流分析：对于炼化企业电网，计算各种运行方式下各节点的短路电流大小是一项非常重要的工作，是选择和校验电器设备、继电保护整定以及校核电动机的起动等工作的重要参考依据。借助炼化企业仿真分析工具可以实现对全网，或对系统中任意指定的某一分区、某一电压等级范围内的所有节点的短路电流水平进行扫描计算。计算指定节点的各序电压、各相电压，以及该节点相关支路的各序电流、各相电流。

在对图13.5－2中炼化企业电网进行短路电流分析时，首先需要明确短路电流计算的边界条件：

①负荷模型按95%感应电动机＋5%恒阻抗考虑，电动机参数采用IEEE标准模型参数；

②分别采用基于潮流和基于方式两种方法对炼化电网进行短路电力计算，其中基于方式的边界条件为：计及马达负荷；计及静态负荷；考虑正序并联补偿；计及线路充电功率；考虑支路电动机反馈短路电流；

③炼化电网电压参考SD 325—89《电压和无功电力技术导则》，其运行范围：35kV用户电压波动幅度在10%以内(90%～110%)；10kV及以下用户电压波动范围在5%以内(－5%～5%)；220kV电压范围在(－3%～＋7%)。

在全开机运行方式下，图13.5－2中炼化企业电网各主要母线的短路电流如表13.5－2所示。

(5)马达启动分析

电机的启动带来的问题是企业内部电力网的主要矛盾。启动方式的选择不仅直接影响工程的一次投资大小，而且也影响到电力网本身的安全稳定运行。大型马达启动分析就是在一定的运行方式下，必须进行大型电动机或电动机组起动电压水平计算、起动转矩校验、稳定性等计算，检查启动时间、各母线电压是否满足要求，确定是否需要必要的无功配置措施，是否会导致其他马达脱扣，选择合理的启动方式，为电动机正式启动做好准备和预案。

表 13.5－2　炼化企业电网基础方式下短路电流

母线名称	电压/kV	基于潮流/kA	基于方案/kA
2204 甲母	230	34.124	34.888
2204 乙母	230	34.123	34.888
2205 母	230	28.15	28.759
1105 甲母	115	7.963	7.945
1104 甲母	115	8.301	8.365
355 甲母	35	13.376	12.669
354 甲母	35	13.747	13.15
355 乙母	35	9.495	9.423
354 乙母	35	9.644	9.303
6kV 1 段母线	6.3	25.743	24.713
6kV 2 段母线	6.3	27.168	25.863
6kV 3 段母线	6.3	25.037	23.99
6kV 4 段母线	6.3	26.06	24.737

(6)静态稳定分析

静态稳定分析是指电力系统在受到小干扰后，无非周期失步现象，自动恢复起始运行状态的能力。它主要包括的运行方式有：

运行于严重的工作条件，比如有功、无功负荷最大时、某些元件无故障断开时，主要线路或电力设备通过最大功率潮流；

企业电网在进行大修时，某些对稳定性有较大影响的线路或发电机退出运行；

企业电网投入新的发电厂、机组、线路时；

对系统电源联络线进行合、解环操作和短时并列带负荷时等。

(7)运行方式优化

电网的运行方式直接关系到电网运行的安全稳定性。通过综合分析多种运行方式下潮流计算、无功优化计算、短路电流计算以及暂态稳定计算结果，为用户优化运行方式提出辅助方案。

(8)设备选型和配置分析

根据短路电流计算结果和需要限制的短路电流大小，计算需要配置的限流电抗器的容量。在已经录入限流电抗器相关参数的基础上，选择某型号的电抗器，校核该电抗器是否满足限流要求。在电网的各种运行状态下(特别是最严重状态下)，根据所配置的开关的开断能力，通过短路电流计算，校核该开关是否满足开断要求。确定无功补偿设备的配置位置和容量，在无功补偿控制条件下，保障电网的电压水平在合格范围内。

(9)暂态稳定计算

暂态稳定是指电网在受到大的干扰后，同步发电机保持同步运行，过度到新的或恢复原来稳态运行方式。

暂态稳定同静态稳定不同，它通常指的都是大的扰动，如负荷的突然变化、突然断开或投入线路、发电机或变压器等情形。暂态稳定分析过程主要包括两个阶段：

第一阶段：故障后 1s 内，有继电保护、自动装置动作，但调节系统无明显作用；

第二阶段：起始阶段后，约持续5s，调节系统已经发挥作用。

对炼化企业电网进行暂态稳定分析，其目的是为了检验电网在当前运行方式下，发生某种故障能否保持安全稳定运行、是否会影响有关设备工作、是否会触发马达低压保护引起电动机脱扣、是否会危害某些生产工艺。整个企业电网暂态稳定分析的流程如图13.5－5所示。

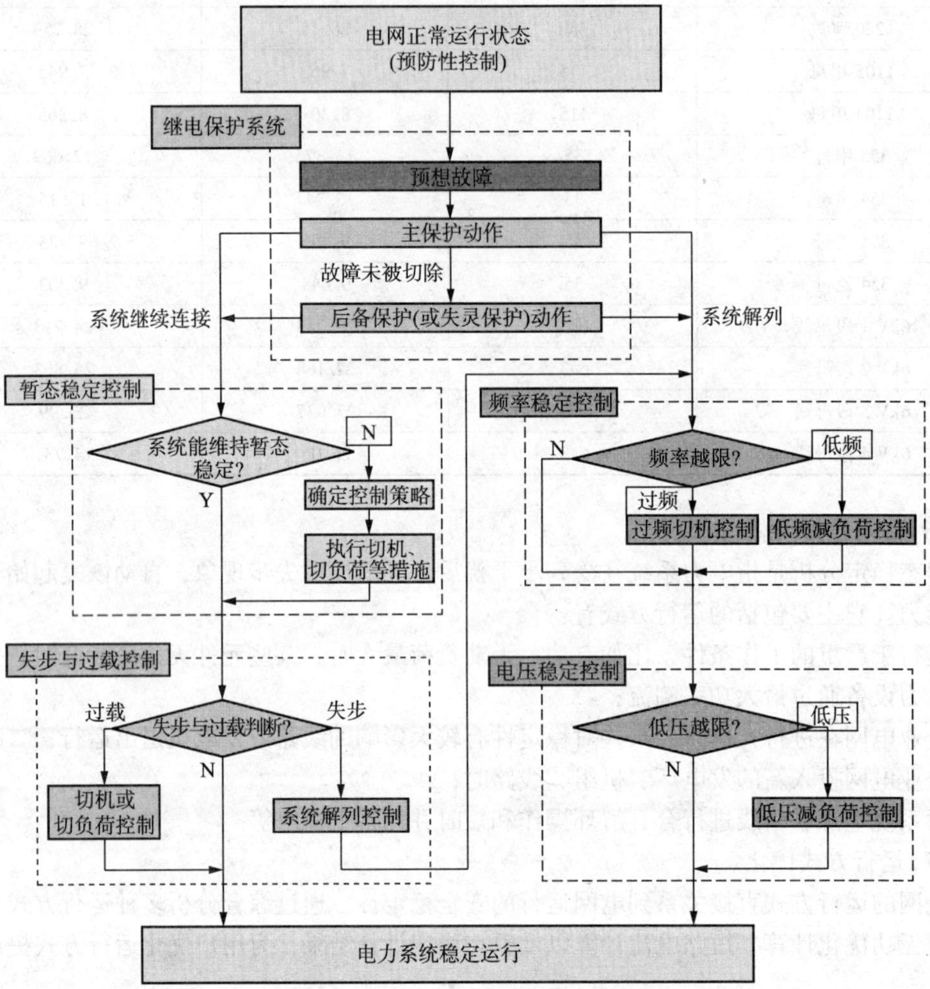

图13.5－5　企业电网暂态稳定分析的流程图

炼化企业电网故障形式可以分为内部电网故障和外部电网故障两种。通过对指定故障情况下的暂态稳定计算，对炼化企业内电网的功角稳定、频率稳定和电压稳定等问题进行研究，分析电网失稳诱发因素，有助于加深对电网的了解，制定防止电网崩溃的有效措施。

常见的提高系统稳定性的措施包括切除发电机、切负荷、解列联络线(系统解列)等手段，汽轮机快控汽门电气制动、动态电阻制动等手段也在一些情况下使用。结合这些控制措施，以及《电力系统安全稳定导致》中对我国电力系统承受大扰动能力的三级标准的规定，一般将电网可能遇到的扰动设置三道防线：

第一道防线：由性能良好的继电保护装置构成，确保快速、正确地切除电力系统的故障元件，防止系统失去稳定；

第二道防线：由电力系统安全稳定控制系统及切机、切负荷等稳定控制措施构成，对预先考虑到的存在稳定问题的故障(事故)进行检测、判断和实施控制，防止系统失去稳定(包括热稳定)；

第三道防线：由失步解列、频率及电压紧急控制装置构成，当电力系统发生失步振荡、频率异常、电压异常等事故时，采取解列、切负荷、切机等控制等措施，防止系统崩溃，避免出现大面积停电。

第三道防线一般不针对特定的运行方式与故障形态，宜分散、就地配置。

预想故障扫描：预想故障扫描是指对所分析研究电网按照不同分区、不同的运行方式下，确定故障的位置(发电机出线短路故障、发电机失磁故障、线路短路故障、变压器短路故障、外部联络线短路故障)，以及一些组合故障，然后对这些故障进行暂态稳定仿真计算，按照相关标准和规则迅速判定电网在该故障下是否能安全稳定运行，查找影响电网安全稳定运行的潜在故障类型，提出相应的稳控措施，形成控制策略表。

这里以图 13.5－6 中炼化企业电网为例，取几种典型故障进行说明分析。

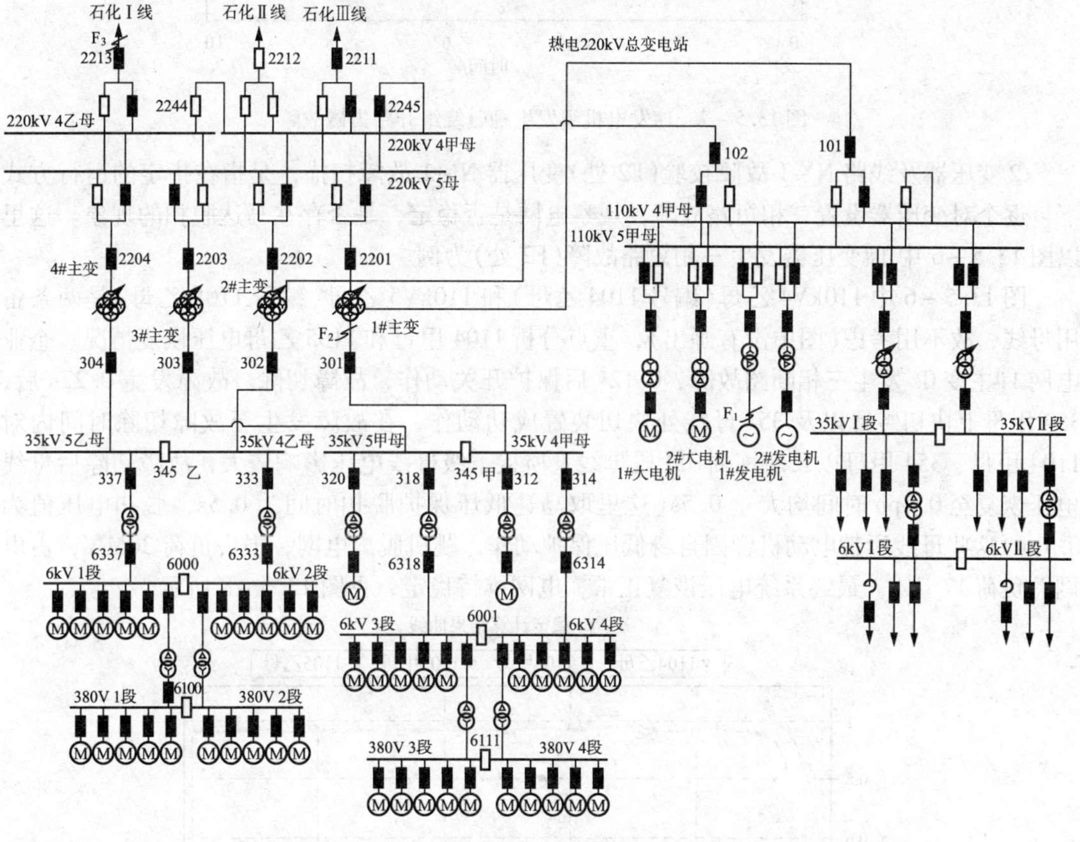

图 13.5－6　炼化企业电网故障位置示意图

①1#发电机出口短路故障(F1 处)。

在当前全开机方式下，炼化企业电网内部 1#发电机组发生励磁绕组开路失磁故障后(F1 处)，发电机功角相对主网发送振荡，导致炼化企业电网系统频率、电压发生振荡，如图 13.5－7 所示。当在 4s(200 个周波)后切除发送失磁故障的发电机，系统恢复稳定。在故障期间持续期间，1104 甲母(编号 1104 甲母)电压波动较大，最低跌落至 0.68pu，系统最终恢复后电压有所跌落，1104 甲母电压维持在 108kV 左右。

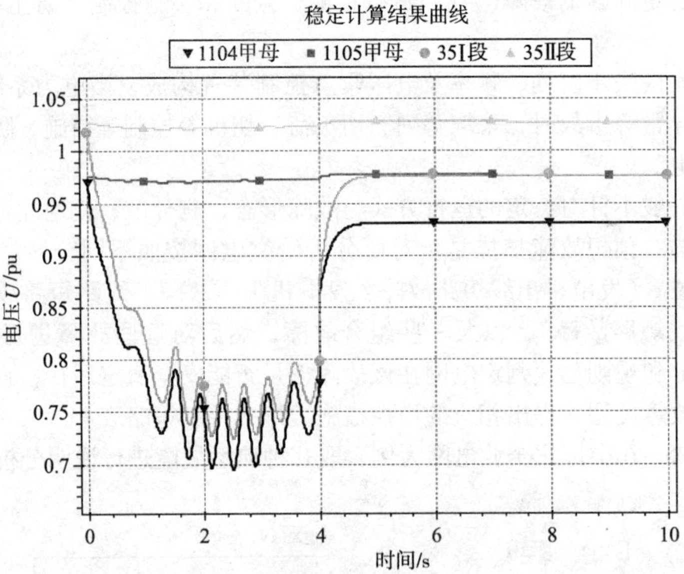

图 13.5-7　1#发电机组发生励磁绕组开路失磁故障

②变压器及线路 N-1 故障校验(F2 处)变压器 N-1 故障扫描，是指在指定的运行方式下，逐个对变压器设置三相短路故障，观察电网是否稳定，是否存在马达脱扣的现象。这里以图 13.5-6 中 1#变压器发生三相短路故障(F2 处)为例。

图 13.5-6 中 110kV4 乙母(编号 1104 乙母)和 110kV5 乙母(编号 1105 乙母)是两条备用母线，故不用考虑(图中没有画出)，重点分析 1104 甲母和 1105 乙母电压恢复情况。企业电网 1#主变 0s 发生三相断路故障，0.12s 后保护开关动作，故障切除。故障发生 0.22s 后，354 甲母上快切装置以及 35I 母线处快切装置成功动作，在故障发生至故障切除时间内对 1104 甲母、354 甲母以及新炼油 35I 段母线及所接下级母线电压影响较大，故障切除后母线电压恢复至 0.7pu 时间均大于 0.5s(这里取马达低压保护脱扣时间为 0.5s，脱扣电压值为 0.7pu)这些母线所带电动机皆因自身低压保护动作，跳机脱离电网，损失负荷 30MW，占电网总负荷 17.7%。最终系统电压恢复正常，电网维持稳定，见图 13.5-8 所示。

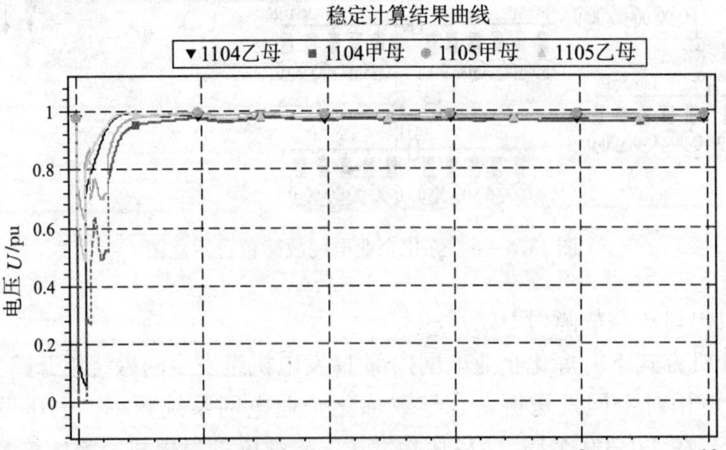

图 13.5-8　1#变压器三相短路故障电压输出曲线

③企业电网外部故障(F3处)。对于炼化企业电网而言，虽然内部具有一定容量的自备发电机组，但是由于其自身容量、调速和励磁的限制，特别是采取"热电联产方式"时，以汽定电的约束条件，使得企业内部发电机调节电网特性较差，维持电网稳定运行的水平不高，所以保证外部电源联络线就尤为重要。外部电网的一些重要事故，可能将对企业电网造成一定的影响。

如上所述，图中的炼化企业电网为三电源配置。正常运行时，采用双电源分裂运行方式，石化Ⅰ线和石化Ⅱ线并列运行。这里设置石化Ⅰ线(F3处)发生三相短路故障，观察在此过程中电网的稳定水平，故障后电压变化曲线如图13.5－9、图13.5－10所示。

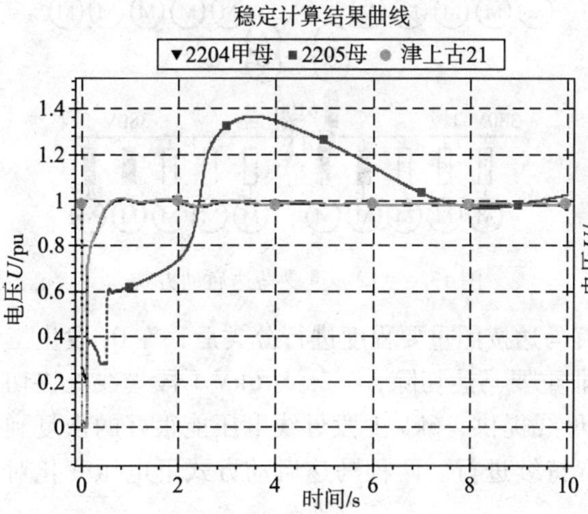

图13.5－9　石化Ⅰ线（无快切）三相短路

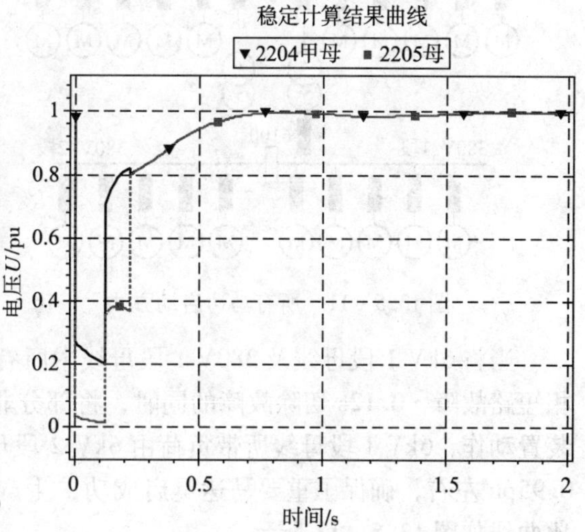

图13.5－10　石化Ⅰ线(加快切)三相短路

在0s时石化Ⅰ线发生三相短路故障，0.12s故障切除。在此过程中220kV5母(编号2205母)电压发生大幅暂降，所以对所接变电站母线均产生很大影响。2205母电压经过1.6s后恢复至0.7pu以上，大约需要8s恢复电压正常。在没有快切装置配合前提下，整个故障过程将引起马达脱扣损失负荷达65MW，约占电网负荷43.4%。当在220kV配有快切装置时，在故障发生0.22s后，快切动作，2205母切装置投至220kV4甲母(编号2204甲母)上，2205母线电压恢复情况较好，0.38s左右电压恢复到0.8pu以上。整个过程中电动机保护不动作，没有损失负荷。

马达自启动策略制定及分析：结合上述预想故障扫描过程，观察电压波动等因素可能对部分电动机造成的不利影响，分析炼化企业电网内电动机有功功率、无功功率及端口电压的恢复情况。当电动机组再启动电压水平不能满足要求时，根据炼化工艺生产要求，确定炼化企业电力负荷重要性排序方案，制定出可能的电动机群起策略，保证重要马达负荷可靠启动。充分验证群起策略在不同运行方式下对电网安全稳定运行的影响。研究自动切换装置与电动机再起动要求之间的配合问题，根据电动机再起动要求，研究快切装置、备自投装置以及低频减载装置的动作时限及其相互配合关系。

如图13.5－11、图13.5－12所示，企业电网0s在F5处发生三相短路故障，在0.12s时保护开关打开，337开关以及6337开关动作。此时6kV 1段母线以及所接的380V 1段母线及所带的马达均失电，马达在此过程中由电动机转为发电机工作状态，有部分反电势。当0.2s左右时，6kV 1段母线处快切装置动作，6kV 2段母线电源进线同时给两端母线供电。

在此过程中电压迅速回升，但母线电压基本维持在0.6pu，持续达0.5s后，6kV 1段母线所带大部分马达(约12MW)由低压保护脱扣而脱离电网，最终6kV 1段母线电压恢复稳定。

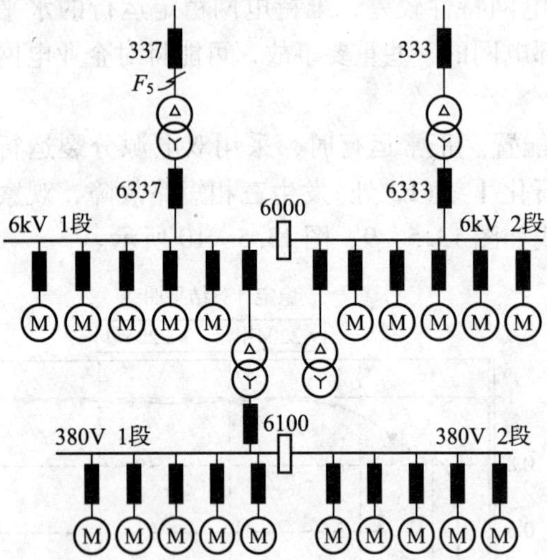

图13.5－11　所有马达启动方式

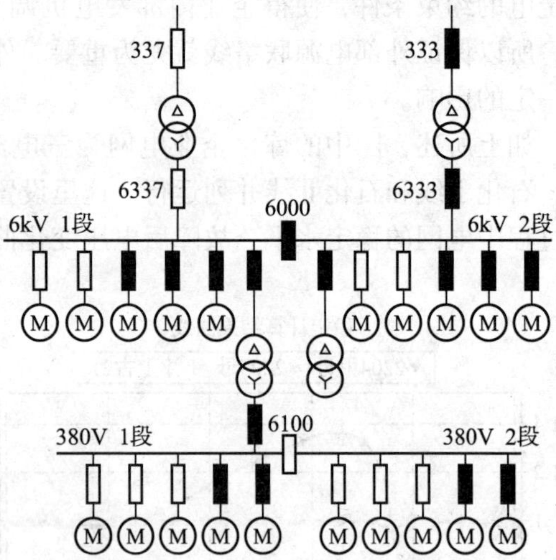

图13.5－12　重要马达启动方式

当将6kV 1段母线及380V 1段母线中所有马达按照重要程度进行分类后，在0s发生三相短路故障，0.12s切除故障的同时，将部分非重要马达切除，0.2s时6kV 1段母线处快切装置动作，6kV 1段母线所带负荷由6kV 2段母线提供，6kV 1段母线电压能很好的恢复到0.95pu左右，确保了重要马达重启成功，生产持续进行。两种马达启动方式下电压变化对比曲线如图13.5－13所示。

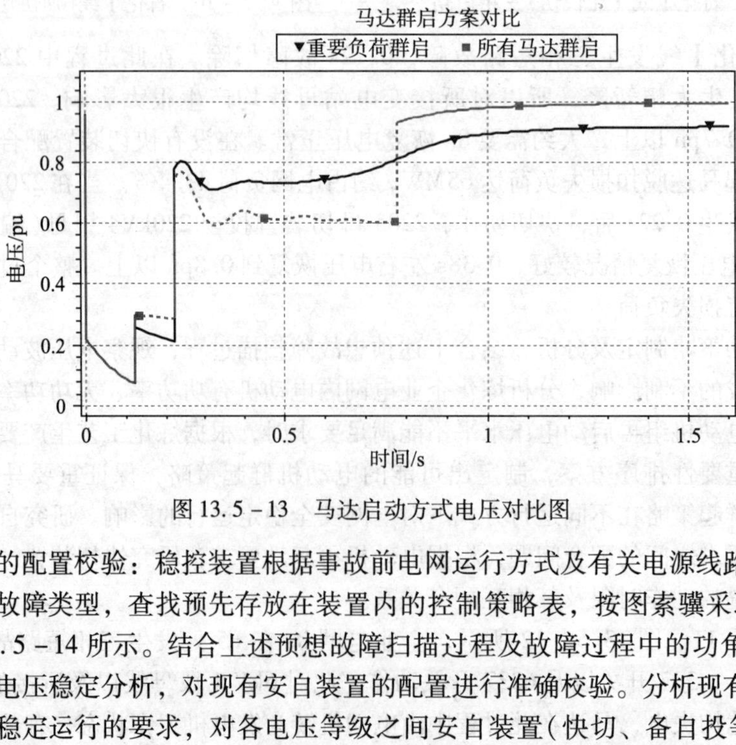

图13.5－13　马达启动方式电压对比图

安自装置的配置校验：稳控装置根据事故前电网运行方式及有关电源线路的功率、发生故障的元件及故障类型，查找预先存放在装置内的控制策略表，按图索骥采取相应的措施，具体过程图13.5－14所示。结合上述预想故障扫描过程及故障过程中的功角稳定分析、频率稳定分析和电压稳定分析，对现有安自装置的配置进行准确校验。分析现有配置方案是否满足企业电网稳定运行的要求，对各电压等级之间安自装置(快切、备自投等)的整定值进行优化调整，根据相关分析按照合理的分层分区原则设置安全自动装置。

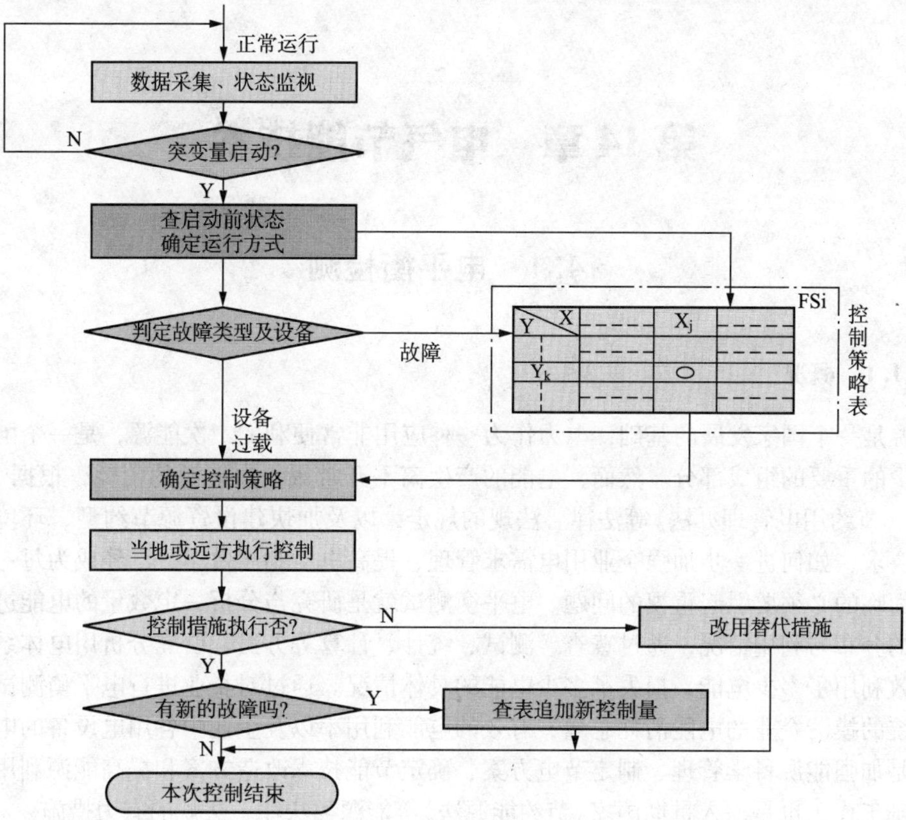

图 13.5－14　稳控装置工作示意图

(10)继电保护配置合理性校验

首先需要在数据建模过程中参照现有的保护配置及定值单，设定各元件的保护配置。接着结合预想故障模拟、短路分析，查看设备的动作序列，分析并判断现有的继电保护配置方案及定值是否合理，分析可能会出现继电保护误动的情况，引起越级跳闸，造成停电范围扩大，导致事故范围扩大。

(11)“晃电”事故分析

这里需要认识到炼化企业电网“晃电”原因的复杂性和多样性(电网负荷的瞬间波动、对地短路故障、重合闸动作、备自投、快切动作等)。分别从不同的事故原因出发，加以模拟，观察电压变化曲线，重点考察电动机保护动作情况，以此为依据提出相应的稳压措施。具体的措施包括：各电压等级的快切装置配合、低电压保护合理配置、低压自保持配置、选择重要马达优先启动策略、合理选择配置马达启动时间、预先的稳定措施、相应的动作策略等，必要时可以考虑动态无功补偿策略。

(12)孤岛运行策略

评估企业电网因各种原因孤岛运行时的安全稳定特性和损失负荷的风险，提出保证孤岛情况下企业电网安全的控制措施。明确炼化企业电网外部电网运行方式及联络线传输功率的要求，模拟可能出现的各类孤岛运行情况，建立孤岛运行动态特性研究模型；分析孤网形成时网内频率和电网的变化特性，给出相应的安全稳定措施，提出低频减载、低压减载和高周切机等第三道防线措施的配置方案；分析孤岛运行过程中机组自平衡能力，验证超速控制策略配置的合理性，明确甩负荷的数量和地点以及设置解列点的位置；结合现有企业电网的配置，指出企业电网现有配置的不足，提出改进措施。

第 14 章　电气节能技术

14.1　电平衡检测

14.1.1　概况

能源是一个国家发展的基础，电力作为一种应用非常便利的二次能源，是一个国家发展必不可少的重要的组成部分。然而，电能的产生离不开常规一次能源的消耗，根据《节约能源法》、《节约用电管理办法》等法律、法规的规定，以及加快建设资源节约型、环境友好型社会的要求，如何进一步加强企业用电需求管理、提高电能利用效率，已经成为每一个用电企业所面临的必须要引起重视的问题。电平衡测试就是研究与分析一定数量的电能进入用电体系后的分布与利用情况，通过普查、测试、统计、计算等方法，研究分析用电体系的各个环节有效利用了多少电能，损失了多少电能的具体情况。通过对企业进行电平衡测试，能够全面系统的摸清企业的电能消耗总量、有效的电能利用率以及企业中各用电设备的电能损耗情况，是加强能源科学管理、制定节电方案、确定节能技术改造方案和提高能源利用率的重要的基础工作，也是深入贯彻国家《节约能源法》等能源类法律、法规的有力措施。

14.1.2　电平衡测试的基本概念及原则

根据 GB/T 8222—2008《用电设备电能平衡通则》的规定，用电设备电能平衡是企业能量平衡的组成部分，电能平衡是对供给电量在用电系统内的输送、转换、利用进行考核、测量、分析和研究，并建立供给电量、有效电量和损失电量之间平衡关系的全过程。从这个定义可以看出，所谓电平衡，就是要研究分析一个企业在供给电能一定的条件下，企业对电能的输送、利用、损耗的具体情况。其基本方法有两种：正平衡法和反平衡法。

正平衡是从能量有效利用方面来考察分析，又称直接平衡法，即运用测试和计算方法直接求得用电体系的输入有功电量和有效利用电量，而体系损失的有功电量为二者之差；反平衡是从能量损失方面考察分析，又称间接平衡法，即运用测试和计算方法直接求得用电体系的输入有功电量和体系损失的各项有功电量，而体系有效利用电量为二者之差。测试计算能指出能量利用中的问题和测试时的水平，统计计算能反映统计期内的实际情况与平均水平。二者结合能全面地真实地反映企业用能的情况。

根据能量守恒定律，企业的供给电量应该等于消耗电量与所有损耗之和。由于无功功率只反映用电设备和电源之间的能量交换，并没有实际消耗电量，因此在进行电平衡测试时，只需要考虑有功电量。企业的电平衡关系可用式(14－1)来表示：

$$W_G = W_Y + W_S \tag{14-1}$$

式中　W_G——总供给电量，包括购入电量和自发电量；

W_Y——有效利用电量；

W_S——损耗，包括线路损耗、变压器损耗、各用电设备损耗等。

以上所有电量单位均为 kW·h。上述关系也可以用图 14.1－1 所示的模型表示：

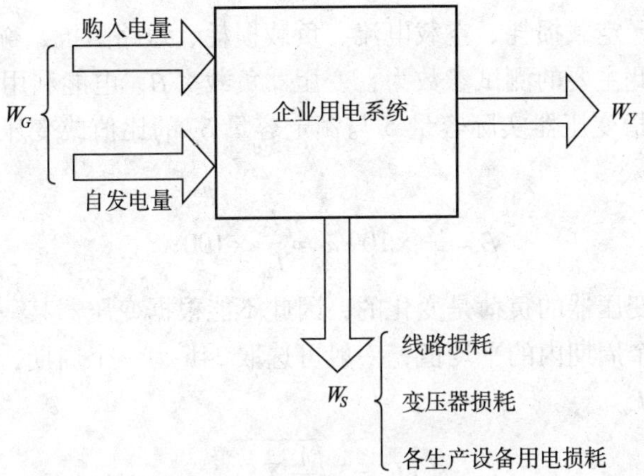

图 14.1－1　电平衡模型

14.1.3　电平衡测试程序和基本方法

企业电平衡是以单体设备为基础的电能平衡，因此测量前必须要掌握企业所有的用电设备和输配变电装置。不仅要计算单体设备的用电效率、负载率等，还要计算企业用电体系的总(平均)效率，不仅要知道设备的瞬时效率，更需要进行长时间的连续计量统计，计算整个用电时段的平均运行效率。在测试中，应该进行为期 72h 的全厂用电功率分布潮流测试，通过测试计算出变压器效率、供电线路效率、用电设备效率、全厂电能总利用率、单位产品电耗、万元产值电耗、损耗电量等，绘出全厂用电能流图、电平衡表等。电能平衡测试必须是在设备正常运行情况下进行，而不是理想状态下的用电效率，只有这样，才能客观反映出企业的实际用电情况，才具有实际意义。企业电平衡测试大体上可以分三个步骤进行：即测试准备、测试和计算整理、出具测试报告。

测试准备阶段的主要工作是调查研究和制定有针对性的具体测试方案。测试人员在进行电平衡测试之前要对受测企业的各供配电系统及设备进行详细的调查。其主要内容是弄清供配电系统的流向、每条线路的线径、线长、线型、线材等技术参数，同时要调查清楚供配电系统的计量情况，绘制完整的系统网络图。设备调查的内容是企业全部用电设备的数量、规格型号、性能、容量、运行台时、运行负荷率等，要建立完整的设备台账。

根据电平衡测试导则的规定，按照两个 75% 的原则(即测试设备的年耗电量占全企业年耗电量的 75% 以上，测试设备的台帐占企业设备总台数的 75% 以上)以及同型号设备测试几台代表设备的原则确定被测设备的实际数量，同时制定各台设备的测试方案、测试计划，并选择适用的仪器、仪表，选定企业代表日。

在准备工作完毕后，选择近于实际工况(年均工况)的工况对设备逐台进行现场测试，记录各种原始数据。代表日测试连续进行 24h，每小时对所有计量电表作一次同步记录。在测试结束后整理各种原始数据按电平衡计算要求进行计算，求出设备的电能利用率及系统的线、变损，绘制平衡表，出具全企业及设备的测试报告和整改报告。一般企业电平衡测试的对象，主要包括以下几类：企业配电系统(包括变压器)、电动机、风机泵类系统、制冷空调系统、压缩机系统、照明及电加热系统等。

14.1.3.1 用电系统电平衡

1. 变压器

对于变压器来说，空载损耗、空载电流、负载损耗、短路阻抗、额定电流等参数可查阅厂家的检验报告，因此主要的测试参数为：变压器负载率β、电能利用率η。

变压器负载率是指变压器实际容量S与额定容量S_e的比值或变压器二次侧电流实际值I_2与额定值I_{2e}的比值。

$$\beta = \frac{S}{S_e} \times 100\% = \frac{I_2}{I_{2e}} \times 100\% \tag{14-2}$$

由于在运行中，变压器的负荷是变化的，因此不能根据变压器某一瞬间的负荷来计算负荷率，必须考虑在一个周期内的平均值，一般可选取24h为一个周期，求取在这个周期内二次侧电流的均方根值I_{ck}。

$$\begin{cases} I_{ck} = \sqrt{\dfrac{1}{n}\sum\limits_{i=1}^{n} I_{2i}^2} \\ \beta = \dfrac{I_{ck}}{I_{2e}} \times 100\% \end{cases} \tag{14-3}$$

若测量的是变压器输出的有功功率P_2，一般以24h为一个周期，则有：

$$\eta = \frac{\bar{P}_2}{\bar{P}_2 + \Delta P_B} \tag{14-4}$$

$$\bar{P}_2 = \frac{1}{24}\int_0^{24} P_2 \mathrm{d}t = \frac{1}{n}\sum_{i=1}^{n} P_{2i} \tag{14-5}$$

式中 ΔP_B——变压器空载时的有功损耗；

$\bar{P}_2$——变压器输出有功功率的平均值。

2. 配电线路

正常情况下，配电线路的电能利用率都是采用反平衡法来测算，但是如果不知道配电网导线的参数，则可使用以下方法来确定导线的电阻和电抗。

当电压损失较大且中间无分支时，线路电阻电抗可由式(14-6)确定：

$$\begin{cases} \Delta U_i = \left(\dfrac{U_{1i}}{\sqrt{3}}\cos\varphi_{1i} - \dfrac{U_{2i}}{\sqrt{3}}\cos\varphi_{2i}\right) + j\left(\dfrac{U_{1i}}{\sqrt{3}}\sin\varphi_{1i} - \dfrac{U_{2i}}{\sqrt{3}}\sin\varphi_{2i}\right) \\ \quad = \Delta U_{Ri} + j\Delta U_{Xi} \\ X = \dfrac{\Delta U_{Xi}}{I_{CK}} \end{cases} \tag{14-6}$$

式中，U_{1i}、$\cos\varphi_{1i}$为被测线路首端的线电压与功率因数；U_{2i}、$\cos\varphi_{2i}$为被测线路末端的线电压与功率因数；ΔU_i为线路相电压降；ΔU_{Ri}为线路每项电阻压降；ΔU_{Xi}为线路每相电抗压降；X为线路电抗。

当负荷比较平稳且中间无分支时，可以通过实测功率法来确定线路参数，设被测电路首端和末端的有功功率分别为P_{1i}、P_{2i}，则线路的电阻R可由式(14-7)计算：

$$R = \frac{\Delta P_i}{3I_{ck}^2} = \frac{P_{1i} - P_{2i}}{3I_{ck}^2} \tag{14-7}$$

在已知线路电阻和电抗的情况下，则可以通过式(14-8)方便地计算出线路损耗。

$$\Delta W = 3 \times I_{ck}^2 \mathrm{Rt} \tag{14-8}$$

式中　I_{ck}——测试周期内的均方根电流；

t——测试时间；

计算期内每一个点的电流值，I_{ck}。

企业配电网的总网损可由式(14－9)计算：

$$\alpha = \frac{\sum_{1}^{n_1} \Delta W_S + \sum_{1}^{n_2} \Delta W_X}{W_G} \times 100\% \qquad (14-9)$$

式中　α——企业配电网总网损；

ΔW_S——第 i 台变压器的损耗；

ΔW_X——第 i 条线路的损耗；

n_1——变压器总台数；

n_2——所有配电支路数。

14.1.3.2 三相异步电动机

异步电动机电平衡测试的方法有两种：一种是损耗分析法，另一种为直接。由于直接法在实际测量中所遇到的困难很多，因此现场应用中经常使用损耗分析法。损耗分析法是通过异步电动机的空载和负载实验，求出电机的各项损耗，再利用能量平衡关系，求出电机的输出功率。

运行中的异步电机的损耗可分为两部分；第一部分为不变损耗，即电机铁耗和机械损耗之和；第二部分为可变损耗，为电机的定、转子铜耗和附加损耗。在忽略机械损耗的情况下，电机铁耗基本等于空载损耗 P_0，可以通过电机空载实验获得；电机的可变损耗可以通过负载实验来获得，所以电机的总损耗可表示为：

$$\Delta P = P_{Fe} + P_{Cu} + P_{ad} \qquad (14-10)$$

式中，电机铁损 $P_{Fe} \approx P_0$；

电机铜损与负载有关，可近似表示为 $P_{Cu} = \left(\frac{I}{I_N}\right)^2 \cdot P_K$，$P_K$ 为短路损耗；

P_{ad}为附加损耗，可结合电机级数查表计算求出。

由此就可以求出电机输出功率：

$$P_2 = P_1 - \Delta P \qquad (14-11)$$

电机电能利用率为：

$$\eta = \frac{P_2}{P_1} \times 100\% = \left(1 - \frac{\Delta P}{P_1}\right) \times 100\% \qquad (14-12)$$

在企业的电能平衡测试中，由于条件限制，有些参数并不能详细测量出，因此可采用下面的简易方法近似计算电机的输出功率：

$$\beta = \sqrt{\frac{I^2 - I_0^2}{I_N^2 - I_0^2}} \times 100\% \qquad (14-13)$$

式中　β——负载率；

I_N——电机的额定电流。

进而可以计算出输出功率：

$$P_2 = P_N \cdot \beta \qquad (14-14)$$

则电机电能利用率可由式(14－12)计算。

14.1.3.3　风机泵类

1. 泵类系统电能平衡测试

根据 GB/T 13468—92《泵类系统电能平衡的测试与计算方法》规定，泵类系统的电能平衡测试，必须要在泵系统正常运行工况下进行，测试时间选择和测算数值的取值应具有平均值的代表性。对于变负荷运行的泵系统，应在负荷变化的周期内，选择相对稳定的 3～5 个工况点(包括最大负荷和最小负荷运行工况点)作为测量的基准工况点，并且测量的周期时间不应小于负荷循环变化三个周期，并取其平均值。泵机组电平衡测试的具体内容主要包括以下几项：

泵系统输入电量和有功功率；

电动机输出能量、功率和运行效率；

机械传动和调速装置的能量损耗和传动效率；

泵输入能量和功率；

机组运行效率、电能利用率。

其中，电机系统的测试如 14.1.2.2 节所述，机械传动机构的传动效率可按表 14.1－1 查取(一般取最大值)。如果电机调速系统为交流电气调速装置(例如变频器)，可采用铁磁式活整流式仪表分别测量调速装置的入端与出端有功功率，计算方法如式(14－15)：

$$\eta_T = \frac{P_{SCT}}{P_{SRT}} \times 100\% \tag{14-15}$$

式中　η_T——变频调速装置运行效率；

P_{SRT}——变频调速装置输入功率，kW；

P_{SCT}——变频调速装置输出功率，kW。

表 14.1－1　传动机构的传动效率参数表

传动形式	泵机同轴直联	联轴器传动	胶带传动		机械变速装置传动
			V 带	普通皮带	
传动效率/%	100	99～99.5	96～97	93～97	产品样本提供

泵有效功率可由下式计算：

$$P_{YB} = \rho g Q H \times 10^{-3}$$

式中　Q——泵输出液体的体积流量，m^3/s；

H——泵扬程，m；

ρ——液体密度，kg/m^3；

g——重力加速度(根据当地情况选取)，m/s^2。

在考虑电机效率、传动系统效率和调速装置效率的情况下，泵的输入功率可由下式得到：

$$P_{SRB} = P_{SRD}\eta_C\eta_T\eta_D \tag{14-16}$$

式中　η_C——机械传动系统效率，%；

η_T——电气调速装置效率，%；

η_D——电动机效率，%；

P_{SRD}——电机输入功率，kW。

由于在现场实际测试中，不能准确测得电动机的输出功率，因此在现场测量中，只能对泵机组整体的运行效率进行测试，可由式(14－17)计算：

$$\eta_J = \frac{P_{YB}}{P_{SRD}} \tag{14-17}$$

式中 η_J——泵机组效率，%。

对于并联运行的泵机组，效率可由式(14－18)计算：

$$\eta_J = \frac{\sum_{i=1}^{n} P_{YBi}}{\sum_{i=1}^{n} P_{SRi}} \times 100\% \tag{14-18}$$

式中 P_{YBi}——第 i 台泵的输出功率，kW；

P_{SRDi}——第 i 台泵对应电机的输入功率，kW。

因此泵机组的电能利用率可由式(14－19)计算；

$$H_J = \frac{W_{YB}}{W_{SRD}} \times 100\% \tag{14-19}$$

式中 H_J——泵机组的电能利用率，%；

W_{YB}——泵在电能平衡测算周期内总有效能量，kW·h；

W_{SRD}——泵机组电机在平衡测算周期内总有效能量，kW·h。

2. 风机系统

与泵系统相同，风机系统的有效电功率随着风机工况的变化而变化，因此在电能平衡测试中，各项要求与泵系统电能平衡测试相同，要测试在代表时间段内的平均效率。风机的有效功率可由式(14－20)计算：

$$N_e = P \cdot Q \tag{14-20}$$

式中 N_e——风机的有效功率，kW；

P——风机的全压，Pa；

Q——风机的体积流量，m^3/s。

风机的全压为单位体积的气体经过风机后能量的增加值，可由式(14－21)计算：

$$P = P_o - P_i \tag{14-21}$$

式中 P_o——风机出口压力；

P_i——风机入口压力。

在现场测量中，电动机的输出功率可按14.1.2.2节中的方法近似得到，但由于电机输出功率计算值不太准确，因此用风机机组整体效率 η 衡量风机机组的电能利用率更为合理，可由式(14－22)计算：

$$\eta = \frac{W_{YF}}{W_{SRD}} \times 100\% = \frac{N_e}{N} \times 100\% \tag{14-22}$$

式中 W_{YF}——风机在电能平衡测算周期内总有效能量，kW·h；

W_{SRD}——风机组电机在平衡测算周期内总有效能量，kW·h；

N——风机输入电功率，kW。

3. 空气压缩机系统

根据GB 3853及GB/T 15487—95《容积式压缩机流量测量方法》中的规定，空气压缩机的电平衡测试方法如下，其中空气压缩机系统中电机与传动环节的效率的计算方法，与14.1.2.3中相同，空压机运行效率可由式(14－23)确定：

$$\eta_k = \frac{P_{YK}}{P_{ZK}} \times 100\% \tag{14-23}$$

式中 η_k——空压机效率；

P_{YK}——空压机有效功率；

P_{ZK}——空压机输入功率，可由 14.1.2.3 节中的方法计算。

对于风冷式空压机，有效功率可由式(14－24)计算：

$$P_{YK} = P_{ad} = 0.167 P_{J1} Q_{VP} N \frac{k}{k-1}\left[\left(\frac{P_{pd}}{P_{J1}}\right)^{\frac{k-1}{Nk}} - 1\right] \tag{14-24}$$

式中 P_{ad}——空压机按绝热压缩过程计算的理论循环消耗功率；

P_{J1}——空压机一级吸气压力；

P_{pd}——空压机末级排气压力；

Q_{VP}——空压机容积流量(末级排气端)；

N——空压机级数；

k——绝热指数。

水冷式空压机的有效功率按式(14－25)计算：

$$P_{YK} = 0.167 P_{J1} Q_{VP} \ln \frac{P_{pd}}{P_{J1}} \tag{14-25}$$

所以空压机组的运行效率为：

$$\eta_{ZK} = \frac{P_{YK}}{P_{ZJD}} \times 100\% \tag{14-26}$$

式中 P_{ZJD}——空压机组电机输入功率。

空压机组的电能利用率为：

$$H_K = \frac{W_{YK}}{W_{GK}} \times 100\% \tag{14-27}$$

式中 W_{GK}——空压机组供给电量，kW·h；

W_{YK}——空压机组有效电量，kW·h。

对于风冷式空压机组有效电量可按式 14－28 计算：

$$W_{YK} = 0.167 P_{J1} Q_{VB} N \frac{k}{k-1}\left[\left(\frac{P_{PB}}{P_{J1}}\right)^{\frac{k-1}{Nk}} - 1\right]\tau \tag{14-28}$$

式中 Q_{VB}——系统实际容积流量；

P_{PB}——系统排气压力；

τ——系统测试周期的累计时间值。

对于水冷式空压机系统有效电量可按式(14－29)计算：

$$W_{YK} = 0.167 P_{J1} Q_{VB}\left(\ln \frac{P_{PB}}{P_{J1}}\right)\tau \tag{14-29}$$

对于大型企业来说，电平衡测试是一个复杂的问题，受生产要求和测量条件的制约，很多参数都不能得到准确的计量，除了以上几节介绍的主要用电设备外，还应包括企业的照明系统和制冷空调系统，对于这些难以计算损耗的系统，最方便的方法就是计算在测试时间内消耗的总有功电量，分析这些设备使用的有功电量在总用电量中所占的比例，并与其他耗电设备进行对比，确定企业用电的主要设备以及以后进行节能改造的重点，做到有的放矢，只有这样才能达到企业节能降耗的目的。

4. 主要测试仪器(见表 14.1－2)

表 14.1－2　主要测试仪器

仪器名称	规格型号	主要测量参数
钳形电力计	3169－21	电压，电流，有功/无功/视在功率，功率因数等
钳型电力谐波分析仪	3286	电压，电流，有功/无功/视在功率，功率因数等
秒表	JS－306	时间
超声波流量计	PDF－H	液体流量
功率分析仪	3390	变频器效率，变频器损耗等

14.2　PMD 永磁调速技术

14.2.1　概述

当前大部分的风机/水泵系统、尤其是一些中高压大功率设备，绝大部分时间都不是满负荷运行，设备运行的自动化程度较低，存在着相当大的容量富裕和能量浪费，设备和系统运行中存在着诸多问题:

①流量通过节流阀门或挡板调节，节流损失大，效率低;

②设备与电机、机械硬联结:振动相互传递，相互影响，振动大;

③电机带载启动，启动电流大，时间长，对电网冲击大;

④阀门或挡板磨损变形严重，导致系统故障率高，维护成本高。

⑤亟待更完善的调速设备来实现系统的调速节能且避免不必要的副作用。

永磁调速技术(PMD)是近年来国际上开发的一项突破性新技术，是专门针对风机、泵类离心负载调速节能的适用技术。它具有高效节能、高可靠性、低故障率、无刚性连接传递扭矩、可在恶劣环境下应用、极大地减少整体系统振动、减少系统维护和延长设备使用寿命等特点。尤其是其不产生高次谐波且低速下不造成电机发热的优良调速特性更使其成为风机及泵类设备节能技术改造的优选之一。

14.2.2　永磁调速的构成及工作原理

14.2.2.1　永磁调速器

永磁调速器是透过气隙传递转矩的传动设备，电机与负载设备转轴之间无需机械连结，电机旋转时带动导磁盘在装有强力稀土磁铁的永磁盘所产生的强磁场中切割磁力线，因而在导磁盘中产生涡电流，该涡电流在导磁盘上产生感应磁场，形成磁转矩，拉动永磁盘产生与导磁盘及负载的相对运动，从而实现了电机与负载之间的转矩传输(见图 14.2－1)。

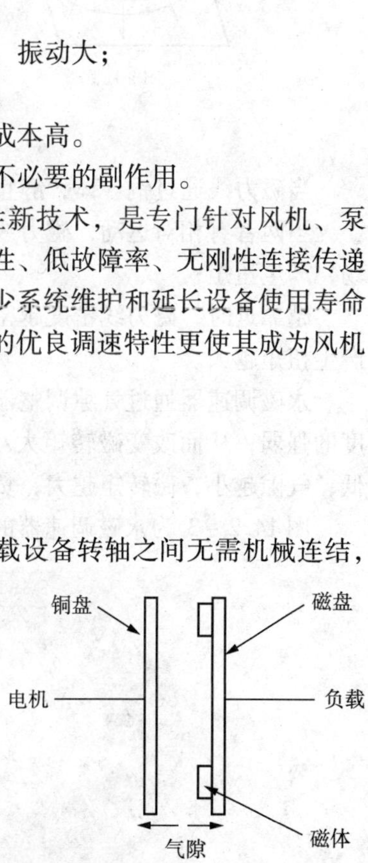

图 14.2－1　永磁调速器的构成示意

其基本构成如下:

1. 永磁转子

镶有永磁体(强力稀土磁铁)的铝盘，与负载轴连接。

2. 导磁转子

导磁体盘(铜或铝)，与电机轴连接。

3. 气隙调整器

调整磁盘与导磁盘之间气隙的机构。

永磁调速的工作原理基于愣次定律：当磁铁棒 N 极接近导体板时，在导体上会产生一个 N 极磁场来抵抗磁棒 N 极接近，在导体板上的磁场由一逆时针方向的感应电流(涡电流)所产生，如图 14.2－2(a)所示，此现象称为愣次定律。同理，当磁铁棒 N 极平行于导体方向板移动时，在导体板上会产生抵抗磁铁棒 N 极前进的磁场即产生两个磁场方向相反的磁场，在磁铁棒 N 极前进的前方产生 N 极磁场抵抗磁铁棒前进，在磁铁棒 N 极前进的后方产生 S 极磁场抵抗磁铁棒前进，如图 14.2－2(b)所示。而且当磁铁棒愈靠近导体板时，导体板上抵抗磁铁棒相对运动的力量愈大。

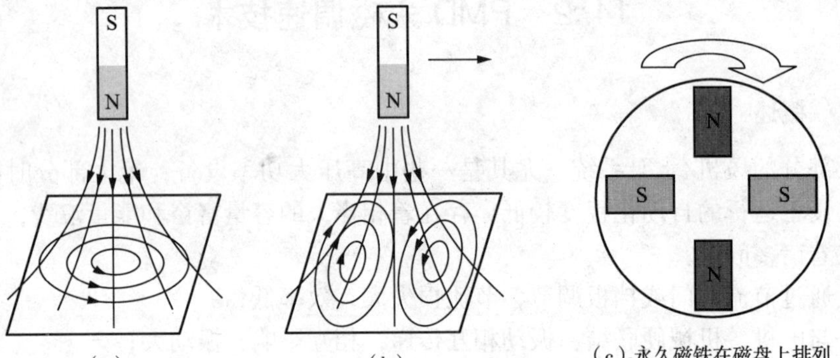

（a）　（b）　（c）永久磁铁在磁盘上排列

图 14.2－2　永磁调速器动作原理

当磁力线通过铜导体，静止时不会有作用；

当两者有相对运动，磁力线在导体中移动产生感应涡电流，进而在铜导体上产生感应磁场，产生扭矩；

越靠近时，磁力线密度越密集，感应效应越强，扭矩越大；相对运动越快，转差越大，产生扭矩越大。

永磁调速器通过气隙调整器改变永磁转子与导磁转子之间的气隙大小，即改变磁场耦合度的强弱，从而改变磁转矩大小及负载转速的高低。气隙越大，磁转矩越小，负载转速越低；气隙越小，磁转矩越大，负载转速越高。

图 14.2－3 为永磁调速器的实际构成，图 14.2－4 为其实物图。

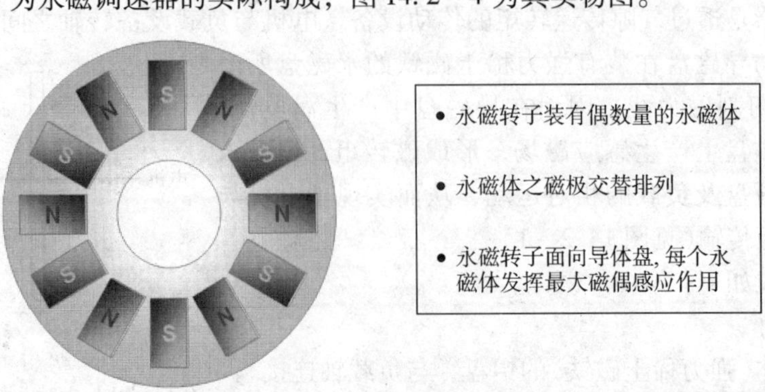

图 14.2－3　永磁调速器示意图

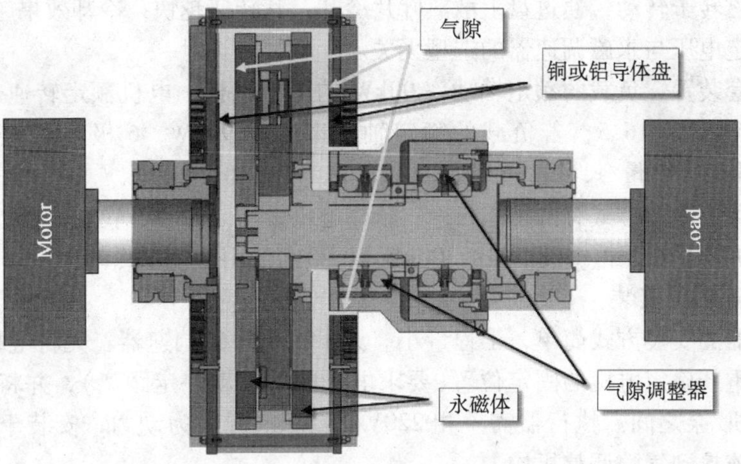

图 14.2－4　盘式永磁调速器的构成

14.2.2.2　永磁调速系统

永磁调速系统一般由永磁调速器、电机和负载（风机/泵）三个部分组成（见图 14.2－5），永磁调速器的导磁体和电机连接，永磁调速器的永磁体与负载连接，这两个转动体之间的空气间隙通过一个标准的执行器来进行调整。执行器的基本部件是一个伺服电机。通过执行器带动永磁调速器的气隙调整器来调节两个转体之间空气间隙的大小，实现负载扭矩和负载输出速度的控制。

永磁调速器可响应于过程信号，并与 DCS 系统相联系。压力、流量或其他过程控制信号被控制系统接收和处理，然后提供到执行器。该执行器调整永磁调速器的气隙，从而调整负载速度以满足控制要求：

图 14.2－5　永磁调整交流

流量/压力/温度传感器检测负载受控制量；

通过 DCS/PLC 将检测量进行 PID 调节，变成 4～20mA 信号驱动角度执行机构，推动 PMD 的气隙调节器动作；

人机界面用于客户设定负载输出量的界面；

整个控制系统为全自动，当自动系统故障时，可通过执行器手动调节气隙；

通过人机界面或 PLC 实现远程遥控；

直接由中央控制系统（DCS）进行远程遥控。

14.2.2.3　永磁调速器的选用

1. 选型参数

永磁调速器的关键选型参数有两个：所匹配的负载的额定轴功率及电机的额定转速。

负载的额定轴功率越高，电机的额定转速越低，所配永磁调速器的容量/尺寸越大。之所以与电机的额定转速密切相关，一方面是由于电机带动导磁转子切割永磁转子磁力线，其切割速度决定感应力矩的大小；另一方面是由于永磁调速器的损耗发热产生于导体盘上，依靠电机带动导磁转子转动，通过盘上散热叶片冷却，其转速越快，冷却效果越好。

电机的额定电压与永磁调速器的选型无关。

例如：一套装置，负载的额定轴功率 90kW 的 4 极电机，电机额定转速 1480r/min，选型(容量/尺寸)ASD－16.5；若负载的额定轴功率同样 90kW，6 极电机，电机额定转速 985r/min，则需较大容量/尺寸，选型 ASD－20.5。

永磁调速器的冷却方式有两种。自冷：依靠电机带动导磁转子转动，通过盘上散热叶片冷却；水冷：大容量/尺寸(4 极电机、300kW 以上)需使用循环水冷却。

2. 永磁调速器的安装

永磁调速器的安装方式简单，工程量小。为了安装永磁调速器，先将电机与风机/泵的联轴节拆开，重新确定电机的固定位置(要求电机向后移动一定距离)，并将永磁调速器安装于电机和风机/泵之间。执行器需单相 220V/150W 电源做为动力，安装于永磁调速器一侧，用连接杆连接到气隙调整机构上。

对于小容量/尺寸自冷型永磁调速器，仅要求电机向后移动 200～500mm 距离，基础改造量很小。对于大容量/尺寸水冷型永磁调速器，电机与风机/泵的轴端距离为 1.5m 或 1.9m，基础改造量相对大些。

3. 永磁调速系统的节能原理

(1)特性曲线节能分析(见图 14.2－6)

以离心风机负载为例。整个风机系统的效率＝电机效率×调节流量或转速或压力控制设备的效率×风机效率×输送管道的效率。在其他效率恒定的情况下，系统效率取决于调节流量或转速或压力控制设备的效率。由于风门挡板通过调节开度实现输出流量或压力的调节，电机和负载的转速并未发生变化。当阀门或风门挡板开度＜100%或调节器非直通型，流体经过阀门或风门挡板都会造成非常大的能量损失，同时在阀门或风门挡板两端产生很大的压差，特别是在风机的输出端的压力增高，使得风机的运转点偏离最佳效率点，因此，挡板开度减小时，电机输入功率不会显着减小，很多能量被浪费。

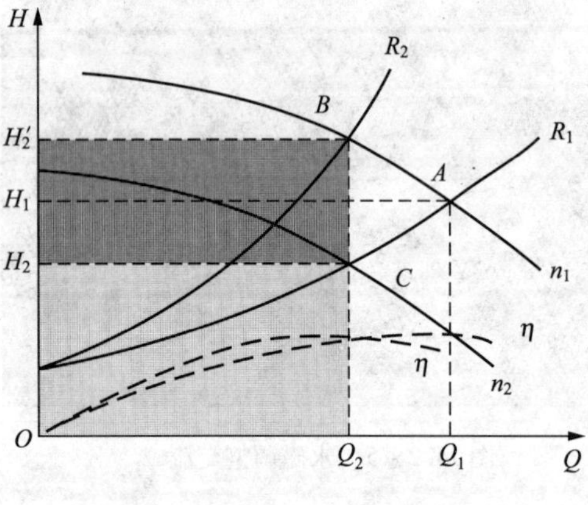

图 14.2－6　风机性能及管网特性曲线

n—风机性能曲线；R—管网特性曲线；

Q—流量；H—压头

风机在运行时，其工作点是风机 $H-Q$ 曲线与管网 $H-Q$ 曲线的交点。风机的正常工作点为 A，当风量需要从 Q_1 调到 Q_2 时，则采用挡板阀调节时，管网特性曲线由 R_1 改变为 R_2，其工作点 A 调至 B 点，其功率由 $OQ_1AH'_1$ 所围成的面积变为 OQ_2BH_2' 所围成的面积，其功率变化很小，而其效率却随之降低；采用调速调节时，可按需要调整电机转速，改变设备的性能曲线，图中 n_1 到 n_2，其工作点 A 调至 C 点，使其参数满足工艺要求，其功率为 OQ_2CH_2 所围成的面积，同时其效率曲线也随之平移，依然工作在高效区。

节能量 $\Delta P=(H_2'-H_2)\times Q_2$　　(14－30)

采用永磁调速器技术，可以取代原系统中控制流量和/或压力的风门挡板，在电机转速不变的情况下，通过调节气隙调节风机的转速。实现流量和/或压力的连续控制，达到上述节能效果。

(2)节能计算公式

实际计算中，经常依据流体机械的相似定律(Affinity Law)做近似计算(见图14.2-7)。对于离心风机/泵类负载有：

$$Q_1/Q_2 = n_1/n_2 \tag{14-31}$$

(流量变化与转速变化成正比)

$$H_1/H_2 = (n_1/n_2)^2 \tag{14-32}$$

(压力变化与转速变化的平方成正比)

$$P_1/P_2 = (n_1/n_2)^3 \tag{14-33a}$$

(负载功率变化与转速变化的立方成正比)

上述公式因转速变化范围不同而有相当的误差。然而，由于设备的实际运行数据很难准确获取，节能计算一般来说均为大致计算。所以，计算中使用这些公式造成的误差可以容忍。

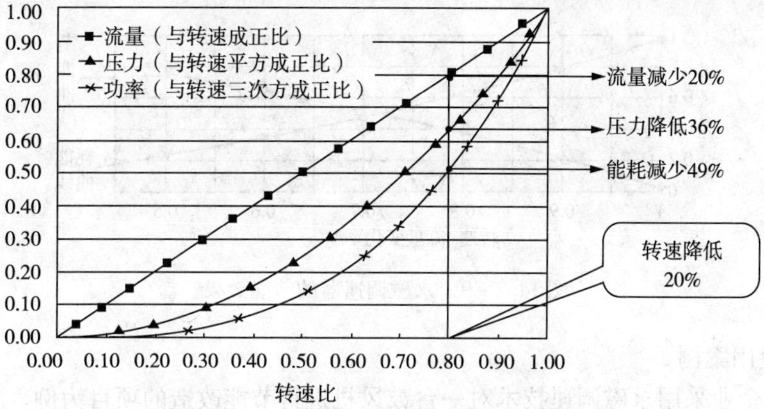

图14.2-7 流体机械相似定律

又因负载功率 $P = K_p \times T \times n$（功率=扭矩×转速），则 $P_1/P_2 = (T_1/T_2) \times (n_1/n_2)$。与式(14-32)联立得：

$$T_1/T_2 = (n_1/n_2)^2$$

(负载扭矩变化与转速变化的平方成正比) (14-33b)

离心设备的扭矩——转速曲线见图14.2-8。

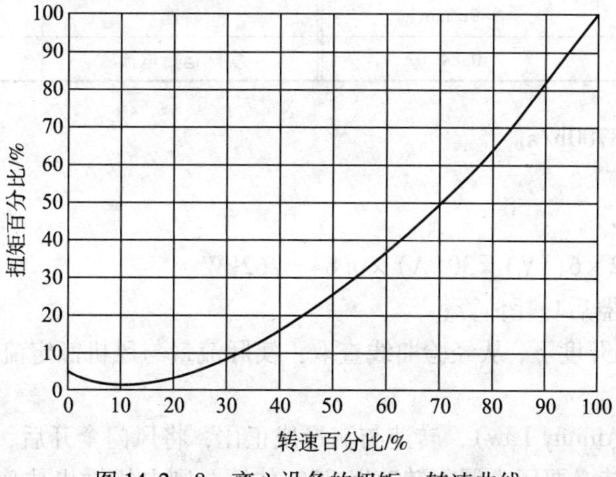

图14.2-8 离心设备的扭矩-转速曲线

对于永磁调速系统，工作过程中电机输出到永磁调速器的扭矩和永磁调速器输出到负载的扭矩相等。负载转速改变，但电机转速保持不变。电机转速减去负载转速即为永磁调速器上的滑差。理论上，永磁调速属滑差调速。

电机输出功率

$$P_e = K \times T \times n_e（功率 = 扭矩 \times 转速） \tag{14-34}$$

因电机转速保持不变，容易推导出：

$$P_{e1}/P_{e2} = T_1/T_2 = (n_1/n_2)^2 \tag{14-35}$$

即 $P_{e1}/P_{e2} = (n_1/n_2)^2$

（电机输出功率变化与转速变化的平方成正比）

从上面公式及图 14.2-9 可以看出，当输出流量和/或压力减少时，按照离心负载的相似定律，负载所需功率显著减少，从而电机输出功率急剧下降，减少了能源需求，极大地节约了能源。当输出流量需求仅降低 20% 满负荷流量，能源需求降低了 38% 。

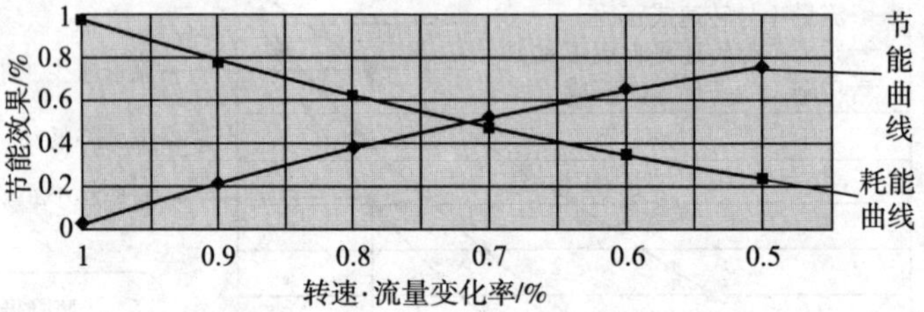

图 14.2-9　永磁调速器的节能效果

4. 节能应用案例

以某石化企业采用永磁调速技术对一台鼓风机进行节能改造的项目为例。

（1）鼓风机技术参数（见表 14.2-1）

表 14.2-1　鼓风机技术参数

电机参数		风机参数	
额定功率	315kW	轴功率	280kW
额定电压	6000V	额定流量	201400m^3/h
额定电流	36.2 A	额定全压/扬程	401mmH_2O
额定转速	989r/min	转速	989r/min
功率因数	0.84	实际运行电流	30A

平均运行时间：8700h/a。

（2）节能效益计算

①目前实际功耗：

电机功率 = 1.732 × 6(kV) × 30(A) × 0.84 = 262kW。

②加装永磁调速器后功耗估算：

50% ~30% 风门开度下，从经验曲线查取：实际流量与风机额定流量平均比为 60%（见图 14.2~10）。

根据相似定律（Affinity Law），转速与流量成正比，将风门全开后，转速降到 60% 即可输出所需风量，为维持必要压头调降转速以 75% 估算，则电机输出功率与转速平方成正比，加计永磁调速器效率（97%）修正，所以理论功耗将降为：

280×(75%)2/0.97=162.4kW （280kW为风机满负荷制动功率）

③加装永磁调速器与目前相比的节电情况：

原年耗电 $262\times8700=227.9\times10^4$kW·h。

加装永磁调速器之后年耗电 $162.4\times8700=141\times10^4$kW·h

节电率为：(227.9－141)/227.9=38%

电价按0.51元/度估算，节费：$(227.9-141)\times10^4\times0.51=44.3\times10^4$ 元/年。

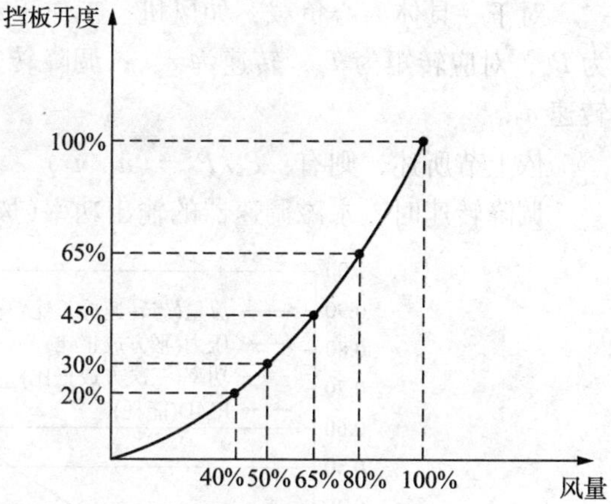

图14.2－10 风量挡板开度关系曲线

(3)实际改造结果(见表14.2－2)

14.2.2.4 永磁调速的特性分析

1. 永磁调速器的运动特性分析

如14.2.2.2节所述，永磁调速器的调速过程是通过执行器带动气隙调整器调节两个转体之间空气间隙的大小来实现的。属于机械而非电子调节。因此其调速精度及快速性不高。具体调速指标为：调速精度1%；调速范围20%至95%～98%；当DCS指令从0到100连续调节(升降)时，转速的变化时间约60s。尽管如此，对于绝大多数代替风门/阀门的节能调速场合，上述指标完全能够满足要求。

表14.2－2 实际改造效果

改造前情况			改造后情况		
机组负荷	100%	风道、机体抖动厉害	机组负荷	50%	抖动消除
平均运行时间	8700h/a	每月停修48h	平均运行时间	8700h/a	没有修理时间
入口挡板阀开度	50%～30%	每月挡板阀板损坏至少一次	入口挡板阀开度	100%	完好
电机运行电流	30A	电流波动较大	电机运行电流	20A	电流平稳无波动

如14.2.2.1节所述，永磁调速系统启动瞬间，连接在电机轴上的导磁转子有一个建磁过程。此时，电机转动负载不转，导磁转子与永磁转子之间逐渐建立转矩，相当于电机空载启动，极大的降低电机启动冲击电流所需时间。因此，永磁调速可显著减少启动电流。

由于永磁调速完全不产生谐波且在调低负载转速的同时电机转速保持恒定，所以，电机不会因转速降低导致谐波发热增大及散热条件恶化，从而限制了调低负载转速。电机输出功率(耗能)与其转速平方成正比，转速越低，耗能越显著减少，所以，若工况要求较深调速范围，永磁调速因其优良的低速特性可有更优良的节能效果。实际案例表明，永磁调速器节能率可达到70%以上。

2. 永磁调速器的损耗特性分析

分析永磁调速器拖动离心风机/泵类负载时的转差损耗 ΔP 与反映调速过程的永磁调速器转差 S 之间的关系(见图14.2－11)：

对于一具体离心负载，如风机，工作于对应额定流量的最高转速时，其满负荷制动功率为 P_e，对应转矩为 T_e，转速为 n_e,；调降转速时，风机不同的输入功率 P_2，转矩 T_2，对应转速 n_2。

依上节所述，则有：$P_e/P_2=(n_e/n_2)^3$

调降转速时，永磁调速器的输出功率(风机的输入功率)：

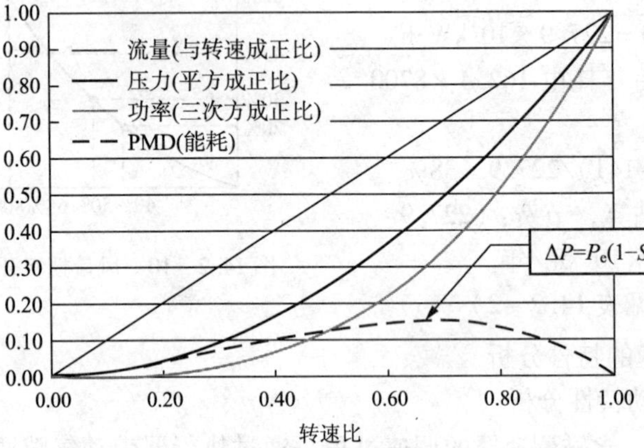

图 14.2-11　永磁调速器的转差损耗

$$P_2=P_e(n_2/n_e)^3 \tag{14-36}$$

此时，对应永磁调速器的输入功率(电机的输出功率)P_1 有：

$P_1/P_2=(T_1/T_2)\times(n_{e1}/n_2)=(n_{e1}/n_2)$　　(同时同轴，转矩相同)

忽略工作于对应额定流量的最高转速时约 3% 的转差，设定 $n_{e1}=n_e$

所以，$P_1/P_2=(n_e/n_2)$；$P_1=P_2(n_e/n_2)$　　(14-37)

将式(14-36)代入式(14-37)有：$P_1=P_e(n_2/n_e)^2$　　(14-38)

由此，可求得永磁调速器的转差损耗为：

$$\Delta P=P_1-P_2=P_e(n_2/n_e)^2-P_e(n_2/n_e)^3$$

转差率 $S=(n_{e1}-n_2)/n_{e1}=(n_e-n_2)/n_e$　代入上式

$$\Delta P=P_e(1-S)2-P_e(1-S)3=P_e(1-S)2S \tag{14-39}$$

将式(14-39)对 S 求导，得 $S=1/3$ 时出现转差损耗的最大值。

$$\Delta P_{max}=P_e(1-1/3)^2\times(1/3)=0.148P_e$$

在推导过程中，我们忽略了工作于对应额定流量的最高转速时约 3% 的转差，为此对推导结果进行校正，则有：

$$\Delta P_{max}=0.148P_e/0.97=0.152P_e$$

即风机、泵类离心负载采用永磁调速器调速时，最大损耗约为其额定轴功率的 15%。

永磁调速器的这种损耗特性使其在用于风机、泵类离心负载调速节能时呈现出优良的高效节能状态。然而，对于其他类型负载则全然不同。例如，对于恒转矩负载，由于转差损耗等于转矩乘以滑差，随着调低负载转速，永磁调速器上的滑差增大，转差损耗线性增加，难以满足高效节能的要求。

3. 永磁调速器的鲁棒性(安全性)分析

永磁调速器是一个机电而非电子装置，所以，可靠性高，故障率底，维护简单，维护成本低。使用寿命可长达30年。

永磁调速是唯一的一种原动机与负载之间没有刚性连接的调速技术。泵和电机间没有机械硬连接，完全是通过气隙传递扭矩。由此带来的独特优点一是隔离了振动的传递，减低振动。消除振动能力最高可达80%；二是容忍轴不对准，显著减少了对中难度，更容易安装及维修。在传输功率和控制速度能力不受影响的条件下，允许轴校准公差最大可达5mm左右。

由于永磁调速器连接在电机输出侧，与电网不相连，电磁感应过程发生于内部，表面无电位差，因此，适应于各种严酷工作环境。可工作于露天而非必需室内环境。尤其适用于电网电压波动较大，谐波含量较高，多雷电场合，不易受上述因素影响故障停机。特别是用于高压电机拖动系统时，因其工作机理只相关于电机的功率和转速而与电压无关，不含对电压高度敏感的电力电子器件，尤显停机率低的突出优越性。

永磁调速不产生谐波及电磁干扰，无需谐波治理。其漏磁量等同于所匹配的电机。因此，无论所运用的单台或多台累计设备容量多大，也不会污染电网及影响周边电子控制或通讯设备的使用安全。

14.3 LED工业照明技术

14.3.1 LED照明技术概述

LED是发光二极管的英文简写，英文全拼为：Light Emitting Diode 。

LED是一种半导体发光器件，常被称为半导体光源、固态光源或冷光源。

LED发光机理与常规光源不同，它是利用某些特殊半导体材料的电致发光原理，直接将电能转化为可见光，因而LED照明具有高效节能、长寿命、安全可靠、绿色环保等技术优势，被誉为照明技术的革命。

LED的发展始于20世纪60年代，最初为彩色LED，因其发光效率较低，光通量教小，主要用作信号及指示领域。直至90年代后期蓝光LED成功制成，随即在此基础上制成白光LED，开创了LED应用于照明的新开端。进入21世纪，白光LED技术取得了突破性进展，发光效率大幅度提高，尤其是大功率白光LED技术进展更是突飞猛进，逐步达到了实用化、产业化的水准，获得了广泛应用。

LED照明作为第四代照明技术，具备良好的节能、环保优势，引起世界各国重视，纷纷出台政策和举措加快LED照明技术的发展。美国从2000年起投资5亿美元实施"国家半导体照明计划"，欧盟在2000年7月宣布启动"彩虹计划"。我国政府也极为重视，科技部于2003年6月份制定LED白光照明"863"发展计划，国家节能减排计划中，白光LED照明被专项列入，近几年的重大工程中已经大量采用LED照明技术。

作为一种革命性的节能照明技术，LED是21世纪最具发展前景的新一代照明光源，也是照明技术的未来发展趋势，将会在各个领域获得广泛的应用。尤其在工业照明领域，其应用前景更为广阔。传统的工业照明大多采用低压气体放电灯等低效光源，照度低、耗电大、寿命短、维护量大。LED照明技术所固有的发热低、寿命长、节电等技术优势，特别适合在工矿企业等特种作业场所应用，所以工矿企业管理及技术人员熟悉并掌握LED工业照明技术具有极大的必要性。

14.3.2 LED 原理与技术特性

14.3.2.1 LED 发光机理

某些Ⅲ－Ⅳ族化合物半导体材料如 GaAs（砷化镓）、GaP（磷化镓）、GaAsP（磷砷化镓）等具备电致发光现象。在以这些半导体材料制成的 PN 结中，在正向电压下，电子由 N 区注入 P 区，空穴由 P 区注入 N 区。进入对方区域的少数载流子与多数载流子复合时会把多余的能量以光的形式释放出来，从而把电能直接转换为光能。光的强弱与电流的大小相关。PN 结加反向电压，少数载流子难以注入，不会发生复合作用所以不发光。

LED 就是利用这种注入式电致发光原理制成的半导体器件。

14.3.2.2 LED 结构与分类

LED 目前主要由Ⅲ－Ⅳ族化合物如 GaAs（砷化镓）、GaP（磷化镓）、GaAsP（磷砷化镓）等半导体制成的，主要生产工艺是：晶片生长——晶片切割筛选——管子封装。

LED 的分类一般如下：

按发光颜色分：红色、黄色、橙色、绿色、蓝光、白光等；

按发光强度分：普通亮度 LED（光强 <10mcd），高亮度 LED（光强 10～100mcd）超高亮度的 LED 光强 >100mcd；

按工作功率分：小功率（<0.06W）、功率型（0.06～1W）、大功率（>1W）。

在工业照明方面广泛应用的主要是大功率白光 LED。

14.3.2.3 LED 技术特点

1. 发光效率高、光学性能好，节电效果显著。

表 14.3－1 是各类光源性能对比。

2. 结构稳定可靠、长寿命

LED 光源结构稳定可靠，抗冲击、耐震动，目前技术水准基本可以做到正常条件下 5×10^4h 使用寿命；

3. 本质安全、性能优异

LED 工作电压为直流低压（1W 功率 LED 典型值为 3.2V），本质安全可靠，是理想的工业光源。

4. 绿色、环保

LED 光源不含汞、钠等常规光源所使用的环境有害元素，是名副其实的绿色光源。

表 14.3－1 各类电源技术对比

光源类型	光源名称	典型代表	光效/(lm/W)	寿命/h
第一代	电热光源	白炽灯、碘钨灯	10～15	1500
第二代	低压气体放电灯	汞灯、荧光灯	40～50	3000
第三代	高压气体放电灯	金卤灯、高压钠灯	60～80	6000
第四代	LED 照明	白光 LED	100～200	50000

结论：LED 耗电大约是白炽光源的 20%、低压荧光灯的 40%、高压气体灯 60%。

14.3.3 LED 照明技术设计原则

14.3.3.1 概述

LED 照明是指采用白光 LED 光源的照明技术。

由于 LED 光源具有与传统常规光源不同的技术特点，所以 LED 照明产品与技术也具有与传统照明产品不同的技术要求。LED 照明产品与技术设计一般要把握好以下技术要点：散热设计、芯片及封装选择、配光设计。

14.3.3.2　散热设计

1. LED 芯片温度特性

LED 实质是一个 PN 结，当电流通过时，PN 结的温度(简称结温)将升高，结温的变化将引起 LED 技术特性的变化。其中，结温高低对 LED 光衰及寿命具有决定性影响。

LED 结温过高会缩短 LED 寿命，产生严重光衰，原因有以下几方面：LED 芯片材料内存在的缺陷在较高温度时会快速增殖、繁衍，侵入发光区，形成大量非辐射复合中心，严重降低 LED 发光效率；高温时环氧树脂会变性、发黄，影响其透光性能；荧光粉在高温下存在衰减进而产生光衰。

LED 结温升高至一定限度会对 LED 造成永久性破坏，因为 LED 采用的环氧树脂封装在超过固相转变温度(通常为 125℃)时会向橡胶状转变并且热膨胀系数骤升，从而导致 LED 开路和失效。

LED 厂家通常会给出标准光衰曲线。图 14.3－1 是 Lumiled 公司的 Luxeon K2 的光衰曲线，可以看到当结温从 115℃提高到 135℃，其寿命会从 5×10^4h 缩短到 2×10^4h。

LED 结温上升的一般原因有：元件不良的电极结构、PN 结的注入效率不完全、出光效率的限制、LED 元件的热散失能力。

在此基础上可以知道降低 LED 结温的途径主要有：减少 LED 本身热阻、控制额定输入功率、减少 LED 与二次散热介面之间的热阻、良好的二次散热机构、降低环境温度等。

2. LED 照明产品散热设计

根据 LED 结温变化的技术特性，LED 照明产品散热核心要解决三个环节的热传递问题：晶片 PN 结到外延层、外延层到封装基板、封装基板到外部冷却装置再到空气。

为了取得良好导热效果，三个导热环节应采用热导系数高的材料，并尽量提高对流散热。从热传递规律可以知道，越短的热传导距离、越大的截面积和越高的热传导系数对热阻的降低越有利，这就要求设计合理芯片的封装结构和选择合适的壳体结构材料。

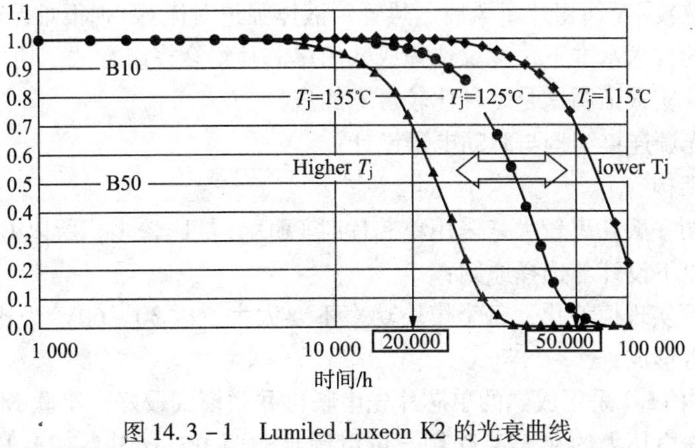

图 14.3－1　Lumiled Luxeon K2 的光衰曲线

晶片 PN 结到外延层散热：

解决 LED 芯片散热，核心是采用导热更好的衬底材料。早期的白光大功率 LED 采用硅作为衬底。后来采用蓝宝石作为衬底。但是蓝宝石衬底的导热性能稍差一些，再后来 Cree

公司采用碳化硅硅做衬底，其导热性能比蓝宝石提高将近20倍，散热效果大大提高，显著的提高了LED的寿命。碳化硅的缺点是成本比较高。

外延层到封装基板散热：

封装界面对热阻影响也很大，因此芯片和散热基板间的热界面材料选择十分重要。LED封装常用的TIM为导电胶和导热胶，由于热导率较低，一般为0.5～2.5W/(m·K)，致使界面热阻较高。而采用低温或共晶焊料、焊膏或者内掺纳米颗粒的导电胶作为热界面材料，可大大降低界面热阻。工业照明选择LED芯片一般要选用共晶工艺为好.

封装基板到外部冷却装置再到空气散热：

首先，LED线路设计要选用铝基线路板，并使封装基板与铝基线路板良好接触，最好采用回流焊接工艺，使封装基板与铝基线路板焊接成为一体；

其次，必须设计采用专用金属材质结构壳体，最好采用铝合金材质，使壳体整体成为导热媒介，并且专业考虑设计壳体与空气的对流通道，充分考虑设计壳体的散热面积；

最后，工业照明LED产品要合理设计结构，分腔结构是一个比较合理的结构，因为光源腔、电源腔空间隔离可以良好的实现热隔离，对产品寿命提升显著。

14.3.3.3　芯片选择

LED芯片是LED工业照明的核心，所以芯片的选择至关重要，其原则要求是：光效高、光衰低、性能可靠。

芯片原则上要采用共晶工艺生产，衬底材料最好采用碳化硅，光通量要高，目前的产业化成熟技术水准为不低于100lm/W。

LED管体必须采用大功率照明级白光LED，建议采用产业化成熟LED。目前照明级大功率LED有两种发展方向，其一是单芯片，其二是集成功率式，即多晶片阵列封装。

单芯片是目前的主流封装形式，也是产业化和成熟度较高的封装技术，目前产业化的1W/3W单芯片技术成熟，性能稳定，已经产业实践验证。

集成功率式是一种正在发展中的封装技术，目的是利用多晶片阵列封装获得高光通量。目前技术上的缺陷是受限于散热问题。功率密度较低、集成度不高的模组采用自然对流换热，基本可以保证芯片散热效果，但对于集成度较高的大功率模组，单纯采用自然对流换热而不采用主动散热技术(如翅片+风扇、热管、液体强迫对流等)则很难保证其散热效果。

所以在目前的技术水准下，建议选择成熟的单芯片组合模组方式，均匀分布，实现分散导热。目前的工业实践证明这是一种比较可靠的选择。

14.3.3.4　光源连接结构与驱动电源设计

1. LED连接架构

LED工业照明一般功率较大，采用单芯片时LED数量比较多，所以LED的连接结构比较重要，一般有以下设计与选择原则：

首先，LED要实现模块化，每个模块功率不要太大，以30～60W为比较合适，大功率可以采用模块组合形成；

其次，模块内LED采用成熟的单芯片先串联再并联模式较好，串联LED数不宜大于10只，这样模块工作电压大约在32V作用，可以满足欧盟IEC 61347－2－13 (5/2006)标准。LED模块电压不超过最大安全特低电压(SELV)，同时又可以兼顾驱动电压与电流。

2. 驱动电源设计

LED技术特性对驱动电源要求较高，有几个特点：①因为LED是负阻温度特性，所以最好是恒流驱动；②LED 是一个低压元件，所以必须有可靠的限压保护措施。

由此可见，LED 的驱动电源的 LED 照明技术中的一个极其关键环节，对 LED 照明的寿命起到至关重要的作用。

LED 驱动电源的几个设计原则如下：

首先，优先采用开关电源方式恒流源，元件采用工业等级芯片及器件，功率因数及效率满足标准要求；

其次，针对 LED 技术特性，建议采取独立温度保护环节。虽然电源一般本身具有电流、电压保护功能，但是温度保护很重要，采用分立式 PPTC 是一个很好的选择，可以将 PTC 直接安装 LED 散热板以实现直接热传导，可以及时有效保护 LED 模组；

最后，针对工业现场恶劣环境采取以下措施：电源模块胶封以作到防水防潮降低电源故障、电源要模块化便于维修更换。

14.3.3.5　灯具配光设计

为更高效实现节能，根据 LED 光学特性，有必要进行二次配光。一般原则为：

首先，可以根据使用场所选择不同 LED 色温，以便提供合适的照明光色；

其次，一般要进行二次配光设计，合理控制灯具光照范围，适合工业现场需求；

最后，透明部件可以采用 PC 等工程塑料，并根据需求添加光扩散剂，实现柔和照明。

14.3.4　LED 工业照明技术在石化行业的实际应用

14.3.4.1　石化行业照明环境分析

工矿企业是产品生产的作业场所，现场环境及作业条件一般比较恶劣，所以对照明技术及产品要求较高。尤其是石化行业，企业大多数工作场所高温高压、易燃易爆，还有很多区域为高空危险场所，所以对照明产品有更高要求。

一般工矿企业照明要求光源光效高节电、灯具寿命长维护量小、防水防尘防震等。石化行业存在更多特殊要求：防爆性能完善可靠；维护量尽可能的小；良好的节能性。

目前的工业照明大多采用白炽灯、低压气体放电灯等光源，光效较低、耗电量大，寿命短、维护量大。尤其是易燃易爆的石化场所，目前采用的常规光源产品技术性能较差，存在较多问题：

(1)灯具光效较低，高耗能，目前不少在用灯具是国家已经明令淘汰的低压汞灯；

(2)灯具使用寿命较短，造成灯具维护量大、维护费用较高；

(3)存在较大安全隐患。由于光源更换频繁，极易破坏灯具的防爆防护等级，造成防爆结构失效带来安全隐患。

LED 照明技术所固有的发热低、寿命长、节电等技术优势，极其适合防水防尘及易燃易爆等工业场所应用，所以 LED 照明技在以石化为重点的工业照明领域应用具有一定的必要性和紧迫性。

14.3.4.2　石化行业 LED 照明选择与应用

以 LED 光源为核心的 LED 防爆照明一般具备以下技术特点：

1. 防爆性能良好：

一般可以做到 EXdⅡC 防爆等级，T6 温升级别，可用于 1 区 2 区。传统光源产品很难到达该技术要求；

2. 防护性能良好：

因为LED灯具一般为免维护结构设计，可以达到IP65防护等级，表面喷涂处理后抗腐蚀可以适用于室外及野外环境；

3. 具备免维护功能：

因为LED光源寿命较长，因而灯具结构一般为免维护设计，正常条件下基本保证3年以上免维护；

4. 安全性能良好：

LED灯具一般可以提供安全工作电压，同时可以方便的配置应急功能，这是常规光源难以作到的。

石化行业企业现场主要照明需求是防爆照明和应急照明等特种照明，一般可以根据以下原则选择LED照明产品：

(1)1.5~2m高度，典型区域包括电缆隧道、低矮通道等；

一般选用：LED灯具功率10W左右。灯具高度在2m左右时，地面照度可以达到60lx。

(2)2~4m高度，典型区域有塔、罐、炉等平台、较小泵房、设备间等。

一般选用灯具功率20~30W左右。灯具高度在2.7m左右时，地面照度可以达到80lx，可以替代125W汞灯、70W金卤灯、40W日光灯。

(3)4~6m高度，典型区域有低层管排、低层框架、较大泵房等。

一般选用灯具功率40~60W作用。灯具高度在4.5m时，地面照度可以达到90lx，可以替代250W汞灯、150W金卤灯、80W日光灯。

(4)应急照明：既可以采用传统单灯配置电池方式，因为采用LED光源应急时间加长同时电池容量大为降低，也可以采用直流工作电压，由直流屏或EPS直接供电，实现事故照明与正常照明合一。

(5)安全电压照明：在某些潮湿或金属作业场所，可以采用安全电压LED照明，LED照明技术几乎可以提供各种工作电压，是比较理想的安全电压照明。

14.3.4.3　石化行业LED照明运行与维护

LED照明技术是一个全新的技术，在石化等工业领域的应用更是一个全新的课题，需要不断地在生产、应用等领域进行探索、研究、总结。

一般在企业现场运行与维护可以遵循以下原则：

(1)产品选择慎重：关键是对产品散热、驱动电源、芯片等关键环节进行认真选择；

(2)严格安装工艺：LED照明产品一定要作好防水防潮措施，灯具本身一般具备较好的防护，在安装时一定要严格工艺，消除连接处进水隐患；

(3)建立设备理念：LED照明产品一般可以具备几年免维护运行寿命，原先的易耗易损品理念可以改变，该为建立设备理念，日常常规巡视即可，按照规定年度或时间进行维护。

第 15 章　电气新技术

15.1　智能电网

15.1.1　智能电网提出的背景

随着社会经济的发展与科技水平的提高，电力系统的规模、作用和地位都发生了深刻的变化，已经成为现代经济发展和社会进步的重要基础和保障，也是国家能源安全的重要组成部分。面对世界范围内节能减排、环境保护和可持续性发展的要求，电力系统将担负起愈来愈重要的责任。进入 21 世纪，无论是在电力的产生形式、传输模式还是在电能利用方式上，都将发生很大的变化，电力系统的发展和运行普遍面临许多新问题。

1. 分布式发电接入问题

发展清洁和可再生能源是应对全球气候变化与能源危机问题的重要措施，未来可再生能源发电必将获得迅速发展。但可再生能源一般能量密度较低，可再生能源发电多采用接入配电网的分布式发电形式，且具有间歇性、随机性的特点，这给电网的规划设计、保护控制与运行管理等带来一系列新问题。传统电网难以适应可再生能源发电的大量接入，已成为制约可再生能源发电发展的瓶颈。

2. 电动汽车充电的问题

电力系统的发展必须与电动汽车的发展相适应，必须能够满足大量电动汽车充放电的要求。电动汽车的发展十分迅速，按照现在的电动汽车充电方式，有可能在电力系统处于高峰负荷时，大量的电动汽车需要同时充电，这将会给电力系统的运行带来严峻的考验。由于电动汽车的充电时间可以调整且蓄电池也可能在负荷高峰时向电力系统放电，是可调度的功率平衡资源。人们希望未来的电动汽车充放电问题不仅不会对电力系统的运行造成困扰，反而成为电力系统消峰填谷的重要手段。

3. 供电可靠性问题

供电可靠性反映电力系统在某一定时期内对用户的连续供电能力。过去一直注重持续停电问题(停电时间大于 3min)，对于短时间停电影响不大的传统负荷来说，可以满足它们的需要。但近年来，随着经济的发展，精密仪器和电子设备得到了广泛应用，这些设备对电压变化更加敏感，短时的供电中断或电压下降，往往会造成设备运行不正常，发生停机等事故，造成重大的经济损失。因此，在现代经济社会和电力负荷环境下，必须重视短时停电问题，而满足新型可靠性指标意义下的高可靠性供电问题需要更加先进的供电技术作为技术保障。

4. 电力系统信息孤岛问题

电力信息化是指信息技术在电力工业中的应用，是电力工业在信息技术的驱动下由传统工业向高度集约化、高度知识化、高度技术化工业转变的过程。各国电力行业的信息化建设已经逐步形成了大量的专业信息系统，如调度自动化、配电自动化、资产管理、生产管理、经营管理、办公自动化等。但在电力行业的很多应用系统是单独开发，独立运行的。这些子系统的开发平台、应用环境、系统支持、数据库平台等自成体系，相互之间没有联系，形成了一个个信息孤岛，使企业的信息系统作用的发挥受到很大的制约。

5. 大电网安全问题

目前，全世界90%的电力负荷都由集中单一的大电网供电，这种供电模式存在很大的安全隐患。大电网中任何局部的故障都会影响到整个电网，严重时可能引起大面积停电甚至是全网崩溃。随着电力网络互联程度的不断提高，系统越来越庞大，运行方式越来越复杂，保证系统安全可靠运行的难度也越来越大，使电网的安全稳定问题越来越突出。

6. 电力系统资产利用率问题

电力系统投资巨大，动辄上千亿资金的投入使得人们越发关注电力系统的资源利用效率，期待通过提高资产利用率减少重复投入，促进电网运行经济效益最大化。但由于电网的负荷需求存在明显的峰谷交错现象，其规划和建设只能按照高峰负荷设计，由此造成设备利用率普遍低下，加大了电力系统的运行维护费用，造成投资的巨大浪费。

7. 电力系统与用户之间的互动机制问题

从用户的角度看，电力消费是一种经济行为，他们希望通过参与电网的运行和管理，调整其使用和购买电力的方式降低电费支出。在未来电网中，用户将根据电价的变化调整其消费；电网通过需求侧响应计划使得用户在能源购买中有更多的选择，并引导用户调整电力消费方式，进而减少或转移高峰负荷时的用电需求，提高负荷率，达到提高电力系统资产利用率的目的。但这一切是建立在电网和用户之间具备双向实时的通信系统、透明电价和市场化的营运机制的基础上。而目前，电网缺乏使用户能够积极参与电力系统运行和管理的软硬件设施和环境，用户不能及时获取其电力消费成本、实时电价、电网目前状况、计划停电信息以及其他一些服务信息，更不能根据这些信息定制自己的电力使用方案。

因此，如何将各种信息新技术与传统电力系统有机结合，促使电力系统结构、保护与控制、运行与管理等各方面发生革命性变化在节能减排、低碳经济成为全球关注焦点的大背景下，智能电网应运而生，以满足社会经济发展的需要。它将为各国向低碳、高效、数字化社会发展提供强有力的技术支撑。

15.1.2 智能电网的概念与特征

由于智能电网目前正处于研究和开发阶段，而且各国的国情、经济发展水平、发展战略和政策存在较大差异，很多国家结合自身的具体情况，依据自身的发展思路，对重点发展的智能电网的特征给出了具体的描述，目前还没有统一而明确的有关智能电网的定义。

“智能电网(Smart Grid)”的完整概念，最早出自美国“未来能源联盟智能电网工作组”在2003年6月份发表的报告。报告将智能电网定义为“集成了传统与现代电力工程技术、高级传感和监视技术、信息与通信技术的输配电系统，具有更加完善的性能并且能够为用户提供一系列新型或增值服务”。

实际上，智能电网是建立在集成的、高速双向通信网络的基础上，通过先进的传感和测量技术、先进的设备、先进的控制方法以及先进的决策支持系统技术的应用，实现电网的可靠、安全、经济、高效、环境友好和使用安全等目标。智能电网是将通信、计算机、高级传感与测控、新型电力电子等技术在输配电系统中的集成应用与融合。它不是一项具体的技术，而是一切电力新技术应用的总称，代表着现代电网建设的理念、目标。智能电网的实施是一项系统工程，涉及输电、配电、用电的各个环节，涵盖能源、环境、社会和经济等多个方面，其发展需要多学科、多领域的共同支持。随着人们对智能电网认识与理解的不断深入，智能电网相关技术也将不断发展变化，智能电网的研究与建设只有方向，没有终点。

智能电网的基本特征与建设目标相对应，主要体现在安全、可靠、优质、高效、兼容、互动等方面。

智能电网的安全性主要体现在两个方面：首先，优化电源及电网规划模式，强化网架结构，提高电网的抗灾能力，有效抵御自然灾害及人为等外力破坏，保证极端情况下的系统安全性及供电可靠性；其次，通过各种先进的控制手段及新技术的综合应用，提高电力企业对紧急事件的快速反应和抗风险能力，利用现代信息技术对电网进行有效的监测与事故预警，提高网络信息安全以及电网运行管理水平，提高系统的抗灾能力。

可靠性主要体现在智能电网将具备快速自愈的能力，能够充分利用监测信息及决策支持算法，在线实时自我评估并预测电网状态，针对异常运行状态实现准确预警，以便提前采取措施，防止停电事故的发生；当系统出现故障时，能够快速准确定位、快速故障区段隔离以及快速恢复非故障区域的供电，保证供电可靠性。

优质电力是保证社会数字经济发展对电能质量的要求。通过制定新的电能质量标准，对电能质量进行分级定价，实现从“标准”到“优质”的差异化服务，并通过 DFACTS、储能技术等手段实现定制电力，以满足不同用户对电能质量水平的要求。

智能电网将支持开放的电力市场和电力交易，能够实现大范围资源的合理配置；通过先进的电压无功控制、网络重构等动态优化策略，均衡系统负荷，提高系统运行的稳定性，减小网络损耗；利用先进传感及量测技术，对设备运行状态进行实时监测，动态评估其运行状态，优化电力资产的利用，降低投资成本和运行维护成本，提高资产利用率，最终达到“电子换钢铁”的目的。

在智能电网环境下，各种不同类型的发电和储能系统都能够更加方便地接入，做到“即插即用”。同时，使各种可再生能源发电、分布式电源在所有的电压等级上都可接入，并尽量能够参与调度，在充分利用可再生能源的基础上，提高供电可靠性。

智能电网将鼓励用户参与电力系统的运行和管理。从供电角度来看，用户的需求是一种可管理的资源，通过需求侧管理能够平衡供求关系，提高系统运行效率与可靠性；从用户的角度来看，电力消费是一种经济行为，通过需求侧响应能够积极参与电网的运行和管理，优化其使用和购买电力的方式，可使得双方受益。双向实时的通信系统是实现用户参与电力系统运行和管理的基础，该系统能够实时通知用户其电力消费的成本、实时电价、电网目前的状况、计划停电信息以及其他一些服务的信息，用户可以根据这些信息制定自己的电力使用方案。

智能电网分为智能输电网与智能配电网两大部分，而且后者最能体现智能电网的基本特征，无疑是智能电网建设的关键。

15.1.3 智能配电网关键技术

智能电网的研究内容不仅包罗万象，而且随着其建设进程的推进，其内容也在不断发展、完善和更新。结合石化行业供配电系统的特点，此处着重介绍与智能配电网相关的关键支撑技术，主要包括高级量测体系、高级配电自动化技术、配电网故障自愈技术、设备状态检修与全寿命管理、柔性交流配电与故障电流限制技术等内容。

15.1.3.1　高级量测体系

高级量测体系(AMI)是一个采集处理用户负荷运行数据并进行需求侧响应控制的计算机网络系统。AMI是智能电网实现互动的先决条件与关键支撑技术。AMI并不是一项全新的概念，其功能与系统构成和现在大量应用的AMR系统与负荷管理系统(简称负控系统)都有着相同之处。AMR系统用于采集居民用户电能量记录，而负控系统用于大型工商业用户的负荷控制与监视。AMI是对AMR系统、负控系统的继承与发展。

1. 技术特点

(1)AMI是一个面向所有类型用户的用电数据采集与监控系统，克服了建设两套系统(AMR系统、负控系统)带来的条块分割、用户数据管理分散以及重复投资、管理维护工作量大等问题。

(2)AMI功能更为丰富、完善。采集更多的负荷数据，使电网运行人员能够完整地掌握电网负荷运行状态与变化情况；支持实时电价的应用，为DR提供全面的技术支撑。

(3)AMI能够与其他自动化系统无缝集成，共享负荷数据。向CIS提供用户电能记录，供计算电费、回答用户用电查询使用，及时向配电管理自动化系统发送停电报警信号，供确定电网故障元件与停电范围，提供负荷运行记录供对供电可靠性、电能质量与线损进行统计分析。

(4)AMI可提供读取自来水表、煤气表以及智能家电控制等增值服务。

(5)AMI系统采用标准化设计，具有良好的开放性，能够实现智能电表、应用程序、智能用电设备的即插即用。

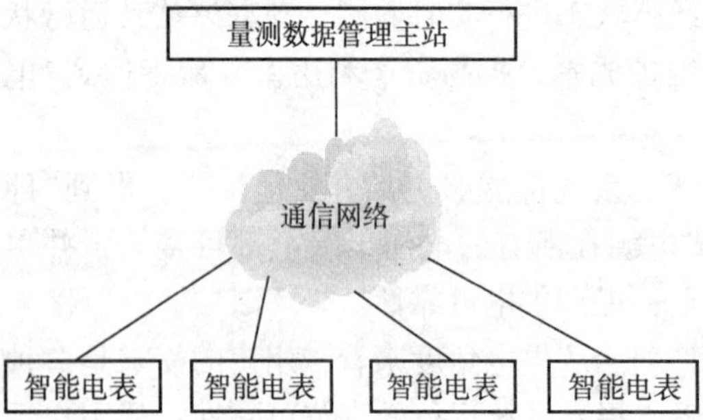

图15.1-1　AMI的结构

2. AMI系统结构

AMI由智能电表、通信网络与量测数据管理主站(简称AMI主站)三个主要部分组成，如图15.1-1所示。

(1)智能电表

传统的电表只是简单地记录用户电能消费量，而智能电表则是一个多功能用户侧终端装置(Customer Portal Terminal，CPT)，其功能示意图如图15.1-2所示。

①双向电能计量功能。能够记录从电网上获取的电能和用户DER送到电网上的电能，能够根据电价的变化计算出累计电费；

②用电数据采集功能。采集并根据预先设定时间间隔(如15min，30min等)储存有功、无功、电压、电流等反映负荷运行情况的数据，在主站召唤时上传数据。检测并上传停电报警、电压越限信号以及其他电能质量扰动数据；

③电表内置超级电容器的蓄电，以在停电时维持电表工作一段时间，上传停电检测信息；

④负荷控制功能。根据来自主站的命令或按照用户基于电价变化设定的DR控制程序进行负荷的通断与用电水平控制；

⑤具备防窃电功能。检测擅自改动电表或其他窃电行为；

⑥显示当前电价与电费，供用户进行用电决策(如是否开动洗衣机)并及时了解用电情况；

⑦能够进行远方配置参数并进行程序升级；

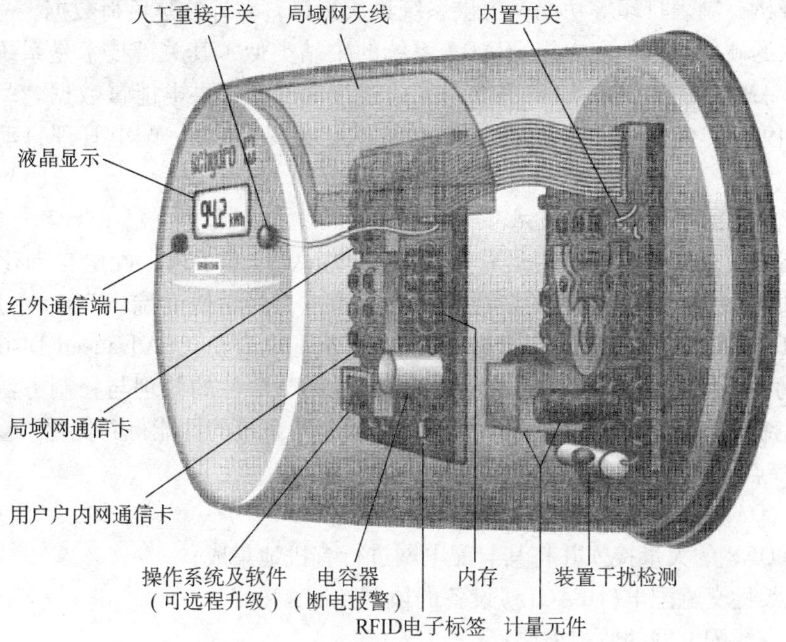

图 15.1－2　智能电表功能示意图

⑧用作用户网络（Home Area Network，HAN）的网关，转发实时电价与 DR 控制命令。HAN 指的是连接用户内部智能电器（如智能电冰箱）或用电监控设备（如可编程温控器）的局域网络。

（2）通信网络

AMI 通信网络由主干广域通信网与分支局域通信网（LAN）两部分组成。用户智能电表接在分支网中，采用数据集中器或通信处理机向 AMI 主站转发智能电表的数据，如图 15.1－3所示。

主干通信网连接数据集中器与 AMI 主站，可单独组网，亦可与配网自动化系统共享通信网络。目前，AMR 与负控系统一般采用单独组网的做法，通信方式有配电线载波、GPRS、无线电台、电话拨号、光纤等。随着建设 SDG 进程的推进，供电企业将逐步建起覆盖整个配电网 IP 通信网，用以解决高级配电自动化与 AMI 的通信问题。这是 AMI 主干通信网的发展方向。

分支通信网用于一个小局内智能电表的通信。组网技术有配电线载波、金属导线、无线射频等。配电线载波是目前应用比较多的技术，安装方便、投资少，但存在通信速率低、稳定性差的缺点。近年来发展起来的用于无线传感网络通信的 Zigbee 技术，是一种有前途的 AMI 分支通信技术。

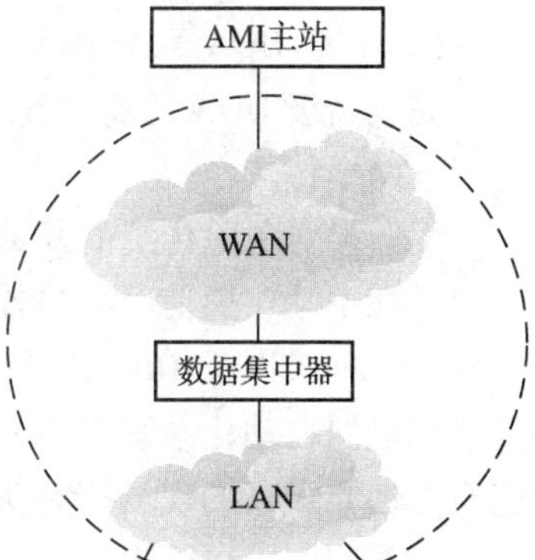

图 15.1－3　AMI 的通信网络

（3）主站

AMI 主站用于收集、处理、保存智能电表量测数据并向智能电表发送 DR 控制信息；通过人机界面与分析工具，对量测数据进行编辑、确认、纠错、补缺并实现数据查询、检索、浏览、统计分析、制表打印等功能；提供系统集成接口，对外共享负荷数据。

AMI主站的硬件与软件和常规SCADA系统的主站类似，其关键技术是系统集成接口的设计。目前，AMR系统主站一般采用专用通信连接向CIS提供电能量数据。AMI主站应采用基于IEC 61968的企业信息集成总线（UIB）技术，实现与CIS、配电管理自动化系统的无缝集成。

15.1.3.2　高级配电自动化技术

作为提高供电可靠性与配电网运营管理效率的重要技术手段，配电自动化（Distribution Automation，DA）受到了供电业界的广泛重视。美国电力科学研究院（EPRI）在其“智能电网体系”（IntelliGrid Architecture）研究报告中提出了高级配电自动化（Advanced Distribution Automation，ADA）的概念。该报告将ADA定义为“配电网革命性的管理与控制方法，它实现配电网的全面控制与自动化并对分布式电源进行集成，使系统的性能得到优化”。

1. 技术特点

与传统的DA系统相比，主要有如下几个特点：

（1）支持DER的大量接入并将其与配电网进行有机地集成；

（2）实现柔性交流配电（DFACTS）设备的协调控制；

（3）满足有源配电网的监控需要；

（4）提供实时仿真分析与辅助决策工具，更有效地支持各种高级应用软件（如潮流计算、网络重构、电压无功优化等）的应用；

（5）支持分布式智能控制技术；

（6）系统具有良好的开放性与可扩展性，采用标准的信息交换模型与通信规约，支持监控设备与应用软件的“即插即用”；

（7）各种自动化系统之间实现“无缝”集成，信息高度共享，功能深度融合。

2. 高级配电自动化系统的构成

高级配电自动化系统包括高级DOA系统与高级DMA系统两个子系统。

（1）高级DOA系统

完成高级DOA功能，其结构如图15.1－4所示。与传统配电网自动化系统相比，它具有以下两个特点：

①监控对象除传统的开关站、环网装置、柱上开关外，还包括DER、DFACTS设备等；

②除主站、通信网络与各种现场监控终端外，增加了分布式智能控制器（Distributed Intelligent Controller，DIC）。DIC安装在变电站、开关站或其他选定的站点内，其作用类似于传统配电网自动化系统中的配电子站，收集并处理附近小区内相关站点终端的信息，完成一些实时性要求高的现场控制功能。

（2）高级DMA系统

以自动绘图/设备管理/地理信息系统（AM/FM/GIS）为基础平台，通过停电管理、检修管理等应用软件完成高级DMA功能。与传统配电网自动化系统中的DMA系统相比，高级DMA系统强调与其他自动化系统之间的高度融合，实现系统构成与功能的优化。

3. 高级配电自动化主要功能

（1）配电网监控

SDG应具有良好的可测性，能够实现全局的“可视化”管理，这就要求DSCADA采集的数据更为全面、完整，除常规遥测、遥信与故障检测信息外，还包括设备运行状态等数据。另一方面，DER 与 DFACTS 设备的广泛应用，使 SDG 成为一个功率双向流动的复杂有源网络，必须使用快速仿真模拟等高级应用软件，以对其进行有效的控制与管理。为保证高级应用软件的运行效果，要求 DSCADA 系统能够实现高精度同步数据采集，并提供电压、电流相量信息。

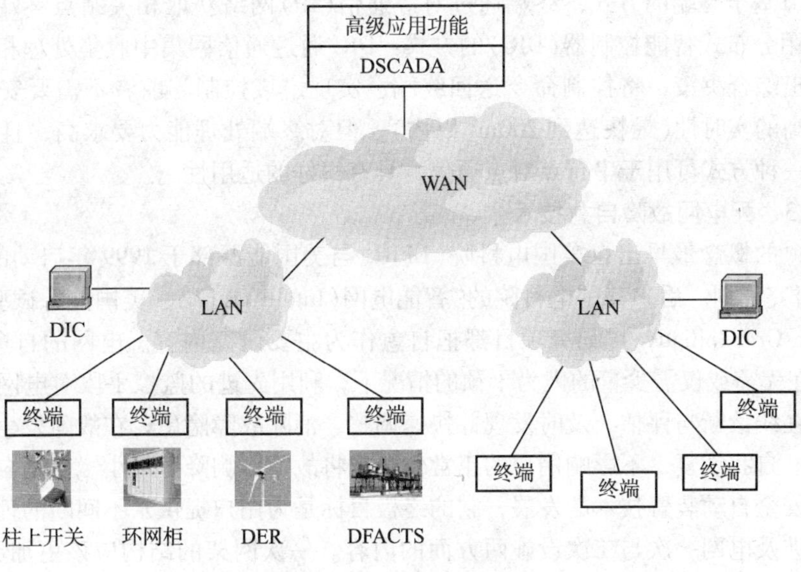

图 15.1－4　高级 DOA 系统结构

(2)馈线自动化

简称 FA，具有高技术性能的配电网故障自动定位、隔离与恢复供电(FLISR，Fault Location，Isolation and Service Restoration)功能，它是 SDG 自愈功能的重要组成部分。SDG 要为用户提供更高的供电质量，就需要最大限度地减小因故障而引起的供电中断时间和影响范围。ADA 一方面应用分布式智能控制技术，将 FLISR 时间减少至 1s 内；再就是优化利用 DER、动态电压恢复器(DVR)与微网技术，实现无缝故障自愈，使用户免受配电网故障的影响。而传统 FA 依赖重合器顺序重合或主站遥控实现 FLISR，处理时间则需达数分钟。

(3)电压无功控制

SDG 中 DER 的投入与退出及其输出功率具有很大的不确定性，使调度人员难以仅根据母线电压与负荷情况掌控配电线路电压的变化；另一方面，部分 DER 设备(如光伏发电逆变器)可同时作为无功输出设备，参与电网电压无功调节。因此，高级 DOA 系统应能根据线路上不同监测点功率潮流和电压实时数据，综合决策，实现电压无功补偿设备(包括 DER)的优化调节与控制。这相对于目前 DA 系统的电压无功控制，一般仅提供关键节点电压的监测与无功补偿装置的投切控制，有的甚至仅采集母线电压，其调整控制功能要全面得多。

(4)支持虚拟发电厂技术

高级 DOA 系统为 VPP 提供技术支撑平台。VPP 是高级 DOA 系统的一个高级应用功能，其将配电网中分散安装的 DER 统一调度并将其看成一个虚拟的发电厂，实现 DER 与配电网的有效集成。高级 DOA 系统采集、处理 DER 实时运行数据，并能够对其进行调节、控制；采用配电网快速仿真模拟技术，辅助制定 DER 调度决策，使 VPP 得以实现。这是高级 DOA 系统区别于传统 DA 系统的一个重要特征。

(5)支持分布式智能控制

SDG中快速故障自愈、电压无功控制、微网控制、广域保护(包括DER孤岛保护)等功能的完成需要两个以上监控站点的数据，称为广域控制功能。依赖控制中心的高级DOA主站系统完成广域控制功能，处理速度难以满足实时性要求；而采用分布式智能控制技术，就地采集处理数据，输出控制调节命令，则可以显著地提高响应速度。分布式智能控制有两种实现方式：1)基于终端的方式：终端通过对等通信(IP)网络获取相关站点终端数据，自行决策；2)采用分布式智能控制器(DIC)的方式：DIC通过通信网集中收集处理相关站点终端的数据，做出综合决策，将控制命令送回终端，实现广域控制。前者不需要安装专门的装置，具有很高的实时性(最快达到200ms以内)，但对终端处理能力要求高，且仅能用于IP通信网；后一种方式可用于串行点对点通信，具有很好的适用性。

15.1.3.3　配电网故障自愈技术

电网自愈的概念最早出自美国电科院(EPRI)与美国能源部于1999年启动的“复杂互动系统”联合研究计划。后来美国电科院的“智能电网(Intelli grid)”、美国能源试验室的“现代电网(Modern Grid Initiative)”研究项目都把自愈作为主要研究内容。电网的自愈(Self Healing)是指其在无需或仅需少量的人为干预的情况下，利用先进的监控手段对电网的运行状态进行连续的在线诊断与评估，及时发现并快速调整，消除故障隐患；在故障发生时，能够快速隔离故障、自我恢复，不影响用户的正常供电或将故障影响降至最小。电网自愈是对传统继电保护与安全自动装置技术的发展，它的终极目标是为用户提供永不间断的理想电力。故障自愈技术涉及电网一次与二次设施两方面的内容。一次网架的结构应该更加灵活、合理，并将采用快速断路器、故障电流限制器等新设备；在二次系统中，应用广域保护、分布式智能控制等新技术，及时检测出故障，并进行快速自愈操作等。

15.1.3.3.1　配电网故障自愈技术主要功能

配电网直接面向用户，其中的任何故障、电能质量扰动都会影响对用户的正常供电。随着社会经济的发展，电网供电质量不合格造成的经济损失及对社会的影响越来越大。智能配电网自愈功能首先是减少故障停电时间与停电次数，特别是避免目前配电网大量存在的短时停电问题，提高供电可靠性；其次是优化电能质量，尤其是抑制电压骤降；第三是有效抵御外部攻击，提高配电网防灾防破坏能力。

15.1.3.3.2　智能配电网故障自愈相关技术

1. 自动故障隔离与恢复供电技术

自动故障隔离与恢复供电技术即中压电网馈线自动化技术。目前的馈线自动化技术主要依赖分段开关顺序重合或配网自动化主站远方遥控来实现，故障隔离与自动恢复供电的时间在60s以上，并且难以避免架空线路故障区段上的用户长时间停电。发展方向是采用基于IP通信的分布式智能技术，馈线终端之间实时交换故障检测数据与控制命令，不依赖主站实现故障的就地隔离与恢复供电，将恢复供电时间降低至秒级，实现快速自愈。另外，环网采用闭环运行方式，环网柜进线开关采用能够遮断故障电流的断路器；采用基于分布式智能的故障电流方向或相位纵联比较保护，在线路故障时直接跳开故障区段两侧断路器而隔离故障，无故障区段用户供电就不中断，实现无缝自愈。

2. 单相接地故障自愈控制技术

中性点非有效接地的配电网在发生单相接地故障时，故障电流很小，三相之间的线电压基本保持不变，不影响对负荷的供电，因此，允许电网在单相接地的情况下继续运行一段时间，避免供电突然中断对用户的影响。更为重要的是相当一部分故障会因接地电弧自动熄灭而自愈，恢复到正常运行状态。据意大利ENEL公司的统计资料，中性点采用可调消弧线圈接地后，接地故障引起的供电中断减少50%以上；中性点采用固定调谐消弧线圈接地后，接地故障引起的供电中断减少26%以上。因此，中性点采用非有效接地，特别是可调消弧线圈接地方式，是智能配电网故障自愈技术研究的重点内容之一。

目前使用的消弧线圈只能补偿掉接地电流中稳态电容分量，实际的接地故障电流中还包含谐波分量、阻性分量，其数值可能达到总接地电流的10%，这部分电流无法被消弧线圈补偿掉，影响接地故障熄弧效果。此外，接地电流中的暂态分量也无法被补偿到，在出现间歇性接地现象时，接地电流中含有持续存在的暂态分量，也会导致故障熄弧率降低。而利用现代电力电子技术，开发能够完全补偿接地电流的全补偿有源消弧线圈，则可以使接地电流降低至一个很小的数值，使接地故障自愈率大幅提高。除此之外，全补偿消弧线圈还能够减少接地故障引起火灾、人身安全的危害，降低间歇性接地故障引起的暂态过电压危害，避免其演变成短路故障。

全补偿消弧线圈的构成是以自动调匝式消弧线圈作为主体，辅之以源电力滤波器。接地电流中的稳态电容分量主要由自动调匝式消弧线圈补偿。有源电力滤波器产生与残余电流极性相反的补偿电流注入配电网中，达到完全消除接地电流的目的。

3. 柔性配电技术

传统的由变压器、机械开关、导线组成的配电系统存在难以克服的技术问题，如短路引起的过电流与电压骤降危害、重合闸或倒闸操作引起的供电短时中断，电压与功率不能连续调节等。而柔性配电技术、故障电流限制技术的发展则为解决这些问题提供了技术手段，将使配电系统的构成与运行方式发生革命性的变化。

(1)柔性配电技术概述

柔性配电技术是柔性交流输电(Flexible AC Transmission System，FACTS)技术在配电网的延伸，简称为DFACTS(Distribution FACTS)。FACTS是利用电力电子技术和控制技术对交流输电系统的阻抗、电压、相位等基本参数进行灵活快速的调节，进而对系统的有功和无功潮流进行灵活的控制，以提高系统的输送能力与稳定水平。FACTS是关于电力电子在电力系统中应用的技术。电力电子装置最早用于直流输电输送功率的快速控制。20世纪80年代后期，人们开始在交流系统中应用电力电子装置，实现对潮流的灵活控制，由此产生了FACTS技术。目前已开发出并投入实际运行的FACTS设备有静止无功补偿器、静止同步补偿器、静止同步串联补偿器、统一潮流控制器等。作为提高电力系统安全稳定水平与运行效率的重要技术手段，FACTS已在电力系统中获得了广泛应用。

智能配电网的一个重要特征是具有很高的电能质量，能够为用户提供定制电力(Custom Power)技术或定质电力。所谓“定制”，指的是用户根据其负荷运行需要向供电企业提出的对供电质量的特殊要求，如要求供电一刻都不能中断，没有电压骤降、谐波、电压波动的影响等。而依赖传统的供电技术难以满足用户的这些特殊要求，这就需要应用DFACTS技术对各种电能质量扰动进行有效地控制。电能质量控制是DFACTS的一种主要的应用领域，鉴于此，有人将其称为定制电力技术。

DFACTS在智能配电网中的另一个应用领域是解决分布式电源(DER)并网问题。一方面是提供动态无功补偿，克服风力发电、太阳能发电功率输出间歇性的影响，使配电网在最大程度地接纳风电、太阳能发电功率的同时，保证电压质量与稳定性；再就是对有源配电网

(指分布式电源高度渗透的配电网，见本讲座第2讲的介绍)的潮流进行调节与控制，优化配电网潮流分布，提高配电网运行可靠性，减少损耗。

进入新世纪，电力电子技术迅猛发展，电力电子器件容量不断增大，成本逐步降低，DFACTS技术更加成熟可靠。而DFACTS设备的推广应用，将极大地推动智能配电网技术的发展。相信将来DFACTS设备将象变压器、开关设备一样，遍布智能配电网的各个环节。

(2)柔性配电设备及其应用

本节介绍目前几种主要的DFACTS设备及其应用，供读者了解他们在智能配电网中发挥的作用。

a. 固态开关

固态开关是应用电力电子器件构成的开关设备，分为固态转换开关(Solid State Transfer Switch，SSTS)与固态断路器(Solid State Circuit Breaker，SSCB)两种。它们利用电力电子器件导通与截止速度快的特点，解决传统机械开关动作时间长(达数个周波)带来的问题。

SSTS是由晶闸管(SCR)构成的负荷开关，可在接到控制命令后数个微秒内接(导)通，在半个周波内关断(截止)；如果用绝缘栅双极晶体管(IGBT)代替SCR，其关断时间也可缩短至几个微秒以内。SSTS用于双电源供电回路，在半个周波内实现供电回路的“无缝”转换。

b. 静态无功补偿装置

即SVC，包括晶闸管控制的电抗器(Thyrisator Switch Reactor，TSR)与电容器(Thyrisator Switch Capacitor，TSC)2种装置。实际应用中，也可将两者结合使用，称为混合式SVC。SVC通过控制晶闸管的导通时刻来改变流过电抗器或电容器的电流，从而调节从系统中吸取或向系统注入的无功电流。常规的无功功率补偿装置采用机械开关投切电容器，响应速度慢，且不能满足对波动较频繁的无功负荷进行连续补偿的要求，而SVC可以平滑、无级地调节容性或感性无功功率，且具有较好的动态响应特性。

SVC广泛用于抑制轧钢机、电弧炉等冲击性负荷引起的电压闪变；用于电气化铁路等场合，补偿不对称负载引起的电压不平衡；用于自动消弧线圈接地装置，动态补偿中性点非有效接地系统的接地电容电流；用于风力发电并网控制，为风电场提供快速、连续地的无功补偿。

c. 静止同步补偿器

即STATCOM，又称静止无功发生装置(Static Var Generator，SVG)。它是一个基于脉宽调制(PWM)技术的无功功率发生器，通过自动调节注入到系统中去的无功电流，实现对瞬时无功功率控制，从而达到抑制电压波动、闪变与谐波的目的。上述的SVC仍然需要配置大容量的电容或电感元件，且仍然难以适应无功功率的急剧变化，而STATCOM则克服了这两个缺点。STATCOM特别适用于冲击性负荷的无功补偿；用于风电场的无功补偿时，能够很好抑制风力发电机并网或切机瞬间引起的电压波动，并且在系统故障时，能够提高机端电压恢复速度，维持风机在故障期间继续平稳运行，为系统提供功率支撑。

STATCOM在国内外都有一定的应用。我国已开发出±50Mvar的STATCOM并投入实际系统运行。不足之处是控制复杂，造价较高，在一定程度上限制了它的推广应用。

d. 动态不间断电源

即DUPS(Dynamic Uninterrupted Power Supply)，由STATCOM和一个直流储能系统构成，其中STATCOM作为一个信号发生装置使用，在供电中断时将储存的直流能量转换成有功电流，维持一段时间的供电。

DUPS 作为应急后备电源使用，可防止敏感负荷因短暂的供电中断出现不正常。如图 15.1－5 所示系统，馈线 1 出线采用固态断路器 SSCB1，其余馈线仍采用常规机械断路器。DUPS 通过固态断路器 SSCB2（正常情况下处于断开状态）给敏感负荷供电。在负荷上游任一点发生故障引起供电中断时，在半个周波时间内 SSCB1 断开，SSCB2 投入，DUPS 给敏感负荷供电，直至常规的机械断路器切除故障并恢复正常供电或者将负荷转移到无故障的馈线上去。

e. 动态电压恢复器

即 DVR（Dynamic Voltage Restorer），由直流储能电路、PWM 功率逆变器和串接在供电线路中的变压器组成，如图 15.1－6 所示。DVR 在测出电压瞬时降低后，立即由直流电源逆变出交流电压信号，与系统电源电压相加（串联），使负载上的电压维持在合格的范围内，直至系统电压恢复到正常值。DVR 输出波形能够维持一段时间，可以补偿系统电压的瞬时下降，防止电压骤降给一些敏感负荷带来危害。这种补偿方式仅补偿电压的差值，需要的补偿容量小，且具有补偿效果与系统阻抗、负荷功率因数无关等优点。

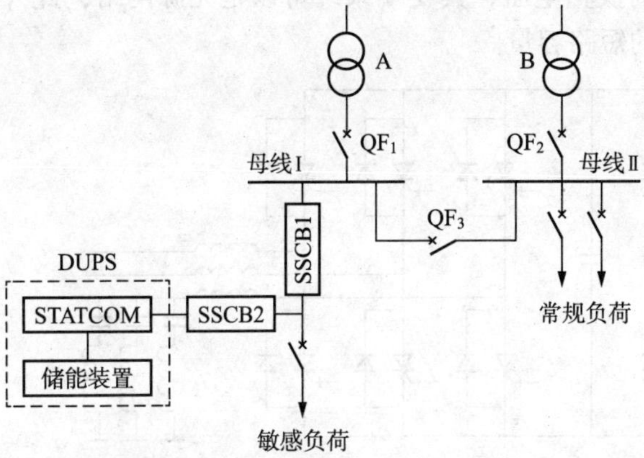

图 15.1－5　一个应用 DUPS 的配电系统

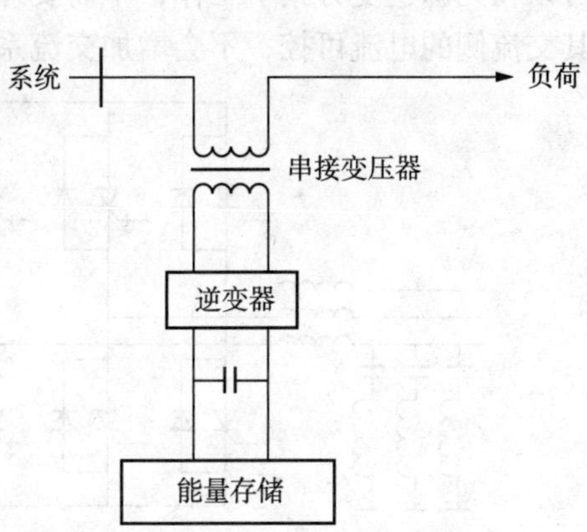

图 15.1－6　DVR 构成原理图

STATCOM 和 DVR 都是能够发出有功功率的电压补偿装置。STATCOM 是一种并联补偿装置，用于解决供电中断问题，而 DVR 是一种串联补偿装置，主要用于解决电压骤降的补偿问题。目前，DVR 已用于化工厂、半导体制造等企业解决电压骤降问题。

f. 智能通用变压器

简称 IUT（Intelligent Universal Transformer），又称为电力电子变压器或固态变压器，是含有电力电子变换器且通过高频变压器实现磁耦合的配电装置，除能够像传统变压器一样变压、实现电隔离和传递能量外，还可以对潮流、电压质量进行控制。作为一种集潮流与电能质量控制于一体的 DFACTS 设备，IUT 的推广应用，对于建设智能配电网具有十分重要的意义。

图 15.1－7 是一种 IUT 的构成原理图，在原边将工频交流电转换成高频信号，通过中间高频变压器耦合至副边，再利用电力电子装置还原成工频、直流或其他形式的电能。由于采用高频变压器，这种 IUT 体积远小于常规变压器并且损耗也显著减小。通过对两边电力电子转换装置控制，可根据需要调整变压器电压与功率输出，使输出电压、波形稳定，提高电能质量。

目前对IUT研究还处在理论探讨、技术研发与试验阶段，随着电力电子技术的发展，相信不久能有IUT投入实际运行。

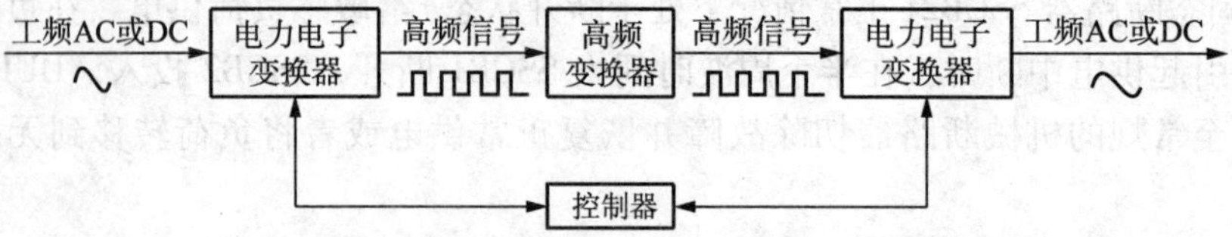

图15.1－7　采用高频变压器的IUT构成原理图

g. 轻型直流输电系统

轻型直流输电（HVDC）系统采用可关断电力电子器件（如IGBT）构成电压源型换流站（Voltage Sourced Converters，VSC）进行直流传输（如图15.1－8示）。它具有一系列传统直流输电所不具备的优点。一是它可以同时而且独立地控制有功功率与无功功率输出，不仅不需要交流侧提供无功功率，而且还能够动态补偿交流母线的无功功率；二是电流能够自关断，可以在无源逆变方式下工作，不需要外加的换相电压，其受端系统可以是无源网络；此外，其交流侧的电流可控，不会增加交流系统的短路容量。

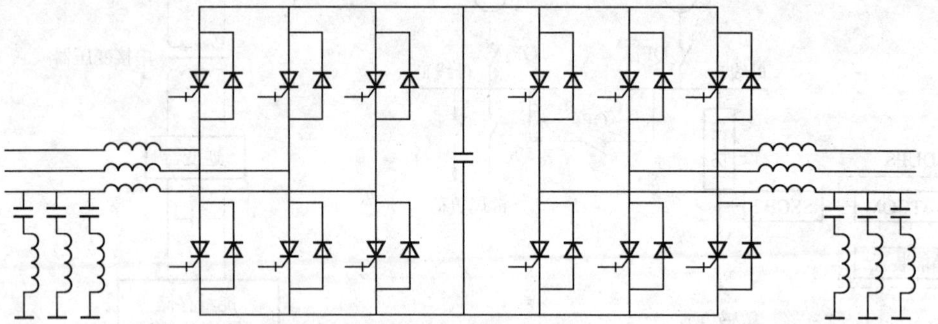

图15.1－8　轻型直流输电系统的构成

轻型HVDC系统特别适用于远离电网的风电、太阳能、小水电等DER的并网联络，如用于海上风电场并网。此外，还适用于远离电网的海上钻井平台、小岛等孤立负荷供电。

受电力电子器件功率的限制，轻型HVDC系统容量还相对较小，随着电力电子技术的发展，轻型HVDC系统的设计容量会进一步提高，获得更为广泛的应用。

4. 故障电流限制技术

（1）故障电流限制技术概述

配电网短路会产生很大的故障电流，除可能是造成相关的配电设备因发热、机械应力损害外，还会引起母线电压骤降，使同一母线供电的敏感用电设备受影响，带来严重的后果。另一方面，配电设备、导线的设计要留有足够的耐短路电流冲击的裕度，断路器要能够可靠地遮断短路电流，这都使配电设备、导线的制造成本大幅增加，而应用故障电流限制技术，将短路电流降低到一个合理的水平上，则可以解决这些问题。此外，对于一个已建成的配电网来说，DER的大量接入将造成短路容量增加，使之超过配电设备与导线允许的设计值；如果因此而更换配电设备与导线，将造成极大的浪费，而安装故障电流设备来防止短路容量超标则是一个比较经济的解决方案。因此，故障电流限制技术对于提高供电质量、减少配电网造价与DER并网投资具有十分重要的意义，是建设智能配电网的一项关键技术。

限制故障电流的措施分为系统级措施与设备级措施两类。系统级措施有电网解列运行、母线分列运行、提高电压等级等；设备级措施则是应用故障电流限制器(Fault Current Limiter, FCL)。由于受可靠性、电压质量、损耗等因素的限制，系统级限流措施发挥的作用有限，必须配合使用 FCL，才能把短路电流降到一个较低的水平。

FCL 是一种串接在线路中的电气设备，分为被动型与主动型两种。被动型 FCL 在正常运行与故障状态下，均增加系统阻抗；而主动型 FCL 只是在故障状态下快速增加系统阻抗。被动型 FCL 构成简单，易于实现，但在正常运行状态下会产生电压降，增加系统损耗。目前在系统中获得广泛应用的 FCL 是串联电抗器。它是一种传统的被动型 FCL。

主动型 FCL 既有限流作用，又不影响系统的正常运行，是理想的限流设备。目前应用或正在研发的主动型 FCL 有高压限流熔丝、可控串补装置、超导型故障电流限制器等。受原理、造价或其他一些因素的限制，主动型 FCL 还存在这样那样的问题，限制了其应用。随着电力电子技术与新材料技术的发展，主动型 FCL 技术会更加成熟、性能进一步改进、成本也会逐渐降低，将成为主流的 FCL。

展望未来的智能配电网，FCL 将获得普遍应用，短路电流甚至限制至 2 倍额定电流以下，配电系统摆脱了短路电流的危害，传统的遮断大电流的断路器或许从系统中消失，配电网面貌、性能与保护控制方式将发生根本性的变化。

(2)故障电流限制器及其应用

a. 谐振 FCL

谐振 FCL 分串联谐振与并联谐振两种类型。

串联谐振 FCL 利用电力电子器件使正常工作时处于串联谐振(阻抗接近 0)状态下的电路在出现短路故障时脱谐，使阻抗增大而达到限制短路电流的目的。图 15.1－9 给出了串联谐振 FCL 构成原理图，正常运行时 SCR 不导通，电感 L 与电容 C 发生串联谐振，装置阻抗为零。在系统出现短路时，SCR 导通，电抗器串入电路起到限流作用。串联谐振 FCL 简单、可靠，已在中压配电网中获得应用。

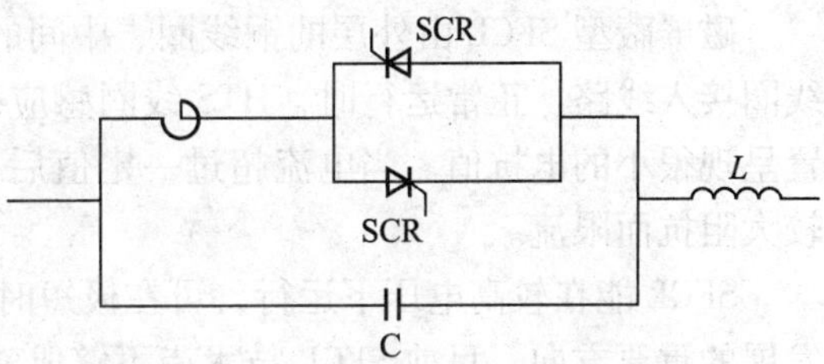

图 15.1－9　串联谐振 FCL 构成原理图

并联谐振 FCL 在电力电子器件控制下正常工作时处于非谐振状态，阻抗较小，而在系统出现短路故障时进入并联谐振(阻抗)状态，使线路阻抗增大而限制短路电流。这种 FCL 容量有限，实际系统中应用较小。

b. 超导 FCL

简称 SFCL(Superconductor FCL)是利用超导体在由超导转换为正常状态后阻抗增大来限制故障电流。它有多种实现方式。

电阻型 SFCL 由高温超导(High Temperature Superconductor, HTS)线圈与并联的普通线圈构成。正常运行时，线路电流全部通过处于超导状态的 HTS。在出现短路故障时，HTS 线圈因流过它的电流超过临界值而呈现高电阻，电流被转移到普通线圈上去，达到限流目的。

桥路型 SFCL 构成如图 15.1－10 所示，它由二极管 VD1 ~ VD4、HTS 线圈和直流偏压源 Vb 组成。调节 Vb 使流过 HTS 线圈的电流大于线路额定电流峰值。正常运行时，桥路始终导通，HTS 线圈两端电压为零。一旦发生短路故障，HTS 线圈失超转变为高阻状态串入线路中限流。

变压器型 SFCL 由通过线路电流的原边常规绕组、副边短接的高温超导线圈和铁心组成。正常运行时，超导线圈阻抗为零，变压器因副变被短接而呈现低阻抗。故障时，超导线圈因变压器副边电流很快超过临界值而失超，副变电阻瞬间变大，导致变压器原边的等效阻抗很快增大，从而限制故障电流的增加。

饱和型 SFCL 是一种非失超型的限流器，由铁心、一次交流绕组、二次直流 HTS 绕组及直流偏置电源等组成，如图 15.1－11 所示。当额定交流电流通过一次绕组时，选择合适的直流偏置电源使两个铁心均处于深度饱和状态。而当出现故障时，瞬间增大的电流使交流线圈在铁心中产生的磁动势接近于直流磁动势，使两个铁心分别在正负半波退出饱和，系统呈现高阻抗起到限流的作用。

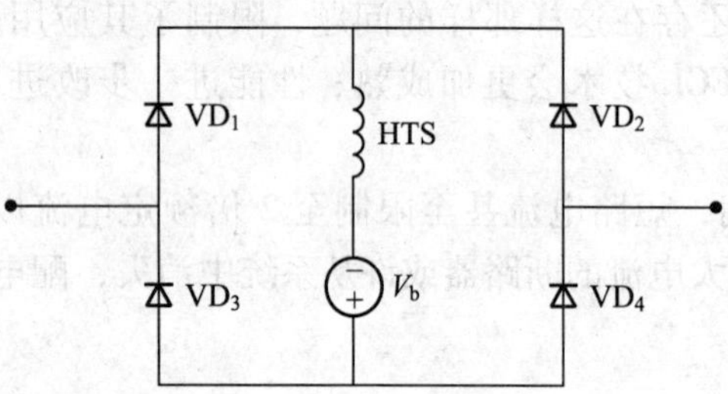

图 15.1－10　桥路式 SFCL 构成原理图

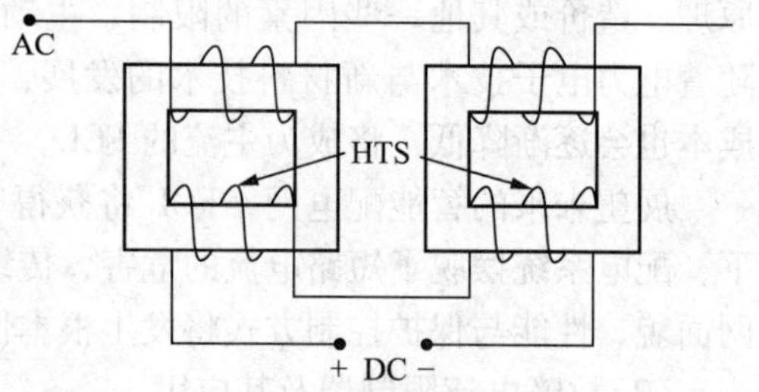

图 15.1－11　饱和型 SFCL

磁屏蔽型 SFCL 由外层的铜线圈、中间的 HTS 线圈和内侧的铁心或空心电抗器组成，铜线圈接入线路。正常运行时，HTS 线圈感应磁通可抵消（屏蔽）铜线圈产生的磁通，整个装置呈现很小的电抗值。当电流超过一定值后，HTS 线圈失超，磁屏蔽作用消失，SFCL 呈现较大阻抗而限流。

SFCL 能在较高电压下运行，可在极短时间（百微秒级）内有效地限制故障电流，是 FCL 发展的重要方向。目前 SFCL 技术尚不够成熟，还需要解决电流整定困难、失超后的散热维护等问题。由于 SFCL 失超后恢复时间过长，不适于需要快速重合闸的场合。

c. 热敏电阻 FCL

热敏电阻（PTC）是一种非线性电阻，室温时电阻值非常低，当故障电流流过时，材料发热升温，在温度升高到一定值时，电阻值在微秒时间内提高 8～10 个数量级，从而起到限制故障电流的作用。热敏电阻 FCL 已在低压（380V）系统中获得应用。由于单个 PTC 元件的电压与电流额定值不高，且存在电阻受外界因素影响大、电阻恢复时间长等缺陷，限制了其在高压系统中的应用。

d. 固态 FCL

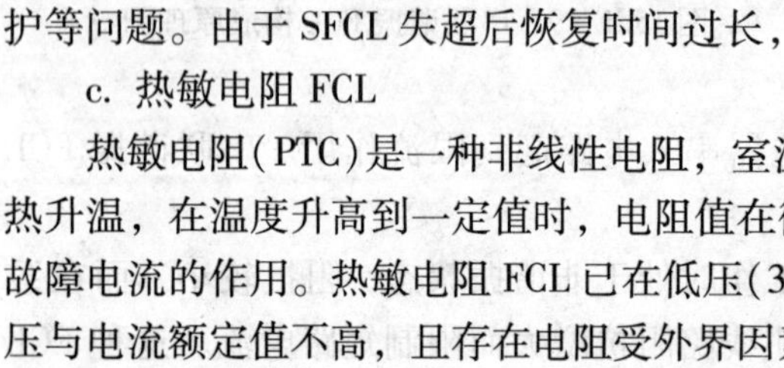

图 15.1－12　固态限流器原理图

固态 FCL 由半导体器件构成，能够在峰值电流到达之前的电流上升阶段就中断故障电流。图 15.1－12 给出了一种固态 FCL 的结构。正常工作时，半导体开关（GTO1 与 GTO2）导通流过负荷电流，对系统运行无影响。当检测到故障电流后，半导体开关被关断，电流转移到电抗器上，从而限制了故障电流。

固态 FCL 也是一种 DFACTS 设备。随着电力电子技术的发展，固态 FCL 技术愈来愈成熟，已在中低压配电设备中获得应用。

15.1.3.4 分布式发电及其接入控制技术

智能电网区别于传统电网的一个根本特征是支持DER的大量接入。而满足分布式电源(DER, Distributed Energy Resources)并网的需要，DER是智能电网提出并获得迅速发展的根本原因。分布式电源指的是小型的(容量一般小于50MW)、向当地负荷供电、可直接连到配电网上的电源装置。它包括分布式发电装置与分布式储能装置。分布式发电装置(DG, Distributed Generation)根据使用的技术，可分为热电冷联产发电、内燃机组发电、燃气轮机发电、小型水力发电、风力发电、太阳能光伏发电、燃料电池等。根据所使用的能源，DG可分为化石燃料(煤炭、石油、天然气)发电与可再生能源(风力、太阳能、潮汐、生物质、小水电等)发电两种形式。分布式储能装置(DES, Distributed nergy Storage)是指模块化、可快速组装、接在配电网上的电能存储与转换装置。根据储能形式的不同，DES可分为电化学储能如蓄电池储能装置、电磁储能如超导储能和超级电容器储能等、机械储能装置如飞轮储能、压缩空气储能等，其他还有热能储能装置等。此外，近年来发展很快的电动车亦可在配电网需要时向其送电，因此也是一种DES。

1. 分布式电源接入对配电网的影响

(1)分布式电源的作用

作为发电装置，DER并网后会给配电网带来一系列积极的影响。

提高供电可靠性。DER可以弥补大电网在安全稳定性上的不足。含DER的微电网可以在大电网停电时维持全部或部分重要用户的供电，避免大面积停电带来的严重后果；

提高电网的防灾水平。灾害期间，可维持部分重要负荷的供电，减少灾害损失；

DER起停方便，调峰性能好，有利于平衡负荷；

DER投资小、见效快。发展DG可以减少、延缓大型集中发电厂与输配电系统投资，降低投资风险；

可以满足特殊场合的用电需求。如用于大电网顾及不到的偏远地区的供电，在重要集会或庆典上，作为(处于热备用状态的)移动应急发电；

减少传输损耗。DER就近向用电设备供电，避免电能从大型发电厂经过输电网长距离传输，有利于减少传输损耗；

作为储能装置的DER(即DES)可在负荷低谷时从电网上获取电能，而在负荷高峰时向电网送电，起到负荷平移的作用，削峰填谷，提高电网运行效率。DES的另一个重要作用，是与风能、太阳能等可再生能源发电装置配合使用，就地补偿其功率输出的间歇性。

(2)分布式电源并网带来的技术问题

DER的大量接入改变了传统配电网功率单向流动的现实，这给配电网带来一系列新的技术问题。

①电压调整问题

配电线路中接入DER，将引起电压分布的变化。由于配电网调度人员难以掌握DER的投入、退出时间以及发出的有功功率与无功功率的变化，使配电线路的电压调整控制十分困难。

②继电保护问题

DER的并入会改变配电网故障时短路电流水平并影响电压与短路电流的分布，对继电保护系统带来影响：

引起保护拒动。如图 15.1－13 所示，如果一个 DER 接在线路的 M 处，当线路末端 k 处发生短路故障时，它向故障点送出短路电流并抬高 M 处的电压，因此使母线处保护 K 检测到的短路电流减少，从而降低保护动作的灵敏度，严重时会引起保护拒动；

引起配电网保护误动。在母线背后系统或相邻线路发生短路故障时，下游 DER 提供的反向短路电流可能使保护误动作；

影响重合闸的成功率。在线路发生故障时，如果 DER 在主系统侧断路器跳开时继续给线路供电，会影响故障电弧的熄灭，造成重合闸不成功，如果在重合闸时，DER 仍然没有解列，则会造成非同期合闸，由此引起的冲击电流使重合闸失败，并给分布式发电设备带来危害；

影响备用电源自投。如果在主电网供电中断时，DER 继续给失去系统供电的母线供电，则由于母线电压继续存在，会影响备用电源自投装置的正确动作。

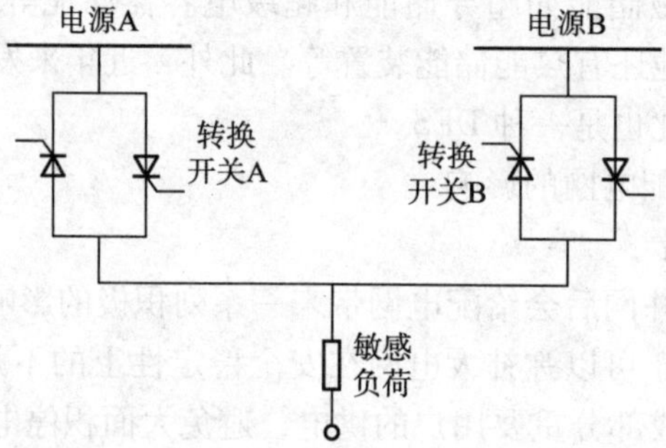

图 15.1－13　DER 对保护动作的影响

③对短路电流水平的影响

直接并网的感应式异步发电机和同步发电机都会增加配电网的短路电流水平，因此提高了对配网断路器遮断容量的要求。

④对配电网供电质量的影响

风力发电、太阳能发电输出具有间歇性特点，会引起电压波动。通过逆变器并网的 DER，不可避免地会向电网注入谐波电流，导致电压波形出现畸变。

(3)分布式电源并网对配电网运行管理的影响

接入 DER 后，会增加配电网调度与运行管理的复杂性。风力发电、太阳能发电等可再生能源电源输出具有很大的随机性；而用户自备 DER 一般是根据用户自身需要安排机组的投切与发电；这一切给合理地安排配电网运行方式、确定最优网络运行结构带来困难。同时，也给配电网的施工与检修维护带来了影响。由于难以对众多的 DER 进行控制，停电检修计划安排的难度增加，配电网施工安全风险加大。

(4)分布式电源对配电网规划建设与经营的影响

DER 的大量应用，也给配电网的规划建设与经营带来了新挑战。由于大量的用户安装 DER 为其提供电能，使得配电网规划人员难以准确地预测负荷增长情况，进而影响规划的合理性。由于 DER 的接入，特别是对于自备 DER 的用户，为保证其自备电源停运时仍能正常用电，供电企业需要为其提供一定的备用容量，这就增加了供电企业的设备投资与运行成本，这些是否应该有一部分由 DER 业主来分担。因此，需要完善电价政策，合理地调整供电企业与 DER 业主的利益。

2. 分布式电源并网技术

分布式电源并网保护除分布式电源机组的保护外，主要是配备孤岛运行保护，简称孤岛保护。“孤岛”指的是配电线路或部分配电网与主网的连接断开后，由分布式电源独立供电形成的配电网络。例如图 15.1 – 13 中变压器低压侧断路器 QF1 跳开后，分布式电源和母线上其他线路形成的独立网络就是一个“孤岛”。这种意外的孤岛运行状态是不允许的，因为其供电电压与频率的稳定性得不到保障，并且线路继续带电会影响故障电弧的熄灭、重合闸的动作，危害事故处理人员的人身安全。对于中性点有效接地的系统来说，一部分配电网与主系统脱离后，可能会失去接地的中性点，成为非有效接地系统，这可能引起过电压，危害设备与人身安全。因此，在 DER 与配电网的连接点上，需要配备自动解列装置，即孤岛保护。在检测出现孤岛运行状态后，迅速跳开 DER 与配电网之间的联络开关。一般来说，在孤岛运行状态下，DER 发电量与所带的负荷相比，有明显的缺额或过剩，导致电压与频率的明显变化，据此可以构成孤岛运行保护，主要有以下三种工作原理：

(1)反应电压下降或上升的欠压/过压保护；

(2)反应频率下降或上升的频率变化率保护；

(3)反应前后两个周波电压相量变化的相量偏移保护。

反映频率变化率的孤岛保护在电力系统功率出现缺额导致频率下降时也可能动作，导致在电力系统最需要的功率支持的时候切除 DER，使情况更为恶化，因此，实际应用中不宜将低频解列保护整定的过于灵敏，以避免这种不利局面的发生。

在线路故障切除后，重合闸时间需要与孤岛运行保护配合，其等待时间要确保 DER 解列并留有足够的故障点熄弧时间。

15.1.3.5 微电网技术

微电网(Micro Grid)，简称微网，是指由 DG、DES 和监控、保护装置汇集而成的并为相应区域供电的小型发配电系统，能够不依赖大电网正常运行，实现内部供需平衡。一般来说，微网是一个用户侧的电网，它通过一个公共连接点(PCC，Point of Common Connection)与大电网连接。图 15.1 – 13 是美国电力可靠性技术解决方案协会(CERTS)提出的微电网基本结构。

按照常规的做法，DER 必须配备孤岛保护，在大电网停电时自动与主网断开。而微网可以在与大电网脱离后独立运行，由 DER 维持区域内所有或部分重要负荷的供电，能够发挥出 DER 在提高供电可靠性方面的作用。微网仅在 PCC 点与大电网连接，避免了多个 DER 与大电网直接连接。通过合理的设计，可使微网中 DER 主要用于区域内部负荷的供电，做到不向外输送或输送很小的功率，使得大电网可以不考虑其功率输出的影响，继续采用“既接既忘”的并网方法。这样，就较好地解决了 DER 大量接入与不改变配电网现有保护控制方式之间的矛盾。

就微网本身来说，它是一个“有源网络”，需要解决功率平衡、稳定控制、电压调整、继电保护等一系列问题。微网技术还在研究发展之中，是智能配电网的重要研究内容。

15.1.3.6 设备状态监测、维修与全寿命管理技术

电网高效运行与资产优化是智能电网的一项主要性能特征，也是建设智能电网本身的重要效益。电网设备的状态监测、维修技术和全寿命管理是实现电网高效运行与资产优化的关键技术之一。其内涵是实时系统地获得设备状态数据，掌握健康状态，通过由目前传统的计划检修向状态检修过渡，优化全系统运营工况，延长设备使用寿命，减少资产运维的人员需

求和成本。它是通过实时监测电网设备在运行状态下的相关参数，如温度、绝缘水平、安全裕度等，在保证安全的前提下增加传输功率，提高系统设备容量的利用率；通过对潮流分布的优化，减少线损，进一步提高电网经济运行效益；通过在线监测并诊断设备健康状态，科学合理地延长设备的使用寿命，提高电网设备的利用效率。

1. 目前电网资产管理的现状

(1)实物管理与价值管理脱节

我国电网资产的实物管理，长期以来是由生产技术部门建立台账并对其进行维护检修、技术改造，直至设备退役的管理。而价值管理则是由财务部门建立资产台账进行管理。由于缺乏电网设备(资产实物)建设运行改造等信息化(正确、及时的)支撑，以及公司部门内部管理流程不协调等问题，造成设备异动时资产台账没有及时相应更动，甚至没有更动等问题，因此，长期存在着账、卡、物不相符的问题。

(2)电网传统维修管理模式不适应现实电网装备规模、水平

近十多年来，我国电网建设更新发展很快，电网一、二次设备规模大量增加，其中新技术性能设备也大量应用。在新、老设备兼容的电网里，目前基本上仍实行传统的设备维修检修管理模式，这与装备规模、维修人力很不相适应。传统的设备检修维护模式以定期检修方式为主，“到期必修”，结果常常检修过剩(过度)，造成较大的人力物力浪费，增加了维护成本，盲目检修多了时有新的毛病出现。据某省对110kV及以上电压等级变压器定期吊罩大修162次的统计(这占大修变压器台次的86%)分析，需要吊检才能发现的缺陷仅14项。据不完全统计，全国每年到期必修而大修的变压器，有90%都是在“到期”而没有任何异常状态的情况下吊罩检修的。近些年来，各省在输变电领域试点与推行设备状态检修、状态维修实践，有些地方取得了一定的经验、效果，在管理机制上开始革新。但是，总体来说，状态维修方式刚起步实践，电网传统检修管理模式革新缓慢。设备状态信息种类、数量、实时性远远不足，成熟的设备状态监测技术还十分有限，需要更新管理理念、创新技术条件。

(3)资产管理的信息化水平低

以某省为例，GPMS生产管理信息系统2006年开始在省内广泛使用，2006年前的各类历史数据难以追溯，影响了数据分析准确性。ERP刚在企业内推广应用，电网固定资产管理系统与生产管理系统之间未建立数据交换，账、卡、物往往不相一致。此外，生产设备维护成本统计以及设备与资产对应工作也刚起步，现有电网信息化数据还不足以对资产全寿命周期成本做出合理的分析。

(4)电网设备资产使用寿命偏短

这与前一段时期国产设备制造水平和质量相对不够好有关(受限于设计、制造水平及原材料等因素)。据某省与全国统计，投运10~15年的国产设备强迫停运率明显高于进口设备。

据某省级电网统计，110kV及以上变压器和断路器分别退役8台和43台，退役变压器和断路器平均运行寿命仅为14.7年和10.8年，运行使用寿命太短。二次系统保护、控制、监测等设备更新快，平均不到10年，有些在6~8年。另一方面，近5年多来电网建设快、设备大量增长，新投运设备占有较大比例(约50%或以上)，使电网设备总体呈年轻化，在意程度上降低了设备平均役龄。某省近五年电网建设快速发展，架空线路长度比5年前增长

50%以上，变电容量增长80%以上；5年之内投运的主要输变电设备基本占到在运设备总数的50%~60%，90%左右的设备投运年限不足15年；110kV及以上架空线路、变压器、断路器平均投运年限分别为7.9年、6.01年、5.2年。国家电网设备，110kV及以上架空线路、变压器、断路器平均投运年限分别为9.17年、7.26年、6.24年。

(5)电网设备整体利用系数低

我国电网设备的建设与运行一直实行电网规划设计、基建与生产、运营各部门分头管理，缺乏统一的资产管理机制。总体上比较重视安全，而没有哪个部门关注电网设备利用率的问题，致使管理薄弱，现实电网设备整体利用系数较低。目前，不少电网的变压器、线路很多是轻载运行，一些电网规划建设安装的冗余度过大，有些设备更新偏快。总体上，电网资产利用率不高，不到50%，比美国55%还低。据对一些城市配电网中压变压器和线路运行统计分析，发现平均负载率仅在25%左右。

2. 智能电网的设备状态监测、维修技术

设备状态监测、维修技术及其推广应用，是设备全寿命管理的组成部分，也是实现设备全寿命管理、提高电网效益的重要环节。目前电网资产利用率低，其基本原因是信息化程度低和监测诊断技术不成熟，不能正确把握设备健康地最大化运行工况。因此建设智能电网就要推进电网主设备状态在线监测、诊断与维修技术的进一步开发应用，建立电网主设备状态监测、维修机制。

(1)加快电网数字信息化建设

电网主设备状态在线监测与诊断是智能电网的重点技术内容，其中反映电气设备运行状态时的温度、局部放电、噪声强(频)度、气体浓度等物理量的测量是电气设备在线监测的基础。要开发、推广应用设备状态在线监测与诊断技术，必须加快电网数字信息化及其应用的建设。从发电厂上网，到输、变电，配电环节运行工况及设备状态都需要具有多种类、数字信息量化监测。要实施变电站数字化建设改造，要开发、推广新型电气量传感量测技术。研究新型电磁式电压、电流传感技术，电容分压型电压传感技术，和Rogowski线圈型电流传感技术及其应用；220kV及以上高压输电重点是开发全光纤型电子式互感器，新型光学原理电压、电流传感器的基础理论和关键技术，解决测量精度受环境温度和长时间运行的影响、稳定性等问题；(参见“3.8”节)要研究推广应用满足精度要求的低成本采样时间同步技术、提高测量(输出信号)带宽的技术，以及复杂电气环境下(如高电压、恶劣电磁环境)的精确测量和远距离传输技术。

(2)开发、推广电网主设备智能化功能

电网中高电压变压器和断路器技术含量高、投资大。它的安全稳定运行对电网稳定运行和经济效益、供电可靠性影响重大。因此，发展智能电网需要重点开发、推广电网主设备智能化功能。研究新型的可植入式传感器，实现高温、高电压、强电磁干扰环境等复杂环境下的精确测量和远程传输是电气设备运行状态量测技术的发展方向。

要推进智能一次设备如智能断路器的开发与广泛使用；推进变电站自动化系统采集、记录的海量运行数据(包括同期波形合闸、跳闸波形数据及一次设备本身的运行统计数据)的在线获得；通过基于DL/T860的信息统一模型使得所有的信息都可以网络上得到共享，实现所有(至少是枢纽、关键变电站)一次设备包括高压开关、主变压器都具有数字化网络接口，可以将一次设备的实时运行状况及时传送出来，从而达到信息和资源的共享，为一次设备的在线状态检修提供支持。其检测对象和主要参量见表15.1-1。

表15.1-1 一次设备的检测对象和主要参量

检测对象	主要参量
主变压器	油色谱、油温
GIS	SF_6气体密度、微水、局部放电
高压电抗器	油色谱
避雷器	泄漏电流、动作次数

(3)建立设备在线监测、状态维修机制

设备状态监测是实行设备状态维修的基础。电网设备在线监测技术是采用传感器、计算机和通讯、以及专业诊断等技术对设备的关键物理量进行采集、分析和判断，实时监测和掌控电力设备运行状态。通过设备状态监测，掌握电力设备是否在最佳工况运行、是否超出了额定运行范围，以及电力网络的潮流是否最优；根据监测数据，对设备状态进行评估，判断可能出现的故障(比如通过对变压器油温、油色谱监测，判断是否出现绝缘裂化)；根据传感装置采集的数据，电网控制中心调整网络结构和运行方式，减少问题设备的负荷，并提示运维人员设备可能存在的不安全因素；依据设备状态，帮助运维人员优化设备检修和设备更换时机，减少维修成本和停电时间等等。

状态检修，又称预知维修，是根据设备或部件的健康状态来安排检修计划的一种检修策略。智能电网通过对设备在线监测，实现动态跟踪设备状态。实施状态检修的优点是可以在设备故障发生之前及时发现并加以排除，避免了定期检修的盲目性，因而可以提高系统的运行可靠性。

要实现设备状态监测、维修技术及其应用，还必须建立设备在线监测、状态维修机制，例，设备运行与状态数据库、设备状态维修标准、规范，以及管理机，等等。一个重要的内容是研究实行高级传感量测标准化：制定面向智能电网多领域应用的新型传感量测表计装置的标准，使其满足现代电力系统发展对设备的互换性、兼容性的高要求，包括同类产品的内在功能、技术指标以及外在接口、外型等标准化。

3. 电网设备资产的全寿命管理

开展资产全寿命管理，需对企业运营组织流程、信息系统和企业文化进行较大变革，设计服务于资产管理者与服务提供商的资产管理流程，明确职责界限和程序，建立基于资产状态和风险分析模型，以及团队合作和局部利益服从整体利益的组织文化。通过实施资产全寿命管理，企业可在运行效率和可靠性上达到最佳水平，运行和维护费用可以减少30%以上，资本性支出可以减少50%~60%，效果十分显著。

(1)资产全寿命管理的概念

资产全寿命管理(Asset Life Cycle Management, ALCM)的主要理念是：通过对资产从形成到报废回收整个过程中的使用进行优化，以求降低资产的寿命周期总成本，来增强企业的资产回报能力，也就是以最低的资产全寿命周期成本实现资产可用率及可靠性的目标。

(2)资产全寿命管理的主要内容

资产的整个寿命周期可划分为规划和投资决策、设计和选型、购置(或制造)、建设施工(包括安装和调试)、运行、维修、改造、更新直至报废等阶段(或环节)，这就是资产寿命周期的全过程。按照资产寿命周期的不同阶段，资产全寿命周期管理工作的主要内容也相应的有以下几方面：

规划和投资决策阶段；

设计和选型阶段；

购置(或制造)阶段；

建设施工(包括安装和调试)阶段；

运行、维护和改造阶段；

更新与报废阶段。

(3)资产全寿命周期成本管理

资产的全寿命周期成本(Life Cycle Cost，LCC)管理指的是在满足可靠性要求的基础上使设备(或系统)在全寿命周期内拥有成本(Owning Cost)为最低的管理。LCC管理包括对设备或系统的规划、设计、选型、采购、运行、维护、改造和退役等整个寿命周期的管理，其核心内容是对设备、项目或系统的LCC进行分析、优化、控制和决策。

15.1.3.7 国内外智能电网发展现状

智能电网引起了世界各国的高度关注，各国纷纷结合自身国情提出了相关的技术标准和战略规划，并搭建相关研究平台，力争掌握主动权。由于世界各国的能源分布和具体国情有别，经济发展水平等具体情况不同，其智能电网的建设动因和关注点也存在一定的差异。

(1)国外智能电网研究现状

就发展智能电网的动因方面，解决能源安全与环保问题，应对气候变化，抢占产业制高点，创造新的经济增长点与增加就业岗位，是国外主要发达国家发展智能电网的共性经济动因。但由于国情不同，各国发展智能电网的基础和侧重点也有所不同。美国和欧洲的电网设施普遍陈旧，需要通过电网升级改造，提高系统可靠性和资产利用率水平。因此，近中期美国主要侧重于加大现有网络基础设施的投入，积极发展清洁能源发电，推广可插电式混合动力汽车，实现分布式电源和储能的并网运行，同时大力推广应用智能电表，更好地支持需求侧响应，提高电力系统资产利用效率与能源使用效率；欧洲则主要侧重于研究和解决电网对风电(尤其是大规模海上风电)的消纳、分布式电源并网、需求侧管理等问题。对日本而言，其电力系统的自动化水平较高，可靠性和运行效率已经达到了较高水平，近中期其智能电网的发展主要侧重于研究和解决分布式光伏发电和风能发电的大规模并网问题，以及电动汽车和电网的互动问题。

当前，许多国家已就智能电网制定了战略发展框架：

美国。2007年12月，美国国会颁布了“能源独立与安全法案”，其中的第13号法令为智能电网法令，该法案用法律形式确立了智能电网的国策地位，并就定期报告、组织形式、技术研究、示范工程、政府资助、协调合作框架、各州职责、私有线路法案影响、以及智能电网安全性等问题进行了详细和明确的规定。2009年2月，美国国会颁布了“复苏与再投资法案”，确定投资45亿美元用于智能电网项目资助、标准制定、人员培养、能源资源评估、需求预测与电网分析等，并将智能电网项目配套资金的资助力度由2007年的20%提高到50%。2009年7月，美国能源部向国会递交了第一部“智能电网系统报告”，制定了由20项指标组成的评价指标体系，对美国智能电网的发展现状进行了评价，并总结了发展过程中遇到的技术、商业以及财政等方面的挑战。

欧洲。2006~2008年，欧盟依次发布了“欧洲未来电网的愿景与战略”、“战略性研究计划”、“战略部署文件”等三份战略性文件，构成了欧盟的智能电网发展战略框架。就其主要成员国来看，英国2009年依次发布了“英国可再生能源发展战略”和“英国低碳转型计划”两份战略性文件。德国2009年发布了名为“新思路、新能源——2020年能源政策路线图”的战略性文件。

日本和韩国。日本于2009年4月公布了“日本发展战略与经济增长计划”，其中包括了太阳能发电并网、未来日本智能电网实证试验、电动汽车快速充电装置等与智能电网密切相关的内容。日本电气事业联合会在2009年7月表示，将全面开发“日本版智能电网”。韩国在2008年发布了“绿色能源工业策略”，推出了“韩国版智能电网”设想。

许多国家的政府还颁布了一些支持智能电网建设的政策法规，以激励全社会的广泛参与，并资助实施了一些示范工程：

美国。根据美国“复苏与再投资法案”，美国政府将在未来2~3年向电力传输部门投资110亿美元，其中能源部所属电力传输与能源可靠性办公室(OE)获得45亿美元，主要用于推动智能电网发展；BPA电力公司和WAPA电力公司各获得32.5亿美元的国库借款权，主要用于加强电网基础设施，尤其是新建线路，以适应清洁能源并网的要求。OE的45亿美元中，有34亿美元用于智能电网项目资助计划，6.15亿美元用于示范工程建设。奥巴马总统于2009年10月底正式批准了获得资助的项目，共有100个机构将获得政府资助，带动的私有机构投资将超过47亿美元。示范工程方面，共有32项示范工程入选，带动的私有机构投资超过10亿美元。总体上来看，美国政府的投资有效地带动了相关行业的参与和投资，已经确立了一大批智能电网待建项目，预计总投资将超过100亿美元。美国能源部还多次组织由政府、产业界和科研院所广泛参与的研讨会，就智能电网的特征和评价指标体系达成了共识。众多风险投资公司也纷纷支持智能电网项目建设，2002~2007年美国与智能电网产业相关的风险投资金额年均增长率为27%，2007年达到近2亿美元。

欧洲。英国政府及能源监管机构在2009年8月宣布了新的智能电网建设计划，将在5年内投资5亿英镑建设4个“智能城市”。德国政府由环境、自然保护与核安全部(BMU)和经济与技术部(BMWI)在2008年联合启动了“E-Energy”示范工程计划，目前已确定6个灯塔示范项目，分别由6个技术联盟负责实施，政府投入6千万欧元，另外8千万欧元由技术联盟自筹。丹麦启动了EDISON示范项目，主要研究集成大规模分布式风电和电动汽车的智能电网，丹麦电网公司Energinet对项目进行了资助，IBM与西门子公司也参与了项目建设。欧洲其他国家，如荷兰、意大利、法国、西班牙等国也在智能电表、风电与太阳能并网等方面开展了大量工作。

日本与韩国。日本经济产业省(METI)积极引导日本企业参与国内外的智能电网建设。METI与美国新墨西哥州签订了合作协议，日方将参与该州智能电网示范工程的投资与建设；对内启动了日本国内的智能电网工程，由九州电力公司和冲绳电力公司在十个独立的岛屿上建设示范项目，项目整体预算为90亿日元，其中政府将资助60亿日元。韩国知识经济部决定在2009~2012年间，投入2547亿韩元推进智能电网技术的商用化。韩国电力公司计划花费6500万美元在2011年完成济州岛智能电网示范项目，并在其承担的菲律宾电力项目中采用了智能电网技术。

很多发达国家还开展了智能电网相关技术标准的制定工作，例如，美国标准与技术研究院(NIST)提出将分三个阶段建立智能电网标准。在 2009 年 9 月，美国商务部长在 GridWeek 大会上宣布了 NIST 在第一阶段的最新进展报告，选取了近 80 项现有标准，用于指导和支撑当前智能电网发展，明确了 14 个需要优先研究和解决的方面，并特别分析了信息安全方面的标准。美国 GE 公司发起了电动汽车插头标准制定工作，并得到业内其他公司的积极响应和支持，设计的标准插头有 5 个触头，可以支持最高 240V 电压和 70A 电流，还能够支持电力载波通信。日本东京电力公司、富士集团以及三菱公司联合制定了电动汽车接入电网标准，为电动汽车接入电网打下了良好基础。

(2)我国智能电网研究现状

目前，在与智能电网密切相关的可再生能源发电研究方面，我国启动了多项 973 和 863 计划项目予以支持。“十一五”期间，国家在三大先进能源技术领域设立的重大项目和重点项目，包括：以煤气化为基础的多联产示范工程，MW 级并网光伏电站系统，太阳能热发电技术及系统示范，分布式发电供能系统相关基础研究等项目。国家科技部、中国科学院、中国工程院等都专门组织进行了针对智能电网发展策略的研究工作。

国家电网公司、南方电网公司以及各省电力公司等都将智能电网规划建设纳入议事日程，作为头等大事来抓。

①国家电网公司

国家电网公司提出了坚强智能电网的概念。以特高压电网为骨干网架、各级电网协调发展的坚强网架为基础，以通信信息平台为支撑，具有信息化、自动化、互动化特征，包含电力系统的发电、输电、变电、配电、用电和调度各个环节，覆盖所有电压等级，实现“电力流、信息流、业务流”高度一体化融合的现代电网。按照“统一规划、分步实施、试点先行、整体推进”的原则将分三个阶段建设实施。

第一阶段：2009－2011 年为研究试点阶段。完成坚强智能电网的整体规划，形成顶层设计；加强各级电网建设，开展关键性、基础性、共用性技术研究，进行技术和应用试点。

第二阶段：2012－2015 年为全面建设阶段。形成坚强智能电网建设标准，规范建设要求；跟踪发展技术进步并进行建设评估，滚动修订发展规划，坚强智能电网建设全面铺开。

第三阶段：2014－2020 年为完善提升阶段。在全面建设的基础上，评估建设绩效，结合应用需求和技术发展，进一步完善和提升我国坚强智能电网的综合水平，引领国际智能电网的技术发展。

在规划的同时，2009 年国家电网公司启动了九项试点工程，包括：上海世博园智能电网综合示范工程、风光储联合示范工程、常规电源网厂协调试点工程等；并启动了标准化工作及研究检测中心建设两项基础建设，在发电、输电、变电、配电、用电、调度六个环节及通信信息平台方面部署了重点专项研究 117 项。目前，一批主要技术标准和规范已经编制完成，部分关键技术研究和重要设备研制也取得突破，又提出了第二批 12 个试点项目，包括中新天津生态城智能电网综合示范工程、大规模风电功率预测及运行控制、输电线路直升机/无人机智能巡检、柔性直流输电等工程。结合国家电网公司提出的总体部署，华北、华东、华中等电网公司以及各省电力公司积极配合，结合各自电网运行现状，提出并落实智能电网规划。

②南方电网公司

南方电网从自身电网实际出发，对其拟建设的智能电网给出了自己的理解和定义：智能电网是一个具有先进技术水平的安全、可靠、高效、灵活的现代化大电网，是各电压等级电网的协调发展，是现代先进技术与电网的有机结合；建设智能电网的目标是实现电网的安全、可靠、高效运行和对“低碳社会”发展需要的灵活适应。

南方电网公司系统近年来陆续开展了光伏发电、CCHP系统接入、微网技术研究等项目，并结合智能电网发展需求，制订了《南方电网公司“十二五”科技发展规划》，明确了“十二五”及中长期发展战略目标。南方电网公司“十二五”重点科研领域发展目标包括：大型互联电网安全经济运行领域、输变电关键技术领域、配电与供用电技术领域、智能化信息支撑平台领域。

制定了中远期前瞻性科研发展目标，即在大型互联电网安全经济运营领域，开展智能电网背景下的输配电系统快速建模和仿真技术、特高压环境下的交直流互联电网综合稳定控制、基于广域信息的保护控制一体化系统技术、大型互联电网连锁故障传播机理及阻断措施、低碳电力关键技术的初步探索等前瞻技术研究；在输变电关键技术领域，开展超导输变电应用技术、前瞻性输电技术、直流气体绝缘金属封闭输电线路技术、智能传感器技术、电工新材料及其应用等前瞻技术研究；在配电与供用电技术领域，开展智能变压器、超导储能、固态断路器、非晶合金变压器等前瞻技术在配网应用的研究；在智能化信息支撑平台领域，开展无线通信技术、物联网技术等前瞻技术在电网应用的研究。

南方电网公司还部署了重点科研平台与试验示范工程。重点科研平台建设主要包括南方电网多时间尺度广域一体化仿真平台、特高压试验研究平台、大功率电力电子研究平台、智能配电技术研究平台、新能源发电接入、输送及存储研究平台。试验示范工程包括智能配电网试验示范工程、高温超导输电试验示范工程提升、轻型直流输电试验示范工程、新型储能技术试验示范工程、电动汽车充电站试验示范工程、新能源、可再生能源、新型储能及其接入试验示范工程、分布式电源接入与微网技术试验示范工程等。

15.2 数字化变电站技术

15.2.1 数字化变电站的主要技术特征和体系结构

根据国家电网《智能变电站导则》所定义，智能化变电站是指采用先进、可靠、集成、低碳、环保的智能设备，以全站信息数字化、通信平台网络化、信息共享标准化为基本要求，自动完成信息采集、测量、控制、保护、计量和监测等基本功能，并可根据需要支持电网实时自动控制、智能调节、在线分析决策、协同互动等高级功能的变电站。数字化变电站是实现智能化变电站的基础，实现了智能化变电站中的电气信息数字化、通信平台网络化、信息模型标准化，完成了变电站的采集、控制、保护、计量和检测等基本功能，为智能化变电站中的自动控制等高级应用功能提供基础。

15.2.1.1 数字化变电站的主要技术特征

1. 电气采集数字化

变电站电气量可分为模拟量和开关量，模拟量包括电流、电压信号、温度信号等，开关量信号包括断路器、刀闸等各种一次设备的位置信号、报警信号等。

开关量信号的数字化实现主要有两种方案：第一种是采用智能化的一次设备，智能化的一次设备主要是指在一次设备中采用了智能化传感器技术和微处理技术，通过数字通信实现对设备的在线监测、诊断、过程监视和站内计算机监控。由于可靠性、成熟度、标准化和价格等原因，目前智能化的一次设备在变电站中还没有得到推广，对于采用传统一次设备的变电站实现数字化还必须寻找另一种方式实现开关量数字化。目前较为实用的方案是采用智能控制装置，它提供开入量输入，可接入开关、刀闸等一次设备的开关量，将开入量转换成数字量，以通信的方式送出，同时它提供开出量输出，即接收通信控制命令，将通信方式的输出转换成无源接点输出。

模拟量信号的数字化实现主要有两种方案：第一种是采用低功率、紧凑型、数字化的新型光电电流和电压互感器代替常规互感器，将一次高电压、大电流直接转换为数字信号或地点平信号。另一种在采用常规互感器的变电站中，采用带采集功能的合并单元，实现就地数字化，将模拟量转换成数字量，以通信的方式送出。

2. 通信平台网络化

数字化变电站在逻辑上分为三个层次：站控层、间隔层、过程层。站控层设备一般由监控主机、工程师站、远动机、对时装置等组成。间隔层设备一般由保护、测控装置等组成。过程层设备一般由智能控制装置、合并单元等实现电气采集数字化的设备组成。站控层的通信需求包括站控层设备间的通信和站控层设备与间隔层设备间的通信，如监控主机与远动机的数据交换为站控层设备间的通信，监控主机与测控装置间的通信为站控层设备与间隔层设备间的通信。间隔层的通信需求包括站控层设备与间隔层设备间的通信和间隔层设备之间的通信，如测控装置间联锁数据的交换。过程层的通信需求为过程层设备与间隔层设备的通信，如保护装置与智能控制单元的数据交换。

通信网络是实现变电站设备间信息交互的载体，是连接变电站各种设备的纽带。通信网络必须采用标准化的通信接口、标准化的通信协议，满足通信网络的标准化，必须提供足够的通信容量和通信速度来满足信息数字化的通信要求。构建一个标准的、实时地、可靠的网络体系是变电站通信系统的关键。数字化变电站设备之间采用标准的高速通信网，实现数据共享、资源共享。变电站通信网络的性能主要体现为以下几个方面：

(1)可靠性

数字化变电站中网络通信以参与到变电站自动化核心功能的实现，如保护功能，因此通信网络的可靠性是第一位的，可靠的通信网络是数字化变电站的基础；

(2)实时性

变电站的信息数据可分为突发数据和稳态数据。突发数据如设备开关状态发生变化时的开关变位信息，保护装置动作时的保护跳闸命令等，稳态数据如模拟量数字化的实时采样数据，和稳态时的周期性上送状态信息。实时采样数据和突发变位信息都要求实时、快速传送方能满足变电站功能需求，因此实时性是数字化变电站通信网络的重要特征；

(3)开放性

数字化变电站应采用标准化的通信协议，便于设备间的互联和系统的扩展，方便系统的集成。

3. 信息共享标准化

为了实现变电站设备间的数据共享、资源共享，除了需要网络接口和协议标准化外，还必须标准化信息模型。IEC 61850标准为变电站自动化系统定义了统一、标准化信息和信息交换。

IEC 61850 标准的核心可归纳为信息建模、抽象服务、具体映射、一致性测试。

IEC 61850 标准的信息建模定义了 10 多种标准数据结构，20 多种公共数据类型 CDC(IEC 61850 -7 -3)，100 多种兼容逻辑节点 LN(IEC 61850 -7 -4)，用来对变电站的一侧设备和二次功能进行建模。

IEC 61850 标准提出了变电站配置描述语言 SCL(IEC 61850 -6)，SCL 能描述 CDC、LN，SCL 用来描述变电站结构、设备的通信配置及他们之间的信息交互关系，为不同厂家的设备配置工具、系统配置工具提供了一种标准方式，实现模型和通信参数的配置数据交换。

IEC 61850 标准定义了抽象通信服务接口 ACSI(IEC 61850 -7 -2)，描述了客户端与服务器间的通信：实时数据交换、事件报告、设备的自描述、日志、控制、文件传输、对时等。ACSI 使整个标准向通信开放，独立于具体的通信协议。

IEC 61850 标准定义了特定通信服务映射 SCSM(IEC 61850 -8 -1)，将 ACSI 服务映射到具体的通信网络协议，IEC 61850 -8 -1 定义了将 ACSI 映射到 MMS(ISO9506 -1 和 ISO9506 -2)及 GB/T15629. 3。

为了保证信息共享标准化，需要开展一致性测试。IEC 61850 -10 专门定义了一致性测试方法。一致性测试有静态测试和动态测试。静态一致性测试是检查被测设备的文件声明是否满足标准对产品的一致性要求，文件声明主要有模型实现一致性声明 MICS(Model Implementation Conformance statement)、服务实现一致性声明 PICS(Protocol Implementation Conformance statement)、服务实现额外信息一致性声明 PIXIT(Protocol Implementation eXtra Information for Test)。动态一致性的目的是判断产品在运行中的通信和接口环节的行为是否符合提供给静态一致性测试的文件声明。一致性测试不涉及对产品功能和性能的评价。一般来讲一致性测试由授权机构完成，如荷兰的 KEMA。

15. 2. 1. 2　典型架构体系

根据国家电网《智能变电站导则》所定义，数字化变电站分为过程层、间隔层和站控层。三层关系如图 15. 2 -1：

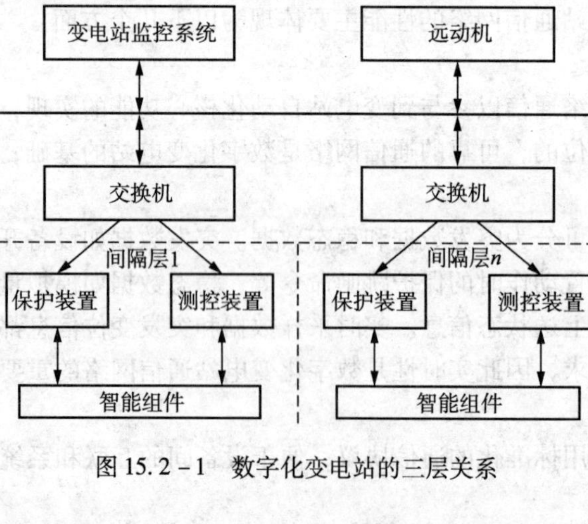

图 15. 2 -1　数字化变电站的三层关系

过程层包括变压器、断路器、隔离开关、电流/电压互感器等一次设备及其所属的智能组件以及独立的智能电子装置。其主要功能为：实时运行电气量检测、运行设备状态检测、操作控制命令执行。

间隔层设备一般指继电保护装置、系统测控装置、监测功能组主 IED 等二次设备，实现使用一个间隔的数据并且作用于该间隔一次设备的功能，即与各种远方输入/输出、传感器和控制器通信。其主要功能为：汇总本间隔过程层实时数据信息、实施对一次设备的保护控制功能、实施本间隔操作闭锁功能、对数据采集统计运算、数据通信功能。

站控层包括自动化站级监视控制系统、站域控制、通信系统、对时系统等，实现面向全站设备的监视、控制、告警及信息交互功能，完成数据采集和监视控制(SCADA)、操作闭锁以及同步相量采集、电能量采集、保护信息管理等相关功能。汇总全站的实时数据信息，刷新实时数据库、按时登录历史数据库、将相关数据送往电网调度或控制中心、接收电网调度或控制中心的控制命令转间隔层执行、全站操作闭锁控制功能、站内监控、人机联系功能、维护组态等功能。

IEC 61850 对过程层、间隔层和站控层定义了标准信息流，如图 15.2－2：

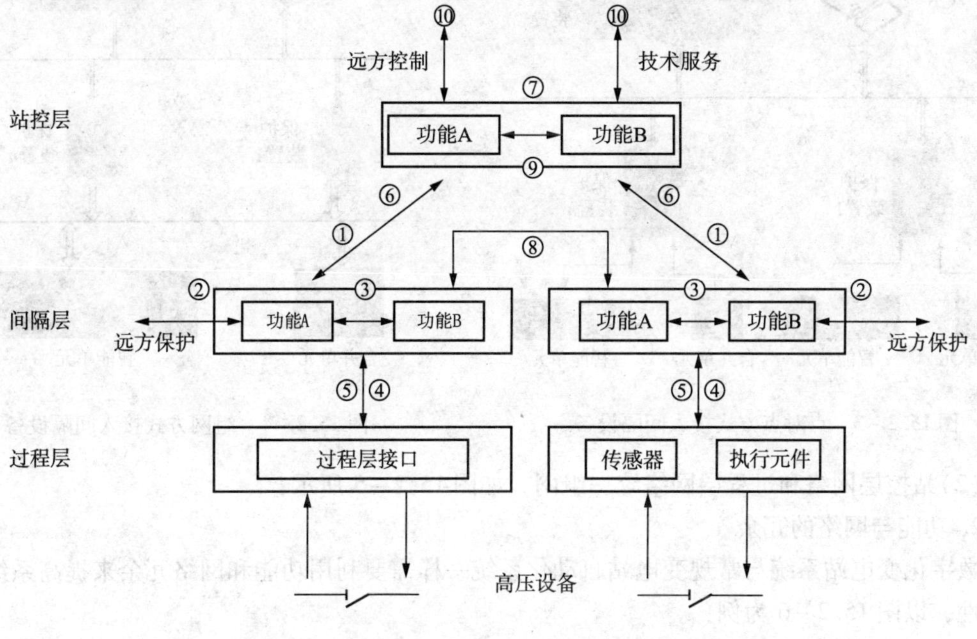

图 15.2－2　标准信息流

图中
间隔层和变电站层之间保护数据交换；
间隔层和远方保护之间保护数据交换；
间隔层内数据交换；
过程层和间隔层之间 TA 和 TV 暂态数据交换，主要是采样数据；
过程层和间隔层之间控制数据交换；
间隔层和变电站层之间控制数据交换；
变电站层和远方工程师站数据交换；
间隔层之间直接数据交换，如联闭锁信息；
变电站层内数据交换；
变电站装置和远方控制中心之间的控制数据交换。

1. 数字化变电站组网方案

站控层网络是指变电站层和间隔层设备之间通信的网络，过程层网络是指间隔层设备和过程层设备之间通信的网络。随着计算机软硬件技术的发展，以太网在工业自动化过程控制领域得到广泛应用，以太网具备网络速度快、带宽较宽、网络结构简单、网络设备标准统一、网络接口标准化程度高等优点。同时，IEC 61850 标准定义了特定通信服务映射 SCSM，将 IEC 61850 通信服务映射到以太网实现。以太网已成为数字化变电站自动化通信方案的首选。数字化变电站组网方式可分为两种。

(1)站控层网络和过程层网络分别组网，物理独立。根据过程层网络的组织方式，又可分为两种组网方式。

①过程层采用点对点方式接入间隔设备，如图 15.2－3 所示：

②过程层采用组网方式接入间隔设备，如图 15.2－4 所示：

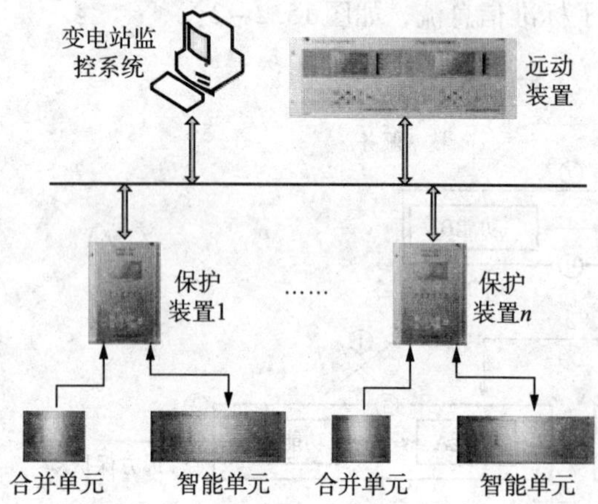

图 15.2－3　点对点方式接入间隔设备

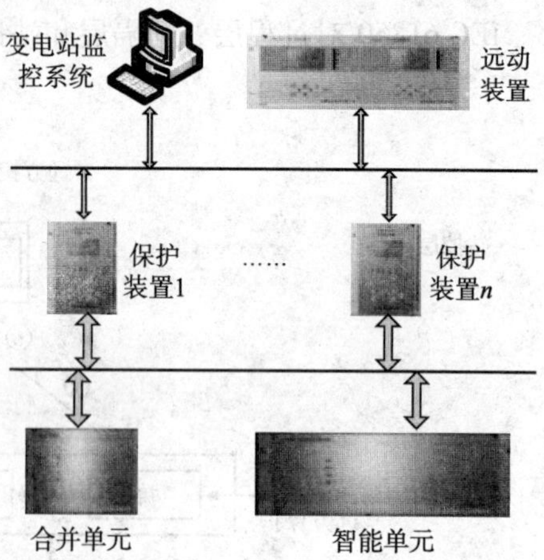

图 15.2－4　组网方式接入间隔设备

(2)站控层网络和过程层网络统一组网，如图 15.2－5 所示：

2. 功能与网络的冗余

数字化变电站系统与常规变电站自动化系统一样需要利用功能和网络冗余来提高系统的可靠性，以图 15.2－6 为例：

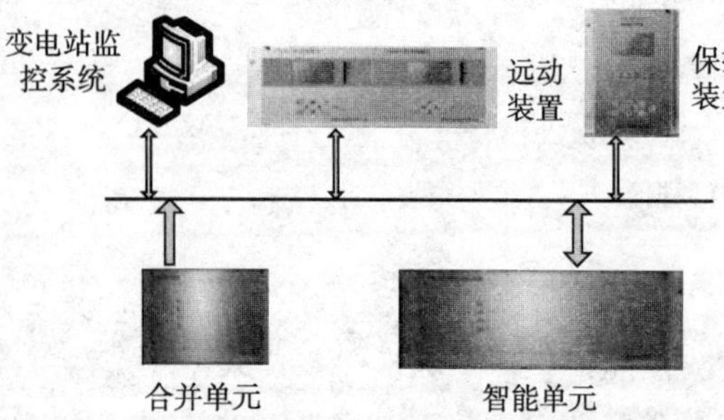

图 15.2－5　站控层网络和过程层网络统一组网

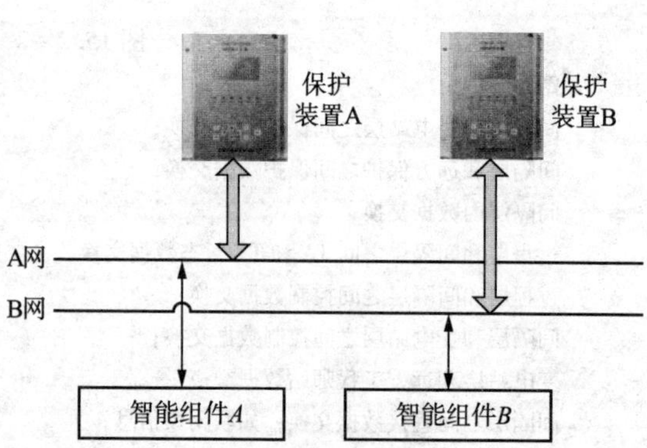

图 15.2－6　动能和网络的冗余

该图配置为保护冗余、合并单元冗余、智能控制装置冗余，网络不冗余。此为功能冗余，在国家电网保护配置规范中对 220kV 及以上电压等级中要求保护装置采用双重化配置，就是一种功能冗余。

另有图 15.2－7 所示：

该图配置为保护、合并单元、智能控制装置采用单装置配置，网络采用冗余配置，此为网络冗余，在 110kV 及以下电压等级中变电站自动化系统中，经常采用此种方式。

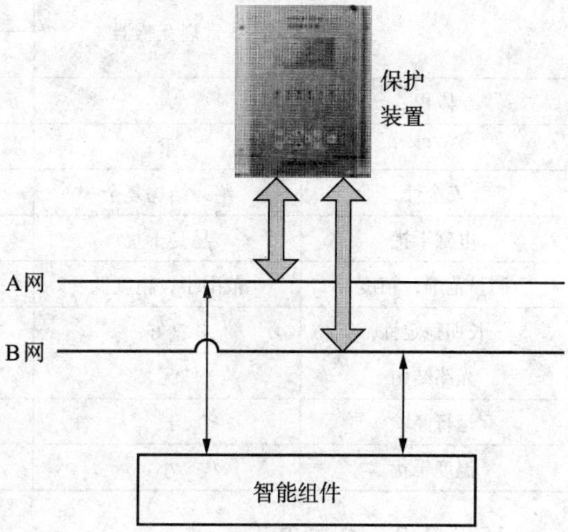

图 15.2－7　功能和网络的冗余

3. 信息同步与对时

根据国家电网《智能变电站导则》要求，变电站应建立统一的同步对时系统。全站应采用基于卫星时钟与地面时钟互备方式获取精确时间；地面时钟系统应支持通信光传输设备提供的时钟信号；用于数据采样的同步脉冲源应全站唯一，可采用不同接口方式将同步脉冲传递到相应装置；同步脉冲源应同步于正确的精确时间秒脉冲，应不受错误的秒脉冲的影响；支持网络、IRIG－B 等同步对时方式；在常规变电站中一般要求装置有对时功能，使得站内装置在同一个时间系下运行，装置记录下的具有时标特性的信息可以在同一个时间系下进行展示。对时的精度要求一般是 1ms。在数字化变电站中，由于采用分散采样方案，在过程层采样设备采用网络方案接入间隔层设备时，需要对过程层采样设备(合并单元)进行采样同步。合并单元的采样同步误差反映在模拟量信号上就是相位差，因此与对时精度相比，同步精度要求更高，根据国家电网合并单元测试规范，同步精度要求同步误差小于 4μs。除了秒脉冲、IRIG－B 可以实现符合同步要求的高精度对时，IEEE61588 是目前采用网络对时方案可以实现纳秒对时精度的方案之一。采用 IEEE61588 实现高精度同步需要注意的是必须采用支持 IEEE61588 的特殊的网络交换机，同时相应接入的设备的网路接口必须支持 IEEE61588。

15.2.2　数字化变电站过程层设备介绍

15.2.2.1 非常规互感器

国际上将有别于电磁型互感器的新一代互感器统称为非常规互感器，非常规互感器统称为电子式互感器。电子式互感器按其变换原理可分为有源和无源两大系列。有源电子式互感器的主要特点是需要向传感头提供电源，主要以罗果夫斯基线圈(Rogowski)、低功率线圈为代表。无源电子式互感器主要指采用电、磁光效应的电流电压互感器，以法拉第(Faraday)电光效应电流互感器、普克尔(Pockels)磁光效应电压互感器为代表。

与传统电磁感应式互感器相比，电子式互感器有如下优点(见表 15.2－1)：

高低压完全隔离，安全性高；

不含铁芯，消除了磁饱和及铁磁谐振等问题；

抗电磁干扰性能好、电流互感器无低压开路、电压互感器无低压短路危害问题；

动态范围大、测量精度高；

频率响应范围宽；

无需充油、维护工作量小；

体积小、重量轻。

表 15.2－1 非常规互感器与常规互感器比较

	常规互感器	非常规互感器	
		有源互感器	无源互感器
体积	大	小	小
重量	重	轻	轻
安全性	绝缘结构复杂	绝缘结构简单，安全性高	绝缘结构简单，安全性高
电磁干扰	易受干扰	易受干扰	不受干扰
测量范围，精度	范围小，精度低	范围广，精度高	范围广，精度高
长期稳定性	良好	良好	未经测试
光路结构	无	简单	复杂
运行经验	长	较长	短
温度干扰	小	小	大

15.2.2.2　合并单元

合并单元同步采样多个电子式互感器输出的数字信号、或传统电压互感器或电流互感器输出的模拟信号或电子式互感器输出的模拟小信号，并按标准规定的格式发送给保护测控设备。合并单元信号输入输出示意图，见图 15.2－8：

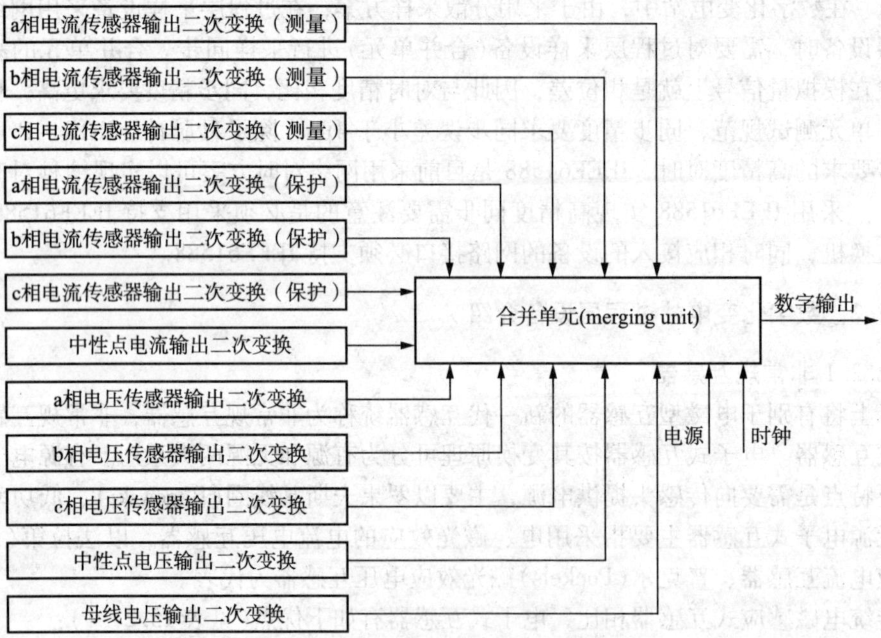

图 15.2－8　合并单元信号输入输出示意图

15.2.2.3　智能控制单元

由于智能断路器技术还未能进入实用化阶段，采用智能控制单元对断路器和隔离开关等进行智能控制、数据采集、在线监测等功能是目前数字化变电站自动化系统主要采用的方法。智能控制单元的主要功能为：开关量开入、断路器、隔离开关的远方和就地控制、一次设备状态监测、事件记录及 SOE、联锁状态输出等。

15.2.3 典型工程案例

某造纸厂110kV总变电站是一个110kV/10kV降压变电站，2台主变。本期110kV线路4回，10kV出线30回；远期110kV线路6回，10kV出线38回。10kV无功补偿电容器组2套。一次主接线示意图见图15.2-9。

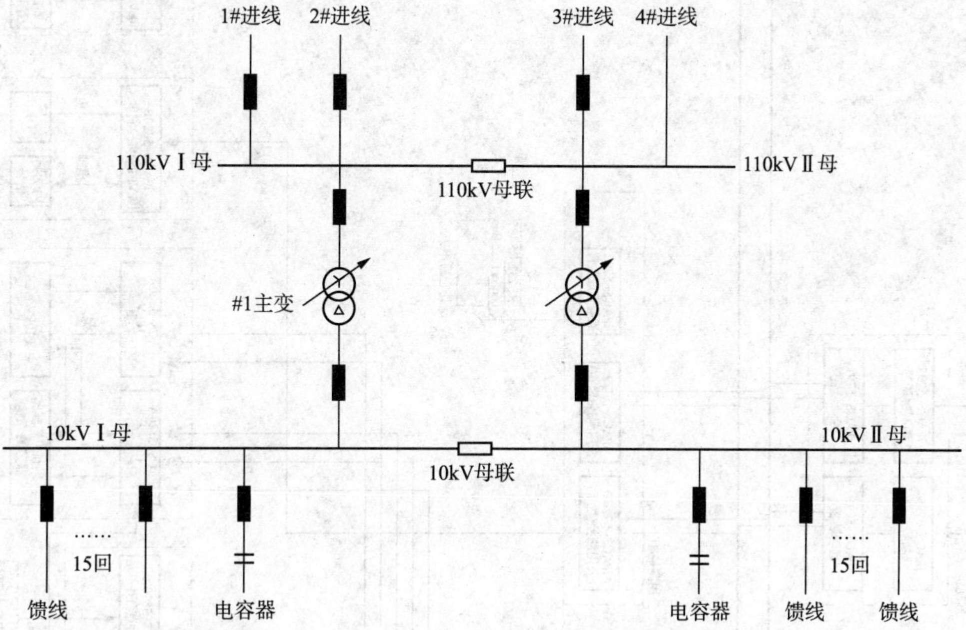

图15.2-9 某造纸厂110KV总边站主接线示意图

该变电站数字化方案的主要特点为：

1. 电气信息采集数字化方案

全站互感器均采用传统电压电流互感器，模拟量采集的数字化通过采用带采集功能的合并单元的方案(110kV及主变间隔部分)。开关量数字化采用增加智能单元方式来实现开关设备智能化。

2. 全站遵循IEC 61850标准

全站自动化系统各个子系统之间采用IEC 61850通信规约，按照IEC 61850标准模型建模，系统层实时数据库采用与IEC 61850的模型一致的建模方法，使该站自上而下全面采用IEC 61850技术；采用GOOSE技术，实现设备层各间隔内及其相互之间的逻辑闭锁，保护跳闸，开关量传输等功能。

3. 点对点通信

整站的网络架构从整体上分为两层：系统层和设备层。全站按IEC 61850体系标准统一建模。除故障录波器外，保护、测控装置与合并器、智能控制单元均采用点对点通信方式，实现直采直跳。

以上特点决定了该站实际上是一个准数字化站，但目前的方案为未来采用电子式互感器留下了接口，可以很容易升级到全数字化站，是符合现阶段技术水平，符合工业企业特点的实用化方案。顺便指出，考虑到当前电子式互感器的成熟度和造价，不少电网公司的智能化变电站也采用了“常规互感器+带采集功能的合并单元”的方案。

图 15.2－10 是该数字化变电站网络结构示意图，为突出重点，便于阅读，图中作了简化，如主变的配置只画了一台的，故障录波器等装置及其网络连接被省掉了等。

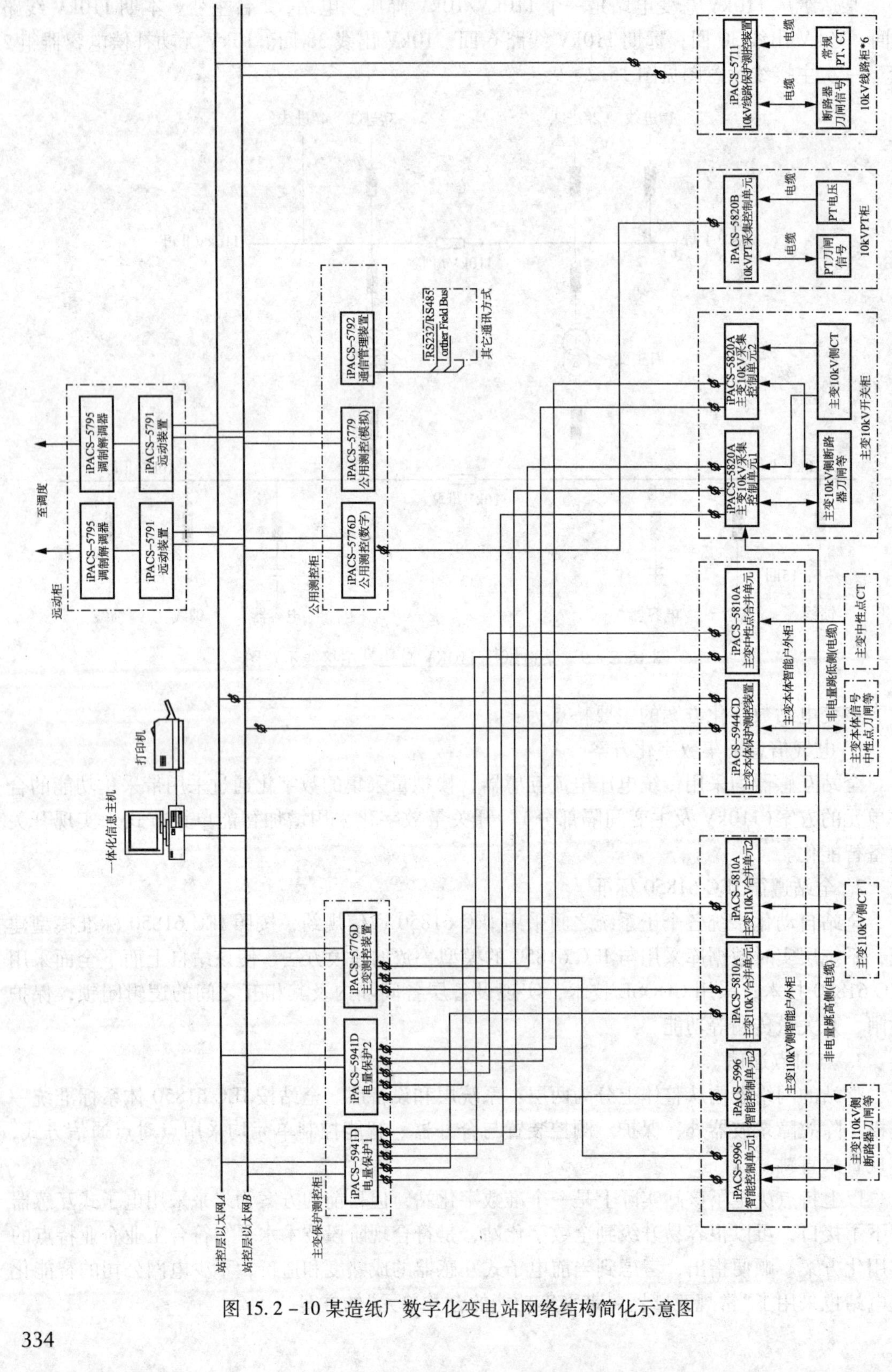

图 15.2－10 某造纸厂数字化变电站网络结构简化示意图

15.3　SSTS 开关技术

15.3.1　SSTS 发展概述

电能质量的描述分为稳态电能质量和暂态电能质量，过去我们对电能质量的描述和评价主要集中在稳态方面，而且经过多年的努力，我们国家的稳态电能质量已经得到很大的提高，然而，我们对于暂态电能质量的认识尚不深入，电力部门也没有引起足够的重视。

暂态电能质量问题主要包括：电压暂降/骤降(Voltage Sagor Dip)、电压暂升/骤升(Voltage Swell)、电压中断(Voltage Interruption)、电压波动(Voltage Fluctuation)等。EPRI(美国电科院)的全国性调研结果表明：在所有的电能质量问题中，其中98%是由电压暂降、持续15s 或更短时间的电压中断造成的。

较早进入高水平工业自动化时代的西方发达国家已经领先于我们认识到电压暂降和瞬时供电中断带来的危害，并相继建立了一系列国际标准(IEC 61000－4－11、IEC 61000－4－34、IEEE1159 等)和行业标准(ITIC、SEMIF47 等)，一些著名厂商甚至还建立了自己的企业标准(如 Samsung Power Vaccine 等)。而我们国家目前尚未出台包括电压暂降在内的暂态电能质量国家标准，在现有的电能质量标准中，也没有相关的明确规定，这就使得电力用户和电力部门在面对此问题时出现了偏差。

目前电压暂降和瞬时供电中断问题已经给国内的石化、冶金、煤矿、半导体、汽车、制药、纺织等行业造成了几十亿的年直接经济损失，所导致的间接损失更是无法估量。从现在开始，我们必须正视这一现状，从政策、体制、资金、技术和运行管理等方面综合推进电能质量治理这一系统工程。深入持久的开展电能质量治理不仅仅是一项技术工程，更是涉及我们国家的电力体制改革、招商引资环境，以及国民经济发展的总体质量和效益，也是提高整个电力系统安全稳定运行水平、提高涉及到国计民生重要支柱产业的发展水平、提升国家工业和科技水平、提高社会文明程度的必然需求。

电压暂降治理方案的选择涉及到企业负荷性质、治理层面(终端负荷、生产线、全厂)、现有经济损失、治理方案资金投入、现场施工等多个方面，是一项综合考虑经济与技术、投资与回报的复杂工作。

解决方案主要包括：不间断电源(UPS)、动态电压恢复器(DVR)和固态切换开关(SSTS)，方案对比如下：

(1)UPS 是我们通常会首先想到的解决方案，已经在众多行业得到了普遍应用。但目前主流的双变换在线式 UPS 所带来的高能耗问题已经被大家所认知，因此，一种效率极高的动态不间断电源(Dynamic Uninterruptible Power Supply，DUPS)正日见端倪，并开始得到应用。无论 UPS 还是 DUPS，一般功率较小，通常以低压为主，主要适用于企业终端负荷治理，可以根据功率情况进行“一对一”或“一对多”应用。如果企业敏感负荷所占比重较大，可以考虑生产线级，甚至全厂级治理，此时需要大功率 UPS(或 DUPS)，甚至是高压大功率 UPS(或 DUPS)，相应的造价将非常高昂，同时还涉及到电池定期维护和更换问题；

(2)DVR 在应对电压暂降方面与 UPS 相比，有比较强的价格优势，但它自身具有致命性缺陷，即电网电压跌至50%以下，或完全中断时，DVR 已经无法进行有效补偿，形同虚设了；

(3)SSTS 是一种能够在一个周波之内完成双电源切换的极高速切换装置，与传统的切换设备有着实质性的区别，它彻底摒弃了机械开关作为切换元件的传统做法，而是创造性的采用半导体固态开关作为切换元件，同时辅以先进的检测和控制技术，来实现如此高速的电源切换。

目前 SSTS 已经在国外得到了广泛应用，生产厂家主要以外国公司为主，可喜的是，国内一些有雄厚技术实力的厂家已经开发出此类装置，比如荣信股份开发的系列高中低压 SSTS，技术指标接近甚至超过了外国公司，并且已经在多个行业开始应用。

SSTS 尤其适用于大容量的生产线级和全厂级电压暂降治理，或者是高压大功率终端负荷，其投资大大低于高压大容量 UPS(或 DUPS)，另外现场改造简单，施工和调试方便，是一种理想的大功率电压暂降解决方案，尤其是高中压场合。

15.3.2 SSTS 基本原理

15.3.2.1 SSTS 基本原理

SSTS 基本原理拓扑如图 15.3－1 所示，它主要包括基于晶闸管阀体的固态开关、旁路和隔离开关、电压互感器、电流互感器、控制器、人机交互接口等。

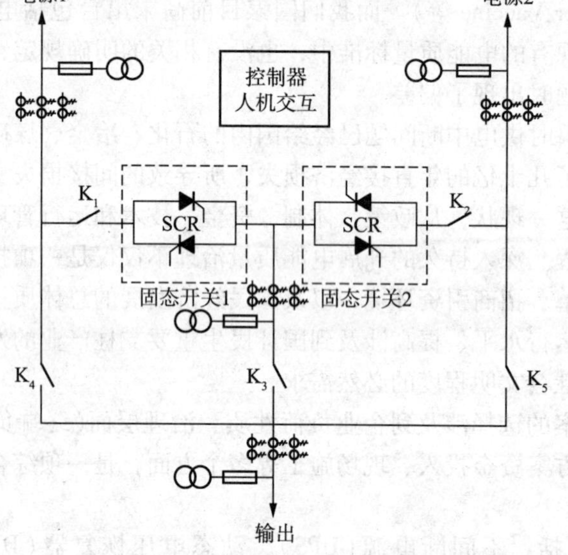

图 15.3－1 SSTS 基本原理拓扑

1. 固态开关

由一对反并联的晶闸管组成，各自导通半个周波，根据系统额定电压和电流情况，固态开关由晶闸管串并联组成，形成晶闸管阀体。

假定正常情况下电源 1 供电，则固态开关 1 导通，固态开关 2 处于分断状态，电流流经固态开关 1，负载由电源 1 供电。当电源 1 故障，或主动切换至电源 2 时，分断固态开关 1，此后导通固态开关 2，电流流经固态开关 2，负载转由电源 2 供电；

2. 隔离和旁路开关

K_1 ~ K_3 为隔离开关，K_4 和 K_5 为旁路开关。正常情况下电流流经固态开关，电源之间的切换由固态开关完成，此时隔离开关处于导通状态，而旁路开关处于分断状态。当固态开关故障或定期维护时，导通旁路开关，分断隔离开关，此时 SSTS 类似于传统的电源切换装置，以最大程度上保证负荷的正常供电不受影响；

3. 电压互感器、电流互感器

信号采样装置，通过电压和电流互感器获取一次电压和电流信息，以供控制器进行分析判断；

4. 控制器

整个 SSTS 系统核心，负责各种信号的采样处理、分析计算、开关动作、保护等；

5. 人机交互

主/备电源选择、手动/自动切换、切换门限、状态显示等通过人机交互接口处理。

SSTS 典型切换波形如图 15.3－2 所示，可以做到电源之间的无缝切换。

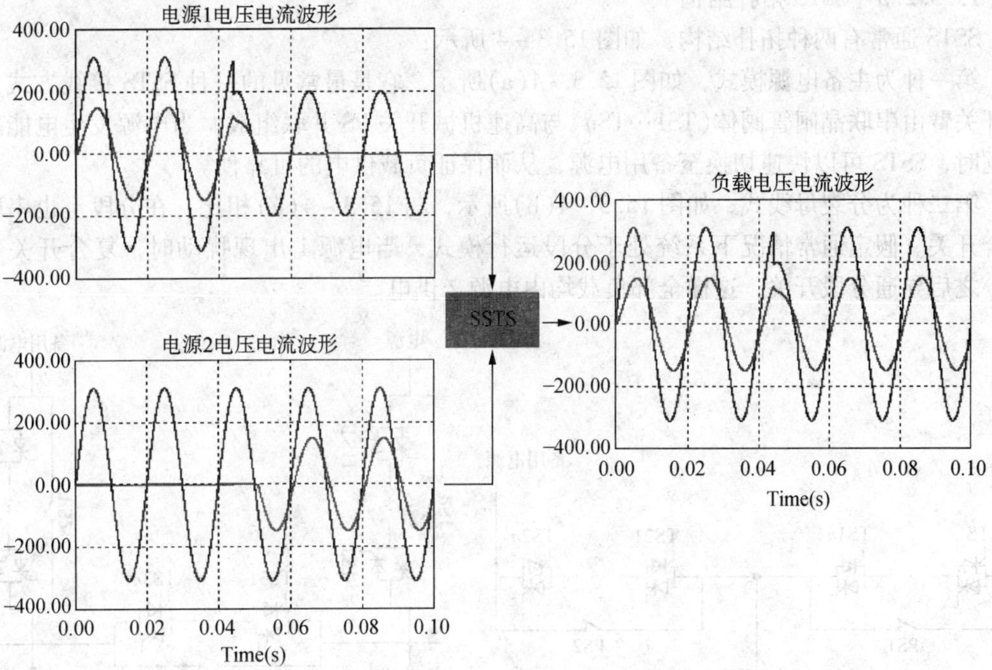

图 15.3－2　典型切换波形

15.3.2.2　复合开关方案

小电流情况下，SSTS 可以采用全晶闸管通流方式，但在大电流情况下，考虑到晶闸管器件的散热方式、效率、体积等因素，往往可以采用复合开关方案。

复合开关单元主要由并联高速机械开关 PS、反并联的晶闸管开关 TS*p* 和 TS*n* 以及用于过电压保护的避雷器 AR 等组成，图 15.3－3 所示为复合开关单元的结构示意图。正常运行情况下，电流流经高速机械开关 PS，晶闸管支路没有电流流过。需要断开时，并联开关 PS 打开，同时触发导通晶闸管，电流立即转移至晶闸管支路。在 PS 打开时，几乎不会有电弧，即使有也会因为晶闸管的导通而迅速熄灭。之后撤销晶闸管触发命令，在随后的第一次电流过零点，晶闸管自然关断。同样，需要闭合操作时，先触发导通晶闸管 TS，再闭合机械开关 PS。由于这时晶闸管还在导通，两端压降接近于零，因此，并联机械开关闭合也不会产生电弧。

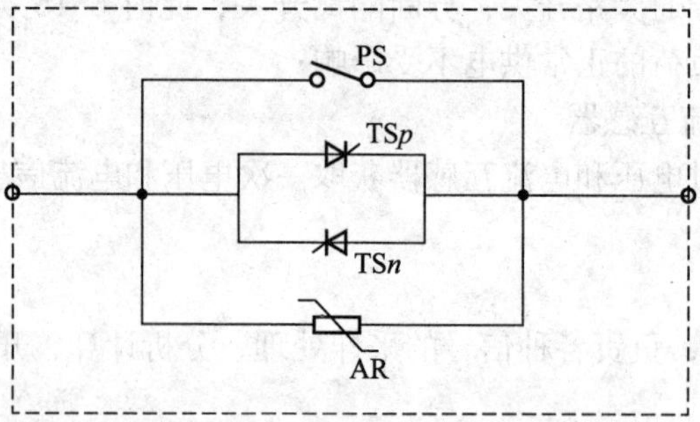

图 15.3－3　复合开关单元的结构示意图

15.3.2.3　SSTS 拓扑结构

SSTS 通常有两种拓扑结构，如图 15.3－4 所示：

第一种为主备电源模式，如图 15.3－4(a)所示，它是最常见的一种 SSTS 接线方式。每只开关臂由串联晶闸管阀体(TS1…TSn)与高速机械开关 PS 并联组成。当电源发生电能质量问题时，SSTS 可以快速切换至备用电源，从而保证负载供电的可靠性。

第二种为分裂母线式，如图 15.3－4(b)所示，与 15.3－4(a)相比，在分段上也串联了复合开关。假定通常情况下系统处于分段运行模式，当电源 1 出现扰动时，复合开关 1 断开，之后导通分段开关，这样全部负载均由电源 2 供电。

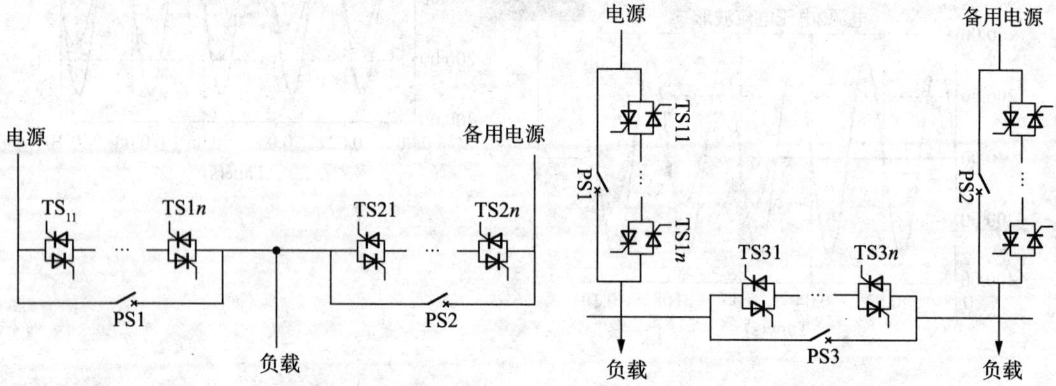

（a）主备电源式　　（b）分裂母线式

图 15.3－4　SSTS 典型拓扑结构

除了本身结构外，为了使 SSTS 正常运行，系统中还需要独立的馈线。为使 SSTS 能够有效保护重要负荷不受电力系统扰动的影响，两条供电线路应相互独立。例如，主供线路发生了系统扰动，备用线路的电压不应该超出正常范围，另外两条线路一般均应具备带全负荷的能力。

15.3.3　SSTS 切换方式

SSTS 的切换方式主要有两种：先分后合(BBM)和先合后分(MBB)。

1. 先分后合

先分后合是 SSTS 常采用的一种切换方式，主供线路(主电源)和备用线路(备用电源)不并联运行，两个电源的任一相都不同时向负荷供电。为此，控制系统需要在主电源侧开关关断后，再触发导通和备用电源相连的开关。

2. 先合后分

在主电源电流过零前就触发导通备用电源侧晶闸管，而备用电源侧晶闸管的导通将“强迫”主电源侧晶闸管关断，从而提高切换速度。强迫切换时，两侧晶闸管之间的切换时间与切换时两个电源的电压大小、相位，电流的方向以及控制系统所采用的控制算法有关。

通常情况下，SSTS 一般采用先分后合的切换方式。下面分别介绍先分后合模式下，两种拓扑结构下的切换过程。

(1) 主备电源式

①正常运行期间，并联高速开关 PS1 闭合，晶闸管开关 TS1 被旁路；

②当需要切换动作时，PS1 关断，同时触发 TS1 导通，电流转移到 TS1 上，随后撤销 TS1 的触发信号，TS1 将在此后电流第一次过零时关断；

③触发晶闸管 TS2 导通，备用电源开始给负载供电；

④高速开关 PS2 闭合，晶闸管 TS2 被旁路，然后撤销 TS2 的触发信号，完成整个切换过程。

其切换过程如图 15. 3 – 5 所示：

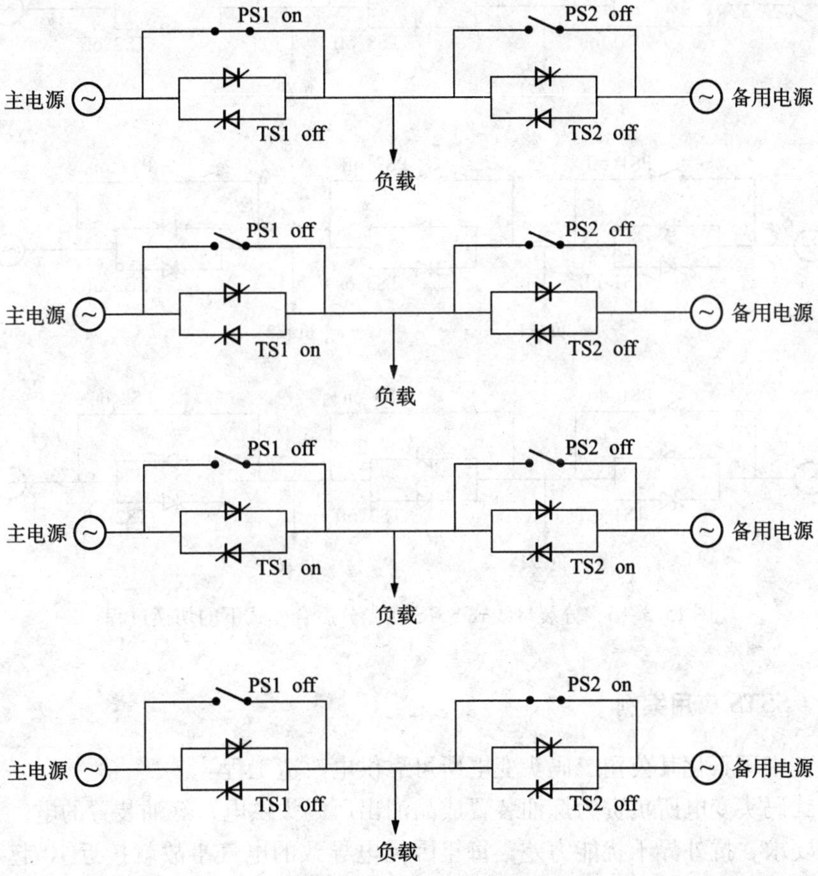

图 15. 3 – 5　主备电源式 SSTS　在先分后合模式下的切换过程

(2) 分裂母线式

①正常运行期间，并联高速开关 PS1 和 PS2 闭合，负载 1 和负载 2 分别由电源 1 和电源

2独立供电；

②当电源1出现扰动时，PS1断开，同时触发TS1导通，电流转移到TS1上，随后撤销TS1的触发信号，TS1将在此后电流第一次过零时关断；

③触发晶闸管TS3导通，此时负载1也由电源2供电；

④高速开关PS3闭合，晶闸管TS3被旁路，然后撤销TS3的触发信号，完成整个切换过程。

其切换过程如图15.3－6所示：

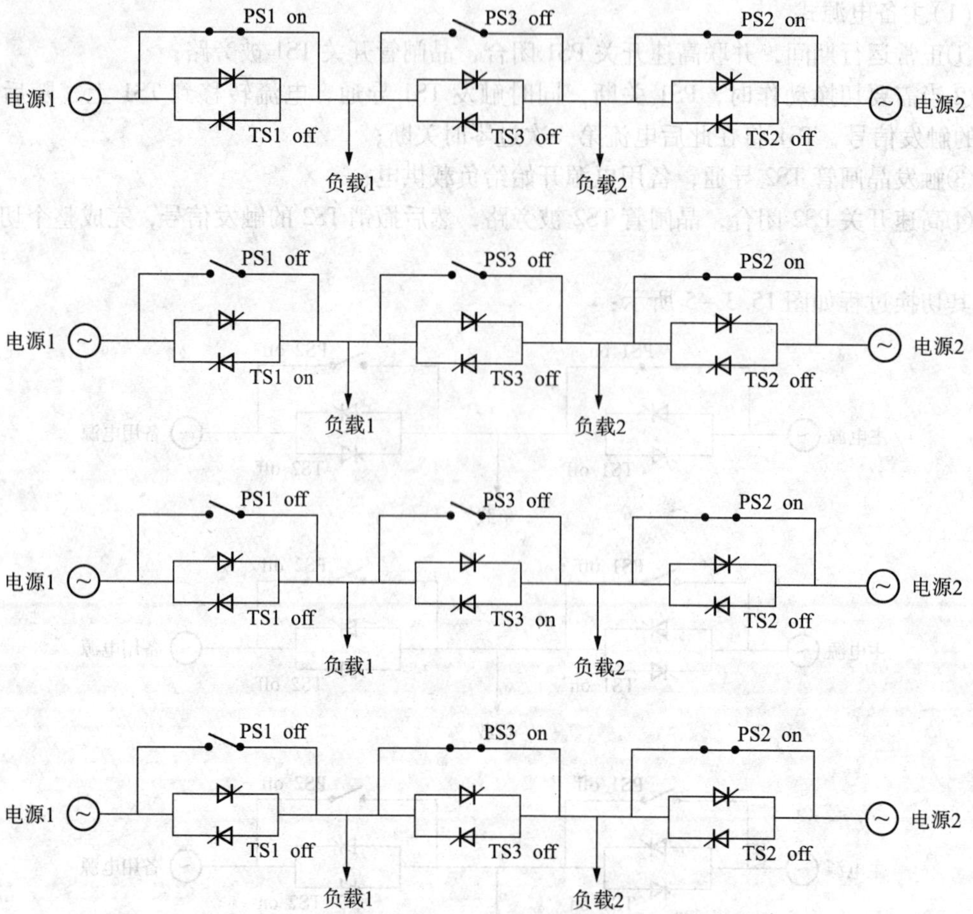

图15.3－6　分裂母线式SSTS在先分后合模式下的切换过程

15.3.4　SSTS应用案例

案例一：中国石化某公司二码头变电所可靠供电改造工程

背景：二码头变电所负责为炼油装置成品油出厂码头供电，炼油装置的电气系统不能满足抗晃电的要求，抗外界干扰能力差，每年因晃电导致的电气事故就接近10起。尽管进行了一系列抗晃电改造，但实施效果仍不能做到平稳供电，给生产造成波动。每年雷雨季节晃电多发期，干部职工进行动员，启动季节性应急预案，全力以赴采取应对措施，把损失降至最低。

具体设计方案及技术指标见图15.3－7、表15.3－1。

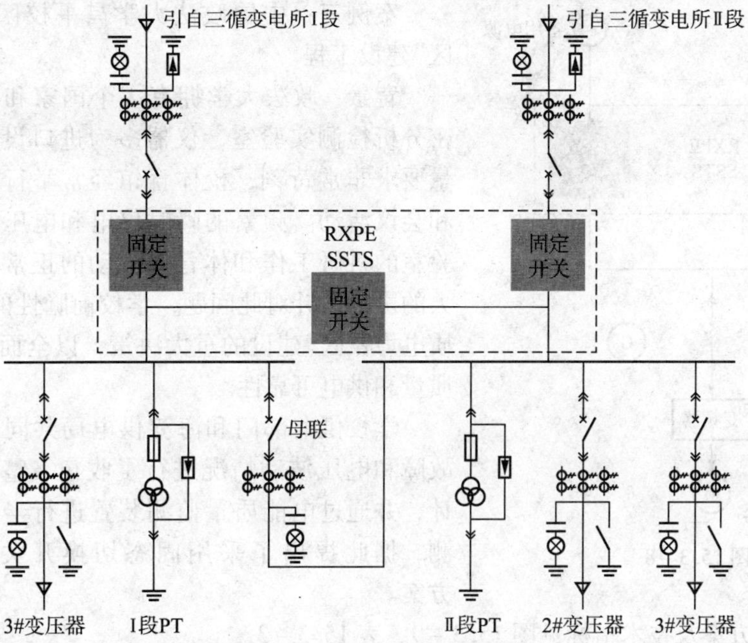

图 15.3－7 SSTS 应用设计图

表 15.3－1 RXRE SSTS 技术指标

RXPE SSTS 技术指标	
额定电压	6kV
额定频率	50Hz
额定电流	630A
切换时间	<12ms
效率	99.99%

该装置于 2010 年 7 月投入运行，比较稳定。

案例二：中国石化某公司变频器供电可靠性改造工程

背景：石化工艺流程中大量使用变频调速装置，变频器因电压波动导致停机的事故时有发生，对连续生产造成影响。采用固态切换开关 SSTS(400V/200A)，对变频器实施供电可靠性改造。

具体设计方案及技术指标见图 15.3－8、表 15.3－2。

表 15.3－2 RXRE SSTS 技术指标

RXPE SSTS 技术指标	
额定电压	400V
额定频率	50Hz
额定电流	200A
切换时间	<6ms
效率	99.99%

实施效果：SSTS 自 2009 年投运以来，有效地避免了电压波动问题造成的工艺停车事故。

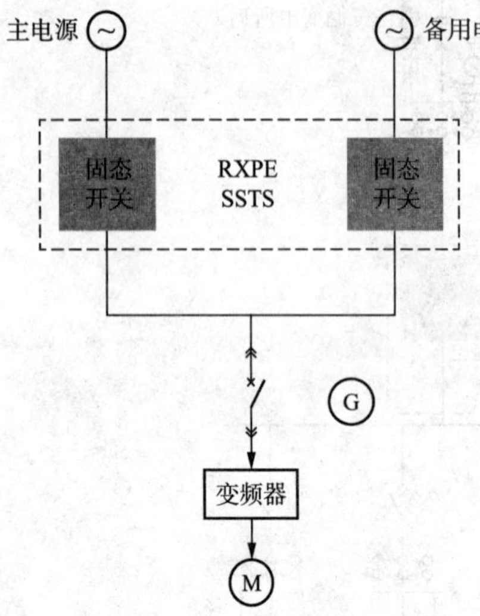

图 15.3－8

案例三：中国政法大学昌平校区“优质电力校区”建设工程

背景：政法大学拥有多个国家和教育部重点精密分析检测实验室，仪器多为进口设备，对电能质量要求非常苛刻；校体育馆经常举行重大体育赛事和会议活动。频繁的瞬时停电和电压波动事件给实验室的科研工作和体育馆活动的正常举行带来了很大的影响。针对此问题，学校前瞻性的提出开展“优质电力校区”建设的重大决策，以全面提升校区供电质量和供电可靠性。

学校供电部门和海淀供电局共同对近年来电源故障和电压波动情况进行了收集、整理、分析和统计，并通过电能质量监测装置进行半年多的实时监测，据此提出了采用固态切换开关 SSTS 的解决方案。

具体设计方案及技术指标见图 15.3－9、表 15.3－3。

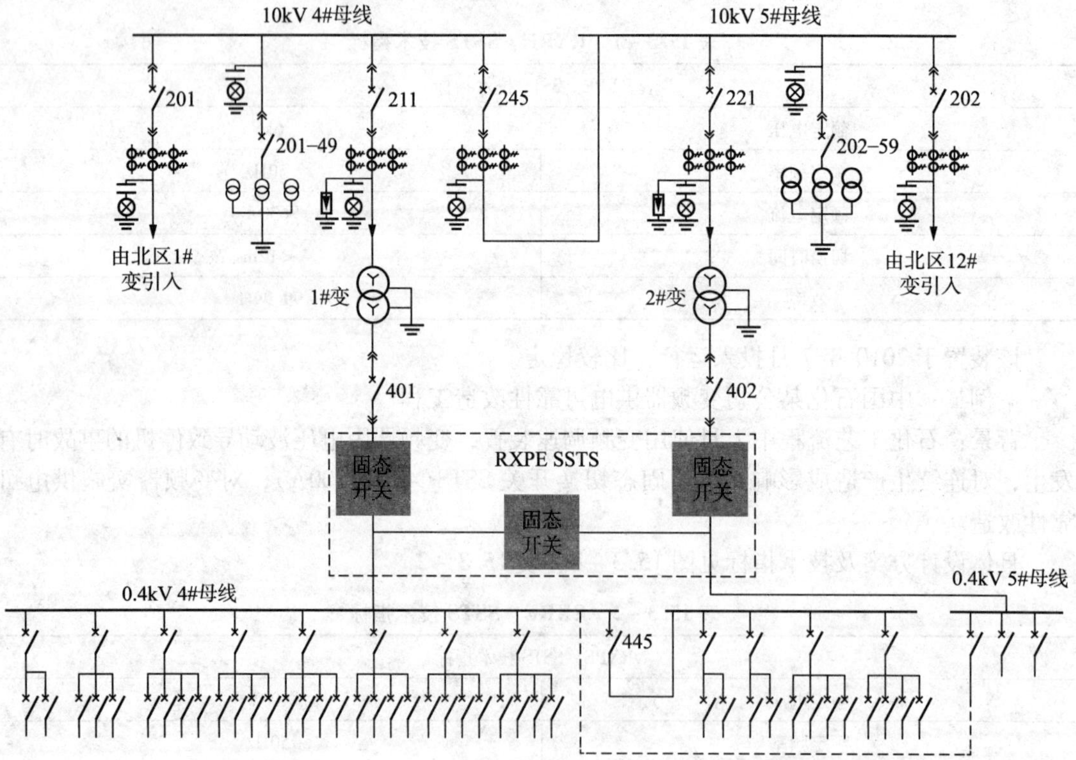

图 15.3－9　设计方案

实施效果：SSTS 自从 2010 年 3 月安装使用后，有效的避免了瞬时停电和电压波动等电能质量事故的发生，大大提高了校园的供电质量和供电可靠性，在整个教育系统内，率先打造了成本低、电能质量高的“优质电力校区”。

案例四：中国石化某公司电磁阀双电源供电可靠性改造工程

表 15.3－3 RXPE SSTS 技术指标

RXPE SSTS 技术指标	
额定电压	400V
额定频率	50Hz
额定电流	3200A
切换时间	<12ms
效率	99.99%

背景：目前石化企业部分主体装置(比如裂解、聚乙烯、聚丙烯 1 等)用的联锁电磁阀控制电源为交流 220V，因电磁阀线圈结构的特殊性不能接受两路电源。常规做法是由一路市电和一路 UPS 电源组成两路冗余电源，两电源之间采用接触器或断路器进行切换，两路电源之间切换在几百个毫秒以上，超过了电磁阀所能允许的切换时间。

采用专用低压固态开关 SSTS(220V/5A/10A/32A/63A/100A)双电源供电方案，实现电磁阀电源无扰动切换。

具体设计方案及技术指标见图 15.3－10、表 15.3－4。

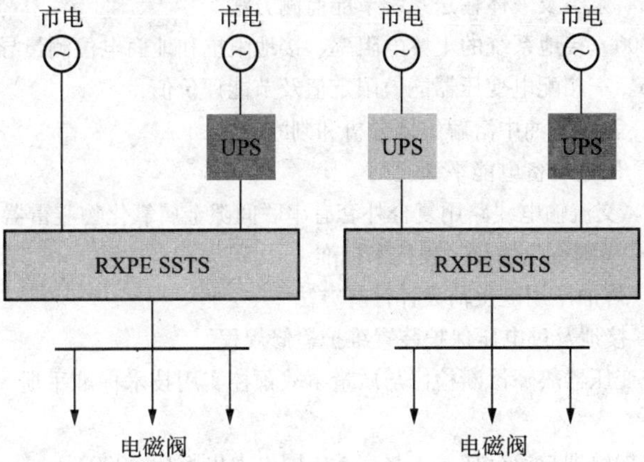

图 15.3－10 设计方案

表 15.3－4 RXPE SSTS 技术指标

RXPE SSTS 技术指标	
额定电压	220V
额定频率	50Hz
额定电流	5A、10A、32A、63A、100A
切换时间	<6ms
效率	99%

实施效果：采用 SSTS 对电磁阀实施双电源改造之后，实现了双电源冗余可靠供电，有效避免了电磁阀意外停电造成的生产装置非计划停车。

参 考 文 献

[1] DL/T 1122—2009 架空输电线路外绝缘配置技术导则
[2] DL/T 475—2006 接地装置特性参数测量导则
[3] DL/T 5092—1999 110~500 kV 架空送电线路设计技术规程
[4] DL/T 620—1997 交流电气装置的过电压保护和绝缘配合
[5] DL/T 804—2002 交流电力系统金属氧化物避雷器使用导则
[6] GB 11032—2010 交流无间隙金属氧化物避雷器
[7] GB/T 10178—2006 工业通风机现场性能实验
[8] GB/T 1032—2005 三相异步电动机试验方法
[9] GB/T 12325—2003 电能质量 供电电压允许偏差
[10] GB/T 12497—2006 三相异步电动机经济运行
[11] GB/T 13466—2006 交流电气传动风机(泵类、空气压缩机)系统经济运行通则
[12] GB/T 13467—1992 通风机系统电能平衡测试与计算方法
[13] GB/T 13468—1992 泵类系统电能平衡测试与计算方法
[14] GB/T 14549—1993 电能质量 公用电网谐波
[15] GB/T 15487—1995 容积式压缩机流量测量方法
[16] GB/T 16664—1996 企业供配电系统节能监测方法
[17] GB/T 16666—1996 泵类及液体输送系统节能监测方法
[18] GB/T 17949.1—2000 接地系统的土壤电阻率、接地阻抗和地面电位测量导则
[19] GB/T 20052—2006 三相配电变压器能效限定值及节能评价值
[20] GB/T 7252—2001 变压器油中溶解气体分析和判断导则
[21] GB/T 8222—2008 用电设备电能平衡通则
[22] JB/T 10497—2005 交流输电线路用复合外套有串联间隙金属氧化物避雷器
[23] Q/SH 0700—2008 中国石化炼化工程技术标准
[24] SH/T 3116—2000 炼油厂用电负荷设计计算方法
[25] SHS 06009—2004 接地及过电压保护装置维护检修规程
[26] 曹欣春．电力系统变压器故障诊断检修与质量事故预控实用技术标准手册．第四卷．北京：光明日报出版社，2003
[27] 陈慈萱．过电压保护原理与运行技术．北京：中国电力出版社，2002
[28] 陈化钢，张开贤，程玉兰．电力设备异常运行及事故处理．北京：中国水利水电出版社，2001
[29] 陈炯，王明炎．振荡波交流耐压试验系统．上海电力学院学报，2011(02)
[30] 成永红．电力设备绝缘检测与诊断(第二版) 北京：中国电力出版社，2004
[31] 川濑太郎．接地技术．北京科学出版社，2003
[32] 丁艺，赵伟，侯国屏．谐波条件下感应系电能表计量误差分析．电测与仪表，2002，(10)
[33] 幸超，刘朝阳等．山东电力集团公司电力设备交接和预防性试验规程．济南：山东电力集团公司办公室，2007：15－78
[34] 郭应龙，李国兴，尤传永．输电线路舞动．北京：中国电力出版社，2003
[35] 国家电力监管委员会．关于加强重要电力用户供电电源及自备应急电源配置监督管理的意见，“电监安全[2008]43 号”
[36] 国家电网公司．关于加强输变电设备状态管理的指导意见．“国家电力网生[2010]129 号”，第 6 条
[37] 国家电网公司．关于加强输变电设备状态管理的指导意见．“国家电力网生[2010]129 号”，第 8 条
[38] 国家电网公司输变电工程典型设计．110kV 变电站分册(2005 年版)：303
[39] 国家电网公司输变电工程典型设计．220kV 变电站分册(2005 年版)：620

[40] 何平．输电线路防雷设计及措施的探讨．四川电力技术，2008 年第 31 卷增刊
[41] 湖南省老科技工作者协会电力分会．防止电力生产重大事故的要求与措施电气部分．第二册．北京：中国电力出版社，2005
[42] 厉伟，滕云，庚振新，林莘．高电压工程．北京：科学出版社．2011
[43] 林海雪．电能质量国家标准介绍．上海电力，2005(3)：221
[44] 陆国俊，熊俊，王勇，王劲，黄炎光，饶锐．振荡波电压法检测 10kV 电缆局部放电试验．电力自动化设备，2010，(11)
[45] 彭潜，陈俊武，吴云飞．用 0.1Hz 超低频方法进行 XLPE/PE 电缆耐压试验．器件与设备．2004，(12)
[46] 任元会，卞铠生，姚家祎．工业与民用建筑配电设计手册．第三版．北京：中国电力出版社，2005
[47] 沈培坤编．防雷与接地装置．化学工业出版社．2006
[48] 王昌长，李福祺，高胜友 编著 电力设备的在线监测与故障诊断，北京：清华大学出版社，2006
[49] DL/T 596—1996 电力设备预防性试验规程
[50] 熊泰昌．真空开关电器．北京：中国水利水电出版社，2002
[51] 严璋，朱德恒．高电压绝缘技术．北京：中国电力出版社，2002
[52] 杨连殿，朱俊栋，孙福，黄国强，杨兰均，张乔根．振荡波电压在 XLPE 电力电缆检测中的应用．高电压技术，2006，(03)
[53] 杨晓宇，林涛．工频 XLPE 电力电缆超低频耐压试验等效性研究．农村电气化，2009，(02)
[54] 要焕年．曹梅月．电力系统谐振接地．北京：中国电力出版社，2000
[55] 詹花茂，李成榕，陈秀娟．线路避雷器安装方案及效果分析．电磁避雷器，2004，(3)
[56] 张皓，唐嘉婷，张立志，张彦辉，李譞，吴彤，赵宇．振荡波测试系统在电缆局放测试定位中的典型案例分析．电力设备，2008(12)
[57] 张仁豫，陈昌渔，王昌长．高电压实验技术．第 2 版．北京：清华大学出版社，2002
[58] 张仕勇，李永腾，阮浩杰，陈炯．0.1Hz 超低频交流试验系统的研究．华东电力，2011，(6)
[59] 周鹤良．电气工程师手册．北京：中国电力出版社，2009
[60] 周武仲编．电气试验基础．北京．中国电力出版社，2010
[61] 周芸．交联电缆的超低频耐压试验．华东电力，2005，(3)
[62] 周泽存 编著．高电压技术．第三版．北京：中国电力出版社，2007
[63] 朱德恒，谈克雄．电绝缘诊断技术．北京：中国电力出版社，1998
[64] BOYEGO K，HYVONEN P，MARTTI ARO，et al. Selectivity of Damped AC (DAC) and VLF Voltage in After—laying Tests of Extruded MV Cable Systems . IEEE Trans. onD&EI，2003，5 (10) ：874 - 882
[65] V. Prasad Kodali. 工程电磁兼容．北京：人民邮电出版社，2006
[66] GULSKI E，FRANK J，JOHAN J，et al. Advanced partialdischarge diagnostic of MV power cable system using oscillating wave test system . IEEE Electrical InsulationMagazine，2000，2 (16)
[67] FEM Simulation And OWTS Test Experiment of Defects In 10kV XLPE Cable Body. Proceedings of 2010 the 3rd International Conference on Power Electronics and Intelligent Transportation System(Volume 2)，2010